메가스터디 수능 기출 '올픽'
어떻게 다른가?

✦ 수능 기출 완벽 큐레이션 ✦

출제 시기 분류

기출문제를 최근 3개년과 그 이전으로 분류하여
각각 **BOOK❶**, **BOOK❷**로 구분

▼

우수 기출 선별

학교, 학원 선생님들이 참여, 수험생들이 꼭 풀어야 하는
우수 기출문제를 선별하여 **BOOK❷**에 수록

▼

효율적인 재배치

기출을 단원별, 유형별, 배점별로 재분류하고
고난도 기출문제는 별도 코너화하여 **BOOK❶**, **BOOK❷**에 재배치

▼

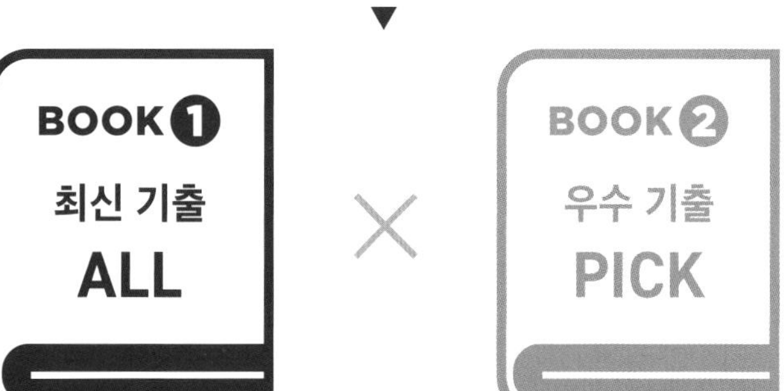

방대한 역대 기출문제들을 분류 ▸ 선별 ▸ 재배치의 과정을 거쳐 수능 대비에 최적화된 구성으로 배열했습니다.
많은 문제만 단순하게 모아 놓은 기출문제집은 그만!
수능 기출 '올픽'으로 효율적이고 완벽한 기출 학습을 시작해 보세요.

메가스터디 수능 기출 '올픽'에 도움을 주신 선생님들

수능 기출 '올픽' BOOK❷ 우수 기출문제 엄선 과정에 참여하신 전국의 선생님들께 진심으로 감사드립니다.

강인우 진선여자고등학교
강홍규 최강학원(대전)
고범석 노량진 메가스터디학원
곽정오 유앤아이영어수학학원(광주)
구정아 정현수학학원
국선근 국선생 수학학원
권백일 양정고등학교
권혁동 매쓰뷰학원
기승현 잠실고등학교
기진영 밀턴수학 학원
김규보 백항목학원(송파)
김대식 하남고등학교
김동수 낙생고등학교
김동희 김동희 수학학원
김미숙 하이로 수학전문학원
김미정 엠베스트 SE 최강학원
김 민 교진학원
김민지 강북 메가스터디학원
김선아 하나학원
김성은 블랙박스 수학과학 전문학원
김성태 일상과이상 수학학원
김송미 전문가집단 육영재단과학원
김연지 CL 학숙
김영현 강남 메가스터디학원
김영환 종로학원하늘교육(구월지점)
김우신 김우신수학학원
김우철 탑수학학원(제주)
김재영 SKY 수학전문학원
김정규 제이케이 수학학원(인천)
김정암 정암수학학원
김정오 강남 메가스터디학원
김정희 중동고등학교
김종관 진선여자고등학교
김종성 분당파인만학원
김종준 중산고등학교
김지윤 양정고등학교
김진혜 우성학원(부산)
김하현 로지플 수학학원(하남)
김한결 상문고등학교
김호원 원수학학원
김홍식 레전드 수학학원
김홍우 송촌이룸학원
김흥국 노량진 메가스터디학원
나경민 강남 메가스터디학원
남선주 서울국제고등학교
남승혁 일산 메가스터디학원
노기태 대찬학원
노용석 편펀수학원
노현태 대구남산고등학교
문병건 일산 메가스터디학원
문용근 칼수학학원(노원)
박대희 실전수학
박민규 서울고등학교
박세호 이룸 에이더블플러스 수학전문학원
박신충 박신충수학
박영예 용호교일학원
박윤근 양정고등학교
박임수 고탑수학학원
박종화 한뜻학원(안산)
박주현 장훈고등학교
박주환 MVP 수학학원
박지영 수도여자고등학교
박 진 장군수학
박 찬 찬 수학학원
박현수 현대고등학교
배세혁 수클래스학원
배태선 쎈텀수학학원(인천)
백경훈 우리 영수 전문학원
백종훈 자성학원(인천)
변규미 언남고등학교
서영란 한영외국어고등학교
서지완 양정고등학교
서희광 최강학원(인천)
설홍진 현수학 전문학원(청라)
성영재 성영재 수학전문학원
손영인 트루매쓰학원
손은복 한뜻학원(안산)
손진우 조종고등학교
송용인 서초 메가스터디 기숙학원
신주영 이룸수학학원(광주)
심성훈 가우스 수학전문학원
심수미 김경민 수학전문학원
안준호 정면돌파학원
양영진 이룸 영수 전문학원
양 훈 델타학원(대구)
여정훈 엠포엠 수학학원
오경민 수학의힘 경인본원
오정은 포항제철고등학교
왕건일 토모수학학원(인천)
우정림 크누 KNU입시학원
유성규 현수학 전문학원(청라)
유영석 수학서당 학원
유정관 TIM수학학원
유지민 백미르 수학학원
윤다감 트루탑 학원
윤문성 수학의봄날 입시학원(평촌)
윤여창 강북 메가스터디학원
윤치훈 의치한약수 수학교습소
이 강 뉴파인 반포초중등관
이경진 중동고등학교
이대진 사직 더매쓰 수학전문학원
이동훈 이동훈 수학학원
이문형 대영학원(대전)
이미형 좋은습관 에토스학원
이봉주 성지보습학원(분당)
이상헌 엘리트 대종학원(아산)
이성준 공감수학(대구)
이소라 경희고등학교
이신영 캔수학 전문학원(전주)
이양근 양지 메가스터디 기숙학원
이운학 1등급 만드는 강한수학 학원
이원영 정화여자고등학교
이은영 탄탄학원(창녕)
이은재 대치 명인학원(은평)
이인수 R루트 수학학원
이재명 청진학원
이종현 송파 메가스터디학원
이창원 더매쓰 수학전문학원
이철호 파스칼 수학학원(군포)
이청원 이청원 수학학원
이태영 필강학원
이향수 명일여자고등학교
이현미 장대유레카학원
이현식 마스터입시교육학원
이호석 송파 메가스터디학원
이희주 장군수학학원
임나진 세화고등학교
임태형 생각하는방법학원
장우진 3.14 수학학원(분당)
장익수 코아수학 2관학원(일산)
장현욱 일산 메가스터디학원
전지호 수풀림학원
정금남 동부SKY학원
정다운 전주한일고등학교
정유진 서초 메가스터디 기숙학원
정인용 리더스수학
정재복 양정고등학교
정재현 율사학원
정주식 양정고등학교
정혜승 샤인학원(전주)
정혜인 뿌리와샘 입시학원
정효석 최상위하다 학원
조민건 브레인뱅크학원
조은정 참영어수학 전문학원
조익제 MVP 수학학원
조재영 대연 엘리트왕수학
조재천 와튼학원
조정묵 (前)여의도여자고등학교
진유은 서울영상고등학교
최규종 뉴토모수학전문학원
최기동 서초 메가스터디학원(의약학)
최미선 최선생 수학학원
최돈권 송원학원
최상희 한제욱 수학학원
최승호 서울고등학교
최원석 명사특강학원
최정휴 엘리트 수학학원
추명수 라파수학학원
추성규 이화 영수 학원
한상복 강북 메가스터디학원
한상원 위례수학전문 일비충천
한세훈 마스터플랜 수학학원
한제욱 한제욱 수학학원
허경식 양정고등학교
홍은주 대치M수학학원(청주)
황선진 서초 메가스터디 기숙학원
황성대 알고리즘 김국희 수학학원
황은지 멘토수학과학학원(안산)

수능 기출 올픽 확률과 통계

발행일 2024년 12월 13일
펴낸곳 메가스터디(주)
펴낸이 손은진
개발 책임 배경윤
개발 김민, 신상희, 오성한, 성기은, 김건지
디자인 이정숙, 주희연, 신은지
마케팅 엄재욱, 김세정
제작 이성재, 장병미
주소 서울시 서초구 효령로 304(서초동) 국제전자센터 24층
대표전화 1661.5431
홈페이지 http://www.megastudybooks.com
출판사 신고 번호 제 2015-000159호
출간제안/원고투고 메가스터디북스 홈페이지 <투고 문의>에 등록

메가스터디BOOKS

'메가스터디북스'는 메가스터디㈜의 교육, 학습 전문 출판 브랜드입니다.
초중고 참고서는 물론, 어린이/청소년 교양서, 성인 학습서까지 다양한 도서를 출간하고 있습니다.

확률과 통계

BOOK ❶

역대 수능 기출문제 중에는 최근 출제 경향에 맞지 않는 문제가 많습니다.
기출문제는 무조건 다 풀기보다 최근 3개년 수능·평가원·교육청 기출문제를 중심으로
최신 수능 경향을 파악하며 학습해야 합니다.

수능 기출 학습 시너지를 높이는 '올픽'의 BOOK❶ × BOOK❷ 활용 Tip!

BOOK❶의 최신 기출문제를 먼저 푼 후, 본인의 학습 상태에 따라 **BOOK❷**의
우수 기출문제까지 풀면 효율적이고 완벽한 기출 학습이 가능합니다!

BOOK 1 구성과 특징

▸ 2015 개정 교육과정으로 치러진 **최근 3개년의 수능 · 평가원 · 교육청의 모든 기출문제**를 담았습니다.

1 최근 3개년 및 단원별 기출 분석

- 최근 3개년 수능의 확률과 통계 과목에 대한 단원별·배점별 문항 수 및 출제 유형을 분석하여 출제 흐름을 한눈에 알 수 있도록 했습니다.
- 최근 3개년 기출 분석을 통해 각 단원의 유형별 흐름과 중요도를 알고, 단원의 출제 흐름을 예측하여 수능에 적극적으로 대비할 수 있도록 했습니다.
- 최근 3개년의 각 단원의 출제 경향을 파악하여 출제코드와 공략코드를 제시하여 수능을 예측하고 대비할 수 있도록 했습니다.

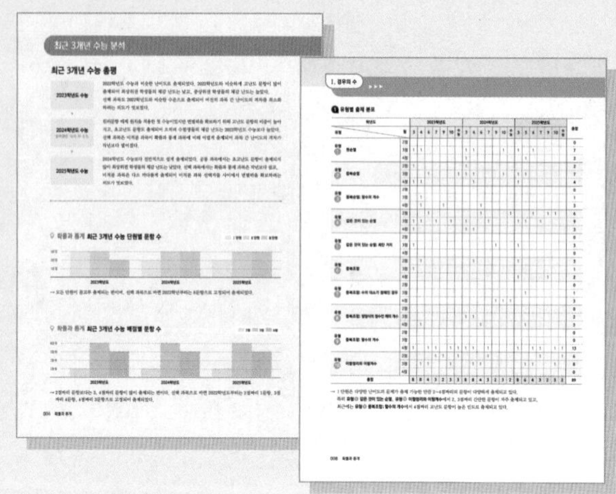

2 수능 실전 개념

- 수능 및 모의고사 기출에 이용된 필수 핵심 개념만을 모아 대단원별로 제공했습니다.
- 최근 3개년 수능에 출제된 개념을 별도로 표시하여 어떤 개념이 주로 이용되었는지 파악할 수 있도록 했습니다.

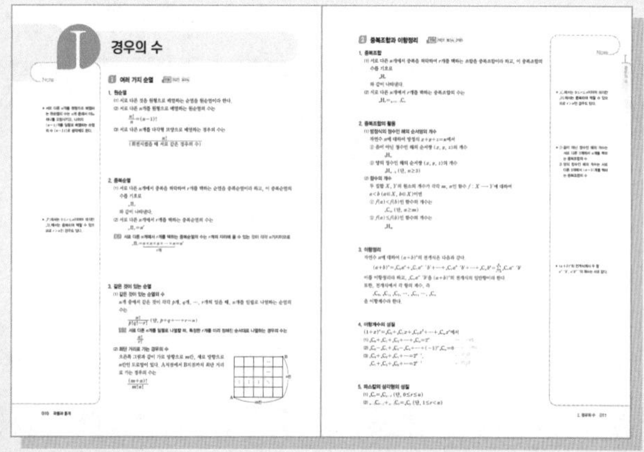

3 유형별 기출

- 최근 3개년의 모든 기출문제를 유형별로 제시했습니다.
- 각 유형의 기출문제를 해결하는 데 필요한 공식 및 개념을 제시했고, 유형별 경향과 그 대비법도 함께 제시하여 효율적인 기출 학습을 할 수 있도록 했습니다. 또한, 문제 풀이에 도움이 되는 풀이 방법 및 공식을 참고 및 실전 Tip 으로 제시했습니다.
- 최근 3개년 수능에 출제된 유형을 별도로 표시하여 어떤 유형에서 주로 출제되었는지 파악할 수 있도록 했습니다.

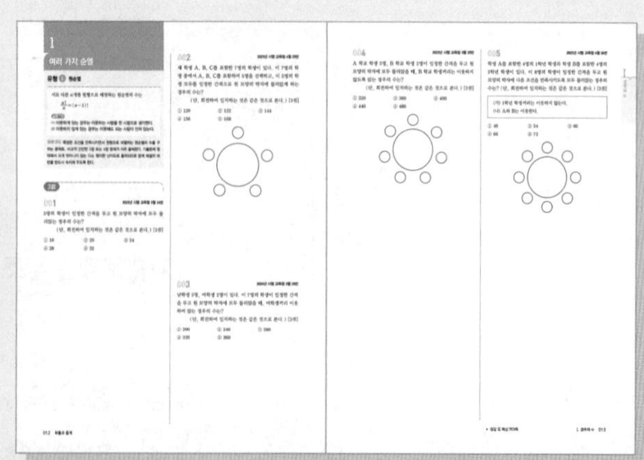

❹ 고난도 기출

- 최근 3개년의 기출문제 중 고난도, 초고난도 수준의 문제를 대단원마다 제시하여 수능 1등급으로 도약할 수 있도록 했습니다.
- 여러 가지 개념과 원리를 복합적으로 이용하는 문제나 다양한 수능적 발상을 이용하는 문제를 접할 수 있도록 했습니다.

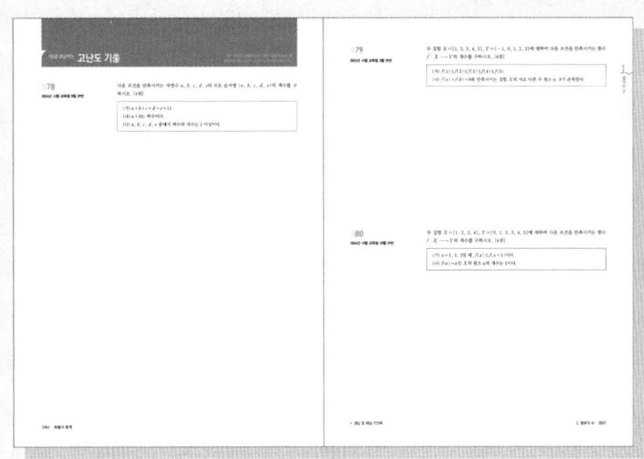

❺ 정답 및 해설

- 모든 문제 풀이를 단계로 제시하여 출제 의도 및 풀이의 흐름을 한눈에 파악할 수 있도록 했습니다.
- 모든 문제에 정답률을 제공하여 문제의 체감 난이도를 파악하거나 자신의 학습 수준을 파악할 수 있도록 했습니다.

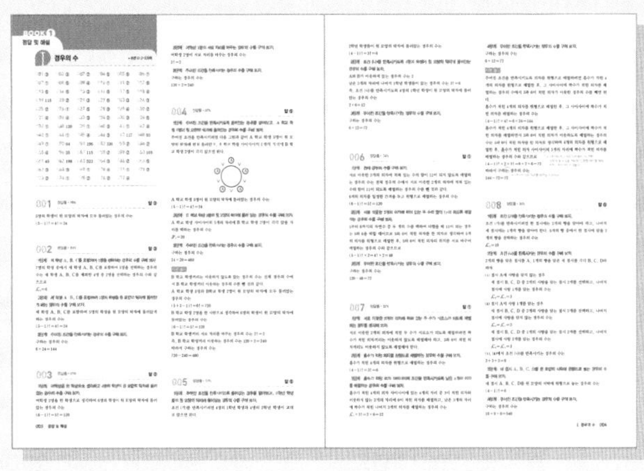

BOOK❷
우수 기출 PICK

- **BOOK❷**에는 전국의 여러 학교, 학원 선생님들이 참여하여 **최근 3개년 이전의 모든 기출문제 중 수험생이 꼭 풀어야 하는 우수 기출문제만을 엄선**하여 담았습니다.
- **BOOK❷**의 유형은 **BOOK❶**과 1 : 1 매칭을 기본으로 하되, **BOOK❶**의 유형 외 추가로 학습해야 할 중요 유형을 **BOOK❷**에 유형 α로 추가 수록했습니다.

최근 3개년 수능 분석

최근 3개년 수능 총평

2023학년도 수능

2022학년도 수능과 비슷한 난이도로 출제되었다. 2022학년도와 비슷하게 고난도 문항이 많이 출제되어 최상위권 학생들의 체감 난도는 낮고, 중상위권 학생들의 체감 난도는 높았다.
선택 과목도 2022학년도와 비슷한 수준으로 출제되어 여전히 과목 간 난이도의 격차를 최소화하려는 의도가 엿보였다.

▼

2024학년도 수능
킬러문항 배제 첫 수능

킬러문항 배제 원칙을 적용한 첫 수능이었지만 변별력을 확보하기 위해 고난도 문항의 비중이 높아지고, 초고난도 문항도 출제되어 오히려 수험생들의 체감 난도는 2023학년도 수능보다 높았다.
선택 과목은 미적분 과목이 확률과 통계 과목에 비해 어렵게 출제되어 과목 간 난이도의 격차가 작년보다 벌어졌다.

▼

2025학년도 수능

2024학년도 수능보다 전반적으로 쉽게 출제되었다. 공통 과목에서는 초고난도 문항이 출제되지 않아 최상위권 학생들의 체감 난도는 낮았다. 선택 과목에서는 확률과 통계 과목은 작년보다 쉽고, 미적분 과목은 다소 까다롭게 출제되어 미적분 과목 선택자들 사이에서 변별력을 확보하려는 의도가 엿보였다.

확률과 통계 최근 3개년 수능 단원별 문항 수

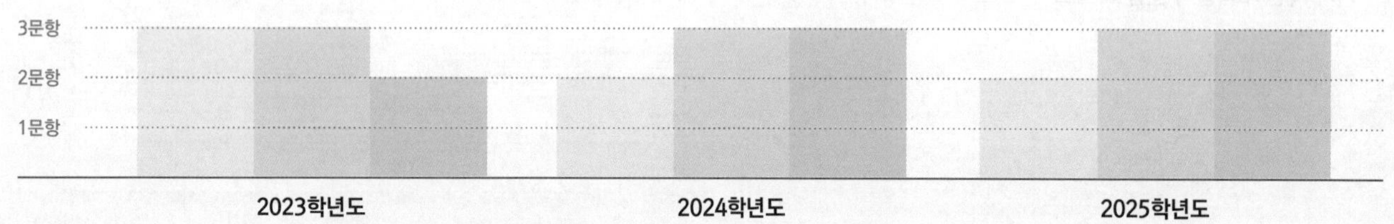

⋯▸ 모든 단원이 골고루 출제되는 편이며, 선택 과목으로 바뀐 2022학년부터는 8문항으로 고정되어 출제되었다.

확률과 통계 최근 3개년 수능 배점별 문항 수

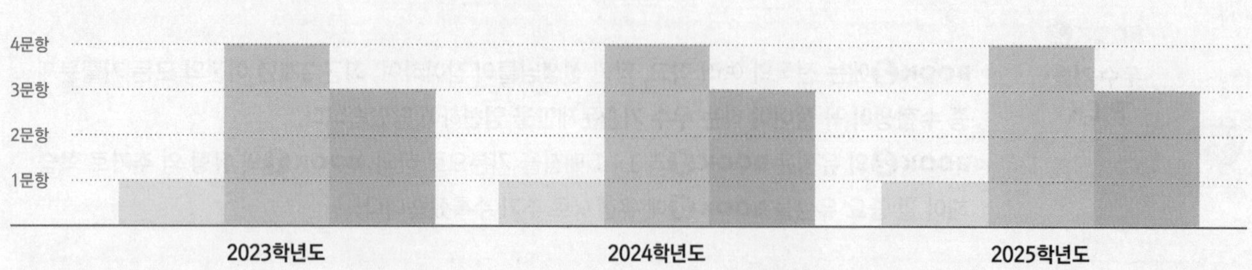

⋯▸ 2점짜리 문항보다는 3, 4점짜리 문항이 많이 출제되는 편이다. 선택 과목으로 바뀐 2022학년도부터는 2점짜리 1문항, 3점짜리 4문항, 4점짜리 3문항으로 고정되어 출제되었다.

확률과 통계 최근 3개년 수능 연도별 출제 문항 분석

학년도	번호	유형	필수 개념	배점	정답률
2023 학년도	23	Ⅰ-10 이항정리와 이항계수	$(ax+b)^n$의 x^k의 계수는 ${}_n\mathrm{C}_k a^k b^{n-k}$	2점	86%
	24	Ⅰ-2 중복순열	서로 다른 n개에서 중복을 허락하여 r개를 선택하는 중복순열의 수는 ${}_n\Pi_r=n^r$	3점	82%
	25	Ⅱ-4 여사건의 확률	사건 A의 여사건 A^C에 대하여 $\mathrm{P}(A^C)=1-\mathrm{P}(A)$	3점	77%
	26	Ⅱ-3 확률의 덧셈정리	두 사건 A, B에 대하여 $\mathrm{P}(A\cup B)=\mathrm{P}(A)+\mathrm{P}(B)-\mathrm{P}(A\cap B)$	3점	64%
	27	Ⅲ-7 모평균의 추정	신뢰도 95 %, 99 %의 신뢰구간은 각각 $\overline{x}-1.96\times\frac{\sigma}{\sqrt{n}}\le m\le\overline{x}+1.96\times\frac{\sigma}{\sqrt{n}}$, $\overline{x}-2.58\times\frac{\sigma}{\sqrt{n}}\le m\le\overline{x}+2.58\times\frac{\sigma}{\sqrt{n}}$	3점	50%
	28	Ⅲ-3 연속확률변수의 확률	연속확률변수 X가 $\alpha\le X\le\beta$의 모든 실수의 값을 가질 때, 함수 $y=f(x)$의 그래프와 x축 및 두 직선 $x=\alpha$, $x=\beta$로 둘러싸인 부분의 넓이는 1이다.	4점	58%
	29	Ⅱ-8 독립시행의 확률	독립시행을 n번 반복할 때, 사건이 r번 일어날 확률은 ${}_n\mathrm{C}_r p^r q^{n-r}$ (단, $p+q=1$, $r=0, 1, 2, \cdots, n$)	4점	6%
	30	Ⅰ-9 중복조합; 함수의 개수	두 집합 $X=\{x_1, x_2, \cdots, x_m\}$, $Y=\{y_1, y_2, \cdots, y_n\}$에 대하여 $x_i<x_j$이면 $f(x_i)\le f(x_j)$인 함수의 개수는 ${}_n\mathrm{H}_m$	4점	7%
2024 학년도	23	Ⅰ-4 같은 것이 있는 순열	n개 중에 같은 것이 각각 p개, q개, $\cdots$, r개씩 있을 때, n개를 일렬로 나열하는 순열의 수는 $\frac{n!}{p!q!\cdots r!}$ (단, $p+q+\cdots+r=n$)	2점	90%
	24	Ⅱ-7 독립인 사건의 확률	두 사건 A, B가 서로 독립이면 $\mathrm{P}(A\cap B)=\mathrm{P}(A)\mathrm{P}(B)$	3점	75%
	25	Ⅱ-4 여사건의 확률	사건 A의 여사건 A^C에 대하여 $\mathrm{P}(A^C)=1-\mathrm{P}(A)$	3점	81%
	26	Ⅲ-5 표본평균의 평균, 분산, 표준편차	이산확률변수 X의 확률질량함수가 $\mathrm{P}(X=x_i)=p_i$ $(i=1,\ 2,\ \cdots,\ n)$일 때, $\mathrm{E}(X)=x_1p_1+x_2p_2+\cdots+x_np_n$	3점	49%
	27	Ⅲ-7 모평균의 추정	정규분포 $\mathrm{N}(m, \sigma^2)$을 따르는 모집단에서 임의추출한 크기가 n인 표본의 표본평균 $\overline{X}$의 값이 $\overline{x}$일 때 신뢰도 95 %의 신뢰구간은 $\overline{x}-1.96\times\frac{\sigma}{\sqrt{n}}\le m\le\overline{x}+1.96\times\frac{\sigma}{\sqrt{n}}$	3점	65%
	28	Ⅱ-5 조건부확률	두 사건 A, B에 대하여 $\mathrm{P}(B\mid A)=\frac{\mathrm{P}(A\cap B)}{\mathrm{P}(A)}$	4점	51%
	29	Ⅰ-7 중복조합; 수의 대소가 정해진 경우	n 이하의 네 자연수 a, b, c, d에 대하여 $a\le b\le c\le d$를 만족시키는 순서쌍 (a, b, c, d)의 개수는 n 이하의 자연수에서 중복을 허락하여 4개를 택하는 중복조합의 수와 같으므로 ${}_n\mathrm{H}_4$	4점	33%
	30	Ⅲ-4 정규분포와 표준정규분포	표준정규분포의 확률밀도함수의 그래프는 직선 $z=0$에 대하여 대칭인 종 모양의 곡선이다.	4점	27%
2025 학년도	23	Ⅰ-10 이항정리와 이항계수	$(ax+b)^n$의 x^k의 계수는 ${}_n\mathrm{C}_k a^k b^{n-k}$	2점	83%
	24	Ⅱ-5 조건부확률	두 사건 A, B에 대하여 $\mathrm{P}(B\mid A)=\frac{\mathrm{P}(A\cap B)}{\mathrm{P}(A)}$	3점	75%
	25	Ⅲ-8 모평균의 추정	정규분포 $\mathrm{N}(m, \sigma^2)$을 따르는 모집단에서 임의추출한 크기가 n인 표본의 표본평균 $\overline{X}$의 값이 $\overline{x}$일 때 신뢰도 95 %의 신뢰구간은 $\overline{x}-1.96\times\frac{\sigma}{\sqrt{n}}\le m\le\overline{x}+1.96\times\frac{\sigma}{\sqrt{n}}$	3점	66%
	26	Ⅱ-4 여사건의 확률	사건 A의 여사건 A^C에 대하여 $\mathrm{P}(A^C)=1-\mathrm{P}(A)$	3점	81%
	27	Ⅲ-6 표본평균의 평균, 분산, 표준편차	이산확률변수 X에 대하여 $\mathrm{V}(X)=\mathrm{E}(X^2)-\{\mathrm{E}(X)\}^2$이고, 임의추출한 크기가 n인 표본의 표본평균 $\overline{X}$에 대하여 $\mathrm{V}(\overline{X})=\frac{\mathrm{V}(X)}{n}$, $\mathrm{V}(a\overline{X}+b)=a^2\,\mathrm{V}(\overline{X})$이다.	3점	30%
	28	Ⅰ-9 중복조합; 함수의 개수	두 집합 $X=\{x_1, x_2, \cdots, x_m\}$, $Y=\{y_1, y_2, \cdots, y_n\}$에 대하여 $x_i<x_j$이면 $f(x_i)\le f(x_j)$인 함수의 개수는 ${}_n\mathrm{H}_m$	4점	58%
	29	Ⅲ-4 정규분포와 표준정규분포	정규분포 $\mathrm{N}(m, \sigma)$을 따르는 확률변수 X의 정규분포곡선은 직선 $x=m$에 대하여 대칭이고 x축이 점근선인 종 모양의 곡선이다. 또한, σ의 값이 일정할 때, 곡선의 모양은 변하지 않는다.	4점	39%
	30	Ⅱ-7 독립인 사건의 확률	두 사건 A, B가 서로 독립이면 $\mathrm{P}(A\cap B)=\mathrm{P}(A)\mathrm{P}(B)$임을 이용한다.	4점	32%

차례

경우의 수

확률

통계

I 경우의 수

1 여러 가지 순열

유형 ❶ 원순열

유형 ❷ 중복순열

유형 ❸ 중복순열; 함수의 개수

유형 ❹ 같은 것이 있는 순열

유형 ❺ 같은 것이 있는 순열; 최단 거리

2 중복조합과 이항정리

유형 ❻ 중복조합

유형 ❼ 중복조합; 수의 대소가 정해진 경우

유형 ❽ 중복조합; 방정식의 정수인 해의 개수

유형 ❾ 중복조합; 함수의 개수

유형 ❿ 이항정리와 이항계수

❶ 유형별 출제 분포

학년도		2023학년도							2024학년도							2025학년도							총합
유형	월	3	4	6	7	9	10	수능	3	4	6	7	9	10	수능	3	5	6	7	9	10	수능	
유형 ① 원순열	2점																						0
	3점	1	1						1	1				1		1		1					7
	4점								1								1						2
유형 ② 중복순열	2점	1							1														2
	3점			1				1	1	1				1		1	1						7
	4점	1	1							1						1							4
유형 ③ 중복순열; 함수의 개수	2점																						0
	3점		1																				1
	4점		1			1					1												3
유형 ④ 같은 것이 있는 순열	2점			1							1				1			1		1	1		6
	3점	1	1		1		1		1			1				1	1		1				9
	4점	1							1	1													3
유형 ⑤ 같은 것이 있는 순열; 최단 거리	2점																						0
	3점	1											1			1							3
	4점																						0
유형 ⑥ 중복조합	2점		1							1						1							3
	3점	1																					1
	4점															1				1			2
유형 ⑦ 중복조합; 수의 대소가 정해진 경우	2점																						0
	3점																1						1
	4점												1	1	1								3
유형 ⑧ 중복조합; 방정식의 정수인 해의 개수	2점																						0
	3점								1	1													2
	4점		1								1						1						3
유형 ⑨ 중복조합; 함수의 개수	2점																						0
	3점																						0
	4점	1		1	1		1	1	1	1		1				1		1	1		1	1	13
유형 ⑩ 이항정리와 이항계수	2점				1	1		1				1							1			1	6
	3점		1	1			1			1	1						1	1			1		8
	4점																						0
총합		8	8	4	3	2	3	3	8	8	4	3	2	3	2	8	6	4	3	2	3	2	89

⋯› Ⅰ단원은 다양한 난이도의 문제가 출제 가능한 만큼 2~4점짜리의 문항이 다양하게 출제되고 있다.
특히 **유형 ④ 같은 것이 있는 순열**, **유형 ⑩ 이항정리와 이항계수**에서 2, 3점짜리 간단한 문항이 자주 출제되고 있고,
최근에는 **유형 ⑨ 중복조합; 함수의 개수**에서 4점짜리 고난도 문항이 높은 빈도로 출제되고 있다.

❷ 5지선다형 및 단답형별 최고 오답률

	번호	오답률	유형	필수 개념	본문 위치
2023 학년도	7월 28번	60%	유형 ❾ 중복조합; 함수의 개수	두 집합 $X=\{x_1, x_2, \cdots, x_m\}$, $Y=\{y_1, y_2, \cdots, y_n\}$에 대하여 $x_i<x_j$이면 $f(x_i)\le f(x_j)$인 함수의 개수는 ${}_n\mathrm{H}_m$	034쪽 059번
	수능 30번	93%	유형 ❾ 중복조합; 함수의 개수	두 집합 $X=\{x_1, x_2, \cdots, x_m\}$, $Y=\{y_1, y_2, \cdots, y_n\}$에 대하여 $x_i<x_j$이면 $f(x_i)\le f(x_j)$인 함수의 개수는 ${}_n\mathrm{H}_m$	046쪽 086번
2024 학년도	4월 28번	63%	유형 ❹ 같은 것이 있는 순열	n개 중에서 같은 것이 각각 p개, q개, $\cdots$, r개씩 있을 때, n개를 일렬로 나열하는 순열의 수는 $\dfrac{n!}{p!q!\cdots r!}$ (단, $p+q+\cdots+r=n$)	025쪽 039번
	4월 30번	96%	유형 ❷ 중복순열	서로 다른 n개에서 r개를 선택하는 중복순열의 수는 ${}_n\Pi_r=n^r$	047쪽 088번
2025 학년도	3월 28번	70%	유형 ❷ 중복순열	서로 다른 n개에서 r개를 선택하는 중복순열의 수는 ${}_n\Pi_r=n^r$	018쪽 020번
	6월 30번	93%	유형 ❾ 중복조합; 함수의 개수	두 집합 $X=\{x_1, x_2, \cdots, x_m\}$, $Y=\{y_1, y_2, \cdots, y_n\}$에 대하여 $x_i<x_j$이면 $f(x_i)\ge f(x_j)$인 함수의 개수는 ${}_n\mathrm{H}_m$	046쪽 087번

❸ 출제코드

▸ **이항정리와 이항계수를 이용하는 문제가 자주 출제된다.**

자연수 n에 대하여 $(a+b)^n$의 전개식의 일반항에 대한 간단한 계산 문제가 자주 출제된다. 이 유형에서는 그 개념을 정확히 이해하고 있다면 쉽게 해결할 수 있는 문제들이 주로 출제되고, 문제 형태가 정형화되어 있으므로 풀이 방법을 확실히 익혀두어야 한다.

▸ **중복조합을 이용하여 순서쌍을 구하는 문제가 고난도 문항으로 출제될 수 있다.**

중복조합을 이용하여 자연수 또는 음이 아닌 정수의 순서쌍을 구하는 문제가 출제될 수 있다. 실수 또는 정수의 성질을 이용하여 해석하는 조건이 함께 주어지는 경우가 많으므로 조건을 적절히 해석할 수 있도록 실수 또는 정수에 대한 성질을 잘 알아두어야 한다. 또한, 실생활 문제와 결합하여 출제되는 경우도 있으므로 주어진 상황을 적절하게 해석하여 방정식을 세울 수 있도록 해야 한다.

▸ **경우의 수를 이용하여 함수의 개수를 구하는 문제가 고난도 문항으로 자주 출제된다.**

중복순열이나 중복조합을 이용하여 함수의 개수를 구하는 문제는 4점짜리 고난도 문항으로 자주 출제된다.
문제의 조건에 따라 주어진 조건을 순열 또는 조합으로 적절히 바꾸어 함수의 개수를 구해야 하는 까다로운 문항이 주로 출제되므로 주어진 조건에 따라 이용할 수 있는 공식들을 잘 정리해 두어 풀이에 적용할 수 있도록 해야 한다.

❹ 공략코드

▸ **다양한 문제를 풀어 보고 유형에 익숙해져야 한다.**

경우의 수 문제를 풀 때, 원순열, 중복순열, 같은 것이 있는 순열, 중복조합 중 어느 것을 이용하여 해결해야 하는지를 파악하려면 다양한 문제에 대한 충분한 연습이 필요하다. 실생활 활용 문제가 많이 출제되는 만큼 문제 상황을 정확히 정리하여 그 상황에 맞게 중복순열, 중복조합 등 필요한 개념을 이용할 수 있도록 충분히 연습해 두는 것이 중요하다.

▸ **경우의 수에서 함수의 개수를 묻는 문제가 나오면 함수의 종류에 주목한다.**

경우의 수에서 함수 f의 개수를 묻는 문제가 나온다면 먼저 함수 f가 일대일함수인지, 증가 또는 감소하는 함수일 때 함숫값 사이의 관계에 등호가 있는지 없는지에 따라 이용하는 공식이 달라지므로 함수의 종류를 파악하여 필요한 공식을 이용하는 것이 중요하다.

I 경우의 수

Note

1 여러 가지 순열 수능 2023 2024

1. 원순열

(1) 서로 다른 것을 원형으로 배열하는 순열을 원순열이라 한다.

(2) 서로 다른 n개를 원형으로 배열하는 원순열의 수는

$$\frac{n!}{n}=(n-1)!$$

▶ 서로 다른 n개를 원형으로 배열하는 원순열의 수는 n개 중에서 어느 하나를 고정시키고, 나머지 $(n-1)$개를 일렬로 배열하는 순열의 수 $(n-1)!$로 생각해도 된다.

(3) 서로 다른 n개를 다각형 모양으로 배열하는 경우의 수는

$$\frac{n!}{(\text{회전시켰을 때 서로 같은 경우의 수})}$$

2. 중복순열

(1) 서로 다른 n개에서 중복을 허락하여 r개를 택하는 순열을 중복순열이라 하고, 이 중복순열의 수를 기호로

$${}_n\Pi_r$$

와 같이 나타낸다.

(2) 서로 다른 n개에서 r개를 택하는 중복순열의 수는

$${}_n\Pi_r=n^r$$

▶ ${}_n\mathrm{P}_r$에서는 $0\le r\le n$이어야 하지만 ${}_n\Pi_r$에서는 중복하여 택할 수 있으므로 $r>n$인 경우도 있다.

참고 서로 다른 n개에서 r개를 택하는 중복순열의 수는 r개의 자리에 올 수 있는 것이 각각 n가지이므로

$${}_n\Pi_r=\underbrace{n\times n\times n\times\cdots\times n}_{r\text{개}}=n^r$$

3. 같은 것이 있는 순열

(1) 같은 것이 있는 순열의 수

n개 중에서 같은 것이 각각 p개, q개, $\cdots$, r개씩 있을 때, n개를 일렬로 나열하는 순열의 수는

$$\frac{n!}{p!q!\cdots r!}\ (\text{단, } p+q+\cdots+r=n)$$

참고 서로 다른 n개를 일렬로 나열할 때, 특정한 r개를 미리 정해진 순서대로 나열하는 경우의 수는

$$\frac{n!}{r!}$$

(2) 최단 거리로 가는 경우의 수

오른쪽 그림과 같이 가로 방향으로 m칸, 세로 방향으로 n칸인 도로망이 있다. A지점에서 B지점까지 최단 거리로 가는 경우의 수는

$$\frac{(m+n)!}{m!n!}$$

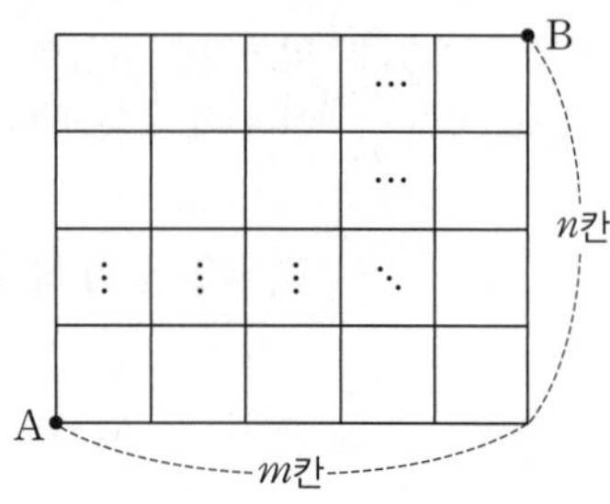

2 중복조합과 이항정리 수능 2023 2024 2025

1. 중복조합

(1) 서로 다른 n개에서 중복을 허락하여 r개를 택하는 조합을 중복조합이라 하고, 이 중복조합의 수를 기호로

$${}_{n}\mathrm{H}_{r}$$

와 같이 나타낸다.

(2) 서로 다른 n개에서 r개를 택하는 중복조합의 수는

$${}_{n}\mathrm{H}_{r}={}_{n+r-1}\mathrm{C}_{r}$$

2. 중복조합의 활용

(1) 방정식의 정수인 해의 순서쌍의 개수

자연수 n에 대하여 방정식 $x+y+z=n$에서

① 음이 아닌 정수인 해의 순서쌍 (x, y, z)의 개수

$${}_{3}\mathrm{H}_{n}$$

② 양의 정수인 해의 순서쌍 (x, y, z)의 개수

$${}_{3}\mathrm{H}_{n-3}\ (\text{단, } n\geq 3)$$

(2) 함수의 개수

두 집합 X, Y의 원소의 개수가 각각 m, n인 함수 $f : X \longrightarrow Y$에 대하여 $a<b$ $(a\in X,\ b\in X)$이면

① $f(a)<f(b)$인 함수의 개수는

$${}_{n}\mathrm{C}_{m}\ (\text{단, } n\geq m)$$

② $f(a)\leq f(b)$인 함수의 개수는

$${}_{n}\mathrm{H}_{m}$$

3. 이항정리

자연수 n에 대하여 $(a+b)^n$의 전개식은 다음과 같다.

$$(a+b)^n={}_{n}\mathrm{C}_{0}a^n+{}_{n}\mathrm{C}_{1}a^{n-1}b^1+\cdots+{}_{n}\mathrm{C}_{r}a^{n-r}b^r+\cdots+{}_{n}\mathrm{C}_{n}b^n=\sum_{r=0}^{n}{}_{n}\mathrm{C}_{r}a^{n-r}b^r$$

이를 이항정리라 하고, ${}_{n}\mathrm{C}_{r}a^{n-r}b^r$을 $(a+b)^n$의 전개식의 일반항이라 한다.
또한, 전개식에서 각 항의 계수, 즉

$${}_{n}\mathrm{C}_{0},\ {}_{n}\mathrm{C}_{1},\ {}_{n}\mathrm{C}_{2},\ \cdots,\ {}_{n}\mathrm{C}_{r},\ \cdots,\ {}_{n}\mathrm{C}_{n}$$

을 이항계수라 한다.

4. 이항계수의 성질

$(1+x)^n={}_{n}\mathrm{C}_{0}+{}_{n}\mathrm{C}_{1}x+{}_{n}\mathrm{C}_{2}x^2+\cdots+{}_{n}\mathrm{C}_{n}x^n$에서

(1) ${}_{n}\mathrm{C}_{0}+{}_{n}\mathrm{C}_{1}+{}_{n}\mathrm{C}_{2}+\cdots+{}_{n}\mathrm{C}_{n}=2^n$ ← $x=1$ 대입

(2) ${}_{n}\mathrm{C}_{0}-{}_{n}\mathrm{C}_{1}+{}_{n}\mathrm{C}_{2}-{}_{n}\mathrm{C}_{3}+\cdots+(-1)^n{}_{n}\mathrm{C}_{n}=0$ ← $x=-1$ 대입

(3) ${}_{n}\mathrm{C}_{0}+{}_{n}\mathrm{C}_{2}+{}_{n}\mathrm{C}_{4}+\cdots=2^{n-1}$, ← $\frac{(1)+(2)}{2}$

${}_{n}\mathrm{C}_{1}+{}_{n}\mathrm{C}_{3}+{}_{n}\mathrm{C}_{5}+\cdots=2^{n-1}$ ← $\frac{(1)-(2)}{2}$

5. 파스칼의 삼각형의 성질

(1) ${}_{n}\mathrm{C}_{r}={}_{n}\mathrm{C}_{n-r}$ (단, $0\leq r\leq n$)

(2) ${}_{n-1}\mathrm{C}_{r-1}+{}_{n-1}\mathrm{C}_{r}={}_{n}\mathrm{C}_{r}$ (단, $1\leq r<n$)

Note

▸ ${}_{n}\mathrm{C}_{r}$에서는 $0\leq r\leq n$이어야 하지만 ${}_{n}\mathrm{H}_{r}$에서는 중복하여 택할 수 있으므로 $r>n$인 경우도 있다.

▸ ① 음이 아닌 정수인 해의 개수는 서로 다른 3개에서 n개를 택하는 중복조합의 수
② 양의 정수인 해의 개수는 서로 다른 3개에서 $(n-3)$개를 택하는 중복조합의 수

▸ $(a+b)^n$의 전개식에서 두 항 $a^{n-r}b^r$, a^rb^{n-r}의 계수는 서로 같다.

1

여러 가지 순열

유형 1 원순열

서로 다른 n개를 원형으로 배열하는 원순열의 수는

$$\frac{n!}{n}=(n-1)!$$

실전 Tip

(1) 이웃하게 앉는 경우는 이웃하는 사람을 한 사람으로 생각한다.

(2) 이웃하지 않게 앉는 경우는 이웃해도 되는 사람이 먼저 앉는다.

유형코드 특정한 조건을 만족시키면서 원형으로 배열하는 원순열의 수를 구하는 문제로, 비교적 간단한 3점 또는 4점 문제가 자주 출제된다. 기출문제 형태에서 크게 벗어나지 않는 다소 평이한 난이도로 출제되므로 문제 해결의 패턴을 반드시 숙지해 두도록 한다.

3점

001 2023년 시행 교육청 3월 24번

5명의 학생이 일정한 간격을 두고 원 모양의 탁자에 모두 둘러앉는 경우의 수는?

(단, 회전하여 일치하는 것은 같은 것으로 본다.) [3점]

① 16 ② 20 ③ 24
④ 28 ⑤ 32

002 2023년 시행 교육청 4월 25번

세 학생 A, B, C를 포함한 7명의 학생이 있다. 이 7명의 학생 중에서 A, B, C를 포함하여 5명을 선택하고, 이 5명의 학생 모두를 일정한 간격으로 원 모양의 탁자에 둘러앉게 하는 경우의 수는?

(단, 회전하여 일치하는 것은 같은 것으로 본다.) [3점]

① 120 ② 132 ③ 144
④ 156 ⑤ 168

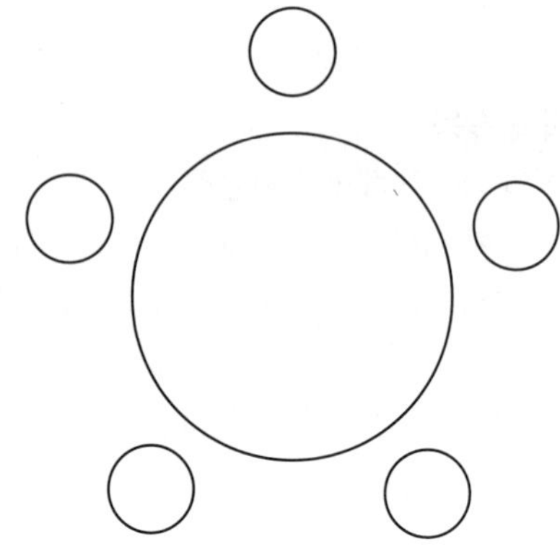

003 2024년 시행 교육청 3월 25번

남학생 5명, 여학생 2명이 있다. 이 7명의 학생이 일정한 간격을 두고 원 모양의 탁자에 모두 둘러앉을 때, 여학생끼리 이웃하여 앉는 경우의 수는?

(단, 회전하여 일치하는 것은 같은 것으로 본다.) [3점]

① 200 ② 240 ③ 280
④ 320 ⑤ 360

004

2022년 시행 교육청 3월 25번

A 학교 학생 5명, B 학교 학생 2명이 일정한 간격을 두고 원 모양의 탁자에 모두 둘러앉을 때, B 학교 학생끼리는 이웃하지 않도록 앉는 경우의 수는?

(단, 회전하여 일치하는 것은 같은 것으로 본다.) [3점]

① 320 ② 360 ③ 400
④ 440 ⑤ 480

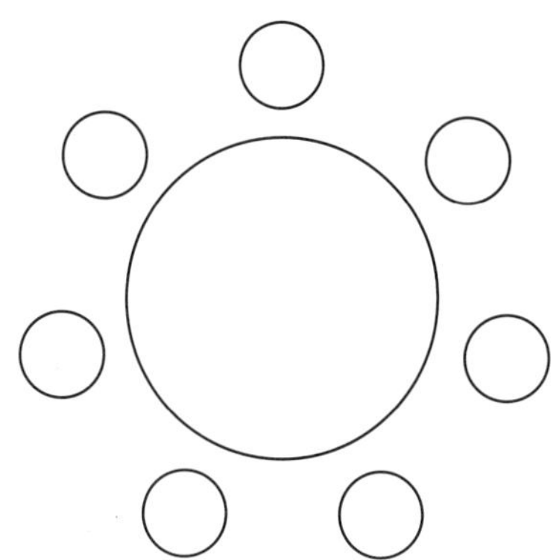

005

2022년 시행 교육청 4월 26번

학생 A를 포함한 4명의 1학년 학생과 학생 B를 포함한 4명의 2학년 학생이 있다. 이 8명의 학생이 일정한 간격을 두고 원 모양의 탁자에 다음 조건을 만족시키도록 모두 둘러앉는 경우의 수는? (단, 회전하여 일치하는 것은 같은 것으로 본다.) [3점]

> (가) 1학년 학생끼리는 이웃하지 않는다.
> (나) A와 B는 이웃한다.

① 48 ② 54 ③ 60
④ 66 ⑤ 72

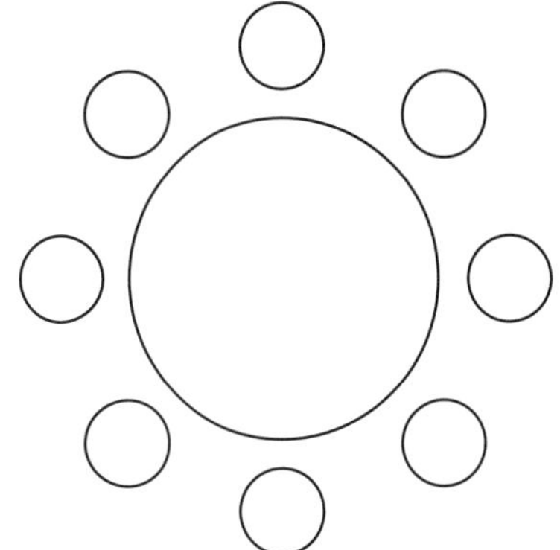

▶ 정답 및 해설 003쪽

006

2025학년도 평가원 6월 27번

1부터 6까지의 자연수가 하나씩 적혀 있는 6개의 의자가 있다. 이 6개의 의자를 일정한 간격을 두고 원형으로 배열할 때, 서로 이웃한 2개의 의자에 적혀 있는 수의 합이 11이 되지 않도록 배열하는 경우의 수는?

(단, 회전하여 일치하는 것은 같은 것으로 본다.) [3점]

① 72 ② 78 ③ 84
④ 90 ⑤ 96

007

2023년 시행 교육청 10월 27번

1부터 8까지의 자연수가 하나씩 적혀 있는 8개의 의자가 있다. 이 8개의 의자를 일정한 간격을 두고 원형으로 배열할 때, 서로 이웃한 2개의 의자에 적혀 있는 두 수가 서로소가 되도록 배열하는 경우의 수는?

(단, 회전하여 일치하는 것은 같은 것으로 본다.) [3점]

① 72 ② 78 ③ 84
④ 90 ⑤ 96

4점

008 2023년 시행 교육청 3월 28번

원 모양의 식탁에 같은 종류의 비어 있는 4개의 접시가 일정한 간격을 두고 원형으로 놓여 있다. 이 4개의 접시에 서로 다른 종류의 빵 5개와 같은 종류의 사탕 5개를 다음 조건을 만족시키도록 남김없이 나누어 담는 경우의 수는?

(단, 회전하여 일치하는 것은 같은 것으로 본다.) [4점]

(가) 각 접시에는 1개 이상의 빵을 담는다.
(나) 각 접시에 담는 빵의 개수와 사탕의 개수의 합은 3 이하이다.

① 420 ② 450 ③ 480
④ 510 ⑤ 540

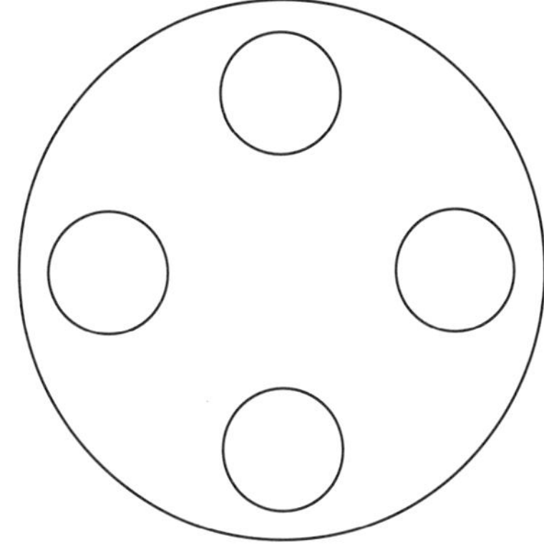

유형 2 중복순열

수능 2023

서로 다른 n개에서 중복을 허락하여 r개를 택하는 중복순열의 수는

$${}_n\Pi_r = n^r$$

실전 Tip
서로 다른 물건 r개를 n명에게 나누어 주는 경우의 수
➡ ${}_n\Pi_r$

유형코드 중복순열의 수를 구하는 간단한 계산 문제, 서로 다른 숫자 또는 문자에서 중복을 허락하여 택해 나열하는 문제 등이 2점, 3점, 4점으로 다양하게 출제된다. 중복순열 문제라는 것만 파악하면 간단히 해결할 수 있으므로 중복순열을 이용해야 하는 상황을 파악하는 것이 중요하다.

2점

009 2022년 시행 교육청 3월 23번

${}_3\Pi_4$의 값은? [2점]

① 63 ② 69 ③ 75
④ 81 ⑤ 87

010 2023년 시행 교육청 3월 23번

${}_3\mathrm{P}_2 + {}_3\Pi_2$의 값은? [2점]

① 15 ② 16 ③ 17
④ 18 ⑤ 19

▶ 정답 및 해설 004쪽

3점

011

2023학년도 수능 24번

숫자 1, 2, 3, 4, 5 중에서 중복을 허락하여 4개를 택해 일렬로 나열하여 만들 수 있는 네 자리의 자연수 중 4000 이상인 홀수의 개수는? [3점]

① 125 ② 150 ③ 175
④ 200 ⑤ 225

012

2024년 시행 교육청 3월 24번

숫자 1, 2, 3 중에서 중복을 허락하여 4개를 택해 일렬로 나열하여 만들 수 있는 네 자리 자연수 중 홀수의 개수는? [3점]

① 30 ② 36 ③ 42
④ 48 ⑤ 54

013

2023년 시행 교육청 10월 25번

숫자 0, 1, 2 중에서 중복을 허락하여 4개를 택해 일렬로 나열하여 만들 수 있는 네 자리의 자연수 중 각 자리의 수의 합이 7 이하인 자연수의 개수는? [3점]

① 45 ② 47 ③ 49
④ 51 ⑤ 53

014

2023년 시행 교육청 3월 26번

서로 다른 공 6개를 남김없이 세 주머니 A, B, C에 나누어 넣을 때, 주머니 A에 넣은 공의 개수가 3이 되도록 나누어 넣는 경우의 수는?

(단, 공을 넣지 않는 주머니가 있을 수 있다.) [3점]

① 120 ② 130 ③ 140
④ 150 ⑤ 160

015

2023학년도 평가원 6월 27번

네 문자 a, b, X, Y 중에서 중복을 허락하여 6개를 택해 일렬로 나열하려고 한다. 다음 조건이 성립하도록 나열하는 경우의 수는? [3점]

(가) 양 끝 모두에 대문자가 나온다.
(나) a는 한 번만 나온다.

① 384 ② 408 ③ 432 ④ 456 ⑤ 480

016

2023년 시행 교육청 4월 24번

전체집합 $U=\{1, 2, 3, 4, 5, 6\}$의 두 부분집합 A, B에 대하여

$$n(A\cup B)=5,\ A\cap B=\varnothing$$

을 만족시키는 집합 A, B의 모든 순서쌍 (A, B)의 개수는? [3점]

① 168 ② 174 ③ 180 ④ 186 ⑤ 192

017

2024년 시행 교육청 5월 26번

두 집합 $X=\{1, 2, 3, 4, 5\}$, $Y=\{1, 2, 3, 4\}$에 대하여 다음 조건을 만족시키는 함수 $f: X \longrightarrow Y$의 개수는? [3점]

(가) $f(1)+f(2)=4$
(나) 1은 함수 f의 치역의 원소이다.

① 145 ② 150 ③ 155 ④ 160 ⑤ 165

▶ 정답 및 해설 005쪽

4점

018

2022년 시행 교육청 3월 28번

세 명의 학생 A, B, C에게 서로 다른 종류의 사탕 5개를 다음 규칙에 따라 남김없이 나누어 주는 경우의 수는?

(단, 사탕을 받지 못하는 학생이 있을 수 있다.) [4점]

(가) 학생 A는 적어도 하나의 사탕을 받는다. (나) 학생 B가 받는 사탕의 개수는 2 이하이다.

① 167 ② 170 ③ 173 ④ 176 ⑤ 179

019

2022년 시행 교육청 4월 29번

숫자 0, 1, 2 중에서 중복을 허락하여 5개를 선택한 후 일렬로 나열하여 다섯 자리의 자연수를 만들려고 한다. 숫자 0과 1을 각각 1개 이상씩 선택하여 만들 수 있는 모든 자연수의 개수를 구하시오. [4점]

020

2024년 시행 교육청 3월 28번

다음 조건을 만족시키는 자연수 a, b, c의 모든 순서쌍 (a, b, c)의 개수는? [4점]

(가) $ab^2c=720$ (나) a와 c는 서로소가 아니다.

① 38 ② 42 ③ 46 ④ 50 ⑤ 54

유형 3 중복순열; 함수의 개수

두 집합 X, Y의 원소의 개수가 각각 m, n일 때, 함수 $f : X \longrightarrow Y$의 개수는

$${}_{n}\Pi_{m}=n^{m}$$

유형코드 중복순열을 이용하여 주어진 조건을 만족시키는 함수의 개수를 구하는 문제가 출제된다. 함수의 정의를 정확히 알고 문제에서 요구하는 함수의 조건이 무엇인지 파악해야 한다.

3점

021 2022년 시행 교육청 4월 25번

두 집합 $X=\{1, 2, 3, 4, 5\}$, $Y=\{1, 2, 3\}$에 대하여 다음 조건을 만족시키는 함수 $f : X \longrightarrow Y$의 개수는? [3점]

> 집합 X의 모든 원소 x에 대하여 $x \times f(x) \le 10$이다.

① 102 ② 105 ③ 108 ④ 111 ⑤ 114

4점

022 2024학년도 평가원 6월 28번

집합 $X=\{1, 2, 3, 4, 5\}$에 대하여 다음 조건을 만족시키는 함수 $f : X \longrightarrow X$의 개수는? [4점]

> (가) $f(1) \times f(3) \times f(5)$는 홀수이다.
> (나) $f(2) < f(4)$
> (다) 함수 f의 치역의 원소의 개수는 3이다.

① 128 ② 132 ③ 136 ④ 140 ⑤ 144

▶ 정답 및 해설 006쪽

유형 4 같은 것이 있는 순열

수능 2024

n개 중에서 같은 것이 각각 p개, q개, $\cdots$, r개씩 있을 때, n개를 일렬로 나열하는 순열의 수는

$$\frac{n!}{p!q!\cdots r!} \text{ (단, } p+q+\cdots+r=n\text{)}$$

실전Tip

순서가 정해진 문자는 같은 문자로 생각하여 같은 것이 있는 순열을 이용한다.

유형코드 특정한 조건을 만족시키면서 같은 것이 있는 문자 또는 숫자를 나열하는 순열의 수를 구하는 문제가 3점 또는 4점으로 자주 출제된다. 같은 것이 있는 순열을 이용해야 하는 문제라는 것을 파악하는 것이 중요하다. 위의 실전Tip과 같은 문제 상황이 주어지면 같은 것이 있는 순열을 이용해 보자.

2점

023 2025학년도 평가원 6월 23번

네 개의 숫자 1, 1, 2, 3을 모두 일렬로 나열하는 경우의 수는? [2점]

① 8 ② 10 ③ 12 ④ 14 ⑤ 16

024 2024학년도 평가원 6월 23번

5개의 문자 a, a, b, c, d를 모두 일렬로 나열하는 경우의 수는? [2점]

① 50 ② 55 ③ 60 ④ 65 ⑤ 70

025 2023학년도 평가원 6월 23번

5개의 문자 a, a, a, b, c를 모두 일렬로 나열하는 경우의 수는? [2점]

① 16 ② 20 ③ 24 ④ 28 ⑤ 32

026 2024년 시행 교육청 10월 23번

4개의 문자 a, a, b, b를 모두 일렬로 나열하는 경우의 수는? [2점]

① 6 ② 8 ③ 10 ④ 12 ⑤ 14

027

2025학년도 평가원 9월 23번

다섯 개의 숫자 1, 2, 2, 3, 3을 모두 일렬로 나열하는 경우의 수는? [2점]

① 10 ② 15 ③ 20
④ 25 ⑤ 30

028

2024학년도 수능 23번

5개의 문자 x, x, y, y, z를 모두 일렬로 나열하는 경우의 수는? [2점]

① 10 ② 20 ③ 30
④ 40 ⑤ 50

3점

029

2023년 시행 교육청 3월 25번

문자 A, A, A, B, B, B, C, C가 하나씩 적혀 있는 8장의 카드를 모두 일렬로 나열할 때, 양 끝 모두에 B가 적힌 카드가 놓이도록 나열하는 경우의 수는? (단, 같은 문자가 적혀 있는 카드끼리는 서로 구별하지 않는다.) [3점]

① 45 ② 50 ③ 55
④ 60 ⑤ 65

030

2022년 시행 교육청 3월 24번

6개의 숫자 1, 1, 2, 2, 2, 3을 일렬로 나열하여 만들 수 있는 여섯 자리의 자연수 중 홀수의 개수는? [3점]

① 20 ② 30 ③ 40
④ 50 ⑤ 60

▶ 정답 및 해설 008쪽

031

2022년 시행 교육청 10월 26번

다음 조건을 만족시키는 자연수 a, b, c, d의 모든 순서쌍 (a, b, c, d)의 개수는? [3점]

> (가) $a \times b \times c \times d = 8$
> (나) $a+b+c+d < 10$

① 10 ② 12 ③ 14
④ 16 ⑤ 18

032

2022년 시행 교육청 7월 26번

세 문자 a, b, c 중에서 모든 문자가 한 개 이상씩 포함되도록 중복을 허락하여 5개를 택해 일렬로 나열하는 경우의 수는? [3점]

① 135 ② 140 ③ 145
④ 150 ⑤ 155

033

2024년 시행 교육청 3월 27번

그림과 같이 문자 A, A, A, B, B, C, D 가 각각 하나씩 적혀 있는 7장의 카드와 1부터 7까지의 자연수가 각각 하나씩 적혀 있는 7개의 빈 상자가 있다.

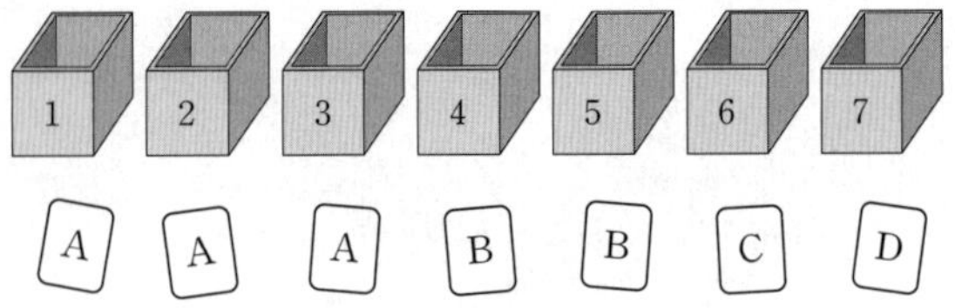

각 상자에 한 장의 카드만 들어가도록 7장의 카드를 나누어 넣을 때, 문자 A가 적혀 있는 카드가 들어간 3개의 상자에 적힌 수의 합이 홀수가 되도록 나누어 넣는 경우의 수는? (단, 같은 문자가 적힌 카드끼리는 서로 구별하지 않는다.) [3점]

① 144 ② 168 ③ 192
④ 216 ⑤ 240

034

2024년 시행 교육청 7월 27번

세 문자 P, Q, R 중에서 중복을 허락하여 8개를 택해 일렬로 나열하려고 한다. 다음 조건이 성립하도록 나열하는 경우의 수는? [3점]

> 나열된 8개의 문자 중에서 세 문자 P, Q, R의 개수를 각각 p, q, r이라 할 때 $1 \le p < q < r$이다.

① 440 ② 448 ③ 456
④ 464 ⑤ 472

035

2024년 시행 교육청 5월 27번

다음 조건을 만족시키는 10 이하의 자연수 a, b, c, d의 모든 순서쌍 (a, b, c, d)의 개수는? [3점]

> (가) $a \times b \times c \times d = 108$
> (나) a, b, c, d 중 서로 같은 수가 있다.

① 32 ② 36 ③ 40 ④ 44 ⑤ 48

036

2023년 시행 교육청 7월 27번

숫자 0, 0, 0, 1, 1, 2, 2가 하나씩 적힌 7장의 카드가 있다. 이 7장의 카드를 모두 한 번씩 사용하여 일렬로 나열할 때, 이웃하는 두 장의 카드에 적힌 수의 곱이 모두 1 이하가 되도록 나열하는 경우의 수는? (단, 같은 숫자가 적힌 카드끼리는 서로 구별하지 않는다.) [3점]

① 14 ② 15 ③ 16 ④ 17 ⑤ 18

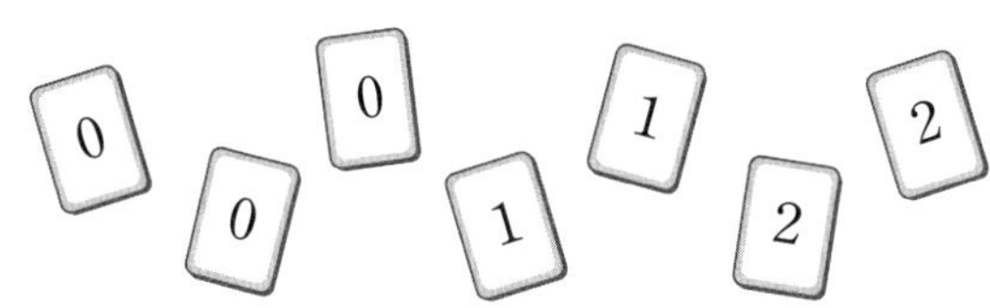

▸ 정답 및 해설 009쪽

037

2022년 시행 교육청 4월 27번

그림과 같이 A, B, B, C, D, D의 문자가 각각 하나씩 적힌 6개의 공과 1, 2, 3, 4, 5, 6의 숫자가 각각 하나씩 적힌 6개의 빈 상자가 있다.

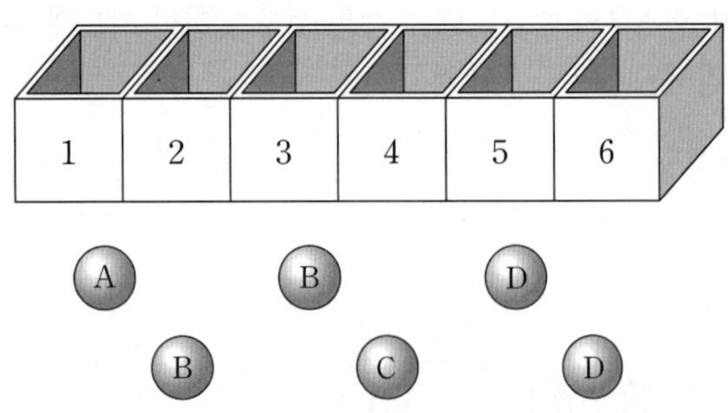

각 상자에 한 개의 공만 들어가도록 6개의 공을 나누어 넣을 때, 다음 조건을 만족시키는 경우의 수는?
(단, 같은 문자가 적힌 공끼리는 서로 구별하지 않는다.) [3점]

> (가) 숫자 1이 적힌 상자에 넣는 공은 문자 A 또는 문자 B가 적힌 공이다.
> (나) 문자 B가 적힌 공을 넣는 상자에 적힌 수 중 적어도 하나는 문자 C가 적힌 공을 넣는 상자에 적힌 수보다 작다.

① 80　② 85　③ 90　④ 95　⑤ 100

4점

038

2023년 시행 교육청 3월 29번

숫자 1, 2, 3 중에서 중복을 허락하여 다음 조건을 만족시키도록 여섯 개를 선택한 후, 선택한 숫자 여섯 개를 모두 일렬로 나열하는 경우의 수를 구하시오. [4점]

> (가) 숫자 1, 2, 3을 각각 한 개 이상씩 선택한다.
> (나) 선택한 여섯 개의 수의 합이 4의 배수이다.

039

2023년 시행 교육청 4월 28번

숫자 1, 1, 2, 2, 2, 3, 3, 4가 하나씩 적혀 있는 8장의 카드가 있다. 이 8장의 카드 중에서 7장을 택하여 이 7장의 카드 모두를 일렬로 나열할 때, 서로 이웃한 2장의 카드에 적혀 있는 수의 곱 모두가 짝수가 되도록 나열하는 경우의 수는? (단, 같은 숫자가 적힌 카드끼리는 서로 구별하지 않는다.) [4점]

① 264 ② 268 ③ 272 ④ 276 ⑤ 280

유형 5 같은 것이 있는 순열; 최단 거리

그림과 같이 직사각형 모양으로 연결된 도로망에서 A지점을 출발하여 B지점까지 최단 거리로 가는 경우의 수는

$$\frac{(m+n)!}{m!n!}$$

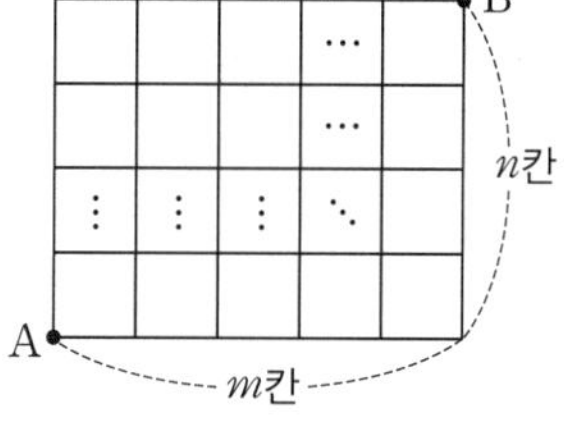

실전 Tip 장애물이 있는 도로망의 A지점에서 출발하여 B지점까지 최단 거리로 가는 경우

❶ 동시에 지나지 않는 지점 P, Q, …를 잡는다.

❷ A → P → B, A → Q → B, …의 경로에서 최단 거리로 가는 경우의 수를 각각 구하여 모두 더한다.

유형코드 같은 것이 있는 순열을 이용하여 쉽게 답을 구할 수 있는 문제뿐만 아니라 직사각형이 아닌 도로망이 출제되거나 지날 수 없는 지점이 있는 문제가 출제된다. 복잡한 도로망이 출제되더라도 최단 거리 문제의 기본 패턴만 잘 익혀두면 어렵지 않게 해결할 수 있다.

3점

040

2024학년도 평가원 9월 24번

그림과 같이 직사각형 모양으로 연결된 도로망이 있다. 이 도로망을 따라 A지점에서 출발하여 P지점을 거쳐 B지점까지 최단 거리로 가는 경우의 수는? [3점]

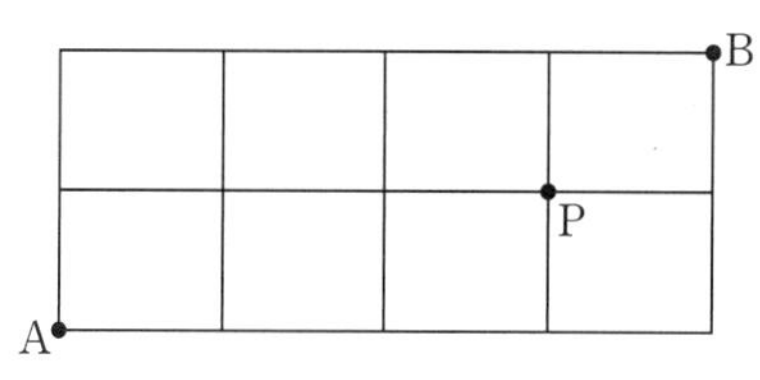

① 6 ② 7 ③ 8 ④ 9 ⑤ 10

▶ 정답 및 해설 010쪽

041

2022년 시행 교육청 3월 26번

그림과 같이 직사각형 모양으로 연결된 도로망이 있다. 이 도로망을 따라 A지점에서 출발하여 P지점을 지나 B지점까지 최단 거리로 가는 경우의 수는?

(단, 한 번 지난 도로를 다시 지날 수 있다.) [3점]

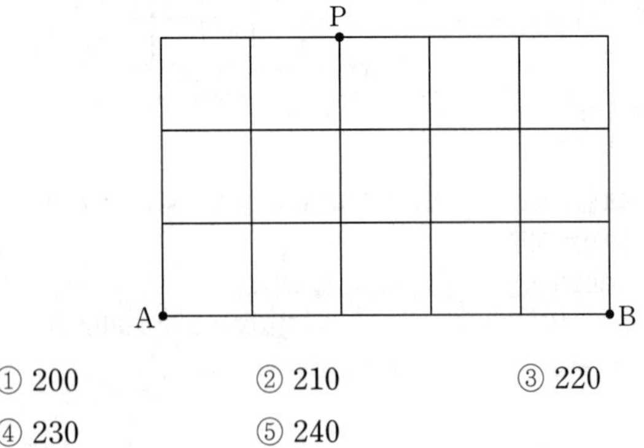

① 200 ② 210 ③ 220 ④ 230 ⑤ 240

042

2024년 시행 교육청 3월 26번

그림과 같이 직사각형 모양으로 연결된 도로망이 있다. 이 도로망을 따라 A지점에서 출발하여 B지점까지 최단 거리로 갈 때, P지점을 지나면서 Q지점을 지나지 않는 경우의 수는?

[3점]

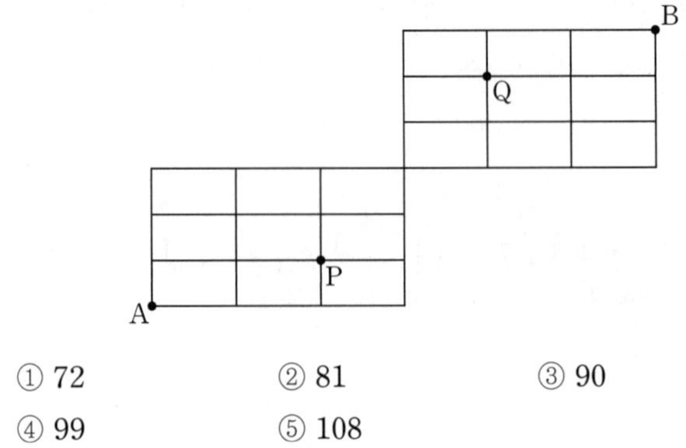

① 72 ② 81 ③ 90 ④ 99 ⑤ 108

2
중복조합과 이항정리

유형 6 중복조합

서로 다른 n개에서 중복을 허락하여 r개를 택하는 중복조합의 수는

$${}_{n}\mathrm{H}_{r}={}_{n+r-1}\mathrm{C}_{r}$$

실전 Tip

같은 종류의 물건 r개를 n명에게 나누어 주는 경우의 수 ➡ ${}_{n}\mathrm{H}_{r}$

유형코드 중복조합의 수를 구하는 간단한 계산 문제, 같은 종류의 물건을 서로 다른 사람에게 나누어 주는 문제 등이 2점, 3점, 4점으로 다양하게 출제된다. 중복조합을 이용하여 경우의 수를 구하는 문제는 경우의 수 단원에서 출제율이 가장 높으므로 많은 연습이 필요하다.

2점

043 2024년 시행 교육청 3월 23번

${}_{3}\mathrm{H}_{3}$의 값은? [2점]

① 10 ② 12 ③ 14 ④ 16 ⑤ 18

044 2023년 시행 교육청 4월 23번

${}_{3}\Pi_{2}+{}_{2}\mathrm{H}_{3}$의 값은? [2점]

① 13 ② 14 ③ 15 ④ 16 ⑤ 17

045 2022년 시행 교육청 4월 23번

${}_{n}\mathrm{H}_{2}={}_{9}\mathrm{C}_{2}$일 때, 자연수 n의 값은? [2점]

① 2 ② 4 ③ 6 ④ 8 ⑤ 10

▸ 정답 및 해설 011쪽

3점

046

2022년 시행 교육청 3월 27번

그림과 같이 같은 종류의 책 8권과 이 책을 각 칸에 최대 5권, 5권, 8권을 꽂을 수 있는 3개의 칸으로 이루어진 책장이 있다. 이 책 8권을 책장에 남김없이 나누어 꽂는 경우의 수는?

(단, 비어 있는 칸이 있을 수 있다.) [3점]

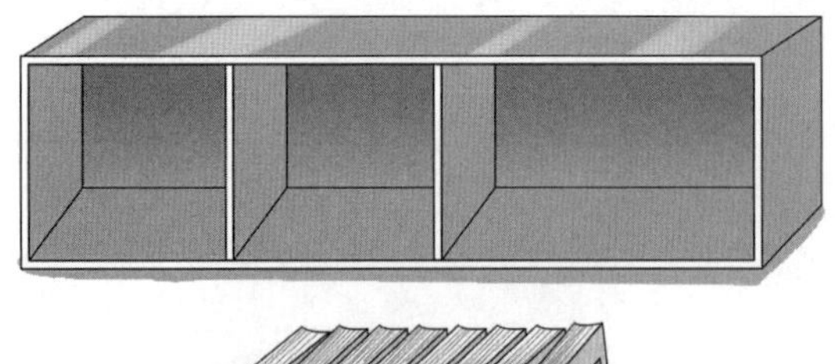

① 31　② 32　③ 33　④ 34　⑤ 35

4점

047

2024년 시행 교육청 3월 29번

세 명의 학생에게 서로 다른 종류의 초콜릿 3개와 같은 종류의 사탕 5개를 다음 규칙에 따라 남김없이 나누어 주는 경우의 수를 구하시오.

(단, 사탕을 받지 못하는 학생이 있을 수 있다.) [4점]

(가) 적어도 한 명의 학생은 초콜릿을 받지 못한다.
(나) 각 학생이 받는 초콜릿의 개수와 사탕의 개수의 합은 2 이상이다.

048

2025학년도 평가원 9월 30번

흰 공 4개와 검은 공 4개를 세 명의 학생 A, B, C에게 다음 규칙에 따라 남김없이 나누어 주는 경우의 수를 구하시오. (단, 같은 색 공끼리는 서로 구별하지 않고, 공을 받지 못하는 학생이 있을 수 있다.) [4점]

> (가) 학생 A가 받는 공의 개수는 0 이상 2 이하이다.
> (나) 학생 B가 받는 공의 개수는 2 이상이다.

유형 7 중복조합; 수의 대소가 정해진 경우

수능 2024

두 자연수 m, n에 대하여 $m \le a \le b \le c \le n$을 만족시키는 세 자연수 a, b, c를 정하는 경우의 수는 m부터 n까지 $(n-m+1)$개의 자연수 중에서 중복을 허락하여 3개를 택하는 중복조합의 수와 같으므로

$${}_{n-m+1}\mathrm{H}_3$$

참고 $m<a<b<c<n$을 만족시키는 세 자연수 a, b, c를 정하는 경우의 수 ➡ ${}_{n+m+1}\mathrm{C}_3$

유형코드 부등호 ≤, ≥로 수의 대소 관계가 주어지고 부등식을 만족시키는 순서쌍의 개수를 구하는 문제가 출제된다. 대소 관계가 주어지는 경우에는 값의 범위를 정할 수 있는 미지수를 기준으로 경우를 나눈다.

3점

049

2024년 시행 교육청 5월 25번

$4 \le x \le y \le z \le w \le 12$를 만족시키는 짝수 x, y, z, w의 모든 순서쌍 (x, y, z, w)의 개수는? [3점]

① 70 ② 74 ③ 78 ④ 82 ⑤ 86

▶ 정답 및 해설 012쪽

4점

050

2023년 시행 교육청 10월 29번

다음 조건을 만족시키는 자연수 a, b, c의 모든 순서쌍 (a, b, c)의 개수를 구하시오. [4점]

> (가) $a \le b \le c \le 8$
> (나) $(a-b)(b-c)=0$

051

2024학년도 수능 29번

다음 조건을 만족시키는 6 이하의 자연수 a, b, c, d의 모든 순서쌍 (a, b, c, d)의 개수를 구하시오. [4점]

> $a \le c \le d$이고 $b \le c \le d$이다.

052

2024학년도 평가원 9월 30번

다음 조건을 만족시키는 13 이하의 자연수 a, b, c, d의 모든 순서쌍 (a, b, c, d)의 개수를 구하시오. [4점]

(가) $a \le b \le c \le d$
(나) $a \times d$는 홀수이고, $b+c$는 짝수이다.

유형 8 중복조합; 방정식의 정수인 해의 개수

방정식 $x_1+x_2+x_3+\cdots+x_n=m$ (m, n은 자연수)를 만족시키는 음이 아닌 정수 x_1, x_2, x_3, $\cdots$, x_n의 순서쌍 $(x_1, x_2, x_3, \cdots, x_n)$의 개수는

$${}_n\mathrm{H}_m$$

실전 Tip 주어진 방정식의 해가 '음이 아닌 정수'가 아닌 다른 범위의 해이면 치환을 통해 '음이 아닌 정수'를 해로 갖는 방정식으로 변형한다.

유형코드 주어진 방정식을 만족시키는 순서쌍의 개수를 구하는 3점 또는 4점 문제가 자주 출제된다. 출제 패턴이 정해져 있으므로 쉽게 중복조합 문제임을 알 수 있다.

3점

053

2023년 시행 교육청 4월 26번

방정식 $3x+y+z+w=11$을 만족시키는 자연수 x, y, z, w의 모든 순서쌍 (x, y, z, w)의 개수는? [3점]

① 24 ② 27 ③ 30 ④ 33 ⑤ 36

▶ 정답 및 해설 014쪽

054

2023년 시행 교육청 3월 27번

방정식 $a+b+c+3d=10$을 만족시키는 자연수 a, b, c, d의 모든 순서쌍 (a, b, c, d)의 개수는? [3점]

① 15　② 18　③ 21　④ 24　⑤ 27

4점

055

2022년 시행 교육청 4월 28번

다음 조건을 만족시키는 음이 아닌 정수 a, b, c, d, e의 모든 순서쌍 (a, b, c, d, e)의 개수는? [4점]

> (가) $a+b+c+d+e=10$
> (나) $|a-b+c-d+e| \le 2$

① 359　② 363　③ 367　④ 371　⑤ 375

056

2024학년도 평가원 6월 29번

그림과 같이 2장의 검은색 카드와 1부터 8까지의 자연수가 하나씩 적혀 있는 8장의 흰색 카드가 있다. 이 카드를 모두 한 번씩 사용하여 왼쪽에서 오른쪽으로 일렬로 배열할 때, 다음 조건을 만족시키는 경우의 수를 구하시오.

(단, 검은색 카드는 서로 구별하지 않는다.) [4점]

> (가) 흰색 카드에 적힌 수가 작은 수부터 크기순으로 왼쪽에서 오른쪽으로 배열되도록 카드가 놓여 있다.
> (나) 검은색 카드 사이에는 흰색 카드가 2장 이상 놓여 있다.
> (다) 검은색 카드 사이에는 3의 배수가 적힌 흰색 카드가 1장 이상 놓여 있다.

유형 9 중복조합; 함수의 개수

수능 2023 2025

두 집합 X, Y의 원소의 개수가 각각 m, n인 함수 $f: X \longrightarrow Y$에 대하여 $a<b$ ($a\in X$, $b\in X$)이면 $f(a)\le f(b)$인 함수의 개수는

$${}_{n}\mathrm{H}_{m}$$

참고 경우의 수를 이용한 함수의 개수

두 집합 X, Y의 원소의 개수가 각각 m, n인 함수 $f: X \longrightarrow Y$에 대하여

(1) 함수의 개수는

$${}_{n}\Pi_{m}$$

(2) 일대일함수의 개수는

$${}_{n}\mathrm{P}_{m} \text{ (단, } n\ge m)$$

(3) $a<b$ ($a\in X$, $b\in X$)일 때

① $f(a)<f(b)$인 함수의 개수는

$${}_{n}\mathrm{C}_{m} \text{ (단, } n\ge m)$$

② $f(a)\le f(b)$의 함수의 개수는

$${}_{n}\mathrm{H}_{m}$$

유형코드 중복조합을 이용하여 주어진 조건을 만족시키는 함수의 개수를 구하는 문제가 출제된다. 특히, 순열과 조합을 모두 이용하여 함수의 개수를 구하는 문제가 출제되므로 주어진 조건에 따라 알맞은 공식을 이용하는 것이 문제 해결의 핵심이다. 위의 참고를 잘 숙지해 두자.

4점

057

2023학년도 평가원 6월 29번

집합 $X=\{1, 2, 3, 4, 5\}$에 대하여 다음 조건을 만족시키는 함수 $f: X \longrightarrow X$의 개수를 구하시오. [4점]

> (가) $f(f(1))=4$
> (나) $f(1)\le f(3)\le f(5)$

▶ 정답 및 해설 016쪽

058

2025학년도 수능 28번

집합 $X=\{1, 2, 3, 4, 5, 6\}$에 대하여 다음 조건을 만족시키는 함수 $f: X \longrightarrow X$의 개수는? [4점]

> (가) $f(1)\times f(6)$의 값이 6의 약수이다.
> (나) $2f(1) \le f(2) \le f(3) \le f(4) \le f(5) \le 2f(6)$

① 166 ② 171 ③ 176
④ 181 ⑤ 186

059

2022년 시행 교육청 7월 28번

두 집합 $X=\{1, 2, 3, 4, 5, 6\}$, $Y=\{1, 2, 3, 4, 5\}$에 대하여 다음 조건을 만족시키는 X에서 Y로의 함수 f의 개수는? [4점]

> (가) $\sqrt{f(1)\times f(2)\times f(3)}$의 값은 자연수이다.
> (나) 집합 X의 임의의 두 원소 x_1, x_2에 대하여 $x_1 < x_2$이면 $f(x_1) \le f(x_2)$이다.

① 84 ② 87 ③ 90
④ 93 ⑤ 96

060 2022년 시행 교육청 10월 29번

두 집합 $X=\{1, 2, 3, 4\}$, $Y=\{1, 2, 3, 4, 5, 6\}$에 대하여 다음 조건을 만족시키는 함수 $f : X \longrightarrow Y$의 개수를 구하시오. [4점]

> (가) 집합 X의 임의의 두 원소 x_1, x_2에 대하여 $x_1 < x_2$이면 $f(x_1) \le f(x_2)$이다.
> (나) $f(1) \le 3$
> (다) $f(3) \le f(1)+4$

061 2023년 시행 교육청 3월 30번

집합 $X=\{1, 2, 3, 4, 5\}$에 대하여 다음 조건을 만족시키는 함수 $f : X \longrightarrow X$의 개수를 구하시오. [4점]

> (가) 집합 X의 임의의 두 원소 x_1, x_2에 대하여 $x_1 < x_2$이면 $f(x_1) \le f(x_2)$이다.
> (나) $f(2) \ne 1$이고 $f(4) \times f(5) < 20$이다.

▶ 정답 및 해설 018쪽

062 2024년 시행 교육청 7월 30번

두 집합

$X=\{1, 2, 3, 4\}$, $Y=\{1, 2, 3, 4, 5, 6\}$

에 대하여 다음 조건을 만족시키는 함수 $f: X \longrightarrow Y$의 개수를 구하시오. [4점]

> (가) $f(1) \le f(2) \le f(1)+f(3) \le f(1)+f(4)$
> (나) $f(1)+f(2)$는 짝수이다.

063 2023년 시행 교육청 4월 29번

두 집합

$X=\{1, 2, 3, 4, 5, 6, 7, 8\}$,

$Y=\{1, 2, 3, 4, 5\}$

에 대하여 다음 조건을 만족시키는 X에서 Y로의 함수 f의 개수를 구하시오. [4점]

> (가) $f(4)=f(1)+f(2)+f(3)$
> (나) $2f(4)=f(5)+f(6)+f(7)+f(8)$

유형 10 이항정리와 이항계수

수능 2023 2025

자연수 n에 대하여 $(a+b)^n$의 전개식은 다음과 같다.

$$(a+b)^n = {}_nC_0 a^n + {}_nC_1 a^{n-1} b^1 + \cdots + {}_nC_r a^{n-r} b^r + \cdots + {}_nC_n b^n = \sum_{r=0}^{n} {}_nC_r a^{n-r} b^r$$

이를 이항정리라 하고, ${}_nC_r a^{n-r} b^r$을 $(a+b)^n$의 전개식의 일반항이라 한다.

또한, 전개식에서 각 항의 계수, 즉

$${}_nC_0,\ {}_nC_1,\ {}_nC_2,\ \cdots,\ {}_nC_r,\ \cdots,\ {}_nC_n$$

을 이항계수라 한다.

실전 Tip $(x+a)^n = (a+x)^n$이므로 다항식 $(x+a)^n$의 전개식에서 x의 특정한 항의 계수를 구할 때 전개식의 일반항을 ${}_nC_r x^{n-r} a^r$ 대신 ${}_nC_r x^r a^{n-r}$으로 놓아도 된다.

유형코드 $(a+b)^n$의 전개식의 일반항을 이용하여 특정한 항의 계수를 구하는 2점 또는 3점 문제가 자주 출제된다. 그렇지만 대부분 단순 계산 문제이므로 계산 실수가 없도록 주의해야 하고, 다항식의 전개식의 일반항 공식은 숙지하고 있어야 한다.

2점

064 2024년 시행 교육청 7월 23번

다항식 $(2x+1)^5$의 전개식에서 x^2의 계수는? [2점]

① 30 ② 35 ③ 40 ④ 45 ⑤ 50

065 2022년 시행 교육청 7월 23번

다항식 $(4x+1)^6$의 전개식에서 x의 계수는? [2점]

① 20 ② 24 ③ 28 ④ 32 ⑤ 36

066 2025학년도 수능 23번

다항식 $(x^3+2)^5$의 전개식에서 x^6의 계수는? [2점]

① 40 ② 50 ③ 60 ④ 70 ⑤ 80

067 2023년 시행 교육청 7월 23번

다항식 $(x^2+2)^6$의 전개식에서 x^8의 계수는? [2점]

① 30 ② 45 ③ 60 ④ 75 ⑤ 90

▶ 정답 및 해설 021쪽

068

2023학년도 수능 23번

다항식 $(x^3+3)^5$의 전개식에서 x^9의 계수는? [2점]

① 30 ② 60 ③ 90
④ 120 ⑤ 150

069

2023학년도 평가원 9월 23번

다항식 $(x^2+2)^6$의 전개식에서 x^4의 계수는? [2점]

① 240 ② 270 ③ 300
④ 330 ⑤ 360

3점

070

2025학년도 평가원 6월 25번

다항식 $(x^2-2)^5$의 전개식에서 x^6의 계수는? [3점]

① -50 ② -20 ③ 10
④ 40 ⑤ 70

071

2022년 시행 교육청 10월 24번

다항식 $(x^2+1)(x-2)^5$의 전개식에서 x^6의 계수는? [3점]

① -10 ② -8 ③ -6
④ -4 ⑤ -2

072

2024년 시행 교육청 5월 24번

다항식 $(ax^2+1)^6$의 전개식에서 x^4의 계수가 30일 때, 양수 a의 값은? [3점]

① 1 ② $\sqrt{2}$ ③ $\sqrt{3}$
④ 2 ⑤ $\sqrt{5}$

073

2024년 시행 교육청 10월 25번

다항식 $(2x+5)(x-1)^5$의 전개식에서 x^3의 계수는? [3점]

① 20 ② 30 ③ 40
④ 50 ⑤ 60

074

2024학년도 평가원 6월 26번

다항식 $(x-1)^6(2x+1)^7$의 전개식에서 x^2의 계수는? [3점]

① 15 ② 20 ③ 25
④ 30 ⑤ 35

075

2022년 시행 교육청 4월 24번

3 이상의 자연수 n에 대하여 다항식 $(x+2)^n$의 전개식에서 x^2의 계수와 x^3의 계수가 같을 때, n의 값은? [3점]

① 7 ② 8 ③ 9
④ 10 ⑤ 11

076

2023학년도 평가원 6월 26번

다항식 $(x^2+1)^4(x^3+1)^n$의 전개식에서 x^5의 계수가 12일 때, x^6의 계수는? (단, n은 자연수이다.) [3점]

① 6 ② 7 ③ 8
④ 9 ⑤ 10

077

2023년 시행 교육청 4월 27번

양수 a에 대하여 $\left(ax-\dfrac{2}{ax}\right)^7$의 전개식에서 각 항의 계수의 총합이 1일 때, $\dfrac{1}{x}$의 계수는? [3점]

① 70 ② 140 ③ 210
④ 280 ⑤ 350

▶ 정답 및 해설 023쪽

078

2024년 시행 교육청 5월 29번

다음 조건을 만족시키는 자연수 a, b, c, d, e의 모든 순서쌍 (a, b, c, d, e)의 개수를 구하시오. [4점]

(가) $a+b+c+d+e=11$
(나) $a+b$는 짝수이다.
(다) a, b, c, d, e 중에서 짝수의 개수는 2 이상이다.

079

2022년 시행 교육청 3월 29번

두 집합 $X=\{1, 2, 3, 4, 5\}$, $Y=\{-1, 0, 1, 2, 3\}$에 대하여 다음 조건을 만족시키는 함수 $f: X \longrightarrow Y$의 개수를 구하시오. [4점]

(가) $f(1) \leq f(2) \leq f(3) \leq f(4) \leq f(5)$
(나) $f(a)+f(b)=0$을 만족시키는 집합 X의 서로 다른 두 원소 a, b가 존재한다.

080

2024년 시행 교육청 10월 29번

두 집합 $X=\{1, 2, 3, 4\}$, $Y=\{0, 1, 2, 3, 4, 5\}$에 대하여 다음 조건을 만족시키는 함수 $f: X \longrightarrow Y$의 개수를 구하시오. [4점]

(가) $x=1, 2, 3$일 때, $f(x) \leq f(x+1)$이다.
(나) $f(a)=a$인 X의 원소 a의 개수는 1이다.

▶ 정답 및 해설 025쪽

081
2023학년도 평가원 9월 30번

집합 $X=\{1, 2, 3, 4, 5\}$와 함수 $f : X \longrightarrow X$에 대하여 함수 f의 치역을 A, 합성함수 $f \circ f$의 치역을 B라 할 때, 다음 조건을 만족시키는 함수 f의 개수를 구하시오. [4점]

(가) $n(A) \leq 3$
(나) $n(A)=n(B)$
(다) 집합 X의 모든 원소 x에 대하여 $f(x) \neq x$이다.

082
2022년 시행 교육청 4월 30번

집합 $X=\{1, 2, 3, 4, 5\}$에 대하여 다음 조건을 만족시키는 함수 $f : X \longrightarrow X$의 개수를 구하시오. [4점]

(가) $f(1)+f(2)+f(3)+f(4)+f(5)$는 짝수이다.
(나) 함수 f의 치역의 원소의 개수는 3이다.

083

2024년 시행 교육청 3월 30번

집합 $X=\{1, 2, 3, 4, 5\}$에 대하여 다음 조건을 만족시키는 $f: X \longrightarrow X$의 개수를 구하시오. [4점]

(가) $f(1) \leq f(2) \leq f(3)$
(나) $1 < f(5) < f(4)$
(다) $f(a)=b$, $f(b)=a$를 만족시키는 집합 X의 서로 다른 두 원소 a, b가 존재한다.

▸ 정답 및 해설 026쪽

084

2022년 시행 교육청 3월 30번

흰색 원판 4개와 검은색 원판 4개에 각각 A, B, C, D의 문자가 하나씩 적혀 있다. 이 8개의 원판 중에서 4개를 택하여 다음 규칙에 따라 원기둥 모양으로 쌓는 경우의 수를 구하시오.
(단, 원판의 크기는 모두 같고, 원판의 두 밑면은 서로 구별하지 않는다.) [4점]

(가) 선택된 4개의 원판 중 같은 문자가 적힌 원판이 있으면 같은 문자가 적힌 원판끼리는 검은색 원판이 흰색 원판보다 아래쪽에 놓이도록 쌓는다.
(나) 선택된 4개의 원판 중 같은 문자가 적힌 원판이 없으면 D가 적힌 원판이 맨 아래에 놓이도록 쌓는다.

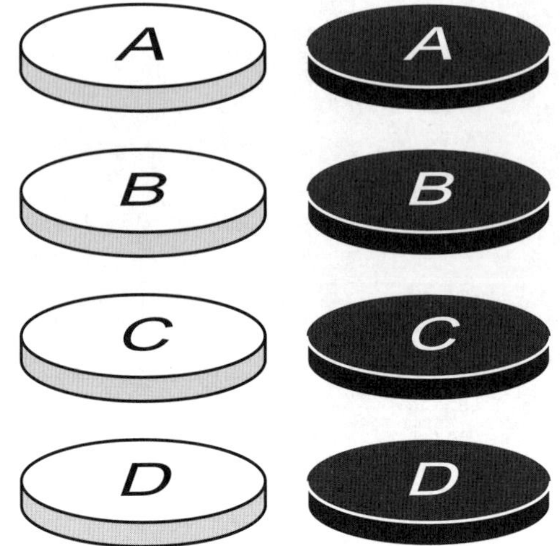

085

2024년 시행 교육청 5월 30번

그림과 같이 원판에 반지름의 길이가 1인 원이 그려져 있고, 원의 둘레를 6등분하는 6개의 점과 원의 중심이 표시되어 있다. 이 7개의 점에 1부터 7까지의 숫자가 하나씩 적힌 깃발 7개를 각각 한 개씩 놓으려고 할 때, 다음 조건을 만족시키는 경우의 수를 구하시오.

(단, 회전하여 일치하는 것은 같은 것으로 본다.) [4점]

> 깃발이 놓여 있는 7개의 점 중 3개의 점을 꼭짓점으로 하는 삼각형이 한 변의 길이가 1인 정삼각형일 때, 세 꼭짓점에 놓여 있는 깃발에 적힌 세 수의 합은 12 이하이다.

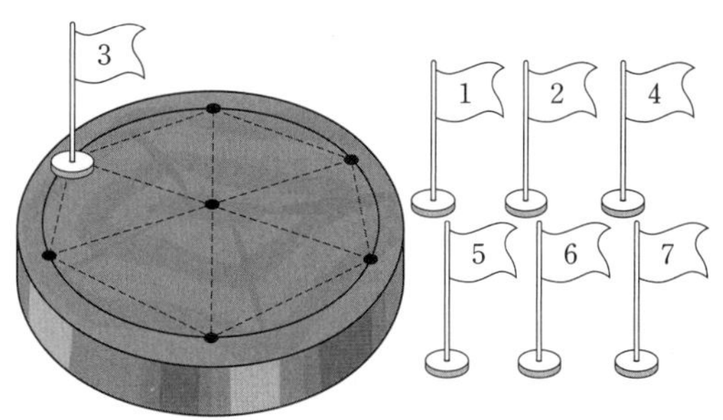

▶ 정답 및 해설 028쪽

086

2023학년도 수능 30번

집합 $X=\{x|x$는 10 이하의 자연수$\}$에 대하여 다음 조건을 만족시키는 함수 $f: X \longrightarrow X$의 개수를 구하시오. [4점]

(가) 9 이하의 모든 자연수 x에 대하여 $f(x) \leq f(x+1)$이다.
(나) $1 \leq x \leq 5$일 때 $f(x) \leq x$이고, $6 \leq x \leq 10$일 때 $f(x) \geq x$이다.
(다) $f(6)=f(5)+6$

087

2025학년도 평가원 6월 30번

집합 $X=\{-2, -1, 0, 1, 2\}$에 대하여 다음 조건을 만족시키는 함수 $f: X \longrightarrow X$의 개수를 구하시오. [4점]

(가) X의 모든 원소 x에 대하여 $x+f(x) \in X$이다.
(나) $x=-2, -1, 0, 1$일 때 $f(x) \geq f(x+1)$이다.

088

2023년 시행 교육청 4월 30번

세 문자 a, b, c 중에서 중복을 허락하여 각각 5개 이하씩 모두 7개를 택해 다음 조건을 만족시키는 7자리의 문자열을 만들려고 한다.

(가) 한 문자가 연달아 3개 이어지고 그 문자는 a뿐이다.
(나) 어느 한 문자도 연달아 4개 이상 이어지지 않는다.

예를 들어, $baaacca$, $ccbbaaa$는 조건을 만족시키는 문자열이고 $aabbcca$, $aaabccc$, $ccbaaaa$는 조건을 만족시키지 않는 문자열이다. 만들 수 있는 모든 문자열의 개수를 구하시오. [4점]

▶ 정답 및 해설 029쪽

089

2023년 시행 교육청 7월 30번

집합 $X=\{1, 2, 3, 4, 5, 6, 7\}$에 대하여 다음 조건을 만족시키는 함수 $f : X \longrightarrow X$의 개수를 구하시오. [4점]

> (가) $f(7)-f(1)=3$
> (나) 5 이하의 모든 자연수 n에 대하여
> $f(n) \leq f(n+2)$이다.
> (다) $\frac{1}{3}|f(2)-f(1)|$과 $\frac{1}{3}\sum_{k=1}^{4} f(2k-1)$의 값은 자연수이다.

▶ 정답 및 해설 032쪽

확률

❶ 유형별 출제 분포

학년도			2023학년도							2024학년도							2025학년도							총합
유형		월	3	4	6	7	9	10	수능	3	4	6	7	9	10	수능	3	5	6	7	9	10	수능	
유형 ❶	수학적 확률	2점																						0
		3점			1			1						1										3
		4점										1							1					2
유형 ❷	확률의 덧셈정리; 확률의 계산	2점																1						1
		3점										1		1	1				1					4
		4점																						0
유형 ❸	확률의 덧셈정리	2점																						0
		3점					1		1										1					3
		4점			1		1											1						3
유형 ❹	여사건의 확률	2점																						0
		3점				1			1			1				1				1	1		1	7
		4점																						0
유형 ❺	조건부확률	2점																						0
		3점					1					1											1	3
		4점			1			1					1		1	1			1	1	1			8
유형 ❻	확률의 곱셈정리	2점																						0
		3점				1							1											2
		4점																						0
유형 ❼	독립인 사건의 확률	2점																						0
		3점														1				1	1	1		4
		4점																					1	1
유형 ❽	독립시행의 확률	2점																						0
		3점			1								1											2
		4점				1			1					1								1		4
총합			0	0	4	3	3	2	3	0	0	4	3	3	2	3	0	2	4	3	3	2	3	47

⋯› 간단한 3점짜리 문항은 **유형❷ 확률의 덧셈정리; 확률의 계산**, **유형❹ 여사건의 확률**, **유형❻ 확률의 곱셈정리**에서 주로 출제된다.
최근에는 **유형❼ 독립인 사건의 확률**이 2024학년도 수능에서 출제된 이후 간단한 계산 문항으로 자주 출제되고 있다.
기존에 자주 출제되던 **유형❺ 조건부확률**을 포함하여 **유형❽ 독립시행의 확률**에서 4점짜리 문항이 자주 출제되고 있다.

❷ 5지선다형 및 단답형별 최고 오답률

	번호	오답률	유형	필수 개념	본문 위치
2023 학년도	9월 28번	49%	유형 ③ 확률의 덧셈정리	두 사건 A, B에 대하여 $\mathrm{P}(A\cup B)=\mathrm{P}(A)+\mathrm{P}(B)-\mathrm{P}(A\cap B)$	059쪽 014번
	수능 29번	94%	유형 ⑧ 독립시행의 확률	독립시행을 n번 반복할 때, 사건 A가 r번 일어날 확률은 ${}_{n}\mathrm{C}_{r}p^{r}q^{n-r}$ (단, $p+q=1$, $r=0, 1, 2, \cdots, n$)	076쪽 047번
2024 학년도	7월 28번	72%	유형 ⑤ 조건부확률	두 사건 A, B에 대하여 $\mathrm{P}(B\mid A)=\dfrac{\mathrm{P}(A\cap B)}{\mathrm{P}(A)}$	069쪽 039번
	6월 30번	76%	유형 ① 수학적 확률	(짝수)×(홀수)=(짝수), (짝수)×(짝수)=(짝수), (홀수)×(홀수)=(홀수)임을 이용한다.	070쪽 040번
2025 학년도	6월 28번	77%	유형 ⑤ 조건부확률	두 사건 A, B에 대하여 $\mathrm{P}(B\mid A)=\dfrac{\mathrm{P}(A\cap B)}{\mathrm{P}(A)}$	071쪽 041번
	10월 30번	88%	유형 ⑧ 독립시행의 확률	독립시행을 n번 반복할 때, 사건 A가 r번 일어날 확률은 ${}_{n}\mathrm{C}_{r}p^{r}q^{n-r}$ (단, $p+q=1$, $r=0, 1, 2, \cdots, n$)	074쪽 045번

❸ 출제코드

▸ **확률의 덧셈정리나 여사건의 확률을 이용하여 여러 가지 확률을 구하는 문제가 출제된다.**

최근에는 확률의 덧셈정리를 이용한 단순한 계산 문제보다는 실생활과 결합된 문제가 자주 출제되고 있다.
'이거나', '또는' 등의 표현이 있는 경우의 확률은 반드시 확률의 덧셈정리를 이용해야 하며, '적어도', '이상', '이하' 등의 표현이 있는 경우는 여사건이 확률은 이용하는 편이 좋다.

▸ **조건부확률을 이용하는 문제가 고난도 문항으로 출제될 수 있다.**

주어진 조건을 이용하여 확률을 구하고, 이 확률들을 이용하여 조건부확률을 구하는 복잡한 문제가 4점짜리 문항으로 출제될 수 있다. 실생활 소재의 문제에서 복잡한 상황을 두 가지 사건 이상으로 구분한 후, 각 사건에 대한 확률을 정확히 구할 수 있어야 한다.

❹ 공략코드

▸ **확률은 경우의 수의 연장선이다.**

확률을 구하기 위해서는 모든 경우의 수와 문제에서 요구하는 경우의 수를 모두 정확히 구해야 한다. 즉, 확률을 바르게 구하려면 경우의 수를 바르게 구할 수 있는 능력이 요구되므로 순열과 조합에 대한 공식과 기본 개념을 완벽하게 이해하고 있어야 한다. 확률 단원이 어렵다면 경우의 수의 단원으로 돌아가 경우의 수와 관련된 문제를 충분히 풀어 보며 순열과 조합을 더 다양하게 응용하는 방법을 연습하는 것이 좋다.

▸ **조건부확률은 문제 상황의 이해가 우선이다.**

조건부확률 문제는 문제 상황을 정확히 이해하여 새롭게 정의된 표본공간을 파악할 수 있어야 한다. 조건부확률의 문제에서는 구해야 하는 확률이 $\mathrm{P}(B\mid A)$인지, $\mathrm{P}(A\mid B)$인지 혼동하는 경우가 많으므로 문제를 풀기 전에 사건을 잘 정리하여 구하는 것이 무엇인지를 확실히 정해 두고 푸는 연습을 많이 해 두는 것이 좋다.

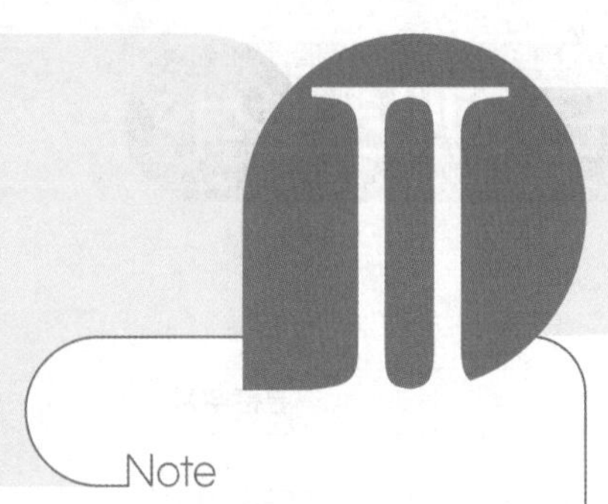

확률

Note

1 확률의 뜻과 활용 수능 2023 2024 2025

1. 시행과 사건

(1) **시행**: 같은 조건에서 반복할 수 있고 그 결과가 우연에 의하여 결정되는 실험이나 관찰

(2) **표본공간**: 어떤 시행에서 일어날 수 있는 모든 가능한 결과 전체의 집합

(3) **사건**: 시행의 결과로 일어나는 것으로 표본공간의 부분집합

(4) **배반사건**: 두 사건 A와 B가 동시에 일어나지 않을 때, 즉 $A\cap B=\varnothing$일 때, 두 사건 A와 B는 서로 배반사건이라 한다.

(5) **여사건**: 사건 A에 대하여 A가 일어나지 않는 사건을 A의 여사건이라 하고, 기호로 A^C과 같이 나타낸다.

2. 수학적 확률

표본공간이 S인 어떤 시행에서 일어날 수 있는 모든 경우의 수가 n이고, 각 경우는 일어날 가능성이 모두 같은 정도로 기대될 때, 사건 A가 일어나는 경우의 수가 r이면 사건 A가 일어날 확률 $\mathrm{P}(A)$는

$$\mathrm{P}(A)=\frac{n(A)}{n(S)}=\frac{(\text{사건 } A\text{가 일어나는 경우의 수})}{(\text{일어날 수 있는 모든 경우의 수})}=\frac{r}{n}$$

와 같이 정의하고, 이것을 사건 A가 일어날 수학적 확률이라 한다.

3. 확률의 기본 성질

표본공간이 S인 어떤 시행에서

(1) 임의의 사건 A에 대하여

$0\le \mathrm{P}(A)\le 1$

(2) 반드시 일어나는 사건 S에 대하여

$\mathrm{P}(S)=1$

(3) 절대로 일어나지 않는 사건 $\varnothing$에 대하여

$\mathrm{P}(\varnothing)=0$

▸ '적어도 ~인 사건', '~ 이상인 사건', '~ 이하인 사건' 등의 확률을 구할 때에는 여사건의 확률을 이용하면 편리하다.

4. 확률의 덧셈정리

표본공간 S의 두 사건 A, B에 대하여

(1) $\mathrm{P}(A\cup B)=\mathrm{P}(A)+\mathrm{P}(B)-\mathrm{P}(A\cap B)$

(2) 두 사건 A, B가 서로 배반사건이면

$\mathrm{P}(A\cup B)=\mathrm{P}(A)+\mathrm{P}(B)$

참고 n개의 사건 A_1, A_2, A_3, $\cdots$, A_n이 서로 배반사건이면

$\mathrm{P}(A_1\cup A_2\cup A_3\cup\cdots\cup A_n)=\mathrm{P}(A_1)+\mathrm{P}(A_2)+\mathrm{P}(A_3)+\cdots+\mathrm{P}(A_n)$

5. 여사건의 확률

표본공간 S의 사건 A의 여사건 A^C에 대하여

$\mathrm{P}(A^C)=1-\mathrm{P}(A)$

2 조건부확률 수능 2023 2024 2025

Note

1. 조건부확률

(1) **조건부확률**: 표본공간 S의 두 사건 A, B에 대하여 확률이 0이 아닌 사건 A가 일어났다고 가정할 때 사건 B가 일어날 확률을 사건 A가 일어났을 때의 사건 B의 조건부확률이라 하고, 기호로 $\mathrm{P}(B|A)$와 같이 나타낸다.

참고 **$\mathrm{P}(A\cap B)$와 $\mathrm{P}(B|A)$의 비교**

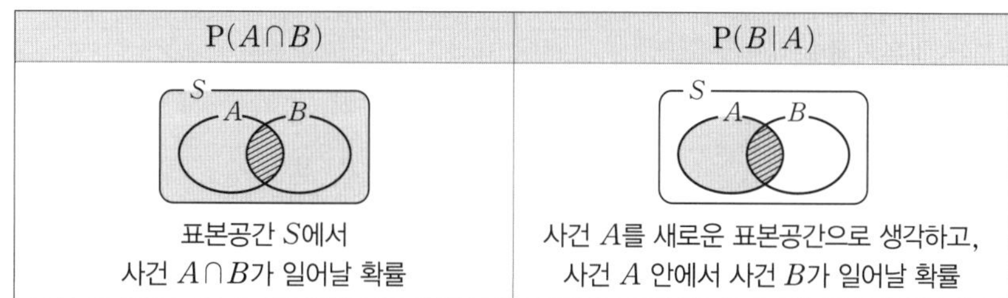

$\mathrm{P}(A\cap B)$	$\mathrm{P}(B\|A)$
표본공간 S에서 사건 $A\cap B$가 일어날 확률	사건 A를 새로운 표본공간으로 생각하고, 사건 A 안에서 사건 B가 일어날 확률

(2) 사건 A가 일어났을 때의 사건 B의 조건부확률은

$$\mathrm{P}(B|A)=\frac{\mathrm{P}(A\cap B)}{\mathrm{P}(A)} \text{ (단, } \mathrm{P}(A)>0)$$

2. 확률의 곱셈정리

두 사건 A, B에 대하여 $\mathrm{P}(A)>0$, $\mathrm{P}(B)>0$일 때

(1) $\mathrm{P}(A\cap B)=\mathrm{P}(A)\mathrm{P}(B|A)$

(2) $\mathrm{P}(A\cap B)=\mathrm{P}(B)\mathrm{P}(A|B)$

조건부확률을 변형한 식이다.

3. 사건의 독립과 종속

(1) **독립**: 두 사건 A, B에 대하여 사건 A가 일어나거나 일어나지 않는 것이 사건 B가 일어날 확률에 영향을 주지 않을 때, 즉

$\mathrm{P}(B|A)=\mathrm{P}(B|A^C)=\mathrm{P}(B)$ (단, $\mathrm{P}(A)>0$, $\mathrm{P}(B)>0$)

일 때, 두 사건 A, B는 서로 독립이라 한다.

(2) **종속**: 두 사건 A, B가 서로 독립이 아닐 때, 두 사건 A, B는 서로 종속이라 한다.

→ $\mathrm{P}(A|B)\neq\mathrm{P}(A)$ 또는 $\mathrm{P}(B|A)\neq\mathrm{P}(B)$

▶ 두 사건 A, B가 서로 독립
$\Longleftrightarrow$ A와 B^C이 서로 독립
$\Longleftrightarrow$ A^C과 B가 서로 독립
$\Longleftrightarrow$ A^C과 B^C이 서로 독립

4. 두 사건이 독립일 조건

두 사건 A, B가 서로 독립이기 위한 필요충분조건은

$\mathrm{P}(A\cap B)=\mathrm{P}(A)\mathrm{P}(B)$ (단, $\mathrm{P}(A)>0$, $\mathrm{P}(B)>0$)

▶ • $\mathrm{P}(A\cap B)=\mathrm{P}(A)\mathrm{P}(B)$ ➡ 독립
• $\mathrm{P}(A\cap B)\neq\mathrm{P}(A)\mathrm{P}(B)$ ➡ 종속

5. 독립시행의 확률

(1) **독립시행**: 동전이나 주사위를 여러 번 반복하여 던지는 경우와 같이 동일한 시행을 반복하는 경우, 각 시행에서 일어나는 사건이 서로 독립이면 이와 같은 시행을 독립시행이라 한다.

(2) **독립시행의 확률**: 어떤 시행에서 사건 A가 일어날 확률이 p $(0<p<1)$일 때, 이 시행을 n회 반복하는 독립시행에서 사건 A가 r회 일어날 확률은

${}_n\mathrm{C}_r p^r(1-p)^{n-r}$ (단, $r=0, 1, 2, \cdots, n$)

→ 사건 A가 n회 중 r회 일어나는 경우의 수

Ⅱ 확률

1

확률의 뜻과 활용

유형 1 수학적 확률

표본공간이 S인 어떤 시행에서 사건 A가 일어날 수학적 확률은

$$\mathrm{P}(A)=\frac{n(A)}{n(S)}=\frac{(\text{사건 } A\text{가 일어나는 경우의 수})}{(\text{일어날 수 있는 모든 경우의 수})}$$

유형코드 경우의 수를 일일이 세거나 순열 또는 조합을 이용하여 확률을 구하는 3점 또는 4점 문제가 자주 출제된다. 주어진 문제에서 알맞은 방법으로 사건의 경우의 수를 구할 수 있어야 하기 때문에 I단원에서 배운 내용에 대한 복습도 반드시 필요하다.

3점

001 2023학년도 평가원 6월 24번

주머니 A에는 1부터 3까지의 자연수가 하나씩 적혀 있는 3장의 카드가 들어 있고, 주머니 B에는 1부터 5까지의 자연수가 하나씩 적혀 있는 5장의 카드가 들어 있다. 두 주머니 A, B에서 각각 카드를 임의로 한 장씩 꺼낼 때, 꺼낸 두 장의 카드에 적힌 수의 차가 1일 확률은? [3점]

① $\frac{1}{3}$ ② $\frac{2}{5}$ ③ $\frac{7}{15}$ ④ $\frac{8}{15}$ ⑤ $\frac{3}{5}$

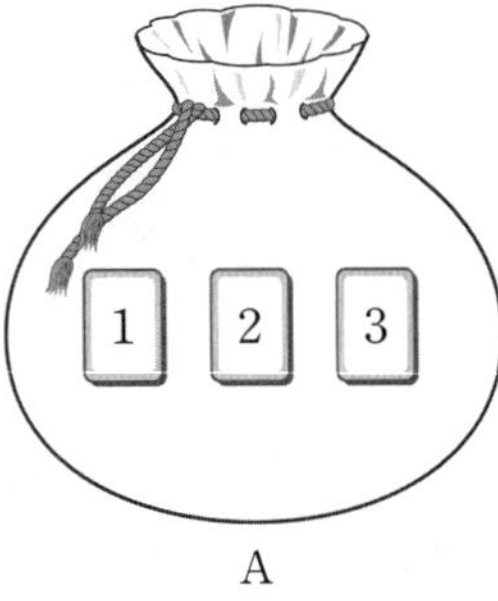

A

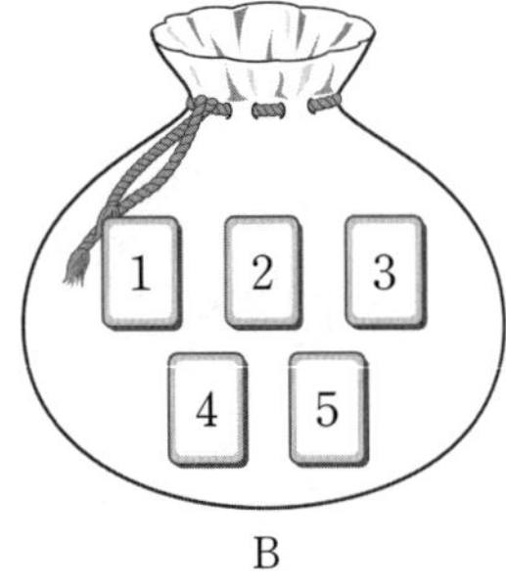

B

002 2024학년도 평가원 9월 27번

두 집합 $X=\{1, 2, 3, 4\}$, $Y=\{1, 2, 3, 4, 5, 6, 7\}$에 대하여 X에서 Y로의 모든 일대일함수 f 중에서 임의로 하나를 선택할 때, 이 함수가 다음 조건을 만족시킬 확률은? [3점]

> (가) $f(2)=2$
> (나) $f(1)\times f(2)\times f(3)\times f(4)$는 4의 배수이다.

① $\frac{1}{14}$ ② $\frac{3}{35}$ ③ $\frac{1}{10}$ ④ $\frac{4}{35}$ ⑤ $\frac{9}{70}$

003

2022년 시행 교육청 10월 27번

1부터 10까지의 자연수가 하나씩 적혀 있는 10장의 카드가 들어 있는 주머니가 있다. 이 주머니에서 임의로 카드 4장을 동시에 꺼내어 카드에 적혀 있는 수를 작은 수부터 크기 순서대로 a_1, a_2, a_3, a_4라 하자. $a_1 \times a_2$의 값이 홀수이고, $a_3+a_4 \geq 16$일 확률은? [3점]

① $\frac{1}{14}$　② $\frac{3}{35}$　③ $\frac{1}{10}$

④ $\frac{4}{35}$　⑤ $\frac{9}{70}$

4점

004

2025학년도 평가원 6월 29번

40개의 공이 들어 있는 주머니가 있다. 각각의 공은 흰 공 또는 검은 공 중 하나이다.

이 주머니에서 임의로 2개의 공을 동시에 꺼낼 때, 흰 공 2개를 꺼낼 확률을 p, 흰 공 1개와 검은 공 1개를 꺼낼 확률을 q, 검은 공 2개를 꺼낼 확률을 r이라 하자. $p=q$일 때, $60r$의 값을 구하시오. (단, $p>0$) [4점]

▶ 정답 및 해설 033쪽

유형 2 확률의 덧셈정리; 확률의 계산

표본공간 S의 두 사건 A, B에 대하여

(1) $\mathrm{P}(A\cup B)=\mathrm{P}(A)+\mathrm{P}(B)-\mathrm{P}(A\cap B)$

(2) 두 사건 A, B가 서로 배반사건이면

$$\mathrm{P}(A\cup B)=\mathrm{P}(A)+\mathrm{P}(B)$$

참고 여사건의 확률이 주어지면 다음을 이용하여 확률을 계산한다.

(1) $\mathrm{P}(A^C)=1-\mathrm{P}(A)$

(2) $\mathrm{P}(A)=\mathrm{P}(A\cap B)+\mathrm{P}(A\cap B^C)$

(3) $\mathrm{P}(A\cup B)=\mathrm{P}(A)+\mathrm{P}(A^C\cap B)$

(4) $\mathrm{P}(A^C\cup B^C)=\mathrm{P}((A\cap B)^C)=1-\mathrm{P}(A\cap B)$

(5) $\mathrm{P}(A^C\cap B^C)=\mathrm{P}((A\cup B)^C)=1-\mathrm{P}(A\cup B)$

실전 Tip 벤다이어그램을 그려 보면 주어진 조건을 쉽게 이해할 수 있다.

유형코드 $\mathrm{P}(A)$, $\mathrm{P}(B)$, $\mathrm{P}(A\cup B)$와 같은 확률이 주어졌을 때 배반사건, 여사건의 성질 및 확률의 덧셈정리 등을 이용하여 확률을 계산하는 3점 문제가 종종 출제된다. 각각의 개념만 확실히 이해하고 있으면 어렵지 않게 풀 수 있다.

2점

005 2024년 시행 교육청 5월 23번

두 사건 A, B에 대하여

$$\mathrm{P}(A\cup B)=\frac{2}{3},\ \mathrm{P}(A)+\mathrm{P}(B)=4\times\mathrm{P}(A\cap B)$$

일 때, $\mathrm{P}(A\cap B)$의 값은? [2점]

① $\frac{5}{9}$ ② $\frac{4}{9}$ ③ $\frac{1}{3}$ ④ $\frac{2}{9}$ ⑤ $\frac{1}{9}$

3점

006 2023년 시행 교육청 10월 24번

두 사건 A, B가 서로 배반사건이고

$$\mathrm{P}(A\cup B)=\frac{5}{6},\ \mathrm{P}(A^C)=\frac{3}{4}$$

일 때, $\mathrm{P}(B)$의 값은? (단, A^C은 A의 여사건이다.) [3점]

① $\frac{1}{3}$ ② $\frac{5}{12}$ ③ $\frac{1}{2}$ ④ $\frac{7}{12}$ ⑤ $\frac{2}{3}$

007 2025학년도 평가원 6월 24번

두 사건 A, B는 서로 배반사건이고

$$\mathrm{P}(A^C)=\frac{5}{6},\ \mathrm{P}(A\cup B)=\frac{3}{4}$$

일 때, $\mathrm{P}(B^C)$의 값은? [3점]

① $\frac{3}{8}$ ② $\frac{5}{12}$ ③ $\frac{11}{24}$ ④ $\frac{1}{2}$ ⑤ $\frac{13}{24}$

008

2024학년도 평가원 6월 24번

두 사건 A, B에 대하여

$$P(A\cap B^C)=\frac{1}{9},\ P(B^C)=\frac{7}{18}$$

일 때, $P(A\cup B)$의 값은? (단, B^C은 B의 여사건이다.) [3점]

① $\frac{5}{9}$ ② $\frac{11}{18}$ ③ $\frac{2}{3}$ ④ $\frac{13}{18}$ ⑤ $\frac{7}{9}$

009

2024학년도 평가원 9월 25번

두 사건 A, B에 대하여 A와 B^C은 서로 배반사건이고

$$P(A\cap B)=\frac{1}{5},\ P(A)+P(B)=\frac{7}{10}$$

일 때, $P(A^C\cap B)$의 값은? (단, A^C은 A의 여사건이다.) [3점]

① $\frac{1}{10}$ ② $\frac{1}{5}$ ③ $\frac{3}{10}$ ④ $\frac{2}{5}$ ⑤ $\frac{1}{2}$

유형 3 확률의 덧셈정리

수능 2023

표본공간 S의 두 사건 A, B에 대하여

(1) $P(A\cup B)=P(A)+P(B)-P(A\cap B)$

(2) 두 사건 A, B가 서로 배반사건이면

$$P(A\cup B)=P(A)+P(B)$$

참고 '이거나', '또는' 등의 표현이 있을 때, 확률의 덧셈정리를 이용한다.

유형코드 확률의 덧셈정리를 이용하여 해결하는 실생활 활용 문제가 3점 또는 4점으로 종종 출제된다. 중복으로 세어지거나 누락되는 경우의 사건을 잘 파악해야 한다. 특히, 배반사건인지 아닌지를 판단하는 것이 중요하다.

3점

010

2023학년도 평가원 9월 26번

세 학생 A, B, C를 포함한 7명의 학생이 원 모양의 탁자에 일정한 간격을 두고 임의로 모두 둘러앉을 때, A가 B 또는 C와 이웃하게 될 확률은? [3점]

① $\frac{1}{2}$ ② $\frac{3}{5}$ ③ $\frac{7}{10}$ ④ $\frac{4}{5}$ ⑤ $\frac{9}{10}$

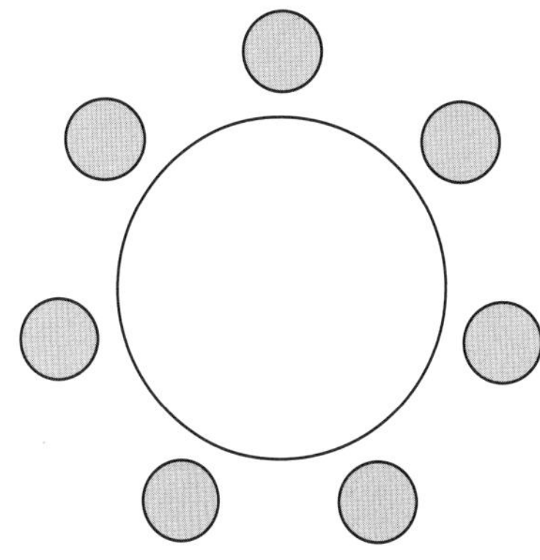

▸ 정답 및 해설 034쪽

011

2023학년도 수능 26번

주머니에 1이 적힌 흰 공 1개, 2가 적힌 흰 공 1개, 1이 적힌 검은 공 1개, 2가 적힌 검은 공 3개가 들어 있다. 이 주머니에서 임의로 3개의 공을 동시에 꺼내는 시행을 한다. 이 시행에서 꺼낸 3개의 공 중에서 흰 공이 1개이고 검은 공이 2개인 사건을 A, 꺼낸 3개의 공에 적혀 있는 수를 모두 곱한 값이 8인 사건을 B라 할 때, $\mathrm{P}(A \cup B)$의 값은? [3점]

① $\frac{11}{20}$ ② $\frac{3}{5}$ ③ $\frac{13}{20}$

④ $\frac{7}{10}$ ⑤ $\frac{3}{4}$

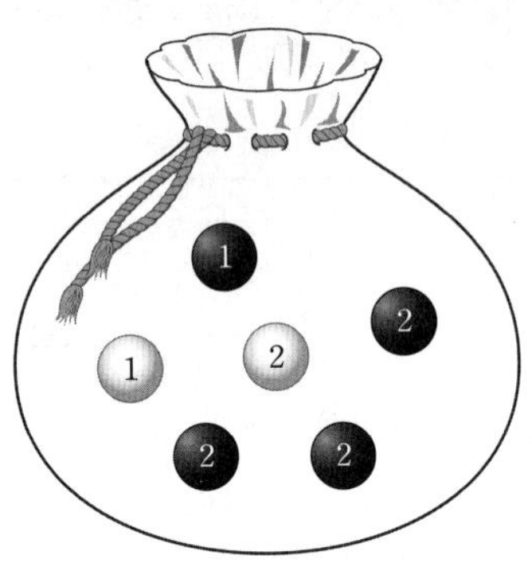

012

2025학년도 평가원 6월 26번

문자 a, b, c, d 중에서 중복을 허락하여 4개를 택해 일렬로 나열하여 만들 수 있는 모든 문자열 중에서 임의로 하나를 선택할 때, 문자 a가 한 개만 포함되거나 문자 b가 한 개만 포함된 문자열이 선택될 확률은? [3점]

① $\frac{5}{8}$ ② $\frac{41}{64}$ ③ $\frac{21}{32}$

④ $\frac{43}{64}$ ⑤ $\frac{11}{16}$

4점

013

2023학년도 평가원 6월 28번

숫자 1, 2, 3, 4, 5 중에서 서로 다른 4개를 택해 일렬로 나열하여 만들 수 있는 모든 네 자리의 자연수 중에서 임의로 하나의 수를 택할 때, 택한 수가 5의 배수 또는 3500 이상일 확률은? [4점]

① $\frac{9}{20}$ ② $\frac{1}{2}$ ③ $\frac{11}{20}$
④ $\frac{3}{5}$ ⑤ $\frac{13}{20}$

014

2023학년도 평가원 9월 28번

1부터 10까지의 자연수 중에서 임의로 서로 다른 3개의 수를 선택한다. 선택된 세 개의 수의 곱이 5의 배수이고 합은 3의 배수일 확률은? [4점]

① $\frac{3}{20}$ ② $\frac{1}{6}$ ③ $\frac{11}{60}$
④ $\frac{1}{5}$ ⑤ $\frac{13}{60}$

015

2024년 시행 교육청 5월 28번

그림과 같이 A열에 3개, B열에 4개로 구성된 총 7개의 좌석이 있다. 1학년 학생 2명, 2학년 학생 2명, 3학년 학생 3명 모두가 이 7개의 좌석 중 임의로 1개씩 선택하여 앉을 때, 다음 조건을 만족시키도록 앉을 확률은?

(단, 한 좌석에는 한 명의 학생만 앉는다.) [4점]

> (가) A열의 좌석에는 서로 다른 두 학년의 학생들이 앉되, 같은 학년의 학생끼리는 이웃하여 앉는다.
> (나) B열의 좌석에는 같은 학년의 학생끼리 이웃하지 않도록 앉는다.

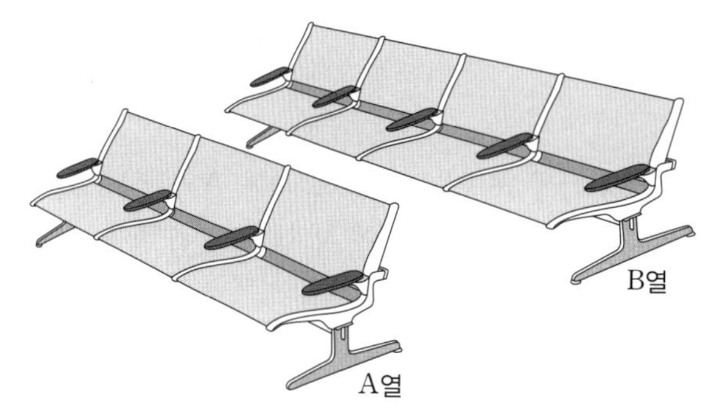

① $\frac{2}{15}$ ② $\frac{16}{105}$ ③ $\frac{6}{35}$
④ $\frac{4}{21}$ ⑤ $\frac{22}{105}$

Ⅱ 확률

▶ 정답 및 해설 035쪽

유형 4 여사건의 확률

수능 2023 2024 2025

표본공간 S의 사건 A의 여사건 A^C에 대하여

$$P(A^C)=1-P(A)$$

참고 '~ 이상일 확률', '~ 이하일 확률', '~가 아닐 확률' 등의 표현이 있을 때, 여사건의 확률을 이용한다.

유형코드 여사건의 확률을 이용하여 해결하는 실생활 활용 문제가 3점 또는 4점으로 자주 출제된다. 여사건을 이용하면 더욱 편리하게 확률을 구할 수 있다. 어떤 사건을 여사건으로 놓을지에 대한 연습이 많이 필요하다.

3점

016 2025학년도 수능 26번

어느 학급의 학생 16명을 대상으로 과목 A와 과목 B에 대한 선호도를 조사하였다. 이 조사에 참여한 학생은 과목 A와 과목 B 중 하나를 선택하였고, 과목 A를 선택한 학생은 9명, 과목 B를 선택한 학생은 7명이다. 이 조사에 참여한 학생 16명 중에서 임의로 3명을 선택할 때, 선택한 3명의 학생 중에서 적어도 한 명이 과목 B를 선택한 학생일 확률은? [3점]

① $\frac{3}{4}$ ② $\frac{4}{5}$ ③ $\frac{17}{20}$ ④ $\frac{9}{10}$ ⑤ $\frac{19}{20}$

017 2024학년도 평가원 6월 25번

흰색 손수건 4장, 검은색 손수건 5장이 들어 있는 상자가 있다. 이 상자에서 임의로 4장의 손수건을 동시에 꺼낼 때, 꺼낸 4장의 손수건 중에서 흰색 손수건이 2장 이상일 확률은? [3점]

① $\frac{1}{2}$ ② $\frac{4}{7}$ ③ $\frac{9}{14}$ ④ $\frac{5}{7}$ ⑤ $\frac{11}{14}$

018 2025학년도 평가원 9월 25번

1부터 11까지의 자연수 중에서 임의의 서로 다른 2개의 수를 선택한다. 선택한 2개의 수 중 적어도 하나가 7 이상의 홀수일 확률은? [3점]

① $\frac{23}{55}$ ② $\frac{24}{55}$ ③ $\frac{5}{11}$ ④ $\frac{26}{55}$ ⑤ $\frac{27}{55}$

019

2024학년도 수능 25번

숫자 1, 2, 3, 4, 5, 6이 하나씩 적혀 있는 6장의 카드가 있다. 이 6장의 카드를 모두 한 번씩 사용하여 일렬로 임의로 나열할 때, 양 끝에 놓인 카드에 적힌 두 수의 합이 10 이하가 되도록 카드가 놓일 확률은? [3점]

① $\frac{8}{15}$ ② $\frac{19}{30}$ ③ $\frac{11}{15}$ ④ $\frac{5}{6}$ ⑤ $\frac{14}{15}$

020

2023학년도 수능 25번

흰색 마스크 5개, 검은색 마스크 9개가 들어 있는 상자가 있다. 이 상자에서 임의로 3개의 마스크를 동시에 꺼낼 때, 꺼낸 3개의 마스크 중에서 적어도 한 개가 흰색 마스크일 확률은? [3점]

① $\frac{8}{13}$ ② $\frac{17}{26}$ ③ $\frac{9}{13}$ ④ $\frac{19}{26}$ ⑤ $\frac{10}{13}$

021

2022년 시행 교육청 7월 25번

흰 공 4개, 검은 공 4개가 들어 있는 주머니가 있다. 이 주머니에서 임의로 4개의 공을 동시에 꺼낼 때, 꺼낸 공 중 검은 공이 2개 이상일 확률은? [3점]

① $\frac{7}{10}$ ② $\frac{51}{70}$ ③ $\frac{53}{70}$ ④ $\frac{11}{14}$ ⑤ $\frac{57}{70}$

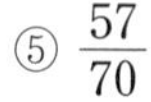

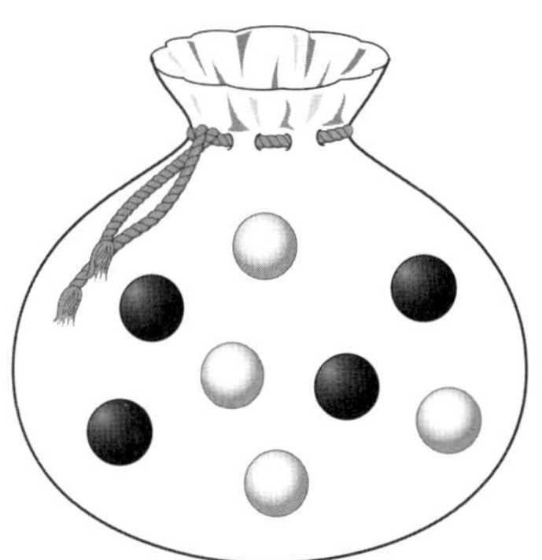

▶ 정답 및 해설 037쪽

022

2024년 시행 교육청 7월 26번

공이 3개 이상 들어 있는 바구니와 숫자 1, 2, 3, 4, 5, 6, 7이 하나씩 적힌 7개의 비어 있는 상자가 있다. 한 개의 주사위를 사용하여 다음 시행을 한다.

> 주사위를 한 번 던져 나온 눈의 수가
> n (n=1, 2, 3, 4, 5, 6)일 때,
>
> 숫자 n이 적힌 상자에 공이 들어 있지 않으면
> 바구니에 있는 공 1개를 숫자 n이 적힌 상자에 넣고,
>
> 숫자 n이 적힌 상자에 공이 들어 있으면
> 바구니에 있는 공 1개를 숫자 7이 적힌 상자에 넣는다.

이 시행을 3번 반복한 후 숫자 7이 적힌 상자에 들어 있는 공의 개수가 1 이상일 확률은? [3점]

① $\frac{5}{18}$ ② $\frac{1}{3}$ ③ $\frac{7}{18}$ ④ $\frac{4}{9}$ ⑤ $\frac{1}{2}$

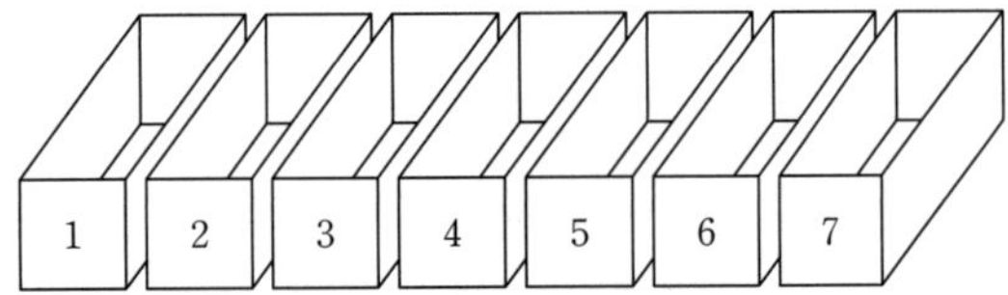

2 조건부확률

유형 5 조건부확률

수능 2024 2025

표본공간 S의 두 사건 A, B에 대하여 확률이 0이 아닌 사건 A가 일어났다고 가정할 때 사건 B가 일어날 확률을 사건 A가 일어났을 때의 사건 B의 조건부확률이라 하고, 기호로 $\mathrm{P}(B|A)$와 같이 나타낸다.

$$\mathrm{P}(B|A)=\frac{\mathrm{P}(A\cap B)}{\mathrm{P}(A)}\ (\text{단, } \mathrm{P}(A)>0)$$

참고

(1) '~일 때, ~일 확률'을 묻는 문제는 조건부확률을 이용한다.

(2) 표가 주어진 경우
두 사건 A, $A\cap B$에 해당하는 원소의 개수를 각각 찾아서 $\mathrm{P}(B|A)=\frac{n(A\cap B)}{n(A)}$임을 이용하면 더욱 쉽게 확률을 구할 수 있다.

유형코드 조건부확률의 공식을 이용하는 단순 계산 문제, 실생활 활용 문제, 표가 주어지거나 표를 직접 작성하여 조건부확률을 구하는 문제 등이 2점, 3점, 4점으로 다양하게 출제된다. 확률 단원에서 가장 중요한 유형이므로 많은 문제를 풀어 보아야 한다.

3점

023

2023학년도 평가원 9월 24번

두 사건 A, B에 대하여

$$\mathrm{P}(A\cup B)=1,\ \mathrm{P}(A\cap B)=\frac{1}{4},\ \mathrm{P}(A|B)=\mathrm{P}(B|A)$$

일 때, $\mathrm{P}(A)$의 값은? [3점]

① $\frac{1}{2}$ ② $\frac{9}{16}$ ③ $\frac{5}{8}$ ④ $\frac{11}{16}$ ⑤ $\frac{3}{4}$

024

2025학년도 수능 24번

두 사건 A, B에 대하여

$$\mathrm{P}(A|B)=\mathrm{P}(A)=\frac{1}{2},\ \mathrm{P}(A\cap B)=\frac{1}{5}$$

일 때, $\mathrm{P}(A\cup B)$의 값은? [3점]

① $\frac{1}{2}$ ② $\frac{3}{5}$ ③ $\frac{7}{10}$
④ $\frac{4}{5}$ ⑤ $\frac{9}{10}$

025

2024학년도 평가원 6월 27번

한 개의 주사위를 두 번 던질 때 나오는 눈의 수를 차례로 a, b라 하자. $a\times b$가 4의 배수일 때, $a+b\le 7$일 확률은? [3점]

① $\frac{2}{5}$ ② $\frac{7}{15}$ ③ $\frac{8}{15}$
④ $\frac{3}{5}$ ⑤ $\frac{2}{3}$

4점

026

2024학년도 수능 28번

하나의 주머니와 두 상자 A, B가 있다. 주머니에는 숫자 1, 2, 3, 4가 하나씩 적힌 4장의 카드가 들어 있고, 상자 A에는 흰 공과 검은 공이 각각 8개 이상 들어 있고, 상자 B는 비어 있다. 이 주머니와 두 상자 A, B를 사용하여 다음 시행을 한다.

> 주머니에서 임의로 한 장의 카드를 꺼내어
> 카드에 적힌 수를 확인한 후 다시 주머니에 넣는다.
> 확인한 수가 1이면
> 상자 A에 있는 흰 공 1개를 상자 B에 넣고,
> 확인한 수가 2 또는 3이면
> 상자 A에 있는 흰 공 1개와 검은 공 1개를 상자 B에 넣고,
> 확인한 수가 4이면
> 상자 A에 있는 흰 공 2개와 검은 공 1개를 상자 B에 넣는다.

이 시행을 4번 반복한 후 상자 B에 들어 있는 공의 개수가 8일 때, 상자 B에 들어 있는 검은 공의 개수가 2일 확률은? [4점]

① $\frac{3}{70}$ ② $\frac{2}{35}$ ③ $\frac{1}{14}$
④ $\frac{3}{35}$ ⑤ $\frac{1}{10}$

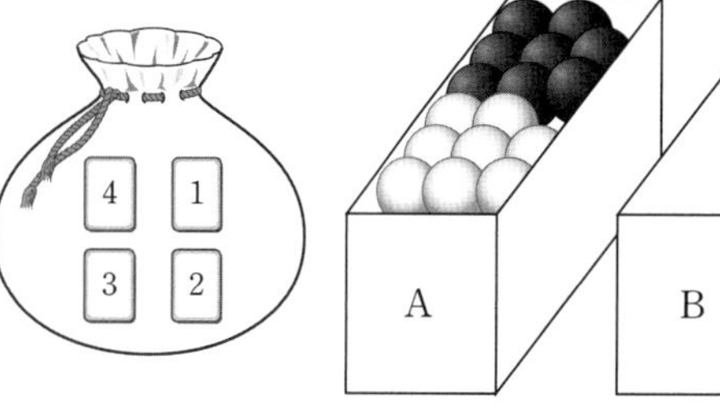

Ⅱ 확률

▸ 정답 및 해설 039쪽

027

2025학년도 평가원 9월 28번

집합 $X=\{1, 2, 3, 4\}$에 대하여 $f : X \longrightarrow X$인 모든 함수 f 중에서 임의로 하나를 선택하는 시행을 한다. 이 시행에서 선택한 함수 f가 다음 조건을 만족시킬 때, $f(4)$가 짝수일 확률은? [4점]

> $a \in X$, $b \in X$에 대하여
> a가 b의 약수이면 $f(a)$는 $f(b)$의 약수이다.

① $\frac{9}{19}$ ② $\frac{8}{15}$ ③ $\frac{3}{5}$

④ $\frac{27}{40}$ ⑤ $\frac{19}{25}$

028

2024년 시행 교육청 7월 28번

주머니에 1부터 9까지의 자연수가 하나씩 적혀 있는 9개의 공이 들어 있다. 이 주머니에서 임의로 공을 한 개씩 4번 꺼내어 나온 공에 적혀 있는 수를 꺼낸 순서대로 a, b, c, d라 하자. $a \times b+c+d$가 홀수일 때, 두 수 a, b가 모두 홀수일 확률은?

(단, 꺼낸 공은 다시 넣지 않는다.) [4점]

① $\frac{5}{26}$ ② $\frac{3}{13}$ ③ $\frac{7}{26}$

④ $\frac{4}{13}$ ⑤ $\frac{9}{26}$

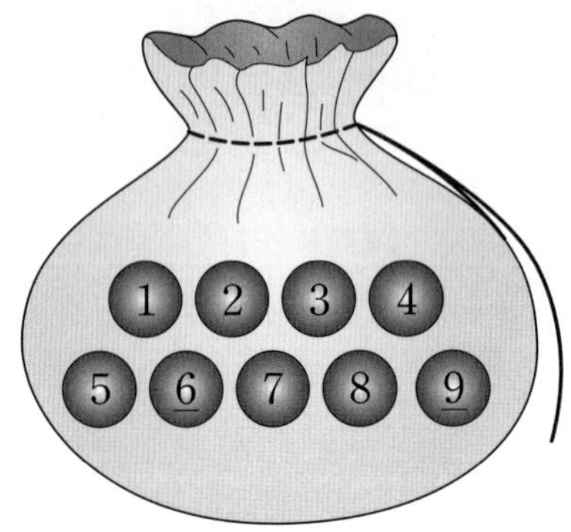

유형 6 확률의 곱셈정리

두 사건 A, B에 대하여 $\mathrm{P}(A)>0$, $\mathrm{P}(B)>0$일 때

$$\mathrm{P}(A\cap B)=\mathrm{P}(A)\mathrm{P}(B|A)=\mathrm{P}(B)\mathrm{P}(A|B)$$

실전 Tip 사건 A가 일어났을 때, 사건 B가 일어날 확률은 다음과 같은 순서로 구한다.

❶ 사건 B가 일어나고, 사건 A가 일어날 확률을 구한다.

❷ 사건 B가 일어나지 않고, 사건 A가 일어날 확률을 구한다.

❸ 구하는 확률은 $\frac{❶}{❶+❷}$이다.

유형코드 확률의 곱셈정리를 이용하는 활용 문제가 종종 출제된다. 두 사건이 순차적으로 일어나는 문제 상황일 때, 확률의 곱셈정리를 이용하면 된다. 조건부확률의 공식에서 변형된 형태임을 이해하고 있어야 한다.

3점

029 2023년 시행 교육청 7월 26번

주머니 A에는 흰 공 1개, 검은 공 2개가 들어 있고, 주머니 B에는 흰 공 3개, 검은 공 3개가 들어 있다. 주머니 A에서 임의로 1개의 공을 꺼내어 주머니 B에 넣은 후 주머니 B에서 임의로 3개의 공을 동시에 꺼낼 때, 주머니 B에서 꺼낸 3개의 공 중에서 적어도 한 개가 흰 공일 확률은? [3점]

① $\frac{6}{7}$ ② $\frac{92}{105}$ ③ $\frac{94}{105}$ ④ $\frac{32}{35}$ ⑤ $\frac{14}{15}$

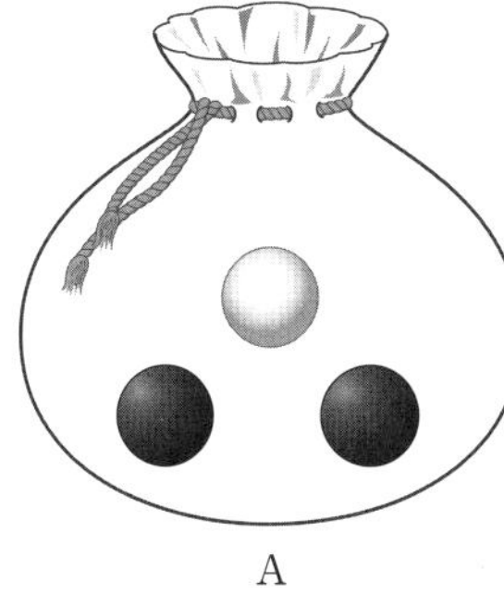
A

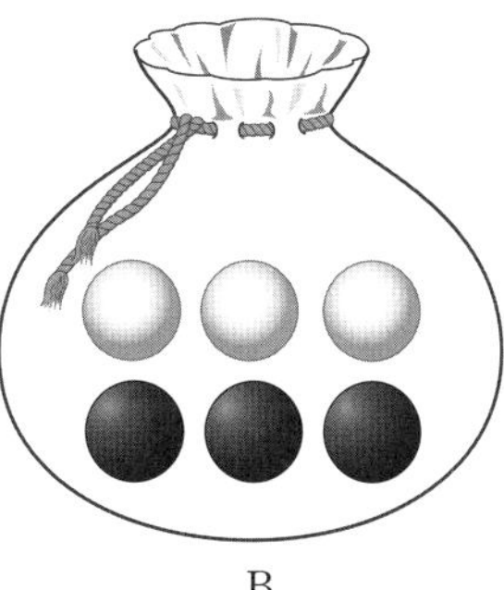
B

030 2022년 시행 교육청 7월 27번

주머니 A에는 숫자 1, 1, 2, 2, 3, 3이 하나씩 적혀 있는 6장의 카드가 들어 있고, 주머니 B에는 3, 3, 4, 4, 5, 5가 하나씩 적혀 있는 6장의 카드가 들어 있다. 두 주머니 A, B와 3개의 동전을 사용하여 다음 시행을 한다.

> 3개의 동전을 동시에 던져
> 앞면이 나오는 동전의 개수가 3이면
> 주머니 A에서 임의로 2장의 카드를 동시에 꺼내고,
> 앞면이 나오는 동전의 개수가 2 이하이면
> 주머니 B에서 임의로 2장의 카드를 동시에 꺼낸다.

이 시행을 한 번 하여 주머니에서 꺼낸 2장의 카드에 적혀 있는 두 수의 합이 소수일 확률은? [3점]

① $\frac{5}{24}$ ② $\frac{7}{30}$ ③ $\frac{31}{120}$ ④ $\frac{17}{60}$ ⑤ $\frac{37}{120}$

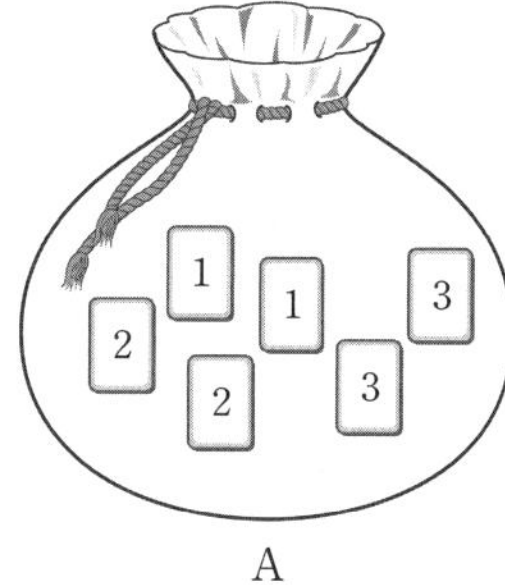

A

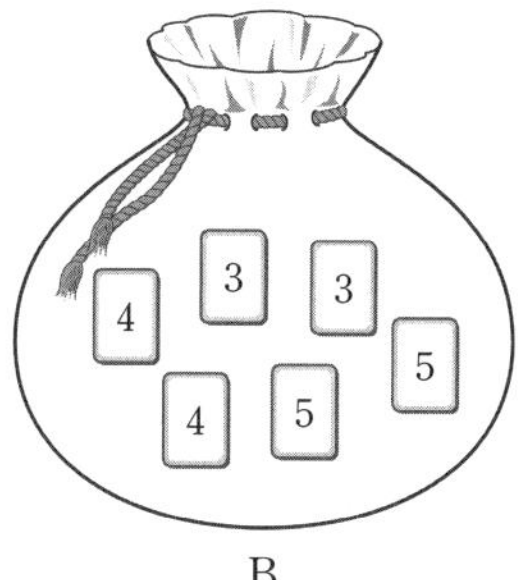

B

▶ 정답 및 해설 041쪽

유형 7 독립인 사건의 확률

수능 2024 2025

(1) 두 사건 A, B에 대하여 사건 A가 일어나거나 일어나지 않는 것이 사건 B가 일어날 확률에 영향을 주지 않을 때, 즉

$$P(B|A)=P(B|A^C)=P(B)$$

(단, $P(A)>0$, $P(B)>0$)

일 때, 두 사건 A, B는 서로 독립이라 한다.

(2) 두 사건 A, B가 서로 독립이기 위한 필요충분조건은

$$P(A\cap B)=P(A)P(B)$$

(단, $P(A)>0$, $P(B)>0$)

참고 두 사건 A와 B가 서로 독립이고 $P(A^C)$ 또는 $P(B^C)$의 값이 주어지면 A와 B^C, A^C과 B, A^C과 B^C도 각각 서로 독립이다.

유형코드 서로 독립인 두 사건이 주어진 식을 만족시킬 때 어느 사건이 일어날 확률을 구하는 3점짜리 계산 문제가 출제된다. 위의 (1), (2)의 식을 정확히 이해하고 적용하면 쉽게 해결할 수 있다.

3점

031 2024학년도 수능 24번

두 사건 A, B는 서로 독립이고

$$P(A\cap B)=\frac{1}{4},\ P(A^C)=2P(A)$$

일 때, $P(B)$의 값은? (단, A^C은 A의 여사건이다.) [3점]

① $\frac{3}{8}$　② $\frac{1}{2}$　③ $\frac{5}{8}$　④ $\frac{3}{4}$　⑤ $\frac{7}{8}$

032 2024년 시행 교육청 10월 24번

두 사건 A, B는 서로 독립이고

$$P(A\cap B)=\frac{1}{15},\ P(A^C\cap B)=\frac{1}{10}$$

일 때, $P(A)$의 값은? [3점]

① $\frac{4}{15}$　② $\frac{1}{3}$　③ $\frac{2}{5}$　④ $\frac{7}{15}$　⑤ $\frac{8}{15}$

033 2024년 시행 교육청 7월 24번

두 사건 A, B가 서로 독립이고,

$$P(A\cap B)=\frac{1}{2},\ P(A^C\cap B)=\frac{1}{4}$$

일 때, $P(A)$의 값은? (단, A^C은 A의 여사건이다.) [3점]

① $\frac{13}{24}$　② $\frac{7}{12}$　③ $\frac{5}{8}$　④ $\frac{2}{3}$　⑤ $\frac{17}{24}$

034 2025학년도 평가원 9월 24번

두 사건 A, B는 서로 독립이고

$$P(A)=\frac{2}{3},\ P(A\cap B)=\frac{1}{6}$$

일 때, $P(A\cup B)$의 값은? [3점]

① $\frac{3}{4}$　② $\frac{19}{24}$　③ $\frac{5}{6}$　④ $\frac{7}{8}$　⑤ $\frac{11}{12}$

4점

035

2025학년도 수능 30번

탁자 위에 5개의 동전이 일렬로 놓여 있다. 이 5개의 동전 중 1번째 자리와 2번째 자리의 동전은 앞면이 보이도록 놓여 있고, 나머지 자리의 3개의 동전은 뒷면이 보이도록 놓여 있다. 이 5개의 동전과 한 개의 주사위를 사용하여 다음 시행을 한다.

> 주사위를 한 번 던져 나온 눈의 수가 k일 때,
> $k \le 5$이면 k번째 자리의 동전을 한 번 뒤집어 제자리에 놓고,
> $k=6$이면 모든 동전을 한 번씩 뒤집어 제자리에 놓는다.

위의 시행을 3번 반복한 후 이 5개의 동전이 모두 앞면이 보이도록 놓여 있을 확률은 $\frac{q}{p}$이다. $p+q$의 값을 구하시오.

(단, p와 q는 서로소인 자연수이다.) [4점]

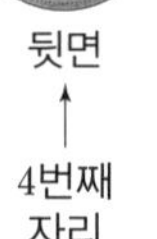

유형 8 독립시행의 확률

수능 2023

1회의 시행에서 사건 A가 일어날 확률이 $p\ (0<p<1)$일 때, 이 시행을 n회 반복하는 독립시행에서 사건 A가 r회 일어날 확률은

$${}_{n}\mathrm{C}_{r}p^{r}(1-p)^{n-r} \text{ (단, } r=0,\ 1,\ 2,\ \cdots,\ n)$$

유형코드 동일한 시행을 반복하는 문제 상황이 주어지고 독립시행의 확률을 이용하는 문제가 출제된다. 주어진 시행이 독립시행인지 파악하는 것이 중요하다. 독립시행의 확률의 공식은 반드시 암기해야 한다.

Ⅱ 확률

3점

036

2023학년도 평가원 6월 25번

수직선의 원점에 점 P가 있다. 한 개의 주사위를 사용하여 다음 시행을 한다.

> 주사위를 한 번 던져 나온 눈의 수가
> 6의 약수이면 점 P를 양의 방향으로 1만큼 이동시키고,
> 6의 약수가 아니면 점 P를 이동시키지 않는다.

이 시행을 4번 반복할 때, 4번째 시행 후 점 P의 좌표가 2 이상일 확률은? [3점]

① $\frac{13}{18}$ ② $\frac{7}{9}$ ③ $\frac{5}{6}$
④ $\frac{8}{9}$ ⑤ $\frac{17}{18}$

▶ 정답 및 해설 043쪽

037

2023년 시행 교육청 7월 24번

한 개의 주사위를 네 번 던질 때 나오는 눈의 수를 차례로 a, b, c, d라 하자. 네 수 a, b, c, d의 곱 $a\times b\times c\times d$가 27의 배수일 확률은? [3점]

① $\frac{1}{9}$ ② $\frac{4}{27}$ ③ $\frac{5}{27}$

④ $\frac{2}{9}$ ⑤ $\frac{7}{27}$

4점

038

2024학년도 평가원 9월 29번

앞면에는 문자 A, 뒷면에는 문자 B가 적힌 한 장의 카드가 있다. 이 카드와 한 개의 동전을 사용하여 다음 시행을 한다.

> 동전을 두 번 던져
> 앞면이 나온 횟수가 2이면 카드를 한 번 뒤집고,
> 앞면이 나온 횟수가 0 또는 1이면 카드를 그대로 둔다.

처음에 문자 A가 보이도록 카드가 놓여 있을 때, 이 시행을 5번 반복한 후 문자 B가 보이도록 카드가 놓일 확률은 p이다. $128\times p$의 값을 구하시오. [4점]

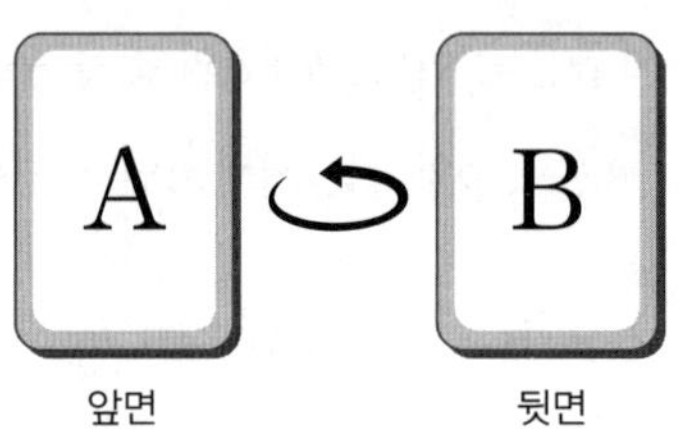

▶ 정답 및 해설 044쪽

039

2023년 시행 교육청 7월 28번

1부터 5까지의 자연수가 하나씩 적힌 5개의 공이 들어 있는 주머니가 있다. 이 주머니에서 공을 임의로 한 개씩 5번 꺼내어 n $(1\leq n\leq 5)$번째 꺼낸 공에 적혀 있는 수를 a_n이라 하자. $a_k\leq k$를 만족시키는 자연수 k $(1\leq k\leq 5)$의 최솟값이 3일 때, $a_1+a_2=a_4+a_5$일 확률은? (단, 꺼낸 공은 다시 넣지 않는다.) [4점]

① $\frac{4}{19}$　② $\frac{5}{19}$　③ $\frac{6}{19}$　④ $\frac{7}{19}$　⑤ $\frac{8}{19}$

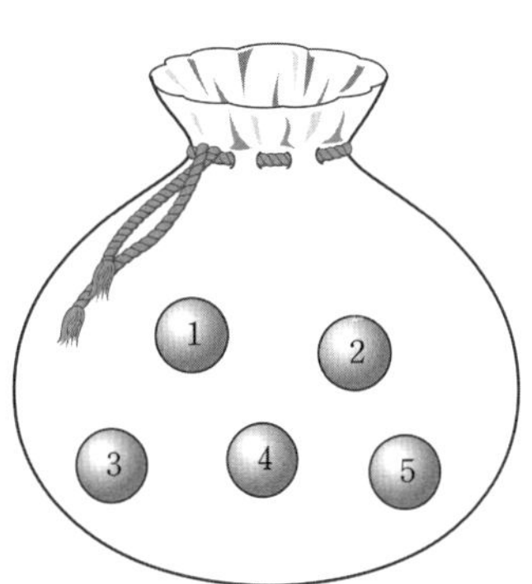

▸ 정답 및 해설 045쪽

040

2024학년도 평가원 6월 30번

주머니에 숫자 1, 2, 3, 4가 하나씩 적혀 있는 흰 공 4개와 숫자 4, 5, 6, 7이 하나씩 적혀 있는 검은 공 4개가 들어 있다. 이 주머니를 사용하여 다음 규칙에 따라 점수를 얻는 시행을 한다.

> 주머니에서 임의로 2개의 공을 동시에 꺼내어 꺼낸 공이 서로 다른 색이면 12를 점수로 얻고, 꺼낸 공이 서로 같은 색이면 꺼낸 두 공에 적힌 수의 곱을 점수로 얻는다.

이 시행을 한 번 하여 얻은 점수가 24 이하의 짝수일 확률이 $\frac{q}{p}$일 때, $p+q$의 값을 구하시오. (단, p와 q는 서로소인 자연수이다.) [4점]

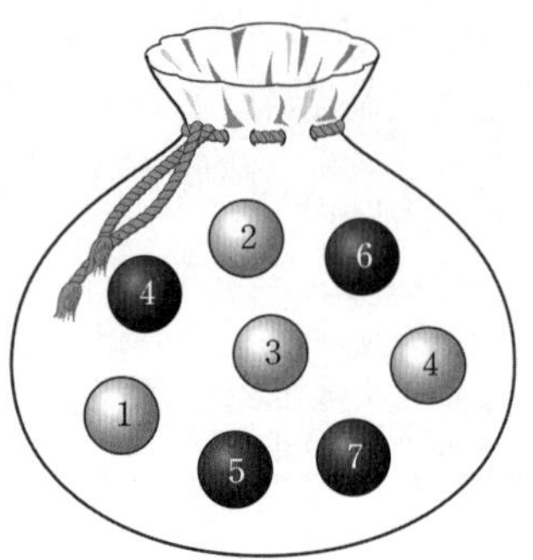

041

2025학년도 평가원 6월 28번

탁자 위에 놓인 4개의 동전에 대하여 다음 시행을 한다.

4개의 동전 중 임의로 한 개의 동전을 택하여 한 번 뒤집는다.

처음에 3개의 동전은 앞면이 보이도록, 1개의 동전은 뒷면이 보이도록 놓여 있다. 위의 시행을 5번 반복한 후 4개의 동전이 모두 같은 면이 보이도록 놓여 있을 때, 모두 앞면이 보이도록 놓여 있을 확률은? [4점]

① $\frac{17}{32}$　② $\frac{35}{64}$　③ $\frac{9}{16}$　④ $\frac{37}{64}$　⑤ $\frac{19}{32}$

앞면 
앞면 
앞면 

뒷면

▸ 정답 및 해설 046쪽

042
2023년 시행 교육청 10월 30번

주머니에 숫자 1, 2가 하나씩 적혀 있는 흰 공 2개와 숫자 1, 2, 3이 하나씩 적혀 있는 검은 공 3개가 들어 있다. 이 주머니를 사용하여 다음 시행을 한다.

주머니에서 임의로 2개의 공을 동시에 꺼내어 꺼낸 공이 서로 같은 색이면 꺼낸 공 중 임의로 1개의 공을 주머니에 다시 넣고, 꺼낸 공이 서로 다른 색이면 꺼낸 공을 주머니에 다시 넣지 않는다.

이 시행을 한 번 한 후 주머니에 들어 있는 모든 공에 적힌 수의 합이 3의 배수일 때, 주머니에서 꺼낸 2개의 공이 서로 다른 색일 확률은 $\frac{q}{p}$이다. $p+q$의 값을 구하시오.

(단, p와 q는 서로소인 자연수이다.) [4점]

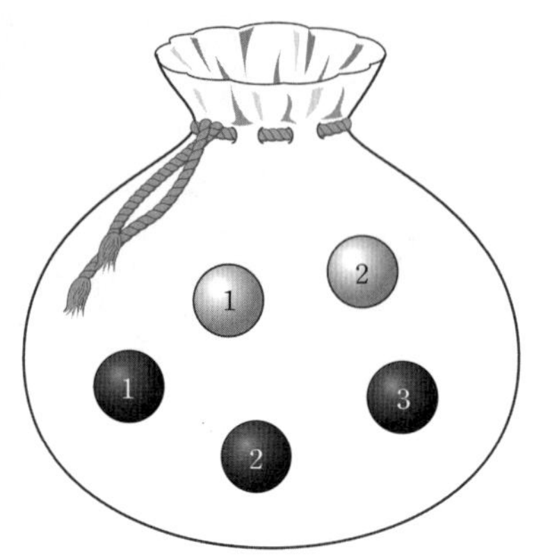

043
2022년 시행 교육청 10월 30번

주머니 A에 흰 공 3개, 검은 공 1개가 들어 있고, 주머니 B에도 흰 공 3개, 검은 공 1개가 들어 있다. 한 개의 동전을 사용하여 [실행 1]과 [실행 2]를 순서대로 하려고 한다.

> [실행 1] 한 개의 동전을 던져
> 앞면이 나오면 주머니 A에서 임의로 2개의 공을 꺼내어 주머니 B에 넣고,
> 뒷면이 나오면 주머니 A에서 임의로 3개의 공을 꺼내어 주머니 B에 넣는다.
> [실행 2] 주머니 B에서 임의로 5개의 공을 꺼내어 주머니 A에 넣는다.

[실행 2]가 끝난 후 주머니 B에 흰 공이 남아 있지 않을 때, [실행 1]에서 주머니 B에 넣은 공 중 흰 공이 2개이었을 확률은 $\frac{q}{p}$이다. $p+q$의 값을 구하시오.

(단, p와 q는 서로소인 자연수이다.) [4점]

044
2023학년도 평가원 6월 30번

주머니에 1부터 12까지의 자연수가 각각 하나씩 적혀 있는 12개의 공이 들어 있다. 이 주머니에서 임의로 3개의 공을 동시에 꺼내어 공에 적혀 있는 수를 작은 수부터 크기 순서대로 a, b, c라 하자. $b-a\geq5$일 때, $c-a\geq10$일 확률은 $\frac{q}{p}$이다. $p+q$의 값을 구하시오.

(단, p와 q는 서로소인 자연수이다.) [4점]

▶ 정답 및 해설 047쪽

045

2024년 시행 교육청 10월 30번

수직선의 원점에 점 P가 있다. 주머니에는 숫자 1, 2, 3, 4가 하나씩 적힌 4장의 카드가 들어 있다. 이 주머니를 사용하여 다음 시행을 한다.

> 주머니에서 임의로 한 장의 카드를 꺼내어
> 카드에 적힌 수를 확인한 후 다시 주머니에 넣는다.
>
> 확인한 수 k가
> 홀수이면 점 P를 양의 방향으로 k만큼 이동시키고,
> 짝수이면 점 P를 음의 방향으로 k만큼 이동시킨다.

이 시행을 4번 반복한 후 점 P의 좌표가 0 이상일 때, 확인한 네 개의 수의 곱이 홀수일 확률은 $\frac{q}{p}$이다. $p+q$의 값을 구하시오. (단, p와 q는 서로소인 자연수이다.) [4점]

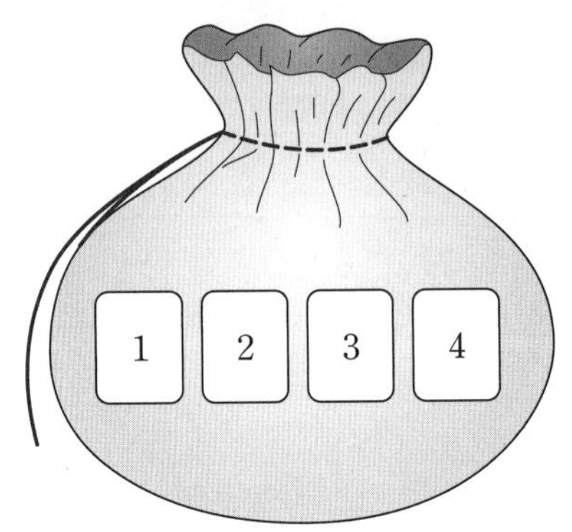

046

2022년 시행 교육청 7월 30번

각 면에 숫자 1, 1, 2, 2, 2, 2가 하나씩 적혀 있는 정육면체 모양의 상자가 있다. 이 상자를 6번 던질 때, $n\ (1 \leq n \leq 6)$번째에 바닥에 닿은 면에 적혀 있는 수를 a_n이라 하자.

$a_1+a_2+a_3>a_4+a_5+a_6$일 때, $a_1=a_4=1$일 확률은 $\frac{q}{p}$이다. $p+q$의 값을 구하시오.

(단, p와 q는 서로소인 자연수이다.) [4점]

Ⅱ 확률

▶ 정답 및 해설 049쪽

047

2023학년도 수능 29번

앞면에는 1부터 6까지의 자연수가 하나씩 적혀 있고 뒷면에는 모두 0이 하나씩 적혀 있는 6장의 카드가 있다. 이 6장의 카드가 그림과 같이 6 이하의 자연수 k에 대하여 k번째 자리에 자연수 k가 보이도록 놓여 있다.

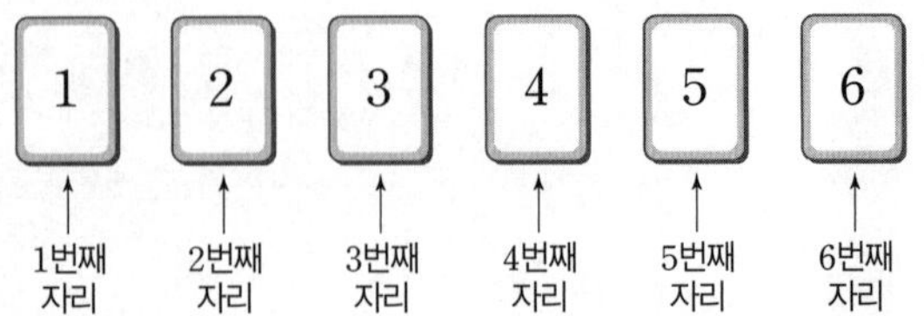

이 6장의 카드와 한 개의 주사위를 사용하여 다음 시행을 한다.

> 주사위를 한 번 던져 나온 눈의 수가 k이면 k번째 자리에 놓여 있는 카드를 한 번 뒤집어 제자리에 놓는다.

위의 시행을 3번 반복한 후 6장의 카드에 보이는 모든 수의 합이 짝수일 때, 주사위의 1의 눈이 한 번만 나왔을 확률은 $\frac{q}{p}$이다. $p+q$의 값을 구하시오.

(단, p와 q는 서로소인 자연수이다.) [4점]

▶ 정답 및 해설 050쪽

III 통계

1 이산확률변수의 확률분포

유형 ❶ 이산확률변수의 평균, 분산, 표준편차

유형 ❷ 이항분포의 평균, 분산, 표준편차

2 연속확률변수의 확률분포

유형 ❸ 연속확률변수의 확률

유형 ❹ 정규분포와 표준정규분포

유형 ❺ 이항분포와 정규분포의 관계

3 통계적 추정

유형 ❻ 표본평균의 평균, 분산, 표준편차

유형 ❼ 표본평균의 분포

유형 ❽ 모평균의 추정

❶ 유형별 출제 분포

학년도 / 유형		월	2023학년도							2024학년도							2025학년도							총합
			3	4	6	7	9	10	수능	3	4	6	7	9	10	수능	3	5	6	7	9	10	수능	
유형 ❶	이산확률변수의 평균, 분산, 표준편차	2점																						0
		3점					1	1					1			1				1	1	1		7
		4점																						0
유형 ❷	이항분포의 평균, 분산, 표준편차	2점												1	1									2
		3점				1																		1
		4점																						0
유형 ❸	연속확률변수의 확률	2점																						0
		3점																						0
		4점				1			1				1											3
유형 ❹	정규분포와 표준정규분포	2점																						0
		3점					1							1										2
		4점						1							1	1				1		1	1	6
유형 ❺	이항분포와 정규분포의 관계	2점																						0
		3점																						0
		4점																			1			1
유형 ❻	표본평균의 평균, 분산, 표준편차	2점						1																1
		3점																					1	1
		4점					1							1										2
유형 ❼	표본평균의 분포	2점																						0
		3점																			1			1
		4점																						0
유형 ❽	모평균의 추정	2점																						0
		3점							1						1	1						1	1	5
		4점																						0
총합			0	0	0	2	3	3	2	0	0	0	2	3	3	3	0	0	0	2	3	3	3	32

⋯› Ⅲ단원이 출제 범위에 포함되는 7월 교육청부터 2~3문항씩 꾸준히 출제되고 있다.
유형❹ 정규분포와 표준정규분포에서 3~4점짜리 문항의 출제 빈도가 높은 편이고,
한동안 출제되지 않았던 **유형❺ 이항분포와 정규분포의 관계**에서 4점짜리 문항이 오랜만에 출제되었다.
최근 3개년의 수능에는 **유형❽ 모평균의 추정**에서 3점짜리 문항이 연속하여 출제되고 있다.

❷ 5지선다형 및 단답형별 최고 오답률

	번호	오답률	유형	필수 개념	본문 위치
2023 학년도	10월 28번	51%	유형 ❹ 정규분포와 표준정규분포	$\mathrm{P}(a\le X\le b)=\mathrm{P}\left(\frac{a-m}{\sigma}\le Z\le\frac{b-m}{\sigma}\right)$ (단, $a<b$)	087쪽 015번
	7월 29번	87%	유형 ❸ 연속확률변수의 확률	$\mathrm{P}(a\le X\le b)$의 값은 확률밀도함수 $y=f(x)$의 그래프와 x축 및 두 직선 $x=a$, $x=b$로 둘러싸인 부분의 넓이와 같다.	095쪽 031번
2024 학년도	9월 28번	58%	유형 ❻ 표본평균의 평균, 분산, 표준편차	모집단에서 임의추출한 크기가 2인 표본을 X_1, X_2라 할 때, 이 표본의 평균인 표본평균 $\overline{X}$는 $\overline{X}=\frac{X_1+X_2}{2}$이다.	090쪽 021번
	7월 29번	91%	유형 ❸ 연속확률변수의 확률	$\mathrm{P}(a\le X\le b)$의 값은 확률밀도함수 $y=f(x)$의 그래프와 x축 및 두 직선 $x=a$, $x=b$로 둘러싸인 부분의 넓이와 같다.	096쪽 032번
2025 학년도	수능 27번	70%	유형 ❻ 표본평균의 평균, 분산, 표준편차	이산확률변수 X에 대하여 $\mathrm{V}(X)=\mathrm{E}(X^2)-\{\mathrm{E}(X)\}^2$이고 임의추출한 크기가 n인 표본의 표본평균 $\overline{X}$에 대하여 $\mathrm{V}(\overline{X})=\frac{\mathrm{V}(X)}{n}$, $\mathrm{V}(a\overline{X}+b)=a^2\mathrm{V}(\overline{X})$	090쪽 020번
	7월 29번	82%	유형 ❹ 정규분포와 표준정규분포	$\mathrm{P}(a\le X\le b)=\mathrm{P}\left(\frac{a-m}{\sigma}\le Z\le\frac{b-m}{\sigma}\right)$ (단, $a<b$)	094쪽 030번

❸ 출제코드

▸ **정규분포의 확률밀도함수의 성질을 이용하는 문제가 출제된다.**

정규분포의 확률밀도함수의 그래프를 이용하는 문제가 2년 연속으로 수능에 출제되었고, 2024학년도 수능에는 표준정규분포의 확률밀도함수의 그래프의 성질을 알고 있어야 풀 수 있는 고난도 문제가, 2025학년도 수능에는 정규분포의 확률밀도함수의 그래프의 성질을 알고 있어야 풀 수 있는 문제가 출제되었다. 정규분포의 확률밀도함수의 성질과 표준정규분포의 확률밀도함수의 그래프의 성질을 잘 기억해 두고 활용할 수 있어야 한다.

▸ **모평균을 이용하여 신뢰구간을 구하는 문제가 출제된다.**

모집단에 대하여 표본의 크기가 다른 2가지 표본평균을 각각 이용하여 모평균에 대한 신뢰도 95%인 신뢰구간과 신뢰도 99%인 신뢰구간을 각각 구하여 푸는 문제가 2023학년도 수능에 출제되었고, 2024학년도 수능과 2025학년도 수능에는 신뢰도 95 %의 신뢰구간을 이용하는 문제가 출제되었다. 신뢰도 95%의 신뢰구간, 신뢰도 99%의 신뢰구간을 각각 구하여 표준편차나 표본의 개수 n의 최솟값, 최댓값을 구할 수 있어야 한다.

❹ 공략코드

▸ **확률밀도함수의 성질을 잘 기억해 두어야 한다.**

연속확률변수 X의 확률밀도함수 $f(x)$ $(\alpha\le x\le\beta)$에서 확률밀도함수 $y=f(x)$의 그래프와 x축 및 두 직선 $x=\alpha$, $x=\beta$로 둘러싸인 부분의 넓이가 1인 것과 확률밀도함수의 함숫값이 확률이 아니라 주어진 범위에서 그래프와 직선으로 둘러싸인 부분의 넓이가 확률임을 이해하고 활용할 수 있어야 한다. 특히 정규분포 $\mathrm{N}(m, \sigma^2)$을 따르는 확률변수 X의 확률밀도함수 $f(x)$의 그래프는 직선 $x=m$에 대하여 대칭이고, σ의 값이 같으면 그 모양이 같음을 기억해 두는 것이 좋다.

▸ **모평균에 대한 신뢰구간을 구하는 식을 잘 기억해 두어야 한다.**

신뢰구간과 관련된 문제는 문제가 길어서 복잡해 보이지만, 필요한 정보인 모표준편차(또는 표본표준편차), 표본의 크기, 표본평균의 값, 즉 σ(또는 s), n, $\overline{x}$의 값만 빨리 파악하여 모평균에 대한 신뢰구간을 구하는 식에 대입하면 쉽게 해결할 수 있으므로 그 식을 잘 숙지해 두도록 하자.

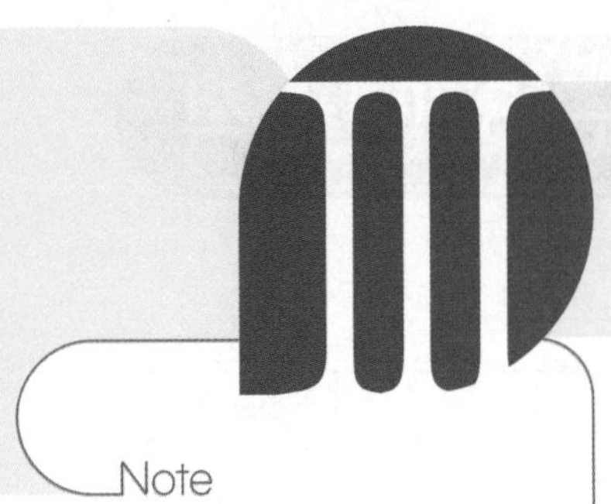

통계

Note

1 이산확률변수의 확률분포 수능 2024

1. 이산확률변수와 확률질량함수

(1) 이산확률변수: 확률변수가 가질 수 있는 값이 유한개이거나 자연수와 같이 셀 수 있을 때, 이 확률변수를 이산확률변수라 한다.

(2) 이산확률변수 X가 가질 수 있는 값과 그 값을 가질 확률 사이의 대응 관계를 이산확률변수 X의 확률분포라 하고, 함수 $\mathrm{P}(X=x_i)=p_i$ $(i=1,\ 2,\ 3,\ \cdots,\ n)$을 이산확률변수 X의 확률질량함수라 한다. 또한, 다음이 성립한다.

① $0\le p_i\le 1$　　② $p_1+p_2+p_3+\cdots+p_n=1$

③ $\mathrm{P}(x_i\le X\le x_j)=p_i+p_{i+1}+p_{i+2}+\cdots+p_j$ (단, $j=1,\ 2,\ 3,\ \cdots,\ n$이고, $i\le j$)

2. 이산확률변수의 기댓값(평균), 분산, 표준편차

이산확률변수 X의 확률질량함수가 $\mathrm{P}(X=x_i)=p_i$ $(i=1,\ 2,\ 3,\ \cdots,\ n)$일 때

(1) 기댓값(평균): $\mathrm{E}(X)=x_1p_1+x_2p_2+x_3p_3+\cdots+x_np_n=\sum_{i=1}^{n}x_ip_i$

▸ 확률변수 X의 분산이 크다는 것은 그 확률분포가 평균을 중심으로 넓게 퍼져 있다는 것이다.

(2) 분산: $\mathrm{V}(X)=\mathrm{E}((X-m)^2)=\sum_{i=1}^{n}(x_i-m)^2p_i$

$=\sum_{i=1}^{n}x_i^2p_i-m^2=\mathrm{E}(X^2)-\{\mathrm{E}(X)\}^2$ (단, $m=\mathrm{E}(X)$)

(3) 표준편차: $\sigma(X)=\sqrt{\mathrm{V}(X)}$

3. 확률변수 $aX+b$의 평균, 분산, 표준편차

확률변수 X와 두 상수 $a,\ b$에 대하여

(1) $\mathrm{E}(aX+b)=a\mathrm{E}(X)+b$　　(2) $\mathrm{V}(aX+b)=a^2\mathrm{V}(X)$　　(3) $\sigma(aX+b)=|a|\sigma(X)$

4. 이항분포

(1) 이항분포: 한 번의 시행에서 사건 A가 일어날 확률이 p일 때, n번의 독립시행에서 사건 A가 일어나는 횟수를 확률변수 X라 하면 X의 확률질량함수는

$\mathrm{P}(X=x)={}_n\mathrm{C}_x p^x q^{n-x}$ (단, $q=1-p$, $x=0,\ 1,\ 2,\ \cdots,\ n$)

이와 같은 확률분포를 이항분포라 하고, 기호로 $\mathrm{B}(n,\ p)$와 같이 나타낸다.

(2) 이항분포의 평균, 분산, 표준편차: 확률변수 X가 이항분포 $\mathrm{B}(n,\ p)$를 따를 때 (단, $q=1-p$)

① 평균: $\mathrm{E}(X)=np$　　② 분산: $\mathrm{V}(X)=npq$　　③ 표준편차: $\sigma(X)=\sqrt{npq}$

2 연속확률변수의 확률분포 수능 2023 2024 2025

1. 연속확률변수와 확률밀도함수

(1) 연속확률변수: 어떤 범위의 모든 실수의 값을 가지는 확률변수를 연속확률변수라 한다.

(2) 확률밀도함수: $\alpha\le X\le\beta$의 모든 실수의 값을 가지는 연속확률변수 X에 대하여 함수 $f(x)$가 다음과 같은 성질을 가질 때, 함수 $f(x)$를 연속확률변수 X의 확률밀도함수라 한다.

① $f(x) \geq 0$ (단, $\alpha \leq x \leq \beta$)
② 함수 $y=f(x)$의 그래프와 x축 및 두 직선 $x=\alpha$, $x=\beta$로 둘러싸인 부분의 넓이는 1이다.
③ $\mathrm{P}(a \leq X \leq b)$는 함수 $y=f(x)$의 그래프와 x축 및 두 직선 $x=a$, $x=b$로 둘러싸인 부분의 넓이와 같다.
(단, $\alpha \leq a \leq b \leq \beta$)

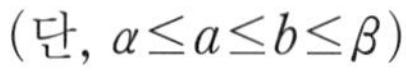

2. 정규분포와 표준정규분포

(1) **정규분포**: 실수 전체의 집합에서 정의된 연속확률변수 X의 확률밀도함수 $f(x)$가 두 상수 m, σ ($\sigma>0$)에 대하여

$$f(x)=\frac{1}{\sqrt{2\pi}\,\sigma}e^{-\frac{(x-m)^2}{2\sigma^2}} \quad (e=2.71828\cdots)$$

일 때, X의 확률분포를 정규분포라 하고, 기호로 $\mathrm{N}(m, \sigma^2)$과 같이 나타낸다.
이때 확률변수 X의 평균은 m, 표준편차는 σ이다.

(2) **표준정규분포**: 평균이 0이고 분산이 1인 정규분포 $\mathrm{N}(0, 1)$을 표준정규분포라 한다.

(3) **정규분포의 표준화**: 확률변수 X가 정규분포 $\mathrm{N}(m, \sigma^2)$을 따를 때, 확률변수 Z를 $Z=\frac{X-m}{\sigma}$이라 하면 Z는 표준정규분포 $\mathrm{N}(0, 1)$을 따른다. 이와 같이 정규분포 $\mathrm{N}(m, \sigma^2)$을 따르는 확률변수 X를 표준정규분포 $\mathrm{N}(0, 1)$을 따르는 확률변수 Z로 바꾸는 것을 표준화라 하고, 다음이 성립한다.

$$\mathrm{P}(a \leq X \leq b)=\mathrm{P}\left(\frac{a-m}{\sigma} \leq Z \leq \frac{b-m}{\sigma}\right)$$

(4) **이항분포와 정규분포의 관계**: 확률변수 X가 이항분포 $\mathrm{B}(n, p)$를 따를 때, n이 충분히 크면 X는 근사적으로 정규분포 $\mathrm{N}(np, npq)$를 따른다. (단, $q=1-p$)

3 통계적 추정 수능 2023 2024 2025

1. 모평균과 표본평균

(1) 모집단에서 확률변수 X의 평균, 분산, 표준편차를 각각 모평균, 모분산, 모표준편차라 하고, 각각 기호로 m, σ^2, σ로 나타낸다.

(2) 모집단에서 크기가 n인 표본 X_1, X_2, X_3, $\cdots$, X_n을 임의추출할 때,
$\overline{x}=\frac{1}{n}(X_1+X_2+X_3+\cdots+X_n)$을 표본평균이라 한다.

(3) 모평균이 m이고 표준편차가 σ인 모집단에서 크기가 n인 표본 X_1, X_2, X_3, $\cdots$, X_n을 임의추출할 때, 표본평균 $\overline{X}$에 대하여

① $\mathrm{E}(\overline{X})=m$　　② $\mathrm{V}(\overline{X})=\frac{\sigma^2}{n}$　　③ $\sigma(\overline{X})=\frac{\sigma}{\sqrt{n}}$

2. 표본평균의 분포

모평균이 m, 모표준편차가 σ인 모집단에서 크기가 n인 표본을 임의추출할 때, 모집단이 정규분포 $\mathrm{N}(m, \sigma^2)$을 따르면 표본평균 $\overline{X}$는 정규분포 $\mathrm{N}\left(m, \frac{\sigma^2}{n}\right)$을 따른다.

3. 모평균의 추정

정규분포 $\mathrm{N}(m, \sigma^2)$을 따르는 모집단에서 크기가 n인 표본을 임의추출하여 구한 표본평균 $\overline{X}$의 값을 $\overline{x}$라 하면 모평균 m에 대한 신뢰구간은 다음과 같다.

① 신뢰도 95 %의 신뢰구간: $\overline{x}-1.96\times\frac{\sigma}{\sqrt{n}} \leq m \leq \overline{x}+1.96\times\frac{\sigma}{\sqrt{n}}$

② 신뢰도 99 %의 신뢰구간: $\overline{x}-2.58\times\frac{\sigma}{\sqrt{n}} \leq m \leq \overline{x}+2.58\times\frac{\sigma}{\sqrt{n}}$

Note

▸ 이산확률변수는 하나씩 셀 수 있으므로 확률분포가 $\mathrm{P}(X=x_i)$로 나타나지만 연속확률변수는 어떤 범위 안에 속하는 모든 실수의 값을 가지므로 확률분포가 $\mathrm{P}(a \leq X \leq b)$와 같이 나타난다.

▸ 일반적으로 정규분포에 대한 분포표는 주어져 있지 않으므로 정규분포가 주어지면 표준화하여 표준정규분포표를 이용하여 확률을 구한다.

▸ 표본평균의 평균은 모평균과 같다.

▸ 표본의 크기 n이 충분히 크면 모표준편차 σ 대신 표본표준편차 s를 대입하여 모평균에 대한 신뢰구간을 구할 수도 있다.

1

이산확률변수의 확률분포

유형 1 이산확률변수의 평균, 분산, 표준편차 수능 2024

(1) 이산확률변수 X의 확률질량함수가 $\mathrm{P}(X=x_i)=p_i$ $(i=1, 2, 3, \cdots, n)$일 때

① 기댓값(평균): $\mathrm{E}(X)=\sum_{i=1}^{n} x_i p_i$

② 분산: $\mathrm{V}(X)=\mathrm{E}(X^2)-\{\mathrm{E}(X)\}^2$

③ 표준편차: $\sigma(X)=\sqrt{\mathrm{V}(X)}$

(2) 이산확률변수 X와 두 상수 a, b에 대하여

① $\mathrm{E}(aX+b)=a\mathrm{E}(X)+b$

② $\mathrm{V}(aX+b)=a^2\mathrm{V}(X)$

③ $\sigma(aX+b)=|a|\sigma(X)$

유형코드 이산확률변수 X의 확률분포가 표로 주어지거나 주어진 문제 상황을 이용하여 확률분포를 표로 작성한 후 X의 평균 또는 분산 등을 구하는 3점 또는 4점 문제가 가끔 출제된다. 확률의 총합은 1임을 반드시 이용해야 하고, 공식을 정확히 알아야 한다.

3점

001 2024년 시행 교육청 7월 25번

$0<a<b$인 두 상수 a, b에 대하여 이산확률변수 X의 확률분포를 표로 나타내면 다음과 같다.

X	0	a	b	합계
$\mathrm{P}(X=x)$	$\frac{1}{3}$	a	b	1

$\mathrm{E}(X)=\frac{5}{18}$일 때, ab의 값은? [3점]

① $\frac{1}{24}$ ② $\frac{1}{21}$ ③ $\frac{1}{18}$
④ $\frac{1}{15}$ ⑤ $\frac{1}{12}$

002 2023년 시행 교육청 7월 25번

이산확률변수 X의 확률분포를 표로 나타내면 다음과 같다.

X	1	2	3	합계
$\mathrm{P}(X=x)$	a	$a+b$	b	1

$\mathrm{E}(X^2)=a+5$일 때, $b-a$의 값은?
(단, a, b는 상수이다.) [3점]

① $\frac{1}{12}$ ② $\frac{1}{6}$ ③ $\frac{1}{4}$
④ $\frac{1}{3}$ ⑤ $\frac{5}{12}$

003 2022년 시행 교육청 10월 25번

이산확률변수 X의 확률분포를 표로 나타내면 다음과 같다.

X	-3	0	a	합계
$\mathrm{P}(X=x)$	$\frac{1}{2}$	$\frac{1}{4}$	$\frac{1}{4}$	1

$\mathrm{E}(X)=-1$일 때, $\mathrm{V}(aX)$의 값은? (단, a는 상수이다.) [3점]

① 12 ② 15 ③ 18
④ 21 ⑤ 24

004

2025학년도 평가원 9월 27번

이산확률변수 X가 가지는 값이 0부터 4까지의 정수이고

$$P(X=k)=P(X=k+2)\ (k=0,\ 1,\ 2)$$

이다. $E(X^2)=\frac{35}{6}$일 때, $P(X=0)$의 값은? [3점]

① $\frac{1}{24}$ ② $\frac{1}{12}$ ③ $\frac{1}{8}$ ④ $\frac{1}{6}$ ⑤ $\frac{5}{24}$

005

2023학년도 평가원 9월 27번

이산확률변수 X의 확률분포를 표로 나타내면 다음과 같다.

X	0	1	a	합계
$P(X=x)$	$\frac{1}{10}$	$\frac{1}{2}$	$\frac{2}{5}$	1

$\sigma(X)=E(X)$일 때, $E(X^2)+E(X)$의 값은? (단, $a>1$) [3점]

① 29 ② 33 ③ 37 ④ 41 ⑤ 45

006

2024년 시행 교육청 10월 27번

7개의 공이 들어 있는 상자가 있다. 각각의 공에는 1 또는 2 또는 3 중 하나의 숫자가 적혀 있다. 이 상자에서 임의로 2개의 공을 동시에 꺼내어 확인한 두 개의 수의 곱을 확률변수 X라 하자. 확률변수 X가

$$P(X=4)=\frac{1}{21},\ 2P(X=2)=3P(X=6)$$

을 만족시킬 때, $P(X\le 3)$의 값은? [3점]

① $\frac{2}{7}$ ② $\frac{3}{7}$ ③ $\frac{4}{7}$ ④ $\frac{5}{7}$ ⑤ $\frac{6}{7}$

Ⅲ 통계

▸ 정답 및 해설 051쪽

007

2024학년도 수능 26번

4개의 동전을 동시에 던져서 앞면이 나오는 동전의 개수를 확률변수 X라 하고, 이산확률변수 Y를

$$Y=\begin{cases} X & (X\text{가 } 0 \text{ 또는 } 1\text{의 값을 가지는 경우}) \\ 2 & (X\text{가 } 2 \text{ 이상의 값을 가지는 경우}) \end{cases}$$

라 하자. $\mathrm{E}(Y)$의 값은? [3점]

① $\frac{25}{16}$ ② $\frac{13}{8}$ ③ $\frac{27}{16}$ ④ $\frac{7}{4}$ ⑤ $\frac{29}{16}$

유형 2 이항분포의 평균, 분산, 표준편차

확률변수 X가 이항분포 $\mathrm{B}(n,\ p)$를 따를 때

(1) 평균: $\mathrm{E}(X)=np$

(2) 분산: $\mathrm{V}(X)=npq$ (단, $q=1-p$)

(3) 표준편차: $\sigma(X)=\sqrt{npq}$

유형코드 이항분포를 따르는 확률변수 X에 대하여 X의 평균 또는 분산 또는 미지수 등을 구하는 문제 또는 주어진 문제 상황을 이용하여 확률변수 X를 설정한 후 문제가 2점, 3점, 4점으로 다양하게 출제된다. 주어진 시행이 독립시행임을 아는 것이 중요하고, 공식을 정확히 알아야 한다.

2점

008

2024학년도 평가원 9월 23번

확률변수 X가 이항분포 $\mathrm{B}\left(30,\ \frac{1}{5}\right)$을 따를 때, $\mathrm{E}(X)$의 값은? [2점]

① 6 ② 7 ③ 8 ④ 9 ⑤ 10

009

2023년 시행 교육청 10월 23번

확률변수 X가 이항분포 $\mathrm{B}(45,\ p)$를 따르고 $\mathrm{E}(X)=15$일 때, p의 값은? [2점]

① $\frac{4}{15}$ ② $\frac{1}{3}$ ③ $\frac{2}{5}$ ④ $\frac{7}{15}$ ⑤ $\frac{8}{15}$

3점

010

2022년 시행 교육청 7월 24번

확률변수 X가 이항분포 $\mathrm{B}\left(n, \frac{1}{3}\right)$을 따르고 $\mathrm{E}(3X-1)=17$일 때, $\mathrm{V}(X)$의 값은? [3점]

① 2　② $\frac{8}{3}$　③ $\frac{10}{3}$　④ 4　⑤ $\frac{14}{3}$

2 연속확률변수의 확률분포

유형 3 연속확률변수의 확률

수능 2023

$\alpha \le X \le \beta$의 모든 실수의 값을 가지는 연속확률변수 X에 대하여 X의 확률밀도함수 $f(x)$는 다음과 같은 성질을 갖는다.

(1) $f(x) \ge 0$ (단, $\alpha \le x \le \beta$)

(2) 함수 $y=f(x)$의 그래프와 x축 및 두 직선 $x=\alpha$, $x=\beta$로 둘러싸인 부분의 넓이는 1이다.

(3) $\mathrm{P}(a \le X \le b)$는 함수 $y=f(x)$의 그래프와 x축 및 두 직선 $x=a$, $x=b$로 둘러싸인 부분의 넓이와 같다. (단, $\alpha \le a \le b \le \beta$)

유형코드 확률밀도함수의 그래프가 주어지거나 확률밀도함수의 그래프의 개형을 직접 그려서 확률을 구하는 문제가 출제된다. 정규분포곡선 또는 표준정규분포곡선을 이해하는 데에 기초가 되는 유형이다. 확률의 총합은 1임은 반드시 이용해야 한다.

Ⅲ 통계

4점

011

2023학년도 수능 28번

연속확률변수 X가 갖는 값의 범위는 $0 \le X \le a$이고, X의 확률밀도함수의 그래프가 그림과 같다.

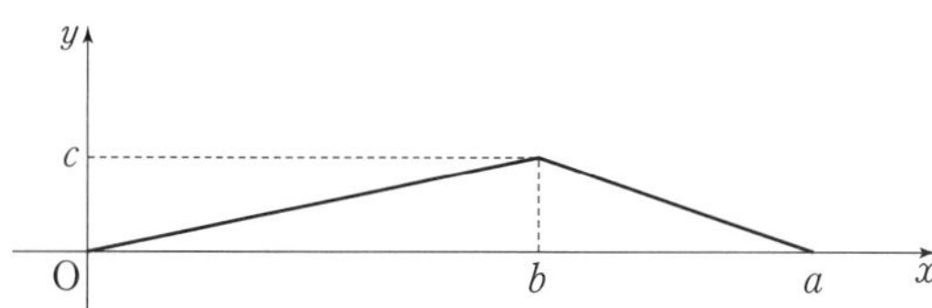

$\mathrm{P}(X \le b)-\mathrm{P}(X \ge b)=\frac{1}{4}$, $\mathrm{P}(X \le \sqrt{5})=\frac{1}{2}$일 때, $a+b+c$의 값은? (단, a, b, c는 상수이다.) [4점]

① $\frac{11}{2}$　② 6　③ $\frac{13}{2}$　④ 7　⑤ $\frac{15}{2}$

유형 4 정규분포와 표준정규분포

수능 2024 2025

(1) 정규분포의 표준화

확률변수 X가 정규분포 $\mathrm{N}(m, \sigma^2)$을 따를 때, 확률변수 Z를 $Z=\frac{X-m}{\sigma}$이라 하면 Z는 표준정규분포 $\mathrm{N}(0, 1)$을 따르고, 다음이 성립한다.

$$\mathrm{P}(a \le X \le b)=\mathrm{P}\left(\frac{a-m}{\sigma} \le Z \le \frac{b-m}{\sigma}\right)$$

(2) 정규분포 $\mathrm{N}(m, \sigma^2)$을 따르는 확률변수 X의 정규분포 곡선은 다음과 같은 성질을 갖는다.

① 직선 $x=m$에 대하여 대칭인 종 모양의 곡선이고 점근선은 x축이다.

② 곡선과 x축 사이의 넓이는 1이다.

③ $x=m$일 때 최댓값을 갖는다.

④ σ의 값이 일정할 때, m의 값이 변하면 대칭축의 위치는 바뀌지만 곡선의 모양은 변하지 않는다.

⑤ m의 값이 일정할 때, σ의 값이 클수록 곡선은 높이가 낮아지면서 양쪽으로 퍼진 모양이 된다.

참고

확률변수 Z의 정규분포곡선은 직선 $z=0$에 대하여 대칭이므로 다음이 성립한다. (단, $0<a<b$)

(1) $\mathrm{P}(Z \ge 0)=\mathrm{P}(Z \le 0)=0.5$

(2) $\mathrm{P}(0 \le Z \le a)=\mathrm{P}(-a \le Z \le 0)$

(3) $\mathrm{P}(Z \ge a)=\mathrm{P}(Z \ge 0)-\mathrm{P}(0 \le Z \le a)$
$=0.5-\mathrm{P}(0 \le Z \le a)$

(4) $\mathrm{P}(Z \le a)=\mathrm{P}(Z \le 0)+\mathrm{P}(0 \le Z \le a)$
$=0.5+\mathrm{P}(0 \le Z \le a)$

(5) $\mathrm{P}(a \le Z \le b)=\mathrm{P}(0 \le Z \le b)-\mathrm{P}(0 \le Z \le a)$

(6) $\mathrm{P}(-a \le Z \le b)=\mathrm{P}(-a \le Z \le 0)+\mathrm{P}(0 \le Z \le b)$
$=\mathrm{P}(0 \le Z \le a)+\mathrm{P}(0 \le Z \le b)$

실전 Tip

(1) 확률변수 X가 정규분포 $\mathrm{N}(m, \sigma^2)$을 따를 때, 정규분포곡선은 직선 $x=m$에 대하여 대칭이므로
$\mathrm{P}(X \le a)=\mathrm{P}(X \ge b)$이면
$m=\frac{a+b}{2}$

(2) 확률변수 Z가 표준정규분포 $\mathrm{N}(0, 1)$을 따를 때
① $\mathrm{P}(Z \le a)=\mathrm{P}(Z \ge b)$이면
$a=-b$
② $\mathrm{P}(Z \le a)+\mathrm{P}(Z \ge b)=1$이면
$a=b$

유형코드 정규분포의 표준화를 이용하여 정규분포를 따르는 확률변수의 확률을 구하는 3점 또는 4점 문제가 종종 출제된다. 최근에는 정규분포곡선의 성질도 함께 이용하는 문제가 자주 출제되고 있으므로 충분한 연습이 필요하다. 또한, 표준정규분포는 Ⅲ단원에서 가장 핵심이 되는 유형이므로 정규분포, 표준화, 표준정규분포 등에 대한 개념도 정확히 이해하고 있어야 한다.

3점

012 2024학년도 평가원 9월 26번

어느 고등학교의 수학 시험에 응시한 수험생의 시험 점수는 평균이 68점, 표준편차가 10점인 정규분포를 따른다고 한다. 이 수학 시험에 응시한 수험생 중 임의로 선택한 수험생 한 명의 시험 점수가 55점 이상이고 78점 이하일 확률을 오른쪽 표준정규분포표를 이용하여 구한 것은? [3점]

z	$\mathrm{P}(0 \le Z \le z)$
1.0	0.3413
1.1	0.3643
1.2	0.3849
1.3	0.4032

① 0.7262 ② 0.7445 ③ 0.7492 ④ 0.7675 ⑤ 0.7881

013 2023학년도 평가원 9월 25번

어느 인스턴트 커피 제조 회사에서 생산하는 A 제품 1개의 중량은 평균이 9, 표준편차가 0.4인 정규분포를 따르고, B 제품 1개의 중량은 평균이 20, 표준편차가 1인 정규분포를 따른다고 한다. 이 회사에서 생산한 A 제품 중에서 임의로 선택한 1개의 중량이 8.9 이상 9.4 이하일 확률과 B 제품 중에서 임의로 선택한 1개의 중량이 19 이상 k 이하일 확률이 서로 같다. 상수 k의 값은? (단, 중량의 단위는 g이다.) [3점]

① 19.5 ② 19.75 ③ 20 ④ 20.25 ⑤ 20.5

4점

014

2023년 시행 교육청 10월 28번

정규분포를 따르는 두 확률변수 X, Y의 확률밀도함수는 각각 $f(x)$, $g(x)$이다. $\mathrm{V}(X)=\mathrm{V}(Y)$이고, 양수 a에 대하여

$$f(a)=f(3a)=g(2a),$$
$$\mathrm{P}(Y\leq 2a)=0.6915$$

일 때, $\mathrm{P}(0\leq X\leq 3a)$의 값을 오른쪽 표준정규분포표를 이용하여 구한 것은? [4점]

z	$\mathrm{P}(0\leq Z\leq z)$
0.5	0.1915
1.0	0.3413
1.5	0.4332
2.0	0.4772

① 0.5328 ② 0.6247 ③ 0.6687
④ 0.7745 ⑤ 0.8185

015

2022년 시행 교육청 10월 28번

정규분포를 따르는 두 변수 X, Y의 확률밀도함수를 각각 $f(x)$, $g(x)$라 할 때, 모든 실수 x에 대하여

$$g(x)=f(x+6)$$

이다. 두 확률변수 X, Y와 상수 k가 다음 조건을 만족시킨다.

(가) $\mathrm{P}(X\leq 11)=\mathrm{P}(Y\geq 23)$
(나) $\mathrm{P}(X\leq k)+\mathrm{P}(Y\leq k)=1$

오른쪽 표준정규분포표를 이용하여 구한 $\mathrm{P}(X\leq k)+\mathrm{P}(Y\geq k)$의 값이 0.1336일 때, $\mathrm{E}(X)+\sigma(Y)$의 값은? [4점]

z	$\mathrm{P}(0\leq Z\leq z)$
0.5	0.1915
1.0	0.3413
1.5	0.4332
2.0	0.4772

① $\frac{41}{2}$ ② 21
③ $\frac{43}{2}$ ④ 22
⑤ $\frac{45}{2}$

▸ 정답 및 해설 054쪽

016

2024년 시행 교육청 10월 28번

정규분포를 따르는 두 확률변수 X, Y와 X의 확률밀도함수 $f(x)$, Y의 확률밀도함수 $g(x)$가 다음 조건을 만족시킬 때, $\mathrm{P}(X \geq 2.5)$의 값을 오른쪽 표준정규분포표를 이용하여 구한 것은? [4점]

z	$\mathrm{P}(0 \leq Z \leq z)$
0.5	0.1915
1.0	0.3413
1.5	0.4332
2.0	0.4772
2.5	0.4938

> (가) $\mathrm{V}(X)=\mathrm{V}(Y)=1$
> (나) 어떤 양수 k에 대하여 직선 $y=k$가 두 함수 $y=f(x)$, $y=g(x)$의 그래프와 만나는 모든 점의 x좌표의 집합은 $\{1, 2, 3, 4\}$이다.
> (다) $\mathrm{P}(X \leq 2)-\mathrm{P}(Y \leq 2)>0.5$

① 0.3085 ② 0.1587 ③ 0.0668
④ 0.0228 ⑤ 0.0062

017

2025학년도 수능 29번

정규분포 $\mathrm{N}(m_1, \sigma_1^{\ 2})$을 따르는 확률변수 X와 정규분포 $\mathrm{N}(m_2, \sigma_2^{\ 2})$을 따르는 확률변수 Y가 다음 조건을 만족시킨다.

> 모든 실수 x에 대하여
> $\mathrm{P}(X \leq x)=\mathrm{P}(X \geq 40-x)$이고
> $\mathrm{P}(Y \leq x)=\mathrm{P}(X \leq x+10)$이다.

$\mathrm{P}(15 \leq X \leq 20)+\mathrm{P}(15 \leq Y \leq 20)$의 값을 오른쪽 표준정규분포표를 이용하여 구한 것이 0.4772일 때, $m_1+\sigma_2$의 값을 구하시오.
(단, σ_1과 σ_2는 양수이다.) [4점]

z	$\mathrm{P}(0 \leq Z \leq z)$
0.5	0.1915
1.0	0.3413
1.5	0.4332
2.0	0.4772

유형 5 이항분포와 정규분포의 관계

확률변수 X가 이항분포 $B(n, p)$를 따를 때, n이 충분히 크면 X는 근사적으로 정규분포 $N(np, npq)$를 따른다.

유형코드 시행 횟수가 충분히 큰 이항분포에서 정규분포를 이용하여 확률을 구하는 문제가 출제된다. 이 유형의 문제들은 문제의 소재만 다를 뿐 문제의 내용은 유사하므로 문제를 해결하기 위해 필요한 정보를 빠르게 파악하는 것이 중요하다.

4점

018

2025학년도 평가원 9월 29번

수직선의 원점에 점 A가 있다. 한 개의 주사위를 사용하여 다음 시행을 한다.

> 주사위를 한 번 던져 나온 눈의 수가
> 4 이하이면 점 A를 양의 방향으로 1만큼 이동시키고,
> 5 이상이면 점 A를 음의 방향으로 1만큼 이동시킨다.

이 시행을 16200번 반복하여 이동된 점 A의 위치가 5700 이하일 확률을 오른쪽 표준정규분포표를 이용하여 구한 값을 k라 하자. $1000 \times k$의 값을 구하시오. [4점]

z	$P(0 \leq Z \leq z)$
1.0	0.341
1.5	0.433
2.0	0.477
2.5	0.494

3 통계적 추정

유형 6 표본평균의 평균, 분산, 표준편차

모평균이 m, 모표준편차가 σ인 모집단에서 크기가 n인 표본을 임의추출할 때, 표본평균 $\overline{X}$에 대하여

(1) 평균: $E(\overline{X}) = m$

(2) 분산: $V(\overline{X}) = \frac{\sigma^2}{n}$

(3) 표준편차: $\sigma(\overline{X}) = \frac{\sigma}{\sqrt{n}}$

유형코드 모집단의 확률분포가 주어졌을 때, 표본평균 $\overline{X}$의 평균 또는 분산 또는 표준편차 등을 구하는 문제가 출제된다. 통계 단원에서는 용어와 기호가 중요하므로 이에 대해 잘 숙지해 두어야 하고, 공식의 암기도 중요하다. 특히, $\overline{X}$는 '표본평균'이고, $E(\overline{X})$는 '표본평균의 평균'임을 혼동하지 않도록 주의하자.

2점

019

2022년 시행 교육청 10월 23번

표준편차가 12인 정규분포를 따르는 모집단에서 크기가 36인 표본을 임의추출하여 구한 표본평균을 $\overline{X}$라 할 때, $\sigma(\overline{X})$의 값은? [2점]

① 1 ② 2 ③ 3 ④ 4 ⑤ 5

▶ 정답 및 해설 055쪽

3점

020

2025학년도 수능 27번

숫자 1, 3, 5, 7, 9가 각각 하나씩 적혀 있는 5장의 카드가 들어 있는 주머니가 있다. 이 주머니에서 임의로 1장의 카드를 꺼내어 카드에 적혀 있는 수를 확인한 후 다시 넣는 시행을 한다. 이 시행을 3번 반복하여 확인한 세 개의 수의 평균을 $\overline{X}$라 하자. $\mathrm{V}(a\overline{X}+6)=24$일 때, 양수 a의 값은? [3점]

① 1 ② 2 ③ 3 ④ 4 ⑤ 5

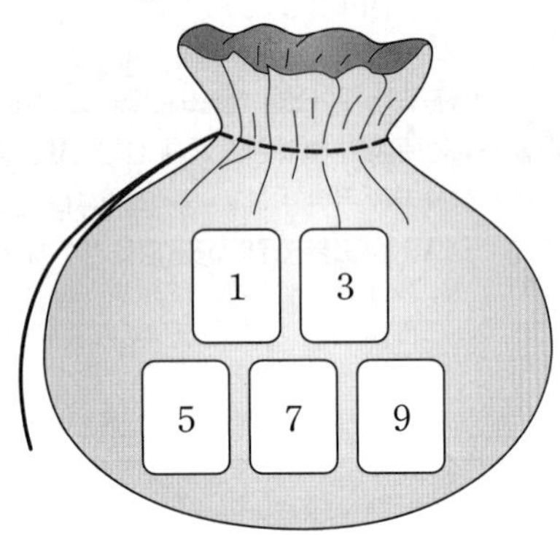

4점

021

2024학년도 평가원 9월 28번

주머니 A에는 숫자 1, 2, 3이 하나씩 적힌 3개의 공이 들어 있고, 주머니 B에는 숫자 1, 2, 3, 4가 하나씩 적힌 4개의 공이 들어 있다. 두 주머니 A, B와 한 개의 주사위를 사용하여 다음 시행을 한다.

> 주사위를 한 번 던져
> 나온 눈의 수가 3의 배수이면
> 주머니 A에서 임의로 2개의 공을 동시에 꺼내고,
> 나온 눈의 수가 3의 배수가 아니면
> 주머니 B에서 임의로 2개의 공을 동시에 꺼낸다.
> 꺼낸 2개의 공에 적혀 있는 수의 차를 기록한 후,
> 공을 꺼낸 주머니에 이 2개의 공을 다시 넣는다.

이 시행을 2번 반복하여 기록한 두 개의 수의 평균을 $\overline{X}$라 할 때, $\mathrm{P}(\overline{X}=2)$의 값은? [4점]

① $\frac{11}{81}$ ② $\frac{13}{81}$ ③ $\frac{5}{27}$ ④ $\frac{17}{81}$ ⑤ $\frac{19}{81}$

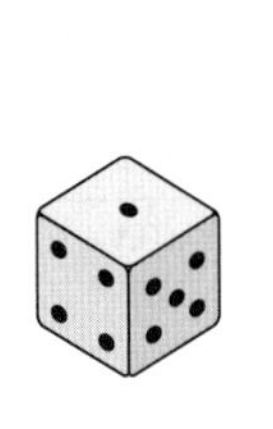
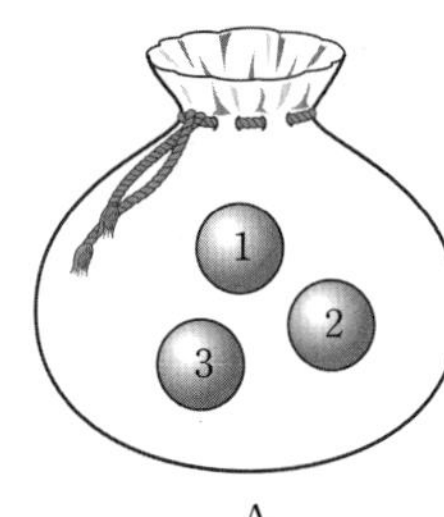

A
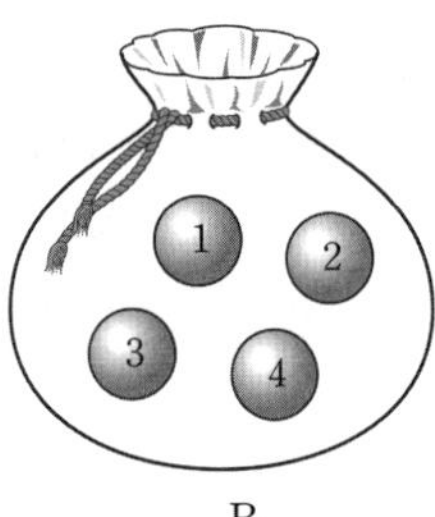

B

유형 7 표본평균의 분포

모평균이 m, 모표준편차가 σ인 모집단에서 크기가 n인 표본을 임의추출할 때, 모집단이 정규분포 $N(m,\ \sigma^2)$을 따르면 표본평균 $\overline{X}$는 정규분포 $N\left(m,\ \frac{\sigma^2}{n}\right)$을 따른다.

유형코드 모집단에서 임의추출한 표본의 표본평균 $\overline{X}$의 확률을 구하거나 $\overline{X}$의 확률이 주어지고 미지수를 구하는 3점 또는 4점 문제가 가끔 출제된다. 모집단의 분포와 표본평균의 분포의 관계를 잘 이해하고 있어야 한다. 모집단이 정규분포를 따르면 표본평균도 정규분포를 따른다.

3점

022 2025학년도 평가원 9월 26번

정규분포 $N(m,\ 6^2)$을 따르는 모집단에서 크기가 9인 표본을 임의추출하여 구한 표본평균을 $\overline{X}$, 정규분포 $N(6,\ 2^2)$을 따르는 모집단에서 크기가 4인 표본을 임의추출하여 구한 표본평균을 $\overline{Y}$라 하자. $P(\overline{X} \leq 12)+P(\overline{Y} \geq 8)=1$이 되도록 하는 m의 값은? [3점]

① 5 ② $\frac{13}{2}$ ③ 8 ④ $\frac{19}{2}$ ⑤ 11

유형 8 모평균의 추정

수능 2023 2024 2025

정규분포 $N(m,\ \sigma^2)$을 따르는 모집단에서 크기가 n인 표본을 임의추출하여 구한 표본평균 $\overline{X}$의 값을 $\overline{x}$라 하면 모평균 m에 대한 신뢰구간은 다음과 같다.

(1) 신뢰도 95 %의 신뢰구간

$$\overline{x}-1.96\times\frac{\sigma}{\sqrt{n}} \leq m \leq \overline{x}+1.96\times\frac{\sigma}{\sqrt{n}}$$

(2) 신뢰도 99 %의 신뢰구간

$$\overline{x}-2.58\times\frac{\sigma}{\sqrt{n}} \leq m \leq \overline{x}+2.58\times\frac{\sigma}{\sqrt{n}}$$

실전Tip 문제에

(1) $P(|Z| \leq 1.96)=0.95$가 주어지면 신뢰도 95 %의 신뢰구간을 이용

(2) $P(|Z| \leq 2.58)=0.99$가 주어지면 신뢰도 99 %의 신뢰구간을 이용

유형코드 표본을 임의추출하여 얻은 표본평균을 이용해 모평균을 추정하는, 즉 모평균의 신뢰구간을 구하는 문제가 출제되거나 신뢰구간을 이용하여 표본의 크기를 구하는 문제가 출제된다. 주어진 조건을 신뢰구간의 공식에 대입하기만 하면 쉽게 해결할 수 있으므로 신뢰구간의 공식을 정확히 알아야 한다.

3점

023 2023년 시행 교육청 10월 26번

어느 지역에서 수확하는 양파의 무게는 평균이 m, 표준편차가 16인 정규분포를 따른다고 한다. 이 지역에서 수확한 양파 64개를 임의추출하여 얻은 양파의 무게의 표본평균이 $\overline{x}$일 때, 모평균 m에 대한 신뢰도 95 %의 신뢰구간이 $240.12 \leq m \leq a$이다. $\overline{x}+a$의 값은? (단, 무게의 단위는 g이고, Z가 표준정규분포를 따르는 확률변수일 때, $P(|Z| \leq 1.96)=0.95$로 계산한다.) [3점]

① 486 ② 489 ③ 492 ④ 495 ⑤ 498

▸ 정답 및 해설 056쪽

024

2024학년도 수능 27번

정규분포 $\mathrm{N}(m,\ 5^2)$을 따르는 모집단에서 크기가 49인 표본을 임의추출하여 얻은 표본평균이 $\overline{x}$일 때, 모평균 m에 대한 신뢰도 95 %의 신뢰구간이 $a \le m \le \frac{6}{5}a$이다. $\overline{x}$의 값은? (단, Z가 표준정규분포를 따르는 확률변수일 때, $\mathrm{P}(|Z| \le 1.96) = 0.95$로 계산한다.) [3점]

① 15.2 ② 15.4 ③ 15.6
④ 15.8 ⑤ 16.0

025

2025학년도 수능 25번

정규분포 $\mathrm{N}(m,\ 2^2)$을 따르는 모집단에서 크기가 256인 표본을 임의추출하여 얻은 표본평균을 이용하여 구한 m에 대한 신뢰도 95 %의 신뢰구간이 $a \le m \le b$이다. $b-a$의 값은? (단, Z가 표준정규분포를 따르는 확률변수일 때, $\mathrm{P}(|Z| \le 1.96) = 0.95$로 계산한다.) [3점]

① 0.49 ② 0.52 ③ 0.55
④ 0.58 ⑤ 0.61

026

2024년 시행 교육청 10월 26번

어느 회사에서 생산하는 다회용 컵 1개의 무게는 평균이 m, 표준편차가 0.5인 정규분포를 따른다고 한다. 이 회사에서 생산한 다회용 컵 중에서 n개를 임의추출하여 얻은 표본평균이 67.27일 때, 모평균 m에 대한 신뢰도 95 %의 신뢰구간이 $a \le m \le 67.41$이다. $n+a$의 값은? (단, 무게의 단위는 g이고, Z가 표준정규분포를 따르는 확률변수일 때, $\mathrm{P}(|Z| \le 1.96) = 0.95$로 계산한다.) [3점]

① 92.13 ② 97.63 ③ 103.13
④ 109.63 ⑤ 116.13

027

2023학년도 수능 27번

어느 회사에서 생산하는 샴푸 1개의 용량은 정규분포 $\mathrm{N}(m,\ \sigma^2)$을 따른다고 한다. 이 회사에서 생산하는 샴푸 중에서 16개를 임의추출하여 얻은 표본평균을 이용하여 구한 m에 대한 신뢰도 95 %의 신뢰구간이 $746.1 \le m \le 755.9$이다. 이 회사에서 생산하는 샴푸 중에서 n개를 임의추출하여 얻은 표본평균을 이용하여 구하는 m에 대한 신뢰도 99 %의 신뢰구간이 $a \le m \le b$일 때, $b-a$의 값이 6 이하가 되기 위한 자연수 n의 최솟값은? (단, 용량의 단위는 mL이고, Z가 표준정규분포를 따르는 확률변수일 때, $\mathrm{P}(|Z| \le 1.96) = 0.95$, $\mathrm{P}(|Z| \le 2.58) = 0.99$로 계산한다.) [3점]

① 70 ② 74 ③ 78
④ 82 ⑤ 86

▶ 정답 및 해설 058쪽

028

2024학년도 수능 30번

양수 t에 대하여 확률변수 X가 정규분포 $\mathrm{N}(1,\ t^2)$을 따른다.

$$\mathrm{P}(X \le 5t) \ge \frac{1}{2}$$

이 되도록 하는 모든 양수 t에 대하여 $\mathrm{P}(t^2-t+1 \le X \le t^2+t+1)$의 최댓값을 오른쪽 표준정규분포표를 이용하여 구한 값을 k라 하자. $1000 \times k$의 값을 구하시오. [4점]

z	$\mathrm{P}(0 \le Z \le z)$
0.6	0.226
0.8	0.288
1.0	0.341
1.2	0.385
1.4	0.419

029

2023학년도 평가원 9월 29번

1부터 6까지의 자연수가 하나씩 적힌 6장의 카드가 들어 있는 주머니가 있다. 이 주머니에서 임의로 한 장의 카드를 꺼내어 카드에 적힌 수를 확인한 후 다시 넣는 시행을 한다. 이 시행을 4번 반복하여 확인한 네 개의 수의 평균을 $\overline{X}$라 할 때, $\mathrm{P}\left(\overline{X}=\frac{11}{4}\right)=\frac{q}{p}$이다. $p+q$의 값을 구하시오. (단, p와 q는 서로소인 자연수이다.) [4점]

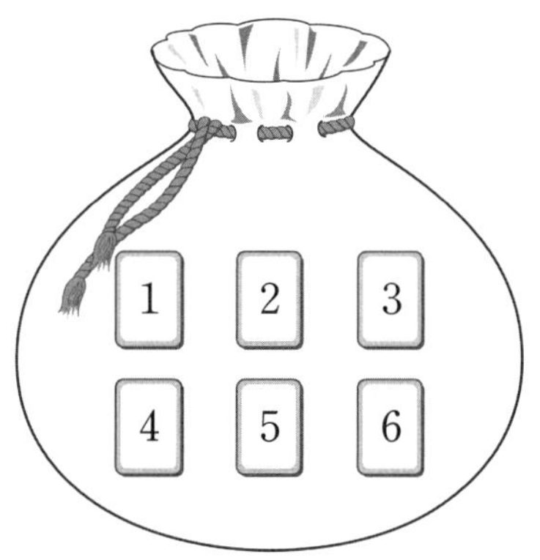

▶ 정답 및 해설 059쪽

030
2024년 시행 교육청 7월 29번

두 양수 m, σ에 대하여 확률변수 X는 정규분포 $\mathrm{N}(m,\ 1^2)$, 확률변수 Y는 정규분포 $\mathrm{N}(m^2+2m+16,\ \sigma^2)$을 따르고, 두 확률변수 X, Y는

$$\mathrm{P}(X \le 0)=\mathrm{P}(Y \le 0)$$

을 만족시킨다. σ의 값이 최소가 되도록 하는 m의 값을 m_1이라 하자. $m=m_1$일 때, 두 확률변수 X, Y에 대하여

$$\mathrm{P}(X \ge 1)=\mathrm{P}(Y \le k)$$

를 만족시키는 상수 k의 값을 구하시오. [4점]

031

2022년 시행 교육청 7월 29번

두 연속확률변수 X와 Y가 갖는 값의 범위는 각각 $0 \leq X \leq a$, $0 \leq Y \leq a$이고, X와 Y의 확률밀도함수를 각각 $f(x)$, $g(x)$라 하자. $0 \leq x \leq a$인 모든 실수 x에 대하여 두 함수 $f(x)$, $g(x)$는

$$f(x)=b,\ g(x)=\mathrm{P}(0 \leq X \leq x)$$

이다. $\mathrm{P}(0 \leq Y \leq c)=\dfrac{1}{2}$일 때, $(a+b)\times c^2$의 값을 구하시오. (단, a, b, c는 상수이다.)

[4점]

Ⅲ 통계

▸ 정답 및 해설 060쪽

032

2023년 시행 교육청 7월 29번

두 연속확률변수 X와 Y가 갖는 값의 범위는 $0\le X\le 4$, $0\le Y\le 4$이고, X와 Y의 확률밀도함수는 각각 $f(x)$, $g(x)$이다. 확률변수 X의 확률밀도함수 $f(x)$의 그래프는 그림과 같다.

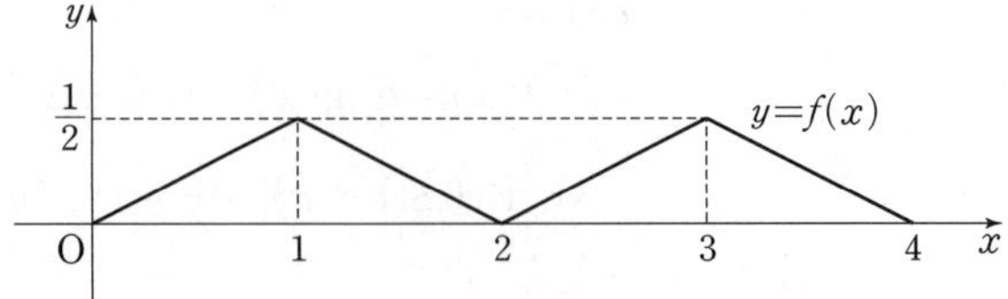

확률변수 Y의 확률밀도함수 $g(x)$는 닫힌구간 $[0,\ 4]$에서 연속이고 $0\le x\le 4$인 모든 실수 x에 대하여

$$\{g(x)-f(x)\}\{g(x)-a\}=0\ (a\text{는 상수})$$

를 만족시킨다.

두 확률변수 X와 Y가 다음 조건을 만족시킨다.

(가) $\mathrm{P}(0\le Y\le 1)<\mathrm{P}(0\le X\le 1)$ (나) $\mathrm{P}(3\le Y\le 4)<\mathrm{P}(3\le X\le 4)$

$\mathrm{P}(0\le Y\le 5a)=p-q\sqrt{2}$일 때, $p\times q$의 값을 구하시오. (단, p, q는 자연수이다.) [4점]

▶ 정답 및 해설 060쪽

올픽 수능 기출

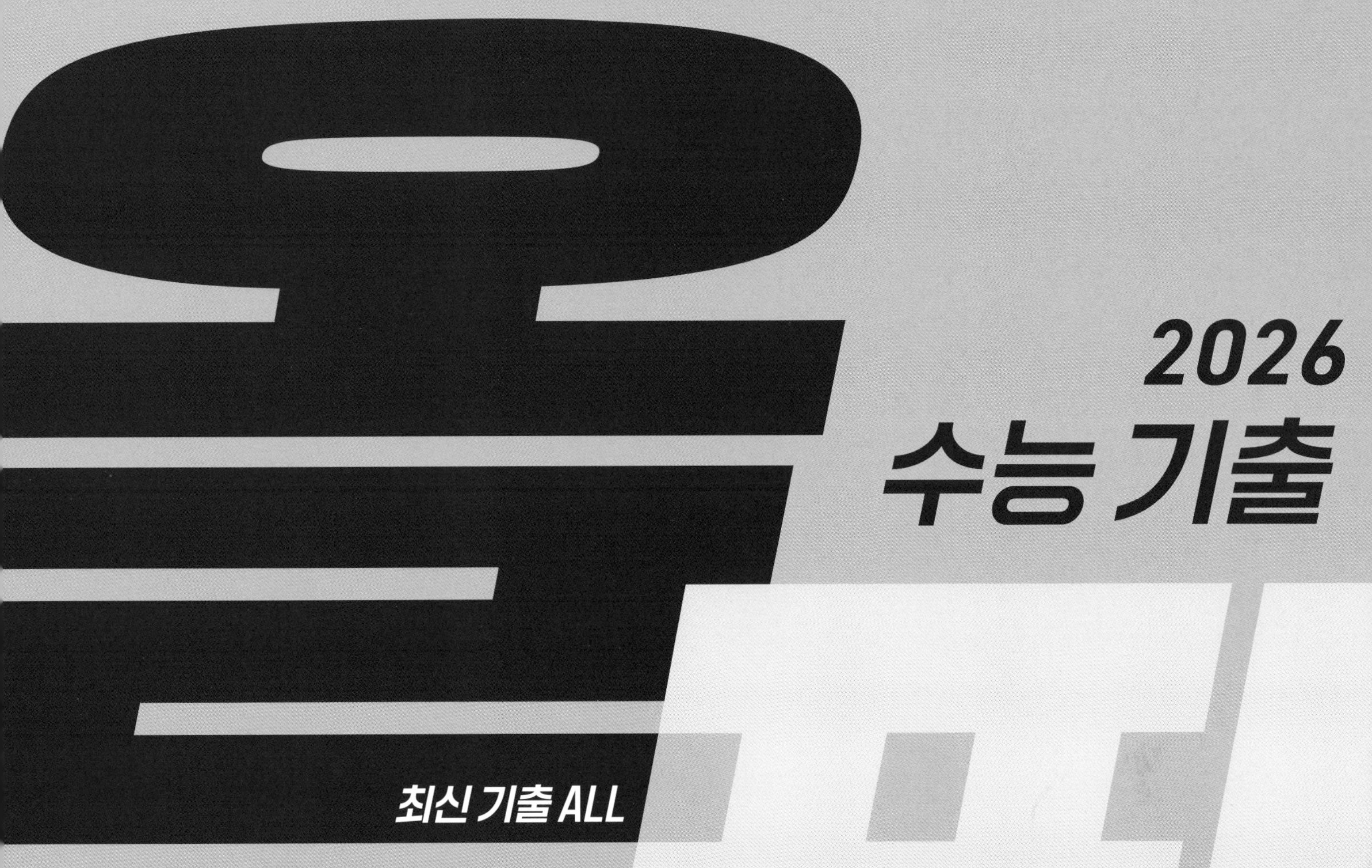

픽

우수 기출 PICK

확률과 통계

BOOK 1 최신 기출 ALL

정답 및 해설

메가스터디BOOKS

확률과 통계

BOOK 1

정답 및 해설

빠른 정답

I 경우의 수

001 ③ 002 ③ 003 ② 004 ⑤ 005 ⑤ 006 ① 007 ① 008 ⑤ 009 ④ 010 ① 011 ② 012 ⑤
013 ⑤ 014 ⑤ 015 ③ 016 ⑤ 017 ⑤ 018 ④ 019 115 020 ② 021 ③ 022 ⑤ 023 ③ 024 ③
025 ② 026 ① 027 ⑤ 028 ③ 029 ④ 030 ② 031 ④ 032 ④ 033 ③ 034 ② 035 ③ 036 ⑤
037 ① 038 120 039 ① 040 ③ 041 ① 042 ④ 043 ① 044 ① 045 ④ 046 ③ 047 117 048 93
049 ① 050 64 051 196 052 336 053 ② 054 ② 055 ④ 056 25 057 115 058 ② 059 ② 060 105
061 45 062 198 063 523 064 ③ 065 ② 066 ⑤ 067 ③ 068 ③ 069 ① 070 ④ 071 ① 072 ②
073 ② 074 ① 075 ② 076 ② 077 ④ 고난도 기출 ▸ 078 75 079 65 080 48 081 260 082 720 083 90
084 708 085 40 086 100 087 108 088 188 089 150

II 확률

001 ① 002 ④ 003 ⑤ 004 6 005 ④ 006 ④ 007 ② 008 ④ 009 ③ 010 ② 011 ③ 012 ③
013 ④ 014 ③ 015 ② 016 ③ 017 ③ 018 ⑤ 019 ⑤ 020 ⑤ 021 ③ 022 ④ 023 ③ 024 ③
025 ② 026 ④ 027 ④ 028 ② 029 ④ 030 ⑤ 031 ④ 032 ③ 033 ④ 034 ① 035 19 036 ④
037 ① 038 62 고난도 기출 ▸ 039 ① 040 51 041 ① 042 5 043 17 044 9 045 61 046 133 047 49

III 통계

001 ⑤ 002 ② 003 ③ 004 ④ 005 ⑤ 006 ④ 007 ② 008 ① 009 ② 010 ④ 011 ④ 012 ②
013 ④ 014 ① 015 ④ 016 ② 017 25 018 994 019 ② 020 ③ 021 ⑤ 022 ③ 023 ③ 024 ②
025 ① 026 ⑤ 027 ② 고난도 기출 ▸ 028 673 029 175 030 70 031 5 032 24

I 경우의 수

▸본문 012~039쪽

001 ③	002 ③	003 ②	004 ⑤	005 ⑤	006 ①
007 ①	008 ⑤	009 ④	010 ①	011 ②	012 ⑤
013 ⑤	014 ⑤	015 ③	016 ⑤	017 ⑤	018 ④
019 115	020 ②	021 ③	022 ⑤	023 ③	024 ③
025 ②	026 ①	027 ⑤	028 ③	029 ④	030 ②
031 ④	032 ④	033 ③	034 ②	035 ③	036 ⑤
037 ①	038 120	039 ①	040 ③	041 ①	042 ④
043 ①	044 ①	045 ④	046 ③	047 117	048 93
049 ①	050 64	051 196	052 336	053 ②	054 ②
055 ④	056 25	057 115	058 ②	059 ②	060 105
061 45	062 198	063 523	064 ③	065 ②	066 ⑤
067 ③	068 ③	069 ①	070 ④	071 ①	072 ②
073 ②	074 ①	075 ②	076 ②	077 ④	

001 정답률 ▸ 90% 답 ③

5명의 학생이 원 모양의 탁자에 모두 둘러앉는 경우의 수는
$(5-1)!=4!=24$

002 정답률 ▸ 89% 답 ③

1단계 세 학생 A, B, C를 포함하여 5명을 선택하는 경우의 수를 구해 보자.
7명의 학생 중에서 세 학생 A, B, C를 포함하여 5명을 선택하는 경우의 수는 세 학생 A, B, C를 제외한 4명 중 2명을 선택하는 경우의 수와 같으므로
${}_4C_2=6$

2단계 세 학생 A, B, C를 포함하여 5명의 학생을 원 모양의 탁자에 둘러앉게 하는 경우의 수를 구해 보자.
세 학생 A, B, C를 포함하여 5명의 학생을 원 모양의 탁자에 둘러앉게 하는 경우의 수는
$(5-1)!=4!=24$

3단계 주어진 조건을 만족시키는 경우의 수를 구해 보자.
구하는 경우의 수는
$6\times24=144$

003 정답률 ▸ 87% 답 ②

1단계 여학생을 한 학생으로 생각하고 6명의 학생이 원 모양의 탁자에 둘러앉는 경우의 수를 구해 보자.
여학생 2명을 한 학생으로 생각하여 6명의 학생이 원 모양의 탁자에 둘러앉는 경우의 수는
$(6-1)!=5!=120$

2단계 여학생 2명이 서로 자리를 바꾸는 경우의 수를 구해 보자.
여학생 2명이 서로 자리를 바꾸는 경우의 수는
$2!=2$

3단계 주어진 조건을 만족시키는 경우의 수를 구해 보자.
구하는 경우의 수는
$120\times2=240$

004 정답률 ▸ 80% 답 ⑤

1단계 주어진 조건을 만족시키도록 둘러앉는 경우를 알아보고, A 학교 학생 5명이 원 모양의 탁자에 둘러앉는 경우의 수를 구해 보자.
주어진 조건을 만족시키려면 다음 그림과 같이 A 학교 학생 5명이 원 모양의 탁자에 먼저 둘러앉고, A 학교 학생 사이사이의 5개의 자리에 B 학교 학생 2명이 각각 앉으면 된다.

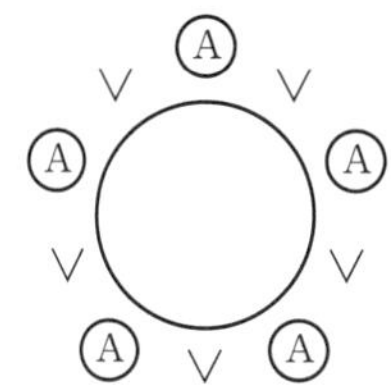

A 학교 학생 5명이 원 모양의 탁자에 둘러앉는 경우의 수는
$(5-1)!=4!=24$

2단계 B 학교 학생 2명이 원 모양의 탁자에 둘러 앉는 경우의 수를 구해 보자.
A 학교 학생 사이사이의 5개의 자리에 B 학교 학생 2명이 각각 앉을 자리를 택하는 경우의 수는
${}_5P_2=20$

3단계 주어진 조건을 만족시키는 경우의 수를 구해 보자.
구하는 경우의 수는
$24\times20=480$

다른 풀이
B 학교 학생끼리는 이웃하지 않도록 앉는 경우의 수는 전체 경우의 수에서 B 학교 학생끼리 이웃하는 경우의 수를 뺀 것과 같다.
A 학교 학생 5명과 B학교 학생 2명이 원 모양의 탁자에 모두 둘러앉는 경우의 수는
$(5+2-1)!=6!=720$
B 학교 학생 2명을 한 사람으로 생각하여 6명의 학생이 원 모양의 탁자에 둘러앉는 경우의 수는
$(6-1)!=5!=120$
B 학교 학생끼리 서로 자리를 바꾸는 경우의 수는 $2!=2$
즉, B 학교 학생끼리 이웃하는 경우의 수는 $120\times2=240$
따라서 구하는 경우의 수는
$720-240=480$

005 정답률 ▸ 73% 답 ⑤

1단계 주어진 조건을 만족시키도록 둘러앉는 경우를 알아보고, 2학년 학생들이 원 모양의 탁자에 둘러앉는 경우의 수를 구해 보자.
조건 (가)를 만족시키려면 4명의 1학년 학생과 4명의 2학년 학생이 교대로 앉으면 된다.

2학년 학생들이 원 모양의 탁자에 둘러앉는 경우의 수는

$(4-1)!=3!=6$

2단계 조건 (나)를 만족시키도록 4명의 학생이 원 모양의 탁자에 둘러앉는 경우의 수를 구해 보자.

A와 B가 이웃하게 앉는 경우의 수는 2

남은 3개의 자리에 나머지 1학년 학생들이 앉는 경우의 수는 $3!=6$

즉, 조건 (나)를 만족시키도록 4명의 1학년 학생이 원 모양의 탁자에 둘러앉는 경우의 수는

$2\times6=12$

3단계 주어진 조건을 만족시키는 경우의 수를 구해 보자.

구하는 경우의 수는

$6\times12=72$

006 정답률 ▸ 74% 답 ①

1단계 전체 경우의 수를 구해 보자.

서로 이웃한 2개의 의자에 적혀 있는 수의 합이 11이 되지 않도록 배열하는 경우의 수는 전체 경우의 수에서 서로 이웃한 2개의 의자에 적혀 있는 수의 합이 11이 되도록 배열하는 경우의 수를 뺀 것과 같다.

6개의 의자를 일정한 간격을 두고 원형으로 배열하는 경우의 수는

$(6-1)!=5!=120$

2단계 서로 이웃한 2개의 의자에 적혀 있는 두 수의 합이 11이 되도록 배열하는 경우의 수를 구해 보자.

1부터 6까지의 자연수 중 두 개의 수를 택하여 더했을 때 11이 되는 경우는 5와 6을 택할 때이므로 5와 6이 적힌 의자를 한 의자로 생각하여 5개의 의자를 원형으로 배열한 후, 5와 6이 적힌 의자의 위치를 서로 바꾸어 배열하는 경우의 수와 같으므로

$(5-1)!\times2=4!\times2=48$

3단계 주어진 조건을 만족시키는 경우의 수를 구해 보자.

구하는 경우의 수는

$120-48=72$

007 정답률 ▸ 57% 답 ①

1단계 서로 이웃한 2개의 의자에 적혀 있는 두 수가 서로소가 되도록 배열하는 경우를 생각해 보자.

서로 이웃한 2개의 의자에 적힌 두 수가 서로소가 되도록 배열하려면 짝수가 적힌 의자끼리는 이웃하지 않도록 배열해야 하고, 3과 6이 적힌 의자끼리도 이웃하지 않도록 배열해야 한다.

2단계 홀수가 적힌 의자를 원형으로 배열하는 경우의 수를 구해 보자.

홀수가 적힌 4개의 의자를 원형으로 배열하는 경우의 수는

$(4-1)!=3!=6$

3단계 홀수가 적힌 의자 사이사이에 조건을 만족시키도록 남은 4개의 의자를 배열하는 경우의 수를 구해 보자.

홀수가 적힌 4개의 의자 사이사이에 있는 4개의 자리 중 3이 적힌 의자와 이웃하지 않는 2개의 자리에 6이 적힌 의자를 배열하고, 남은 3개의 자리에 짝수가 적힌 나머지 3개의 의자를 배열하는 경우의 수는

${}_2C_1\times3!=2\times6=12$

4단계 주어진 조건을 만족시키는 경우의 수를 구해 보자.

구하는 경우의 수는

$6\times12=72$

다른 풀이

주어진 조건을 만족시키도록 의자를 원형으로 배열하려면 홀수가 적힌 4개의 의자를 원형으로 배열한 후, 그 사이사이에 짝수가 적힌 의자를 배열하는 경우의 수에서 3과 6이 적힌 의자가 이웃한 경우의 수를 빼면 된다.

홀수가 적힌 4개의 의자를 원형으로 배열한 후, 그 사이사이에 짝수가 적힌 의자를 배열하는 경우의 수는

$(4-1)!\times4!=6\times24=144$

홀수가 적힌 4개의 의자를 원형으로 배열한 후, 그 사이사이에 짝수가 적힌 의자를 배열하면서 3과 6이 적힌 의자가 이웃하도록 배열하는 경우의 수는 3과 6이 적힌 의자를 한 의자로 생각하여 4개의 의자를 원형으로 배열한 후, 홀수가 적힌 의자 사이사이의 3개의 자리에 짝수가 적힌 의자를 배열하는 경우의 수와 같으므로

(홀수가 적힌 의자 사이사이의 3개의 자리 → 사이사이의 4개의 자리에서 6이 적힌 의자가 놓여 있는 자리와 인접한 자리를 제외하면 3개의 자리가 남는다.)

$(4-1)!\times2\times3!=6\times2\times6=72$

(2 → 3과 6이 서로 자리를 바꾸는 경우의 수)

따라서 구하는 경우의 수는

$144-72=72$

008 정답률 ▸ 38% 답 ⑤

1단계 조건 (가)를 만족시키는 경우의 수를 구해 보자.

조건 (가)를 만족시키려면 한 접시에는 2개의 빵을 담아야 하고, 나머지 세 접시에는 1개씩 빵을 담아야 한다. 5개의 빵 중에서 한 접시에 담을 2개의 빵을 선택하는 경우의 수는

${}_5C_2=10$

2단계 조건 (나)를 만족시키는 경우의 수를 구해 보자.

2개의 빵을 담은 접시를 A, 1개의 빵을 담은 세 접시를 각각 B, C, D라 하자.

(i) 접시 A에 사탕을 담지 않는 경우

세 접시 B, C, D 중 2개의 사탕을 담는 접시 2개를 선택하고, 나머지 접시에 사탕 1개를 담는 경우의 수는

${}_3C_2={}_3C_1=3$

(ii) 접시 A에 사탕 1개를 담는 경우

세 접시 B, C, D 중 2개의 사탕을 담는 접시 2개를 선택하고, 나머지 접시에 사탕을 담지 않는 경우의 수는

${}_3C_2={}_3C_1=3$

세 접시 B, C, D 중 1개의 사탕을 담는 접시 2개를 선택하고, 나머지 접시에 사탕 2개를 담는 경우의 수는

${}_3C_2={}_3C_1=3$

(i), (ii)에서 조건 (나)를 만족시키는 경우의 수는

$3+3+3=9$

3단계 네 접시 A, B, C, D를 원 모양의 식탁에 원형으로 놓는 경우의 수를 구해 보자.

네 접시 A, B, C, D를 원 모양의 식탁에 원형으로 놓는 경우의 수는

$(4-1)!=6$

4단계 주어진 조건을 만족시키는 경우의 수를 구해 보자.

구하는 경우의 수는

$10\times9\times6=540$

009 정답률 ▸ 89% 답 ④

$_3\Pi_4=3^4=81$

010 정답률 ▸ 87% 답 ①

$_3P_2+{_3\Pi_2}=6+3^2=15$

011 정답률 ▸ 82% 답 ②

1단계 천의 자리를 정하는 경우의 수를 구해 보자.

천의 자리를 정하는 경우의 수는

4, 5의 2

2단계 백의 자리, 십의 자리의 수를 정하는 경우의 수를 구해 보자.

백의 자리, 십의 자리의 수를 정하는 경우의 수는 5개의 숫자 1, 2, 3, 4, 5 중에서 중복을 허락하여 2개를 선택하는 경우의 수와 같으므로

$_5\Pi_2=5^2=25$

3단계 일의 자리의 수를 정하는 경우의 수를 구해 보자.

일의 자리를 정하는 경우의 수는

1, 3, 5의 3

4단계 주어진 조건을 만족시키는 자연수의 개수를 구해 보자.

구하는 자연수의 개수는

$2\times25\times3=150$

012 정답률 ▸ 86% 답 ⑤

1단계 만든 네 자리 자연수가 홀수가 되는 경우의 수를 구해 보자.

네 자리 자연수가 홀수가 되려면 일의 자리에 1 또는 3이 와야 하므로 그 경우의 수는

2

2단계 일의 자리를 제외한 나머지 자리에 숫자를 나열하는 경우의 수를 구해 보자.

일의 자리를 제외한 나머지 세 자리에 숫자 1, 2, 3 중에서 중복을 허락하여 3개를 택하여 일렬로 나열하는 경우의 수는

$_3\Pi_3=3^3=27$

3단계 조건을 만족시키는 홀수의 개수를 구해 보자.

구하는 홀수의 개수는

$2\times27=54$

013 정답률 ▸ 80% 답 ⑤

1단계 주어진 조건을 만족시키는 경우를 알아보고, 숫자 0, 1, 2 중에서 중복을 허락하여 4개를 택해 일렬로 나열하여 네 자리의 자연수를 만드는 경우의 수를 구해 보자.

구하는 자연수의 개수는 숫자 0, 1, 2 중에서 중복을 허락하여 4개를 택해 일렬로 나열하여 네 자리의 자연수를 만드는 경우의 수에서 각 자리의 수의 합이 7보다 큰 경우의 수를 뺀 것과 같다.

숫자 0, 1, 2 중에서 중복을 허락하여 4개를 택해 일렬로 나열하여 네 자리의 자연수를 만드는 경우의 수는

$2\times{_3\Pi_3}=2\times3^3=54$ (천의 자리에는 0이 올 수 없으므로 1, 2만 놓는 경우의 수)

2단계 숫자 0, 1, 2 중에서 중복을 허락하여 4개를 택해 일렬로 나열하여 네 자리의 자연수를 만들었을 때, 각 자리의 합이 7보다 큰 경우의 수를 구해 보자.

숫자 0, 1, 2 중에서 중복을 허락하여 4개를 택했을 때 합이 7보다 큰 경우를 순서쌍으로 나타내면

(2, 2, 2, 2)

이 4개의 숫자를 일렬로 나열하여 네 자리의 자연수를 만드는 경우의 수는

1

3단계 주어진 조건을 만족시키는 자연수의 개수를 구해 보자.

구하는 자연수의 개수는

$54-1=53$

014 정답률 ▸ 67% 답 ⑤

1단계 주머니 A에 넣은 공의 개수가 3인 경우의 수를 구해 보자.

주머니 A에 넣을 3개의 공을 선택하는 경우의 수는

$_6C_3=20$

2단계 두 주머니 B, C에 나머지 3개의 공을 나누어 넣는 경우의 수를 구해 보자.

두 주머니 B, C에 나머지 3개의 공을 나누어 넣는 경우의 수는

$_2\Pi_3=2^3=8$

3단계 주어진 조건을 만족시키는 경우의 수를 구해 보자.

구하는 경우의 수는

$20\times8=160$

015 정답률 ▸ 76% 답 ③

1단계 조건 (가)를 만족시키도록 양 끝에 문자를 나열하는 경우의 수를 구해 보자.

조건 (가)를 만족시키도록 양 끝에 문자를 나열하는 경우의 수는 두 문자 X, Y 중에서 중복을 허락하여 2개를 선택하는 경우의 수와 같으므로

$_2\Pi_2=2^2=4$

2단계 양 끝을 제외한 나머지 네 자리에 조건 (나)를 만족시키도록 문자를 나열하는 경우의 수를 구해 보자.

조건 (나)에 의하여 문자 a를 한 번만 나열하는 경우의 수는 양 끝을 제외한 나머지 네 자리 중 하나를 선택하는 경우의 수와 같으므로

4

남은 세 자리에 나열하는 문자를 정하는 경우의 수는 세 문자 b, X, Y 중에서 중복을 허락하여 3개를 선택하는 경우의 수와 같으므로

$_3\Pi_3=3^3=27$

즉, 양 끝을 제외한 나머지 네 자리에 조건 (나)를 만족시키도록 문자를 나열하는 경우의 수는

$4\times27=108$

3단계 주어진 조건을 만족시키는 경우의 수를 구해 보자.

구하는 경우의 수는

$4\times4\times27=432$

016 정답률 ▸ 63% 답 ⑤

1단계 $n(A\cup B)=5$를 만족시키는 집합 $A\cup B$의 원소 5개를 정하는 경우의 수를 구해 보자.

$n(A\cup B)=5$에서 전체집합 U의 6개의 원소 중에서 집합 $A\cup B$의 원소 5개를 정하는 경우의 수는

${}_6C_5={}_6C_1=6$

2단계 $A\cap B=\varnothing$을 만족시키는 두 집합 A, B의 원소를 정하는 경우의 수를 구해 보자.

$A\cap B=\varnothing$을 만족시키는 두 집합 A, B의 원소를 정하는 경우의 수는 서로 다른 2개의 집합 A, B 중에서 중복을 허락하여 5개를 택하는 경우의 수와 같으므로

${}_2\Pi_5=2^5=32$

3단계 주어진 조건을 만족시키는 모든 순서쌍 (A, B)의 개수를 구해 보자.

구하는 모든 순서쌍 (A, B)의 개수는

$6\times32=192$

017 정답률 ▸ 57% 답 ⑤

1단계 조건 (가)를 만족시키는 순서쌍 $(f(1), f(2))$를 기준으로 경우를 나누어 조건 (나)를 만족시키는 함수 f의 개수를 구해 보자.

조건 (가)를 만족시키는 순서쌍 $(f(1), f(2))$는

$(1, 3)$, $(2, 2)$, $(3, 1)$의 3가지이다.

(i) 순서쌍 $(f(1), f(2))$가 $(1, 3)$ 또는 $(3, 1)$인 경우

$f(3)$, $f(4)$, $f(5)$의 값을 정하는 경우의 수는 1, 2, 3, 4 중에서 3개를 택하는 중복순열의 수와 같으므로

${}_4\Pi_3=4^3=64$

즉, 이 경우의 함수 f의 개수는

$2\times64=128$

(ii) 순서쌍 $(f(1), f(2))$가 $(2, 2)$인 경우

$f(3)$, $f(4)$, $f(5)$의 값을 정하는 경우의 수는 1, 2, 3, 4 중에서 3개를 택할 때 적어도 하나는 1을 택하는 중복순열의 수와 같으므로 1, 2, 3, 4 중에서 3개를 택하는 중복순열의 수에서 2, 3, 4 중에서 3개를 택하는 중복순열의 수를 뺀 것과 같다.

$\therefore {}_4\Pi_3-{}_3\Pi_3=4^3-3^3=37$

즉, 이 경우의 함수 f의 개수는

$1\times37=37$

2단계 두 조건 (가), (나)를 만족시키는 함수 f의 개수를 구해 보자.

구하는 함수 f의 개수는

$128+37=165$

018 정답률 ▸ 51% 답 ④

1단계 학생 B가 받는 사탕의 개수에 따라 경우를 나누어 각각의 경우의 수를 구해 보자.

조건 (나)에 의하여 학생 B가 받는 사탕의 개수는 0 또는 1 또는 2이다.

(i) 학생 B가 받는 사탕의 개수가 0인 경우

두 학생 A, C에게 5개의 사탕을 나누어 주는 경우의 수는

${}_2\Pi_5=2^5=32$

이때 학생 A에게 사탕을 하나도 주지 않는 경우의 수는 (→ 학생 B에게 5개의 사탕을 주는 경우)

1

조건 (가)에 의하여 이 경우의 수는

$32-1=31$

(ii) 학생 B가 받는 사탕의 개수가 1인 경우

학생 B에게 사탕 1개를 주는 경우의 수는 ${}_5C_1=5$

두 학생 A, C에게 남은 4개의 사탕을 나누어 주는 경우의 수는

${}_2\Pi_4=2^4=16$

이때 학생 A에게 사탕을 하나도 주지 않는 경우의 수는 (→ 학생 B에게 4개의 사탕을 주는 경우)

1

조건 (가)에 의하여 이 경우의 수는

$5\times(16-1)=75$

(iii) 학생 B가 받는 사탕의 개수가 2인 경우

학생 B에게 사탕 2개를 주는 경우의 수는

${}_5C_2=10$

두 학생 A, C에게 남은 3개의 사탕을 나누어 주는 경우의 수는

${}_2\Pi_3=2^3=8$

이때 학생 A에게 사탕을 하나도 주지 않는 경우의 수는 1 (→ 학생 B에게 3개의 사탕을 주는 경우)

조건 (가)에 의하여 이 경우의 수는

$10\times(8-1)=70$

2단계 주어진 조건을 만족시키는 경우의 수를 구해 보자.

(i), (ii), (iii)에서 구하는 경우의 수는

$31+75+70=176$

019 정답률 ▸ 29% 답 115

1단계 만의 자리에 올 수 있는 수를 구해 보자.

만의 자리에 올 수 있는 수는

1, 2

2단계 만의 자리에 오는 수에 따라 경우를 나누어 만의 자리를 제외한 나머지 네 자리의 수를 정하는 경우의 수를 각각 구해 보자.

(i) 만의 자리의 수가 1인 경우

만의 자리를 제외한 나머지 네 자리의 수를 정하는 경우의 수는 3개의 숫자 0, 1, 2 중에서 중복을 허락하여 4개를 선택하는 경우의 수와 같으므로

${}_3\Pi_4=3^4=81$

이때 숫자 0이 한 번도 선택되지 않는 경우의 수는 2개의 숫자 1, 2 중에서 중복을 허락하여 4개를 선택하는 경우의 수와 같으므로

${}_2\Pi_4=2^4=16$

즉, 이 경우의 수는

$81-16=65$

(ii) 만의 자리의 수가 2인 경우

만의 자리를 제외한 나머지 네 자리의 수를 정하는 경우의 수는 3개의 숫자 0, 1, 2 중에서 중복을 허락하여 4개를 선택하는 경우의 수와 같으므로

${}_3\Pi_4=81$

이때 숫자 0이 한 번도 선택되지 않는 경우의 수는

${}_2\Pi_4=16$

숫자 1이 한 번도 선택되지 않는 경우의 수도

${}_2\Pi_4=16$

2개의 숫자 0, 1이 모두 한 번도 선택되지 않는 경우의 수는

22222의 1

즉, 이 경우의 수는

$81-(16+16-1)=50$

3단계 주어진 조건을 만족시키는 자연수의 개수를 구해 보자.

(i), (ii)에서 구하는 자연수의 개수는

$65+50=115$

020 정답률 ▸ 30% 답 ②

1단계 조건 (가)를 만족시키는 자연수 b의 개수를 구해 보자.

720을 소인수분해하면

$720=2^4\times3^2\times5$

조건 (가)에 의하여 b가 될 수 있는 자연수는 $1,\ 2,\ 2^2,\ 3,\ 2\times3,\ 2^2\times3$의 5개이다.

2단계 조건 (나)를 만족시키는 두 자연수 $a,\ c$의 개수를 구해 보자.

1단계 에서 정한 b의 값을 기준으로 조건 (나)를 만족시키는 $a,\ c$의 개수를 구해 보자.

(i) $b=1$인 경우

$ac=2^4\times3^2\times5$이므로 $a,\ c$는 $2^4\times3^2\times5$의 약수이다.

$2^4\times3^2\times5$의 약수의 개수는

$(4+1)\times(2+1)\times(1+1)=5\times3\times2=30$

이 중 $a,\ c$가 서로소인 경우는 a와 c의 공약수가 1뿐인 경우이므로 각 소인수가 a 또는 c 하나의 약수이어야 한다.

a와 c의 공약수가 1뿐인 경우의 수는 $2^4,\ 3^2,\ 5$가 각각 a 또는 c의 약수인 경우의 수와 같으므로

${}_2\Pi_3=2^3=8$

즉, 이 경우의 수는

$30-8=22$

(ii) $b=2$인 경우

$ac=2^2\times3^2\times5$이므로 $a,\ c$는 $2^2\times3^2\times5$의 약수이다.

$2^2\times3^2\times5$의 약수의 개수는

$(2+1)\times(2+1)\times(1+1)=3\times3\times2=18$

이 중 $a,\ c$가 서로소인 경우는 a와 c의 공약수가 1뿐인 경우이므로 각 소인수가 a 또는 c 하나의 약수이어야 한다.

a와 c의 공약수가 1뿐인 경우의 수는 $2^2,\ 3^2,\ 5$가 각각 a 또는 c의 약수인 경우의 수와 같으므로

${}_2\Pi_3=2^3=8$

즉, 이 경우의 수는

$18-8=10$

(iii) $b=2^2$인 경우

$ac=3^2\times5$이므로 $a,\ c$는 $3^2\times5$의 약수이다.

$3^2\times5$의 약수의 개수는

$(2+1)\times(1+1)=3\times2=6$

이 중 $a,\ c$가 서로소인 경우는 a와 c의 공약수가 1뿐인 경우이므로 각 소인수가 a 또는 c 하나의 약수이어야 한다.

a와 c의 공약수가 1뿐인 경우의 수는 $3^2,\ 5$가 각각 a 또는 c의 약수인 경우의 수와 같으므로

${}_2\Pi_2=2^2=4$

즉, 이 경우의 수는

$6-4=2$

(iv) $b=3$인 경우

$ac=2^4\times5$이므로 $a,\ c$는 $2^4\times5$의 약수이다.

$2^4\times5$의 약수의 개수는

$(4+1)\times(1+1)=5\times2=10$

이 중 $a,\ c$가 서로소인 경우는 a와 c의 공약수가 1뿐인 경우이므로 각 소인수가 a 또는 c 하나의 약수이어야 한다.

a와 c의 공약수가 1뿐인 경우의 수는 $2^4,\ 5$가 각각 a 또는 c의 약수인 경우의 수와 같으므로

${}_2\Pi_2=2^2=4$

즉, 이 경우의 수는

$10-4=6$

(v) $b=2\times3$인 경우

$ac=2^2\times5$이므로 $a,\ c$는 $2^2\times5$의 약수이다.

$2^2\times5$의 약수의 개수는

$(2+1)\times(1+1)=3\times2=6$

이 중 $a,\ c$가 서로소인 경우는 a와 c의 공약수가 1뿐인 경우이므로 각 소인수가 a 또는 c 하나의 약수이어야 한다.

a와 c의 공약수가 1뿐인 경우의 수는 $2^2,\ 5$가 각각 a 또는 c의 약수인 경우의 수와 같으므로

${}_2\Pi_2=2^2=4$

즉, 이 경우의 수는

$6-4=2$

(vi) $b=2^2\times3$인 경우

$ac=5$이므로 $(a,\ c)$의 순서쌍은 $(1,\ 5),\ (5,\ 1)$의 2개이다.

이것은 조건 (나)를 만족시키지 않는다.

3단계 조건을 만족시키는 순서쌍 $(a,\ b,\ c)$의 개수를 구해 보자.

(i)~(vi)에서 구하는 경우의 수는

$22+10+2+6+2=42$

021 정답률 ▸ 80% 답 ③

1단계 주어진 조건을 만족시키는 경우를 알아보고, 함수 f의 개수를 구해 보자.

구하는 함수의 개수는 집합 $X=\{1,\ 2,\ 3,\ 4,\ 5\}$에서 집합 $Y=\{1,\ 2,\ 3\}$으로의 모든 함수의 개수에서 $x\times f(x)>10$인 집합 X의 원소가 존재하는 함수 f의 개수를 빼면 된다.

집합 $X=\{1,\ 2,\ 3,\ 4,\ 5\}$에서 집합 $Y=\{1,\ 2,\ 3\}$으로의 모든 함수의 개수는

${}_3\Pi_5=3^5=243$

2단계 $x\times f(x)>10$을 만족시키는 함수 f의 개수를 구해 보자.

$x\times f(x)>10$을 만족시키는 경우는 $f(4)=3,\ f(5)=3$이므로

(i) $f(4)=3$인 함수 f의 개수

$f(1),\ f(2),\ f(3),\ f(5)$가 될 수 있는 값은 1, 2, 3이므로 이 경우의 수는

${}_3\Pi_4=3^4=81$

(ii) $f(5)=3$인 함수 f의 개수

(i)과 같은 방법으로 81

(iii) $f(4)=3,\ f(5)=3$인 함수 f의 개수

$f(1),\ f(2),\ f(3)$이 될 수 있는 값은 1, 2, 3이므로 이 경우의 수는

${}_3\Pi_3=3^3=27$

(ⅰ), (ⅱ), (ⅲ)에서 $x \times f(x) > 10$을 만족시키는 함수 f의 개수는

$81+81-27=135$

3단계 주어진 조건을 만족시키는 함수 f의 개수를 구해 보자.

구하는 함수 f의 개수는

$243-135=108$

다른 풀이

정의역 $X=\{1, 2, 3, 4, 5\}$에 따라 경우를 나누어 함숫값을 정해 보자.

(ⅰ) $x \leq 3$일 때

집합 Y의 모든 원소에 대하여 $x \times f(x) \leq 10$을 만족시키므로 $f(1)$, $f(2)$, $f(3)$이 될 수 있는 값은 1, 2, 3이다.

즉, $f(1)$, $f(2)$, $f(3)$의 값을 정하는 경우의 수는

${}_3\Pi_3=3^3=27$

(ⅱ) $x \geq 4$일 때

$f(x)=3$일 때 $x \times f(x) \leq 10$을 만족시키지 않으므로 $f(4)$, $f(5)$가 될 수 있는 값은 1, 2이다.

즉, $f(4)$, $f(5)$의 값을 정하는 경우의 수는

${}_2\Pi_2=2^2=4$

(ⅰ), (ⅱ)에서 구하는 함수 f의 개수는

$27 \times 4=108$

022 정답률 ▸ 54% 답 ⑤

1단계 조건 (가)를 만족시키는 경우를 생각해 보자.

조건 (가)를 만족시키려면 $f(1)$, $f(3)$, $f(5)$의 값이 모두 홀수이어야 하므로 $f(1)$, $f(3)$, $f(5)$가 될 수 있는 값은 1, 3, 5이다.

2단계 $f(1)$, $f(3)$, $f(5)$에 대응하는 치역의 원소의 개수에 따른 함수 f의 개수를 각각 구해 보자.

조건 (다)에서 함수 f의 치역의 원소의 개수가 3이어야 하므로 $f(1)$, $f(3)$, $f(5)$에 대응하는 치역의 원소의 개수에 따라 $f(2)$, $f(4)$의 값을 정할 수 있다.

(ⅰ) $f(1)$, $f(3)$, $f(5)$에 대응하는 치역의 원소의 개수가 3인 경우

$f(1)$, $f(3)$, $f(5)$의 값을 정하는 경우의 수는

$3!=6$

조건 (나)를 만족시키도록 $f(2)$, $f(4)$의 값을 정하는 경우의 수는

${}_3C_2=3$

즉, 이 경우의 함수 f의 개수는

$6 \times 3=18$

(ⅱ) $f(1)$, $f(3)$, $f(5)$에 대응하는 치역의 원소의 개수가 2인 경우

$f(1)$, $f(3)$, $f(5)$의 값을 정하는 경우의 수는

${}_3C_2 \times ({}_2\Pi_3-2)=18$

조건 (나)를 만족시키도록 $f(2)$, $f(4)$의 값을 정하는 경우의 수는

${}_2C_1 \times {}_3C_1=6$

즉, 이 경우의 함수 f의 개수는

$18 \times 6=108$

(ⅲ) $f(1)$, $f(3)$, $f(5)$에 대응하는 치역의 원소의 개수가 1인 경우

$f(1)$, $f(3)$, $f(5)$의 값을 정하는 경우의 수는

3

조건 (나)를 만족시키도록 $f(2)$, $f(4)$의 값을 정하는 경우의 수는

${}_4C_2=6$

즉, 이 경우의 함수 f의 개수는

$3 \times 6=18$

3단계 주어진 조건을 만족시키는 함수 f의 개수를 구해 보자.

(ⅰ)~(ⅲ)에서 구하는 함수 f의 개수는

$18+108+18=144$

023 정답률 ▸ 93% 답 ③

4개의 숫자 중 1의 개수가 2이므로 구하는 경우의 수는

$\frac{4!}{2!}=12$

024 정답률 ▸ 93% 답 ③

5개의 문자 중 a의 개수가 2이므로 구하는 경우의 수는

$\frac{5!}{2!}=60$

025 정답률 ▸ 91% 답 ②

5개의 문자 중 a의 개수가 3이므로 구하는 경우의 수는

$\frac{5!}{3!}=20$

026 정답률 ▸ 92% 답 ①

4개의 문자 중 a의 개수가 2, b의 개수가 2이므로 구하는 경우의 수는

$\frac{4!}{2!2!}=6$

027 정답률 ▸ 90% 답 ⑤

5개의 숫자 중 2의 개수가 2, 3의 개수가 2이므로 구하는 경우의 수는

$\frac{5!}{2!2!}=30$

028 정답률 ▸ 90% 답 ③

5개의 문자 중 x의 개수가 2, y의 개수가 2이므로 구하는 경우의 수는

$\frac{5!}{2!2!}=30$

029 정답률 ▸ 88% 답 ④

1단계 양 끝 모두에 B가 적힌 카드를 놓는 경우의 수를 구해 보자.

양 끝 모두에 B가 적힌 카드를 놓는 경우의 수는

1

2단계 B가 적힌 카드 2장을 제외한 나머지 6장의 카드를 나열하는 경우의 수를 구해 보자.

문자 A, A, A, B, C, C가 하나씩 적혀 있는 6장의 카드를 일렬로 나열하면 되므로

$\frac{6!}{3!2!}=60$

3단계 주어진 조건을 만족시키는 경우의 수를 구해 보자.

구하는 경우의 수는

$1\times60=60$

030 정답률 ▸ 77% 답 ②

1단계 일의 자리에 올 수 있는 수에 따라 경우를 나누어 각각의 홀수의 개수를 구해 보자.

(i) 일의 자리의 수가 1일 때

5개의 숫자 1, 2, 2, 2, 3을 일렬로 나열하면 되므로

$\frac{5!}{3!}=20$

(ii) 일의 자리의 수가 3일 때

5개의 숫자 1, 1, 2, 2, 2를 일렬로 나열하면 되므로

$\frac{5!}{2!3!}=10$

2단계 주어진 조건을 만족시키는 홀수의 개수를 구해 보자.

(i), (ii)에서 구하는 홀수의 개수는

$20+10=30$

031 정답률 ▸ 76% 답 ④

1단계 두 조건 (가), (나)를 만족시키는 경우를 구해 보자.

네 자연수의 곱이 8인 경우는

1, 1, 1, 8 또는 1, 1, 2, 4 또는 1, 2, 2, 2

이 중 조건 (나)를 만족시키는 경우는

1, 1, 2, 4 또는 1, 2, 2, 2

2단계 **1단계** 에서 구한 경우에 대하여 경우의 수를 각각 구해 보자.

(i) 1, 1, 2, 4일 때

1, 1, 2, 4를 일렬로 나열하는 경우의 수는

$\frac{4!}{2!}=12$

즉, 조건을 만족시키는 순서쌍 (a, b, c, d)의 개수는 12

(ii) 1, 2, 2, 2일 때

1, 2, 2, 2를 일렬로 나열하는 경우의 수는

$\frac{4!}{3!}=4$

즉, 조건을 만족시키는 순서쌍 (a, b, c, d)의 개수는 4

3단계 두 조건 (가), (나)를 만족시키는 순서쌍의 개수를 구해 보자.

(i), (ii)에서 구하는 순서쌍 (a, b, c, d)의 개수는

$12+4=16$

032 정답률 ▸ 76% 답 ④

1단계 5개의 문자를 일렬로 나열하는 경우에 대하여 경우의 수를 각각 구해 보자.

(i) 세 문자 a, b, c를 각각 1개, 1개, 3개 택하는 경우

3개를 택할 문자를 정하는 경우의 수는

${}_3C_1=3$

5개의 문자를 일렬로 나열하는 경우의 수는

$\frac{5!}{3!}=20$

즉, 이 경우의 수는

$3\times20=60$

(ii) 세 문자 a, b, c를 각각 1개, 2개, 2개 택하는 경우

1개를 택할 문자를 정하는 경우의 수는

${}_3C_1=3$

5개의 문자를 일렬로 나열하는 경우의 수는

$\frac{5!}{2!2!}=30$

즉, 이 경우의 수는

$3\times30=90$

2단계 주어진 조건을 만족시키는 경우의 수를 구해 보자.

(i), (ii)에서 구하는 경우의 수는

$60+90=150$

033 정답률 ▸ 68% 답 ③

1단계 문자 A가 적혀 있는 카드를 넣을 3개의 상자를 택하는 경우의 수를 구해 보자.

문자 A가 적혀 있는 카드를 넣을 3개의 상자를 택하는 경우의 수는 1부터 7까지의 자연수 중에 합이 홀수가 되는 3개의 수를 택하는 경우의 수와 같다.

1부터 7까지의 자연수 중에 합이 홀수가 되는 3개의 수를 택하는 경우의 수는 4개의 홀수 중 3개의 수를 택하는 경우의 수와 3개의 짝수 중 2개의 수를 택하고 4개의 홀수 중 1개의 수를 택하는 경우의 수의 합과 같으므로

${}_4C_3+{}_3C_2\times{}_4C_1={}_4C_1+{}_3C_1\times{}_4C_1$

$=4+3\times4=16$

2단계 문자 A가 적혀 있는 3장의 카드를 제외한 나머지 4장의 카드를 남은 4개의 상자에 넣는 경우의 수를 구해 보자.

남은 4개의 상자에 문자 B, B, C, D가 적혀 있는 카드를 넣는 경우의 수는

$\frac{4!}{2!}=12$

3단계 주어진 조건을 만족시키는 경우의 수를 구해 보자.

구하는 경우의 수는

$16\times12=192$

034 정답률 ▸ 68% 답 ②

1단계 주어진 조건을 만족시키는 순서쌍 (p, q, r)을 구해 보자.

세 문자 P, Q, R 중에서 중복을 허락하여 8개를 택해 일렬로 나열해야 하므로 $p+q+r=8$이면서 $1\le p<q<r$을 만족시키는 순서쌍 (p, q, r)을 구하면

$(1, 2, 5)$ 또는 $(1, 3, 4)$

2단계 순서쌍 (p, q, r)의 각 경우에 대하여 8개의 문자를 일렬로 나열하는 경우의 수를 구해 보자.

(i) 순서쌍 (p, q, r)이 $(1, 2, 5)$인 경우

8개의 문자 P, Q, Q, R, R, R, R, R을 일렬로 나열하는 경우의 수는

$\frac{8!}{2!5!}=168$

(ii) 순서쌍 (p, q, r)이 $(1, 3, 4)$인 경우

8개의 문자 P, Q, Q, Q, R, R, R, R을 일렬로 나열하는 경우의 수는

$\frac{8!}{3!4!}=280$

3단계 조건을 만족시키는 경우의 수를 구해 보자.

(i), (ii)에서 구하는 경우의 수는

$168+280=448$

035 정답률 ▸ 52% 답 ③

1단계 조건 (가)를 만족시키는 네 자연수 a, b, c, d를 생각해 보자.

조건 (가)에서 $108=2^2\times3^3$이고 네 자연수 a, b, c, d는 10 이하의 자연수이므로 자연수가 될 수 있는 자연수는 $1, 2, 3, 2^2, 2\times3, 3^2$이다.

2단계 조건 (나)를 만족시키도록 경우를 나누어 각 경우에 대하여 조건을 만족시키는 모든 순서쌍 (a, b, c, d)의 개수를 구해 보자.

(i) 2개의 수가 서로 같은 경우

$108=(2\times3)\times(2\times3)\times3\times1$

$=3\times3\times(2\times3)\times2$

$=2\times2\times3^2\times3$

의 3가지이다.

이 각각의 경우에 대하여 순서쌍 (a, b, c, d)의 개수는 같은 것이 2개 있을 때 4개의 숫자를 일렬로 나열하는 순열의 수와 같으므로

$\frac{4!}{2!}=12$

즉, 이 경우의 순서쌍의 개수는

$3\times12=36$

(ii) 3개의 수가 서로 같은 경우

$108=3\times3\times3\times2^2$의 1가지이다.

이 경우에 대하여 순서쌍 (a, b, c, d)의 개수는 같은 것이 3개 있을 때 4개의 숫자를 일렬로 나열하는 순열의 수와 같으므로

$\frac{4!}{3!}=4$

3단계 조건을 만족시키는 모든 순서쌍 (a, b, c, d)의 개수를 구해 보자.

(i), (ii)에서 구하는 순서쌍 (a, b, c, d)의 개수는

$36+4=40$

036 정답률 ▸ 46% 답 ⑤

1단계 이웃하는 두 장의 카드에 적힌 수의 곱이 1 이하가 되는 경우를 생각해 보자.

주어진 7장의 카드를 일렬로 나열할 때, 이웃하는 두 카드에 적힌 수의 곱이 모두 1 이하가 되도록 나열하려면 1이 적힌 카드와 2가 적힌 카드는 서로 이웃하지 않아야 하고 2가 적힌 카드끼리도 서로 이웃하지 않아야 한다.

2단계 1이 적힌 카드끼리 서로 이웃하는 경우와 이웃하지 않는 경우를 나누어 생각해 보자.

1이 적힌 카드끼리는 서로 이웃해도 되므로 1이 적힌 카드가 이웃하는 경우와 이웃하지 않는 경우를 나누어 생각해 보자.

(i) 1이 적힌 카드가 서로 이웃하는 경우

2장의 1이 적힌 카드를 하나의 카드로 생각하여 0, 0, 0이 적힌 카드 사이사이와 양 끝의 4개의 자리 중 하나를 택하여 놓은 후, 남은 3개의 자리에 2가 적힌 카드 2장을 나열하는 경우와 같다.

즉, 이 경우의 수는

${}_4C_1\times{}_3C_2=12$

(ii) 1이 적힌 카드가 서로 이웃하지 않는 경우

1, 1, 2, 2가 적힌 카드가 모두 서로 이웃하지 않아야 하므로 0, 0, 0이 적힌 카드 사이사이와 양 끝에 1, 1, 2, 2가 적힌 카드를 하나씩 나열하는 경우와 같다.

즉, 이 경우의 수는

$1\times\frac{4!}{2!2!}=6$

3단계 주어진 조건을 만족시키는 경우의 수를 구해 보자.

(i), (ii)에서 구하는 경우의 수는

$12+6=18$

037 정답률 ▸ 48% 답 ①

1단계 1이 적힌 상자에 문자 A가 적힌 공을 넣는 경우의 수를 구해 보자.

(i) 1이 적힌 상자에 문자 A가 적힌 공을 넣는 경우

2, 3, 4, 5, 6의 숫자가 각각 하나씩 적힌 상자에 문자 B, B, C, D, D가 각각 하나씩 적힌 공을 넣는 경우의 수는

$\frac{5!}{2!2!}=30$

이때 문자 B가 적힌 2개의 공을 넣는 두 상자 적힌 수가 모두 문자 C가 적힌 공을 넣는 상자에 적힌 수보다 큰 경우의 수는 문자 B, B, C를 같은 문자로 생각하여 세 상자에 공을 하나씩 넣는 경우의 수와 같으므로 ↳세 상자 중 가장 작은 수가 적힌 상자에 문자 C가 적힌 공을 넣으면 된다.

$\frac{5!}{3!2!}=10$

즉, 이 경우의 수는

$30-10=20$

2단계 1이 적힌 상자에 문자 B가 적힌 공을 넣는 경우의 수를 구해 보자.

(ii) 1이 적힌 상자에 문자 B가 적힌 공을 넣는 경우

2, 3, 4, 5, 6의 숫자가 각각 하나씩 적힌 상자에 문자 A, B, C, D, D가 각각 하나씩 적힌 적힌 공을 넣는 경우의 수는

$\frac{5!}{2!}=60$

이 경우는 항상 조건 (나)를 만족시킨다.

3단계 주어진 조건을 만족시키는 경우의 수를 구해 보자.

(i), (ii)에서 구하는 경우의 수는

$20+60=80$

038 정답률 ▸ 39% 답 120

1단계 조건 (가), (나)를 만족시키도록 여섯 개의 숫자를 선택하는 경우를 구해 보자.

조건 (가)를 만족시키도록 선택한 여섯 개의 숫자를 각각
1, 2, 3, a, b, c (a, b, c는 3 이하의 자연수)라 하면
$3 \le a+b+c \le 9$에서
$9 \le 1+2+3+a+b+c \le 15$
이때 조건 (나)를 만족시키려면
$1+2+3+a+b+c=12$에서
$a+b+c=6$
즉, 1, 2, 3을 제외한 나머지 세 수의 합이 6이어야 하므로 세 수의 합이 6인 경우는
1, 2, 3 또는 2, 2, 2

2단계 1단계 에서 구한 경우에 대하여 여섯 개의 숫자를 일렬로 나열하는 경우의 수를 각각 구해 보자.

(i) 1, 2, 3을 제외한 나머지 숫자가 1, 2, 3일 때
여섯 개의 숫자 1, 1, 2, 2, 3, 3을 일렬로 나열하는 경우의 수는
$\frac{6!}{2!2!2!}=90$

(ii) 1, 2, 3을 제외한 나머지 숫자가 2, 2, 2일 때
여섯 개의 숫자 1, 2, 2, 2, 2, 3을 일렬로 나열하는 경우의 수는
$\frac{6!}{4!}=30$

3단계 주어진 조건을 만족시키는 경우의 수를 구해 보자.

(i), (ii)에서 구하는 경우의 수는
$90+30=120$

039 정답률 ▸ 37% 답 ①

1단계 8개의 카드 중에 7장의 카드를 택하여 일렬로 나열할 때, 짝수가 적혀 있는 카드를 3장 택하여 나열하는 경우의 수를 구해 보자.

8개의 카드 중에 7장의 카드를 택할 때, 짝수가 적혀 있는 카드를 3장 택하는 경우는 2, 2, 2가 적혀 있는 카드를 택하거나 2, 2, 4가 적혀 있는 카드를 택하는 경우이다.
또한, 7장의 카드를 일렬로 나열할 때, 서로 이웃한 2장의 카드에 적혀 있는 수의 곱 모두가 짝수가 되려면 다음 그림과 같이 ∨로 표시된 위치에 짝수가 적힌 카드가 나열되어야 한다.

□ ∨ □ ∨ □ ∨ □

∨로 표시된 위치에 짝수가 적혀 있는 카드 3장을 나열하는 경우의 수는
2, 2, 2가 적혀 있는 카드를 나열하는 경우의 수가 1,
2, 2, 4가 적혀 있는 카드를 나열하는 경우의 수가 $\frac{3!}{2!}=3$
이므로 $1+3=4$
□로 표시된 위치에 홀수가 적혀 있는 카드 4장을 나열하는 경우의 수는
$\frac{4!}{2!2!}=6$
즉, 8개의 카드 중에 7장의 카드를 택하여 나열할 때, 짝수가 적혀 있는 카드를 3장 택하여 나열하는 경우의 수는
$4\times6=24$

2단계 8개의 카드 중에 7장의 카드를 택하여 일렬로 나열할 때, 짝수가 적혀 있는 카드를 4장 모두 택하여 나열하는 경우의 수를 구해 보자.

8개의 카드 중에 7장의 카드를 택할 때, 짝수가 적혀 있는 카드를 4장 모두 택하는 경우는 2, 2, 2, 4가 적혀 있는 카드를 택하는 경우이다.
이때 홀수가 적혀 있는 카드를 3장 택하는 경우는 1, 1, 3이 적혀 있는 카드를 택하거나 1, 3, 3이 적혀 있는 카드를 택하는 경우이다.
또한, 7장의 카드를 일렬로 나열할 때, 서로 이웃한 2장의 카드에 적혀 있는 수의 곱 모두가 짝수가 되려면 홀수가 적혀 있는 3장의 카드가 서로 이웃하지 않아야 하므로 다음 그림과 같이 □로 표시된 위치 중 3곳에 홀수가 적힌 카드가 나열되어야 한다.

□ ∨ □ ∨ □ ∨ □ ∨ □

∨로 표시된 위치에 짝수가 적혀 있는 카드 4장을 나열하는 경우의 수는
$\frac{4!}{3!}=4$
□로 표시된 위치 중 3곳에 홀수가 적혀 있는 카드 3장을 나열하는 경우의 수는
1, 1, 3이 적혀 있는 카드를 나열하는 경우의 수가
${}_5C_3\times\frac{3!}{2!}={}_5C_2\times3=30$,
1, 3, 3이 적혀 있는 카드를 나열하는 경우의 수가
${}_5C_3\times\frac{3!}{2!}={}_5C_2\times3=30$
이므로 $30+30=60$
즉, 8개의 카드 중에 7장의 카드를 택하여 나열할 때, 짝수가 적혀 있는 카드를 4장 모두 택하여 나열하는 경우의 수는
$4\times60=240$

3단계 주어진 조건을 만족시키는 경우의 수를 구해 보자.

구하는 경우의 수는
$24+240=264$

040 정답률 ▸ 89% 답 ③

1단계 A지점에서 P지점까지 최단 거리로 가는 경우의 수를 구해 보자.

A지점에서 P지점까지 최단 거리로 가는 경우의 수는
$\frac{4!}{3!1!}=4$

2단계 P지점에서 B지점까지 최단 거리로 가는 경우의 수를 구해 보자.

P지점에서 B지점까지 최단 거리로 가는 경우의 수는
$\frac{2!}{1!1!}=2$

3단계 주어진 조건을 만족시키는 경우의 수를 구해 보자.

구하는 경우의 수는
$4\times2=8$

다른 풀이

합의 법칙을 이용하여 최단 거리로 가는 경우의 수를 구할 수 있다.

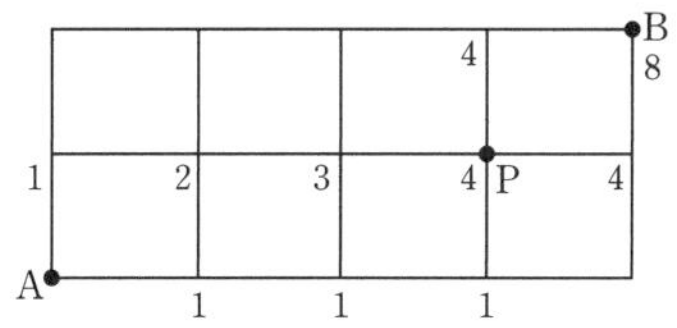

041 정답률 ▸ 81% 답 ①

1단계 A지점에서 P지점까지 최단 거리로 가는 경우의 수를 구해 보자.

A지점에서 P지점까지 최단 거리로 가는 경우의 수는
$\frac{5!}{2!3!}=10$

2단계 P지점에서 B지점까지 최단 거리로 가는 경우의 수를 구해 보자.
P지점에서 B지점까지 최단 거리로 가는 경우의 수는
$\frac{6!}{3!3!}=20$

3단계 주어진 조건을 만족시키는 경우의 수를 구해 보자.
구하는 경우의 수는
$10\times20=200$

다른 풀이
합의 법칙을 이용하여 최단 거리로 가는 경우의 수를 구할 수 있다.

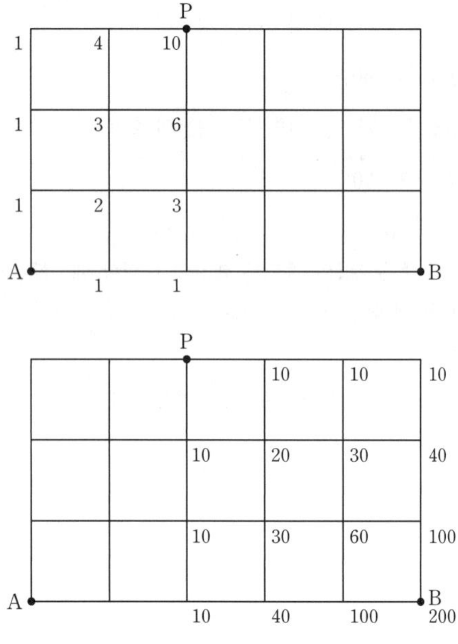

042 정답률 ▸ 68% 답 ④

1단계 두 직사각형 모양의 도로망이 만나는 지점을 C지점이라 하고, A지점에서 출발하여 P지점을 지나서 C지점까지 최단 거리로 가는 경우의 수를 구해 보자.
다음 그림과 같이 두 직사각형 모양의 도로망이 만나는 지점을 C지점이라 하자.

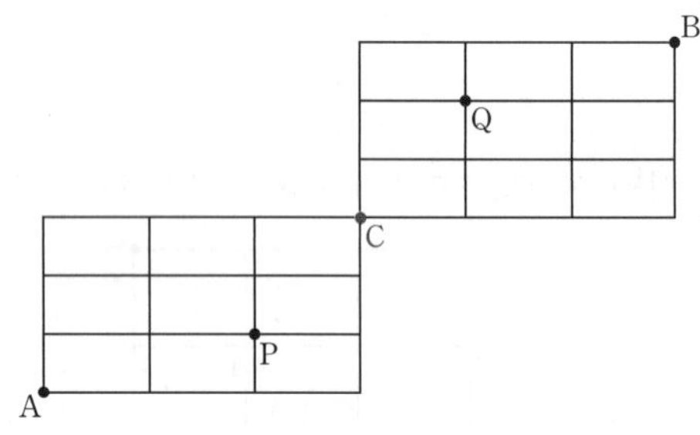

A지점에서 P지점을 지나서 C지점까지 최단 거리로 가는 경우의 수는
$\frac{3!}{2!1!}\times\frac{3!}{1!2!}=3\times3=9$

2단계 C지점에서 Q지점을 지나지 않고 B지점까지 최단 거리로 가는 경우의 수를 구해 보자.
C지점에서 Q지점을 지나지 않고 B지점까지 최단 거리로 가는 경우의 수는 C지점에서 B지점까지 최단 거리로 가는 경우의 수에서 C지점에서 Q지점을 지나서 B지점까지 최단 거리로 가는 경우의 수를 뺀 것과 같다.
C지점에서 B지점까지 최단 거리로 가는 경우의 수는
$\frac{6!}{3!3!}=20$
C지점에서 P지점을 지나서 C지점까지 최단 거리로 가는 경우의 수는
$\frac{3!}{1!2!}\times\frac{3!}{2!1!}=3\times3=9$
즉, C지점에서 Q지점을 지나지 않고 B지점까지 최단 거리로 가는 경우의 수는
$20-9=11$

3단계 주어진 조건을 만족시키는 경우의 수를 구해 보자.
구하는 경우의 수는
$9\times11=99$

다른 풀이
합의 법칙을 이용하여 최단 거리로 가는 경우의 수를 구할 수 있다.

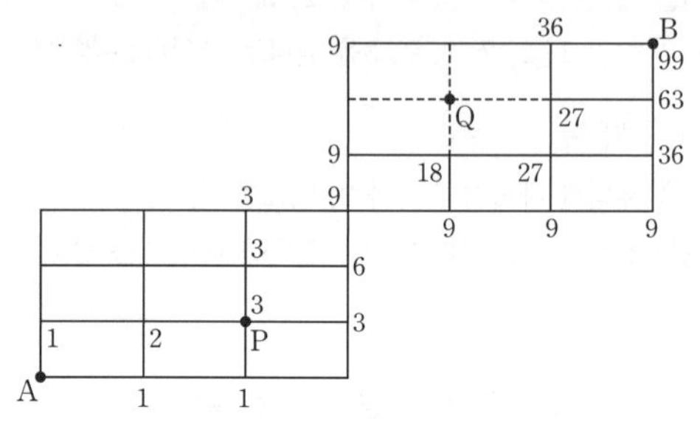

043 정답률 ▸ 84% 답 ①

${}_3H_3={}_5C_3={}_5C_2=10$

044 정답률 ▸ 83% 답 ①

${}_3\Pi_2+{}_2H_3=3^2+{}_{2+3-1}C_3=3^2+{}_4C_3=3^2+{}_4C_1=9+4=13$

045 정답률 ▸ 82% 답 ④

${}_nH_2={}_{n+2-1}C_2={}_{n+1}C_2$
이므로
${}_{n+1}C_2={}_9C_2$
따라서 $n+1=9$이므로
$n=8$

046 정답률 ▸ 60% 답 ③

1단계 주어진 조건을 만족시키는 경우를 알아보고, 책 8권을 책장에 꽂는 경우의 수를 구해 보자.
구하는 경우의 수는 같은 종류의 책 8권을 3개의 칸에 남김없이 나누어 꽂는 경우의 수에서 첫 번째 칸 또는 두 번째 칸에 6권 이상의 책을 꽂는 경우의 수를 빼면 된다.
같은 종류의 책 8권을 3개의 칸에 남김없이 나누어 꽂는 경우의 수는
${}_3H_8={}_{10}C_8={}_{10}C_2=45$

2단계 **첫 번째 칸 또는 두 번째 칸에 6권 이상의 책을 꽂는 경우의 수를 구해 보자.**

첫 번째 칸에 6권 이상의 책을 꽂는 경우의 수는 먼저 첫 번째 칸에 6권의 책을 꽂고, 남은 2권을 3개의 칸에 나누어 꽂으면 되므로

${}_3H_2={}_4C_2=6$

같은 방법으로 두 번째 칸에 6권 이상의 책을 꽂는 경우의 수는 6

즉, 첫 번째 칸 또는 두 번째 칸에 6권 이상의 책을 꽂는 경우의 수는

$6+6=12$

3단계 **주어진 조건을 만족시키는 경우의 수를 구해 보자.**

구하는 경우의 수는

$45-12=33$

다른 풀이

첫 번째 칸, 두 번째 칸, 세 번째 칸에 꽂는 책의 권수를 각각 x, y, z라 하면 구하는 경우의 수는 방정식

$x+y+z=8$ (x, y는 5 이하의 음이 아닌 정수, z는 음이 아닌 정수)

를 만족시키는 순서쌍 (x, y, z)의 개수와 같다.

방정식 $x+y+z=8$을 만족시키는 음이 아닌 정수 x, y, z의 순서쌍 (x, y, z)의 개수는

${}_3H_8={}_{10}C_8={}_{10}C_2=45$

한편, 첫 번째 칸에 6권 이상의 책을 꽂는 경우의 수는

$x+y+z=8$ (x는 6 이상의 정수, y, z는 음이 아닌 정수) ...... ㉠

를 만족시키는 순서쌍 (x, y, z)의 개수와 같다.

이때 $x=x'+6$이라 하면 ㉠에서 $(x'+6)+y+z=8$

$\therefore x'+y+z=2$ (x', y, z는 음이 아닌 정수) ...... ㉡

방정식 ㉠을 만족시키는 순서쌍 (x, y, z)의 개수는 방정식 ㉡을 만족시키는 순서쌍 (x', y, z)의 개수와 같으므로

${}_3H_2={}_4C_2=6$

즉, 첫 번째 칸에 6권 이상의 책을 꽂는 경우의 수는 6

같은 방법으로 두 번째 칸에 6권 이상의 책을 꽂는 경우의 수는 6

따라서 구하는 경우의 수는

$45-6-6=33$

047 정답률 ▸ 17% 답 117

1단계 **두 조건 (가), (나)를 만족시키도록 초콜릿, 사탕을 나누어 주는 경우의 수를 구해 보자.**

(i) 초콜릿을 받지 못한 학생이 1명인 경우

초콜릿을 받지 못하는 1명의 학생을 택하는 경우의 수는

${}_3C_1=3$

남은 2명의 학생에게 초콜릿을 각각 2개, 1개씩 나누어 주는 경우의 수는

${}_2C_2\times{}_1C_1\times2!=6$

조건 (나)에 의하여 초콜릿을 받지 못한 학생에게 사탕 2개, 초콜릿을 1개 받은 학생에게 사탕 1개를 먼저 나누어 주고 남은 2개의 사탕을 3명의 학생에게 나누어 주는 경우의 수는

${}_3H_2={}_4C_2=6$

즉, 이 경우의 수는

$3\times6\times6=108$

(ii) 초콜릿을 받지 못한 학생이 2명인 경우

초콜릿을 받는 1명의 학생을 택하는 경우의 수는

${}_3C_1=3$

조건 (나)에 의하여 초콜릿을 받지 못한 2명의 학생에게 사탕 2개씩을 먼저 나누어 주고 남은 1개의 사탕을 3명의 학생에게 나누어 주는 경우의 수는

${}_3H_1={}_3C_1=3$

즉, 이 경우의 수는

$3\times3=9$

2단계 **조건을 만족시키는 경우의 수를 구해 보자.**

(i), (ii)에서 구하는 경우의 수는

$108+9=117$

048 정답률 ▸ 16% 답 93

1단계 **두 조건 (가), (나)를 만족시키는 경우의 수를 구하는 방법을 생각해 보자.**

조건 (가)에 의하여 학생 A가 받는 공의 개수는 0, 1, 2이어야 하므로 학생 A가 받는 공의 개수에 따라 경우를 나누어 생각해 볼 수 있다.

또한, 조건 (나)에 의하여 학생 B가 받는 공의 개수가 2 이상이어야 하므로 구하는 경우의 수는 조건 (가)를 만족시키는 경우의 수에서 학생 B가 받는 공의 개수가 0 또는 1인 경우의 수를 뺀 것과 같다.

2단계 **학생 A가 받는 공의 개수에 따라 경우를 나누어 경우의 수를 구해 보자.**

(i) 학생 A가 받는 공의 개수가 0인 경우

흰 공 4개와 검은 공 4개를 두 학생 B, C에게 남김없이 나누어 주는 경우의 수를 구하면 된다.

이때의 경우의 수는 흰 공 4개를 두 학생 B, C에게 남김없이 나누어 주는 경우의 수를 구하고 그 각각의 경우에 대하여 검은 공 4개를 두 학생 B, C에게 나누어 주는 경우의 수를 구하면 된다. 즉

${}_2H_4\times{}_2H_4={}_5C_4\times{}_5C_4={}_5C_1\times{}_5C_1$

$=5\times5=25$

이때 학생 B가 받는 공의 개수가 0인 경우는 1가지이고, 공의 개수가 1인 경우의 수는 그 공이 흰 공인 경우와 검은 공인 경우의 2가지이다.

즉, 학생 A가 받는 공의 개수가 0인 경우에 조건을 만족시키는 경우의 수는

$25-(1+2)=22$

(ii) 학생 A가 받는 공의 개수가 1인 경우

ⓐ 학생 A가 받는 공이 흰 공인 경우

흰 공 3개와 검은 공 4개를 두 학생 B, C에게 남김없이 나누어 주는 경우의 수를 구하면 된다.

이때의 경우의 수는 흰 공 3개를 두 학생 B, C에게 남김없이 나누어 주는 경우의 수를 구하고, 그 각각의 경우에 대하여 검은 공 4개를 두 학생 B, C에게 남김없이 나누어 주는 경우의 수를 구하면 된다. 즉

${}_2H_3\times{}_2H_4={}_4C_3\times{}_5C_4={}_4C_1\times{}_5C_1$

$=4\times5=20$

이때 학생 B가 받는 공의 개수가 0인 경우는 1가지이고, 공의 개수가 1인 경우의 수는 그 공이 흰 공인 경우와 검은 공인 경우의 2가지이다.

즉, 학생 A가 받는 공이 흰 공 1개인 경우에 조건을 만족시키는 경우의 수는

$20-(1+2)=17$

ⓑ 학생 A가 받는 공이 검은 공인 경우

ⓐ와 마찬가지 방법으로 이때의 경우의 수는

17

ⓐ, ⓑ에서 학생 A가 받는 공의 개수가 1인 경우에 조건을 만족시키는 경우의 수는

$17+17=34$

(iii) 학생 A가 받는 공의 개수가 2인 경우

ⓒ 학생 A가 받는 공이 흰 공 2개인 경우

흰 공 2개와 검은 공 4개를 두 학생 B, C에게 남김없이 나누어 주는 경우의 수를 구하면 된다.

이때의 경우의 수는 흰 공 2개를 두 학생 B, C에게 남김없이 나누어 주는 경우의 수를 구하고, 그 각각의 경우에 대하여 검은 공 4개를 두 학생 B, C에게 남김없이 나누어 주는 경우의 수를 구하면 된다. 즉

${}_2H_2\times{}_2H_4={}_3C_2\times{}_5C_4={}_3C_1\times{}_5C_1$

$=3\times5=15$

이때 학생 B가 받는 공의 개수가 0인 경우는 1가지이고, 공의 개수가 1인 경우의 수는 그 공이 흰 공인 경우와 검은 공인 경우의 2가지이다.

즉, 학생 A가 받는 공이 흰 공 2개인 경우에 조건을 만족시키는 경우의 수는

$15-(1+2)=12$

ⓓ 학생 A가 받는 공이 흰 공 1개, 검은 공 1개인 경우

흰 공 3개와 검은 공 3개를 두 학생 B, C에게 남김없이 나누어 주는 경우의 수를 구하면 된다.

이때의 경우의 수는 흰 공 3개를 두 학생 B, C에게 남김없이 나누어 주는 경우의 수를 구하고, 그 각각의 경우에 대하여 검은 공 3개를 두 학생 B, C에게 남김없이 나누어 주는 경우의 수를 구하면 된다. 즉

${}_2H_3\times{}_2H_3={}_4C_3\times{}_4C_3={}_4C_1\times{}_4C_1$

$=4\times4=16$

이때 학생 B가 받는 공의 개수가 0인 경우는 1가지이고, 공의 개수가 1인 경우의 수는 그 공이 흰 공인 경우와 검은 공인 경우의 2가지이다.

즉, 학생 A가 받는 공이 흰 공 2개인 경우에 조건을 만족시키는 경우의 수는

$16-(1+2)=13$

ⓔ 학생 A가 받는 공이 검은 공 2개인 경우

ⓒ와 마찬가지 방법으로 이때의 경우의 수는

12

ⓒ~ⓔ에서 학생 A가 받는 공의 개수가 2인 경우에 조건을 만족시키는 경우의 수는

$12+13+12=37$

3단계 주어진 조건을 만족시키는 경우의 수를 구해 보자.

(i), (ii), (iii)에서 구하는 경우의 수는

$22+34+37=93$

049 정답률 ▸ 72% 답 ①

1단계 4 이상 12 이하인 짝수의 개수를 구해 보자.

4 이상 12 이하인 짝수는 4, 6, 8, 10, 12의 5개이다.

2단계 조건을 만족시키는 모든 순서쌍 (x, y, z, w)의 개수를 구해 보자.

조건을 만족시키는 모든 순서쌍 (x, y, z, w)의 개수는 서로 다른 5개에서 중복을 허락하여 4개를 택하는 중복조합의 수와 같으므로

${}_5H_4={}_8C_4=70$

050 정답률 ▸ 53% 답 64

1단계 조건 (나)를 만족시키는 세 자연수 a, b, c 사이의 관계를 알아보자.

조건 (나)의 $(a-b)(b-c)=0$에서 $a=b$ 또는 $b=c$

2단계 조건 (나)를 만족시키는 각 경우에 대하여 순서쌍 (a, b, c)의 개수를 구해 보자.

(i) $a=b$일 때

조건 (가)에서 $a=b\le c\le8$ …… ㉠

㉠을 만족시키는 세 자연수 a, b, c의 모든 순서쌍 (a, b, c)의 개수는 서로 다른 8개에서 중복을 허락하여 2개를 택하는 중복조합의 수와 같으므로

${}_8H_2={}_{8+2-1}C_2={}_9C_2=36$

(ii) $b=c$일 때

조건 (가)에서 $a\le b=c\le8$ …… ㉡

㉡을 만족시키는 세 자연수 a, b, c의 모든 순서쌍 (a, b, c)의 개수는 서로 다른 8개에서 중복을 허락하여 2개를 택하는 중복조합의 수와 같으므로

${}_8H_2={}_{8+2-1}C_2={}_9C_2=36$

(iii) $a=b=c$일 때

조건 (가)에서 $a=b=c\le8$ …… ㉢

㉢을 만족시키는 세 자연수 a, b, c의 모든 순서쌍 (a, b, c)의 개수는 서로 다른 8개에서 중복을 허락하여 1개를 택하는 중복조합의 수와 같으므로

${}_8H_1={}_{8+1-1}C_1={}_8C_1=8$

3단계 주어진 조건을 만족시키는 순서쌍 (a, b, c)의 개수를 구해 보자.

(i), (ii), (iii)에서 구하는 세 자연수 a, b, c의 모든 순서쌍 (a, b, c)의 개수는

$36+36-8=64$

다른 풀이

조건 (나)의 $(a-b)(b-c)=0$에서 $a=b$ 또는 $b=c$

구하는 세 자연수 a, b, c의 모든 순서쌍 (a, b, c)의 개수는

$a\le b\le c\le8$을 만족시키는 세 자연수 a, b, c의 모든 순서쌍 (a, b, c)의 개수에서 $a<b<c\le8$을 만족시키는 세 자연수 a, b, c의 모든 순서쌍 (a, b, c)의 개수를 뺀 값과 같으므로

${}_8H_3-{}_8C_3={}_{8+3-1}C_3-{}_8C_3={}_{10}C_3-{}_8C_3=120-56=64$

051 정답률 ▸ 33% 답 196

1단계 조건을 만족시키는 순서쌍 (a, b, c, d)의 개수를 구하는 방법을 생각해 보자.

구하는 순서쌍 (a, b, c, d)의 개수는 주어진 조건에서 두 수 a와 b 사이의 관계가 주어져 있지 않으므로 a와 b 사이의 크기를 $a\le b\le c\le d$ 또는 $b\le a\le c\le d$로 정하여 이를 만족시키는 순서쌍 (a, b, c, d)의 개수를 구한 후, 중복하여 세어진 $a=b\le c\le d$를 만족시키는 순서쌍 (a, b, c, d)의 개수를 뺀 것과 같다.

2단계 **$a \le b \le c \le d$를 만족시키는 6 이하의 자연수 a, b, c, d의 모든 순서쌍 (a, b, c, d)의 개수를 구해 보자.**

$a \le b \le c \le d$를 만족시키는 순서쌍 (a, b, c, d)의 개수는 6 이하의 자연수에서 중복을 허락하여 4개의 숫자를 택한 후 크기 순서대로 나열한 것과 같으므로

${}_{6}H_{4} = {}_{9}C_{4} = 126$

3단계 **$b \le a \le c \le d$를 만족시키는 6 이하의 자연수 a, b, c, d의 모든 순서쌍 (a, b, c, d)의 개수를 구해 보자.**

$b \le a \le c \le d$를 만족시키는 순서쌍 (a, b, c, d)의 개수는

2단계 와 같은 방법으로

126

4단계 **$a = b \le c \le d$를 만족시키는 6 이하의 자연수 a, b, c, d의 모든 순서쌍 (a, b, c, d)의 개수를 구해 보자.**

$a = b \le c \le d$를 만족시키는 순서쌍 (a, b, c, d)의 개수는 6 이하의 자연수에서 중복을 허락하여 3개의 숫자를 택한 후 a와 b에 가장 작은 수를 동시에 나열하고, c, d에 크기 순서대로 나열한 것과 같으므로

${}_{6}H_{3} = {}_{8}C_{3} = 56$

5단계 **조건을 만족시키는 순서쌍 (a, b, c, d)의 개수를 구해 보자.**

구하는 순서쌍 (a, b, c, d)의 개수는

$126 + 126 - 56 = 196$

다른 풀이

두 부등식 $a \le c \le d$, $b \le c \le d$에서 d의 값은 공통이므로 c $(1 \le c \le 6)$의 값에 따라 경우를 나누어 순서쌍 (a, b, c, d)의 개수를 생각해 보자.

(i) $c=1$일 때

a, b의 값을 정하는 경우의 수는

${}_{1}C_{1} \times {}_{1}C_{1} = 1 \times 1 = 1$

d의 값을 정하는 경우의 수는

${}_{6}C_{1} = 6$

즉, 이때의 순서쌍 (a, b, c, d)의 개수는

$1 \times 6 = 6$

(ii) $c=2$일 때

a, b의 값을 정하는 경우의 수는

${}_{2}C_{1} \times {}_{2}C_{1} = 2 \times 2 = 4$

d의 값을 정하는 경우의 수는

${}_{5}C_{1} = 5$

즉, 이때의 순서쌍 (a, b, c, d)의 개수는

$4 \times 5 = 20$

(iii) $c=3$일 때

a, b의 값을 정하는 경우의 수는

${}_{3}C_{1} \times {}_{3}C_{1} = 3 \times 3 = 9$

d의 값을 정하는 경우의 수는

${}_{4}C_{1} = 4$

즉, 이때의 순서쌍 (a, b, c, d)의 개수는

$9 \times 4 = 36$

(iv) $c=4$일 때

a, b의 값을 정하는 경우의 수는

${}_{4}C_{1} \times {}_{4}C_{1} = 4 \times 4 = 16$

d의 값을 정하는 경우의 수는

${}_{3}C_{1} = 3$

즉, 이때의 순서쌍 (a, b, c, d)의 개수는

$16 \times 3 = 48$

(v) $c=5$일 때

a, b의 값을 정하는 경우의 수는

${}_{5}C_{1} \times {}_{5}C_{1} = 5 \times 5 = 25$

d의 값을 정하는 경우의 수는

${}_{2}C_{1} = 2$

즉, 이때의 순서쌍 (a, b, c, d)의 개수는

$25 \times 2 = 50$

(vi) $c=6$일 때

a, b의 값을 정하는 경우의 수는

${}_{6}C_{1} \times {}_{6}C_{1} = 6 \times 6 = 36$

d의 값을 정하는 경우의 수는

${}_{1}C_{1} = 1$

즉, 이때의 순서쌍 (a, b, c, d)의 개수는

$36 \times 1 = 36$

(i)~(vi)에서 구하는 순서쌍 (a, b, c, d)의 개수는

$6 + 20 + 36 + 48 + 50 + 36 = 196$

052 정답률 ▸ 14% 답 336

1단계 **조건 (나)를 만족시키는 경우를 생각해 보자.**

조건 (나)에서 $a \times d$가 홀수이려면 a, d가 모두 홀수이어야 하고, $b+c$가 짝수이려면 b, c가 모두 짝수이거나 모두 홀수이어야 한다.

2단계 **a, b, c, d가 모두 홀수일 때, 조건을 만족시키는 순서쌍 (a, b, c, d)의 개수를 구해 보자.**

13개의 자연수 중에 홀수는 1, 3, 5, 7, 9, 11, 13의 7개이다.

즉, a, b, c, d가 모두 홀수이면서 조건 (가)를 만족시키는 순서쌍 (a, b, c, d)의 개수는 7개의 홀수 중에서 중복을 허락하여 4개를 택하는 중복조합의 수와 같으므로

${}_{7}H_{4} = {}_{10}C_{4} = 210$

3단계 **a, d는 홀수이고 b, c는 짝수일 때, 조건을 만족시키는 순서쌍 (a, b, c, d)의 개수를 구해 보자.**

(i) a, d 사이에 1개의 짝수가 있는 경우

a, d 사이에 1개의 짝수가 있는 경우의 순서쌍 (a, d)의 개수는

(1, 3), (3, 5), (5, 7), (7, 9), (9, 11), (11, 13)

의 6

1개의 짝수를 b, c에 나열하는 경우의 수는 1

즉, 이 경우의 순서쌍 (a, b, c, d)의 개수는

$6 \times 1 = 6$

(ii) a, d 사이에 2개의 짝수가 있는 경우

a, d 사이에 2개의 짝수가 있는 경우의 순서쌍 (a, d)의 개수는

(1, 5), (3, 7), (5, 9), (7, 11), (9, 13)

의 5

2개의 짝수를 b, c에 나열하는 경우의 수는

${}_{2}H_{2} = {}_{3}C_{2} = 3$

즉, 이 경우의 순서쌍 (a, b, c, d)의 개수는

$5 \times 3 = 15$

(iii) a, d 사이에 3개의 짝수가 있는 경우

a, d 사이에 3개의 짝수가 있는 경우의 순서쌍 (a, d)의 개수는

(1, 7), (3, 9), (5, 11), (7, 13)

의 4

3개의 짝수를 b, c에 나열하는 경우의 수는

${}_3\mathrm{H}_2={}_4\mathrm{C}_2=6$

즉, 이 경우의 순서쌍 (a, b, c, d)의 개수는

$4\times6=24$

(iv) a, d 사이에 4개의 짝수가 있는 경우

a, d 사이에 4개의 짝수가 있는 경우의 순서쌍 (a, d)의 개수는

$(1, 9)$, $(3, 11)$, $(5, 13)$

의 3

4개의 짝수를 b, c에 나열하는 경우의 수는

${}_4\mathrm{H}_2={}_5\mathrm{C}_2=10$

즉, 이 경우의 순서쌍 (a, b, c, d)의 개수는

$3\times10=30$

(v) a, d 사이에 5개의 짝수가 있는 경우

a, d 사이에 5개의 짝수가 있는 경우의 순서쌍 (a, d)의 개수는

$(1, 11)$, $(3, 13)$

의 2

5개의 짝수를 b, c에 나열하는 경우의 수는

${}_5\mathrm{H}_2={}_6\mathrm{C}_2=15$

즉, 이 경우의 순서쌍 (a, b, c, d)의 개수는

$2\times15=30$

(vi) a, d 사이에 6개의 짝수가 있는 경우

a, d 사이에 6개의 짝수가 있는 경우의 순서쌍 (a, d)의 개수는

$(1, 13)$의 1

6개의 짝수를 b, c에 나열하는 경우의 수는

${}_6\mathrm{H}_2={}_7\mathrm{C}_2=21$

즉, 이 경우의 순서쌍 (a, b, c, d)의 개수는

$1\times21=21$

(i)~(vi)에서 a, d는 홀수이고 b, c는 짝수일 때, 순서쌍 (a, b, c, d)의 개수는

$6+15+24+30+30+21=126$

4단계 주어진 조건을 만족시키는 순서쌍 (a, b, c, d)의 개수를 구해 보자.

구하는 순서쌍의 개수는

$210+126=336$

다른 풀이 ❶

a, d는 홀수이고 b, c는 짝수일 때

홀수 a, d와 짝수 b, c에 대하여

$1\le a<b\le c<d\le13$

이므로 $a=a'$, $b-a=b'$, $c-b=c'$, $d-c=d'$, $14-d=e'$이라 하면

$a'+b'+c'+d'+e'=14$

(a', b', d', e'은 홀수이고, c'은 0 또는 짝수) …… ㉠

이때 $a'=2a''+1$, $b'=2b''+1$, $c'=2c''$, $d'=2d''+1$, $e'=2e''+1$이라 하면

$(2a''+1)+(2b''+1)+2c''+(2d''+1)+(2e''+1)=14$

$\therefore a''+b''+c''+d''+e''=5$ (a'', b'', c'', d'', e''은 음이 아닌 정수)

방정식 ㉠을 만족시키는 순서쌍 (a', b', c', d', e')의 개수는 위의 방정식을 만족시키는 순서쌍 $(a'', b'', c'', d'', e'')$의 개수와 같으므로

${}_5\mathrm{H}_5={}_9\mathrm{C}_5={}_9\mathrm{C}_4=126$

다른 풀이 ❷

조건 (나)를 만족시키는 순서쌍 (a, b, c, d)는

(홀, 홀, 홀, 홀), (홀, 짝, 짝, 홀)

이므로 위의 두 경우로 나누어 조건 (가)를 만족시키는 순서쌍 (a, b, c, d)의 개수를 구하면 된다.

(i) (a, b, c, d)가 (홀, 홀, 홀, 홀)인 경우

$a\le b\le c\le d$이므로

$a=2a'+1$, $b=2b'+1$, $c=2c'+1$, $d=2d'+1$ (a', b', c', d'은 음이 아닌 정수)이라 하자.

0, 1, 2, 3, 4, 5, 6의 7개의 정수 중에서 중복을 허락하여 4개를 택한 후, 택한 4개의 수를 작거나 같은 수부터 차례대로 a', b', c', d'에 대응시키면 $a\le b\le c\le d$를 만족시키므로 순서쌍 (a, b, c, d)의 개수는

${}_7\mathrm{H}_4={}_{10}\mathrm{C}_4=210$

(ii) (a, b, c, d)가 (홀, 짝, 짝, 홀)인 경우

$a<b\le c<d$이므로

$a=2a'+1$, $b=2b'+2$, $c=2c'+2$, $d=2d'+3$ (a', b', c', d'은 음이 아닌 정수)

0, 1, 2, 3, 4, 5의 6개의 정수 중에서 중복을 허락하여 4개를 택한 후, 택한 4개의 수를 작거나 같은 수부터 차례대로 a', b', c', d'에 대응시키면 $a\le b\le c\le d$를 만족시키므로 순서쌍 (a, b, c, d)의 개수는

${}_6\mathrm{H}_4={}_9\mathrm{C}_4=126$

(i), (ii)에서 구하는 순서쌍 (a, b, c, d)의 개수는

$210+126=336$

053 정답률 ▸ 79% 답 ②

1단계 미지수를 변형하여 주어진 방정식을 음이 아닌 정수일 때 만족시키는 방정식으로 나타내어 보자.

$x=x'+1$, $y=y'+1$, $z=z'+1$, $w=w'+1$이라 하면

$3x+y+z+w=11$에서

$3(x'+1)+(y'+1)+(z'+1)+(w'+1)=11$

$\therefore 3x'+y'+z'+w'=5$ (x', y', z', w'은 음이 아닌 정수) …… ㉠

2단계 x'의 값에 따라 경우를 나누어 각각의 순서쌍의 개수를 구해 보자.

(i) $x'=0$일 때

방정식 ㉠을 만족시키는 순서쌍 (x', y', z', w')의 개수는 방정식 $y'+z'+w'=5$를 만족시키는 음이 아닌 세 정수 y', z', w'의 순서쌍 (y', z', w')의 개수와 같으므로

${}_3\mathrm{H}_5={}_7\mathrm{C}_5={}_7\mathrm{C}_2=21$

(ii) $x'=1$일 때

방정식 ㉠을 만족시키는 순서쌍 (x', y', z', w')의 개수는 방정식 $y'+z'+w'=2$를 만족시키는 음이 아닌 세 정수 y', z', w'의 순서쌍 (y', z', w')의 개수와 같으므로

${}_3\mathrm{H}_2={}_4\mathrm{C}_2=6$

(iii) $x'\ge2$일 때

방정식 $y'+z'+w'=5-3x'$을 만족시키는 음이 아닌 세 정수 y', z', w'의 순서쌍 (y', z', w')은 존재하지 않는다.

3단계 주어진 조건을 만족시키는 순서쌍의 개수를 구해 보자.

(i), (ii), (iii)에서 구하는 순서쌍의 개수는

$21+6=27$

054 정답률 ▸ 72% 답 ②

1단계 미지수를 변형하여 주어진 방정식을 음이 아닌 정수일 때 만족시키는 방정식으로 나타내어 보자.

$a=a'+1$, $b=b'+1$, $c=c'+1$, $d=d'+1$이라 하면

$a+b+c+3d=10$에서

$(a'+1)+(b'+1)+(c'+1)+3(d'+1)=10$

$\therefore a'+b'+c'+3d'=4$ (a', b', c', d'은 음이 아닌 정수) …… ㉠

2단계 d'의 값에 따라 경우를 나누어 각각의 순서쌍의 개수를 구해 보자.

(i) $d'=0$일 때

방정식 ㉠을 만족시키는 순서쌍 (a', b', c', d')의 개수는 방정식 $a'+b'+c'=4$를 만족시키는 음이 아닌 세 정수 a', b', c'의 순서쌍 (a', b', c')의 개수와 같으므로

${}_3H_4={}_6C_4={}_6C_2=15$

(ii) $d'=1$일 때

방정식 ㉠을 만족시키는 순서쌍 (a', b', c', d')의 개수는 방정식 $a'+b'+c'=1$을 만족시키는 음이 아닌 세 정수 a', b', c'의 순서쌍 (a', b', c')의 개수와 같으므로

${}_3H_1={}_3C_1=3$

(iii) $d'\geq 2$일 때

방정식 $a'+b'+c'=4-3d'$을 만족시키는 음이 아닌 세 정수 a', b', c'의 순서쌍 (a', b', c')은 존재하지 않는다.

3단계 주어진 조건을 만족시키는 순서쌍의 개수를 구해 보자.

(i), (ii), (iii)에서 구하는 순서쌍의 개수는

$15+3=18$

055 정답률 ▸ 50% 답 ④

1단계 조건 (가)를 이용하여 조건 (나)의 식을 정리해 보자.

조건 (가)의 $a+b+c+d+e=10$에서

$b+d=10-a-c-e$이므로

조건 (나)의 $|a-b+c-d+e|\leq 2$에서

$|a+c+e-(b+d)|\leq 2$

$|a+c+e-(10-a-c-e)|\leq 2$

$|2a+2c+2e-10|\leq 2$

$-2\leq 2a+2c+2e-10\leq 2$

$8\leq 2a+2c+2e\leq 12$

$\therefore 4\leq a+c+e\leq 6$

2단계 1단계 에서 정리한 식을 만족시키는 각각의 순서쌍의 개수를 구해 보자.

(i) $a+c+e=4$일 때

방정식 $a+c+e=4$를 만족시키는 음이 아닌 세 정수 a, c, e의 순서쌍 (a, c, e)의 개수는

${}_3H_4={}_6C_4={}_6C_2=15$

조건 (가)에 의하여 $b+d=6$이므로

방정식 $b+d=6$을 만족시키는 음이 아닌 두 정수 b, d의 순서쌍 (b, d)의 개수는

${}_2H_6={}_7C_6={}_7C_1=7$

즉, 이 경우의 순서쌍의 개수는

$15\times 7=105$

(ii) $a+c+e=5$일 때

방정식 $a+c+e=5$를 만족시키는 음이 아닌 세 정수 a, c, e의 순서쌍 (a, c, e)의 개수는

${}_3H_5={}_7C_5={}_7C_2=21$

조건 (가)에 의하여 $b+d=5$이므로

방정식 $b+d=5$를 만족시키는 음이 아닌 두 정수 b, d의 순서쌍 (b, d)의 개수는

${}_2H_5={}_6C_5={}_6C_1=6$

즉, 이 경우의 순서쌍의 개수는

$21\times 6=126$

(iii) $a+c+e=6$일 때

방정식 $a+c+e=6$을 만족시키는 음이 아닌 세 정수 a, c, e의 순서쌍 (a, c, e)의 개수는

${}_3H_6={}_8C_6={}_8C_2=28$

조건 (가)에 의하여 $b+d=4$이므로

방정식 $b+d=4$를 만족시키는 음이 아닌 두 정수 b, d의 순서쌍 (b, d)의 개수는

${}_2H_4={}_5C_4={}_5C_1=5$

즉, 이 경우의 순서쌍의 개수는

$28\times 5=140$

3단계 주어진 조건을 만족시키는 순서쌍의 개수를 구해 보자.

(i), (ii), (iii)에서 구하는 순서쌍 (a, b, c, d, e)의 개수는

$105+126+140=371$

056 정답률 ▸ 25% 답 25

1단계 두 조건 (가), (나)의 상황을 방정식으로 나타내어 보자.

다음 그림에서 ①, ②, ③의 위치에 흰색 카드를 두 조건 (가), (나)를 모두 만족시키도록 배열하면 된다.

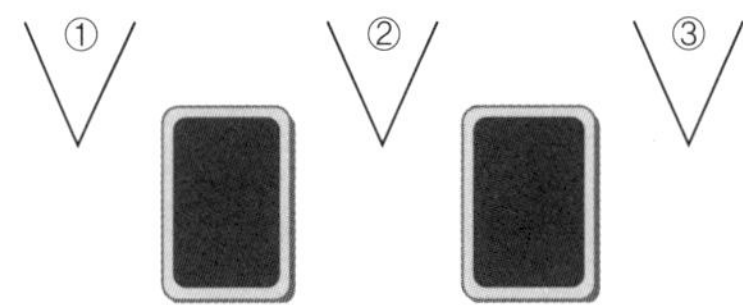

조건 (가)에 의하여 ①의 위치에 놓이는 흰색 카드의 장수를 a, ②의 위치에 놓이는 흰색 카드의 장수를 b, ③의 위치에 놓이는 흰색 카드의 장수를 c라 하면

$a+b+c=8$ (a, b, c는 음이 아닌 정수) …… ㉠

이때 조건 (나)에 의하여 검은색 카드 사이에는 흰색 카드가 2장 이상 놓여 있어야 하므로

$b\geq 2$

$b=b'+2$ (b'은 음이 아닌 정수)라 하면 ㉠에서

$a+(b'+2)+c=8$

$\therefore a+b'+c=6$ (a, b', c는 음이 아닌 정수) …… ㉡

2단계 두 조건 (가), (나)를 만족시키는 경우의 수를 구해 보자.

두 조건 (가), (나)를 만족시키는 경우의 수는 방정식 ㉡을 만족시키는 순서쌍 (a, b', c)의 개수와 같으므로

${}_3H_6={}_8C_6={}_8C_2=28$

3단계 조건 (다)를 만족시키지 않는 경우의 수를 구해 보자.

검은색 카드들 사이에 흰색 카드가 3장 이상 들어가면 3 또는 6이 적힌 카드가 반드시 포함되므로 조건 (다)를 만족시키지 않는 경우는 순서쌍 (a, b', c)가 $(6, 0, 0)$, $(3, 0, 3)$, $(0, 0, 6)$인 경우와 같으므로 이때의 경우의 수는 3이다.

4단계 **주어진 조건을 만족시키는 경우의 수를 구해 보자.**

구하는 경우의 수는

$28-3=25$

다른 풀이

다음 그림과 같이 흰색 카드를 먼저 배열하면 2장의 검은색 카드는 ①, ②, ③, ⋯, ⑨의 위치에 놓일 수 있다.

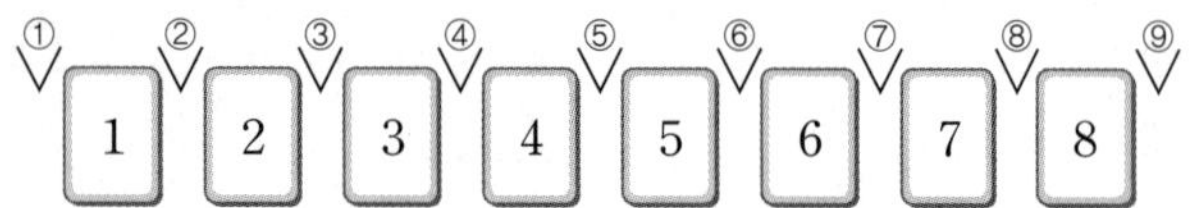

2장의 검은색 카드 중 왼쪽에 놓이는 카드를 A, 오른쪽에 놓이는 카드를 B라 하면 검은색 카드를 놓는 경우는 다음과 같다.

(i) A를 ①의 위치에 놓는 경우
조건을 만족시키려면 B를 놓을 수 있는 위치는
④, ⑤, ⑥, ⑦, ⑧, ⑨의 6가지

(ii) A를 ②의 위치에 놓는 경우
조건을 만족시키려면 B를 놓을 수 있는 위치는
④, ⑤, ⑥, ⑦, ⑧, ⑨의 6가지

(iii) A를 ③의 위치에 놓는 경우
조건을 만족시키려면 B를 놓을 수 있는 위치는
⑤, ⑥, ⑦, ⑧, ⑨의 5가지

(iv) A를 ④의 위치에 놓는 경우
조건을 만족시키려면 B를 놓을 수 있는 위치는
⑦, ⑧, ⑨의 3가지

(v) A를 ⑤의 위치에 놓는 경우
조건을 만족시키려면 B를 놓을 수 있는 위치는
⑦, ⑧, ⑨의 3가지

(vi) A를 ⑥의 위치에 놓는 경우
조건을 만족시키려면 B를 놓을 수 있는 위치는
⑧, ⑨의 2가지

(vii) A를 ⑦, ⑧, ⑨의 위치에 놓는 경우
조건을 만족시키도록 B를 놓을 수 있는 위치는 없다.

(i)~(vii)에서 구하는 경우의 수는

$6+6+5+3+3+2=25$

057 정답률 ▸ 30% 답 115

1단계 **$f(1)$의 값에 따라 경우를 나누어 함수 f의 개수를 각각 구해 보자.**

(i) $f(1)=1$인 경우
$f(f(1))=f(1)=1\neq4$이므로 조건 (가)를 만족시키지 않는다.

(ii) $f(1)=2$인 경우
조건 (가)에서 $f(f(1))=f(2)=4$
$f(3)$, $f(5)$의 값을 정하는 경우의 수는 조건 (나)에 의하여
${}_{4}\mathrm{H}_{2}={}_{5}\mathrm{C}_{2}=10$
$f(4)$의 값을 정하는 경우의 수는
${}_{5}\mathrm{C}_{1}=5$
즉, 이 경우의 함수 f의 개수는
$10\times5=50$

(iii) $f(1)=3$인 경우
조건 (가)에서 $f(f(1))=f(3)=4$
$f(5)$의 값을 정하는 경우의 수는 조건 (나)에 의하여
${}_{2}\mathrm{C}_{1}=2$
$f(2)$, $f(4)$의 값을 정하는 경우의 수는
${}_{5}\Pi_{2}=5^2=25$
즉, 이 경우의 함수 f의 개수는
$2\times25=50$

(iv) $f(1)=4$인 경우
조건 (가)에서 $f(f(1))=f(4)=4$
$f(3)$, $f(5)$의 값을 정하는 경우의 수는 조건 (나)에 의하여
${}_{2}\mathrm{H}_{2}={}_{3}\mathrm{C}_{2}={}_{3}\mathrm{C}_{1}=3$
$f(2)$의 값을 정하는 경우의 수는
${}_{5}\mathrm{C}_{1}=5$
즉, 이 경우의 함수 f의 개수는
$3\times5=15$

(v) $f(1)=5$인 경우
$f(f(1))=f(5)=4$이므로 $f(1)>f(5)$가 되어 조건 (나)를 만족시키지 않는다.

2단계 **주어진 조건을 만족시키는 함수 f의 개수를 구해 보자.**

(i)~(v)에서 구하는 함수 f의 개수는

$50+50+15=115$

058 정답률 ▸ 58% 답 ②

1단계 **주어진 조건을 만족시키는 $f(1)$, $f(6)$의 값을 정해 보자.**

6의 약수는 1, 2, 3, 6이므로 조건 (가)를 만족시키려면 순서쌍 $(f(1), f(6))$이

$(1, 1)$, $(1, 2)$, $(1, 3)$, $(1, 6)$, $(2, 1)$, $(2, 3)$, $(3, 1)$, $(3, 2)$, $(6, 1)$

이어야 하고, 이 중에서 조건 (나)를 만족시킬 수 있는 순서쌍 $(f(1), f(6))$은

$(1, 1)$, $(1, 2)$, $(1, 3)$, $(1, 6)$, $(2, 3)$

이다.

2단계 **$f(1)$, $f(6)$의 값에 따른 순서쌍 $(f(2), f(3), f(4), f(5))$의 개수를 구해 보자.**

(i) $f(1)=1$, $f(6)=1$인 경우
$2f(1)=2$, $2f(6)=2$이므로 조건 (나)를 만족시키는 순서쌍 $(f(2), f(3), f(4), f(5))$의 개수는
$(2, 2, 2, 2)$의 1

(ii) $f(1)=1$, $f(6)=2$인 경우
$2f(1)=2$, $2f(6)=4$이므로 조건 (나)를 만족시키는 순서쌍 $(f(2), f(3), f(4), f(5))$의 개수는
2, 3, 4 중에서 중복을 허락하여 4개를 택하는 경우의 수와 같다.
$\therefore {}_{3}\mathrm{H}_{4}={}_{6}\mathrm{C}_{4}={}_{6}\mathrm{C}_{2}=15$

(iii) $f(1)=1$, $f(6)=3$인 경우
$2f(1)=2$, $2f(6)=6$이므로 조건 (나)를 만족시키는 순서쌍 $(f(2), f(3), f(4), f(5))$의 개수는
2, 3, 4, 5, 6 중에서 중복을 허락하여 4개를 택하는 경우의 수와 같다.
$\therefore {}_{5}\mathrm{H}_{4}={}_{8}\mathrm{C}_{4}=70$

(iv) $f(1)=1$, $f(6)=6$인 경우
$2f(1)=2$, $2f(6)=12$이므로 조건 (나)를 만족시키는 순서쌍 $(f(2), f(3), f(4), f(5))$의 개수는
2, 3, 4, 5, 6 중에서 중복을 허락하여 4개를 택하는 경우의 수와 같다.
$\therefore {}_{5}\mathrm{H}_{4}={}_{8}\mathrm{C}_{4}=70$
→ 함수 f의 치역 $X=\{1, 2, 3, 4, 5, 6\}$이므로 함숫값은 6보다 클 수 없다.

(v) $f(1)=2$, $f(6)=3$인 경우

$2f(1)=4$, $2f(6)=6$이므로 조건 (나)를 만족시키는 순서쌍

$(f(2), f(3), f(4), f(5))$의 개수는

4, 5, 6 중에서 중복을 허락하여 4개를 택하는 경우의 수와 같다.

$\therefore {}_3H_4={}_6C_4={}_6C_2=15$

3단계 주어진 조건을 만족시키는 함수 f의 개수를 구해 보자.

(i)~(v)에서 구하는 함수 f의 개수는

$1+15+70+70+15=171$

059 정답률 ▸ 40% 답 ②

1단계 조건 (가)를 만족시키는 $f(1)$, $f(2)$, $f(3)$의 값에 대하여 알아보자.

조건 (가)에서 $\sqrt{f(1)\times f(2)\times f(3)}$의 값이 자연수이려면 세 함숫값 $f(1)$, $f(2)$, $f(3)$ 중 하나의 값이 1 또는 4이고 나머지 두 값이 서로 같아야 한다.

2단계 $f(3)$의 값에 따라 경우를 나누어 두 조건 (가), (나)를 만족시키는 함수 f의 개수를 각각 구해 보자.

$f(1)$, $f(2)$, $f(3)$의 값을 순서쌍 $(f(1), f(2), f(3))$으로 나타내면

(i) $f(3)=1$인 경우

조건 (나)에 의하여 순서쌍 $(f(1), f(2), f(3))$의 개수는

$(1, 1, 1)$의 1

$f(4)$, $f(5)$, $f(6)$의 값을 정하는 경우의 수는

${}_5H_3={}_7C_3=35$

즉, 이 경우의 함수 f의 개수는

$1\times35=35$

(ii) $f(3)=2$인 경우

조건 (나)에 의하여 순서쌍 $(f(1), f(2), f(3))$의 개수는

$(1, 2, 2)$의 1

$f(4)$, $f(5)$, $f(6)$의 값을 정하는 경우의 수는

${}_4H_3={}_6C_3=20$

즉, 이 경우의 함수 f의 개수는

$1\times20=20$

(iii) $f(3)=3$인 경우

조건 (나)에 의하여 순서쌍 $(f(1), f(2), f(3))$의 개수는

$(1, 3, 3)$의 1

$f(4)$, $f(5)$, $f(6)$의 값을 정하는 경우의 수는

${}_3H_3={}_5C_3={}_5C_2=10$

즉, 이 경우의 함수 f의 개수는

$1\times10=10$

(iv) $f(3)=4$인 경우

조건 (나)에 의하여 순서쌍 $(f(1), f(2), f(3))$의 개수는

$(1, 1, 4)$, $(1, 4, 4)$, $(2, 2, 4)$, $(3, 3, 4)$, $(4, 4, 4)$의 5

$f(4)$, $f(5)$, $f(6)$의 값을 정하는 경우의 수는

${}_2H_3={}_4C_3={}_4C_1=4$

즉, 이 경우의 함수 f의 개수는

$5\times4=20$

(v) $f(3)=5$인 경우

조건 (나)에 의하여 순서쌍 $(f(1), f(2), f(3))$의 개수는

$(1, 5, 5)$, $(4, 5, 5)$의 2

$f(4)$, $f(5)$, $f(6)$의 값을 정하는 경우의 수는

1 → $f(4)=f(5)=f(6)=5$

즉, 이 경우의 함수 f의 개수는

$2\times1=2$

3단계 주어진 조건을 만족시키는 함수 f의 개수를 구해 보자.

(i)~(v)에서 구하는 함수 f의 개수는

$35+20+10+20+2=87$

다른 풀이

조건 (가)에 의하여 $f(1)\times f(2)\times f(3)$의 값이 어떤 값의 제곱이 되어야 하므로 조건을 만족시키는 $f(1)$, $f(2)$, $f(3)$의 값을 순서쌍

$(f(1), f(2), f(3))$으로 나타내면

$f(1)\times f(2)\times f(3)=1$에서

$(1, 1, 1)$

$f(1)\times f(2)\times f(3)=4$에서

$(1, 1, 4)$, $(1, 2, 2)$

$f(1)\times f(2)\times f(3)=9$에서

$(1, 3, 3)$

$f(1)\times f(2)\times f(3)=16$에서

$(1, 4, 4)$, $(2, 2, 4)$

$f(1)\times f(2)\times f(3)=25$에서

$(1, 5, 5)$

$f(1)\times f(2)\times f(3)=36$에서

$(3, 3, 4)$

$f(1)\times f(2)\times f(3)=64$에서

$(4, 4, 4)$

$f(1)\times f(2)\times f(3)=100$에서

$(4, 5, 5)$

조건 (나)에 의하여 $f(4)$, $f(5)$, $f(6)$의 값을 정하는 경우의 수는 순서쌍

$(f(1), f(2), f(3))$이

$(1, 1, 1)$일 때, ${}_5H_3={}_7C_3=35$

$(1, 1, 4)$일 때, ${}_2H_3={}_4C_3={}_4C_1=4$

$(1, 2, 2)$일 때, ${}_4H_3={}_6C_3=20$

$(1, 3, 3)$일 때, ${}_3H_3={}_5C_3={}_5C_2=10$

$(1, 4, 4)$일 때, ${}_2H_3=4$

$(2, 2, 4)$일 때, ${}_2H_3=4$

$(1, 5, 5)$일 때, 1

$(3, 3, 4)$일 때, ${}_2H_3=4$

$(4, 4, 4)$일 때, ${}_2H_3=4$

$(4, 5, 5)$일 때, 1

따라서 구하는 함수 f의 개수는

$35+4+20+10+4+4+1+4+4+1=87$

060 정답률 ▸ 32% 답 105

1단계 조건 (가)를 만족시키는 함수 f의 개수를 구해 보자.

집합 Y의 원소 중 중복을 허락하여 4개를 선택한 후 크기가 작거나 같은 수부터 순서대로 함숫값을 정하는 경우의 수와 같으므로

${}_6H_4={}_9C_4=126$

2단계 조건 (나)를 만족시키지 않는 함수 f의 개수를 구해 보자.

$f(1)\geq4$인 함수 f의 개수는 집합 Y의 원소 중 4 이상의 수에서 중복을 허락하여 4개를 선택한 후 크기가 작거나 같은 수부터 순서대로 함숫값을 정하는 경우의 수와 같으므로

${}_3H_4={}_6C_4={}_6C_2=15$

3단계 **조건 (다)를 만족시키지 않는 함수 f의 개수를 구해 보자.**

$f(3)>f(1)+4$를 만족시키려면 $f(1)=1$, $f(3)=6$이어야 하므로

$f(2)$의 값을 정하는 경우의 수는 1, 2, 3, 4, 5, 6의 6

$f(4)$의 값을 정하는 경우의 수는 6의 1

즉, 이 경우의 수는

$6\times1=6$

4단계 **주어진 조건을 만족시키는 함수 f의 개수를 구해 보자.**

두 조건 (나), (다)를 동시에 만족시키는 경우는 없으므로 구하는 함수 f의 개수는

$126-(15+6)=105$

다른 풀이

조건 (나)에서 $f(1)\le3$을 만족시키는 $f(1)$의 값에 따라 경우를 나누어 조건을 만족시키는 함수 f의 개수를 구할 수 있다.

(i) $f(1)=1$인 경우

조건 (다)에서 $f(3)\le5$이므로 조건 (가)에 의하여

$1\le f(2)\le f(3)\le f(4)\le5$ 또는 $1\le f(2)\le f(3)\le5<f(4)$

ⓐ $1\le f(2)\le f(3)\le f(4)\le5$인 경우

$f(2)$, $f(3)$, $f(4)$를 선택하는 경우의 수는 1, 2, 3, 4, 5 중에서 중복을 허락하여 3개를 택하는 중복조합의 수와 같으므로

${}_5H_3={}_7C_3=35$

ⓑ $1\le f(2)\le f(3)\le5<f(4)$인 경우

$f(2)$, $f(3)$을 선택하는 경우의 수는 1, 2, 3, 4, 5 중에서 중복을 허락하여 2개를 택하는 중복조합의 수와 같으므로

${}_5H_2={}_6C_2=15$

ⓐ, ⓑ에서 구하는 함수 f의 개수는

$35+15=50$

(ii) $f(1)=2$인 경우

조건 (다)에서 $f(3)\le6$이므로 조건 (가)에 의하여

$2\le f(2)\le f(3)\le f(4)\le6$

$f(2)$, $f(3)$, $f(4)$를 선택하는 경우의 수는 2, 3, 4, 5, 6 중에서 중복을 허락하여 3개를 택하는 중복조합의 수와 같으므로

${}_5H_3={}_7C_3=35$

(iii) $f(1)=3$인 경우

조건 (다)에서 $f(3)\le7$이므로 조건 (가)에 의하여

$3\le f(2)\le f(3)\le f(4)\le6$

$f(2)$, $f(3)$, $f(4)$를 선택하는 경우의 수는 3, 4, 5, 6 중에서 중복을 허락하여 3개를 택하는 중복조합의 수와 같으므로

${}_4H_3={}_6C_3=20$

(i), (ii), (iii)에서 구하는 함수 f의 개수는

$50+35+20=105$

061 정답률 ▸ 18% 답 45

1단계 **조건 (가)를 만족시키는 함수 f의 개수를 구해 보자.**

조건 (가)를 만족시키는 함수 f의 개수는 집합 X의 원소 중 중복을 허락하여 5개를 선택한 후 크기가 작은 수부터 순서대로 $f(1)$, $f(2)$, $f(3)$, $f(4)$, $f(5)$의 값으로 정하는 경우의 수와 같으므로

${}_5H_5={}_9C_5={}_9C_4=126$

2단계 **조건 (가)를 만족시키고 조건 (나)를 만족시키지 않는 함수 f의 개수를 구해 보자.**

(i) $f(2)=1$일 때

조건 (가)를 만족시키는 함수 f의 개수는 $f(1)=1$이고 집합 X의 원소 중 중복을 허락하여 3개를 선택한 후 크기가 작은 수부터 순서대로 $f(3)$, $f(4)$, $f(5)$의 값으로 정하는 경우의 수와 같으므로

${}_5H_3={}_7C_3=35$

(ii) $f(4)\times f(5)\ge20$일 때

조건 (가)에 의하여

$f(4)=4$, $f(5)=5$ 또는 $f(4)=5$, $f(5)=5$

이어야 하고 각각의 경우에 대하여 $f(1)$, $f(2)$, $f(3)$의 값을 정하는 경우의 수는

ⓐ $f(4)=4$, $f(5)=5$일 때

1, 2, 3, 4의 4개의 원소 중 중복을 허락하여 3개를 선택한 후 크기가 작은 수부터 순서대로 $f(1)$, $f(2)$, $f(3)$의 값으로 정하는 경우의 수와 같으므로

${}_4H_3={}_6C_3=20$

ⓑ $f(4)=5$, $f(5)=5$일 때

집합 X의 원소 중 중복을 허락하여 3개를 선택한 후 크기가 작은 수부터 순서대로 $f(1)$, $f(2)$, $f(3)$의 값으로 정하는 경우의 수와 같으므로

${}_5H_3={}_7C_3=35$

ⓐ, ⓑ에서 조건을 만족시키는 함수 f의 개수는

$20+35=55$

(iii) $f(2)=1$이고 $f(4)\times f(5)\ge20$일 때

ⓐ $f(1)=1$, $f(2)=1$, $f(4)=4$, $f(5)=5$일 때

1, 2, 3, 4의 4개의 원소 중 $f(3)$의 값을 정하는 경우의 수와 같으므로

4

ⓑ $f(1)=1$, $f(2)=1$, $f(4)=5$, $f(5)=5$일 때

1, 2, 3, 4, 5의 5개의 원소 중 $f(3)$의 값을 정하는 경우의 수와 같으므로

5

ⓐ, ⓑ에서 조건을 만족시키는 함수 f의 개수는

$4+5=9$

(i), (ii), (iii)에서 조건 (가)를 만족시키고 조건 (나)를 만족시키지 않는 함수 f의 개수는

$35+55-9=81$

3단계 **주어진 조건을 만족시키는 함수 f의 개수를 구해 보자.**

조건을 만족시키는 함수 f의 개수는

$126-81=45$

다른 풀이

조건 (나)에서 $f(4)\times f(5)<20$이어야 하므로 $f(4)$의 값을 기준으로 경우를 나눌 수 있다.

(i) $f(4)=5$인 경우

조건 (가)에 의하여 $f(5)=5$이므로 이것은 조건 (나)를 만족시키지 않는다.

즉, $f(4)=5$를 만족시키는 함수 f는 존재하지 않는다.

(ii) $f(4)=4$인 경우

$f(5)$의 값을 정하는 경우는 $f(5)=4$의 1가지이다.

ⓐ $f(2)=2$일 때

$1\le f(1)\le2$이어야 하므로 $f(1)$의 값을 정하는 경우는 1, 2의 2가지이다.

또한, $2\le f(3)\le4$이어야 하므로 $f(3)$의 값을 정하는 경우는 2, 3, 4의 3가지이다.

즉, $f(1)$, $f(3)$의 값을 정하는 경우의 수는

$2\times3=6$

ⓑ $f(2)=3$일 때

$1\le f(1)\le3$이어야 하므로 $f(1)$의 값을 정하는 경우는 1, 2, 3의 3가지이다.

또한, $3\le f(3)\le4$이어야 하므로 $f(3)$의 값을 정하는 경우는 3, 4의 2가지이다.

즉, $f(1)$, $f(3)$의 값을 정하는 경우의 수는

$3\times2=6$

ⓒ $f(2)=4$일 때

$1\le f(1)\le4$이어야 하므로 $f(1)$의 값을 정하는 경우는 1, 2, 3, 4의 4가지이다.

또한, $f(3)=4$이어야 하므로 $f(3)$의 값을 정하는 경우는 1가지이다.

ⓐ, ⓑ, ⓒ에서 $f(4)=4$를 만족시키는 함수 f의 개수는

$1\times(6+6+4)=16$

(iii) $f(4)=3$인 경우

$3\le f(5)\le5$이어야 하므로 $f(5)$의 값을 정하는 경우의 수는 3, 4, 5의 3가지이다.

ⓐ $f(2)=2$일 때

$1\le f(1)\le2$이어야 하므로 $f(1)$의 값을 정하는 경우는 1, 2의 2가지이다.

또한, $2\le f(3)\le3$이어야 하므로 $f(3)$의 값을 정하는 경우는 2, 3의 2가지이다.

즉, $f(1)$, $f(3)$의 값을 정하는 경우의 수는

$2\times2=4$

ⓑ $f(2)=3$일 때

$1\le f(1)\le3$이어야 하므로 $f(1)$의 값을 정하는 경우는 1, 2, 3의 3가지이다.

또한, $f(3)=3$이어야 하므로 $f(3)$의 값을 정하는 경우는 1가지이다.

즉, $f(1)$, $f(3)$의 값을 정하는 경우의 수는

$3\times1=3$

ⓐ, ⓑ에서 $f(4)=3$을 만족시키는 함수 f의 개수는

$3\times(4+3)=21$

(iv) $f(4)=2$인 경우

$2\le f(5)\le5$이어야 하므로 $f(5)$의 값을 정하는 경우의 수는 2, 3, 4, 5의 4가지이다.

또한, $f(2)=2$, $f(3)=2$이어야 하고 $1\le f(1)\le2$이어야 하므로 $f(1)$의 값을 정하는 경우는 1, 2의 2이다.

즉, $f(4)=2$를 만족시키는 함수 f의 개수는

$4\times2=8$

(v) $f(4)=1$인 경우

조건 (가)에 의하여 $f(2)=1$이므로 이것은 조건 (나)를 만족시키지 않는다.

즉, $f(4)=1$을 만족시키는 함수 f는 존재하지 않는다.

(i)~(v)에 의하여 구하는 함수 f의 개수는

$0+16+21+8+0=45$

062 정답률 ▸ 18% 답 198

1단계 조건 (가)를 만족시키는 함숫값의 대소 관계를 생각해 보자.

조건 (가)에서 $f(1)\le f(2)\le f(1)+f(3)\le f(1)+f(4)$이므로 각 변에서 $f(1)$을 빼면

$0\le f(2)-f(1)\le f(3)\le f(4)$ …… ㉠

2단계 조건 (나)를 만족시키는 순서쌍 $(f(1),\ f(2))$를 구하고, 각각의 경우에 대하여 함수 f의 개수를 구해 보자.

조건 (나)에서 $f(1)+f(2)$가 짝수이므로 두 수 $f(1)$과 $f(2)$는 모두 홀수이거나 모두 짝수이어야 한다.

즉, $f(2)-f(1)$은 0 또는 2 또는 4이어야 한다.

(i) $f(2)-f(1)=0$인 경우

순서쌍 $(f(1),\ f(2))$의 개수는

$(1,\ 1)$ 또는 $(2,\ 2)$ 또는 $(3,\ 3)$ 또는 $(4,\ 4)$ 또는 $(5,\ 5)$ 또는 $(6,\ 6)$

의 6

㉠에서 $0\le f(3)\le f(4)$이므로

순서쌍 $(f(3),\ f(4))$의 개수는 1부터 6까지의 6개의 숫자에서 중복을 허락하여 2개를 택하는 경우의 수와 같다.

즉, ${}_6H_2={}_7C_2=21$이므로

이 경우의 함수 f의 개수는

$6\times21=126$

(ii) $f(2)-f(1)=2$인 경우

순서쌍 $(f(1),\ f(2))$의 개수는

$(1,\ 3)$ 또는 $(2,\ 4)$ 또는 $(3,\ 5)$ 또는 $(4,\ 6)$

의 4

㉠에서 $2\le f(3)\le f(4)$이므로

순서쌍 $(f(3),\ f(4))$의 개수는 2부터 6까지의 5개의 숫자에서 중복을 허락하여 2개를 택하는 경우의 수와 같다.

즉, ${}_5H_2={}_6C_2=15$이므로

이 경우의 함수 f의 개수는

$4\times15=60$

(iii) $f(2)-f(1)=4$인 경우

순서쌍 $(f(1),\ f(2))$의 개수는

$(1,\ 5)$ 또는 $(2,\ 6)$

의 2

㉠에서 $4\le f(3)\le f(4)$이므로

순서쌍 $(f(3),\ f(4))$의 개수는 4부터 6까지의 3개의 숫자에서 중복을 허락하여 2개를 택하는 경우의 수와 같다.

즉, ${}_3H_2={}_4C_2=6$이므로

이 경우의 함수 f의 개수는

$2\times6=12$

3단계 조건을 만족시키는 함수 f의 개수를 구해 보자.

(i), (ii), (iii)에서 구하는 함수 f의 개수는

$126+60+12=198$

063 정답률 ▸ 14% 답 523

1단계 주어진 조건을 만족시키는 상황을 방정식으로 나타내어 보자.

$f(k)=x_k$ $(k=1,\ 2,\ 3,\ \cdots,\ 8)$이라 하면 x_k는 5 이하의 자연수이다.

구하는 함수 f의 개수는 두 방정식

$x_4=x_1+x_2+x_3$, $2x_4=x_5+x_6+x_7+x_8$

을 모두 만족시키는 5 이하의 자연수 $x_1,\ x_2,\ x_3,\ \cdots,\ x_8$의 모든 순서쌍 $(x_1,\ x_2,\ x_3,\ \cdots,\ x_8)$의 개수와 같다.

2단계 **미지수를 변형하여 주어진 방정식을 음이 아닌 정수일 때 만족시키는 방정식으로 나타내어 보자.**

$x_1=x_1'+1$, $x_2=x_2'+1$, $x_3=x_3'+1$, $\cdots$, $x_8=x_8'+1$이라 하면

$x_4'+1=(x_1'+1)+(x_2'+1)+(x_3'+1)$,

$2(x_4'+1)=(x_5'+1)+(x_6'+1)+(x_7'+1)+(x_8'+1)$

$\therefore\ x_4'-2=x_1'+x_2'+x_3'$,

$2x_4'-2=x_5'+x_6'+x_7'+x_8'$

(x_1', x_2', x_3', $\cdots$, x_8'은 4 이하의 음이 아닌 정수)

3단계 **x_4'의 값에 따라 경우를 나누어 각각의 순서쌍의 개수를 구해 보자.**

5 이하의 세 자연수 x_1, x_2, x_3에 대하여 $x_1+x_2+x_3\geq 3$이므로

조건 (가)에 의하여 $3\leq x_4\leq 5$, 즉 $2\leq x_4'\leq 4$

(i) $x_4'=2$인 경우

방정식 $x_1'+x_2'+x_3'=0$ (x_1', x_2', x_3'은 4 이하의 음이 아닌 정수)를 만족시키는 순서쌍 (x_1', x_2', x_3')의 개수는 $(0, 0, 0)$의 1이다.

방정식 $x_5'+x_6'+x_7'+x_8'=2$ (x_5', x_6', x_7', x_8'은 4 이하의 음이 아닌 정수)를 만족시키는 순서쌍 (x_5', x_6', x_7', x_8')의 개수는

${}_4H_2={}_5C_2=10$

즉, 이 경우의 함수 f의 개수는

$1\times 10=10$

(ii) $x_4'=3$인 경우

방정식 $x_1'+x_2'+x_3'=1$ (x_1', x_2', x_3'은 4 이하의 음이 아닌 정수)를 만족시키는 순서쌍 (x_1', x_2', x_3')의 개수는

${}_3H_1={}_3C_1=3$

방정식 $x_5'+x_6'+x_7'+x_8'=4$ (x_5', x_6', x_7', x_8'은 4 이하의 음이 아닌 정수)를 만족시키는 순서쌍 (x_5', x_6', x_7', x_8')의 개수는

${}_4H_4={}_7C_4={}_7C_3=35$

즉, 이 경우의 함수 f의 개수는

$3\times 35=105$

(iii) $x_4'=4$인 경우

방정식 $x_1'+x_2'+x_3'=2$ (x_1', x_2', x_3'은 4 이하의 음이 아닌 정수)를 만족시키는 순서쌍 (x_1', x_2', x_3')의 개수는

${}_3H_2={}_4C_2=6$

방정식 $x_5'+x_6'+x_7'+x_8'=6$ (x_5', x_6', x_7', x_8'은 4 이하의 음이 아닌 정수)를 만족시키는 순서쌍 (x_5', x_6', x_7', x_8')의 개수는 방정식 $x_5'+x_6'+x_7'+x_8'=6$ (x_5', x_6', x_7', x_8'은 음이 아닌 정수)를 만족시키는 순서쌍 (x_5', x_6', x_7', x_8')의 개수에서 방정식 $x_5'+x_6'+x_7'+x_8'=6$ (x_5', x_6', x_7', x_8' 중 적어도 하나는 5 이상의 정수)를 만족시키는 순서쌍 (x_5', x_6', x_7', x_8')의 개수를 뺀 것과 같다.

이때 방정식 $x_5'+x_6'+x_7'+x_8'=6$ (x_5', x_6', x_7', x_8'은 음이 아닌 정수)를 만족시키는 순서쌍 (x_5', x_6', x_7', x_8')의 개수는

${}_4H_6={}_9C_6={}_9C_3=84$

이고 방정식 $x_5'+x_6'+x_7'+x_8'=6$ (x_5', x_6', x_7', x_8' 중 적어도 하나는 5 이상의 정수)를 만족시키는 순서쌍 (x_5', x_6', x_7', x_8')의 개수는 5, 1, 0, 0을 일렬로 나열하는 경우의 수가

$\frac{4!}{2!}=12$,

6, 0, 0, 0을 일렬로 나열하는 경우의 수가

$\frac{4!}{3!}=4$

이므로 $12+4=16$

즉, 이 경우의 함수 f의 개수는

$6\times(84-16)=408$

4단계 **주어진 조건을 만족시키는 함수 f의 개수를 구해 보자.**

(i), (ii), (iii)에서 함수 f의 개수는

$10+105+408=523$

다른 풀이

(i) $f(4)=3$인 경우

조건 (가)를 만족시키는 5 이하의 자연수 $f(1)$, $f(2)$, $f(3)$의 순서쌍 $(f(1), f(2), f(3))$은 $(1, 1, 1)$이다.

조건 (나)를 만족시키는 5 이하의 자연수 $f(5)$, $f(6)$, $f(7)$, $f(8)$의 모든 순서쌍 $(f(5), f(6), f(7), f(8))$의 개수는 서로 다른 4개에서 2개를 택하는 중복조합의 수와 같으므로

${}_4H_2={}_5C_2=10$

즉, 함수 f의 개수는

$1\times 10=10$

(ii) $f(4)=4$인 경우

조건 (가)를 만족시키는 5 이하의 자연수 $f(1)$, $f(2)$, $f(3)$의 순서쌍 $(f(1), f(2), f(3))$은 $(2, 1, 1)$, $(1, 2, 1)$, $(1, 1, 2)$이다.

조건 (나)를 만족시키는 5 이하의 자연수 $f(5)$, $f(6)$, $f(7)$, $f(8)$의 모든 순서쌍 $(f(5), f(6), f(7), f(8))$의 개수는 서로 다른 4개에서 4개를 택하는 중복조합의 수와 같으므로

${}_4H_4={}_7C_4={}_7C_3=35$

즉, 함수 f의 개수는

$3\times 35=105$

(iii) $f(4)=5$인 경우

조건 (가)를 만족시키는 5 이하의 자연수 $f(1)$, $f(2)$, $f(3)$의 순서쌍 $(f(1), f(2), f(3))$은 서로 다른 3개에서 2개를 택하는 중복조합의 수와 같으므로

${}_3H_2={}_4C_2=6$

조건 (나)를 만족시키는 5 이하의 자연수 $f(5)$, $f(6)$, $f(7)$, $f(8)$의 모든 순서쌍 $(f(5), f(6), f(7), f(8))$의 개수는 서로 다른 4개에서 6개를 택하는 중복조합의 수에서 함숫값이 6 이상이 되는 경우의 수를 뺀 것과 같으므로

${}_4H_6-\left(\frac{4!}{2!}+\frac{4!}{3!}\right)=84-16=68$

즉, 함수 f의 개수는

$6\times 68=408$

(i), (ii), (iii)에서 구하는 함수 f의 개수는

$10+105+408=523$

064 정답률 ▸ 93% 답 ③

$(2x+1)^5$의 전개식의 일반항은

${}_5C_r(2x)^{5-r}\times 1^r={}_5C_r 2^{5-r}x^{5-r}$

x^2의 계수는 $5-r=2$, 즉 $r=3$일 때이므로

${}_5C_3\times 2^2={}_5C_2\times 4=10\times 4=40$

065 정답률 ▸ 89% 답 ②

다항식 $(4x+1)^6$의 전개식의 일반항은

${}_6C_r(4x)^{6-r}1^r={}_6C_r 4^{6-r}x^{6-r}$

x의 계수는 $6-r=1$, 즉 $r=5$일 때이므로

${}_6C_5\times 4={}_6C_1\times 4=6\times 4=24$

066 정답률 ▸ 83% 답 ⑤

다항식 $(x^3+2)^5$의 전개식의 일반항은
${}_5C_r(x^3)^{5-r}2^r={}_5C_r2^rx^{15-3r}$
x^6의 계수는 $15-3r=6$, 즉 $r=3$일 때이므로
${}_5C_3\times2^3={}_5C_2\times8=10\times8=80$

067 정답률 ▸ 89% 답 ③

다항식 $(x^2+2)^6$의 전개식의 일반항은
${}_6C_r(x^2)^{6-r}2^r={}_6C_r2^rx^{12-2r}$
x^8의 계수는 $12-2r=8$, 즉 $r=2$일 때이므로
${}_6C_2\times2^2=15\times4=60$

068 정답률 ▸ 86% 답 ③

다항식 $(x^3+3)^5$의 전개식의 일반항은
${}_5C_r(x^3)^{5-r}3^r={}_5C_r3^rx^{15-3r}$
x^9의 계수는 $15-3r=9$, 즉 $r=2$일 때이므로
${}_5C_2\times3^2=10\times9=90$

069 정답률 ▸ 87% 답 ①

다항식 $(x^2+2)^6$의 전개식의 일반항은
${}_6C_r(x^2)^{6-r}2^r={}_6C_r2^rx^{12-2r}$
x^4의 계수는 $12-2r=4$, 즉 $r=4$일 때이므로
${}_6C_4\times2^4={}_6C_2\times2^4=15\times16=240$

070 정답률 ▸ 87% 답 ④

$(x^2-2)^5$의 전개식의 일반항은
${}_5C_r(x^2)^{5-r}(-2)^r={}_5C_r(-2)^rx^{10-2r}$
x^6의 계수는 $10-2r=6$, 즉 $r=2$일 때이므로
${}_5C_2\times(-2)^2=10\times4=40$

071 정답률 ▸ 82% 답 ①

1단계 다항식 $(x-2)^5$의 전개식의 일반항을 구해 보자.
다항식 $(x-2)^5$의 전개식의 일반항은
${}_5C_rx^{5-r}(-2)^r={}_5C_r(-2)^rx^{5-r}$ …… ㉠

2단계 $(x^2+1)(x-2)^5$의 전개식에서 x^6항이 나타나는 경우를 알아보자.
주어진 식의 전개식에서 x^6항은 x^2과 ㉠의 x^4항이 곱해질 때 나타난다.

3단계 x^6의 계수를 구해 보자.
㉠의 x^4의 계수는 $5-r=4$, 즉 $r=1$일 때이므로
${}_5C_1\times(-2)^1=5\times(-2)=-10$
따라서 주어진 식의 전개식에서 x^6의 계수는
$1\times(-10)=-10$

072 정답률 ▸ 81% 답 ②

1단계 다항식 $(ax^2+1)^6$의 전개식의 일반항을 구해 보자.
$(ax^2+1)^6$의 전개식의 일반항은
${}_6C_r(ax^2)^{6-r}\times1^r={}_6C_ra^{6-r}x^{12-2r}$

2단계 x^4의 계수를 이용하여 양수 a의 값을 구해 보자.
x^4의 계수는 $12-2r=4$, 즉 $r=4$일 때이고
그 값이 30이므로
${}_6C_4\times a^2=30$, $15\times a^2=30$
$a^2=2 \qquad \therefore a=\sqrt{2}$ ($\because a>0$)

073 정답률 ▸ 80% 답 ②

1단계 다항식 $(x-1)^5$의 전개식의 일반항을 구해 보자.
다항식 $(x-1)^5$의 전개식의 일반항은
${}_5C_rx^{5-r}(-1)^r$

2단계 x^3의 계수를 구해 보자.
다항식 $(2x+5)(x-1)^5$의 전개식에서 x^3항은
$(x-1)^5$의 전개식의 x^2항과 x^3항에 각각 $2x$와 5를 곱한 것의 합이다.
이때 x^2항은 $5-r=2$에서 $r=3$일 때이고, x^3항은 $5-r=3$에서 $r=2$일 때이다.
따라서 $(2x+5)(x-1)^5$의 전개식에서 x^3의 계수는
$2\times{}_5C_3\times(-1)^3+5\times{}_5C_2\times(-1)^2=(-2)\times{}_5C_2+5\times{}_5C_2$
$=3\,{}_5C_2=3\times10=30$

074 정답률 ▸ 71% 답 ①

1단계 다항식 $(x-1)^6(2x+1)^7$의 전개식의 일반항을 구해 보자.
다항식 $(x-1)^6(2x+1)^7$의 전개식의 일반항은
${}_6C_rx^{6-r}(-1)^r\times{}_7C_s(2x)^{7-s}1^s$
$={}_6C_r\times{}_7C_s\times(-1)^r\times2^{7-s}\times x^{13-r-s}$ …… ㉠

2단계 x^2의 계수를 구해 보자.
㉠에서 x^2항은 $13-r-s=2$에서 $r+s=11$일 때이다.
$r+s=11$을 만족시키는 순서쌍 (r, s)는 $(6, 5)$, $(5, 6)$, $(4, 7)$이므로
x^2의 계수는
${}_6C_6\times{}_7C_5\times(-1)^6\times2^2+{}_6C_5\times{}_7C_6\times(-1)^5\times2^1$
$+{}_6C_4\times{}_7C_7\times(-1)^4\times2^0$
$=1\times21\times1\times4+6\times7\times(-1)\times2+15\times1\times1\times1$
$=15$

075 정답률 ▸ 76% 답 ②

1단계 다항식 $(x+2)^n$의 전개식의 일반항을 구해 보자.
다항식 $(x+2)^n$의 전개식의 일반항은
${}_nC_rx^{n-r}2^r={}_nC_r2^rx^{n-r}$

2단계 x^2의 계수와 x^3의 계수를 각각 구하여 n의 값을 구해 보자.

x^2의 계수는 $n-r=2$, 즉 $r=n-2$일 때이므로

${}_nC_{n-2}\times2^{n-2}={}_nC_2\,2^{n-2}$

x^3의 계수는 $n-r=3$, 즉 $r=n-3$일 때이므로

${}_nC_{n-3}\times2^{n-3}={}_nC_3\times2^{n-3}$

이때 x^2의 계수와 x^3의 계수가 같으므로

${}_nC_2\times2^{n-2}={}_nC_3\times2^{n-3}$

$\frac{n(n-1)}{2\times1}\times2^{n-2}=\frac{n(n-1)(n-2)}{3\times2\times1}\times2^{n-3}$

$2=\frac{n-2}{3}$ ($\because$ n은 3 이상의 자연수)

$\therefore\ n=8$

2단계 $a=2$일 때, $\left(ax-\frac{2}{ax}\right)^7$의 전개식의 일반항을 알아보자.

$a=2$일 때, $\left(2x-\frac{1}{x}\right)^7$의 전개식의 일반항은

${}_7C_r(2x)^{7-r}\left(\frac{1}{x}\right)^r={}_7C_r2^{7-r}x^{7-2r}$

3단계 $\frac{1}{x}$의 계수를 구해 보자.

$\frac{1}{x}$의 계수는 $7-2r=-1$, 즉 $r=4$일 때이므로

${}_7C_4\times2^3={}_7C_3\times2^3=35\times8=280$

076 정답률 ▸ 66% 답 ②

1단계 다항식 $(x^2+1)^4$의 전개식을 구하고, 다항식 $(x^3+1)^n$의 전개식의 일반항을 구해 보자.

$(x^2+1)^4=(x^4+2x^2+1)^2=x^8+4x^6+6x^4+4x^2+1$

이고, 다항식 $(x^3+1)^n$의 전개식의 일반항은

${}_nC_r(x^3)^{n-r}1^r={}_nC_rx^{3n-3r}$ …… ㉠

2단계 x^5의 계수를 이용하여 n의 값을 구해 보자.

주어진 식의 전개식에서 x^5항은 $4x^2$과 ㉠의 x^3항이 곱해질 때 나타난다.

㉠의 x^3의 계수는 $3n-3r=3$, 즉 $r=n-1$일 때이므로

${}_nC_{n-1}={}_nC_1=n$

이때 x^5의 계수가 12이므로

$4\times n=12$ $\therefore\ n=3$

3단계 x^6의 계수를 구해 보자.

주어진 전개식에서 x^6항은 $4x^6$과 ㉠의 상수항이 곱해질 때와 1과 ㉠의 x^6항이 곱해질 때 나타난다.

㉠의 상수항은 $9-3r=0$, 즉 $r=3$일 때이므로

${}_3C_3=1$

㉠의 x^6의 계수는 $9-3r=6$, 즉 $r=1$일 때이므로

${}_3C_1=3$

따라서 주어진 전개식에서 x^6의 계수는

$4\times1+1\times3=7$

077 정답률 ▸ 63% 답 ④

1단계 $\left(ax-\frac{2}{ax}\right)^7$의 전개식에서 각 항의 계수의 총합이 1이 될 때, 양수 a의 값을 구해 보자.

$\left(ax-\frac{2}{ax}\right)^7$의 전개식에서 각 항의 계수의 총합은 $x=1$일 때의 식의 값과 같으므로

$\left(a-\frac{2}{a}\right)^7=1$

이때 $a-\frac{2}{a}$는 실수이므로 $a-\frac{2}{a}=1$을 만족시키는 양수 a의 값을 구해야 한다.

$a-\frac{2}{a}=1$에서 $a^2-a-2=0$

$(a+1)(a-2)=0$ $\therefore\ a=2$ ($\because$ a는 양수)

I 고난도 기출

▸ 본문 040~048쪽

078 75	079 65	080 48	081 260	082 720	083 90
084 708	085 40	086 100	087 108	088 188	089 150

078 정답률 ▸ 12% 답 75

1단계 두 조건 (가), (나)를 만족시키는 $a+b$의 값을 기준으로 경우를 나누어 자연수 a, b, c, d, e의 모든 순서쌍 (a, b, c, d, e)의 개수를 구해 보자.

네 자연수 a, b, c, d, e의 모든 순서쌍 (a, b, c, d, e)의 개수는 두 조건 (가), (나)를 모두 만족시키는 순서쌍 (a, b, c, d, e)의 개수에서 a, b, c, d, e 중 짝수가 2개 미만인 순서쌍 (a, b, c, d, e)의 개수를 뺀 것과 같다.

(i) $a+b+c+d+e=11$, $a+b$는 짝수인 경우

$c=c'+1$, $d=d'+1$, $e=e'+1$ (c', d', e'은 음이 아닌 정수)라 하면

$a+b+c+d+e=11$에서

$a+b+(c'+1)+(d'+1)+(e'+1)=11$

$\therefore a+b+c'+d'+e'=8$

(a, b는 자연수이고 c', d', e'은 음이 아닌 정수) …… ㉠

ⓐ $a+b=2$인 경우

순서쌍 (a, b)는 $(1, 1)$의 1가지이고

방정식 ㉠을 만족시키는 순서쌍 (a, b, c', d', e')의 개수는 방정식 $c'+d'+e'=6$을 만족시키는 음이 아닌 세 정수 c', d', e'의 순서쌍 (c', d', e')의 개수와 같으므로

${}_3H_6={}_8C_6={}_8C_2=28$

즉, 이 경우의 방정식 ㉠을 만족시키는 순서쌍 (a, b, c', d', e')의 개수는

$1\times28=28$

ⓑ $a+b=4$인 경우

순서쌍 (a, b)는 $(1, 3)$, $(2, 2)$, $(3, 1)$의 3가지이고

방정식 $c'+d'+e'=4$를 만족시키는 음이 아닌 세 정수 c', d', e'의 순서쌍 (c', d', e')의 개수는

${}_3H_4={}_6C_4={}_6C_2=15$

즉, 이 경우의 방정식 ㉠을 만족시키는 순서쌍 (a, b, c', d', e')의 개수는

$3\times15=45$

ⓒ $a+b=6$인 경우

순서쌍 (a, b)는 $(1, 5)$, $(2, 4)$, $(3, 3)$, $(4, 2)$, $(5, 1)$의 5가지이고

방정식 $c'+d'+e'=2$를 만족시키는 음이 아닌 세 정수 c', d', e'의 순서쌍 (c', d', e')의 개수는

${}_3H_2={}_4C_2=6$

즉, 이 경우의 방정식 ㉠을 만족시키는 순서쌍 (a, b, c', d', e')의 개수는

$5\times6=30$

ⓓ $a+b=8$인 경우

순서쌍 (a, b)는 $(1, 7)$, $(2, 6)$, $(3, 5)$, $(4, 4)$, $(5, 3)$, $(6, 2)$, $(7, 1)$의 7가지이고

방정식 $c'+d'+e'=0$을 만족시키는 음이 아닌 세 정수 c', d', e'의 순서쌍 (c', d', e')의 개수는

$(0, 0, 0)$의 1

즉, 이 경우의 방정식 ㉠을 만족시키는 순서쌍 (a, b, c', d', e')의 개수는

$7\times1=7$

ⓐ~ⓓ에서 두 조건 (가), (나)를 만족시키는 순서쌍 (a, b, c, d, e)의 개수는

$28+45+30+7=110$

2단계 두 조건 (가), (나)를 만족시키면서 자연수 a, b, c, d, e 중 짝수가 2개 미만인 모든 순서쌍 (a, b, c, d, e)의 개수를 구해 보자.

(ii) 두 조건 (가), (나)를 만족시키면서 a, b, c, d, e 중 짝수의 개수가 2 미만인 경우

a, b, c, d, e가 모두 홀수이어야 하므로

$a=2a''+1$, $b=2b''+1$, $c=2c''+1$, $d=2d''+1$, $e=2e''+1$ (a'', b'', c'', d'', e''은 음이 아닌 정수)라 하면

$a+b+c+d+e=11$에서

$(2a''+1)+(2b''+1)+(2c''+1)+(2d''+1)+(2e''+1)=11$

$\therefore a''+b''+c''+d''+e''=3$ (a'', b'', c'', d'', e''은 음이 아닌 정수)

위의 방정식을 만족시키는 음이 아닌 정수 a'', b'', c'', d'', e''의 순서쌍 $(a'', b'', c'', d'', e'')$의 개수는

${}_5H_3={}_7C_3=35$

3단계 세 조건 (가), (나), (다)를 만족시키는 모든 순서쌍 (a, b, c, d, e)의 개수를 구해 보자.

(i), (ii)에서 구하는 순서쌍 (a, b, c, d, e)의 개수는

$110-35=75$

079 정답률 ▸ 9% 답 65

1단계 함수 f가 조건 (나)를 만족시키는 경우를 알아보자.

조건 (나)의 $f(a)+f(b)=0$을 만족시키는 경우는 공역 Y의 원소 중 0이 정의역 X의 원소에 2번 이상 대응되는 경우 또는 공역 Y의 원소 중 -1, 1이 정의역 X의 원소에 각각 1번 이상씩 대응되는 경우이다.

2단계 정의역 X에 대응되는 공역 Y의 원소에 따라 경우를 나누어 각각의 경우의 수를 구해 보자.

(i) 0이 정의역 X의 원소에 2번 이상 대응되는 경우

공역 Y의 원소 중 0을 2번 선택한 후 공역 Y의 원소 5개 중에서 중복을 허락하여 3개를 선택하면 되므로 → 0, 0과 0, 3, 3을 선택했다고 하면 조건 (가)에 의하여 $f(1)=0$, $f(2)=0$, $f(3)=0$, $f(4)=3$, $f(5)=3$이 된다.

${}_5H_3={}_7C_3=35$

(ii) -1, 1이 정의역 X의 원소에 각각 1번 이상씩 대응되는 경우

공역 Y의 원소 중 -1, 1을 각각 1번씩 선택한 후 공역 Y의 원소 5개 중에서 중복을 허락하여 3개를 선택하면 되므로

${}_5H_3=35$

(iii) 0이 정의역 X의 원소에 2번 이상 대응되고, -1, 1이 정의역 X의 원소에 각각 1번 이상 대응되는 경우

공역 Y의 원소 중 0을 2번, -1, 1을 각각 1번씩 선택한 후 공역 Y의 원소 5개 중에서 1개를 선택하면 되므로

${}_5C_1=5$

3단계 주어진 조건을 만족시키는 함수 f의 개수를 구해 보자.

(i), (ii), (iii)에서 구하는 함수 f의 개수는

$35+35-5=65$

080 정답률 ▸ 11% 답 48

1단계 조건 (가)를 만족시킬 때 함수 $f(x)$의 함숫값 사이의 대소 관계를 생각해 보자.

조건 (가)에 의하여 $f(1) \le f(2) \le f(3) \le f(4)$이어야 한다.

2단계 $f(a)=a$인 X의 원소 a의 값에 따라 경우를 나누어 조건을 만족시키는 함수 f의 개수를 각각 구해 보자.

조건 (나)에 의하여 $f(a)=a$인 X의 원소 a의 개수가 1이어야 하므로 a의 값에 따라 다음과 같이 경우를 나누어 생각해 보자.

(i) $f(1)=1$인 경우

$f(2)$의 값이 될 수 있는 수는 1, 3, 4, 5이다.

ⓐ $f(2)=1$일 때, $f(3)$, $f(4)$의 값을 각각 정하는 경우의 수는 1, 2, 3, 4, 5의 5개의 원소 중에서 중복을 허락하여 2개를 선택하는 경우의 수에서 $f(3)=3$ 또는 $f(4)=4$인 경우의 수를 뺀 것과 같으므로

$_5H_2-({_3C_1}+{_4C_1}-1)={_6C_2}-(3+4-1)$ → $f(3)=3$일 때, $f(4)=3, 4, 5$인 경우

$=15-6=9$ → $f(3)=3, f(4)=4$인 경우, $f(4)=4$일 때, $f(3)=1, 2, 3, 4$인 경우

ⓑ $f(2)=3$일 때, $f(3)$, $f(4)$의 값을 정하는 경우의 수는 3, 4, 5의 3개의 원소 중에서 중복을 허락하여 2개를 선택하는 경우의 수에서 $f(3)=3$ 또는 $f(4)=4$인 경우의 수를 뺀 것과 같으므로

$_3H_2-({_3C_1}+{_2C_1}-1)={_4C_2}-(3+2-1)$ → $f(3)=3$일 때, $f(4)=3, 4, 5$인 경우

$=6-4=2$ → $f(4)=4$일 때, $f(3)=3, 4$인 경우

ⓒ $f(2)=4$일 때, $f(3)$, $f(4)$의 값을 정하는 경우의 수는 4, 5의 2개의 원소 중에서 중복을 허락하여 2개를 선택하는 경우의 수에서 $f(4)=4$인 경우의 수를 뺀 것과 같으므로

$_2H_2-1={_3C_2}-1={_3C_1}-1=3-1=2$

ⓓ $f(2)=5$일 때, $f(3)$, $f(4)$의 값을 정하는 경우의 수는 $f(3)=f(4)=5$인 경우뿐이므로 1

ⓐ~ⓓ에서 $f(1)=1$인 경우의 함수 f의 개수는

$9+2+2+1=14$

(ii) $f(2)=2$인 경우

$f(1)$의 값이 될 수 있는 수는 0, 2의 2개이고,

$f(3)$, $f(4)$의 값을 각각 정하는 경우의 수는 2, 3, 4, 5의 4개의 원소 중에서 중복을 허락하여 2개를 선택하는 경우의 수에서 $f(3)=3$ 또는 $f(4)=4$인 경우의 수를 뺀 것과 같으므로

$_4H_2-({_3C_1}+{_3C_1}-1)={_5C_2}-(3+3-1)$ → $f(3)=3$일 때, $f(4)=3, 4, 5$인 경우

$=10-5=5$ → $f(4)=4$일 때, $f(3)=2, 3, 4$인 경우

즉, $f(2)=2$인 경우의 함수 f의 개수는

$2\times5=10$

(iii) $f(3)=3$인 경우

$f(4)$의 값이 될 수 있는 수는 3, 5의 2개이고,

$f(1)$, $f(2)$의 값을 각각 정하는 경우의 수는 0, 1, 2, 3의 4개의 원소 중에서 중복을 허락하여 2개를 선택하는 경우의 수에서 $f(1)=1$ 또는 $f(2)=2$인 경우의 수를 뺀 것과 같으므로

$_4H_2-({_3C_1}+{_3C_1}-1)={_5C_2}-(3+3-1)$ → $f(2)=2$일 때, $f(1)=0, 1, 2$인 경우

$=10-5=5$ → $f(1)=1, f(2)=2$인 경우, $f(1)=1$일 때, $f(2)=1, 2, 3$인 경우

즉, $f(3)=3$인 경우의 함수 f의 개수는

$2\times5=10$

(iv) $f(4)=4$인 경우

$f(3)$의 값이 될 수 있는 수는 0, 1, 2, 4이다.

ⓐ $f(3)=4$일 때, $f(1)$, $f(2)$의 값을 각각 정하는 경우의 수는 0, 1, 2, 3, 4의 5개의 원소 중에서 중복을 허락하여 2개를 선택하는 경우의 수에서 $f(1)=1$ 또는 $f(2)=2$인 경우의 수를 뺀 것과 같으므로

$_5H_2-({_3C_1}+{_4C_1}-1)={_6C_2}-(3+4-1)$ → $f(2)=2$일 때, $f(1)=0, 1, 2$인 경우

$=15-6=9$ → $f(1)=1$일 때, $f(2)=1, 2, 3, 4$인 경우

ⓑ $f(3)=2$일 때, $f(1)$, $f(2)$의 값을 각각 정하는 경우의 수는 0, 1, 2의 3개의 원소 중에서 중복을 허락하여 2개를 선택하는 경우의 수에서 $f(1)=1$ 또는 $f(2)=2$인 경우의 수를 뺀 것과 같으므로

$_3H_2-({_3C_1}+{_2C_1}-1)={_4C_2}-(3+2-1)$ → $f(2)=2$일 때, $f(1)=0, 1, 2$인 경우

$=6-4=2$ → $f(1)=1$일 때, $f(2)=1, 2$인 경우

ⓒ $f(3)=1$일 때, $f(1)$, $f(2)$의 값을 각각 정하는 경우의 수는 0, 1의 2개의 원소 중에서 중복을 허락하여 2개를 선택하는 경우의 수에서 $f(1)=1$인 경우의 수를 뺀 것과 같으므로

$_2H_2-1={_3C_2}-1={_3C_1}-1=3-1=2$

ⓓ $f(3)=0$일 때, $f(1)$, $f(2)$의 값을 각각 정하는 경우의 수는 $f(1)=f(2)=0$인 경우뿐이므로 1

ⓐ~ⓓ에서 $f(4)=4$인 경우의 함수 f의 개수는

$9+2+2+1=14$

3단계 주어진 조건을 만족시키는 함수 f의 개수를 구해 보자.

(i)~(iv)에서 구하는 함수 f의 개수는

$14+10+10+14=48$

081 정답률 ▸ 10% 답 260

1단계 두 조건 (가), (다)를 만족시키는 $n(A)$의 값을 알아보자.

조건 (다)에 의하여 함수 f는 상수함수가 될 수 없으므로 조건 (가)에 의하여

$n(A)=2$ 또는 $n(A)=3$

2단계 $n(A)$의 값에 따라 경우를 나누어 각각의 경우의 수를 구해 보자.

(i) $n(A)=2$인 경우

집합 A를 정하는 경우의 수는

$_5C_2=10$

$A=\{1, 2\}$라 하자.

조건 (다)에 의하여

$f(1)=2$, $f(2)=1$ → 조건 (나)를 만족시킨다.

$f(3)$, $f(4)$, $f(5)$가 될 수 있는 값은 1, 2이므로 $f(3)$, $f(4)$, $f(5)$의 값을 정하는 경우의 수는

$_2\Pi_3=2^3=8$

즉, 이 경우의 함수 f의 개수는

$10\times8=80$

(ii) $n(A)=3$인 경우

집합 A를 정하는 경우의 수는

$_5C_3={_5C_2}=10$

$A=\{1, 2, 3\}$이라 하자.

조건 (다)에 의하여 $f(1)$, $f(2)$, $f(3)$이 될 수 있는 값은

$f(1)=2$, $f(2)=3$, $f(3)=1$ 또는 $f(1)=3$, $f(2)=1$, $f(3)=2$

이므로 이 경우의 수는 → 조건 (나)를 만족시킨다.

2

$f(4)$, $f(5)$가 될 수 있는 값은 1, 2, 3이므로 $f(4)$, $f(5)$의 값을 정하는 이 경우의 수는

$_3\Pi_2=3^2=9$

즉, 이 경우의 함수 f의 개수는

$10\times2\times9=180$

3단계 주어진 조건을 만족시키는 함수 f의 개수를 구해 보자.

(ⅰ), (ⅱ)에서 구하는 함수 f의 개수는

$80+180=260$

다른 풀이

함수 $f: X \longrightarrow X$에 대하여 치역 $A=\{f(x)|x\in X\}$이고,

$B=\{f(x)|x\in A\}$이므로 $B\subset A$이다.

조건 (가)에 의하여 $n(A)\le 3$이므로 $n(A)$가 1 또는 2 또는 3인 경우를 나누어 생각해 볼 수 있다.

$X=\{1, 2, 3, 4, 5\}=\{a, b, c, d, e\}$라 하자.

(ⅰ) $n(A)=1$인 경우

$A=\{a\}$라 하면 $f(a)=a$이므로 조건 (다)를 만족시키지 않으므로 모순이다.

나머지 경우들도 같은 방법에 의하여 모순이다.

(ⅱ) $n(A)=2$인 경우

$A=\{a, b\}$라 하면 치역 A의 원소를 정하는 경우의 수는

${}_5C_2=10$

조건 (나)에 의하여 $A=B$이고, 조건 (다)에 의하여

$f(a)=b$, $f(b)=a$이어야 하므로 가능한 경우의 수는

1

나머지 원소 c, d, e가 대응하는 함숫값은 a, b 중 하나를 택하면 되므로 가능한 경우의 수는

${}_2\Pi_3=2^3=8$

즉, 가능한 함수 f의 개수는

$10\times1\times8=80$

(ⅲ) $n(A)=3$인 경우

$A=\{a, b, c\}$라 하면 치역 A의 원소를 정하는 경우의 수는

${}_5C_3={}_5C_2=10$

조건 (나)에 의하여 $A=B$이고, 조건 (다)에 의하여

$f(a)$가 택할 수 있는 함숫값은 b 또는 c이므로 가능한 경우의 수는

2

나머지 원소 d, e가 대응하는 함숫값은 a, b, c 중 하나를 택하면 되므로 가능한 경우의 수는

${}_3\Pi_2=3^2=9$

즉, 가능한 함수 f의 개수는

$10\times2\times1\times9=180$

(ⅰ), (ⅱ), (ⅲ)에서 구하는 함수 f의 개수는

$80+180=260$

082 정답률 ▸ 12% 답 720

1단계 조건 (가)를 만족시키는 함수 f에 대하여 알아보자.

조건 (가)를 만족시키려면 $f(1)$, $f(2)$, $f(3)$, $f(4)$, $f(5)$의 값 중 홀수의 개수가 0 또는 2 또는 4이어야 한다.

2단계 함숫값 중 홀수의 개수에 따라 경우를 나누어 각각의 함수 f의 개수를 구해 보자.

$f(1)$, $f(2)$, $f(3)$, $f(4)$, $f(5)$의 값 중

(ⅰ) 홀수의 개수가 0일 때

공역 X의 원소 중 짝수가 2개뿐이므로 조건 (나)를 만족시키지 않는다.

(ⅱ) 홀수의 개수가 2일 때

ⓐ 홀수 2개가 서로 다를 때

공역 X의 원소 중 홀수 2개를 선택하는 경우의 수는

${}_3C_2={}_3C_1=3$

조건 (나)에 의하여 공역 X의 원소 중 짝수를 1개 선택해야 한다.

공역 X의 원소 중 짝수 1개를 선택하는 경우의 수는

${}_2C_1=2$

치역을 $\{1, 2, 3\}$이라 하자.

홀수인 1, 3에 각각 대응시킬 정의역 X의 원소 2개를 선택하는 경우의 수는

${}_5P_2=20$

정의역 X의 나머지 원소는 모두 짝수인 2에 대응되어야 하므로 이 경우의 함수 f의 개수는

$3\times2\times20=120$

ⓑ 홀수 2개가 서로 같을 때

공역 X의 원소 중 홀수 1개를 선택하는 경우의 수는

${}_3C_1=3$

조건 (나)에 의하여 공역 X의 원소 중 짝수 2개를 모두 선택해야 한다.

치역을 $\{1, 2, 4\}$라 하자.

홀수인 1에 대응시킬 정의역 X의 원소 2개를 선택하는 경우의 수는

${}_5C_2=10$

정의역 X의 나머지 원소는 모두 짝수인 2 또는 4에 대응되어야 하므로

→ 모두 2에만 대응되거나 모두 4에만 대응되는 경우의 수

${}_2\Pi_3-②=2^3-2=6$

즉, 이 경우의 함수 f의 개수는

$3\times10\times6=180$

ⓐ, ⓑ에서 조건을 만족시키는 함수 f의 개수는

$120+180=300$

(ⅲ) 홀수의 개수가 4일 때

조건 (나)에 의하여 치역의 원소의 개수는 홀수가 2, 짝수가 1이어야 한다.

공역 X의 원소 중 홀수 2개를 선택하는 경우의 수는

${}_3C_2={}_3C_1=3$

공역 X의 원소 중 짝수 1개를 선택하는 경우의 수는

${}_2C_1=2$

치역을 $\{1, 2, 3\}$이라 하자.

홀수인 1 또는 3에 각각 대응시킬 정의역 X의 원소 4개를 선택하는 경우의 수는

${}_5C_4={}_5C_1=5$

선택된 4개의 원소를 홀수인 1 또는 3에 대응시키는 경우의 수는

${}_2\Pi_4-②=2^4-2=14$ → 모두 1에만 대응되거나 모두 3에만 대응되는 경우의 수

정의역 X의 나머지 원소 1개는 짝수인 2에 대응되어야 하므로 이 경우의 함수 f의 개수는

$3\times2\times5\times14=420$

3단계 조건을 만족시키는 함수 f의 개수를 구해 보자.

(ⅰ), (ⅱ), (ⅲ)에서 구하는 함수 f의 개수는

$300+420=720$

083 정답률 ▸ 9% 답 90

1단계 조건 (다)를 만족시키는 두 수를 먼저 정하고 그 수를 기준으로 나머지 함숫값을 구해 보자.

조건 (다)를 만족시키는 두 수를 $a<b$라 가정하자.

(i) $a\in\{1, 2, 3\}$, $b\in\{1, 2, 3\}$인 경우
두 조건 (가), (다)를 동시에 만족시킬 수 없으므로
이 경우를 만족시키는 함수는 존재하지 않는다.

(ii) $a\in\{1, 2, 3\}$, $b\in\{4, 5\}$인 경우
조건 (가)를 만족시키는 순서쌍 (a, b)를 정하면 → $f(4)\neq1$, $f(5)\neq1$
$(1, 4)$, $(1, 5)$, $(2, 4)$, $(2, 5)$, $(3, 4)$, $(3, 5)$
이 중에서 조건 (나)를 만족시키는 순서쌍은 → $f(4)=2$이면 $f(5)=1$이어야 하므로 모순
$(2, 5)$, $(3, 4)$, $(3, 5)$이다.

ⓐ $f(2)=5$, $f(5)=2$인 경우
조건 (가)를 만족시키도록 $f(1)$, $f(3)$의 값을 각각 정하는 경우의 수는
$5\times1=5$
조건 (나)를 만족시키도록 $f(4)$의 값을 정하는 경우의 수는
3
즉, 이 경우의 함수 f의 개수는
$5\times3=15$

ⓑ $f(3)=4$, $f(4)=3$인 경우
조건 (가)를 만족시키도록 $f(1)$, $f(2)$의 값을 각각 정하는 경우의 수는
${}_4H_2={}_5C_2=10$
조건 (나)를 만족시키도록 $f(5)$의 값을 정하는 경우의 수는
$f(5)=2$의 1
즉, 이 경우의 함수 f의 개수는
$10\times1=10$

ⓒ $f(3)=5$, $f(5)=3$인 경우
조건 (가)를 만족시키도록 $f(1)$, $f(2)$의 값을 각각 정하는 경우의 수는
${}_5H_2={}_6C_2=15$
조건 (나)를 만족시키도록 $f(4)$의 값을 정하는 경우의 수는 2
즉, 이 경우의 함수 f의 개수는
$15\times2=30$

(iii) $a\in\{4, 5\}$, $b\in\{4, 5\}$인 경우
조건 (나)를 만족시키도록 순서쌍 (a, b)를 정하면 $(4, 5)$이다.
즉, $f(4)=5$, $f(5)=4$인 경우에 조건 (가)를 만족시키도록 $f(1)$, $f(2)$, $f(3)$의 값을 정하는 경우의 수는
${}_5H_3={}_7C_3=35$

2단계 조건을 만족시키는 함수 f의 값을 구해 보자.

(i), (ii), (iii) 에서 구하는 함수 f의 개수는
$15+10+30+35=90$

084 정답률 ▸ 7% 답 708

1단계 선택된 4개의 원판 중 같은 문자가 적힌 원판의 개수에 따라 경우를 나누어 각각의 경우의 수를 구해 보자.

(i) 같은 문자가 적힌 원판이 2쌍일 때
중복될 문자 2개를 선택하는 경우의 수는
${}_4C_2=6$
같은 문자가 적힌 원판끼리는 검은색 원판이 흰색 원판보다 아래쪽에 놓이도록 쌓아야 하므로 4개의 원판 중 같은 문자가 적힌 원판을 각각 하나의 원판으로 생각하여 쌓으면 된다.
$\therefore \frac{4!}{2!2!}=6$
즉, 이 경우의 수는
$6\times6=36$

(ii) 같은 문자가 적힌 원판이 1쌍일 때
중복될 문자 1개를 선택하는 경우의 수는
${}_4C_1=4$
나머지 3개의 문자 중에서 2개의 문자를 선택하고 각 문자의 흰색, 검은색 원판 중 하나를 선택하는 경우의 수는
${}_3C_2\times2\times2={}_3C_1\times2\times2$
$=3\times2\times2=12$
같은 문자가 적힌 원판끼리는 검은색 원판이 흰색 원판보다 아래쪽에 놓이도록 쌓아야 하므로 4개의 원판 중 같은 문자가 적힌 원판을 하나의 원판으로 생각하여 쌓으면 된다.
$\therefore \frac{4!}{2!}=12$
즉, 이 경우의 수는
$4\times12\times12=576$

(iii) 같은 문자가 적힌 원판이 없을 때
4개의 문자를 하나씩 선택해야 한다.
이때 각 문자의 흰색, 검은색 원판 중 하나를 선택하는 경우의 수는
$2\times2\times2\times2=16$
조건 (나)에서 D가 적힌 원판이 맨 아래에 놓여야 하므로 선택한 원판을 쌓는 경우의 수는
$3!=6$
즉, 이 경우의 수는
$16\times6=96$

2단계 주어진 조건을 만족시키는 경우의 수를 구해 보자.

(i), (ii), (iii)에서 구하는 경우의 수는
$36+576+96=708$

085 정답률 ▸ 7% 답 40

1단계 원의 중심에 놓인 깃발에 적힌 수를 기준으로 조건을 만족시키도록 깃발을 놓는 경우의 수를 구해 보자.

(i) 원의 중심에 놓인 깃발에 적힌 수가 1인 경우
나머지 6개의 깃발에 적힌 수는 2, 3, 4, 5, 6, 7이고, 1을 제외하고 삼각형의 꼭짓점에 놓여 있는 깃발에 적힌 두 수의 합이 11 이하이어야 한다.
이때 7이 적힌 깃발에 이웃하여 놓이는 깃발은 2 또는 3 또는 4가 적힌 깃발이어야 하며, 나머지 깃발은 어떻게 놓이더라도 조건을 만족시킨다.
2, 3, 4 중 2개의 수를 택하는 경우의 수는
${}_3C_2={}_3C_1=3$
이고, 7이 적힌 깃발과 이웃하는 깃발에 적힌 두 수를 각각 a, b라 하면 7, a, b가 적힌 깃발을 하나의 깃발로 생각하여 4개의 깃발을 원형으로 배열하는 경우의 수는
$(4-1)!=3!=6$
이 각각의 경우에 대하여 a, b가 서로 자리를 바꾸는 경우의 수는
$2!=2$
즉, 원의 중심에 놓인 깃발에 적힌 수가 1인 경우 조건을 만족시키는 경우의 수는
$3\times6\times2=36$

(ii) 원의 중심에 놓인 깃발에 적힌 수가 2인 경우

나머지 6개의 깃발에 적힌 수는 1, 3, 4, 5, 6, 7이고, 2를 제외하고 삼각형의 꼭짓점에 놓여 있는 깃발에 적혀 있는 두 수의 합은 10 이하이어야 한다.

이때 7이 적힌 깃발에 이웃하여 놓이는 깃발은 1 또는 3이 적힌 깃발이어야 하고, 6이 적힌 깃발에 놓이는 깃발은 1 또는 3 또는 4가 적힌 깃발이어야 하며, 나머지 깃발은 어떻게 놓이더라도 조건을 만족시킨다.

1, 3 중 2개의 수를 택하는 경우의 수는

${}_2C_2=1$

이고, 6이 적힌 깃발은 1 또는 3 옆에 놓이고 그 옆에 4가 적힌 깃발이 놓여야 하므로 그 경우의 수는 2이다.

7이 적힌 깃발과 이웃하는 깃발에 적힌 두 수를 각각 a, b라 하면 7, a, b, 6, 4가 적힌 깃발을 하나의 깃발로 생각하여 2개의 깃발을 원형으로 배열하는 경우의 수는

$(2-1)!=1!=1$

이 각각의 경우에 대하여 a, b가 서로 자리를 바꾸는 경우의 수는

$2!=2$

즉, 원의 중심에 놓인 깃발에 적힌 수가 2인 경우 조건을 만족시키는 경우의 수는

$1\times2\times1\times2=4$

(iii) 원의 중심에 놓인 깃발에 적힌 수가 3인 경우

나머지 6개의 깃발에 적힌 수는 1, 2, 4, 5, 6, 7이고, 3을 제외하고 삼각형의 꼭짓점에 놓여 있는 깃발에 적혀 있는 두 수의 합은 9 이하이어야 한다.

이때 7이 적힌 깃발에 이웃하여 놓이는 깃발은 1 또는 2가 적힌 깃발이어야 하고, 6이 적힌 깃발에 놓이는 깃발도 1 또는 2이어야 하므로 이 경우엔 조건을 만족시키지 못한다.

(iv) 원의 중심에 놓인 깃발에 적힌 수가 4 이상인 경우

조건을 만족시키는 경우의 수는 0

2단계 조건을 만족시키는 경우의 수를 구해 보자.

구하는 경우의 수는

$36+4=40$

086 정답률 ▸ 7% 답 100

1단계 주어진 조건을 만족시키는 $f(1)$, $f(10)$의 값을 정하고, $f(5)$, $f(6)$의 값을 순서쌍 $(f(5), f(6))$으로 나타내어 보자.

조건 (나)에 의하여

$f(1)=1$, $f(10)=10$

또한, 조건 (다)를 만족시키는 $f(5)$, $f(6)$의 값을 순서쌍 $(f(5), f(6))$으로 나타내면

$(1, 7)$, $(2, 8)$, $(3, 9)$, $(4, 10)$

2단계 $f(5)$, $f(6)$의 값에 따른 함수 f의 개수를 각각 구해 보자.

(i) $f(5)=1$, $f(6)=7$인 경우

$f(5)=1$일 때, 두 조건 (가), (나)를 모두 만족시키는 순서쌍 $(f(2), f(3), f(4))$의 개수는

$(1, 1, 1)$의 1

$f(6)=7$일 때, 두 조건 (가), (나)를 모두 만족시키는 순서쌍 $(f(7), f(8), f(9))$의 개수는

ⓐ $f(9)=9$이면

7, 8, 9 중에서 중복을 허락하여 2개를 선택한 후 크기가 작은 수부터 순서대로 함숫값을 정하는 경우의 수에서 $f(7)=f(8)=7$일 때의 경우의 수 1을 뺀 것과 같으므로

${}_3H_2-1={}_4C_2-1=6-1=5$

ⓑ $f(9)=10$이면

7, 8, 9, 10 중에서 중복을 허락하여 2개를 선택한 후 크기가 작은 수부터 순서대로 함숫값을 정하는 경우의 수에서 $f(7)=f(8)=7$일 때의 경우의 수 1을 뺀 것과 같으므로

${}_4H_2-1={}_5C_2-1=10-1=9$

ⓐ, ⓑ에서 순서쌍 $(f(7), f(8), f(9))$의 개수는

$5+9=14$

즉, 이 경우의 함수 f의 개수는

$1\times14=14$

(ii) $f(5)=2$, $f(6)=8$인 경우

$f(5)=2$일 때, 두 조건 (가), (나)를 모두 만족시키는 순서쌍 $(f(2), f(3), f(4))$의 개수는 1, 2 중에서 중복을 허락하여 3개를 선택한 후 크기가 작은 수부터 순서대로 함숫값을 정하는 경우의 수와 같으므로

${}_2H_3={}_4C_3={}_4C_1=4$

$f(6)=8$일 때, 두 조건 (가), (나)를 모두 만족시키는 순서쌍 $(f(7), f(8), f(9))$의 개수는

ⓐ $f(9)=9$이면

8, 9 중에서 중복을 허락하여 2개를 선택한 후 크기가 작은 수부터 순서대로 함숫값을 정하는 경우의 수와 같으므로

${}_2H_2={}_3C_2={}_3C_1=3$

ⓑ $f(9)=10$이면

8, 9, 10 중에서 중복을 허락하여 2개를 선택한 후 크기가 작은 수부터 순서대로 함숫값을 정하는 경우의 수와 같으므로

${}_3H_2={}_4C_2=6$

ⓐ, ⓑ에서 순서쌍 $(f(7), f(8), f(9))$의 개수는

$3+6=9$

즉, 이 경우의 함수 f의 개수는

$4\times9=36$

(iii) $f(5)=3$, $f(6)=9$인 경우

$f(5)=3$일 때, 두 조건 (가), (나)를 모두 만족시키는 순서쌍 $(f(2), f(3), f(4))$의 개수는

ⓐ $f(2)=1$이면

1, 2, 3 중에서 중복을 허락하여 2개를 선택한 후 크기가 작은 수부터 순서대로 함숫값을 정하는 경우의 수와 같으므로

${}_3H_2={}_4C_2=6$

ⓑ $f(2)=2$이면

2, 3 중에서 중복을 허락하여 2개를 선택한 후 크기가 작은 수부터 순서대로 함숫값을 정하는 경우의 수와 같으므로

${}_2H_2={}_3C_2={}_3C_1=3$

ⓐ, ⓑ에서 순서쌍 $(f(2), f(3), f(4))$의 개수는

$6+3=9$

$f(6)=9$일 때, 두 조건 (가), (나)를 모두 만족시키는 순서쌍 $(f(7), f(8), f(9))$의 개수는 9, 10 중에서 중복을 허락하여 3개를 선택한 후 크기가 작은 수부터 순서대로 함숫값을 정하는 경우의 수와 같으므로

${}_2H_3={}_4C_3={}_4C_1=4$

즉, 이 경우의 함수 f의 개수는

$9\times4=36$

(iv) $f(5)=4,\ f(6)=10$인 경우

$f(5)=4$일 때, 두 조건 (가), (나)를 모두 만족시키는 순서쌍

$(f(2),\ f(3),\ f(4))$의 개수는

ⓐ $f(2)=1$이면 1, 2, 3, 4 중에서 중복을 허락하여 2개를 선택한 후 크기가 작은 수부터 순서대로 함숫값을 정하는 경우의 수에서 $f(3)=f(4)=4$일 때의 경우의 수 1을 뺀 것과 같으므로

${}_4H_2-1={}_5C_2-1=10-1=9$

ⓑ $f(2)=2$이면 2, 3, 4 중에서 중복을 허락하여 2개를 선택한 후 크기가 작은 수부터 순서대로 함숫값을 정하는 경우의 수에서 $f(3)=f(4)=4$일 때의 경우의 수 1을 뺀 것과 같으므로

${}_3H_2-1={}_4C_2-1=6-1=5$

ⓐ, ⓑ에서 순서쌍 $(f(2),\ f(3),\ f(4))$의 개수는

$9+5=14$

$f(9)=10$일 때, 두 조건 (가), (나)를 모두 만족시키는 순서쌍

$(f(7),\ f(8),\ f(9))$의 개수는

$(10,\ 10,\ 10)$의 1

즉, 이 경우의 함수 f의 개수는

$14\times1=14$

3단계 주어진 조건을 만족시키는 함수 f의 개수를 구해 보자.

(i)~(iv)에서 구하는 함수 f의 개수는

$14+36+36+14=100$

참고

조건 (나)와 조건 (다)에서

$1\le x\le5$일 때의 함수 f의 규칙성과 $6\le x\le10$일 때의 함수 f의 규칙성이 서로 대칭적이므로 (iii), (iv)는 다음과 같이 추론할 수도 있다.

(iii) $f(5)=3,\ f(6)=9$인 경우

$f(5)=3$일 때, 순서쌍 $(f(2),\ f(3),\ f(4))$의 개수는

$f(6)=8$일 때의 순서쌍 $(f(7),\ f(8),\ f(9))$의 개수와 같고,

$f(6)=9$일 때, 순서쌍 $(f(7),\ f(8),\ f(9))$의 개수는

$f(5)=2$일 때의 순서쌍 $(f(2),\ f(3),\ f(4))$의 개수와 같으므로

이 경우의 함수 f의 개수는 (ii)와 같은 36이다.

(iv) $f(5)=4,\ f(6)=10$인 경우

$f(5)=4$일 때, 순서쌍 $(f(2),\ f(3),\ f(4))$의 개수는

$f(6)=7$일 때의 순서쌍 $(f(7),\ f(8),\ f(9))$의 개수와 같고,

$f(6)=10$일 때, 순서쌍 $(f(7),\ f(8),\ f(9))$의 개수는

$f(5)=1$일 때의 순서쌍 $(f(2),\ f(3),\ f(4))$의 개수와 같으므로

이 경우의 함수 f의 개수는 (i)과 같은 14이다.

087 정답률 ▸ 7% 답 108

1단계 집합 X의 각 원소에 대하여 조건 (가)를 만족시키는 경우를 생각해 보자.

집합 X의 각 원소 x에 대하여 조건 (가)를 만족시키는 함숫값 $f(x)$를 생각해 보자.

$x=-2$일 때, $f(-2)$의 값이 될 수 있는 수는

0, 1, 2

$x=-1$일 때, $f(-1)$의 값이 될 수 있는 수는

-1, 0, 1, 2

$x=0$일 때, $f(0)$의 값이 될 수 있는 수는

-2, -1, 0, 1, 2

$x=1$일 때, $f(1)$의 값이 될 수 있는 수는

-2, -1, 0, 1

$x=2$일 때, $f(2)$의 값이 될 수 있는 수는

-2, -1, 0

2단계 1단계 에서 구한 경우에서 조건 (나)를 만족시키는 함수 f의 개수를 구해 보자.

조건 (나)에서

$f(-2)\ge f(-1)\ge f(0)\ge f(1)\ge f(2)$를 만족시켜야 하므로 $f(-2)$의 값에 따라 경우를 나누어 생각해 보자.

(i) $f(-2)=0$인 경우

조건 (나)에 의하여 $f(-1),\ f(0),\ f(1),\ f(2)$의 값을 정하는 경우의 수는 -2, -1, 0 중에서 중복을 허락하여 4개를 택하는 중복조합의 수에서 $f(-1)=-2$인 경우의 수를 뺀 것과 같으므로

${}_3H_4-1={}_6C_4-1={}_6C_2-1=14$

(ii) $f(-2)=1$인 경우

조건 (나)에 의하여 $f(-1),\ f(0),\ f(1),\ f(2)$의 값을 정하는 경우의 수는 -2, -1, 0, 1 중에서 중복을 허락하여 4개를 택하는 중복조합의 수에서 $f(-1)=-2,\ f(2)=1$인 경우의 수를 뺀 것과 같으므로

${}_4H_4-2={}_7C_4-2={}_7C_3-2=33$

(iii) $f(-2)=2$인 경우

조건 (나)에 의하여 $f(-1),\ f(0),\ f(1),\ f(2)$의 값을 정하는 경우의 수는 -2, -1, 0, 1, 2 중에서 중복을 허락하여 4개를 택하는 중복조합의 수에서 다음과 같은 경우의 수를 뺀 것과 같다.

ⓐ $f(-1)=-2$인 경우

$f(0)=f(1)=f(2)=-2$의 1가지

ⓑ $f(1)=2$인 경우

$f(2)=-2,\ f(2)=-1,\ f(2)=0,\ f(2)=1,\ f(2)=2$의 5가지

ⓒ $f(1)\neq2,\ f(2)=1$인 경우

$f(1)=1$이어야 하므로

$f(0)=1,\ f(-1)=1$ 또는 $f(0)=1,\ f(-1)=2$ 또는

$f(0)=2,\ f(-1)=2$의 3가지

ⓐ, ⓑ, ⓒ에서 $f(-1),\ f(0),\ f(1),\ f(2)$의 값을 정하는 경우의 수는

${}_5H_4-(1+5+3)={}_8C_4-9=70-9=61$

3단계 조건을 만족시키는 함수 f의 개수를 구해 보자.

(i), (ii), (iii) 에서 구하는 함수 f의 개수는

$14+33+61=108$

다른 풀이

조건 (나)에서 $f(-2)\ge f(-1)\ge f(0)\ge f(1)\ge f(2)$를 만족시키는 함수 f의 개수는 -2, -1, 0, 1, 2 중에서 중복을 허락하여 5개를 택하는 경우의 수와 같으므로

${}_5H_5={}_9C_5={}_9C_4=126$

이때 조건 (가)에 의하여 $f(-2)\neq-2,\ f(-2)\neq-1,\ f(-1)\neq-2,$ $f(1)\neq2,\ f(2)\neq1,\ f(2)\neq2$이어야 하므로 전체 함수 f의 개수에서 다음과 같은 함수 f의 개수를 빼야 한다.

(i) $f(-2)=-2$인 경우

$f(-1)=f(0)=f(1)=f(2)=-2$의 1개

(ii) $f(-2)=-1$인 경우

$f(-1),\ f(0),\ f(1),\ f(2)$의 값을 정하는 경우의 수는 -2, -1 중에서 중복을 허락하여 4개를 택하는 중복조합의 수와 같으므로

${}_2H_4={}_5C_4={}_5C_1=5$

(iii) $f(-1)=-2$인 경우

$f(-2)$의 값은 0, 1, 2 중에 하나를 택하여 정할 수 있고,

$f(0)=f(1)=f(2)=-2$의 1개이므로 이 경우의 함수 f의 개수는

${}_3C_1\times1=3\times1=3$

(iv) $f(1)=2$인 경우

$f(-2)=f(-1)=f(0)=2$의 1개이고, $f(2)$의 값은 -2, -1, 0 중에 하나를 택하여 정할 수 있으므로 이 경우의 함수 f의 개수는

$1\times{}_3C_1=3$

(v) $f(2)=1$인 경우

$f(-2)$, $f(-1)$, $f(0)$, $f(1)$의 값을 정하는 경우의 수는 1, 2 중에서 중복을 허락하여 4개를 택하는 중복조합의 수와 같으므로

${}_2H_4={}_5C_4={}_5C_1=5$

(vi) $f(2)=2$인 경우

$f(-2)=f(-1)=f(0)=f(1)=2$의 1개

(i)~(vi)에서 함수 f의 개수는

$1+5+3+3+5+1=18$

따라서 구하는 함수 f의 개수는

$126-18=108$

088 정답률 ▸ 4% 답 188

1단계 두 조건 (가), (나)를 만족시키는 문자열의 형태를 구해 보자.

조건 (가)에서 문자 a만 연달아 3개 이어질 수 있다고 하였으므로 7자리의 문자열은 문자열 aaa를 기준으로 생각해야 한다.

또한, 조건 (나)에서 어느 한 문자도 연달아 4개 이상 이어지지 않으므로 문자열 aaa의 양옆에는 문자 a를 나열할 수 없고 b 또는 c만 나열할 수 있다.

문자열 aaa와 이웃한 자리를 ■, 이웃하지 않는 자리를 □로 구분하여 조건 (가)를 만족시키는 문자열의 형태를 생각해 보면

aaa■□□□, ■aaa■□□, □■aaa■□, □□■aaa■, □□□■aaa

의 5가지이다.

2단계 5가지 문자열의 형태에 따라 만들 수 있는 문자열의 개수를 구해 보자.

(i) aaa■□□□일 때

ⓐ ■의 자리에 문자 b를 나열한 경우

세 개의 □의 자리에 세 문자 a, b, c를 나열하는 경우의 수는

${}_3\Pi_3=3^3=27$

이때 세 개의 □의 자리 중 앞의 두 개의 □의 자리에 b만 오거나 세 개의 □의 자리에 모두 같은 문자만 오는 경우는 주어진 조건을 만족시키지 못하므로 그 경우의 수는

$2+3=5$

즉, 만들 수 있는 문자열의 개수는

$27-5=22$

ⓑ ■의 자리에 문자 c를 나열한 경우

ⓐ의 경우에 만들 수 있는 문자열의 개수와 같으므로 이 경우에 만들 수 있는 문자열의 개수는 22이다.

ⓐ, ⓑ에서 만들 수 있는 문자열의 개수는

$22+22=44$

(ii) ■aaa■□□일 때

두 개의 ■의 자리에 두 문자 b, c를 나열하는 경우의 수는

${}_2\Pi_2=2^2=4$

두 개의 □의 자리에 세 문자 a, b, c를 나열하는 경우의 수는

${}_3\Pi_2=3^2=9$

이때 두 개의 □의 자리에 바로 앞의 ■의 자리와 같은 문자가 나열되는 경우는 주어진 조건을 만족시키지 못하므로 그 경우의 수는

$2\times2=4$

즉, 만들 수 있는 문자열의 개수는

$4\times9-4=32$

(iii) □■aaa■□일 때

두 개의 ■의 자리에 두 문자 b, c를 나열하는 경우의 수는

${}_2\Pi_2=2^2=4$

두 개의 □의 자리에 세 문자 a, b, c를 나열하는 경우의 수는

${}_3\Pi_2=3^2=9$

즉, 만들 수 있는 문자열의 개수는

$4\times9=36$

(iv) □□■aaa■일 때

(ii)일 때 만들 수 있는 문자열의 개수와 같으므로 32

(v) □□□■aaa일 때

(i)일 때 만들 수 있는 문자열의 개수와 같으므로 44

3단계 주어진 조건을 만족시키는 문자열의 개수를 구해 보자.

(i)~(v)에서 조건을 만족시키는 문자열의 개수는

$44+32+36+32+44=188$

다른 풀이

조건 (가)에 의하여 문자 a는 3개 이상 나열되어야 하므로 문자 a가 나열되는 개수에 따라 경우를 나누어 생각해 보자.

(i) a가 3개일 때

ⓐ b가 4개인 경우

두 조건 (가), (나)를 만족시키는 문자열은

$bbaaabb$뿐이므로 그 개수는 1이다.

ⓑ b가 3개, c가 1개인 경우

문자열 aaa를 하나의 문자로 생각하면 주어진 조건을 만족시키는 문자열의 개수는 aaa, b, b, b, c를 일렬로 나열하는 경우의 수에서 aaa, bbb, c를 일렬로 나열하는 경우의 수를 뺀 것과 같으므로

$\frac{5!}{3!}-3!=20-6=14$

ⓒ b가 2개, c가 2개인 경우

문자열 aaa를 하나의 문자로 생각하면 주어진 조건을 만족시키는 문자열의 개수는 aaa, b, b, c, c를 일렬로 나열하는 경우의 수와 같으므로

$\frac{5!}{2!2!}=30$

ⓓ b가 1개, c가 3개인 경우

ⓑ의 경우에 만들 수 있는 문자열의 개수와 같으므로 이 경우에 만들 수 있는 문자열의 개수는 14이다.

ⓔ c가 4개인 경우

ⓐ의 경우에 만들 수 있는 문자열의 개수와 같으므로 이 경우에 만들 수 있는 문자열의 개수는 1이다.

ⓐ~ⓔ에서 만들 수 있는 문자열의 개수는

$1+14+30+14+1=60$

(ii) a가 4개일 때

ⓐ b가 3개인 경우

문자열 aaa를 하나의 문자로 생각하면 주어진 조건을 만족시키는 문자열의 개수는 aaa, $\boxed{a}$, b, b, b를 일렬로 나열하는 경우의 수에서 $\boxed{a}aaa$, b, b, b 또는 $aaa\boxed{a}$, b, b, b 또는 aaa, $\boxed{a}$, bbb를 일렬로 나열하는 경우의 수를 뺀 것과 같다.

이때 $\boxed{a}aaa$, bbb 또는 $aaa\boxed{a}$, bbb를 일렬로 나열하는 경우의 수를 중복하여 빼었으므로

$\frac{5!}{3!}-\frac{4!}{3!}\times2-3!+2!\times2=20-8-6+4=10$

ⓑ b가 2개, c가 1개인 경우

문자열 aaa를 하나의 문자로 생각하면 주어진 조건을 만족시키는 문자열의 개수는 aaa, $\boxed{a}$, b, b, c를 일렬로 나열하는 경우의 수에서 $\boxed{a}aaa$, b, b, c 또는 $aaa\boxed{a}$, b, b, c를 일렬로 나열하는 경우의 수를 뺀 것과 같으므로

$\frac{5!}{2!}-\frac{4!}{2!}\times2=60-24=36$

ⓒ b가 1개, c가 2개인 경우

ⓑ의 경우에 만들 수 있는 문자열의 개수와 같으므로 이 경우에 만들 수 있는 문자열의 개수는 36이다.

ⓓ c가 3개인 경우

ⓐ의 경우에 만들 수 있는 문자열의 개수와 같으므로 이 경우에 만들 수 있는 문자열의 개수는 10이다.

ⓐ~ⓓ에서 만들 수 있는 문자열의 개수는

$10+36+36+10=92$

(iii) a가 5개일 때

ⓐ b가 2개인 경우

문자열 aaa를 하나의 문자로 생각하면 주어진 조건을 만족시키는 문자열의 개수는 aaa, $\boxed{a}$, $\boxed{a}$, b, b를 일렬로 나열하는 경우의 수에서 $aaa\boxed{a}$, $\boxed{a}$, b, b 또는 $\boxed{a}aaa$, $\boxed{a}$, b, b를 일렬로 나열하는 경우의 수를 뺀 것과 같다.

이때 $\boxed{a}aaa\boxed{a}$, b, b를 일렬로 나열하는 경우의 수를 중복하여 빼었으므로

$\frac{5!}{2!2!}-\frac{4!}{2!}\times2+\frac{3!}{2!}=30-24+3=9$

ⓑ b가 1개, c가 1개인 경우

문자열 aaa를 하나의 문자로 생각하면 주어진 조건을 만족시키는 문자열의 개수는 aaa, $\boxed{a}$, $\boxed{a}$, b, c를 일렬로 나열하는 경우의 수에서 $aaa\boxed{a}$, $\boxed{a}$, b, c 또는 $\boxed{a}aaa$, $\boxed{a}$, b, c를 일렬로 나열하는 경우의 수를 뺀 것과 같다.

이때 $\boxed{a}aaa\boxed{a}$, b, c를 일렬로 나열하는 경우의 수를 중복하여 빼었으므로

$\frac{5!}{2!}-4!\times2+3!=60-48+6=18$

ⓒ c가 2개인 경우

ⓐ의 경우에 만들 수 있는 문자열의 개수와 같으므로 이 경우에 만들 수 있는 문자열의 개수는 9이다.

ⓐ, ⓑ, ⓒ에서 만들 수 있는 문자열의 개수는

$9+18+9=36$

(i), (ii), (iii)에서 조건을 만족시키는 문자열의 개수는

$60+92+36=188$

089 정답률 ▸ 4% 답 150

1단계 주어진 세 조건 (가), (나), (다)를 이용하여 각 함숫값의 조건을 구해 보자.

조건 (가)에서 순서쌍 $(f(1), f(7))$은

$(1, 4)$, $(2, 5)$, $(3, 6)$, $(4, 7)$

조건 (나)에서

$f(1)\le f(3)\le f(5)\le f(7)$, $f(2)\le f(4)\le f(6)$

조건 (다)에서

$\sum_{k=1}^{4}f(2k-1)=f(1)+f(3)+f(5)+f(7)$이므로

$|f(2)-f(1)|$의 값과 $f(1)+f(3)+f(5)+f(7)$의 값은 모두 3의 배수이어야 한다.

2단계 $f(1)$, $f(7)$의 값에 따라 경우를 나누어 함수 f의 개수를 구해 보자.

(i) $f(1)=1$, $f(7)=4$인 경우

$f(1)+f(3)+f(5)+f(7)$의 값이 3의 배수이어야 하므로

$f(1)+f(7)=1+4=5$에서

$f(3)+f(5)=4$ 또는 $f(3)+f(5)=7$

이때 $1\le f(3)\le f(5)\le4$이어야 하므로

순서쌍 $(f(3), f(5))$의 개수는

$(1, 3)$, $(2, 2)$, $(3, 4)$의 3

또한, $|f(2)-f(1)|$의 값이 3의 배수이어야 하므로

$f(2)=4$ 또는 $f(2)=7$

ⓐ $f(2)=4$이면

$4\le f(4)\le f(6)\le7$이어야 하므로

순서쌍 $(f(4), f(6))$의 개수는

${}_4H_2={}_5C_2=10$

ⓑ $f(2)=7$이면

$7\le f(4)\le f(6)\le7$이어야 하므로

순서쌍 $(f(4), f(6))$의 개수는

${}_1H_1={}_1C_1=1$

ⓐ, ⓑ에서 순서쌍 $(f(4), f(6))$의 개수는

$10+1=11$

즉, 이 경우의 함수 f의 개수는

$3\times11=33$

(ii) $f(1)=2$, $f(7)=5$인 경우

$f(1)+f(3)+f(5)+f(7)$의 값이 3의 배수이어야 하므로

$f(1)+f(7)=2+5=7$에서

$f(3)+f(5)=5$ 또는 $f(3)+f(5)=8$

이때 $2\le f(3)\le f(5)\le5$이어야 하므로

순서쌍 $(f(3), f(5))$의 개수는

$(2, 3)$, $(3, 5)$, $(4, 4)$의 3

또한, $|f(2)-f(1)|$의 값이 3의 배수이어야 하므로

$f(2)=5$

$f(2)=5$이면 $5\le f(4)\le f(6)\le7$이어야 하므로

순서쌍 $(f(4), f(6))$의 개수는

${}_3H_2={}_4C_2=6$

즉, 이 경우의 함수 f의 개수는

$3\times6=18$

(iii) $f(1)=3$, $f(7)=6$인 경우

$f(1)+f(3)+f(5)+f(7)$의 값이 3의 배수이어야 하므로

$f(1)+f(7)=3+6=9$에서

$f(3)+f(5)=6$ 또는 $f(3)+f(5)=9$ 또는 $f(3)+f(5)=12$

이때 $3\le f(3)\le f(5)\le6$이어야 하므로

순서쌍 $(f(3), f(5))$의 개수는

$(3, 3)$, $(3, 6)$, $(4, 5)$, $(6, 6)$의 4

또한, $|f(2)-f(1)|$의 값이 3의 배수이어야 하므로

$f(2)=6$

$f(2)=6$이면 $6\le f(4)\le f(6)\le7$이어야 하므로

순서쌍 $(f(4), f(6))$의 개수는

${}_2H_2={}_3C_2={}_3C_1=3$

즉, 이 경우의 함수 f의 개수는

$4\times3=12$

(iv) $f(1)=4$, $f(7)=7$인 경우

$f(1)+f(3)+f(5)+f(7)$의 값이 3의 배수이어야 하므로

$f(1)+f(7)=4+7=11$에서

$f(3)+f(5)=10$ 또는 $f(3)+f(5)=13$

이때 $4\le f(3)\le f(5)\le7$이어야 하므로

순서쌍 $(f(3), f(5))$의 개수는

$(4, 6), (5, 5), (6, 7)$의 3

또한, $|f(2)-f(1)|$의 값이 3의 배수이어야 하므로

$f(2)=1$ 또는 $f(2)=7$

ⓐ $f(2)=1$이면 $1\le f(4)\le f(6)\le7$이어야 하므로

순서쌍 $(f(4), f(6))$의 개수는

${}_7H_2={}_8C_2=28$

ⓑ $f(2)=7$이면 $7\le f(4)\le f(6)\le7$이어야 하므로

순서쌍 $(f(4), f(6))$의 개수는

${}_1H_1={}_1C_1=1$

ⓐ, ⓑ에서 순서쌍 $(f(4), f(6))$의 개수는

$28+1=29$

즉, 이 경우의 함수 f의 개수는

$3\times29=87$

3단계 주어진 조건을 만족시키는 함수 f의 개수를 구해 보자.

구하는 함수 f의 개수는

$33+18+12+87=150$

II 확률

▸ 본문 054~068쪽

001 ①	002 ④	003 ⑤	004 6	005 ④	006 ④
007 ②	008 ④	009 ③	010 ②	011 ③	012 ③
013 ④	014 ③	015 ②	016 ③	017 ③	018 ⑤
019 ⑤	020 ⑤	021 ③	022 ④	023 ③	024 ③
025 ②	026 ④	027 ④	028 ②	029 ④	030 ⑤
031 ④	032 ③	033 ④	034 ①	035 19	036 ④
037 ①	038 62				

001

정답률 ▸ 80% 답 ①

1단계 모든 경우의 수를 구해 보자.

두 주머니 A, B에서 각각 카드를 임의로 한 장씩 꺼내는 경우의 수는

$3\times5=15$

2단계 꺼낸 두 장의 카드에 적힌 수의 차가 1인 경우의 수를 구해 보자.

두 주머니 A, B에서 꺼낸 카드에 적혀 있는 수를 각각 a, b라 하고, 순서쌍 (a, b)로 나타내면 꺼낸 두 장의 카드에 적힌 수의 차가 1인 경우의 수는

$(1, 2), (2, 1), (2, 3), (3, 2), (3, 4)$의 5

3단계 주어진 조건을 만족시키는 확률을 구해 보자.

구하는 확률은

$\frac{5}{15}=\frac{1}{3}$

002

정답률 ▸ 62% 답 ④

1단계 X에서 Y로의 모든 일대일함수 f의 개수를 구해 보자.

집합 $X=\{1, 2, 3, 4\}$에서 집합 $Y=\{1, 2, 3, 4, 5, 6, 7\}$로의 모든 일대일함수 f의 개수는

${}_7P_4=7\times6\times5\times4=840$

2단계 $f(1)\times f(2)\times f(3)\times f(4)$가 4의 배수가 되는 함수 f의 개수를 구해 보자.

$f(2)=2$이므로 $f(1)\times f(2)\times f(3)\times f(4)$가 4의 배수가 되려면 $f(1)$, $f(3)$, $f(4)$의 값 중 하나가 2의 배수이면 된다.

Y의 원소 중 2를 제외하고 2의 배수는 4, 6이므로 $f(1)$, $f(3)$, $f(4)$의 값 중 하나가 4 또는 6이면 된다.

(i) $f(1)$, $f(3)$, $f(4)$의 값 중 하나가 4인 경우

Y의 원소 중 2, 4를 제외한 5개의 원소 중 2개를 택한 후 4를 포함하여 3개의 원소를 나열하면 되므로 이 경우의 함수 f의 개수는

${}_5C_2\times3!=10\times6=60$

(ii) $f(1)$, $f(3)$, $f(4)$의 값 중 하나가 6인 경우

Y의 원소 중 2, 6을 제외한 5개의 원소 중 2개를 택한 후 6을 포함하여 3개의 원소를 나열하면 되므로 이 경우의 함수 f의 개수는

${}_5C_2\times3!=10\times6=60$

(iii) $f(1)$, $f(3)$, $f(4)$의 값 중 두 개가 4, 6인 경우

Y의 원소 중 2, 4, 6을 제외한 4개의 원소 중 1개를 택한 후 4, 6을 포함하여 3개의 원소를 나열하면 되므로 이 경우의 함수 f의 개수는

${}_4C_1\times3!=4\times6=24$

(ⅰ), (ⅱ), (ⅲ)에서 구하는 함수 f의 개수는

$60+60-24=96$

3단계 주어진 조건을 만족시키는 확률을 구해 보자.

구하는 확률은

$\frac{96}{840}=\frac{4}{35}$

003 정답률 ▸ 59% 답 ⑤

1단계 모든 경우의 수를 구해 보자.

10장의 카드가 들어 있는 주머니에서 임의로 4장의 카드를 동시에 꺼내는 경우의 수는

${}_{10}C_4=210$

2단계 $a_1\times a_2$의 값이 홀수이고, $a_3+a_4\geq 16$인 경우의 수를 구해 보자.

$a_1\times a_2$의 값이 홀수인 두 수 a_1, a_2와 $a_3+a_4\geq 16$을 만족시키는 두 수 a_3, a_4를 각각 순서쌍 (a_1, a_2), (a_3, a_4)로 나타내자.

(ⅰ) (a_1, a_2)가 $(1, 3)$ 또는 $(1, 5)$ 또는 $(3, 5)$일 때

(a_3, a_4)의 개수는

$(6, 10)$, $(7, 9)$, $(7, 10)$, $(8, 9)$, $(8, 10)$, $(9, 10)$

의 6

즉, 이 경우의 수는

$3\times 6=18$

(ⅱ) (a_1, a_2)가 $(1, 7)$ 또는 $(3, 7)$ 또는 $(5, 7)$일 때

(a_3, a_4)의 개수는

$(8, 9)$, $(8, 10)$, $(9, 10)$

의 3

즉, 이 경우의 수는

$3\times 3=9$

(ⅲ) (a_1, a_2)가 $(1, 9)$ 또는 $(3, 9)$ 또는 $(5, 9)$ 또는 $(7, 9)$일 때

9보다 큰 수가 10뿐이므로 조건을 만족시키지 않는다.

(ⅰ), (ⅱ), (ⅲ)에서 $a_1\times a_2$의 값이 홀수이고, $a_3+a_4\geq 16$인 경우의 수는

$18+9=27$

3단계 주어진 조건을 만족시키는 확률을 구해 보자.

구하는 확률은

$\frac{27}{210}=\frac{9}{70}$

004 정답률 ▸ 50% 답 6

1단계 모든 경우의 수를 구해 보자.

40개의 공이 들어 있는 주머니에서 임의로 2개의 공을 동시에 꺼내는 경우의 수는

${}_{40}C_2=780$

2단계 흰 공의 개수를 x $(x\geq 2)$라 하고 p, q, r을 x에 대한 식으로 나타내어 보자.

흰 공의 개수를 x $(2\leq x\leq 39)$이라 하면 검은 공의 개수는 $(40-x)$이므로

└→ $p>0$이고 $p=q$이므로 흰 공은 2개 이상, 검은 공은 1개 이상

$p=\frac{{}_{x}C_2}{780}=\frac{x(x-1)}{1560}$

$q=\frac{{}_{x}C_1\times{}_{40-x}C_1}{780}=\frac{x(40-x)}{780}$

$r=\frac{{}_{40-x}C_2}{780}=\frac{(40-x)(39-x)}{1560}$

3단계 $p=q$임을 이용하여 x의 값을 구해 보자.

$p=q$이므로

$\frac{x(x-1)}{1560}=\frac{x(40-x)}{780}$에서

$x-1=2(40-x)$, $3x=81$

$\therefore x=27$

4단계 $60r$의 값을 구해 보자.

$r=\frac{(40-x)(39-x)}{1560}$에 $x=27$을 대입하면

$r=\frac{13\times 12}{1560}=\frac{1}{10}$

$\therefore 60r=60\times\frac{1}{10}=6$

005 정답률 ▸ 85% 답 ④

$\mathrm{P}(A\cup B)=\mathrm{P}(A)+\mathrm{P}(B)-\mathrm{P}(A\cap B)$

$=4\times\mathrm{P}(A\cap B)-\mathrm{P}(A\cap B)$

$=3\times\mathrm{P}(A\cap B)$

$\frac{2}{3}=3\times\mathrm{P}(A\cap B)$에서

$\mathrm{P}(A\cap B)=\frac{2}{9}$

006 정답률 ▸ 88% 답 ④

1단계 $\mathrm{P}(A)$의 값을 구해 보자.

$\mathrm{P}(A^C)=\frac{3}{4}$이므로

$\mathrm{P}(A)=1-\mathrm{P}(A^C)=1-\frac{3}{4}=\frac{1}{4}$

2단계 $\mathrm{P}(B)$의 값을 구해 보자.

두 사건 A와 B는 서로 배반사건이므로

$\mathrm{P}(A\cup B)=\mathrm{P}(A)+\mathrm{P}(B)$에서

$\frac{5}{6}=\frac{1}{4}+\mathrm{P}(B)$

$\therefore \mathrm{P}(B)=\frac{5}{6}-\frac{1}{4}=\frac{7}{12}$

007 정답률 ▸ 85% 답 ②

1단계 $\mathrm{P}(A)$의 값을 구해 보자.

$\mathrm{P}(A^C)=\frac{5}{6}$이므로

$\mathrm{P}(A)=1-\mathrm{P}(A^C)=1-\frac{5}{6}=\frac{1}{6}$

2단계 $\mathrm{P}(B)$의 값을 구해 보자.

두 사건 A, B가 서로 배반사건이므로

$\mathrm{P}(A\cup B)=\mathrm{P}(A)+\mathrm{P}(B)$에서

$P(B)=P(A\cup B)-P(A)$

$=\frac{3}{4}-\frac{1}{6}=\frac{7}{12}$

3단계 $P(B^C)$의 값을 구해 보자.

$P(B^C)=1-P(B)=1-\frac{7}{12}=\frac{5}{12}$

008 정답률 ▸ 83% 답 ④

1단계 $P(B)$의 값을 구해 보자.

$P(B)=1-P(B^C)=1-\frac{7}{18}=\frac{11}{18}$

2단계 $P(A\cup B)$의 값을 구해 보자.

$P(A\cup B)=P(A\cap B^C)+P(B)=\frac{1}{9}+\frac{11}{18}=\frac{13}{18}$

009 정답률 ▸ 61% 답 ③

1단계 $P(A)$의 값을 구해 보자.

두 사건 A, B^C이 서로 배반사건이므로

$A\subset B$

$\therefore P(A\cap B)=P(A)=\frac{1}{5}$

2단계 $P(B)$의 값을 구해 보자.

$P(A)+P(B)=\frac{7}{10}$에서 $\frac{1}{5}+P(B)=\frac{7}{10}$

$\therefore P(B)=\frac{7}{10}-\frac{1}{5}=\frac{1}{2}$

3단계 $P(A^C\cap B)$의 값을 구해 보자.

$P(A^C\cap B)=P(B)-P(A)=\frac{1}{2}-\frac{1}{5}=\frac{3}{10}$

010 정답률 ▸ 72% 답 ②

1단계 모든 경우의 수를 구해 보자.

7명의 학생이 원 모양의 탁자에 일정한 간격을 두고 임의로 모두 둘러앉는 경우의 수는

$(7-1)!=6!$

2단계 학생 A가 학생 B와 이웃하게 될 확률을 구해 보자.

학생 A가 학생 B와 이웃하게 되는 사건을 X, 학생 A가 학생 C와 이웃하게 되는 사건을 Y라 하자.

두 학생 A, B를 한 학생으로 생각하여 6명의 학생을 원 모양의 탁자에 둘러앉게 하는 경우의 수는

$(6-1)!=5!$

두 학생 A, B가 서로 자리를 바꾸는 경우의 수는

2

$\therefore P(X)=\frac{5!\times 2}{6!}=\frac{1}{3}$

3단계 학생 A가 학생 C와 이웃하게 될 확률을 구해 보자.

2단계 와 같은 방법으로

$P(Y)=\frac{5!\times 2}{6!}=\frac{1}{3}$

4단계 학생 A가 두 학생 B, C와 모두 이웃하게 될 확률을 구해 보자.

세 학생 A, B, C를 한 학생으로 생각하여 5명의 학생을 원 모양의 탁자에 둘러앉게 하는 경우의 수는

$(5-1)!=4!$

두 학생 B, C가 서로 자리를 바꾸는 경우의 수는

2

$\therefore P(X\cap Y)=\frac{4!\times 2}{6!}=\frac{1}{15}$

5단계 확률의 덧셈정리를 이용하여 조건을 만족시키는 확률을 구해 보자.

구하는 확률은

$P(X\cup Y)=P(X)+P(Y)-P(X\cap Y)$

$=\frac{1}{3}+\frac{1}{3}-\frac{1}{15}$

$=\frac{3}{5}$

다른 풀이

A가 B와 이웃하지 않고, A가 C와도 이웃하지 않는 경우의 수를 구하여 전체 경우의 수에서 빼면 된다.

처음에 A가 7개의 자리 중 하나의 자리에 앉는 경우의 수는 1

이 각각의 경우에 대하여 A의 바로 양 옆 자리에는 B, C가 앉을 수 없으므로 B, C가 남은 4개의 자리에 앉는 경우의 수는

${}_4P_2=4\times 3=12$

나머지 4명의 학생이 남은 4개의 자리에 앉는 경우의 수는

$4!=24$

즉, A가 B와도, C와도 이웃하지 않는 경우의 수는

$1\times 12\times 24=288$

이므로 이 경우의 확률은

$\frac{288}{720}=\frac{2}{5}$

따라서 구하는 확률은

$1-\frac{2}{5}=\frac{3}{5}$

011 정답률 ▸ 64% 답 ③

1단계 $P(A)$의 값을 구해 보자.

A는 흰 공이 2개, 검은 공이 4개 들어 있는 주머니에서 꺼낸 3개의 공 중에서 흰 공이 1개이고 검은 공이 2개인 사건이므로

$P(A)=\frac{{}_2C_1\times{}_4C_2}{{}_6C_3}$

$=\frac{2\times 6}{20}=\frac{3}{5}$

2단계 $P(B)$의 값을 구해 보자.

B는 1이 적혀 있는 공이 2개, 3이 적혀 있는 공이 4개 들어 있는 주머니에서 꺼낸 3개의 공에 적혀 있는 수가 모두 2인 사건이므로

↳ 3개의 수를 모두 곱한 값이 8이려면 $2\times 2\times 2$이어야 한다.

$P(B)=\frac{{}_4C_3}{{}_6C_3}=\frac{4}{20}=\frac{1}{5}$

3단계 $P(A\cap B)$의 값을 구해 보자.

$A\cap B$는 주머니에서 꺼낸 3개의 공 중에서 2가 적혀 있는 흰 공이 1개이고 2가 적혀 있는 검은 공이 2개인 사건이므로

$P(A\cap B)=\frac{{}_1C_1\times{}_3C_2}{{}_6C_3}$

$=\frac{1\times 3}{20}=\frac{3}{20}$

4단계 확률의 덧셈정리를 이용하여 $\mathrm{P}(A\cup B)$의 값을 구해 보자.

$$\mathrm{P}(A\cup B)=\mathrm{P}(A)+\mathrm{P}(B)-\mathrm{P}(A\cap B)$$
$$=\frac{3}{5}+\frac{1}{5}-\frac{3}{20}=\frac{13}{20}$$

다른 풀이

꺼낸 3개의 공 중에서 흰 공이 1개, 검은 공이 2개일 확률은

$$\mathrm{P}(A)=\frac{{}_2\mathrm{C}_1\times{}_4\mathrm{C}_2}{{}_6\mathrm{C}_3}=\frac{2\times6}{20}=\frac{3}{5}$$

이때 꺼낸 3개의 공이 모두 2가 적힌 검은 공일 확률은

$$\mathrm{P}(B-A)=\frac{{}_3\mathrm{C}_3}{{}_6\mathrm{C}_3}=\frac{1}{20}$$

$$\therefore \mathrm{P}(A\cup B)=\mathrm{P}(A)+\mathrm{P}(B-A)=\frac{3}{5}+\frac{1}{20}=\frac{13}{20}$$

012 정답률 ▸ 64% 답 ③

1단계 모든 경우의 수를 구해 보자.

문자 a, b, c, d 중에서 중복을 허락하여 4개를 택해 일렬로 나열하여 만들 수 있는 모든 문자열의 개수는

${}_4\Pi_4=4^4=256$

2단계 문자 a가 한 개만 포함되거나 문자 b가 한 개만 포함된 문자열이 선택될 확률을 구해 보자.

문자 a가 한 개만 포함된 문자열을 선택하는 사건을 A, 문자 b가 한 개만 포함된 문자열을 선택하는 사건을 B라 하면 문자 a와 문자 b가 모두 한 개씩만 포함된 문자열을 선택하는 사건은 $A\cup B$이다.

문자 a가 한 개만 포함된 문자열을 선택하는 경우의 수는 4자리 중 문자 a를 먼저 나열하고, 나머지 3자리에 문자 b, c, d 중에서 중복을 허락하여 3개를 택해 일렬로 나열하는 경우의 수와 같으므로

$4\times{}_3\Pi_3=4\times3^3=108$

$$\therefore \mathrm{P}(A)=\frac{108}{256}=\frac{27}{64}$$

문자 b가 한 개만 포함된 문자열을 선택할 확률은 경우의 수는 문자 a가 한 개만 포함된 문자열을 선택할 확률과 같으므로

$$\mathrm{P}(B)=\frac{27}{64}$$

또한, 문자 a와 문자 b가 모두 한 개씩만 포함된 문자열을 택하는 경우의 수는 4자리 중 2자리에 두 문자 a, b를 먼저 나열하고, 나머지 2자리에 문자 c, d 중에서 중복을 허락하여 2개를 택해 일렬로 나열하는 경우의 수와 같으므로

${}_4\mathrm{P}_2\times{}_2\Pi_2=12\times2^2=48$

$$\therefore \mathrm{P}(A\cup B)=\frac{48}{256}=\frac{3}{16}$$

3단계 확률의 덧셈정리를 이용하여 조건을 만족시키는 확률을 구해 보자.

구하는 확률은

$$\mathrm{P}(A\cup B)=\mathrm{P}(A)+\mathrm{P}(B)-\mathrm{P}(A\cap B)$$
$$=\frac{27}{64}+\frac{27}{64}-\frac{3}{16}=\frac{21}{32}$$

013 정답률 ▸ 59% 답 ④

1단계 모든 자연수의 개수를 구해 보자.

숫자 1, 2, 3, 4, 5 중에서 서로 다른 4개를 택해 일렬로 나열하여 만들 수 있는 모든 자연수의 개수는

${}_5\mathrm{P}_4=120$

2단계 택한 수가 5의 배수일 확률을 구해 보자.

택한 수가 5의 배수인 사건을 A, 3500 이상인 사건을 B라 하자.

택한 수가 5의 배수이려면 일의 자리의 숫자가 5이어야 한다.

5를 제외한 숫자 1, 2, 3, 4 중에서 천의 자리, 백의 자리, 십의 자리에 나열할 숫자를 택하는 경우의 수는

${}_4\mathrm{P}_3=24$

$$\therefore \mathrm{P}(A)=\frac{24}{120}=\frac{1}{5}$$

3단계 택한 수가 3500 이상일 확률을 구해 보자.

(i) 35□□ 꼴의 네 자리의 자연수의 개수

3, 5를 제외한 숫자 1, 2, 4 중에서 십의 자리, 일의 자리에 나열할 숫자를 택하는 경우의 수는

${}_3\mathrm{P}_2=6$

(ii) 4□□□ 또는 5□□□ 꼴의 네 자리의 자연수의 개수

천의 자리 숫자를 제외한 4개의 숫자 중에서 백의 자리, 십의 자리, 일의 자리에 나열할 숫자를 택하는 경우의 수는

${}_4\mathrm{P}_3=24$

즉, 이 경우의 수는

$2\times24=48$

(i), (ii)에서

$$\mathrm{P}(B)=\frac{6+48}{120}=\frac{9}{20}$$

4단계 택한 수가 5의 배수이고 3500 이상일 확률을 구해 보자.

두 사건 A, B를 동시에 만족시키려면 4□□5 꼴이어야 한다.

4, 5를 제외한 3개의 숫자 1, 2, 3 중에서 백의 자리, 십의 자리에 나열할 숫자를 택하는 경우의 수는

${}_3\mathrm{P}_2=6$

$$\therefore \mathrm{P}(A\cap B)=\frac{6}{120}=\frac{1}{20}$$

5단계 확률의 덧셈정리를 이용하여 조건을 만족시키는 확률을 구해 보자.

구하는 확률은

$$\mathrm{P}(A\cup B)=\mathrm{P}(A)+\mathrm{P}(B)-\mathrm{P}(A\cap B)$$
$$=\frac{1}{5}+\frac{9}{20}-\frac{1}{20}$$
$$=\frac{3}{5}$$

014 정답률 ▸ 51% 답 ③

1단계 모든 경우의 수를 구해 보자.

1부터 10까지의 자연수 중에서 임의로 서로 다른 3개의 수를 선택하는 경우의 수는

${}_{10}\mathrm{C}_3=120$

2단계 5를 포함하여 3개의 수를 선택할 확률을 구해 보자.

세 개의 수를 곱이 5의 배수이려면 세 개의 수 중 적어도 한 개의 수는 5의 배수이어야 한다.

5를 포함하여 세 개의 수를 선택하고, 세 수의 합은 3의 배수인 사건을 X, 10을 포함하여 세 개의 수를 선택하고, 세 수의 합은 3의 배수인 사건을 Y라 하자.

1부터 10까지의 자연수 중에서 3으로 나눈 나머지가 0, 1, 2인 수의 집합을 각각 A_0, A_1, A_2라 하면

$A_0=\{3, 6, 9\}$, $A_1=\{1, 4, 7, 10\}$, $A_2=\{2, 5, 8\}$

이때 선택된 세 수의 합이 3의 배수이려면 세 집합에서 각각 1개씩 원소를 선택하거나 한 집합에서 3개의 원소를 모두 선택해야 한다.

5는 집합 A_2의 원소이므로 두 집합 A_0, A_1에서 각각 1개씩 원소를 선택하는 경우의 수는

${}_3C_1\times{}_4C_1=3\times4=12$

집합 A_2에서 5를 제외한 2개의 원소를 모두 선택하는 경우의 수는

${}_2C_2=1$

$\therefore\ P(X)=\dfrac{12+1}{120}=\dfrac{13}{120}$

3단계 10을 포함하여 3개의 수를 선택할 확률을 구해 보자.

10은 집합 A_1의 원소이므로 두 집합 A_0, A_2에서 각각 1개씩 원소를 선택하는 경우의 수는

${}_3C_1\times{}_3C_1=3\times3=9$

집합 A_1에서 10을 제외한 3개의 원소에서 2개의 원소를 선택하는 경우의 수는

${}_3C_2=3$

$\therefore\ P(Y)=\dfrac{9+3}{120}=\dfrac{1}{10}$

4단계 5, 10을 모두 포함하여 3개의 수를 선택할 확률을 구해 보자.

5, 10은 각각 집합 A_2, A_1의 원소이므로 집합 A_0에서 1개의 원소를 선택하는 경우의 수는

${}_3C_1=3$

$\therefore\ P(X\cap Y)=\dfrac{3}{120}$

5단계 확률의 덧셈정리를 이용하여 조건을 만족시키는 확률을 구해 보자.

구하는 확률은

$$P(X\cup Y)=P(X)+P(Y)-P(X\cap Y)=\frac{13}{120}+\frac{1}{10}-\frac{3}{120}=\frac{11}{60}$$

015 정답률 ▸ 36% 답 ②

1단계 모든 경우의 수를 구해 보자.

7명의 학생이 7개의 좌석 중 임의로 1개씩 선택하여 앉는 경우의 수는

$7!$

2단계 A열의 좌석에 서로 다른 두 학년의 학생이 앉되, 같은 학년의 학생끼리 이웃하여 앉는 경우의 수를 구해 보자.

A열의 좌석은 3개이므로 A열에 서로 다른 두 학년의 학생이 앉으려면 같은 학년인 학생이 2명, 다른 학년인 학생이 1명이어야 한다.

같은 학년의 학생 2명을 1명으로 생각하여 2명을 일렬로 세우고 같은 학년 학생이 서로 자리를 바꾸는 경우의 수는

$2!\times2=4$

3단계 A열의 좌석에 앉는 학생을 기준으로 경우를 나누어 B열의 좌석에 조건을 만족시키도록 학생을 앉히는 경우의 수를 생각해 보자.

(i) A열에 1, 2학년 학생이 앉는 경우

B열에 앉는 3학년 학생이 3명이 되어 조건 (나)를 만족시키지 못하므로 이때의 확률은

0

(ii) A열에 1, 3학년 학생이 앉는 경우

ⓐ A열에 1학년 학생이 2명, 3학년 학생이 1명 앉는 경우

A열에 앉는 학생을 택하는 경우의 수는

${}_2C_2\times{}_3C_1=1\times3=3$

B열에 앉는 학생은 2학년 2명, 3학년 2명이고 이 학생들이 조건 (나)를 만족시키도록 앉는 경우의 수는 2학년 학생 2명과 3학년 학생 2명이 번갈아 서는 경우의 수와 같으므로

$2\times2!\times2!=8$ → 2학년, 3학년의 자리를 각각 ○, □라 하면 번갈아 서는 경우는 ○□○□, □○□○의 2가지

즉, 이때의 경우의 수는

$4\times3\times8=96$

ⓑ A열에 1학년 학생이 1명, 3학년 학생이 2명 앉는 경우

A열에 앉는 학생을 택하는 경우의 수는

${}_2C_1\times{}_3C_2={}_2C_1\times{}_3C_1=2\times3=6$

B열에 앉는 학생은 1학년 1명, 2학년 2명, 3학년 1명이고 이 학생들이 조건 (나)를 만족시키도록 앉는 경우의 수는 1학년, 3학년 학생을 먼저 세운 후 그 양 끝과 사이에 2학년 학생을 세우는 경우의 수와 같으므로

$2!\times{}_3P_2=2\times(3\times2)=12$

즉, 이때의 경우의 수는

$4\times6\times12=288$

ⓐ, ⓑ에서 이 경우의 확률은

$\dfrac{96+288}{7!}=\dfrac{384}{7!}$

(iii) A열에 2, 3학년 학생이 앉는 경우

(ii)의 확률과 같으므로 $\dfrac{384}{7!}$

3단계 조건을 만족시키는 확률을 구해 보자.

구하는 확률은

$0+\dfrac{384}{7!}+\dfrac{384}{7!}=\dfrac{16}{105}$

016 정답률 ▸ 81% 답 ③

1단계 모든 경우의 수를 구해 보자.

16명의 학생 중에서 임의로 3명을 선택하는 경우의 수는

${}_{16}C_3=560$

2단계 임의로 선택한 3명의 학생이 모두 과목 A를 선택한 학생일 확률을 구해 보자.

16명의 학생 중에서 임의로 3명의 학생을 선택할 때, 3명의 학생 중에서 적어도 한 명이 과목 B를 선택한 학생인 사건을 A라 하면 A^C은 임의로 선택한 3명의 학생이 모두 과목 A를 선택한 학생인 사건이다.

$P(A^C)=\dfrac{{}_9C_3}{560}=\dfrac{84}{560}=\dfrac{3}{20}$

3단계 여사건의 확률을 이용하여 조건을 만족시키는 확률을 구해 보자.

구하는 확률은

$P(A)=1-P(A^C)=1-\dfrac{3}{20}=\dfrac{17}{20}$

017 정답률 ▸ 81% 답 ③

1단계 모든 경우의 수를 구해 보자.

흰색 손수건 4장, 검은색 손수건 5장이 들어 있는 상자에서 임의로 4장의 손수건을 동시에 꺼내는 경우의 수는

${}_9C_4=126$

2단계 2장 미만의 흰색 손수건을 꺼낼 확률을 구해 보자.

9장의 손수건이 들어 있는 상자에서 임의로 4장의 손수건을 동시에 꺼낼 때, 꺼낸 손수건 중 흰색 손수건이 2장 이상인 사건을 A라 하면 A^C은 흰색 손수건이 2장 미만인 사건이다.

(i) 꺼낸 손수건 중 흰색 손수건이 없는 경우의 수

${}_5C_4=5$

(ii) 꺼낸 손수건 중 흰색 손수건이 1장인 경우의 수

검은색 손수건 3장과 흰색 손수건 1장을 꺼내는 경우이므로

${}_5C_3\times{}_4C_1=10\times4=40$

(i), (ii)에서

$\mathrm{P}(A^C)=\frac{5+40}{126}=\frac{5}{14}$

3단계 여사건의 확률을 이용하여 조건을 만족시키는 확률을 구해 보자.

구하는 확률은

$\mathrm{P}(A)=1-\mathrm{P}(A^C)=1-\frac{5}{14}=\frac{9}{14}$

다른 풀이

(i) 꺼낸 4장의 손수건 중 흰색 손수건이 2장일 확률

흰색 손수건 4장 중에서 2장을 꺼내고 검은색 손수건 5장 중에서 2장을 꺼내면 되므로 이 경우의 수는

${}_4C_2\times{}_5C_2=6\times10=60$

즉, 이때의 확률은

$\frac{60}{126}$

(ii) 꺼낸 4장의 손수건 중 흰색 손수건이 3장일 확률

흰색 손수건 4장 중에서 3장을 꺼내고 검은색 손수건 5장 중에서 1장을 꺼내면 되므로 이 경우의 수는

${}_4C_3\times{}_5C_1={}_4C_1\times{}_5C_1=4\times5=20$

즉, 이때의 확률은

$\frac{20}{126}$

(iii) 꺼낸 4장의 손수건 중 흰색 손수건이 4장일 확률

흰색 손수건 4장 중에서 4장을 꺼내면 되므로 이 경우의 수는

${}_4C_4=1$

즉, 이때의 확률은

$\frac{1}{126}$

(i), (ii), (iii)에서 구하는 확률은

$\frac{60}{126}+\frac{20}{126}+\frac{1}{126}=\frac{81}{126}=\frac{9}{14}$

018 정답률 ▸ 78% 답 ⑤

1단계 모든 경우의 수를 생각해 보자.

1부터 11까지의 자연수 중에서 임의로 서로 다른 2개를 선택하는 경우의 수는

${}_{11}C_2=55$

2단계 7 이상의 홀수를 제외한 나머지 수 중에서 2개의 수를 선택할 확률을 구해 보자.

1부터 11까지의 자연수 중에서 임의로 선택한 2개의 수 중 적어도 하나가 7 이상의 홀수인 사건을 A라 하면 A^C은 1부터 11까지의 자연수 중에서 7 이상의 홀수를 제외한 수 중에서 2개의 수를 선택하는 사건이다.

1부터 11까지의 자연수 중에서 7 이상의 홀수인 7, 9, 11를 제외한 8개의 수 중에서 2개의 수를 선택하는 경우의 수는

${}_8C_2=28$

$\therefore\ \mathrm{P}(A)=\frac{28}{55}$

3단계 여사건의 확률을 이용하여 조건을 만족시키는 확률을 구해 보자.

구하는 확률은

$\mathrm{P}(A^C)=1-\mathrm{P}(A)=1-\frac{28}{55}=\frac{27}{55}$

다른 풀이

11 이하의 자연수 중에서 7 이상의 홀수는 7, 9, 11이므로 다음과 같은 경우로 나누어 생각할 수 있다.

(i) 선택한 2개의 수 중 1개의 수만 7 이상의 홀수인 경우

나머지 하나는 11개의 자연수 중 7 이상의 홀수 3개를 제외한 8개의 수 중에서 하나를 선택해야 하므로 이 사건의 확률은

$\frac{{}_3C_1\times{}_8C_1}{{}_{11}C_2}=\frac{3\times8}{55}=\frac{24}{55}$

(ii) 선택한 2개의 수 모두 7 이상의 홀수인 경우

이 사건의 확률은

$\frac{{}_3C_2}{{}_{11}C_2}=\frac{3}{55}$

(i), (ii)에서 구하는 확률은

$\frac{24}{55}+\frac{3}{55}=\frac{27}{55}$

019 정답률 ▸ 81% 답 ⑤

1단계 모든 경우의 수를 구해 보자.

6장의 카드를 모두 한 번씩 사용하여 일렬로 임의로 나열하는 모든 경우의 수는

$6!=720$

2단계 양 끝에 놓인 카드에 적힌 두 수의 합이 11 이상이 되는 경우의 수를 구해 보자.

6장의 카드를 모두 한 번씩 사용하여 일렬로 임의로 나열할 때, 양 끝에 놓인 카드에 적힌 두 수의 합이 10 이하인 사건을 A라 하면 A^C은 양 끝에 놓인 카드에 적힌 두 수의 합이 11 이상인 사건이다.

양 끝에 놓인 카드에 적힌 두 수를 왼쪽부터 차례대로 a, b라 하고, 순서쌍 (a, b)로 나타내면 두 수의 합이 11 이상인 경우의 수는

$(5, 6)$, $(6, 5)$의 2

양 끝의 두 자리를 제외한 나머지 네 자리에 1, 2, 3, 4가 적힌 카드를 놓는 경우의 수는

$4!=24$

즉, 양 끝에 놓인 카드에 적힌 두 수의 합이 11 이상이 되도록 나열하는 경우의 수는

$2\times24=48$

$\therefore\ \mathrm{P}(A^C)=\frac{48}{720}=\frac{1}{15}$

3단계 여사건의 확률을 이용하여 조건을 만족시키는 확률을 구해 보자.

구하는 확률은

$\mathrm{P}(A)=1-\mathrm{P}(A^C)=1-\frac{1}{15}=\frac{14}{15}$

020 정답률 ▸ 77% 답 ⑤

1단계 모든 경우의 수를 구해 보자.

흰색 마스크 5개, 검은색 마스크 9개가 들어 있는 상자에서 임의로 3개의 마스크를 동시에 꺼내는 경우의 수는

${}_{14}C_3=364$

2단계 꺼낸 3개의 마스크 중에서 흰색 마스크가 없을 확률을 구해 보자.

14개의 마스크가 들어 있는 상자에서 임의로 3개의 마스크를 동시에 꺼낼 때, 꺼낸 3개의 마스크 중 적어도 한 개가 흰색 마스크인 사건을 A라 하면 A^C은 꺼낸 3개의 마스크 중에서 흰색 마스크가 없는 사건이다.

꺼낸 마스크 중 흰색 마스크가 없는 경우의 수는

${}_9C_3=84$

$\therefore \mathrm{P}(A^C)=\frac{84}{364}=\frac{3}{13}$

3단계 여사건의 확률을 이용하여 조건을 만족시키는 확률을 구해 보자.

구하는 확률은

$\mathrm{P}(A)=1-\mathrm{P}(A^C)=1-\frac{3}{13}=\frac{10}{13}$

021 정답률 ▸ 85% 답 ③

1단계 모든 경우의 수를 구해 보자.

흰 공 4개, 검은 공 4개가 들어 있는 주머니에서 임의로 4개의 공을 동시에 꺼내는 경우의 수는

${}_8C_4=70$

2단계 2개 미만의 검은 공을 꺼낼 확률을 구해 보자.

8개의 공이 들어 있는 주머니에서 임의로 4개의 공을 동시에 꺼낼 때, 꺼낸 공 중 검은 공이 2개 이상인 사건을 A라 하면 A^C은 검은 공이 2개 미만인 사건이다.

(i) 꺼낸 공 중 검은 공이 없는 경우의 수

${}_4C_4=1$

(ii) 꺼낸 공 중 검은 공이 1개인 경우의 수

흰 공 3개와 검은 공 1개를 꺼내는 경우이므로

${}_4C_3\times{}_4C_1=4\times4=16$

(i), (ii)에서

$\mathrm{P}(A^C)=\frac{1+16}{70}=\frac{17}{70}$

3단계 여사건의 확률을 이용하여 조건을 만족시키는 확률을 구해 보자.

구하는 확률은

$\mathrm{P}(A)=1-\mathrm{P}(A^C)=1-\frac{17}{70}=\frac{53}{70}$

022 정답률 ▸ 62% 답 ④

1단계 모든 경우의 수를 생각해 보자.

주사위를 던지는 시행을 3번 반복했을 때, 주사위가 나오는 경우의 수는

6^3

2단계 시행을 3번 반복한 후 숫자 7이 적힌 상자에 들어 있는 공의 개수가 0일 확률을 구해 보자.

7개의 상자가 모두 비어 있으므로 첫 번째 시행에서는 숫자 7이 적힌 상자에 공을 넣을 수 없다.

즉, 시행을 3번 반복한 후 숫자 7이 적힌 상자에 들어 있는 공의 개수는 0 또는 1 또는 2이다.

이때 시행을 3번 반복한 후 숫자 7이 적힌 상자에 들어 있는 공의 개수가 0인 사건을 A라 하면 A^C은 7이 적힌 상자에 들어 있는 공의 개수가 1 이상인 사건이다.

숫자 7이 적힌 상자에 들어 있는 공의 개수가 0인 경우의 수는 주사위를 3번 던져 나온 눈의 수가 모두 다른 경우의 수와 같으므로

${}_6P_3=120$

$\therefore \mathrm{P}(A)=\frac{120}{6^3}=\frac{5}{9}$

3단계 여사건의 확률을 이용하여 조건을 만족시키는 확률을 구해 보자.

구하는 확률은

$\mathrm{P}(A^C)=1-\mathrm{P}(A)=1-\frac{5}{9}=\frac{4}{9}$

다른 풀이

(i) 시행을 3번 반복한 후 숫자 7이 적힌 상자에 들어 있는 공의 개수가 1인 경우

시행을 3번 반복한 후 숫자 7이 적힌 상자에 들어 있는 공의 개수가 1인 경우의 수는 두 개의 눈의 수는 같고 하나는 다른 눈의 수가 나오는 경우의 수와 같으므로

${}_6C_2\times{}_2C_1\times\frac{3!}{2!}=90$

(ii) 시행을 3번 반복한 후 숫자 7이 적힌 상자에 들어 있는 공의 개수가 2인 경우

시행을 3번 반복한 후 숫자 7이 적힌 상자에 들어 있는 공의 개수가 2인 경우의 수는 주사위를 3번 던져 나온 눈의 수가 모두 같은 경우의 수와 같으므로

${}_6C_1=6$

(i), (ii)에서 구하는 확률

$\frac{90+6}{6^3}=\frac{4}{9}$

023 정답률 ▸ 77% 답 ③

1단계 $\mathrm{P}(A|B)=\mathrm{P}(B|A)$에 대하여 알아보자.

$\mathrm{P}(A|B)=\mathrm{P}(B|A)$에서 $\frac{\mathrm{P}(A\cap B)}{\mathrm{P}(B)}=\frac{\mathrm{P}(A\cap B)}{\mathrm{P}(A)}$

$\therefore \mathrm{P}(A)=\mathrm{P}(B)$ ······ ㉠

2단계 $\mathrm{P}(A)$의 값을 구해 보자.

$\mathrm{P}(A\cup B)=1$, $\mathrm{P}(A\cap B)=\frac{1}{4}$이므로

$\mathrm{P}(A\cup B)=\mathrm{P}(A)+\mathrm{P}(B)-\mathrm{P}(A\cap B)$에서

$1=\mathrm{P}(A)+\mathrm{P}(B)-\frac{1}{4}$ $\therefore 2\mathrm{P}(A)=\frac{5}{4}$ ($\because$ ㉠)

$\therefore \mathrm{P}(A)=\frac{5}{8}$

024 정답률 ▸ 75% 답 ③

1단계 $\mathrm{P}(A|B)=\mathrm{P}(A)=\frac{1}{2}$, $\mathrm{P}(A\cap B)=\frac{1}{5}$임을 이용하여 $\mathrm{P}(B)$의 값을 구해 보자.

$\mathrm{P}(A|B)=\mathrm{P}(A)$에서 $\frac{\mathrm{P}(A\cap B)}{\mathrm{P}(B)}=\mathrm{P}(A)$

$\therefore \mathrm{P}(A\cap B)=\mathrm{P}(A)\mathrm{P}(B)$

앞의 식에서 $\frac{1}{5}=\frac{1}{2}\mathrm{P}(B)$이므로

$\mathrm{P}(B)=\frac{1}{5}\times 2=\frac{2}{5}$

2단계 $\mathrm{P}(A\cup B)$의 값을 구해 보자.

$$\begin{aligned}\mathrm{P}(A\cup B)&=\mathrm{P}(A)+\mathrm{P}(B)-\mathrm{P}(A\cap B)\\&=\frac{1}{2}+\frac{2}{5}-\frac{1}{5}=\frac{7}{10}\end{aligned}$$

025 정답률 ▸ 72% 답 ②

1단계 $a\times b$가 4의 배수일 확률을 구해 보자.

한 개의 주사위를 차례로 두 번 던져서 나온 눈의 수가 차례로 a, b일 때 $a\times b$가 4의 배수인 사건을 A, $a+b\le 7$인 사건을 B라 하면 구하는 확률은 $\mathrm{P}(B|A)$이다.

한 개의 주사위를 차례로 두 번 던져서 나오는 모든 경우의 수는

$6\times 6=36$

$a\times b$가 4의 배수인 경우를 순서쌍 (a, b)로 나타내면

(1, 4), (2, 2), (2, 4), (2, 6), (3, 4),

(4, 1), (4, 2), (4, 3), (4, 4), (4, 5), (4, 6)

(5, 4), (6, 2), (6, 4), (6, 6)

의 15개이므로

$\mathrm{P}(A)=\frac{15}{36}$

2단계 $a+b\le 7$일 확률을 구해 보자.

두 사건 A, B를 동시에 만족시키는 경우를 순서쌍 (a, b)로 나타내면

(1, 4), (2, 2), (2, 4), (3, 4), (4, 1), (4, 2), (4, 3)

의 7개이므로

$\mathrm{P}(A\cap B)=\frac{7}{36}$

3단계 조건부확률을 이용하여 조건을 만족시키는 확률을 구해 보자.

구하는 확률은

$$\mathrm{P}(B|A)=\frac{\mathrm{P}(A\cap B)}{\mathrm{P}(A)}=\frac{\frac{7}{36}}{\frac{15}{36}}=\frac{7}{15}$$

026 정답률 ▸ 51% 답 ④

1단계 시행을 4번 반복한 후 상자 B에 들어 있는 공의 개수가 8인 경우를 구해 보자.

시행을 4번 반복한 후 상자 B에 들어 있는 공의 개수가 8인 사건을 A, 상자 B에 들어 있는 검은 공의 개수가 2인 사건을 B라 하면 구하는 확률은 $\mathrm{P}(B|A)$이다.

이때 확인한 수가 1이면 상자 B에 넣는 공의 개수는 1, 확인한 수가 2 또는 3이면 상자 B에 넣는 공의 개수는 2, 확인한 수가 4이면 상자 B에 넣는 공의 개수가 3이므로 확인한 수가 1인 횟수를 x, 확인한 수가 2 또는 3인 횟수를 y, 확인한 수가 4인 횟수를 z라 하면 시행을 4번 반복한 후 상자 B에 들어 있는 공의 개수가 8인 경우는

$x+2y+3z=8$ …… ㉠

을 만족시키는 음이 아닌 정수 x, y, z의 순서쌍 (x, y, z)를 구하는 것과 같다.

㉠을 만족시키는 순서쌍 (x, y, z)를 구하면

(2, 0, 2), (1, 2, 1), (0, 4, 0)

이다.

2단계 시행을 4번 반복한 후 상자 B에 들어 있는 공의 개수가 8일 확률을 구해 보자.

확인한 수가 1일 확률은 $\frac{1}{4}$, 2 또는 3일 확률은 $\frac{2}{4}=\frac{1}{2}$, 4일 확률은 $\frac{1}{4}$이므로

(i) 순서쌍 (x, y, z)가 (2, 0, 2)일 때의 확률

확인한 수가 1인 횟수가 2, 확인한 수가 2 또는 3인 횟수가 0, 확인한 수가 4인 횟수가 2이다.

이 경우의 수는 1, 1, 4, 4를 일렬로 나열하는 경우의 수와 같으므로

$\frac{4!}{2!2!}=6$

즉, 이때의 확률은

$6\times\left(\frac{1}{4}\right)^2\times\left(\frac{1}{4}\right)^2=\frac{3}{128}$

(ii) 순서쌍 (x, y, z)가 (1, 2, 1)일 때의 확률

확인한 수가 1인 횟수가 1, 확인한 수가 2 또는 3인 횟수가 2, 확인한 수가 4인 횟수가 1이다.

이 경우의 수는 1, 2, 2, 4를 일렬로 나열하는 경우의 수와 같으므로

$\frac{4!}{2!}=12$

즉, 이때의 확률은

$12\times\frac{1}{4}\times\left(\frac{1}{2}\right)^2\times\frac{1}{4}=\frac{3}{16}$

(iii) 순서쌍 (x, y, z)가 (0, 4, 0)일 때의 확률

확인한 수가 1인 횟수가 0, 확인한 수가 2 또는 3인 횟수가 4, 확인한 수가 4인 횟수가 0이다.

이 경우의 수는 2, 2, 2, 2를 일렬로 나열하는 경우의 수와 같으므로

$\frac{4!}{4!}=1$

즉, 이때의 확률은

$1\times\left(\frac{1}{2}\right)^4=\frac{1}{16}$

(i), (ii), (iii)에서

$\mathrm{P}(A)=\frac{3}{128}+\frac{3}{16}+\frac{1}{16}=\frac{35}{128}$

3단계 시행을 4번 반복한 후 상자 B에 들어 있는 공의 개수가 8이고, 검은 공의 개수가 2일 확률을 구해 보자.

시행을 4번 반복한 후 상자 B에 들어 있는 공의 개수가 8이고 검은 공의 개수가 2일 확률은 (i)의 확률과 같으므로

$\mathrm{P}(A\cap B)=\frac{3}{128}$

4단계 조건부확률을 이용하여 주어진 조건을 만족시키는 확률을 구해 보자.

구하는 확률은

$$\mathrm{P}(B|A)=\frac{\mathrm{P}(A\cap B)}{\mathrm{P}(A)}=\frac{\frac{3}{128}}{\frac{35}{128}}=\frac{3}{35}$$

참고

사건 A가 일어나는 경우를 각각

(i) $8=3+3+1+1$, (ii) $8=3+2+2+1$, (iii) $8=2+2+2+2$

와 같이 나누어 생각할 수도 있다.

027 정답률 ▸ 42% 답 ④

1단계 a가 b의 약수일 때, $f(a)$가 $f(b)$의 약수인 함수 f의 개수를 구해 보자.

a가 b의 약수일 때 $f(a)$도 $f(b)$의 약수인 사건을 A, $f(4)$가 짝수인 사건을 B라 하면 구하는 확률은 $\mathrm{P}(B|A)$이다.

a가 b의 약수인 순서쌍 (a, b)를 구해 보면

$(1, 1), (1, 2), (1, 3), (1, 4),$

$(2, 2), (2, 4), (3, 3), (4, 4)$

의 8가지이다.

이때 $f(1)$은 $f(2)$, $f(3)$, $f(4)$의 약수이어야 하므로 $f(1)$의 값에 따라 경우를 나누어 생각해 보자.

(i) $f(1)=1$인 경우

$f(2)$는 $f(4)$의 약수이어야 하므로 이때의 가능한 순서쌍 $(f(2), f(4))$는

$(1, 1), (1, 2), (1, 3), (1, 4),$

$(2, 2), (2, 4), (3, 3), (4, 4)$

의 8가지이다.

$f(3)$은 1, 2, 3, 4의 어떤 수에 대응되어도 조건을 만족시키므로 $f(3)$이 될 수 있는 경우는

$f(3)=1, 2, 3, 4$의 4가지이다.

즉, $f(1)=1$일 때 a가 b의 약수이면 $f(a)$가 $f(b)$의 약수인 함수 f의 개수는

$1\times8\times4=32$

(ii) $f(1)=2$인 경우

$f(2)$는 $f(1)$의 배수이면서 $f(4)$의 약수이어야 하므로 이때의 가능한 순서쌍 $(f(2), f(4))$는

$(2, 2), (2, 4), (4, 4)$

의 3가지이다.

$f(3)$은 $f(1)$의 배수이어야 하므로 $f(3)$이 될 수 있는 경우는

$f(3)=2, 4$의 2가지이다.

즉, $f(2)=2$일 때 a가 b의 약수이면 $f(a)$가 $f(b)$의 약수인 함수 f의 개수는

$1\times3\times2=6$

(iii) $f(1)=3$, $f(1)=4$인 경우

$f(2)$, $f(3)$, $f(4)$가 모두 $f(1)$의 배수이어야 하므로 a가 b의 약수이면 $f(a)$가 $f(b)$의 약수인 함수 f의 개수는

$f(1)=f(2)=f(3)=f(4)=3$

또는 $f(1)=f(2)=f(3)=f(4)=4$

의 2가지이다.

(i)~(iii)에서 조건을 만족시키는 함수 f의 개수는

$32+6+2=40$이므로

$n(A)=40$

2단계 함수 f가 주어진 조건을 만족시킬 때, $f(4)$가 짝수인 경우를 생각해 보자.

(i)에서 $f(4)$가 짝수인 함수 f의 개수는 순서쌍 $(f(2), f(4))$가

$(1, 2), (1, 4), (2, 2), (2, 4), (4, 4)$

인 5가지의 경우만 생각하면 되므로 이때의 함수 f의 개수는

$1\times5\times4=20$

(ii)에서 $f(4)$가 짝수인 함수 f의 개수는 6

(iii)에서 $f(4)$가 짝수인 함수 f의 개수는 1

즉, 함수 f가 주어진 조건을 만족시킬 때, $f(4)$가 짝수인 경우의 함수 f의 개수는 $20+6+1=27$이므로

$n(A\cap B)=27$

3단계 조건부확률을 이용하여 주어진 조건을 만족시키는 확률을 구해 보자.

구하는 확률은

$$\mathrm{P}(B|A)=\frac{n(A\cap B)}{n(A)}=\frac{27}{40}$$

028 정답률 ▸ 44% 답 ②

1단계 $a\times b+c+d$가 홀수가 되는 경우를 생각해 보자.

$a\times b+c+d$가 홀수인 사건을 A, 두 수 a, b가 모두 홀수인 사건을 B라 하면 구하는 확률은 $\mathrm{P}(B|A)$이다.

이때 $a\times b+c+d$가 홀수이려면

$a\times b$가 홀수, $c+d$가 짝수인 경우이거나

$a\times b$가 짝수, $c+d$가 홀수인 경우이다.

2단계 1단계 의 경우가 일어날 확률을 각각 구해 보자.

(i) $a\times b$가 홀수, $c+d$가 짝수인 경우

$a\times b$가 홀수이려면 두 수 a, b가 모두 홀수이어야 하고, $c+d$가 짝수이려면 두 수 c, d가 모두 홀수이거나 모두 짝수이어야 한다.

a, b, c, d가 모두 홀수일 확률은

$$\frac{5}{9}\times\frac{4}{8}\times\frac{3}{7}\times\frac{2}{6}=\frac{5}{126}$$

a, b는 홀수, c, d는 짝수일 확률은

$$\frac{5}{9}\times\frac{4}{8}\times\frac{4}{7}\times\frac{3}{6}=\frac{5}{63}$$

즉, 이 경우의 확률은

$$\frac{5}{126}+\frac{5}{63}=\frac{5}{42}$$

(ii) $a\times b$가 짝수, $c+d$가 홀수인 경우

$a\times b$가 짝수이려면 두 수 a, b 모두 짝수이거나 a가 홀수이면 b는 짝수, a가 짝수이면 b는 홀수이어야 하고, $c+d$가 홀수이려면 c가 홀수이면 d는 짝수, c가 짝수이면 d는 홀수이어야 한다.

두 수 a, b가 모두 짝수일 확률은

$$\frac{4}{9}\times\frac{3}{8}=\frac{1}{6}$$

a가 홀수이고, b가 짝수일 확률은

$$\frac{5}{9}\times\frac{4}{8}=\frac{5}{18}$$

a가 짝수이고, b가 홀수일 확률은

$$\frac{4}{9}\times\frac{5}{8}=\frac{5}{18}$$

이때 c, d는 각각 홀수, 짝수이거나 짝수, 홀수이어야 하므로

$$\frac{1}{6}\times\left(\frac{5}{7}\times\frac{2}{6}+\frac{2}{7}\times\frac{5}{6}\right)+\frac{5}{18}\times\left(\frac{4}{7}\times\frac{3}{6}+\frac{3}{7}\times\frac{4}{6}\right)+\frac{5}{18}\times\left(\frac{4}{7}\times\frac{3}{6}+\frac{3}{7}\times\frac{4}{6}\right)$$

$$=\frac{5}{63}+\frac{10}{63}+\frac{10}{63}=\frac{25}{63}$$

(i), (ii)에 의하여

$$\mathrm{P}(A)=\frac{5}{42}+\frac{25}{63}=\frac{65}{126}$$

3단계 $a\times b+c+d$가 홀수이고, 두 수 a, b가 모두 홀수인 경우의 확률을 구해 보자.

$a\times b+c+d$가 홀수이고, 두 수 a, b가 모두 홀수일 확률은 (i)의 확률과 같으므로

$P(A\cap B)=\frac{5}{42}$

4단계 조건부확률을 이용하여 주어진 조건을 만족시키는 확률을 구해 보자.

구하는 확률은

$$P(B|A)=\frac{P(A\cap B)}{P(A)}=\frac{\frac{5}{42}}{\frac{65}{126}}=\frac{3}{13}$$

다른 풀이

$a\times b+c+d$가 홀수인 사건을 A, 두 수 a, b가 모두 홀수인 사건을 B라 하면 구하는 확률은 $P(B|A)$이다.

이때 네 수 a, b, c, d가 모두 짝수이면 조건을 만족시키지 않는다.

즉, 네 수 a, b, c, d 중 홀수는 1개 이상이어야 한다.

(i) 홀수가 1개인 경우

순서쌍 (a, b, c, d)가

(짝수, 짝수, 홀수, 짝수), (짝수, 짝수, 짝수, 홀수)

인 경우이므로 이 경우의 확률은

$2\times\frac{{}_5P_1\times{}_4P_3}{{}_9P_4}=\frac{5}{63}$

(ii) 홀수가 2개인 경우

순서쌍 (a, b, c, d)가

(홀수, 홀수, 짝수, 짝수),

(홀수, 짝수, 홀수, 짝수), (홀수, 짝수, 짝수, 홀수),

(짝수, 홀수, 홀수, 짝수), (짝수, 홀수, 짝수, 홀수)

인 경우이므로 이 경우의 확률은

$5\times\frac{{}_5P_2\times{}_4P_2}{{}_9P_4}=\frac{25}{63}$

(iii) 홀수가 3개인 경우

조건을 만족시키지 않는다.

(iv) 홀수가 4개인 경우

순서쌍 (a, b, c, d)가

(홀수, 홀수, 홀수, 홀수)

인 경우이므로 이 경우의 확률은

$\frac{{}_5P_4}{{}_9P_4}=\frac{5}{126}$

(i)~(iv)에 의하여

$P(A)=\frac{5}{63}+\frac{25}{63}+\frac{5}{126}=\frac{65}{126}$

$a\times b+c+d$가 홀수이고, 두 수 a, b가 모두 홀수인 경우는 순서쌍 (a, b, c, d)가

(홀수, 홀수, 짝수, 짝수), (홀수, 홀수, 홀수, 홀수)

인 경우이므로 (ii), (iv)에서

$P(A\cap B)=\frac{5}{63}+\frac{5}{126}=\frac{5}{42}$

따라서 구하는 확률은

$$P(B|A)=\frac{P(A\cap B)}{P(A)}=\frac{\frac{5}{42}}{\frac{65}{126}}=\frac{3}{13}$$

029 정답률 ▸ 74% 답 ④

1단계 주머니 A에서 꺼내어 주머니 B에 넣은 공이 흰 공인 경우를 생각해 보자.

주머니 A에서 임의로 꺼낸 1개의 공이 흰 공인 사건을 A, 주머니 B에서 임의로 꺼낸 3개의 공 중에서 적어도 한 개가 흰 공인 사건을 B라 하면 구하는 확률은 $P(B)$이다.

(i) 주머니 A에서 임의로 꺼낸 공이 흰 공인 경우

$$P(A\cap B)=P(A)P(B|A)=\frac{1}{3}\times\left(1-\frac{{}_3C_3}{{}_7C_3}\right)$$
$$=\frac{1}{3}\times\frac{34}{35}=\frac{34}{105}$$

2단계 주머니 A에서 꺼내어 주머니 B에 넣은 공이 검은 공인 경우를 생각해 보자.

(ii) 주머니 A에서 임의로 꺼낸 공이 검은 공인 경우

$$P(A^C\cap B)=P(A^C)P(B|A^C)=\frac{2}{3}\times\left(1-\frac{{}_4C_3}{{}_7C_3}\right)$$
$$=\frac{2}{3}\times\frac{31}{35}=\frac{62}{105}$$

3단계 조건을 만족시키는 확률을 구해 보자.

$$P(B)=P(A\cap B)+P(A^C\cap B)$$
$$=\frac{34}{105}+\frac{62}{105}=\frac{32}{35}$$

다른 풀이

주머니 B에서 꺼낸 3개의 공 중 적어도 한 개가 흰 공인 사건을 A라 하면 A^C은 꺼낸 3개의 공이 모두 검은 공인 사건이다.

꺼낸 3개의 공이 모두 검은 공일 확률을 구하면 다음과 같다.

(i) 주머니 A에는 3개의 공이 들어 있고, 그중 흰 공은 1개이므로 주머니 A에서 꺼낸 1개의 공이 흰 공일 확률은

$\frac{1}{3}$

또한, 주머니 A에서 꺼낸 흰 공을 주머니 B에 넣으면 주머니 B에는 흰 공 4개와 검은 공 3개가 들어 있으므로 주머니 B에서 꺼낸 3개의 공이 모두 검은 공일 확률은

$\frac{{}_3C_3}{{}_7C_3}=\frac{1}{35}$

즉, 주머니 A에서 꺼낸 1개의 공이 흰 공일 때, 주머니 B에서 꺼낸 3개의 공이 모두 검은 공일 확률은

$\frac{1}{3}\times\frac{1}{35}=\frac{1}{105}$

(ii) 주머니 A에서 꺼낸 1개의 공이 검은 공일 경우

주머니 A에는 3개의 공이 들어 있고 그중 검은 공은 2개이므로 주머니 A에서 꺼낸 1개의 공이 검은 공일 확률은

$\frac{2}{3}$

또한, 주머니 A에서 껀내 검은 공을 주머니 B에 넣으면 주머니 B에는 흰 공 3개와 검은 공 4개가 들어 있으므로 주머니 B에서 꺼낸 3개의 공이 모두 검은 공일 확률은

$\frac{{}_4C_3}{{}_7C_3}=\frac{4}{35}$

즉, 주머니 A에서 꺼낸 2개의 공이 검은 공일 때, 주머니 B에서 꺼낸 3개의 공이 모두 검은 공일 확률은

$\frac{2}{3}\times\frac{4}{35}=\frac{8}{105}$

(i), (ii)에서

$P(A^C)=\frac{1}{105}+\frac{8}{105}=\frac{9}{105}=\frac{3}{35}$

따라서 구하는 확률은

$$P(A)=1-P(A^C)$$
$$=1-\frac{3}{35}=\frac{32}{35}$$

030 정답률 ▸ 59% 답 ⑤

1단계 3개의 동전을 동시에 던져 앞면이 나오는 동전의 개수가 3일 확률과 그 이하일 확률을 각각 구해 보자.

3개의 동전을 동시에 던져

앞면이 나오는 동전의 개수가 3일 확률은

$\frac{1}{2^3}=\frac{1}{8}$

앞면이 나오는 동전의 개수가 2 이하일 확률은

$1-\frac{1}{8}=\frac{7}{8}$

2단계 주머니 A에서 꺼낸 2장의 카드에 적혀 있는 두 수의 합이 소수일 확률을 구해 보자.

주머니 A에서 꺼낸 2장의 카드에 적혀 있는 두 수의 합이 소수이려면 두 수의 합이 2 또는 3 또는 5이어야 한다.

(i) 두 수의 합이 2일 확률

1이 적혀 있는 카드 2장을 뽑으면 되므로

$\frac{{}_2C_2}{{}_6C_2}=\frac{1}{15}$

$\therefore \frac{1}{8}\times\frac{1}{15}=\frac{1}{120}$

(ii) 두 수의 합이 3일 확률

1이 적혀 있는 카드 1장, 2가 적혀 있는 카드 1장을 뽑으면 되므로

$\frac{{}_2C_1\times{}_2C_1}{{}_6C_2}=\frac{2\times2}{15}=\frac{4}{15}$

$\therefore \frac{1}{8}\times\frac{4}{15}=\frac{1}{30}$

(iii) 두 수의 합이 5일 확률

(ii)와 같은 방법으로 $\frac{1}{30}$

(i), (ii), (iii)에서 주머니 A에서 꺼낸 2장의 카드에 적혀 있는 두 수의 합이 소수일 확률은

$\frac{1}{120}+\frac{1}{30}+\frac{1}{30}=\frac{3}{40}$

3단계 주머니 B에서 꺼낸 2장의 카드에 적혀 있는 두 수의 합이 소수일 확률을 구해 보자.

주머니 B에서 꺼낸 2장의 카드에 적혀 있는 두 수의 합이 소수이려면 두 수의 합이 7이어야 한다.

3이 적혀 있는 카드 1장, 4가 적혀 있는 카드 1장을 뽑으면 되므로 그 확률은

$\frac{{}_2C_1\times{}_2C_1}{{}_6C_2}=\frac{2\times2}{15}=\frac{4}{15}$

$\therefore \frac{7}{8}\times\frac{4}{15}=\frac{7}{30}$

4단계 조건을 만족시키는 확률을 구해 보자.

구하는 확률은

$\frac{3}{40}+\frac{7}{30}=\frac{37}{120}$

031 정답률 ▸ 75% 답 ④

1단계 여사건의 확률을 이용하여 $\mathrm{P}(A)$의 값을 구해 보자.

$\mathrm{P}(A^C)=1-\mathrm{P}(A)$이므로

$\mathrm{P}(A^C)=2\mathrm{P}(A)$에서 $2\mathrm{P}(A)=1-\mathrm{P}(A)$

$3\mathrm{P}(A)=1 \quad \therefore \mathrm{P}(A)=\frac{1}{3}$

2단계 $\mathrm{P}(B)$의 값을 구해 보자.

두 사건 A, B는 서로 독립이므로

$\mathrm{P}(A\cap B)=\mathrm{P}(A)\mathrm{P}(B)$에서

$\frac{1}{4}=\frac{1}{3}\times\mathrm{P}(B) \quad \therefore \mathrm{P}(B)=\frac{3}{4}$

032 정답률 ▸ 81% 답 ③

1단계 $\mathrm{P}(B)=\mathrm{P}(A\cap B)+\mathrm{P}(A^C\cap B)$임을 이용하여 $\mathrm{P}(B)$의 값을 구해 보자.

$\mathrm{P}(B)=\mathrm{P}(A\cap B)+\mathrm{P}(A^C\cap B)=\frac{1}{15}+\frac{1}{10}=\frac{1}{6}$

2단계 두 사건 A, B가 서로 독립임을 이용하여 $\mathrm{P}(A)$의 값을 구해 보자.

두 사건 A, B가 서로 독립이므로

$\mathrm{P}(A\cap B)=\mathrm{P}(A)\mathrm{P}(B)=\mathrm{P}(A)\times\frac{1}{6}$에서

$\mathrm{P}(A)=6\times\mathrm{P}(A\cap B)=6\times\frac{1}{15}=\frac{2}{5}$

다른 풀이

두 사건 A, B가 서로 독립이므로

$\mathrm{P}(A\cap B)=\mathrm{P}(A)\mathrm{P}(B)=\frac{1}{15}$

또한, 두 사건 A^C, B도 서로 독립이므로

$$\begin{aligned}\mathrm{P}(A^C\cap B)&=\mathrm{P}(A^C)\mathrm{P}(B)\\&=\{1-\mathrm{P}(A)\}\times\mathrm{P}(B)\\&=\mathrm{P}(B)-\mathrm{P}(A)\mathrm{P}(B)\\&=\mathrm{P}(B)-\frac{1}{15}=\frac{1}{10}\end{aligned}$$

에서 $\mathrm{P}(B)=\frac{1}{10}+\frac{1}{15}=\frac{1}{6}$

즉, $\mathrm{P}(A)\mathrm{P}(B)=\mathrm{P}(A)\times\frac{1}{6}=\frac{1}{15}$이므로

$\mathrm{P}(A)=\frac{1}{15}\times6=\frac{2}{5}$

033 정답률 ▸ 77% 답 ④

1단계 두 사건 A, B가 서로 독립이면 두 사건 A^C, B도 서로 독립임을 이용하여 $\mathrm{P}(B)$의 값을 구해 보자.

두 사건 A, B가 서로 독립이므로 두 사건 A^C, B도 서로 독립이다.

$\mathrm{P}(A\cap B)=\mathrm{P}(A)\mathrm{P}(B)=\frac{1}{2}$, $\mathrm{P}(A^C\cap B)=\frac{1}{4}$에서

$$\begin{aligned}\mathrm{P}(A^C\cap B)&=\mathrm{P}(A^C)\mathrm{P}(B)\\&=\{1-\mathrm{P}(A)\}\mathrm{P}(B)\\&=\mathrm{P}(B)-\mathrm{P}(A)\mathrm{P}(B)\\&=\mathrm{P}(B)-\frac{1}{2}=\frac{1}{4}\end{aligned}$$

$\therefore \mathrm{P}(B)=\frac{3}{4}$

2단계 $\mathrm{P}(A)$의 값을 구해 보자.

$\mathrm{P}(A)\mathrm{P}(B)=\frac{1}{2}$에서 $\mathrm{P}(A)=\frac{1}{2}\times\frac{4}{3}=\frac{2}{3}$

다른 풀이

$\mathrm{P}(B)=\mathrm{P}(A\cap B)+\mathrm{P}(A^C\cap B)=\frac{3}{4}$이고

두 사건 A, B가 서로 독립이므로

$\mathrm{P}(A\cap B)=\mathrm{P}(A)\mathrm{P}(B)$에서

$\frac{1}{2}=\mathrm{P}(A)\times\frac{3}{4}\qquad\therefore \mathrm{P}(A)=\frac{2}{3}$

034 정답률 ▸ 70% 답 ①

1단계 $\mathrm{P}(B)$의 값을 구해 보자.

두 사건 A, B가 서로 독립이고

$\mathrm{P}(A)=\frac{2}{3}$, $\mathrm{P}(A\cap B)=\frac{1}{6}$이므로

$\mathrm{P}(A\cap B)=\mathrm{P}(A)\mathrm{P}(B)=\frac{2}{3}\mathrm{P}(B)=\frac{1}{6}$

$\therefore \mathrm{P}(B)=\frac{1}{6}\times\frac{3}{2}=\frac{1}{4}$

2단계 $\mathrm{P}(A\cup B)$의 값을 구해 보자.

$$\begin{aligned}\mathrm{P}(A\cup B)&=\mathrm{P}(A)+\mathrm{P}(B)-\mathrm{P}(A\cap B)\\&=\frac{2}{3}+\frac{1}{4}-\frac{1}{6}=\frac{3}{4}\end{aligned}$$

035 정답률 ▸ 32% 답 19

1단계 주어진 시행을 3번 반복했을 때, 5개의 동전이 앞면이 보이도록 놓여 있는 경우를 생각해 보자.

주어진 시행을 3번 반복했을 때, 5개의 동전이 모두 앞면을 보이도록 놓여 있으려면 뒷면이 보이도록 놓여 있는 동전 3개를 하나씩 뒤집는 시행을 하거나 앞면이 보이도록 놓여 있는 동전 2개를 하나씩 뒤집는 시행과 모든 동전을 한 번씩 뒤집는 시행을 해야 한다.

2단계 주어진 시행을 3번 반복했을 때, 5개의 동전이 앞면이 보이도록 놓여 있을 확률을 구해 보자.

(i) 뒷면이 보이도록 놓여 있는 동전 3개를 하나씩 뒤집는 시행을 하는 경우
뒷면이 보이도록 놓여 있는 동전은 3번째, 4번째, 5번째에 놓여 있는 동전이므로 뒷면이 보이도록 놓여 있는 동전 3개를 하나씩 뒤집는 시행을 하려면 주사위를 세 번 던졌을 때 주사위의 눈의 수 3, 4, 5가 각각 한 번씩 나와야 한다.
3번의 시행에서 주사위의 눈의 수 3, 4, 5가 한 번씩 나오는 경우의 수는
$3!$
이므로 이때의 확률은

$3!\times\left(\frac{1}{6}\times\frac{1}{6}\times\frac{1}{6}\right)=\frac{1}{36}$ (→ 각 눈이 나올 확률; → 3, 4, 5 순서 결정)

(ii) 앞면이 보이도록 놓여 있는 동전 2개를 하나씩 뒤집는 시행과 모든 동전을 한 번씩 뒤집는 시행을 하는 경우
앞면이 보이도록 놓여 있는 동전은 1번째, 2번째에 놓여 있는 동전이므로 앞면이 보이도록 놓여 있는 동전 2개를 하나씩 뒤집는 시행과 모든 동전을 한 번씩 뒤집는 시행을 하려면 주사위를 세 번 던졌을 때 주사위의 눈의 수 1, 2, 6이 각각 한 번씩 나와야 한다.
3번의 시행에서 주사위의 눈의 수 1, 2, 6이 한 번씩 나오는 경우의 수는
$3!$
이므로 이때의 확률은

$3!\times\left(\frac{1}{6}\times\frac{1}{6}\times\frac{1}{6}\right)=\frac{1}{36}$ (→ 각 눈이 나올 확률; → 1, 2, 6 순서 결정)

(i), (ii)에서 구하는 확률은

$\frac{1}{36}+\frac{1}{36}=\frac{1}{18}$

3단계 $p+q$의 값을 구해 보자.

$p=18$, $q=1$이므로

$p+q=18+1=19$

036 정답률 ▸ 79% 답 ④

1단계 주사위를 한 번 던져 나온 눈의 수가 6의 약수일 확률과 아닐 확률을 각각 구해 보자.

주사위를 한 번 던져 나온 눈의 수가 6의 약수인 경우의 수는

1, 2, 3, 6의 4이므로 그 확률은

$\frac{4}{6}=\frac{2}{3}$

6의 약수가 아닐 확률은

$1-\frac{2}{3}=\frac{1}{3}$

2단계 점 P의 좌표가 2 미만일 확률을 구해 보자.

주어진 시행을 4번 반복할 때, 4번째 시행 후 점 P의 좌표가 2 이상인 사건을 A라 하면 A^C은 점 P의 좌표가 2 미만인 사건이다.

(i) 점 P의 좌표가 0일 확률
4번의 시행에서 나온 주사위의 눈의 수가 모두 6의 약수가 아닌 경우이므로 이 경우의 확률은

${}_4\mathrm{C}_0\left(\frac{2}{3}\right)^0\left(\frac{1}{3}\right)^4=\frac{1}{81}$

(ii) 점 P의 좌표가 1일 확률
4번의 시행에서 나온 주사위의 눈의 수가 6의 약수가 1번, 6의 약수가 아닌 수가 3번 나오는 경우이므로 이 경우의 확률은

${}_4\mathrm{C}_1\left(\frac{2}{3}\right)^1\left(\frac{1}{3}\right)^3=4\times\frac{2}{3}\times\frac{1}{27}=\frac{8}{81}$

(i), (ii)에서 점 P의 좌표가 2 미만일 확률은

$\mathrm{P}(A^C)=\frac{1}{81}+\frac{8}{81}=\frac{1}{9}$

3단계 여사건의 확률을 이용하여 조건을 만족시키는 확률을 구해 보자.

구하는 확률은

$\mathrm{P}(A)=1-\mathrm{P}(A^C)=1-\frac{1}{9}=\frac{8}{9}$

037 정답률 ▸ 45% 답 ①

1단계 주사위를 한 번 던져 나온 눈의 수가 3의 배수일 확률과 아닐 확률을 각각 구해 보자.

주사위를 한 번 던져 나온 눈의 수가 3의 배수인 경우의 수는

3, 6의 2이므로 그 확률은

$\frac{2}{6}=\frac{1}{3}$

3의 배수가 아닐 확률은

$1-\frac{1}{3}=\frac{2}{3}$

2단계 $a\times b\times c\times d$가 27의 배수일 확률을 구해 보자.

한 개의 주사위를 차례로 네 번 던져서 나온 눈의 수가 차례로 a, b, c, d일 때, $a\times b\times c\times d$가 27의 배수이려면 3의 배수의 눈이 세 번 또는 네 번 나와야 한다.

(i) 3의 배수의 눈이 세 번 나올 확률

$${}_4C_3\left(\frac{1}{3}\right)^3\left(\frac{2}{3}\right)^1=\frac{8}{81}$$

(ii) 3의 배수의 눈이 네 번 나올 확률

$${}_4C_4\left(\frac{1}{3}\right)^4\left(\frac{2}{3}\right)^0=\frac{1}{81}$$

(i), (ii)에서 $a\times b\times c\times d$가 27의 배수일 확률은

$$\frac{8}{81}+\frac{1}{81}=\frac{1}{9}$$

다른 풀이

한 개의 주사위를 네 번 던져 나오는 모든 경우의 수는

6^4

$a\times b\times c\times d$가 27의 배수이려면 3의 배수의 눈이 세 번 또는 네 번 나와야 한다.

(i) 3의 배수의 눈이 세 번 나오는 경우의 수

3의 배수의 눈이 나오는 경우의 수는 3, 6의 2이고

3의 배수가 아닌 눈이 나오는 경우의 수는

1, 2, 4, 5의 4이므로

3의 배수의 눈이 세 번 나오는 경우의 수는

${}_4C_3\times 2^3\times 4=2^7$

(ii) 3의 배수의 눈이 네 번 나오는 경우의 수

3의 배수의 눈이 네 번 나오는 경우의 수는 2^4

(i), (ii)에서 $a\times b\times c\times d$가 27의 배수인 경우의 수는

$2^7+2^4=2^4(2^3+1)=2^4\times 9$

따라서 구하는 확률은

$$\frac{2^4\times 9}{6^4}=\frac{1}{9}$$

038 정답률 ▸ 28% 답 62

1단계 동전을 두 번 던져 앞면이 나온 횟수에 따른 확률을 각각 구해 보자.

동전을 두 번 던져 앞면이 나온 횟수가 2일 확률은

$${}_2C_2\left(\frac{1}{2}\right)^2\left(\frac{1}{2}\right)^0=\frac{1}{4}$$

동전을 두 번 던져 앞면이 나온 횟수가 0 또는 1일 확률은

$${}_2C_0\left(\frac{1}{2}\right)^0\left(\frac{1}{2}\right)^2+{}_2C_1\left(\frac{1}{2}\right)^1\left(\frac{1}{2}\right)^1=\frac{1}{4}+\frac{1}{2}=\frac{3}{4}$$

2단계 시행을 5번 반복했을 때 문자 B가 보이도록 카드가 놓일 확률을 구해 보자.

시행을 5번 반복했을 때 문자 B가 보이도록 카드가 놓이려면 카드를 뒤집는 시행을 1번, 3번, 5번 하면 되므로 이때의 확률은

$$p={}_5C_1\left(\frac{1}{4}\right)^1\left(\frac{3}{4}\right)^4+{}_5C_3\left(\frac{1}{4}\right)^3\left(\frac{3}{4}\right)^2+{}_5C_5\left(\frac{1}{4}\right)^5\left(\frac{3}{4}\right)^0$$

$$=\frac{405+90+1}{4^5}=\frac{496}{4^5}=\frac{31}{64}$$

3단계 $128\times p$의 값을 구해 보자.

$$128\times p=128\times\frac{31}{64}=62$$

Ⅱ 고난도 기출

▸ 본문 069~076쪽

039 ① 040 51 041 ① 042 5 043 17 044 9
045 61 046 133 047 49

039 정답률 ▸ 28% 답 ①

1단계 $a_k\le k$를 만족시키는 자연수 k의 최솟값이 3일 확률을 구해 보자.

$a_k\le k$를 만족시키는 자연수 k $(1\le k\le 5)$의 최솟값이 3인 사건을 A, $a_1+a_2=a_4+a_5$인 사건을 B라 하면 구하는 확률은 $P(B|A)$이다.

모든 경우의 수는 1부터 5까지의 자연수를 일렬로 나열하는 경우의 수와 같으므로

$5!=120$

$a_k\le k$를 만족시키는 자연수 k $(1\le k\le 5)$의 최솟값이 3이려면 $a_1>1$, $a_2>2$, $a_3\le 3$이어야 하므로 a_3의 값을 기준으로 경우를 나누어 확률을 구해 보면 다음과 같다.

(i) $a_3=1$이고, $a_1>1$, $a_2>2$일 확률

$a_3=1$이면 a_2의 값이 될 수 있는 수는 3 또는 4 또는 5, a_1의 값이 될 수 있는 수는 2 또는 3, 4, 5 중에서 a_2의 값을 제외한 나머지 2개의 수이고, a_4, a_5의 값은 남은 2개의 수를 나열하여 정하면 되므로 이때의 확률은

$$\frac{3\times 3\times 2!}{120}=\frac{3}{20}$$

(ii) $a_3=2$이고, $a_1>1$, $a_2>2$일 확률

$a_3=2$이면 a_2의 값이 될 수 있는 수는 3 또는 4 또는 5, a_1의 값이 될 수 있는 수는 3, 4, 5 중에서 a_2의 값을 제외한 나머지 2개의 수이고, a_4, a_5의 값은 남은 2개의 수를 나열하여 정하면 되므로 이때의 확률은

$$\frac{3\times 2\times 2!}{120}=\frac{1}{10}$$

(iii) $a_3=3$이고, $a_1>1$, $a_2>2$일 확률

$a_3=3$이면 a_2의 값이 될 수 있는 수는 4 또는 5, a_1의 값이 될 수 있는 수는 2 또는 4, 5 중에서 a_2의 값을 제외한 나머지 1개의 수이고, a_4, a_5의 값은 남은 2개의 수를 나열하여 정하면 되므로 이때의 확률은

$$\frac{2\times 2\times 2!}{120}=\frac{1}{15}$$

(i), (ii), (iii)에서

$$P(A)=\frac{3}{20}+\frac{1}{10}+\frac{1}{15}=\frac{9+6+4}{60}=\frac{19}{60}$$

2단계 $a_1+a_2=a_4+a_5$일 확률을 구해 보자.

$a_1+a_2=a_4+a_5$이려면 $a_1+a_2+a_3+a_4+a_5=15$에서

$$a_1+a_2+a_3+a_4+a_5=(a_1+a_2)+a_3+(a_4+a_5)$$
$$=2(a_1+a_2)+a_3=15$$

이때 (짝수)$+a_3=$(홀수)이므로 a_3의 값은 반드시 홀수이어야 한다.

즉, a_3의 값이 될 수 있는 수는 1 또는 3이므로 a_3의 값을 기준으로 경우를 나누어 확률을 구해 보면 다음과 같다.

(iv) $a_3=1$일 때, $a_1+a_2=a_4+a_5$일 확률

$a_3=1$이면 $2(a_1+a_2)+1=15$에서

$a_1+a_2=a_4+a_5=7$이므로 순서쌍 (a_1, a_2)는

(2, 5), (3, 4), (4, 3)

즉, 이때의 확률은

$$\frac{3\times 2!}{5!}=\frac{1}{20}$$

(v) $a_3=3$일 때, $a_1+a_2=a_4+a_5$일 확률

$a_3=3$이면 $2(a_1+a_2)+3=15$에서

$a_1+a_2=a_4+a_5=6$이므로 순서쌍 (a_1, a_2)는

$(2, 4)$

즉, 이때의 확률은

$\frac{1\times 2!}{5!}=\frac{1}{60}$

(iv), (v)에서

$P(A\cap B)=\frac{1}{20}+\frac{1}{60}=\frac{1}{15}$

3단계 조건부확률을 이용하여 조건을 만족시키는 경우의 수를 구해 보자.

구하는 확률은

$$P(B|A)=\frac{P(A\cap B)}{P(A)}=\frac{\frac{1}{15}}{\frac{19}{60}}=\frac{4}{19}$$

040 정답률 ▸ 24% 답 51

1단계 모든 경우의 수를 구해 보자.

8개의 공이 들어 있는 주머니에서 임의로 2개의 공을 동시에 꺼내는 경우의 수는

${}_8C_2=28$

2단계 주머니에서 꺼낸 2개의 공의 색에 따라 경우를 나누어 주어진 조건을 만족시키는 경우의 수를 구해 보자.

(i) 꺼낸 2개의 공의 색이 서로 다른 경우

주머니에서 꺼낸 2개의 공이 서로 다른 색이면 12를 점수로 얻으므로 24 이하의 짝수라는 조건을 만족시킨다.

이때의 경우의 수는

${}_4C_1\times{}_4C_1=4\times 4=16$

(ii) 꺼낸 2개의 공의 색이 모두 흰색인 경우

2개의 공에 적힌 수가 모두 홀수인 경우만 제외하면 두 수의 곱이 24 이하의 짝수라는 조건을 만족시키므로 이때의 경우의 수는

${}_4C_2-{}_2C_2=6-1=5$

(iii) 꺼낸 2개의 공의 색이 모두 검은색인 경우

2개의 공에 적힌 수가 4, 5 또는 4, 6인 경우에만 두 수의 곱이 24 이하의 짝수라는 조건을 만족시키므로 이때의 경우의 수는 2이다.

(i), (ii), (iii)에서 주어진 조건을 만족시키는 경우의 수는

$16+5+2=23$

3단계 주어진 조건을 만족시키는 확률을 구하여 $p+q$의 값을 구해 보자.

주어진 조건을 만족시키는 확률은 $\frac{23}{28}$이므로

$p=28,\ q=23$

$\therefore p+q=28+23=51$

041 정답률 ▸ 23% 답 ①

1단계 주어진 시행을 5번 반복했을 때 4개의 동전이 모두 같은 면이 보이도록 놓여 있을 확률을 구해 보자.

주어진 시행을 5번 반복했을 때 4개의 동전이 모두 같은 면이 보이는 사건을 A, 4개의 동전이 모두 앞면이 보이는 사건을 B라 하면 구하는 확률은 $P(B|A)$이다.

주어진 시행을 5번 반복했을 때 4개의 동전이 모두 같은 면이 보이려면 4개의 동전이 모두 뒷면을 보이거나 모두 앞면을 보여야 한다.

(i) 4개의 동전이 모두 앞면을 보이는 경우

4개의 동전이 모두 앞면을 보이려면 다음과 같은 시행을 5번 해야 한다.

ⓐ 뒷면이 보이도록 놓여 있는 동전을 한 번 뒤집는 시행을 하고, 그 동전을 네 번 더 뒤집는 시행을 하는 경우

이 경우의 확률은

$$\frac{5!}{5!}\times\left(\frac{{}_1C_1}{{}_4C_1}\right)^5=\left(\frac{1}{4}\right)^5=\frac{1}{1024}$$

ⓑ 뒷면이 보이도록 놓여 있는 동전을 세 번 뒤집는 시행과 원래 앞면이 보이도록 놓여 있는 동전 3개 중 1개를 두 번 뒤집는 시행을 하는 경우

이 경우의 확률은

$$\frac{5!}{3!2!}\times\left(\frac{{}_1C_1}{{}_4C_1}\right)^3\times\left(\frac{{}_3C_1}{{}_4C_1}\times\frac{{}_1C_1}{{}_4C_1}\right)=10\times\left(\frac{1}{4}\right)^3\times\frac{3}{16}=\frac{15}{512}$$

ⓒ 뒷면이 보이도록 놓여 있는 동전을 한 번 뒤집는 시행과 원래 앞면이 보이도록 놓여 있는 동전 3개 중 동전 1개를 네 번 뒤집는 시행을 하는 경우

이 경우의 확률은

$$\frac{5!}{4!}\times\frac{{}_1C_1}{{}_4C_1}\times\left(\frac{{}_3C_1}{{}_4C_1}\times\frac{{}_1C_1}{{}_4C_1}\times\frac{{}_1C_1}{{}_4C_1}\times\frac{{}_1C_1}{{}_4C_1}\right)=\frac{15}{1024}$$

ⓓ 뒷면이 보이도록 놓여 있는 동전을 한 번 뒤집는 시행과 원래 앞면이 보이도록 놓여 있는 동전 2개를 각각 두 번씩 뒤집는 시행을 하는 경우

이 경우의 확률은

$$\frac{5!}{2!2!}\times\frac{{}_1C_1}{{}_4C_1}\times\left(\frac{{}_3C_1}{{}_4C_1}\times\frac{{}_1C_1}{{}_4C_1}\right)\times\left(\frac{{}_2C_1}{{}_4C_1}\times\frac{{}_1C_1}{{}_4C_1}\right)\times\frac{1}{2!}=\frac{45}{512}$$

→ 순서는 상관없으므로 $\frac{1}{2!}$을 곱한다.

ⓐ~ⓓ에서 이 경우의 확률은

$$\frac{1}{1024}+\frac{15}{512}+\frac{15}{1024}+\frac{45}{512}=\frac{17}{128}$$

(ii) 4개의 동전이 모두 뒷면을 보이는 경우

4개의 동전이 모두 뒷면을 보이려면 앞면이 보이도록 놓여 있는 동전 3개를 모두 한 번씩 택하여 하나씩 뒤집는 시행과 원래 앞면이 보이도록 놓여 있는 동전 1개를 두 번 더 뒤집는 시행을 하거나 원래 뒷면이 보이도록 놓여 있던 동전을 두 번 뒤집는 시행을 해야 한다.

즉, 이 경우의 확률은

→ 3개의 동전 중 하나를 뒤집고 그것을 두 번 더 뒤집는 시행에는 순서가 상관없으므로 $\frac{1}{3!}$을 곱한다.

$$\frac{5!}{3!}\times\left(\frac{{}_3C_1}{{}_4C_1}\times\frac{{}_2C_1}{{}_4C_1}\times\frac{{}_1C_1}{{}_4C_1}\right)\times\left(\frac{{}_3C_1}{{}_4C_1}\times\frac{{}_1C_1}{{}_4C_1}\right)\times\frac{1}{3!}$$
$$+\frac{5!}{3!2!}\times\left(\frac{{}_3C_1}{{}_4C_1}\times\frac{{}_2C_1}{{}_4C_1}\times\frac{{}_1C_1}{{}_4C_1}\right)\times\left(\frac{{}_1C_1}{{}_4C_1}\times\frac{{}_1C_1}{{}_4C_1}\right)$$
$$=\frac{15}{256}+\frac{15}{256}=\frac{15}{128}$$

(i), (ii)에서

$P(A)=\frac{17}{128}+\frac{15}{128}=\frac{1}{4}$,

$P(A\cap B)=\frac{17}{128}$

2단계 조건부확률을 이용하여 조건을 만족시키는 확률을 구해 보자.

구하는 확률은

$$P(B|A)=\frac{P(A\cap B)}{P(A)}=\frac{\frac{17}{128}}{\frac{1}{4}}=\frac{17}{32}$$

다른 풀이

주어진 시행을 5번 반복했을 때 각 시행에서 임의로 한 개의 동전을 택하는 경우의 수는 4이므로 전체 경우의 수는

4^5

4개의 동전 중 놓여 있는 순서대로 왼쪽부터 차례대로 하나를 택하여 뒤집는 시행을 각각 A, B, C, D라 하면 조건을 만족시키는 경우의 수는 네 사건을 조건을 만족시키도록 중복을 허락하여 5개를 택한 후 그 5개의 사건을 일렬로 나열하는 경우의 수와 같다.

이때 뒷면이 보이도록 놓여 있는 동전이 가장 오른쪽의 동전이므로 D를 기준으로 경우를 나누어 생각해 보자.

(i) D를 한 번도 택하지 않는 경우

조건을 만족시키려면 A, B, C 중 하나를 3번 택하고, 나머지를 한 번씩 택해야 하므로

A를 세 번, B, C를 각각 한 번 택하는 경우의 수는

$\frac{5!}{3!}=20$

B, C를 세 번 택하는 경우도 같은 방법으로 생각하면 되므로

$3\times20=60$

(ii) D를 한 번 택하는 경우

조건을 만족시키려면 A, B, C 중 하나를 4번 택하거나, A, B, C 중 2개를 각각 두 번씩 택해야 하므로

ⓐ A를 네 번 택하는 경우의 수는

$\frac{5!}{4!}=5$

B, C를 네 번 택하는 경우도 같은 방법으로 생각하면 되므로

$3\times5=15$

ⓑ A, B, C 중 2개를 택하는 경우의 수는

${}_3C_2={}_3C_1=3$

그중 A, B를 택하여 각각 두 번씩 택하는 방법의 수는

$\frac{5!}{2!2!}=30$

나머지를 2개씩 택하는 경우도 같은 방법으로 생각하면 되므로

$3\times30=90$

ⓐ, ⓑ에서 D를 한 번 택하는 경우의 수는

$15+90=105$

(iii) D를 두 번 택하는 경우

조건을 만족시키려면 A, B, C를 각각 한 번씩 택해야 하므로 이때의 경우의 수는

$\frac{5!}{2!}=60$

(iv) D를 세 번 택하는 경우

조건을 만족시키려면 A, B, C 중 하나를 두 번 택해야 하므로 A, B, C 중 1개를 택하는 경우의 수는

${}_3C_1=3$

즉, D를 세 번 택하는 경우의 수는

$3\times\frac{5!}{3!2!}=30$

(v) D를 네 번 택하는 경우

조건을 만족시키는 경우는 존재하지 않으므로 그 경우의 수는

0

(vi) D를 다섯 번 택하는 경우

이때의 경우의 수는 1

(i)~(vi)에서 4개의 동전이 모두 같은 면이 보이도록 놓여 있는 경우의 수는

$60+105+60+30+1=256$

또한, 모두 앞면이 보이도록 놓여 있는 경우의 수는

(ii), (iv), (vi)에서

$105+30+1=136$

따라서 구하는 확률은

$\frac{136}{256}=\frac{17}{32}$

042 정답률 ▸ 26% 답 5

1단계 주머니에서 꺼낸 공이 서로 같은 색일 때, 시행을 한 번 한 후, 주머니에 들어 있는 모든 공에 적힌 수의 합이 3의 배수일 확률을 구해 보자.

주어진 시행에서 주머니에 들어 있는 모든 공에 적힌 수의 합이 3의 배수인 사건을 A, 꺼낸 2개의 공이 서로 다른 색인 사건을 B라 하면 구하는 확률은 $\mathrm{P}(B|A)$이다.

이때 B^C은 꺼낸 2개의 공이 모두 같은 색인 사건이다.

(i) 주머니에서 2개 모두 흰 공을 꺼낸 경우

주머니에서 2개 모두 흰 공을 꺼낼 확률은

$\frac{{}_2C_2}{{}_5C_2}=\frac{1}{10}$

2개의 흰 공을 꺼내고 주머니 안에 남아 있는 모든 공에 적힌 수의 합은

$1+2+3=6$

이므로 3의 배수이고, 꺼낸 공 중 임의로 1개의 공을 주머니에 다시 넣었을 때, 주머니에 들어 있는 모든 공에 적힌 수의 합이 3의 배수가 되려면 3의 배수가 적힌 공을 넣어야 한다.

그런데 꺼낸 흰 공 중 3의 배수가 적힌 공은 없으므로 이 경우의 확률은

$\frac{1}{10}\times0=0$

(ii) 주머니에서 2개 모두 검은 공을 꺼낸 경우

주머니에서 2개 모두 검은 공을 꺼내는 경우는

(❶, ❷), (❶, ❸), (❷, ❸)이다.

이때 2개의 검은 공을 꺼내고 주머니 안에 남아 있는 모든 공에 적힌 수의 합은

$1+2+3=6$ 또는 $1+2+2=5$ 또는 $1+2+1=4$

이므로 각 경우에 꺼낸 공 중 임의로 1개의 공을 주머니에 다시 넣었을 때, 주머니에 들어 있는 모든 공에 적힌 수의 합이 3의 배수가 되려면 남아 있는 공에 적힌 수의 합이

4일 때, 2가 적힌 공을 넣어야 하고

5일 때, 1이 적힌 공을 넣어야 하고

6일 때, 없다.

즉, 이 경우의 확률은

$\frac{1}{{}_5C_2}\times\frac{1}{2}+\frac{1}{{}_5C_2}\times\frac{1}{2}+\frac{1}{{}_5C_2}\times0=\frac{1}{10}$

(i), (ii)에서

$\mathrm{P}(A\cap B^C)=0+\frac{1}{10}=\frac{1}{10}$

2단계 주머니에서 꺼낸 공이 서로 다른 색일 때, 시행을 한 번 한 후, 주머니에 들어 있는 모든 공에 적힌 수의 합이 3의 배수일 확률을 구해 보자.

(iii) 주머니에서 2개 모두 다른 색의 공을 꺼낸 경우

주머니에서 서로 다른 색의 공을 꺼낼 확률은

$\frac{{}_2C_1\times{}_3C_1}{{}_5C_2}=\frac{6}{10}=\frac{3}{5}$

한편, 2개의 공을 꺼내기 전에 주머니 안에 들어 있던 모든 공에 적힌 수의 합은

$1+2+1+2+3=9$

이므로 3의 배수이고, 2개의 공을 꺼냈을 때 주머니에 들어 있는 모든 공에 적힌 수의 합이 3의 배수이려면 꺼낸 공에 적힌 수의 합도 3의 배수이어야 한다.

즉, 주머니에 들어 있는 모든 공에 적힌 수의 합이 3의 배수가 될 때 꺼낸 공에 적힌 수를 순서쌍 (흰, 검)으로 나타내면

$(1, 2)$, $(2, 1)$

이므로 이 경우의 확률은

$\frac{3}{5}\times\frac{2}{{}_3C_1\times{}_2C_1}=\frac{1}{5}$

$\therefore\ P(A\cap B)=\frac{1}{5}$

3단계 $P(B|A)$**의 값을 구해 보자.**

$P(B|A)=\frac{P(A\cap B)}{P(A)}=\frac{P(A\cap B)}{P(A\cap B)+P(A\cap B^C)}$

$=\frac{\frac{1}{5}}{\frac{1}{5}+\frac{1}{10}}=\frac{2}{3}$

4단계 $p+q$**의 값을 구해 보자.**

$p=3$, $q=2$이므로

$p+q=3+2=5$

043 정답률 ▸ 19% 답 17

1단계 [실행 2]가 끝난 후 주머니 B에 흰 공이 남아 있지 않을 확률을 구해 보자.

[실행 2]가 끝난 후 주머니 B에 흰 공이 남아 있지 않는 사건을 X,

[실행 1]에서 주머니 B에 넣은 공 중 흰 공이 2개인 사건을 Y라 하면 구하는 확률은 $P(Y|X)$이다.

(i) [실행 1]에서 동전의 앞면이 나오고 [실행 2]가 끝난 후 주머니 B에 흰 공이 남아 있지 않을 때

[실행 1]에서 동전의 앞면이 나올 확률은

$\frac{1}{2}$

ⓐ 주머니 A에서 흰 공 2개를 꺼내는 경우

주머니 A에서 흰 공 2개를 꺼낼 확률은

$\frac{{}_3C_2}{{}_4C_2}=\frac{3}{6}=\frac{1}{2}$

흰 공 2개를 넣은 주머니 B에서 흰 공이 남아 있지 않게 5개의 공을 꺼낼 확률은 (→흰 공 5개, 검은 공 1개)

$\frac{{}_5C_5}{{}_6C_5}=\frac{1}{6}$

즉, 이 경우의 확률은

$\frac{1}{2}\times\frac{1}{2}\times\frac{1}{6}=\frac{1}{24}$

ⓑ 주머니 A에서 흰 공 1개, 검은 공 1개를 꺼내는 경우

주머니 A에서 흰 공 1개, 검은 공 1개를 꺼낼 확률은

$\frac{{}_3C_1\times{}_1C_1}{{}_4C_2}=\frac{3\times1}{6}=\frac{1}{2}$

흰 공 1개, 검은 공 1개를 넣은 주머니 B에서 흰 공이 남아 있지 않게 5개의 공을 꺼낼 확률은 (→흰 공 4개, 검은 공 2개)

$\frac{{}_4C_4\times{}_2C_1}{{}_6C_5}=\frac{1\times2}{6}=\frac{1}{3}$

즉, 이 경우의 확률은

$\frac{1}{2}\times\frac{1}{2}\times\frac{1}{3}=\frac{1}{12}$

ⓐ, ⓑ에서 조건을 만족시키는 확률은

$\frac{1}{24}+\frac{1}{12}=\frac{1}{8}$

(ii) [실행 1]에서 동전의 뒷면이 나오고 [실행 2]가 끝난 후 주머니 B에 흰 공이 남아 있지 않을 때

[실행 1]에서 동전의 뒷면이 나올 확률은

$\frac{1}{2}$

주머니 A에서 흰 공 3개를 꺼내면 [실행 2]가 끝난 후 주머니 B에 흰 공이 남아 있으므로 반드시 주머니 A에서 흰 공 2개, 검은 공 1개를 꺼내야 한다.

이 경우의 확률은

$\frac{{}_3C_2\times{}_1C_1}{{}_4C_3}=\frac{3\times1}{4}=\frac{3}{4}$

흰 공 2개, 검은 공 1개를 넣은 주머니 B에서 흰 공이 남아 있지 않게 5개의 공을 꺼낼 확률은 (→흰 공 5개, 검은 공 2개)

$\frac{{}_5C_5}{{}_7C_5}=\frac{1}{21}$

즉, 조건을 만족시키는 확률은

$\frac{1}{2}\times\frac{3}{4}\times\frac{1}{21}=\frac{1}{56}$

(i), (ii)에서

$P(X)=\frac{1}{8}+\frac{1}{56}=\frac{1}{7}$

2단계 [실행 1]에서 주머니 B에 흰 공 2개를 넣고, [실행 2]가 끝난 후 주머니 B에 흰 공이 남아 있지 않을 확률을 구해 보자.

$P(X\cap Y)=\frac{1}{24}+\frac{1}{56}=\frac{5}{84}$ ($\because$ ⓐ, (ii))

3단계 조건부확률을 이용하여 조건을 만족시키는 확률을 구한 후 $p+q$**의 값을 구해 보자.**

$P(Y|X)=\frac{P(X\cap Y)}{P(X)}=\frac{\frac{5}{84}}{\frac{1}{7}}=\frac{5}{12}$

따라서 $p=12$, $q=5$이므로

$p+q=12+5=17$

044 정답률 ▸ 15% 답 9

1단계 세 수 a, b, c**에 대하여** $b-a\geq5$**일 확률을 구해 보자.**

세 수 a, b, c에 대하여 $b-a\geq5$인 사건을 X, $c-a\geq10$인 사건을 Y라 하면 구하는 확률은 $P(Y|X)$이다.

12개의 공이 들어 있는 주머니에서 임의로 3개의 공을 동시에 꺼내는 경우의 수는

${}_{12}C_3=220$

공에 적혀 있는 수 a, b, c를 순서쌍 (a, b, c)로 나타내고,

$b-a\geq5$인 a, b를 순서쌍 (a, b)로 나타내면

$(1, 6)$, $(1, 7)$, $(1, 8)$, $\cdots$, $(1, 11)$

$(2, 7)$, $(2, 8)$, $\cdots$, $(2, 11)$

⋮

$(6, 11)$

(→가장 큰 수 12는 c의 값이어야 하므로)

이때 가능한 c의 개수는

$a=1$일 때, $6+5+4+3+2+1=21$,

$a=2$일 때, $5+4+3+2+1=15$,

$a=3$일 때, $4+3+2+1=10$,

$a=4$일 때, $3+2+1=6$,

$a=5$일 때, $2+1=3$,

$a=6$일 때, 1

c의 개수는 순서쌍 (a, b)가 $(1, 6)$일 때 7, 8, 9, 10, 11, 12의 6, $(1, 7)$일 때 8, 9, 10, 11, 12의 5, $(1, 8)$일 때 9, 10, 11, 12의 4, $(1, 9)$일 때 10, 11, 12의 3, $(1, 10)$일 때 11, 12의 2, $(1, 11)$일 때 12의 1

즉, 순서쌍 (a, b, c)의 개수는

$21+15+10+6+3+1=56$

$\therefore \mathrm{P}(X)=\frac{56}{220}=\frac{14}{55}$

2단계 세 수 a, b, c에 대하여 $b-a\geq 5$이고 $c-a\geq 10$일 확률을 구해 보자.

$c-a\geq 10$인 a, c를 순서쌍 (a, c)로 나타내면

$(1, 11), (1, 12), (2, 12)$

이때 가능한 b의 개수는

$a=1$일 때, $5+6=11$,

$a=2$일 때, 5

이다.

즉, 순서쌍 (a, b, c)의 개수는

$5+6+5=16$

$\therefore \mathrm{P}(X\cap Y)=\frac{16}{220}=\frac{4}{55}$

3단계 조건부확률을 이용하여 조건을 만족시키는 확률을 구한 후 $p+q$의 값을 구해 보자.

$$\mathrm{P}(Y|X)=\frac{\mathrm{P}(X\cap Y)}{\mathrm{P}(X)}=\frac{\frac{4}{55}}{\frac{14}{55}}=\frac{2}{7}$$

따라서 $p=7$, $q=2$이므로

$p+q=7+2=9$

045 정답률 ▸ 12% 답 61

1단계 시행을 4번 반복한 후 확인한 4개의 수의 곱이 홀수인지 짝수인지에 따라 경우를 나누어 점 P의 좌표가 0 이상일 때의 확률을 구해 보자.

시행을 4번 반복한 후 점 P의 좌표가 0 이상인 사건을 A, 확인한 4개의 수의 곱이 홀수인 사건을 B라 하면 구하는 확률은 $\mathrm{P}(B|A)$이다.

이때 확인한 수 k가 홀수일 확률은 $\frac{1}{2}$, 짝수일 확률도 $\frac{1}{2}$이다.

(i) 확인한 4개의 수의 곱이 홀수인 경우

확인한 4개의 수의 곱이 홀수이려면 4개의 수 모두 홀수이어야 하므로 이때의 점 P의 좌표는 항상 0 이상이다.

$\therefore \mathrm{P}(A\cap B)={}_4\mathrm{C}_4\times\left(\frac{1}{2}\right)^4=\frac{1}{16}$

→ 확인한 수가 홀수인 확률

(ii) 확인한 4개의 수의 곱이 짝수인 경우

확인한 4개의 수의 곱이 짝수이려면 적어도 1개의 수가 짝수이어야 하고, 이때 짝수의 개수가 3 또는 4인 경우에는 항상 점 P의 좌표가 0 미만이므로 짝수의 개수가 2 또는 1인 경우의 확률만 생각하면 된다.

ⓐ 짝수의 개수가 2인 경우

확인한 4개의 수 중에서 짝수의 개수가 2일 때, 점 P의 좌표가 0 이상이려면 4개의 수가 각각

2, 2, 1, 3 또는 2, 2, 3, 3 또는 2, 4, 3, 3

일 때이다.

각각의 경우에 대하여 확률을 구해 보면

2, 2, 1, 3일 확률은 $\frac{4!}{2!}\times\left(\frac{1}{4}\right)^4=\frac{12}{4^4}$

2, 2, 3, 3일 확률은 $\frac{4!}{2!2!}\times\left(\frac{1}{4}\right)^4=\frac{6}{4^4}$

→ 확인한 수가 1, 2, 3, 4 중 하나일 확률

2, 4, 3, 3일 확률은 $\frac{4!}{2!}\times\left(\frac{1}{4}\right)^4=\frac{12}{4^4}$

즉, 이 경우의 확률은

$\frac{12}{4^4}+\frac{6}{4^4}+\frac{12}{4^4}=\frac{30}{256}=\frac{15}{128}$

ⓑ 짝수의 개수가 1인 경우

확인한 1개의 짝수가 2인 경우는 나머지 3개의 홀수가 어떤 수이더라도 점 P의 좌표가 0 이상이고, 확인한 1개의 짝수가 4인 경우는 나머지 3개의 홀수가 모두 1인 경우에만 점 P의 좌표가 0 미만이다.

즉, 이 경우의 확률은 확인한 4개의 수가 짝수 1개, 홀수 3개일 확률에서 4, 1, 1, 1일 확률만 뺀 것과 같으므로

${}_4\mathrm{C}_1\times\left(\frac{1}{2}\right)^4-\frac{4!}{3!}\times\left(\frac{1}{4}\right)^4=\frac{1}{4}-\frac{1}{64}=\frac{15}{64}$

→ 확인한 수가 홀수 또는 짝수일 확률

→ 확인한 수가 1, 2, 3, 4 중 하나일 확률

ⓐ, ⓑ에서 $\mathrm{P}(A\cap B^C)=\frac{15}{128}+\frac{15}{64}=\frac{45}{128}$

(i), (ii)에서

$\mathrm{P}(A)=\mathrm{P}(A\cap B)+\mathrm{P}(A\cap B^C)=\frac{1}{16}+\frac{45}{128}=\frac{53}{128}$

2단계 조건부확률을 이용하여 주어진 조건을 만족시키는 확률을 구하고, $p+q$의 값을 구해 보자.

조건을 만족시키는 확률은

$$\mathrm{P}(B|A)=\frac{\mathrm{P}(A\cap B)}{\mathrm{P}(A)}=\frac{\frac{1}{16}}{\frac{53}{128}}=\frac{8}{53}$$

따라서 $p=53$, $q=8$이므로

$p+q=53+8=61$

046 정답률 ▸ 8% 답 133

1단계 정육면체 모양의 상자를 6번 던질 때, 1, 2가 적혀 있는 면이 바닥에 닿는 확률을 각각 구해 보자.

정육면체 모양의 상자를 6번 던질 때, $a_1+a_2+a_3>a_4+a_5+a_6$인 사건을 X, $a_1=a_4=1$인 사건을 Y라 하면 구하는 확률은 $\mathrm{P}(Y|X)$이다.

이때 각 면에 숫자 1, 1, 2, 2, 2, 2가 하나씩 적혀 있는 정육면체 모양의 상자를 1번 던졌을 때,

1이 적혀 있는 면이 바닥에 닿는 확률은

$\frac{2}{6}=\frac{1}{3}$

2가 적혀 있는 면이 바닥에 닿는 확률은

$\frac{4}{6}=\frac{2}{3}$

2단계 $a_1+a_2+a_3>a_4+a_5+a_6$일 확률을 구해 보자.

$3\leq a_4+a_5+a_6<a_1+a_2+a_3\leq 6$이므로

(i) $a_1+a_2+a_3=4$일 때

$a_1+a_2+a_3=4$인 경우는 1이 적혀 있는 면이 2번, 2가 적혀 있는 면이 1번 바닥에 닿아야 하므로 그 확률은

${}_3\mathrm{C}_2\left(\frac{1}{3}\right)^2\left(\frac{2}{3}\right)^1=3\times\frac{2}{27}=\frac{2}{9}$

$a_4+a_5+a_6=3$인 경우는 1이 적혀 있는 면이 3번 바닥에 닿아야 하므로 그 확률은

$${}_3\mathrm{C}_3\left(\frac{1}{3}\right)^3\left(\frac{2}{3}\right)^0=1\times\frac{1}{27}=\frac{1}{27}$$

즉, 이 경우의 확률은

$$\frac{2}{9}\times\frac{1}{27}=\frac{2}{243}$$

(ii) $a_1+a_2+a_3=5$일 때

$a_1+a_2+a_3=5$인 경우는 1이 적혀 있는 면이 1번, 2가 적혀 있는 면이 2번 바닥에 닿아야 하므로 그 확률은

$${}_3\mathrm{C}_1\left(\frac{1}{3}\right)^1\left(\frac{2}{3}\right)^2=3\times\frac{4}{27}=\frac{4}{9}$$

• $a_4+a_5+a_6=3$일 확률은

$\frac{1}{27}$

• $a_4+a_5+a_6=4$일 확률은

$\frac{2}{9}$

이므로 $a_4+a_5+a_6<a_1+a_2+a_3$일 확률은

$$\frac{1}{27}+\frac{2}{9}=\frac{7}{27}$$

즉, 이 경우의 확률은

$$\frac{4}{9}\times\frac{7}{27}=\frac{28}{243}$$

(iii) $a_1+a_2+a_3=6$일 때

$a_1+a_2+a_3=6$인 경우는 2가 적혀 있는 면이 3번 바닥에 닿아야 하므로 그 확률은

$${}_3\mathrm{C}_0\left(\frac{1}{3}\right)^0\left(\frac{2}{3}\right)^3=1\times\frac{8}{27}=\frac{8}{27}$$

• $a_4+a_5+a_6=3$일 확률은

$\frac{1}{27}$

• $a_4+a_5+a_6=4$일 확률은

$\frac{2}{9}$

• $a_4+a_5+a_6=5$일 확률은

$\frac{4}{9}$

이므로 $a_4+a_5+a_6<a_1+a_2+a_3$일 확률은

$$\frac{1}{27}+\frac{2}{9}+\frac{4}{9}=\frac{19}{27}$$

즉, 이 경우의 확률은

$$\frac{8}{27}\times\frac{19}{27}=\frac{152}{729}$$

(i), (ii), (iii)에서

$$\mathrm{P}(X)=\frac{2}{243}+\frac{28}{243}+\frac{152}{729}=\frac{242}{729}$$

3단계 **$a_1+a_2+a_3>a_4+a_5+a_6$이고 $a_1=a_4=1$일 확률을 구해 보자.**

두 사건 X, Y를 동시에 만족시키는 경우는

$3\le 1+a_5+a_6<1+a_2+a_3\le 6$, 즉 $2\le a_5+a_6<a_2+a_3\le 5$일 때이다.

(a) $a_2+a_3=3$일 때

$a_1=a_4=1$일 확률은

$${}_2\mathrm{C}_2\left(\frac{1}{3}\right)^2\left(\frac{2}{3}\right)^0=1\times\frac{1}{9}=\frac{1}{9}$$

$a_2+a_3=3$인 경우는 1이 적혀 있는 면이 1번, 2가 적혀 있는 면이 1번 바닥에 닿아야 하므로 그 확률은

$${}_2\mathrm{C}_1\left(\frac{1}{3}\right)^1\left(\frac{2}{3}\right)^1=2\times\frac{2}{9}=\frac{4}{9}$$

$a_5+a_6=2$인 경우는 1이 적혀 있는 면이 2번 바닥에 닿아야 하므로 그 확률은

$${}_2\mathrm{C}_2\left(\frac{1}{3}\right)^2\left(\frac{2}{3}\right)^0=1\times\frac{1}{9}=\frac{1}{9}$$

즉, 이 경우의 확률은

$$\frac{1}{9}\times\frac{4}{9}\times\frac{1}{9}=\frac{4}{729}$$

(b) $a_2+a_3=4$일 때

$a_1=a_4=1$일 확률은

$\frac{1}{9}$

$a_2+a_3=4$인 경우는 2가 적혀 있는 면이 2번 바닥에 닿아야 하므로 그 확률은

$${}_2\mathrm{C}_0\left(\frac{1}{3}\right)^0\left(\frac{2}{3}\right)^2=1\times\frac{4}{9}=\frac{4}{9}$$

• $a_5+a_6=2$일 확률은

$\frac{1}{9}$

• $a_5+a_6=3$일 확률은

$\frac{4}{9}$

이므로 $a_5+a_6<a_2+a_3$일 확률은

$$\frac{1}{9}+\frac{4}{9}=\frac{5}{9}$$

즉, 이 경우의 확률은

$$\frac{1}{9}\times\frac{4}{9}\times\frac{5}{9}=\frac{20}{729}$$

(a), (b)에서

$$\mathrm{P}(X\cap Y)=\frac{4}{729}+\frac{20}{729}=\frac{24}{729}$$

4단계 **조건부확률을 이용하여 조건을 만족시키는 확률을 구한 후 $p+q$의 값을 구해 보자.**

$$\mathrm{P}(Y|X)=\frac{\mathrm{P}(X\cap Y)}{\mathrm{P}(X)}=\frac{\frac{24}{729}}{\frac{242}{729}}=\frac{12}{121}$$

따라서 $p=121$, $q=12$이므로

$p+q=121+12=133$

047 정답률 ▸ 6% 답 49

1단계 **주어진 시행을 3번 반복한 후 6장의 카드에 보이는 모든 수의 합이 짝수인 경우를 생각해 보자.**

주어진 시행을 3번 반복한 후 6장의 카드에 보이는 모든 수의 합이 짝수인 사건을 X, 주사위의 1의 눈이 한 번만 나오는 사건을 Y라 하면 구하는 확률은 $\mathrm{P}(Y|X)$이다.

주어진 시행을 3번 반복한 후 6장의 카드에 보이는 모든 수의 합이 짝수이려면 홀수가 보이는 카드의 개수가 0 또는 2이어야 하므로 주사위를 3번 던졌을 때 홀수의 눈이 나오는 경우가 1번 또는 3번이어야 한다.

2단계 **주어진 시행을 3번 반복한 후 6장의 카드에 보이는 모든 수의 합이 짝수일 확률을 구해 보자.**

주사위를 1번 던졌을 때,

주사위가 홀수의 눈이 나올 확률은

$$\frac{3}{6}=\frac{1}{2}$$

주사위가 짝수의 눈이 나올 확률은

$\frac{3}{6}=\frac{1}{2}$

(i) 홀수의 눈이 1번 나올 확률

$${}_3C_1\left(\frac{1}{2}\right)^1\left(\frac{1}{2}\right)^2=3\times\frac{1}{8}=\frac{3}{8}$$

(ii) 홀수의 눈이 3번 나올 확률

$${}_3C_3\left(\frac{1}{2}\right)^3\left(\frac{1}{2}\right)^0=1\times\frac{1}{8}=\frac{1}{8}$$

(i), (ii)에서

$\mathrm{P}(X)=\frac{3}{8}+\frac{1}{8}=\frac{4}{8}=\frac{1}{2}$

3단계 주사위의 1의 눈이 한 번만 나왔을 때, 6장의 카드에 보이는 모든 수의 합이 짝수일 확률을 구해 보자.

주어진 시행을 3번 반복한 후 주사위의 1의 눈이 한 번만 나왔을 때, 카드에 보이는 모든 수의 합이 짝수이려면 주사위를 3번 던졌을 때 1의 눈이 한 번 나오고 나머지 두 번은 짝수의 눈이 나오거나 1의 눈이 한 번 나오고 나머지 두 번은 3 또는 5의 눈이 나와야 한다.

주사위를 1번 던졌을 때,

주사위가 1의 눈이 나올 확률은

$\frac{1}{6}$

주사위가 3 또는 5의 눈이 나올 확률은

$\frac{2}{6}=\frac{1}{3}$

(a) 1의 눈이 한 번만 나오고 나머지 두 번은 짝수의 눈이 나올 확률

$${}_3C_1\left(\frac{1}{6}\right)^1\left(\frac{5}{6}\right)^0\times{}_2C_2\left(\frac{1}{2}\right)^2\left(\frac{1}{2}\right)^0=\frac{1}{2}\times\frac{1}{4}=\frac{1}{8}$$

(b) 1의 눈이 한 번만 나오고 나머지 두 번은 3 또는 5의 눈이 나올 확률

$${}_3C_1\left(\frac{1}{6}\right)^1\left(\frac{5}{6}\right)^0\times{}_2C_2\left(\frac{1}{3}\right)^2\left(\frac{2}{3}\right)^0=\frac{1}{2}\times\frac{1}{9}=\frac{1}{18}$$

(a), (b)에서

$\mathrm{P}(X\cap Y)=\frac{1}{8}+\frac{1}{18}=\frac{13}{72}$

4단계 조건부확률을 이용하여 조건을 만족시키는 확률을 구한 후 $p+q$의 값을 구해 보자.

$$\mathrm{P}(Y|X)=\frac{\mathrm{P}(X\cap Y)}{\mathrm{P}(X)}=\frac{\frac{13}{72}}{\frac{1}{2}}=\frac{13}{36}$$

따라서 $p=36$, $q=13$이므로

$p+q=36+13=49$

III 통계

▸ 본문 082~092쪽

001 ⑤	002 ②	003 ③	004 ④	005 ⑤	006 ④
007 ②	008 ①	009 ②	010 ④	011 ④	012 ②
013 ④	014 ①	015 ④	016 ②	017 25	018 994
019 ②	020 ③	021 ⑤	022 ③	023 ③	024 ②
025 ①	026 ⑤	027 ②			

001 정답률 ▸ 81% 답 ⑤

1단계 확률의 총합은 1임을 이용하여 $a+b$의 값을 구해 보자.

확률의 총합이 1이므로

$\frac{1}{3}+a+b=1$

$\therefore a+b=\frac{2}{3}$

2단계 $\mathrm{E}(X)$의 값을 이용하여 a^2+b^2의 값을 구해 보자.

$\mathrm{E}(X)=0\times\frac{1}{3}+a\times a+b\times b=a^2+b^2$

이므로

$\mathrm{E}(X)=\frac{5}{18}$에서 $a^2+b^2=\frac{5}{18}$

3단계 곱셈 공식의 변형을 이용하여 ab의 값을 구해 보자.

$a^2+b^2=(a+b)^2-2ab$에서

$$ab=\frac{1}{2}\{(a+b)^2-(a^2+b^2)\}$$
$$=\frac{1}{2}\times\left\{\left(\frac{2}{3}\right)^2-\frac{5}{18}\right\}=\frac{1}{12}$$

002 정답률 ▸ 77% 답 ②

1단계 확률의 총합은 1임을 이용하여 b를 a에 대한 식으로 나타내어 보자.

확률의 총합은 1이므로

$a+(a+b)+b=1$에서 $2a+2b=1$

$\therefore b=\frac{1}{2}-a$ ...... ㉠

2단계 $\mathrm{E}(X^2)$을 a에 대한 식으로 나타내어 보자.

$$\mathrm{E}(X^2)=1^2\times a+2^2\times(a+b)+3^2\times b=5a+13b$$
$$=5a+13\left(\frac{1}{2}-a\right)=\frac{13}{2}-8a\ (\because ㉠)$$

3단계 $\mathrm{E}(X^2)=a+5$를 이용하여 두 상수 a, b의 값을 각각 구해 보자.

이때 $\mathrm{E}(X^2)=a+5$이므로

$a+5=\frac{13}{2}-8a$에서 $9a=\frac{3}{2}$ $\quad\therefore a=\frac{1}{6}$

$a=\frac{1}{6}$을 ㉠에 대입하면

$b=\frac{1}{2}-\frac{1}{6}=\frac{1}{3}$

4단계 $b-a$의 값을 구해 보자.

$b-a=\frac{1}{3}-\frac{1}{6}=\frac{1}{6}$

003 정답률 ▸ 81% 답 ③

1단계 $\mathrm{E}(X)$, $\mathrm{E}(X^2)$를 각각 a에 대한 식으로 나타내어 보자.

$\mathrm{E}(X)=-3\times\frac{1}{2}+0\times\frac{1}{4}+a\times\frac{1}{4}=-\frac{3}{2}+\frac{1}{4}a$

$\mathrm{E}(X^2)=(-3)^2\times\frac{1}{2}+0^2\times\frac{1}{4}+a^2\times\frac{1}{4}=\frac{9}{2}+\frac{1}{4}a^2$

2단계 a의 값을 구해 보자.

$\mathrm{E}(X)=-1$이므로

$-\frac{3}{2}+\frac{1}{4}a=-1 \qquad \therefore a=2$

3단계 $\mathrm{V}(aX)$의 값을 구해 보자.

$\mathrm{V}(X)=\mathrm{E}(X^2)-\{\mathrm{E}(X)\}^2$

$=\left(\frac{9}{2}+1\right)-(-1)^2=\frac{9}{2}$

이므로

$\mathrm{V}(aX)=\mathrm{V}(2X)=4\mathrm{V}(X)=18$

004 정답률 ▸ 75% 답 ④

1단계 $\mathrm{P}(X=0)=a$, $\mathrm{P}(X=1)=b$라 하고, 이산확률변수 X의 확률분포를 표로 나타내어 보자.

등식 $\mathrm{P}(X=k)=\mathrm{P}(X=k+2)$에 $k=0,\ 1,\ 2$를 각각 대입하면

$k=0$일 때, $\mathrm{P}(X=0)=\mathrm{P}(X=2)$

$k=1$일 때, $\mathrm{P}(X=1)=\mathrm{P}(X=3)$

$k=2$일 때, $\mathrm{P}(X=2)=\mathrm{P}(X=4)$

이때 $\mathrm{P}(X=0)=a$, $\mathrm{P}(X=1)=b$라 하고 이산확률변수 X의 확률분포를 표로 나타내면 다음과 같다.

X	0	1	2	3	4	합계
$\mathrm{P}(X=k)$	a	b	a	b	a	1

2단계 확률의 총합은 1인 것과 $\mathrm{E}(X^2)=\frac{35}{6}$임을 이용하여 a, b에 대한 식을 세워 보자.

확률의 총합은 1이므로

$a+b+a+b+a=1 \qquad \therefore 3a+2b=1 \quad \cdots\cdots ㉠$

$\mathrm{E}(X^2)=\frac{35}{6}$이므로

$\mathrm{E}(X^2)=0^2\times a+1^2\times b+2^2\times a+3^2\times b+4^2\times a=\frac{35}{6}$

$\therefore 20a+10b=\frac{35}{6} \qquad \cdots\cdots ㉡$

3단계 2단계 에서 구한 식을 이용하여 a, b의 값을 구한 후, $\mathrm{P}(X=0)$의 값을 구해 보자.

㉠, ㉡을 연립하여 풀면

$a=\frac{1}{6},\ b=\frac{1}{4}$

$\therefore \mathrm{P}(X=0)=\frac{1}{6}$

005 정답률 ▸ 65% 답 ⑤

1단계 $\mathrm{E}(X)$, $\mathrm{E}(X^2)$을 각각 a에 대한 식으로 나타내어 보자.

$\mathrm{E}(X)=0\times\frac{1}{10}+1\times\frac{1}{2}+a\times\frac{2}{5}$

$=\frac{1}{2}+\frac{2}{5}a$

$\mathrm{E}(X^2)=0^2\times\frac{1}{10}+1^2\times\frac{1}{2}+a^2\times\frac{2}{5}$

$=\frac{1}{2}+\frac{2}{5}a^2$

2단계 a의 값을 구해 보자.

$\sigma(X)=\mathrm{E}(X)$이므로 $\mathrm{V}(X)=\sigma^2(X)=\{\mathrm{E}(X)\}^2$

이때 $\mathrm{V}(X)=\mathrm{E}(X^2)-\{\mathrm{E}(X)\}^2$이므로

$\{\mathrm{E}(X)\}^2=\mathrm{E}(X^2)-\{\mathrm{E}(X)\}^2$

$2\{\mathrm{E}(X)\}^2=\mathrm{E}(X^2)$

$2\left(\frac{1}{2}+\frac{2}{5}a\right)^2=\frac{1}{2}+\frac{2}{5}a^2$

$\frac{1}{2}+\frac{4}{5}a+\frac{8}{25}a^2=\frac{1}{2}+\frac{2}{5}a^2$

$a(a-10)=0$

$\therefore a=10\ (\because a>1)$

3단계 $\mathrm{E}(X^2)+\mathrm{E}(X)$의 값을 구해 보자.

$\mathrm{E}(X^2)+\mathrm{E}(X)=\left(\frac{1}{2}+40\right)+\left(\frac{1}{2}+4\right)=45$

006 정답률 ▸ 68% 답 ④

1단계 숫자 1, 2, 3이 적혀 있는 공의 개수를 각각 a, b, c라 하고, 주어진 조건을 이용하여 a, b, c의 값을 각각 구해 보자.

숫자 1, 2, 3이 적혀 있는 공의 개수를 각각 a, b, c라 하면

$a+b+c=7$

임의로 2개의 공을 동시에 꺼내어 확인한 두 개의 수의 곱이 4가 되려면 2가 적힌 공을 2개 꺼내야 하므로

$\mathrm{P}(X=4)=\frac{{}_b\mathrm{C}_2}{{}_7\mathrm{C}_2}=\frac{b(b-1)}{42}=\frac{1}{21}$에서

$b(b-1)=2,\ b^2-b-2=0$

$(b+1)(b-2)=0 \qquad \therefore b=2\ (\because b>0)$

$\therefore a+c=5 \qquad \cdots\cdots ㉠$

또한, 임의로 2개의 공을 동시에 꺼내어 확인한 두 개의 수의 곱이 2가 되려면 1과 2가 적힌 공을 각각 1개씩 꺼내야 하고, 6이 되려면 2와 3이 적힌 공을 각각 1개씩 꺼내야 하므로

$2\mathrm{P}(X=2)=3\mathrm{P}(X=6)$에서

$2\times\frac{{}_a\mathrm{C}_1\times{}_b\mathrm{C}_1}{{}_7\mathrm{C}_2}=3\times\frac{{}_b\mathrm{C}_1\times{}_c\mathrm{C}_1}{{}_7\mathrm{C}_2}$

$2\times\frac{a\times b}{21}=3\times\frac{b\times c}{21},\ 2ab=3bc$

$\therefore 2a-3c=0\ (\because b>0) \qquad \cdots\cdots ㉡$

㉠, ㉡을 연립하여 풀면

$a=3,\ c=2$

즉, 상자 안에 들어 있는 공 중에 1이 적힌 공은 3개, 2가 적힌 공은 2개, 3이 적힌 공은 2개이다.

2단계 $\mathrm{P}(X\leq 3)$의 값을 구해 보자.

$\mathrm{P}(X\leq 3)=\mathrm{P}(X=1)+\mathrm{P}(X=2)+\mathrm{P}(X=3)$

$=\frac{{}_3\mathrm{C}_2}{{}_7\mathrm{C}_2}+\frac{{}_3\mathrm{C}_1\times{}_2\mathrm{C}_1}{{}_7\mathrm{C}_2}+\frac{{}_3\mathrm{C}_1\times{}_2\mathrm{C}_1}{{}_7\mathrm{C}_2}$ ⟶ 두 개의 수의 곱이 1 또는 3이 되려면 1이 적힌 공을 2개 꺼내거나 1과 3이 적힌 공을 각각 1개씩 꺼내야 한다.

$=\frac{3}{21}+\frac{6}{21}+\frac{6}{21}$

$=\frac{5}{7}$

007 정답률 ▸ 49% 답 ②

1단계 확률변수 X의 확률을 각각 구해 보자.

확률변수 X가 가질 수 있는 값은 0, 1, 2, 3, 4이고, 그 확률을 각각 구하면 다음과 같다.

$P(X=0)={}_4C_0\left(\frac{1}{2}\right)^0\left(\frac{1}{2}\right)^4=\frac{1}{16}$

$P(X=1)={}_4C_1\left(\frac{1}{2}\right)^1\left(\frac{1}{2}\right)^3=\frac{1}{4}$

$P(X=2)={}_4C_2\left(\frac{1}{2}\right)^2\left(\frac{1}{2}\right)^2=\frac{3}{8}$

$P(X=3)={}_4C_3\left(\frac{1}{2}\right)^3\left(\frac{1}{2}\right)^1=\frac{1}{4}$

$P(X=4)={}_4C_4\left(\frac{1}{2}\right)^4\left(\frac{1}{2}\right)^0=\frac{1}{16}$

2단계 확률변수 Y의 확률분포를 표로 나타내어 보자.

확률변수 Y가 가질 수 있는 값은 0, 1, 2이고, 그 확률은 각각

$P(Y=0)=P(X=0)=\frac{1}{16}$, $P(Y=1)=P(X=1)=\frac{1}{4}$,

$P(Y=2)=P(X=2)+P(X=3)+P(X=4)$

$=\frac{3}{8}+\frac{1}{4}+\frac{1}{16}=\frac{11}{16}$

이므로 확률변수 Y의 확률분포를 표로 나타내면 다음과 같다.

Y	0	1	2	합계
$P(Y=y)$	$\frac{1}{16}$	$\frac{1}{4}$	$\frac{11}{16}$	1

3단계 $E(Y)$의 값을 구해 보자.

$E(Y)=0\times\frac{1}{16}+1\times\frac{1}{4}+2\times\frac{11}{16}=\frac{13}{8}$

참고

확률의 총합은 1이므로 확률변수 Y에 대하여

$P(Y=0)=P(X=0)=\frac{1}{16}$, $P(Y=1)=P(X=1)=\frac{1}{4}$

$P(Y=2)=1-P(Y=0)-P(Y=1)=1-\frac{1}{16}-\frac{1}{4}=\frac{11}{16}$

과 같이 생각할 수도 있다.

008 정답률 ▸ 91% 답 ①

확률변수 X가 이항분포 $B\left(30,\ \frac{1}{5}\right)$을 따르므로

$E(X)=30\times\frac{1}{5}=6$

009 정답률 ▸ 90% 답 ②

1단계 $E(X)$를 p에 대한 식으로 나타내어 보자.

확률변수 X가 이항분포 $B(45,\ p)$를 따르므로

$E(X)=45\times p=45p$

2단계 p의 값을 구해 보자.

$E(X)=15$이므로

$45p=15 \qquad \therefore p=\frac{1}{3}$

010 정답률 ▸ 76% 답 ④

1단계 $E(X)$를 n에 대한 식으로 나타내어 보자.

확률변수 X가 이항분포 $B\left(n,\ \frac{1}{3}\right)$을 따르므로

$E(X)=n\times\frac{1}{3}=\frac{1}{3}n$

2단계 n의 값을 구해 보자.

$E(3X-1)=3E(X)-1=17$이므로

$3E(X)=18$, $E(X)=6$

$\frac{1}{3}n=6 \qquad \therefore n=18$

3단계 $V(X)$의 값을 구해 보자.

$V(X)=18\times\frac{1}{3}\times\frac{2}{3}=4$

011 정답률 ▸ 58% 답 ④

1단계 $P(X\le b)$, $P(X\ge b)$의 값을 각각 구해 보자.

$0\le x\le a$에서 주어진 확률밀도함수의 그래프와 x축으로 둘러싸인 부분의 넓이가 1이므로

$P(0\le X\le a)=P(X\le b)+P(X\ge b)=1$ ...... ㉠

또한, $P(X\le b)-P(X\ge b)=\frac{1}{4}$이므로

이 식과 ㉠을 연립하여 풀면

$P(X\le b)=\frac{5}{8}$, $P(X\ge b)=\frac{3}{8}$

2단계 b와 c 사이의 관계식을 구해 보자.

$P(X\le\sqrt{5})=\frac{1}{2}$, $P(X\le b)=\frac{5}{8}$에서

$\frac{1}{2}<\frac{5}{8}$이므로 $0<\sqrt{5}<b$

주어진 확률변수 X의 확률밀도함수의 그래프에서 두 점 $(0,\ 0)$, $(b,\ c)$를 지나는 직선의 방정식은

$y=\frac{c}{b}x$

이므로 $P(X\le\sqrt{5})=\frac{1}{2}$에서

$\frac{1}{2}\times\sqrt{5}\times\left(\frac{c}{b}\times\sqrt{5}\right)=\frac{1}{2}$

$\frac{c}{b}\times 5=1 \qquad \therefore b=5c$ ...... ㉡

3단계 세 상수 a, b, c의 값을 각각 구해 보자.

$P(X\le b)=\frac{5}{8}$에서 $\frac{1}{2}\times b\times c=\frac{5}{8}$이므로

$bc=\frac{5}{4}$, $5c^2=\frac{5}{4}$ ($\because$ ㉡)

$\therefore c=\frac{1}{2}$ ($\because c>0$)

$c=\frac{1}{2}$을 ㉡에 대입하면 $b=\frac{5}{2}$

또한, $P(0\le X\le a)=1$에서 $\frac{1}{2}\times a\times c=1$이므로

$\frac{1}{2}\times a\times\frac{1}{2}=1\left(\because c=\frac{1}{2}\right) \qquad \therefore a=4$

4단계 $a+b+c$의 값을 구해 보자.

$a+b+c=4+\frac{5}{2}+\frac{1}{2}=7$

012 정답률 ▸ 81% 답 ②

1단계 정규분포의 표준화를 이용하여 확률을 구해 보자.

수험생 한 명의 시험 점수를 확률변수 X라 하면 X는 정규분포 $\mathrm{N}(68,\ 10^2)$을 따르므로 $Z=\frac{X-68}{10}$이라 하면 확률변수 Z는 표준정규분포 $\mathrm{N}(0,\ 1)$을 따른다.

따라서 구하는 확률은

$$\begin{aligned}\mathrm{P}(55\le X\le 78)&=\mathrm{P}\left(\frac{55-68}{10}\le Z\le\frac{78-68}{10}\right)=\mathrm{P}(-1.3\le Z\le 1)\\&=\mathrm{P}(0\le Z\le 1.3)+\mathrm{P}(0\le Z\le 1)\\&=0.4032+0.3413=0.7445\end{aligned}$$

013 정답률 ▸ 74% 답 ④

1단계 정규분포곡선의 성질을 이용하여 상수 k의 값을 구해 보자.

두 제품 A, B의 1개의 중량을 각각 X, Y라 하면 두 확률변수 X, Y는 각각 정규분포 $\mathrm{N}(9,\ 0.4^2)$, $\mathrm{N}(20,\ 1^2)$을 따르므로 $Z_X=\frac{X-9}{0.4}$, $Z_Y=\frac{X-20}{1}$이라 하면 두 확률변수 Z_X, Z_Y는 모두 표준정규분포 $\mathrm{N}(0,\ 1)$을 따른다.

$\mathrm{P}(8.9\le X\le 9.4)=\mathrm{P}(19\le Y\le k)$이므로

$\mathrm{P}\left(\frac{8.9-9}{0.4}\le Z_X\le\frac{9.4-9}{0.4}\right)=\mathrm{P}\left(\frac{19-20}{1}\le Z_Y\le\frac{k-20}{1}\right)$

$\mathrm{P}(-0.25\le Z_X\le 1)=\mathrm{P}(-1\le Z_Y\le k-20)$

$\mathrm{P}(-0.25\le Z_X\le 1)=\mathrm{P}(20-k\le Z_Y\le 1)$

즉, $-0.25=20-k$이므로

$k=20.25$

014 정답률 ▸ 45% 답 ①

1단계 확률밀도함수의 성질을 이용하여 확률변수 X의 평균을 구해 보자.

$\mathrm{E}(X)=m_X$, $\mathrm{E}(Y)=m_Y$, $\mathrm{V}(X)=\mathrm{V}(Y)=\sigma^2$이라 하자.

두 확률변수 X, Y는 각각 $\mathrm{N}(m_X,\ \sigma^2)$, $\mathrm{N}(m_Y,\ \sigma^2)$을 따르므로 $Z_X=\frac{X-m_X}{\sigma}$, $Z_Y=\frac{Y-m_Y}{\sigma}$라 하면 두 확률변수 Z_X, Z_Y는 모두 표준정규분포 $\mathrm{N}(0,\ 1)$을 따른다.

또한, 확률밀도함수 $y=f(x)$의 그래프는 직선 $x=m_X$에 대하여 대칭이고, $f(a)=f(3a)$이므로

$m_X=\frac{a+3a}{2}=2a$

2단계 정규분포의 표준화를 이용하여 두 확률밀도함수 $f(x)$, $g(x)$ 사이의 관계를 알아보고, 이를 이용하여 a와 σ 사이의 관계식을 구해 보자.

$\mathrm{P}(Y\le 2a)=0.6915$에서 $\mathrm{P}(Y\le m_X)=0.6915$이고

$$\begin{aligned}\mathrm{P}\left(Z_Y\le\frac{m_X-m_Y}{\sigma}\right)&=\mathrm{P}(Z_Y\le 0)+\mathrm{P}\left(0\le Z_Y\le\frac{m_X-m_Y}{\sigma}\right)\\&=0.5+\mathrm{P}\left(0\le Z_Y\le\frac{m_X-m_Y}{\sigma}\right)\\&=0.6915\end{aligned}$$

$\therefore\ \mathrm{P}\left(0\le Z_Y\le\frac{m_X-m_Y}{\sigma}\right)=0.1915$

주어진 표준정규분포표에서 $\mathrm{P}(0\le Z\le 0.5)=0.1915$이므로

$\frac{m_X-m_Y}{\sigma}=0.5$

$\therefore\ m_X-m_Y=0.5\sigma$

즉, 두 확률변수 X, Y의 분산이 같으므로 함수 $y=f(x)$의 그래프는 함수 $y=g(x)$의 그래프를 x축의 방향으로 0.5σ만큼 평행이동한 것이다.

$f(a)=f(3a)=g(2a)$에서

$2a+0.5\sigma=3a$이므로

$0.5\sigma=a\qquad\therefore\ \sigma=2a$

3단계 정규분포의 표준화를 이용하여 $\mathrm{P}(0\le X\le 3a)$의 값을 구해 보자.

$$\begin{aligned}&\mathrm{P}(0\le X\le 3a)\\&=\mathrm{P}\left(\frac{0-2a}{2a}\le Z_X\le\frac{3a-2a}{2a}\right)\\&=\mathrm{P}\left(0\le Z_X\le\frac{2a}{2a}\right)+\mathrm{P}\left(0\le Z_X\le\frac{3a-2a}{2a}\right)\\&=\mathrm{P}(0\le Z_X\le 1)+\mathrm{P}(0\le Z_X\le 0.5)\\&=0.3413+0.1915=0.5328\end{aligned}$$

015 정답률 ▸ 49% 답 ④

1단계 정규분포곡선의 성질을 이용하여 $\mathrm{E}(X)$의 값을 구해 보자.

확률변수 X가 정규분포 $\mathrm{N}(m,\ \sigma^2)$을 따른다고 하면 확률변수 Y는 정규분포 $\mathrm{N}(m-6,\ \sigma^2)$을 따른다.

$Z_X=\frac{X-m}{\sigma}$, $Z_Y=\frac{Y-(m-6)}{\sigma}$이라 하면 두 확률변수 Z_X, Z_Y는 모두 표준정규분포 $\mathrm{N}(0,\ 1)$을 따른다.

$g(x)=f(x+6)$에서 함수 $g(x)$의 그래프는 함수 $f(x)$의 그래프를 x축의 방향으로 -6만큼 평행이동한 것이므로 두 확률변수 X, Y의 표준편차는 같다.

조건 (가)에서

$\mathrm{P}(X\le 11)=\mathrm{P}(Y\ge 23)$

$\mathrm{P}\left(Z_X\le\frac{11-m}{\sigma}\right)=\mathrm{P}\left(Z_Y\ge\frac{29-m}{\sigma}\right)$

이므로

$\frac{11-m}{\sigma}=-\frac{29-m}{\sigma}\qquad\therefore\ m=20$

2단계 상수 k의 값을 구하여 $\sigma(Y)$를 구해 보자.

조건 (나)에서

$\mathrm{P}(X\le k)+\mathrm{P}(Y\le k)=1$

$\mathrm{P}\left(Z_X\le\frac{k-20}{\sigma}\right)+\mathrm{P}\left(Z_Y\le\frac{k-14}{\sigma}\right)=1$

이므로

$\frac{k-20}{\sigma}=-\frac{k-14}{\sigma}\qquad\therefore\ k=17$

이때

$$\begin{aligned}\mathrm{P}(X\le k)+\mathrm{P}(Y\ge k)&=\mathrm{P}(X\le 17)+\mathrm{P}(Y\ge 17)\\&=\mathrm{P}\left(Z_X\le\frac{17-20}{\sigma}\right)+\mathrm{P}\left(Z_Y\ge\frac{17-14}{\sigma}\right)\\&=\mathrm{P}\left(Z\le-\frac{3}{\sigma}\right)+\mathrm{P}\left(Z\ge\frac{3}{\sigma}\right)\\&=2\times\mathrm{P}\left(Z\ge\frac{3}{\sigma}\right)=0.1336\end{aligned}$$

$\therefore\ \mathrm{P}\left(Z\ge\frac{3}{\sigma}\right)=0.0668$

$$\begin{aligned}\mathrm{P}\left(0\le Z\le\frac{3}{\sigma}\right)&=\mathrm{P}(Z\ge 0)-\mathrm{P}\left(Z\ge\frac{3}{\sigma}\right)\\&=0.5-0.0668=0.4332\end{aligned}$$

주어진 표준정규분포표에서 $P(0\le Z\le 1.5)=0.4332$이므로

$\frac{3}{\sigma}=1.5\quad \therefore \sigma=2$

3단계 $E(X)+\sigma(Y)$의 값을 구해 보자.

$E(X)+\sigma(Y)=m+\sigma=20+2=22$

016 정답률 ▸ 43% 답 ②

1단계 $E(X)=m_X$, $E(Y)=m_Y$라 하고 주어진 조건을 이용하여 m_X, m_Y 사이의 관계를 알아보자.

$E(X)=m_X$, $E(Y)=m_Y$라 하면 조건 (가)에 의하여 두 확률변수 X, Y는 각각 정규분포 $N(m_X, 1^2)$, $N(m_Y, 1^2)$을 따른다.

이때 $m_X=m_Y$이면 두 함수 $y=f(x)$, $y=g(x)$가 일치하므로 조건 (나)를 만족시키지 않는다. ↳ $m_X\ne m_Y$이므로 두 함수 $y=f(x)$, $y=g(x)$의 그래프는 최소 1개의 교점을 갖는다.

즉, $m_X\ne m_Y$이고, 이때 $f(x)=g(x)$를 만족시키는 x를 a라 하자.

2단계 직선 $y=k$의 위치에 따라 경우를 나누어 주어진 조건을 만족시키는 두 확률밀도함수 $y=f(x)$, $y=g(x)$의 그래프의 개형을 찾아보자.

두 확률밀도함수 $y=f(x)$, $y=g(x)$의 그래프는 각각 두 직선 $x=m_X$, $x=m_Y$에 대하여 대칭이므로 이 성질을 만족하면서 주어진 조건을 만족시키도록 그래프의 개형을 그려 보자.

(i) $k=f(a)$인 경우

$k=f(a)$이면 m_X, m_Y 사이의 대소 관계와 관계없이 두 확률밀도함수 $y=f(x)$, $y=g(x)$의 그래프와 직선 $y=k$가 다음 그림과 같이 세 점에서 만나므로 조건 (나)를 만족시키지 않는다.

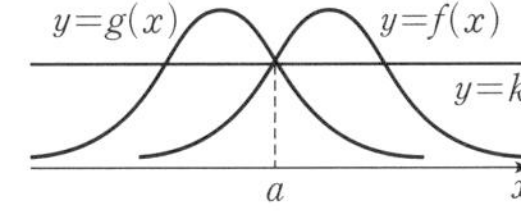

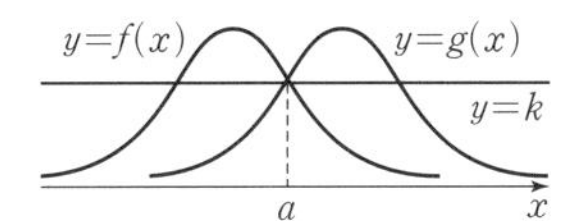

(ii) $k<f(a)$인 경우

ⓐ $m_X<m_Y$일 때, 조건 (나)를 만족시키도록 두 확률밀도함수 $y=f(x)$, $y=g(x)$의 그래프의 개형을 그리면 다음 그림과 같다.

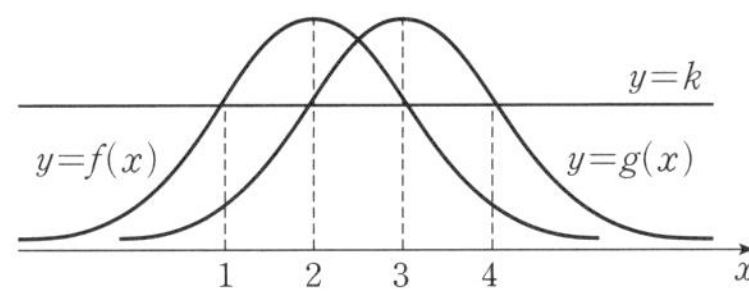

$f(1)=f(3)=k$이므로 $m_X=2$이고

$P(X\le 2)=0.5$

이때 $0<P(Y\le 2)<0.5$이므로 $P(X\le 2)-P(Y\le 2)<0.5$

즉, 이 경우는 조건 (다)를 만족시키지 않는다.

ⓑ $m_X>m_Y$일 때, 조건 (나)를 만족시키도록 두 확률밀도함수 $y=f(x)$, $y=g(x)$의 그래프의 개형을 그리면 다음 그림과 같다.

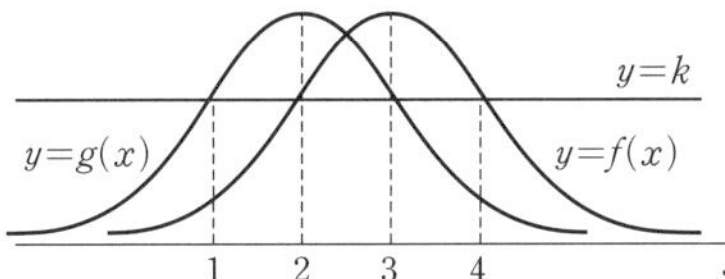

이때 $0<P(X\le 2)<0.5$이고, $P(Y\le 2)=0.5$이므로

$P(X\le 2)-P(Y\le 2)$의 값이 음수가 되어 조건 (다)를 만족시키지 않는다.

(iii) $k>f(a)$인 경우

ⓐ $m_X<m_Y$일 때, 조건 (나)를 만족시키도록 두 확률밀도함수 $y=f(x)$, $y=g(x)$의 그래프의 개형을 그리면 다음 그림과 같다.

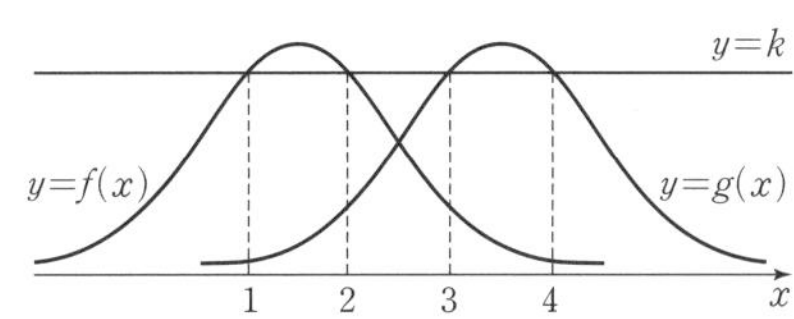

$f(1)=f(2)=k$이므로 $m_X=\frac{1+2}{2}=1.5$

$g(3)=g(4)=k$이므로 $m_Y=\frac{3+4}{2}=3.5$

이때 두 확률변수 X, Y는 각각 $N(m_X, 1^2)$, $N(m_Y, 1^2)$을 따르므로 $Z_X=\frac{X-m_X}{1}$, $Z_Y=\frac{Y-m_Y}{1}$라 하면 두 확률변수 Z_X, Z_Y는 모두 표준정규분포 $N(0, 1)$을 따른다.

$\therefore P(X\le 2)-P(Y\le 2)$

$=P\left(Z_X\le\frac{2-1.5}{1}\right)-P\left(Z_Y\le\frac{2-3.5}{1}\right)$

$=P(Z_X\le 0.5)-P(Z_Y\le 1.5)$

$=P(Z_X\le 0.5)-P(Z_Y\ge 1.5)$

$=\{0.5+P(0\le Z_X\le 0.5)\}-\{0.5-P(0\le Z_Y\le 1.5)\}$

$=P(0\le Z_X\le 0.5)+P(0\le Z_Y\le 1.5)$

$=0.1915+0.4332=0.6247$

즉, 이 경우 세 조건 (가), (나), (다)를 모두 만족시킨다.

ⓑ $m_X>m_Y$일 때, 조건 (나)를 만족시키도록 두 확률밀도함수 $y=f(x)$, $y=g(x)$의 그래프의 개형을 그리면 다음 그림과 같다.

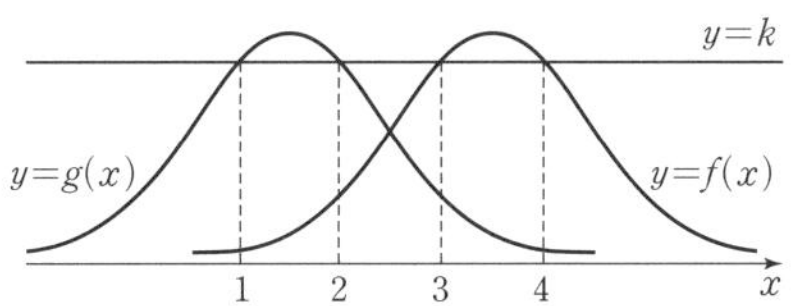

이때 $0<P(X\le 2)<0.5$이고, $P(Y\le 2)>0.5$이므로

$P(X\le 2)-P(Y\le 2)$의 값이 음수가 되어 조건 (다)를 만족시키지 않는다.

(i), (ii)에서 $m_X=1.5$, $m_Y=3.5$

3단계 $P(X\ge 2.5)$의 값을 구해 보자.

$P(X\ge 2.5)=P\left(Z_X\ge\frac{2.5-1.5}{1}\right)$

$=P(Z_X\ge 1)=0.5-P(0\le Z_X\le 1)$

$=0.5-0.3413=0.1587$

017 정답률 ▸ 39% 답 25

1단계 주어진 조건을 이용하여 두 확률변수 X, Y의 확률밀도함수의 그래프의 개형을 추측하고, m_1, m_2의 값을 각각 구해 보자.

두 확률변수 X, Y의 확률밀도함수를 각각 $f(x)$, $g(x)$라 하자.

확률변수 X가 정규분포 $N(m_1, \sigma_1^2)$을 따르므로 확률밀도함수 $f(x)$의 그래프는 직선 $x=m_1$에 대하여 대칭이고, $P(X\le x)=P(X\ge 40-x)$에서 확률밀도함수 $f(x)$의 그래프는 직선 $x=\frac{x+(40-x)}{2}=20$에 대하여 대칭이므로

$m_1=20$

또한, $P(Y\le x)=P(X\le x+10)$에서 확률밀도함수 $f(x)$의 그래프는 확률밀도함수 $g(x)$의 그래프를 x축의 방향으로 10만큼 평행이동한 것과 같으므로 확률밀도함수 $f(x)$의 그래프의 대칭축은 확률밀도함수 $g(x)$의 그래프의 대칭축을 x축의 방향으로 10만큼 평행이동한 것과 같다.

즉, $m_1=m_2+10$에서

$m_2=m_1-10=20-10=10$

이고, 두 확률밀도함수 $f(x)$, $g(x)$의 그래프의 모양이 같으므로

$\sigma_1=\sigma_2$ → 정규분포의 확률밀도함수의 그래프는 σ의 값에 따라 모양이 결정된다.

2단계 $\mathrm{P}(15\le X\le 20)+\mathrm{P}(15\le Y\le 20)=0.4772$**임을 이용하여** σ_2**의 값을 구해 보자.**

두 확률변수 X, Y는 각각 $\mathrm{N}(20,\ \sigma_2^2)$, $\mathrm{N}(10,\ \sigma_2^2)$을 따르므로 ($\sigma_1=\sigma_2$)

$Z_X=\dfrac{X-20}{\sigma_2}$, $Z_Y=\dfrac{Y-10}{\sigma_2}$이라 하면 두 확률변수 Z_X, Z_Y는 모두 표준정규분포 $\mathrm{N}(0,\ 1)$을 따른다.

이때 주어진 조건 $\mathrm{P}(15\le X\le 20)+\mathrm{P}(15\le Y\le 20)=0.4772$에서

$\mathrm{P}\left(\dfrac{15-20}{\sigma_2}\le Z_X\le \dfrac{20-20}{\sigma_2}\right)+\mathrm{P}\left(\dfrac{15-10}{\sigma_2}\le Z_Y\le \dfrac{20-10}{\sigma_2}\right)$

$=\mathrm{P}\left(\dfrac{-5}{\sigma_2}\le Z_X\le \dfrac{0}{\sigma_2}\right)+\mathrm{P}\left(\dfrac{5}{\sigma_2}\le Z_Y\le \dfrac{10}{\sigma_2}\right)$

$=\mathrm{P}\left(0\le Z_X\le \dfrac{5}{\sigma_2}\right)+\mathrm{P}\left(\dfrac{5}{\sigma_2}\le Z_Y\le \dfrac{10}{\sigma_2}\right)$

$=\mathrm{P}\left(0\le Z\le \dfrac{10}{\sigma_2}\right)$

$=0.4772$

한편, 주어진 표준정규분포표에서 $\mathrm{P}(0\le Z\le 2)=0.4772$이므로

$\dfrac{10}{\sigma_2}=2 \qquad \therefore\ \sigma_2=5$

3단계 $m_1+\sigma_2$**의 값을 구해 보자.**

$m_1+\sigma_2=20+5=25$

018 정답률 ▸ 24% 답 994

1단계 주사위를 16200번 던졌을 때 4 이하의 눈이 나오는 횟수를 확률변수 X**라 하면 확률변수** X**가 어떤 분포를 따르는지 알아보자.**

주사위를 한 번 던져 나온 눈의 수가 4 이하일 확률은

$\dfrac{4}{6}=\dfrac{2}{3}$

주사위를 한 번 던져 나온 눈의 수가 5 이상일 확률은

$\dfrac{2}{6}=\dfrac{1}{3}$

주사위를 16200번 던졌을 때 4 이하의 눈이 나오는 횟수를 확률변수 X라 하면 확률변수 X는 이항분포 $\mathrm{B}\left(16200,\ \dfrac{2}{3}\right)$를 따른다.

$\therefore\ \mathrm{E}(X)=16200\times\dfrac{2}{3}=10800$,

$\mathrm{V}(X)=16200\times\dfrac{2}{3}\times\dfrac{1}{3}=3600=60^2$

이때 16200은 충분히 큰 수이므로 확률변수 X는 근사적으로 정규분포 $\mathrm{N}(10800,\ 60^2)$을 따른다.

2단계 점 A의 위치가 5700 이하가 되기 위한 X**의 값의 범위를 구해 보자.**

점 A의 위치가 5700 이하이려면 주사위를 던져 나온 눈의 수가 4 이하인 횟수에서 5 이상인 횟수를 뺀 값이 5700 이하이어야 하므로

$X-(16200-X)\le 5700$

$2X\le 21900$

$\therefore\ X\le 10950$

3단계 $1000\times k$**의 값을 구해 보자.**

k의 값을 표준정규분포표를 이용하여 구하면

$k=\mathrm{P}(X\le 10950)$

$=\mathrm{P}\left(Z\le\dfrac{10950-10800}{60}\right)$

$=\mathrm{P}(Z\le 2.5)$

$=\mathrm{P}(X\le 0)+\mathrm{P}(0\le X\le 2.5)$

$=0.5+0.494=0.994$

$\therefore\ 1000\times k=1000\times 0.994=994$

다른 풀이

주사위를 16200번 던졌을 때 5 이상의 눈이 나오는 횟수를 확률변수 Y라 하면 확률변수 Y는 이항분포 $\mathrm{B}\left(16200,\ \dfrac{1}{3}\right)$을 따른다.

$\therefore\ \mathrm{E}(Y)=16200\times\dfrac{1}{3}=5400$,

$\mathrm{V}(X)=16200\times\dfrac{1}{3}\times\dfrac{2}{3}=3600=60^2$

이때 16200은 충분히 큰 수이므로 확률변수 Y는 근사적으로 정규분포 $\mathrm{N}(5400,\ 60^2)$을 따른다.

점 A의 위치가 5700 이하이려면 주사위를 던져 나온 눈의 수가 4 이하인 횟수에서 5 이상인 횟수를 뺀 값이 5700 이하이어야 하므로

$(16200-Y)-Y\le 5700$

$2Y\ge 10500 \qquad \therefore\ Y\ge 5250$

따라서 k의 값을 표준정규분포표를 이용하여 구하면

$k=\mathrm{P}(Y\ge 5250)$

$=\mathrm{P}\left(Z\ge\dfrac{5250-5400}{60}\right)$

$=\mathrm{P}(Z\ge -2.5)$

$=\mathrm{P}(-2.5\le X\le 0)+\mathrm{P}(X\ge 0)$

$=0.494+0.5=0.994$

019 정답률 ▸ 70% 답 ②

모표준편차가 12이고 표본의 크기가 36이므로

$\sigma(\overline{X})=\dfrac{12}{\sqrt{36}}=2$

020 정답률 ▸ 30% 답 ③

1단계 주머니에서 임의로 1장의 카드를 꺼내어 확인한 카드에 적혀 있는 수를 확률변수 X**라 할 때,** $\mathrm{V}(X)$**의 값을 구해 보자.**

주머니에서 임의로 1장의 카드를 꺼내어 확인한 카드에 적혀 있는 수를 확률변수 X라 하면 확률변수 X가 가질 수 있는 값은 1, 3, 5, 7, 9이고, 그 확률은 각각

$\mathrm{P}(X=1)=\dfrac{1}{5}$, $\mathrm{P}(X=3)=\dfrac{1}{5}$, $\mathrm{P}(X=5)=\dfrac{1}{5}$, $\mathrm{P}(X=7)=\dfrac{1}{5}$,

$\mathrm{P}(X=9)=\dfrac{1}{5}$

이므로 확률변수 X의 확률분포를 표로 나타내면 다음과 같다.

X	1	3	5	7	9	합계
$\mathrm{P}(X=x)$	$\frac{1}{5}$	$\frac{1}{5}$	$\frac{1}{5}$	$\frac{1}{5}$	$\frac{1}{5}$	1

즉, 확률변수 X에 대하여

$\mathrm{E}(X)=1\times\dfrac{1}{5}+3\times\dfrac{1}{5}+5\times\dfrac{1}{5}+7\times\dfrac{1}{5}+9\times\dfrac{1}{5}=5$,

$E(X^2)=1^2\times\frac{1}{5}+3^2\times\frac{1}{5}+5^2\times\frac{1}{5}+7^2\times\frac{1}{5}+9^2\times\frac{1}{5}=33$

이므로

$V(X)=E(X^2)-\{E(X)\}^2$

$=33-5^2=8$

2단계 $V(\overline{X})$의 값을 구해 보자.

크기가 3인 표본의 표본평균 $\overline{X}$에 대하여

$V(\overline{X})=\frac{V(X)}{3}=\frac{8}{3}$

3단계 양수 a의 값을 구해 보자.

$V(a\overline{X}+6)=24$에서

$V(a\overline{X}+6)=a^2V(\overline{X})$

$=a^2\times\frac{8}{3}=24$

$a^2=9 \quad \therefore a=3\ (\because a>0)$

021 정답률 ▸ 42% 답 ⑤

1단계 주사위를 한 번 던져 나온 눈의 수가 3의 배수일 때의 각각의 확률을 구해 보자.

주사위를 한 번 던졌을 때, 3의 배수가 나올 확률은

$\frac{2}{6}=\frac{1}{3}$

주머니 A에서 2개의 공을 꺼내는 모든 경우의 수는

${}_3C_2=3$

주머니 A에서 꺼낸 2개의 공에 적혀 있는 수의 차가 1인 경우는

(1, 2), (2, 3)의 2가지

주머니 A에서 꺼낸 2개의 공에 적혀 있는 수의 차가 2인 경우는

(1, 3)의 1가지

즉, 주사위를 한 번 던져 나온 눈의 수가 3의 배수일 때, 주머니 A에서 꺼낸 2개의 공에 적혀 있는 수의 차가 1일 확률은

$\frac{1}{3}\times\frac{2}{3}=\frac{2}{9}$

주사위를 한 번 던져 나온 눈의 수가 3의 배수일 때, 주머니 A에서 꺼낸 2개의 공에 적혀 있는 수의 차가 2일 확률은

$\frac{1}{3}\times\frac{1}{3}=\frac{1}{9}$

2단계 주사위를 한 번 던져 나온 눈의 수가 3의 배수가 아닐 때의 각각의 확률을 구해 보자.

주사위를 한 번 던졌을 때, 3의 배수가 나오지 않을 확률은

$\frac{4}{6}=\frac{2}{3}$

주머니 B에서 2개의 공을 꺼내는 모든 경우의 수는

${}_4C_2=6$

주머니 B에서 꺼낸 2개의 공에 적혀 있는 수의 차가 1인 경우는

(1, 2), (2, 3), (3, 4)의 3가지

주머니 B에서 꺼낸 2개의 공에 적혀 있는 수의 차가 2인 경우는

(1, 3), (2, 4)의 2가지

주머니 B에서 꺼낸 2개의 공에 적혀 있는 수의 차가 3인 경우는

(1, 4)의 1가지

즉, 주사위를 한 번 던져 나온 눈의 수가 3의 배수가 아닐 때, 주머니 B에서 꺼낸 2개의 공에 적혀 있는 수의 차가 1일 확률은

$\frac{2}{3}\times\frac{3}{6}=\frac{1}{3}$

주사위를 한 번 던져 나온 눈의 수가 3의 배수가 아닐 때, 주머니 B에서 꺼낸 2개의 공에 적혀 있는 수의 차가 2일 확률은

$\frac{2}{3}\times\frac{2}{6}=\frac{2}{9}$

주사위를 한 번 던져 나온 눈의 수가 3의 배수가 아닐 때, 주머니 B에서 꺼낸 2개의 공에 적혀 있는 수의 차가 3일 확률은

$\frac{2}{3}\times\frac{1}{6}=\frac{1}{9}$

3단계 $P(\overline{X}=2)$의 값을 구해 보자.

$\overline{X}=2$인 경우를 순서쌍으로 나타내면

(1, 3), (2, 2), (3, 1)

이므로 각각의 확률을 구해 보면 다음과 같다.

(i) 순서쌍 (1, 3)인 경우의 확률

$\left(\frac{2}{9}+\frac{1}{3}\right)\times\frac{1}{9}=\frac{5}{81}$

(ii) 순서쌍 (2, 2)인 경우의 확률

$\left(\frac{1}{9}+\frac{2}{9}\right)\times\left(\frac{1}{9}+\frac{2}{9}\right)=\frac{1}{9}$

(iii) 순서쌍 (3, 1)인 경우의 확률

$\frac{1}{9}\times\left(\frac{2}{9}+\frac{1}{3}\right)=\frac{5}{81}$

(i), (ii), (iii)에서 구하는 확률은

$\frac{5}{81}+\frac{1}{9}+\frac{5}{81}=\frac{19}{81}$

022 정답률 ▸ 72% 답 ③

1단계 표본평균 $\overline{X}$가 따르는 정규분포를 구해 보자.

정규분포 $N(m,\ 6^2)$을 따르는 모집단에서 크기가 9인 표본을 임의추출하여 구한 표본평균 $\overline{X}$에 대하여

$E(\overline{X})=E(X)=m,\ \sigma(\overline{X})=\frac{\sigma(X)}{\sqrt{9}}=\frac{6}{3}=2$

즉, 표본평균 $\overline{X}$는 정규분포 $N(m,\ 2^2)$을 따르므로 $Z_{\overline{X}}=\frac{\overline{X}-m}{2}$이라 하면 확률변수 $Z_{\overline{X}}$는 표준정규분포 $N(1,\ 0)$을 따른다.

2단계 표본평균 $\overline{Y}$가 따르는 정규분포를 구해 보자.

정규분포 $N(6,\ 2^2)$을 따르는 모집단에서 크기가 4인 표본을 임의추출하여 구한 표본평균 $\overline{Y}$에 대하여

$E(\overline{Y})=E(Y)=6,$

$\sigma(\overline{Y})=\frac{\sigma(Y)}{\sqrt{4}}=\frac{2}{2}=1$

즉, 표본평균 $\overline{Y}$는 정규분포 $N(6,\ 1^2)$을 따르므로 $Z_{\overline{Y}}=\frac{\overline{Y}-6}{1}$이라 하면 확률변수 $Z_{\overline{Y}}$는 표준정규분포 $N(1,\ 0)$을 따른다.

3단계 $P(\overline{X}\le 12)+P(\overline{Y}\ge 8)=1$을 이용하여 m의 값을 구해 보자.

$P(\overline{X}\le 12)+P(\overline{Y}\ge 8)=1$에서

$P\left(Z_{\overline{X}}\le\frac{12-m}{2}\right)+P\left(Z_{\overline{Y}}\ge\frac{8-6}{1}\right)=1$

$P\left(Z_{\overline{X}}\le\frac{12-m}{2}\right)+P(Z_{\overline{Y}}\ge 2)=1$

$P\left(Z_{\overline{X}}\le\frac{12-m}{2}\right)=1-P(Z_{\overline{Y}}\ge 2)=P(Z_{\overline{Y}}\le 2)$

이때 두 확률변수 $Z_{\overline{X}}$, $Z_{\overline{Y}}$는 모두 표준정규분포를 따르므로

$\frac{12-m}{2}=2 \qquad \therefore m=8$

023 정답률 ▸ 75% 답 ③

1단계 $\overline{x}$, a의 값을 각각 구해 보자.

양파 64개를 임의추출하여 얻은 양파의 무게의 표본평균이 $\overline{x}$이므로 모평균 m에 대한 신뢰도 95 %의 신뢰구간은

$\overline{x}-1.96\times\frac{16}{\sqrt{64}}\le m\le\overline{x}+1.96\times\frac{16}{\sqrt{64}}$에서

$\overline{x}-3.92\le m\le\overline{x}+3.92$

즉, $240.12=\overline{x}-3.92$이고 $a=\overline{x}+3.92$이므로

$\overline{x}=240.12+3.92=244.04$

$a=244.04+3.92=247.96$

2단계 $\overline{x}+a$의 값을 구해 보자.

$\overline{x}+a=244.04+247.96=492$

024 정답률 ▸ 65% 답 ②

1단계 모평균 m에 대한 신뢰도 95%의 신뢰구간을 구해 보자.

정규분포 $N(m,\ 5^2)$을 따르는 모집단에서 크기가 49인 표본을 임의추출하여 얻은 표본평균이 $\overline{x}$일 때, 모평균 m에 대한 신뢰도 95 %의 신뢰구간은

$\overline{x}-1.96\times\frac{5}{\sqrt{49}}\le m\le\overline{x}+1.96\times\frac{5}{\sqrt{49}}$

$\overline{x}-1.4\le m\le\overline{x}+1.4$

2단계 $\overline{x}$의 값을 구해 보자.

$a=\overline{x}-1.4$, $\frac{6}{5}a=\overline{x}+1.4$에서

$\frac{6}{5}\times(\overline{x}-1.4)=\overline{x}+1.4$, $6\overline{x}-8.4=5\overline{x}+7$

$\therefore\ \overline{x}=15.4$

025 정답률 ▸ 66% 답 ①

1단계 모평균 m에 대한 신뢰도 95 %의 신뢰구간을 구해 보자.

정규분포 $N(m,\ 2^2)$을 따르는 모집단에서 크기가 256인 표본을 임의추출하여 얻은 표본평균이 $\overline{x}$일 때, 모평균 m에 대한 신뢰도 95 %의 신뢰구간은

$\overline{x}-1.96\times\frac{2}{\sqrt{256}}\le m\le\overline{x}+1.96\times\frac{2}{\sqrt{256}}$

$\overline{x}-0.245\le m\le\overline{x}+0.245$

2단계 $b-a$의 값을 구해 보자.

$a=\overline{x}-0.245$, $b=\overline{x}+0.245$이므로

$b-a=(\overline{x}+0.245)-(\overline{x}-0.245)$

$=0.245+0.245=0.49$

참고

$b-a$의 값은 신뢰구간의 길이와 같으므로

$b-a=2\times1.96\times\frac{2}{\sqrt{256}}=2\times1.96\times\frac{1}{8}=0.49$

026 정답률 ▸ 66% 답 ⑤

1단계 n, a의 값을 각각 구해 보자.

다회용 컵 n개를 임의추출하여 얻은 다회용 컵 1개의 무게의 표본평균이 67.27이고, 모평균 m에 대한 신뢰도 95 %의 신뢰구간이 $a\le m\le67.41$이므로

$67.27-1.96\times\frac{0.5}{\sqrt{n}}\le m\le67.27+1.96\times\frac{0.5}{\sqrt{n}}$에서

$67.27-\frac{0.98}{\sqrt{n}}\le m\le67.27+\frac{0.98}{\sqrt{n}}$

즉, $a=67.27-\frac{0.98}{\sqrt{n}}$이고 $67.41=67.27+\frac{0.98}{\sqrt{n}}$이므로

$67.41=67.27+\frac{0.98}{\sqrt{n}}$에서 $0.14=\frac{0.98}{\sqrt{n}}$

$\sqrt{n}=7\quad\therefore\ n=49$

$\therefore\ a=67.27-\frac{0.98}{\sqrt{n}}=67.27-\frac{0.98}{7}=67.13$

2단계 $n+a$의 값을 구해 보자.

$n+a=49+67.13=116.13$

027 정답률 ▸ 50% 답 ②

1단계 σ의 값을 구해 보자.

샴푸 16개를 임의추출하여 얻은 샴푸 1개의 용량의 표본평균이 $\overline{x_1}$일 때, 모평균 m에 대한 신뢰도 95 %의 신뢰구간이 $746.1\le m\le755.9$이므로

$\overline{x_1}-1.96\times\frac{\sigma}{\sqrt{16}}\le m\le\overline{x_1}+1.96\times\frac{\sigma}{\sqrt{16}}$에서

$\overline{x_1}-1.96\times\frac{\sigma}{4}\le m\le\overline{x_1}+1.96\times\frac{\sigma}{4}$

$\overline{x_1}-0.49\sigma\le m\le\overline{x_1}+0.49\sigma$

$\therefore\ 746.1=\overline{x_1}-0.49\sigma$ …… ㉠, $755.9=\overline{x_1}+0.49\sigma$ …… ㉡

㉡$-$㉠을 하면

$9.8=0.98\sigma\quad\therefore\ \sigma=10$

2단계 a, b를 각각 $\overline{x_2}$에 대한 식으로 나타내어 보자.

샴푸 n개를 임의추출하여 얻은 샴푸 1개의 용량의 표본평균이 $\overline{x_2}$일 때, 모평균 m에 대한 신뢰도 99 %의 신뢰구간은

$\overline{x_2}-2.58\times\frac{10}{\sqrt{n}}\le m\le\overline{x_2}+2.58\times\frac{10}{\sqrt{n}}$

$\therefore\ a=\overline{x_2}-2.58\times\frac{10}{\sqrt{n}}$, $b=\overline{x_2}+2.58\times\frac{10}{\sqrt{n}}$

3단계 자연수 n의 최솟값을 구해 보자.

신뢰구간이 $a\le m\le b$이므로

$b-a=2\times2.58\times\frac{10}{\sqrt{n}}=\frac{51.6}{\sqrt{n}}$

이때 $b-a$의 값이 6 이하가 되어야 하므로

$\frac{51.6}{\sqrt{n}}\le6$에서 $51.6\le6\times\sqrt{n}$

$8.6\le\sqrt{n}$

위의 식의 양변을 제곱하면

$73.96\le n$

따라서 자연수 n의 최솟값은 74이다.

고난도 기출

▸ 본문 093~096쪽

028 673　029 175　030 70　031 5　032 24

028

정답률 ▸ 27%　　답 673

1단계 $P(X \le 5t) \ge \frac{1}{2}$을 이용하여 양수 t의 값의 범위를 구해 보자.

확률변수 X의 평균이 1이므로

$P(X \le 5t) \ge \frac{1}{2}$에서

$5t \ge 1$　　$\therefore t \ge 0.2$

2단계 $P(t^2-t+1 \le X \le t^2+t+1)$의 최댓값을 가질 때의 양수 t의 값을 구해 보자.

확률변수 X가 정규분포 $N(1, t^2)$을 따르므로 $Z=\frac{X-1}{t}$이라 하면 확률변수 Z는 표준정규분포 $N(0, 1)$을 따른다.

$P(t^2-t+1 \le X \le t^2+t+1)$

$=P\left(\frac{(t^2-t+1)-1}{t} \le Z \le \frac{(t^2+t+1)-1}{t}\right)$

$=P(t-1 \le Z \le t+1)$ ($\because t>0$)

이고, $t \ge 0.2$이므로

$t-1 \ge -0.8$, $t+1 \ge 1.2$

이때 $P(t-1 \le Z \le t+1)=P(t-1 \le Z \le 0)+P(0 \le Z \le t+1)$에서 두 수 $t-1$과 $t+1$ 사이의 거리는 2로 일정하고 다음 그림과 같은 표준정규분포의 확률밀도함수의 그래프에서 t의 값이 커질수록 색칠한 부분의 넓이가 작아지므로 t의 값이 최소인 0.2일 때, $P(t-1 \le Z \le t+1)$이 최댓값을 갖는다.

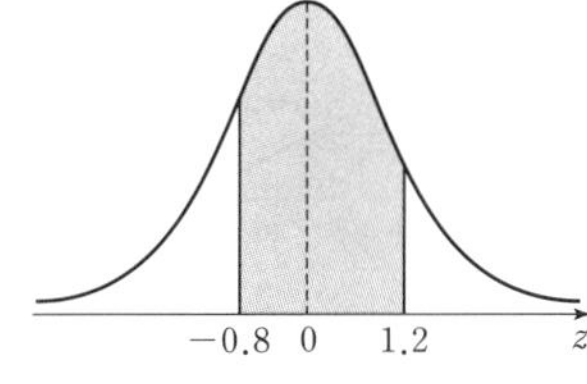

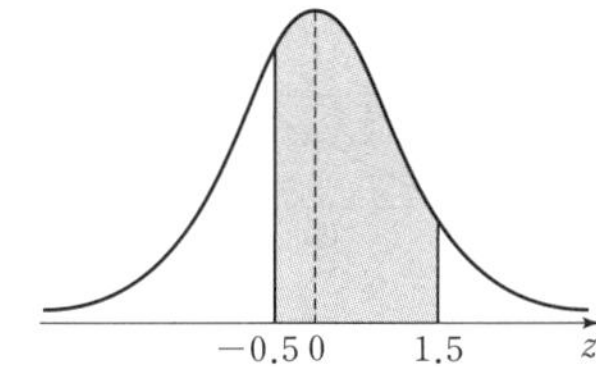

3단계 $1000 \times k$의 값을 구해 보자.

$k=P(0.2-1 \le Z \le 1+0.2)$

$=P(-0.8 \le Z \le 1.2)$

$=P(0 \le Z \le 0.8)+P(0 \le Z \le 1.2)$

$=0.288+0.385$

$=0.673$

$\therefore 1000 \times k=1000 \times 0.673$

$=673$

029

정답률 ▸ 20%　　답 175

1단계 꺼낸 카드에 적힌 수의 합이 11이 되는 경우를 구해 보자.

주머니에서 임의로 한 장의 카드를 꺼낼 확률은

$\frac{1}{6}$

→ 네 개의 수의 평균이 $\frac{11}{4}$이려면 네 개의 수의 합이 11이어야 한다.

꺼낸 카드에 적힌 수의 합이 11이 되는 경우를 순서를 생각하지 않고 순서쌍으로 나타내면 다음과 같다.

(1, 1, 3, 6), (1, 1, 4, 5), (1, 2, 2, 6), (1, 2, 3, 5), (1, 2, 4, 4), (1, 3, 3, 4), (2, 2, 2, 5), (2, 2, 3, 4), (2, 3, 3, 3)

2단계 1단계에서 구한 경우의 각각의 확률을 구해 보자.

(i) 세 수가 같은 경우

세 수가 같은 경우의 수는

(2, 2, 2, 5), (2, 3, 3, 3)의 2

이므로 세 수가 같은 경우의 확률은

$\frac{4!}{3!} \times \left(\frac{1}{6}\right)^4=\frac{4}{6^4}$

즉, 이 경우의 확률은

$2 \times \frac{4}{6^4}=\frac{8}{6^4}$

(ii) 두 수가 같은 경우

두 수가 같은 경우의 수는

(1, 1, 3, 6), (1, 1, 4, 5), (1, 2, 2, 6), (1, 2, 4, 4), (1, 3, 3, 4), (2, 2, 3, 4)의 6

이므로 두 수가 같은 경우의 확률은

$\frac{4!}{2!} \times \left(\frac{1}{6}\right)^4=\frac{12}{6^4}$

즉, 이 경우의 확률은

$6 \times \frac{12}{6^4}=\frac{72}{6^4}$

(iii) 네 수가 모두 다른 경우

네 수가 모두 다른 경우의 수는

(1, 2, 3, 5)의 1

이므로 네 수가 모두 다른 경우의 확률은

$4! \times \left(\frac{1}{6}\right)^4=\frac{24}{6^4}$

3단계 $P\left(\overline{X}=\frac{11}{4}\right)$의 값을 구하여 $p+q$의 값을 구해 보자.

(i), (ii), (iii)에서

$P\left(\overline{X}=\frac{11}{4}\right)=\frac{8}{6^4}+\frac{72}{6^4}+\frac{24}{6^4}$

$=\frac{104}{6^4}=\frac{13}{162}$

따라서 $p=162$, $q=13$이므로

$p+q=162+13=175$

다른 풀이

네 장의 카드를 꺼내는 경우의 수는

${}_6\Pi_4=6^4$

꺼낸 카드에 적힌 수를 순서대로 a, b, c, d라 하면

$a+b+c+d=11$ (단, a, b, c, d는 1 이상 6 이하의 정수)　…… ㉠

$a=a'+1$, $b=b'+1$, $c=c'+1$, $d=d'+1$이라 하면

$(a'+1)+(b'+1)+(c'+1)+(d'+1)=11$

$\therefore a'+b'+c'+d'=7$ (a', b', c', d'은 0 이상 5 이하의 정수)

㉠을 만족시키는 순서쌍 (a, b, c, d)의 개수는 위의 방정식을 만족시키는 순서쌍 (a', b', c', d')의 개수와 같으므로

${}_4H_7={}_{10}C_7=120$

이때 7, 0, 0, 0으로 이루어진 순서쌍 4개와 6, 1, 0, 0으로 이루어진 순서쌍 12개를 제외해야 하므로 → $\frac{4!}{2!}$

$120-4-12=104$

즉, 구하는 확률은

$\frac{104}{6^4}=\frac{13}{162}$

030 정답률 ▸ 18% 답 70

1단계 정규분포의 표준화와 $P(X\le 0)=P(Y\le 0)$임을 이용하여 σ를 m에 대한 식으로 나타내어 보자.

두 확률변수 X, Y가 정규분포를 따르므로 $Z_X=\frac{X-m}{1}$,

$Z_Y=\frac{Y-(m^2+2m+16)}{\sigma}$이라 하면 두 확률변수 Z_X, Z_Y는 모두 표준정규분포 $N(1, 0)$을 따른다.

즉, $P(X\le 0)=P(Z\le -m)$이고

$P(Y\le 0)=P\left(Z\le \frac{-(m^2+2m+16)}{\sigma}\right)$이므로

$P(X\le 0)=P(Y\le 0)$에서

$-m=\frac{-(m^2+2m+16)}{\sigma}$

$\sigma=\frac{m^2+2m+16}{m}=m+2+\frac{16}{m}$

2단계 산술평균과 기하평균의 관계를 이용하여 σ의 값이 최소가 되도록 하는 m의 값을 구해 보자.

$m>0$, $\frac{16}{m}>0$이므로 산술평균과 기하평균의 관계에 의하여

$\sigma\ge 2+2\sqrt{m\times\frac{16}{m}}=10$ $\left(\text{단, 등호는 } m=\frac{16}{m}\text{일 때 성립한다.}\right)$

즉, $m=\frac{16}{m}$일 때 σ의 값이 최소이므로

$m^2=16$ $\therefore m_1=4$ ($\because m>0$)

3단계 정규분포곡선의 성질을 이용하여 $P(X\ge 1)=P(Y\le k)$를 만족시키는 상수 k의 값을 구해 보자.

$m=4$일 때, 두 확률변수 X, Y는 각각 정규분포 $N(4, 1^2)$, $N(40, 10^2)$을 따르므로

$P(X\ge 1)=P\left(Z\ge \frac{1-4}{1}\right)=P(Z\ge -3)$

$P(Y\le k)=P\left(Z\le \frac{k-40}{10}\right)=P\left(Z\ge -\frac{k-40}{10}\right)$

즉, $P(X\ge 1)=P(Y\le k)$를 만족시키려면

$P(Z\ge -3)=P\left(Z\ge -\frac{k-40}{10}\right)$이어야 하므로

$-3=-\frac{k-40}{10}$ $\therefore k=70$

031 정답률 ▸ 13% 답 5

1단계 확률밀도함수의 성질을 이용하여 두 상수 a, b의 값을 각각 구해 보자.

$0\le x\le a$에서 $f(x)=b$이고

함수 $y=f(x)$의 그래프와 직선 $x=a$ 및 x축으로 둘러싸인 부분의 넓이가 1이므로 (→ 직선 $y=b$)

$ab=1$ ······ ㉠

$g(x)=P(0\le X\le x)$에서 $g(x)=bx$ ($\because f(x)=b$)

즉, 함수 $y=g(x)$의 그래프는 다음 그림과 같다.

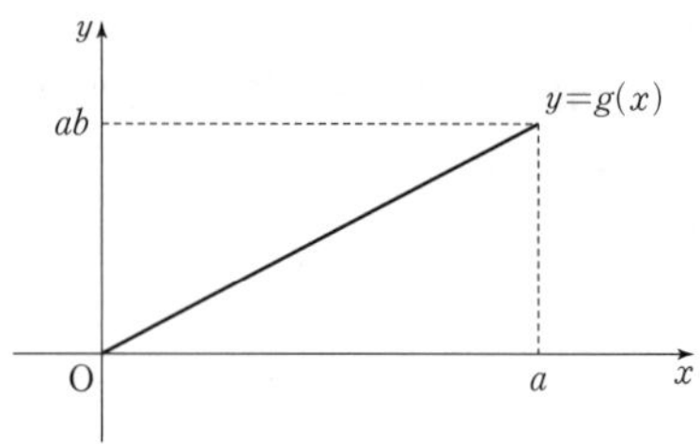

이때 $g(a)=P(0\le X\le a)=1$이므로

$g(a)=\frac{1}{2}\times a\times ab$

$=\frac{1}{2}\times a\times 1=1$ ($\because$ ㉠)

$\therefore a=2$, $b=\frac{1}{2}$ ($\because$ ㉠)

2단계 상수 c^2의 값을 구하여 $(a+b)\times c^2$의 값을 구해 보자.

$g(x)=\frac{1}{2}x$이므로

$P(0\le Y\le c)=\frac{1}{2}\times c\times g(c)$

$=\frac{1}{2}\times c\times\frac{c}{2}$

$=\frac{c^2}{4}=\frac{1}{2}$

에서

$c^2=2$

$\therefore (a+b)\times c^2=\left(2+\frac{1}{2}\right)\times 2=5$

032 정답률 ▸ 9% 답 24

1단계 주어진 조건을 이용하여 확률밀도함수 $y=g(x)$의 그래프의 개형을 그려 보자.

$\{g(x)-f(x)\}\{g(x)-a\}=0$에서

$g(x)-f(x)=0$ 또는 $g(x)-a=0$

$\therefore g(x)=f(x)$ 또는 $g(x)=a$

두 조건 (가), (나)에서 확률밀도함수 $y=g(x)$의 그래프는 직선 $x=2$에 대하여 대칭이므로 다음 그림과 같다.

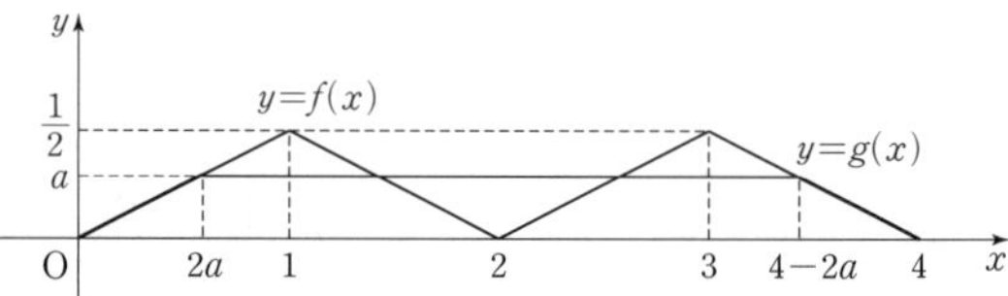

2단계 $P(0\le Y\le 4)=1$임을 이용하여 상수 a의 값을 구해 보자.

확률의 총합은 1이므로 $P(0\le Y\le 4)=1$에서

$\frac{1}{2}\times 2a\times a+(4-4a)\times a+\frac{1}{2}\times 2a\times a=1$

$2a^2-4a+1=0$ $\therefore a=\frac{2\pm\sqrt{2}}{2}$

이때 $0<a<\frac{1}{2}$이므로 $a=\frac{2-\sqrt{2}}{2}$

3단계 $P(0\le Y\le 5a)$의 값을 구해 보자.

$1.4<\sqrt{2}<1.5$에서 $0.25<\frac{2-\sqrt{2}}{2}<0.3$이므로

$0.25<a<0.3$, 즉 $1.25<5a<1.5$임을 알 수 있다.

$\therefore P(0\le Y\le 5a)=P(0\le Y\le 2a)+P(2a\le Y\le 5a)$

$=\frac{1}{2}\times 2a\times a+3a\times a=4a^2$

$=4\times\left(\frac{2-\sqrt{2}}{2}\right)^2=6-4\sqrt{2}$

4단계 $p\times q$의 값을 구해 보자.

$p=6$, $q=4$이므로

$p\times q=6\times 4=24$

메가스터디 고등학습 시리즈

확률과 통계

BOOK 1 최신 기출 ALL

정답 및 해설

메가스터디BOOKS

내용 문의 02-6984-6901 | 구입 문의 02-6984-6868,9 | www.megastudybooks.com

메가스터디 (고등 학습) 시리즈

확률과 통계

BOOK 1 최신 기출 ALL

진짜 공부 챌린지 내/가/스/터/디

공부는 스스로 해야 실력이 됩니다. 아무리 뛰어난 스타강사도, 아무리 좋은 참고서도 학습자의 실력을 바로 높여 줄 수는 없습니다.
내가 무엇을 공부하고 있는지, 아는 것과 모르는 것은 무엇인지 스스로 인지하고 학습할 때 진짜 실력이 만들어집니다.
메가스터디북스는 스스로 하는 공부, **내가스터디**를 응원합니다.
메가스터디북스는 여러분의 **내가스터디**를 돕는 좋은 책을 만듭니다.

ISBN 979-11-297-1286-8
값 21,000원 (전 2권)

메가스터디BOOKS
내용 문의 02-6984-6901 | **구입 문의** 02-6984-6868,9 | www.megastudybooks.com

2026

수능 기출

올픽

최신 기출 ALL

우수 기출 PICK

확률과 통계

BOOK 2 우수 기출 PICK

최근 3개년 이전(2005~2022학년도)
수능 · 평가원 · 교육청 기출 중 선생님들이 엄선한 우수 기출 수록

메가스터디BOOKS

메가스터디 수능 기출 '올픽'에 도움을 주신 선생님들

수능 기출 '올픽' BOOK❷ 우수 기출문제 엄선 과정에 참여하신 전국의 선생님들께 진심으로 감사드립니다.

강인우 진선여자고등학교
강홍규 최강학원(대전)
고범석 노량진 메가스터디학원
곽정오 유앤아이영어수학학원(광주)
구정아 정현수학학원
국선근 국선생 수학학원
권백일 양정고등학교
권혁동 매쓰뷰학원
기승현 잠실고등학교
기진영 밀턴수학 학원
김규보 백항목학원(송파)
김대식 하남고등학교
김동수 낙생고등학교
김동희 김동희 수학학원
김미숙 하이로 수학전문학원
김미정 엠베스트 SE 최강학원
김 민 교진학원
김민지 강북 메가스터디학원
김선아 하나학원
김성은 블랙박스 수학과학 전문학원
김성태 일상과이상 수학학원
김송미 전문가집단 육영재단과학원
김연지 CL 학숙
김영현 강남 메가스터디학원
김영환 종로학원하늘교육(구월지점)
김우신 김우신수학학원
김우철 탑수학학원(제주)
김재영 SKY 수학전문학원
김정규 제이케이 수학학원(인천)
김정암 정암수학학원
김정오 강남 메가스터디학원
김정희 중동고등학교
김종관 진선여자고등학교
김종성 분당파인만학원

김종준 중산고등학교
김지윤 양정고등학교
김진혜 우성학원(부산)
김하현 로지플 수학학원(하남)
김한결 상문고등학교
김호원 원수학학원
김홍식 레전드 수학학원
김홍우 송촌이룸학원
김흥국 노량진 메가스터디학원
나경민 강남 메가스터디학원
남선주 서울국제고등학교
남승혁 일산 메가스터디학원
노기태 대찬학원
노용석 펀펀수학원
노현태 대구남산고등학교
문병건 일산 메가스터디학원
문용근 칼수학학원(노원)
박대희 실전수학
박민규 서울고등학교
박세호 이룸 에이더블플러스 수학전문학원
박신충 박신충수학
박영예 용호교일학원
박윤근 양정고등학교
박임수 고탑수학학원
박종화 한뜻학원(안산)
박주현 장훈고등학교
박주환 MVP 수학학원
박지영 수도여자고등학교
박 진 장군수학
박 찬 찬 수학학원
박현수 현대고등학교
배세혁 수클래스학원
배태선 쎈텀수학학원(인천)
백경훈 우리 영수 전문학원

백종훈 자성학원(인천)
변규미 언남고등학교
서영란 한영외국어고등학교
서지완 양정고등학교
서희광 최강학원(인천)
설홍진 현수학 전문학원(청라)
성영재 성영재 수학전문학원
손영인 트루매쓰학원
손은복 한뜻학원(안산)
손진우 조종고등학교
송용인 서초 메가스터디 기숙학원
신주영 이룸수학학원(광주)
심성훈 가우스 수학전문학원
심수미 김경민 수학전문학원
안준호 정면돌파학원
양영진 이룸 영수 전문학원
양 훈 델타학원(대구)
여정훈 엠포엠 수학학원
오경민 수학의힘 경인본원
오정은 포항제철고등학교
왕건일 토모수학학원(인천)
우정림 크누 KNU입시학원
유성규 현수학 전문학원(청라)
유영석 수학서당 학원
유정관 TIM수학학원
유지민 백미르 수학학원
윤다감 트루탑 학원
윤문성 수학의봄날 입시학원(평촌)
윤여창 강북 메가스터디학원
윤치훈 의치한약수 수학교습소
이 강 뉴파인 반포초중등관
이경진 중동고등학교
이대진 사직 더매쓰 수학전문학원
이동훈 이동훈 수학학원

이문형 대영학원(대전)
이미형 좋은습관 에토스학원
이봉주 성지보습학원(분당)
이상헌 엘리트 대종학원(아산)
이성준 공감수학(대구)
이소라 경희고등학교
이신영 캔수학 전문학원(전주)
이양근 양지 메가스터디 기숙학원
이운학 1등급 만드는 강한수학 학원
이원영 정화여자고등학교
이은영 탄탄학원(창녕)
이은재 대치 명인학원(은평)
이인수 R루트 수학학원
이재명 청진학원
이종현 송파 메가스터디학원
이창원 더매쓰 수학전문학원
이철호 파스칼 수학학원(군포)
이청원 이청원 수학학원
이태영 필강학원
이향수 명일여자고등학교
이현미 장대유레카학원
이현식 마스터입시교육학원
이호석 송파 메가스터디학원
이희주 장군수학학원
임나진 세화고등학교
임태형 생각하는방법학원
장우진 3.14 수학학원(분당)
장익수 코아수학 2관학원(일산)
장현욱 일산 메가스터디학원
전지호 수풀림학원
정금남 동부SKY학원
정다운 전주한일고등학교
정유진 서초 메가스터디 기숙학원
정인용 리더스수학

정재복 양정고등학교
정재현 율사학원
정주식 양정고등학교
정혜승 샤인학원(전주)
정혜인 뿌리와샘 입시학원
정효석 최상위하다 학원
조민건 브레인뱅크학원
조은정 참영어수학 전문학원
조익제 MVP 수학학원
조재영 대연 엘리트왕수학
조재천 와튼학원
조정묵 (前)여의도여자고등학교
진유은 서울영상고등학교
최규종 뉴토모수학전문학원
최기동 서초 메가스터디학원(의약학)
최미선 최선생 수학학원
최돈권 송원학원
최상희 한제욱 수학학원
최승호 서울고등학교
최원석 명사특강학원
최정휴 엘리트 수학학원
추명수 라파수학학원
추성규 이화 영수 학원
한상복 강북 메가스터디학원
한상원 위례수학전문 일비충천
한세훈 마스터플랜 수학학원
한제욱 한제욱 수학학원
허경식 양정고등학교
홍은주 대치M수학학원(청주)
황선진 서초 메가스터디 기숙학원
황성대 알고리즘 김국희 수학학원
황은지 멘토수학과학학원(안산)

기출 학습을
효율적으로! 완벽하게!
수능 기출
올픽

수능 기출 '올픽'은 다음과 같이 BOOK❶ × BOOK❷ 구성입니다.

BOOK❶ 최신 기출 ALL 최근 3개년(2023~2025학년도) 수능 · 평가원 · 교육청 기출 전체 수록

BOOK❷ 우수 기출 PICK 최근 3개년 이전(2005~2022학년도) 수능 · 평가원 · 교육청 기출 중 선생님들이 엄선한 우수 기출 수록

확률과 통계

BOOK ❷

역대 수능 기출문제를 무조건 다 풀어 보는 것은 비효율적입니다.
하지만 과거의 기출문제 중에는 반드시 짚고 넘어가야 할 문제가 있습니다.
이에 여러 선생님들이 참여, 최근 3개년 이전 기출문제 중 수험생이 꼭 풀어야 하는
우수 기출문제를 선별하여 **BOOK❷**에 담았습니다.

수능 기출 학습 시너지를 높이는 '올픽'의 BOOK❶ × BOOK❷ 활용 Tip!

BOOK❶의 최신 기출문제를 먼저 푼 후, 본인의 학습 상태에 따라 **BOOK❷**의
우수 기출문제까지 풀면 효율적이고 완벽한 기출 학습이 가능합니다!

BOOK 2 구성과 특징

▶ 전국의 여러 선생님들이 참여, **최근 3개년 이전 기출문제 중 수험생이 꼭 풀어야 하는 우수 기출문제**만을 선별하여 담았습니다.

1 우수 기출 분석

- 최근 3개년 이전(2005~2022학년도) 기출문제 중 엄선하여 수록한 우수 기출문제의 연도별, 유형별 분포를 분석하여 유형의 중요성과 출제 흐름을 한눈에 파악할 수 있도록 했습니다.

2 유형별 기출

- 최근 3개년 이전의 모든 기출문제 중 수능을 대비하는 수험생이 꼭 풀어 보면 좋을 문제만을 뽑아 유형별로 제시했습니다.
(우수 기출문제를 엄선하는 과정에 전국의 학교, 학원 선생님 참여)
- 많은 선생님들이 중복하여 중요하다고 선택한 문제에는 Best Pick 으로 표시하여 그 중요성을 다시 한번 강조했습니다.
- 유형 α는 **BOOK 1**의 유형 외 추가로 학습해야 할 중요 유형입니다.

3 고난도 기출

- 최근 3개년 이전의 모든 기출문제 중 꼭 풀어 보면 좋을 고난도, 초고난도 수준의 문제를 대단원별로 엄선하여 효율적인 학습이 가능하도록 했습니다.

4 정답 및 해설

- 모든 문제 풀이를 단계로 제시하여 출제 의도 및 풀이의 흐름을 한눈에 파악할 수 있도록 했습니다.
- 모든 문제에 정답률을 제공하여 문제의 체감 난이도를 파악하거나 자신의 학습 수준을 파악할 수 있도록 했습니다.
- Best Pick 으로 표시한 문제에 대하여 그 문제를 뽑은 선생님들이 직접 전하는 문제의 중요성 및 해결 전략을 제시하여 중요한 기출문제를 다시 한번 확인할 수 있도록 했습니다.

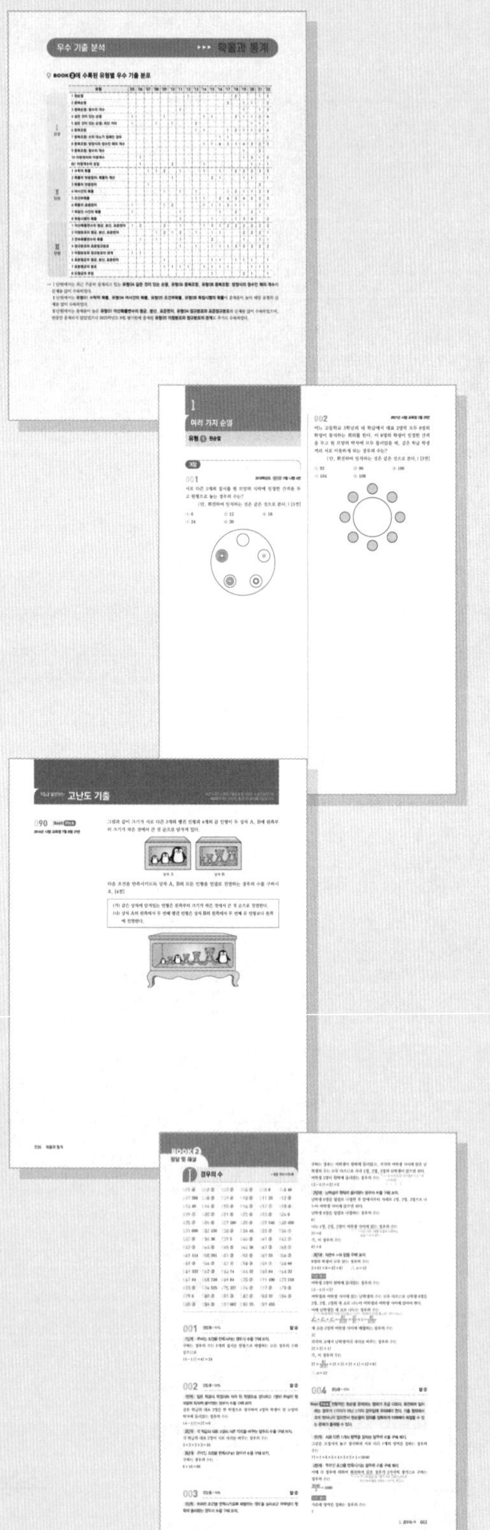

우수 기출 분석 ▸▸▸ 확률과 통계

BOOK ❷에 수록된 유형별 우수 기출 분포

단원	유형	'05	'06	'07	'08	'09	'10	'11	'12	'13	'14	'15	'16	'17	'18	'19	'20	'21	'22
Ⅰ 단원	1 원순열								1						2			1	3
	2 중복순열													3		1	1		2
	3 중복순열; 함수의 개수							1								1		1	3
	4 같은 것이 있는 순열	1				1					1	1			3	1	1	2	4
	5 같은 것이 있는 순열; 최단 거리	1			1		1			2							1	1	1
	6 중복조합									1	1			1	2	1	1	2	4
	7 중복조합; 수의 대소가 정해진 경우												1	1					1
	8 중복조합; 방정식의 정수인 해의 개수										1	1	4	3	1	4	3	2	3
	9 중복조합; 함수의 개수															1		2	
	10 이항정리와 이항계수		1													1	3	1	2
	α1 이항계수의 성질		1				2				1						1	1	1
Ⅱ 단원	1 수학적 확률			1	1	2		1			1		1		2	2	2	3	3
	2 확률의 덧셈정리; 확률의 계산						1					2	1			1	1		1
	3 확률의 덧셈정리			1														2	
	4 여사건의 확률					1		1		1				1	2	1	1	2	3
	5 조건부확률									1	1		2	4	3	4	2	2	3
	6 확률의 곱셈정리	1				1	2				1	1	1	3	1	1		2	1
	7 독립인 사건의 확률	1						1					1		2		2	1	
	8 독립시행의 확률							1				1			1	3	4		2
Ⅲ 단원	1 이산확률변수의 평균, 분산, 표준편차	1	2			2		1			1	3	1	2	2	2	2	2	2
	2 이항분포의 평균, 분산, 표준편차				1	2	1	2		1		1	1			2	2	2	1
	3 연속확률변수의 확률		1		1			1				2				1		1	1
	4 정규분포와 표준정규분포							1		1		1	1	1	3	3	3	2	2
	5 이항분포와 정규분포의 관계	1	1																
	6 표본평균의 평균, 분산, 표준편차					1						1	1		1	1	1		1
	7 표본평균의 분포					1	1	1	1		1	1	1	1			1	1	1
	8 모평균의 추정											1				2	1		1

⋯› Ⅰ단원에서는 최근 꾸준히 출제되고 있는 **유형04 같은 것이 있는 순열**, **유형06 중복조합**, **유형08 중복조합; 방정식의 정수인 해의 개수**의 문제를 많이 수록하였다.

Ⅱ단원에서는 **유형01 수학적 확률**, **유형04 여사건의 확률**, **유형05 조건부확률**, **유형08 독립시행의 확률**이 출제율이 높아 해당 유형의 문제를 많이 수록하였다.

Ⅲ단원에서는 출제율이 높은 **유형01 이산확률변수의 평균, 분산, 표준편차**, **유형04 정규분포와 표준정규분포**의 문제를 많이 수록하였으며, 한동안 출제되지 않았었으나 2025학년도 9월 평가원에 출제된 **유형05 이항분포와 정규분포의 관계**도 추가로 수록하였다.

차례

I 경우의 수

1 여러 가지 순열

유형 ❶ 원순열

유형 ❷ 중복순열

유형 ❸ 중복순열; 함수의 개수

유형 ❹ 같은 것이 있는 순열

유형 ❺ 같은 것이 있는 순열; 최단 거리

2 중복조합과 이항정리

유형 ❻ 중복조합

유형 ❼ 중복조합; 수의 대소가 정해진 경우

유형 ❽ 중복조합; 방정식의 정수인 해의 개수

유형 ❾ 중복조합; 함수의 개수

유형 ❿ 이항정리와 이항계수

유형α1 이항계수의 성질

※ 위 유형α1 은 최근 3개년 이전의 기출 유형 중 중요한 유형이거나 다른 유형과 결합되어 출제될 수 있는 유형을 별도 표시한 것입니다.

1

여러 가지 순열

유형 1 원순열

3점

001

2018학년도 평가원 9월 나형 6번

서로 다른 5개의 접시를 원 모양의 식탁에 일정한 간격을 두고 원형으로 놓는 경우의 수는?

(단, 회전하여 일치하는 것은 같은 것으로 본다.) [3점]

① 6 ② 12 ③ 18
④ 24 ⑤ 30

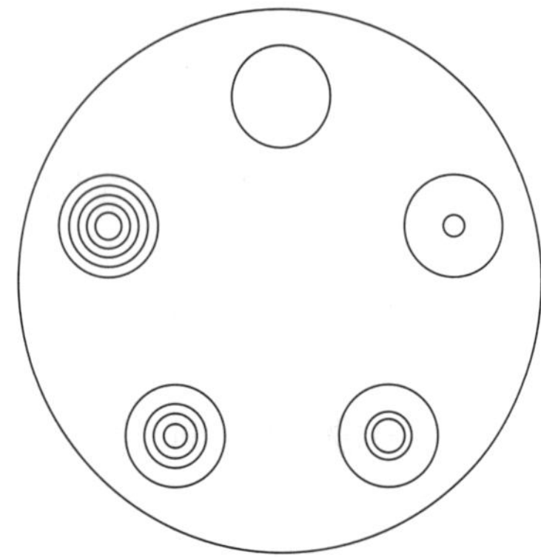

002

2021년 시행 교육청 3월 25번

어느 고등학교 3학년의 네 학급에서 대표 2명씩 모두 8명의 학생이 참석하는 회의를 한다. 이 8명의 학생이 일정한 간격을 두고 원 모양의 탁자에 모두 둘러앉을 때, 같은 학급 학생끼리 서로 이웃하게 되는 경우의 수는?

(단, 회전하여 일치하는 것은 같은 것으로 본다.) [3점]

① 92 ② 96 ③ 100
④ 104 ⑤ 108

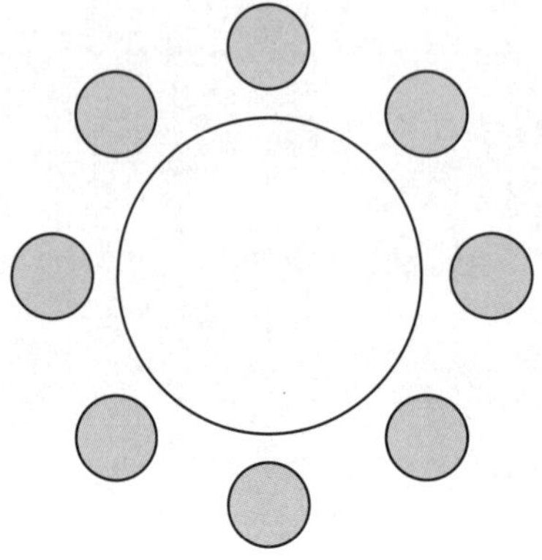

4점

003

2017년 시행 교육청 3월 가형 15번

여학생 3명과 남학생 6명이 원탁에 같은 간격으로 둘러앉으려고 한다. 각각의 여학생 사이에는 1명 이상의 남학생이 앉고 각각의 여학생 사이에 앉은 남학생의 수는 모두 다르다. 9명의 학생이 모두 앉는 경우의 수가 $n \times 6!$일 때, 자연수 n의 값은? (단, 회전하여 일치하는 것들은 같은 것으로 본다.) [4점]

① 10 ② 12 ③ 14
④ 16 ⑤ 18

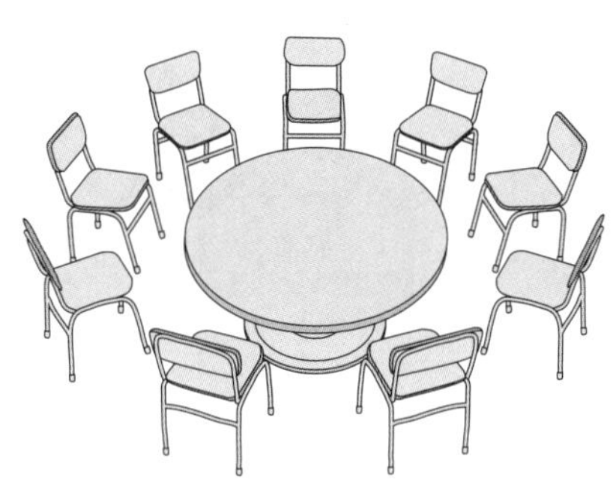

004 Best Pick

2012학년도 평가원 6월 가형 15번

그림과 같이 서로 접하고 크기가 같은 원 3개와 이 세 원의 중심을 꼭짓점으로 하는 정삼각형이 있다. 원의 내부 또는 정삼각형의 내부에 만들어지는 7개의 영역에 서로 다른 7가지 색을 모두 사용하여 칠하려고 한다. 한 영역에 한 가지 색만을 칠할 때, 색칠한 결과로 나올 수 있는 경우의 수는?

(단, 회전하여 일치하는 것은 같은 것으로 본다.) [4점]

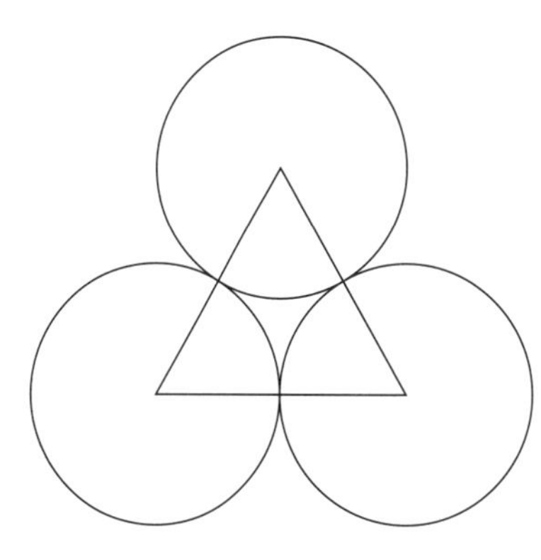

① 1260 ② 1680 ③ 2520
④ 3760 ⑤ 5040

▶ 정답 및 해설 003쪽

005

2020년 시행 교육청 3월 가형 27번

그림과 같이 합동인 9개의 정사각형으로 이루어진 색칠판이 있다.

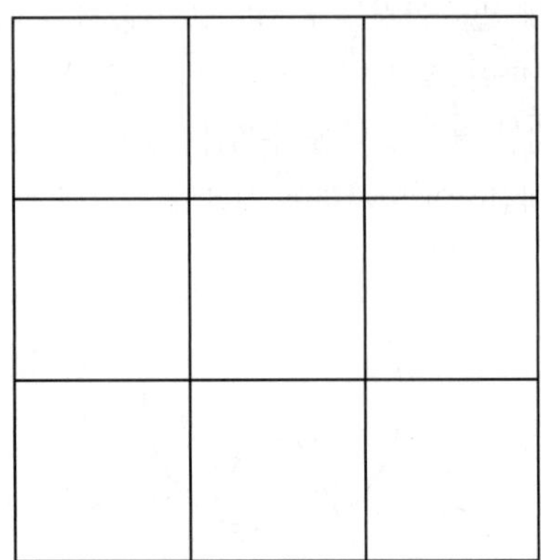

빨간색과 파란색을 포함하여 총 9가지의 서로 다른 색으로 이 색칠판을 다음 조건을 만족시키도록 칠하려고 한다.

> (가) 주어진 9가지의 색을 모두 사용하여 칠한다.
> (나) 한 정사각형에는 한 가지 색만을 칠한다.
> (다) 빨간색과 파란색이 칠해진 두 정사각형은 꼭짓점을 공유하지 않는다.

색칠판을 칠하는 경우의 수는 $k\times 7!$이다. k의 값을 구하시오.

(단, 회전하여 일치하는 것은 같은 것으로 본다.) [4점]

006

2022학년도 평가원 6월 29번

1부터 6까지의 자연수가 하나씩 적혀 있는 6개의 의자가 있다. 이 6개의 의자를 일정한 간격을 두고 원형으로 배열할 때, 서로 이웃한 2개의 의자에 적혀 있는 수의 곱이 12가 되지 않도록 배열하는 경우의 수를 구하시오.

(단, 회전하여 일치하는 것은 같은 것으로 본다.) [4점]

007

2021년 시행 교육청 4월 29번

두 남학생 A, B를 포함한 4명의 남학생과 여학생 C를 포함한 4명의 여학생이 있다. 이 8명의 학생이 일정한 간격을 두고 원 모양의 탁자에 다음 조건을 만족시키도록 모두 둘러앉는 경우의 수를 구하시오.

(단, 회전하여 일치하는 것은 같은 것으로 본다.) [4점]

(가) A와 B는 이웃한다.
(나) C는 여학생과 이웃하지 않는다.

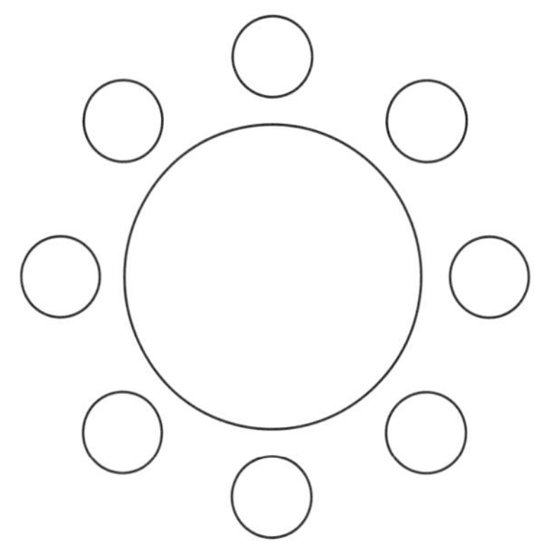

유형 2 중복순열

3점

008 Best Pick

2017학년도 수능 가형 5번

숫자 1, 2, 3, 4, 5 중에서 중복을 허락하여 네 개를 택해 일렬로 나열하여 만든 네 자리의 자연수가 5의 배수인 경우의 수는? [3점]

① 115 ② 120 ③ 125
④ 130 ⑤ 135

009

2021년 시행 교육청 4월 26번

숫자 1, 2, 3, 4, 5 중에서 중복을 허락하여 5개를 택해 일렬로 나열하여 만든 다섯 자리의 자연수 중에서 다음 조건을 만족시키는 N의 개수는? [3점]

(가) N은 홀수이다.
(나) $10000 < N < 30000$

① 720 ② 730 ③ 740
④ 750 ⑤ 760

▶ 정답 및 해설 004쪽

4점

010

2017학년도 평가원 9월 가형 19번

서로 다른 과일 5개를 3개의 그릇 A, B, C에 남김없이 담으려고 할 때, 그릇 A에는 과일 2개만 담는 경우의 수는?
(단, 과일을 하나도 담지 않은 그릇이 있을 수 있다.) [4점]

① 60 ② 65 ③ 70
④ 75 ⑤ 80

011

2019학년도 평가원 6월 가형 27번

세 문자 a, b, c 중에서 중복을 허락하여 4개를 택해 일렬로 나열할 때, 문자 a가 두 번 이상 나오는 경우의 수를 구하시오. [4점]

012 Best Pick

2016년 시행 교육청 7월 나형 21번

세 수 0, 1, 2 중에서 중복을 허락하여 다섯 개의 수를 택해 다음 조건을 만족시키도록 일렬로 배열하여 자연수를 만든다.

(가) 다섯 자리의 자연수가 되도록 배열한다.
(나) 1끼리는 서로 이웃하지 않도록 배열한다.

예를 들어 20200, 12201은 조건을 만족시키는 자연수이고 11020은 조건을 만족시키지 않는 자연수이다. 만들 수 있는 모든 자연수의 개수는? [4점]

① 88 ② 92 ③ 96
④ 100 ⑤ 104

013

2019년 시행 교육청 3월 가형 29번

주머니 속에 네 개의 숫자 0, 1, 2, 3 이 각각 하나씩 적혀 있는 공 4 개가 들어 있다. 이 주머니에서 1개의 공을 꺼내어 공에 적혀 있는 수를 확인한 후 다시 넣는다. 이 과정을 3번 반복할 때, 꺼낸 공에 적혀 있는 수를 차례로 a, b, c라 하자. $\frac{bc}{a}$가 정수가 되도록 하는 모든 순서쌍 (a, b, c)의 개수를 구하시오. [4점]

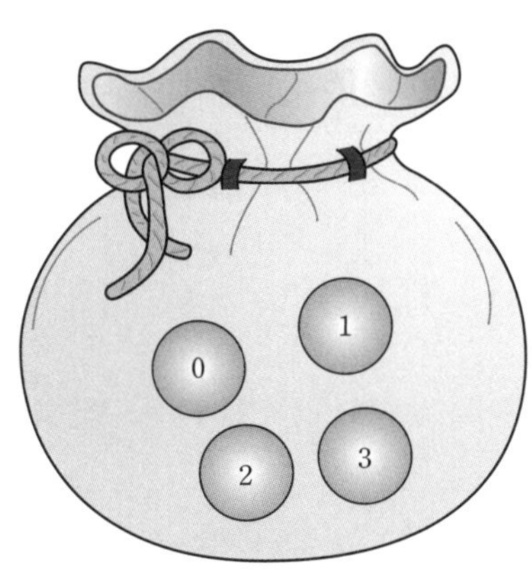

유형 3 중복순열; 함수의 개수

3점

014

2022학년도 수능 예시문항 27번

집합 $X=\{1, 2, 3, 4\}$에 대하여 다음 조건을 만족시키는 모든 함수 $f : X \longrightarrow X$의 개수는? [3점]

> (가) $f(1)+f(2)+f(3) \geq 3f(4)$
> (나) $k=1, 2, 3$일 때 $f(k) \neq f(4)$이다.

① 41 ② 45 ③ 49
④ 53 ⑤ 57

▸ 정답 및 해설 005쪽

4점

015

2022학년도 평가원 9월 28번

집합 $X=\{1, 2, 3, 4, 5, 6\}$에 대하여 다음 조건을 만족시키는 함수 $f: X \longrightarrow X$의 개수는? [4점]

> (가) $f(3)+f(4)$는 5의 배수이다.
> (나) $f(1)<f(3)$이고 $f(2)<f(3)$이다.
> (다) $f(4)<f(5)$이고 $f(4)<f(6)$이다.

① 384 ② 394 ③ 404
④ 414 ⑤ 424

016

2021년 시행 교육청 3월 28번

두 집합 $X=\{1, 2, 3, 4, 5\}$, $Y=\{2, 4, 6, 8, 10, 12\}$에 대하여 X에서 Y로의 함수 f 중에서 다음 조건을 만족시키는 함수의 개수는? [4점]

> (가) $f(2)<f(3)<f(4)$
> (나) $f(1)>f(3)>f(5)$

① 100 ② 102 ③ 104
④ 106 ⑤ 108

017 Best Pick

2011학년도 평가원 9월 가형 29번

집합 $\{1, 2, 3, 4\}$에서 집합 $\{1, 2, 3, 4\}$로의 함수 중에서 다음 조건을 만족하는 함수 f의 개수는? [4점]

> (가) 함수 f의 치역의 원소의 개수는 2이다.
> (나) 합성함수 $f \circ f$의 치역의 원소의 개수는 1이다.

① 36 ② 42 ③ 48
④ 54 ⑤ 60

018

2020년 시행 교육청 4월 가형 20번

집합 $X=\{1, 2, 3, 4, 5\}$에 대하여 함수 $f: X \longrightarrow X$의 치역을 A, 합성함수 $f \circ f$의 치역을 B라 할 때, 두 집합 A, B가 다음 조건을 만족시킨다.

> ◦ $n(A) \geq 3$
> ◦ 집합 A의 모든 원소의 합이 3의 배수이다.
> ◦ $n(A) > n(B)$

다음은 함수 f의 개수를 구하는 과정이다.

> (i) $n(A)=3$이고 모든 원소의 합이 3의 배수인 집합 A는
> $\{1, 2, 3\}, \{1, 3, 5\}, \{2, 3, 4\}, \{3, 4, 5\}$
> 이다.
> $A=\{1, 2, 3\}$인 경우 $n(B)<3$이므로 집합 B는
> $\{1\}, \{2\}, \{3\}, \{1, 2\}, \{1, 3\}, \{2, 3\}$
> 이다.
> $A=\{1, 2, 3\}$, $B=\{1\}$인 경우
> 함수 f의 개수는 (가) 이고,
> $A=\{1, 2, 3\}$, $B=\{1, 2\}$인 경우
> 함수 f의 개수는 (나) 이므로
> $n(A)=3$, $n(B)<3$이고 집합 A의 모든 원소의 합이 3의 배수가 되도록 하는 함수 f의 개수는
> $4 \times (3 \times$ (가) $+ 3 \times$ (나) $)$이다.
>
> (ii) $n(A)=4$이고 모든 원소의 합이 3의 배수인 집합 A는 $\{1, 2, 4, 5\}$뿐이므로 이 경우 $n(B)<4$를 만족시키는 함수 f의 개수는 (다) 이다.
>
> (iii) $n(A)=5$인 경우 함수 f는 일대일대응이고 $n(B)=5$이므로 $n(A)>n(B)$를 만족시키는 함수 f는 존재하지 않는다.
>
> (i), (ii), (iii)에 의하여 구하는 함수 f의 개수는
> $4 \times (3 \times$ (가) $+ 3 \times$ (나) $) +$ (다) 이다.

위의 (가), (나), (다)에 알맞은 수를 각각 p, q, r라 할 때, $p+q+r$의 값은? [4점]

① 164 ② 168 ③ 172
④ 176 ⑤ 180

019

2022학년도 수능 28번

두 집합 $X=\{1, 2, 3, 4, 5\}$, $Y=\{1, 2, 3, 4\}$에 대하여 다음 조건을 만족시키는 X에서 Y로의 함수 f의 개수는? [4점]

> (가) 집합 X의 모든 원소 x에 대하여 $f(x) \geq \sqrt{x}$이다.
> (나) 함수 f의 치역의 원소의 개수는 3이다.

① 128 ② 138 ③ 148
④ 158 ⑤ 168

▸ 정답 및 해설 007쪽

유형 4 같은 것이 있는 순열

3점

020
2014학년도 평가원 6월 B형 5번

1부터 6까지의 자연수가 하나씩 적혀 있는 6장의 카드가 있다. 이 카드를 모두 한 번씩 사용하여 일렬로 나열할 때, 2가 적혀 있는 카드는 4가 적혀 있는 카드보다 왼쪽에 나열하고 홀수가 적혀 있는 카드는 작은 수부터 크기 순서로 왼쪽부터 나열하는 경우의 수는? [3점]

① 56 ② 60 ③ 64
④ 68 ⑤ 72

021
2020년 시행 교육청 3월 가형 11번

흰 공 2개, 빨간 공 2개, 검은 공 4개를 일렬로 나열할 때, 흰 공은 서로 이웃하지 않게 나열하는 경우의 수는?
(단, 같은 색의 공끼리는 서로 구별하지 않는다.) [3점]

① 295 ② 300 ③ 305
④ 310 ⑤ 315

022
2021년 시행 교육청 7월 27번

3개의 문자 A, B, C를 포함한 서로 다른 6개의 문자를 모두 한 번씩 사용하여 일렬로 나열할 때, 두 문자 B와 C 사이에 문자 A를 포함하여 1개 이상의 문자가 있도록 나열하는 경우의 수는? [3점]

① 180 ② 200 ③ 220
④ 240 ⑤ 260

023
2021년 시행 교육청 3월 27번

숫자 1, 2, 3, 3, 4, 4, 4가 하나씩 적힌 7장의 카드를 모두 한 번씩 사용하여 일렬로 나열할 때, 1이 적힌 카드와 2가 적힌 카드 사이에 두 장 이상의 카드가 있도록 나열하는 경우의 수는? [3점]

① 180 ② 185 ③ 190
④ 195 ⑤ 200

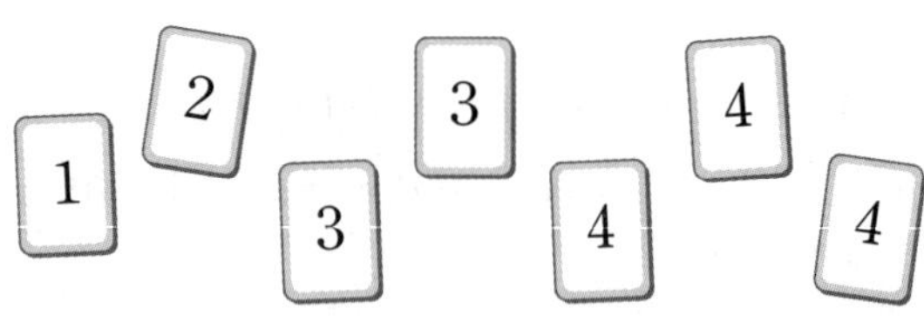

4점

024

2017년 시행 교육청 3월 가형 26번

다음 조건을 만족시키는 네 자연수 a, b, c, d로 이루어진 모든 순서쌍 (a, b, c, d)의 개수를 구하시오. [4점]

(가) $a+b+c+d=6$
(나) $a\times b\times c\times d$는 4의 배수이다.

025

2018학년도 수능 가형 18번

서로 다른 공 4개를 남김없이 서로 다른 상자 4개에 나누어 넣으려고 할 때, 넣은 공의 개수가 1인 상자가 있도록 넣는 경우의 수는? (단, 공을 하나도 넣지 않은 상자가 있을 수 있다.) [4점]

① 220 ② 216 ③ 212 ④ 208 ⑤ 204

026

2022학년도 평가원 6월 28번

한 개의 주사위를 한 번 던져 나온 눈의 수가 3 이하이면 나온 눈의 수를 점수로 얻고, 나온 눈의 수가 4 이상이면 0점을 얻는다. 이 주사위를 네 번 던져 나온 눈의 수를 차례로 a, b, c, d라 할 때, 얻은 네 점수의 합이 4가 되는 모든 순서쌍 (a, b, c, d)의 개수는? [4점]

① 187 ② 190 ③ 193 ④ 196 ⑤ 199

▶ 정답 및 해설 009쪽

027

2017년 시행 교육청 4월 가형 28번

그림과 같이 주머니에 숫자 1이 적힌 흰 공과 검은 공이 각각 2개, 숫자 2가 적힌 흰 공과 검은 공이 각각 2개가 들어 있고, 비어 있는 8개의 칸에 1부터 8까지의 자연수가 하나씩 적혀 있는 진열장이 있다.

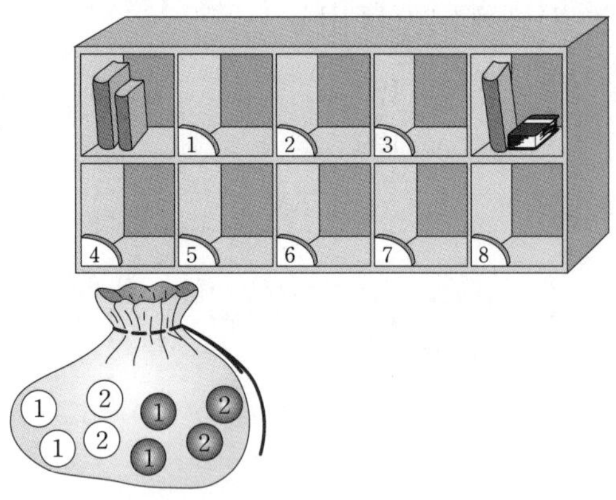

숫자가 적힌 8개의 칸에 주머니 안의 공을 한 칸에 한 개씩 모두 넣을 때, 숫자 4, 5, 6이 적힌 칸에 넣는 세 개의 공이 적힌 수의 합이 5이고 모두 같은 색이 되도록 하는 경우의 수를 구하시오. (단, 모든 공은 크기와 모양이 같다.) [4점]

028

2020년 시행 교육청 4월 나형 19번

매주 월요일부터 수요일까지 총 4주에 걸쳐 서로 다른 세 종류의 봉사활동 A, B, C를 반드시 하루에 한 종류씩 다음 규칙에 따라 신청하려고 한다.

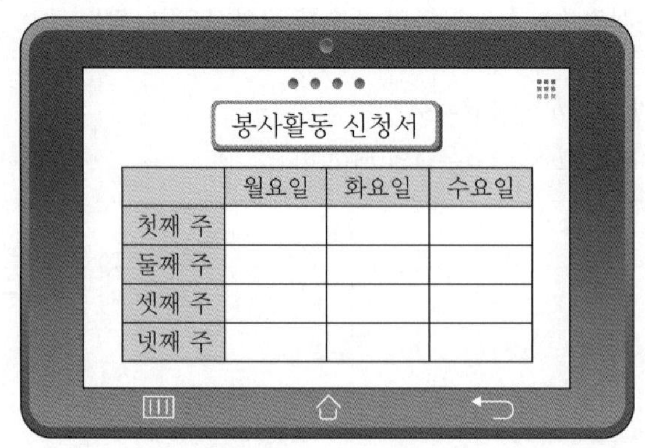

봉사활동 신청서

	월요일	화요일	수요일
첫째 주			
둘째 주			
셋째 주			
넷째 주			

○봉사활동 A, B, C를 각각 3회, 3회, 6회 신청한다.
○첫째 주에는 봉사활동 A, B, C를 모두 신청한다.
○같은 요일에는 두 종류 이상의 봉사활동을 신청한다.

다음은 봉사활동을 신청하는 경우의 수를 구하는 과정이다.

규칙에 따라 봉사활동을 신청하는 경우는
첫째 주에 봉사활동 A, B, C를 모두 신청한 후
'(i) 첫째 주를 제외한 3주간의 봉사활동을 신청하는 경우'에서 '(ii) 첫째 주에 봉사활동 C를 신청한 요일과 같은 요일에 모두 봉사활동 C를 신청하는 경우'를 제외하면 된다.

첫째 주에 봉사활동 A, B, C를 모두 신청하는 경우의 수는 $3!$이다.

(i)의 경우:
봉사활동 A, B, C를 각각 2회, 2회, 5회 신청하는 경우의 수는 (가) 이다.

(ii)의 경우:
첫째 주에 봉사활동 C를 신청한 요일과 같은 요일에 모두 봉사활동 C를 신청하는 경우의 수는 (나) 이다.

(i), (ii)에 의해
구하는 경우의 수는 $3! \times$ ((가) $-$ (나))이다.

위의 (가), (나)에 알맞은 수를 각각 p, q라 할 때, $p+q$의 값은? [4점]

① 825　② 832　③ 839　④ 846　⑤ 853

029

2018년 시행 교육청 3월 가형 26번

세 문자 A, B, C에서 중복을 허락하여 각각 홀수 개씩 모두 7개를 선택하여 일렬로 나열하는 경우의 수를 구하시오.

(단, 모든 문자는 한 개 이상씩 선택한다.) [4점]

030 Best Pick

2020학년도 수능 가형 28번 / 나형 19번

숫자 1, 2, 3, 4, 5, 6 중에서 중복을 허락하여 다섯 개를 다음 조건을 만족시키도록 선택한 후, 일렬로 나열하여 만들 수 있는 모든 다섯 자리의 자연수의 개수를 구하시오. [4점]

(가) 각각의 홀수는 선택하지 않거나 한 번만 선택한다.
(나) 각각의 짝수는 선택하지 않거나 두 번만 선택한다.

031

2005학년도 평가원 6월 나형 30번

7개의 문자 a, a, b, b, c, d, e를 일렬로 나열할 때, a끼리 또는 b끼리 이웃하게 되는 모든 경우의 수를 구하시오. [4점]

032

2021년 시행 교육청 10월 29번

숫자 1, 2, 3 중에서 모든 숫자가 한 개 이상씩 포함되도록 중복을 허락하여 6개를 선택한 후, 일렬로 나열하여 만들 수 있는 여섯 자리의 자연수 중 일의 자리의 수와 백의 자리의 수가 같은 자연수의 개수를 구하시오. [4점]

▶ 정답 및 해설 011쪽

033

2009학년도 평가원 9월 나형 11번

그림과 같이 이웃한 두 교차로 사이의 거리가 모두 1인 바둑판 모양의 도로망이 있다. 로봇이 한 번 움직일 때마다 길을 따라 거리 1만큼씩 이동한다. 로봇은 길을 따라 어느 방향으로도 움직일 수 있지만, 한 번 통과한 지점을 다시 지나지는 않는다. 이 로봇이 지점 O에서 출발하여 4번 움직일 때, 가능한 모든 경로의 수는?

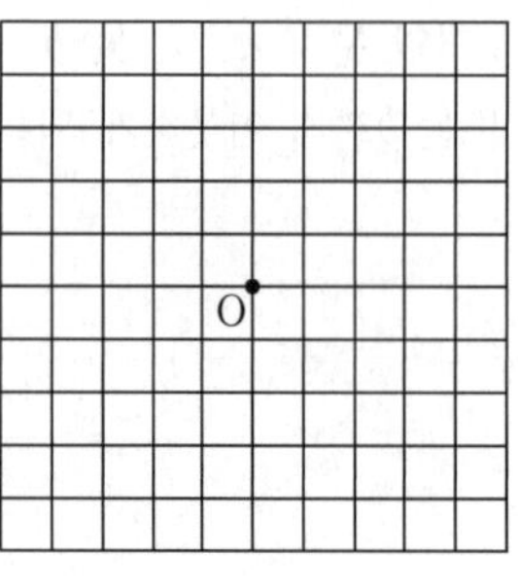

(단, 출발점과 도착점은 일치하지 않는다.) [4점]

① 88 ② 96 ③ 100
④ 104 ⑤ 112

유형 5 같은 것이 있는 순열; 최단 거리

3점

034

2019년 시행 교육청 4월 가형 24번

그림과 같이 직사각형 모양으로 연결된 도로망이 있다. 이 도로망을 따라 A지점에서 출발하여 P지점을 지나 B지점까지 최단 거리로 가는 경우의 수를 구하시오. [3점]

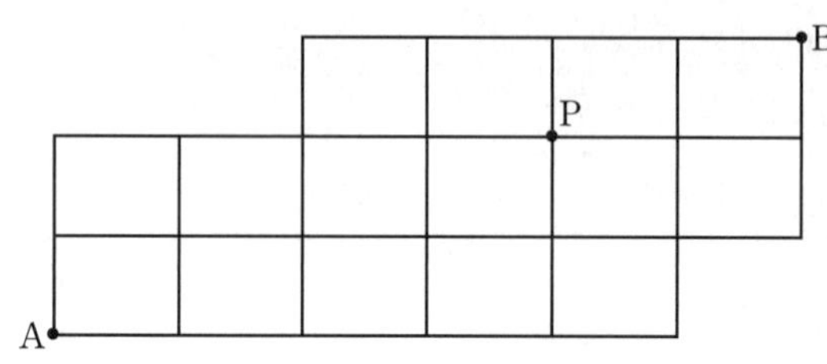

035 Best Pick

2013학년도 수능 가형 5번

그림과 같이 마름모 모양으로 연결된 도로망이 있다. 이 도로망을 따라 A지점에서 출발하여 C지점을 지나지 않고, D지점도 지나지 않으면서 B지점까지 최단 거리로 가는 경우의 수는? [3점]

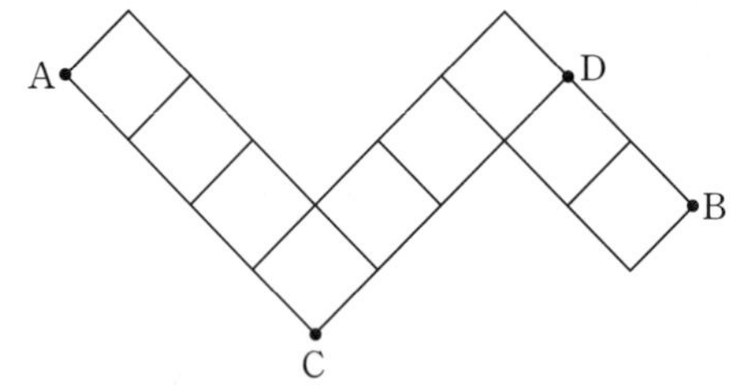

① 26 ② 24 ③ 22
④ 20 ⑤ 18

4점

036

2008학년도 평가원 9월 나형 12번

그림과 같은 모양의 도로망이 있다. 지점 A에서 지점 B까지 도로를 따라 최단 거리로 가는 경우의 수는? (단, 가로 방향 도로와 세로 방향 도로는 각각 서로 평행하다.) [4점]

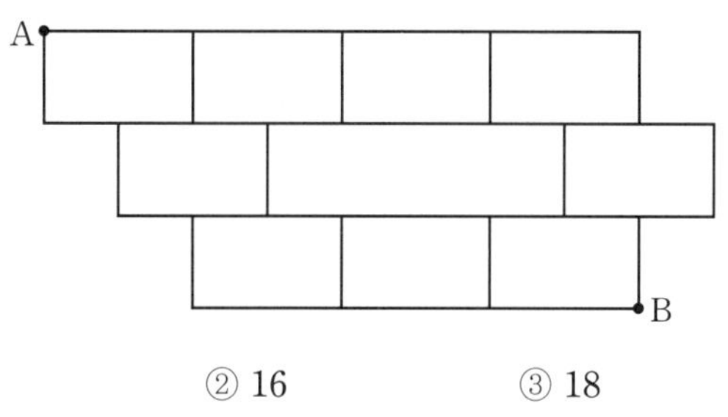

① 14 ② 16 ③ 18
④ 20 ⑤ 22

037

2021년 시행 교육청 4월 28번

그림과 같이 직사각형 모양으로 연결된 도로망이 있다. 이 도로망을 따라 A지점에서 출발하여 P지점을 지나 B지점으로 갈 때, 한 번 지난 도로는 다시 지나지 않으면서 최단 거리로 가는 경우의 수는? [4점]

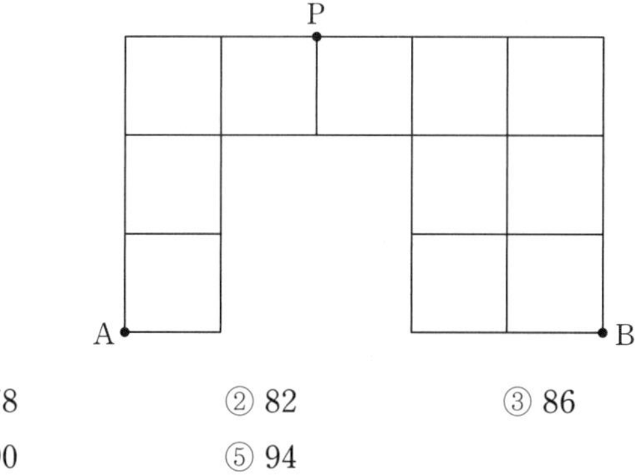

① 78 ② 82 ③ 86
④ 90 ⑤ 94

038

2005학년도 평가원 9월 나형 22번

그림과 같은 바둑판 모양의 도로망이 있다. 갑은 A에서 C까지 굵은 선을 따라 걷고, 을은 C에서 A까지 굵은선을 따라 걸으며, 병은 B에서 D까지 도로를 따라 최단 거리로 걷는다.

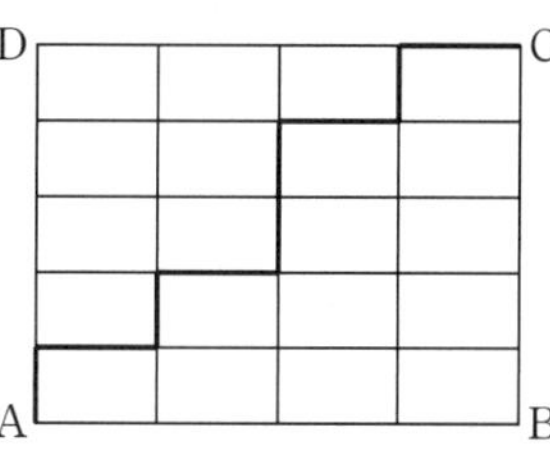

갑, 을, 병 세 사람이 모두 만나도록 병이 B에서 D까지 가는 경우의 수를 구하시오. (단, 갑, 을, 병은 동시에 출발하고 같은 속력으로 걷는다고 가정한다.) [4점]

▶ 정답 및 해설 013쪽

2

중복조합과 이항정리

유형 6 중복조합

3점

039 2017년 시행 교육청 7월 가형 23번

${}_{3}\mathrm{H}_{n}=21$일 때, 자연수 n의 값을 구하시오. [3점]

040 2021년 시행 교육청 10월 25번

같은 종류의 공책 10권을 4명의 학생 A, B, C, D에게 남김없이 나누어 줄 때, A와 B가 각각 2권 이상의 공책을 받도록 나누어 주는 경우의 수는?

(단, 공책을 받지 못하는 학생이 있을 수 있다.) [3점]

① 76 ② 80 ③ 84
④ 88 ⑤ 92

041 2013년 시행 교육청 10월 B형 8번

같은 종류의 구슬 다섯 개를 서로 다른 세 개의 주머니에 나누어 넣으려고 한다. 각 주머니 안의 구슬이 세 개 이하가 되도록 넣는 방법의 수는? (단, 구슬끼리는 서로 구별하지 않고 빈 주머니가 있을 수도 있다.) [3점]

① 10 ② 11 ③ 12
④ 13 ⑤ 14

042 2021년 시행 교육청 3월 26번

같은 종류의 연필 6자루와 같은 종류의 지우개 5개를 세 명의 학생에게 남김없이 나누어 주려고 한다. 각 학생이 적어도 한 자루의 연필을 받도록 나누어 주는 경우의 수는?

(단, 지우개를 받지 못하는 학생이 있을 수 있다.) [3점]

① 210 ② 220 ③ 230
④ 240 ⑤ 250

043

2022학년도 평가원 6월 26번

빨간색 카드 4장, 파란색 카드 2장, 노란색 카드 1장이 있다. 이 7장의 카드를 세 명의 학생에게 남김없이 나누어 줄 때, 3가지 색의 카드를 각각 한 장 이상 받는 학생이 있도록 나누어 주는 경우의 수는? (단, 같은 색 카드끼리는 서로 구별하지 않고, 카드를 받지 못하는 학생이 있을 수 있다.) [3점]

① 78　② 84　③ 90　④ 96　⑤ 102

044

2013학년도 수능 나형 12번

같은 종류의 주스 4병, 같은 종류의 생수 2병, 우유 1병을 3명에게 남김없이 나누어 주는 경우의 수는?

(단, 1병도 받지 못하는 사람이 있을 수 있다.) [3점]

① 330　② 315　③ 300　④ 285　⑤ 270

4점

045

2019학년도 평가원 9월 나형 16번

서로 다른 종류의 사탕 3개와 같은 종류의 구슬 7개를 같은 종류의 주머니 3개에 남김없이 나누어 넣으려고 한다. 각 주머니에 사탕과 구슬이 각각 1개 이상씩 들어가도록 나누어 넣는 경우의 수는? [4점]

① 11　② 12　③ 13　④ 14　⑤ 15

046

2017학년도 평가원 6월 가형 27번

사과, 감, 배, 귤 네 종류의 과일 중에서 8개를 선택하려고 한다. 사과는 1개 이하를 선택하고, 감, 배, 귤은 각각 1개 이상을 선택하는 경우의 수를 구하시오.

(단, 각 종류의 과일은 8개 이상씩 있다.) [4점]

▸ 정답 및 해설 014쪽

047

2019년 시행 교육청 4월 가형 17번

다음은 비어 있는 세 주머니 A, B, C에 먼저 흰 공 6개를 남김없이 나누어 넣은 후 검은 공 6개를 남김없이 나누어 넣을 때, 빈 주머니가 생기지 않도록 나누어 넣는 경우의 수를 구하는 과정이다. (단, 같은 색의 공은 구별하지 않는다.)

> 빈 주머니가 생기지 않도록 나누어 넣는 경우의 수는
> 세 주머니 A, B, C에 먼저 흰 공 6개를 남김없이 나누어 넣은 후 검은 공 6개를 남김없이 나누어 넣을 때,
> 흰 공을 넣지 않은 주머니가 있으면 그 주머니에는 검은 공이 1개 이상 들어가도록 나누어 넣는 경우의 수와 같다.
> 흰 공을 넣은 주머니의 개수를 n이라 하면
>
> (i) $n=3$일 때
> 세 주머니 A, B, C에 흰 공을 각각 1개 이상 나누어 넣은 후, 검은 공을 나누어 넣는 경우이므로 이 경우의 수는
> ${}_3\mathrm{H}_3\times$ (가) 이다.
>
> (ii) $n=2$일 때
> 세 주머니 A, B, C 중 2개의 주머니에 흰 공을 각각 1개 이상 나누어 넣은 후, 검은 공을 나누어 넣는 경우이므로 이 경우의 수는 (나) 이다.
>
> (iii) $n=1$일 때
> 세 주머니 A, B, C 중 1개의 주머니에 흰 공을 넣은 후, 검은 공을 나누어 넣는 경우이므로 이 경우의 수는 (다) 이다.
>
> 따라서 (i), (ii), (iii)에 의하여 구하는 경우의 수는
> ${}_3\mathrm{H}_3\times$ (가) $+$ (나) $+$ (다) 이다.

위의 (가), (나), (다)에 알맞은 수를 각각 p, q, r라 할 때, $p+q+r$의 값은? [4점]

① 374 ② 381 ③ 388
④ 395 ⑤ 402

048 Best Pick

2018학년도 평가원 9월 가형 20번

다음은 n명의 사람이 각자 세 상자 A, B, C 중 2개의 상자를 선택하여 각 상자에 공을 하나씩 넣을 때, 세 상자에 서로 다른 개수의 공이 들어가는 경우의 수를 구하는 과정이다.
(단, n은 6의 배수인 자연수이고 공은 구별하지 않는다.)

> 세 상자에 서로 다른 개수의 공이 들어가는 경우는
> '(i) 세 상자에 공이 들어가는 모든 경우'에서 '(ii) 세 상자에 모두 같은 개수의 공이 들어가는 경우'와 '(iii) 세 상자 중 두 상자에만 같은 개수의 공이 들어가는 경우'를 제외하면 된다.
>
> (i)의 경우 :
> n명의 사람이 각자 세 상자 중 공을 넣을 두 상자를 선택하는 경우의 수는 n명의 사람이 각자 공을 넣지 않을 한 상자를 선택하는 경우의 수와 같다. 따라서 세 상자에서 중복을 허락하여 n개의 상자를 선택하는 경우의 수인 (가) 이다.
>
> (ii)의 경우 :
> 각 상자에 $\frac{2n}{3}$개의 공이 들어가는 경우뿐이므로 경우의 수는 1이다.
>
> (iii)의 경우 :
> 두 상자 A, B에 같은 개수의 공이 들어가면 상자 C에는 최대 n개의 공을 넣을 수 있으므로 두 상자 A, B에 각각 $\frac{n}{2}$개보다 작은 개수의 공이 들어갈 수 없다. 따라서 두 상자 A, B에 같은 개수의 공이 들어가는 경우의 수는 (나) 이다.
> 그러므로 세 상자 중 두 상자에만 같은 개수의 공이 들어가는 경우의 수는 ${}_3\mathrm{C}_2\times($ (나) $-1)$이다.
>
> 따라서 세 상자에 서로 다른 개수의 공이 들어가는 경우의 수는 (다) 이다.

위의 (가), (나), (다)에 알맞은 식을 각각 $f(n)$, $g(n)$, $h(n)$이라 할 때, $\frac{f(30)}{g(30)}+h(30)$의 값은? [4점]

① 481 ② 491 ③ 501
④ 511 ⑤ 521

049

2021학년도 평가원 6월 가형 29번

검은색 볼펜 1자루, 파란색 볼펜 4자루, 빨간색 볼펜 4자루가 있다. 이 9자루의 볼펜 중에서 5자루를 선택하여 2명의 학생에게 남김없이 나누어 주는 경우의 수를 구하시오. (단, 같은 색 볼펜끼리는 서로 구별하지 않고, 볼펜을 1자루도 받지 못하는 학생이 있을 수 있다.) [4점]

050

2021학년도 수능 가형 29번

네 명의 학생 A, B, C, D에게 검은색 모자 6개와 흰색 모자 6개를 다음 규칙에 따라 남김없이 나누어 주는 경우의 수를 구하시오. (단, 같은 색 모자끼리는 서로 구별하지 않는다.) [4점]

(가) 각 학생은 1개 이상의 모자를 받는다.
(나) 학생 A가 받는 검은색 모자의 개수는 4 이상이다.
(다) 흰색 모자보다 검은색 모자를 더 많이 받는 학생은 A를 포함하여 2명뿐이다.

유형 7 중복조합; 수의 대소가 정해진 경우

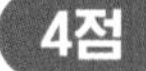

4점

051

2016학년도 수능 B형 14번

세 정수 a, b, c에 대하여

$$1 \le |a| \le |b| \le |c| \le 5$$

를 만족시키는 모든 순서쌍 (a, b, c)의 개수는? [4점]

① 360 ② 320 ③ 280 ④ 240 ⑤ 200

052

2016년 시행 교육청 7월 가형 18번

다음 조건을 만족시키는 세 자연수 a, b, c의 모든 순서쌍 (a, b, c)의 개수는? [4점]

(가) 세 수 a, b, c의 합은 짝수이다.
(나) $a \le b \le c \le 15$

① 320 ② 324 ③ 328 ④ 332 ⑤ 336

▶ 정답 및 해설 016쪽

053

2021년 시행 교육청 3월 29번

5 이하의 자연수 a, b, c, d에 대하여 부등식

$$a \leq b+1 \leq c \leq d$$

를 만족시키는 모든 순서쌍 (a, b, c, d)의 개수를 구하시오. [4점]

유형 8 중복조합; 방정식의 정수인 해의 개수

3점

054

2014년 시행 교육청 7월 B형 10번

한 개의 주사위를 3번 던져서 나온 눈의 수를 차례로 x, y, z라 하자. 방정식 $x+y+z=6$을 만족시키는 해의 순서쌍 (x, y, z)의 개수는? [3점]

① 7 ② 10 ③ 13
④ 16 ⑤ 19

055 Best Pick

2014학년도 평가원 9월 B형 8번

방정식 $x+y+z=4$를 만족시키는 -1 이상의 정수 x, y, z의 모든 순서쌍 (x, y, z)의 개수는? [3점]

① 21 ② 28 ③ 36
④ 45 ⑤ 56

056 Best Pick

2019학년도 수능 가형 12번

네 명의 학생 A, B, C, D에게 같은 종류의 초콜릿 8개를 다음 규칙에 따라 남김없이 나누어 주는 경우의 수는? [3점]

> (가) 각 학생은 적어도 1개의 초콜릿을 받는다.
> (나) 학생 A는 학생 B보다 더 많은 초콜릿을 받는다.

① 11　② 13　③ 15
④ 17　⑤ 19

057

2022학년도 수능 25번

다음 조건을 만족시키는 자연수 a, b, c, d, e의 모든 순서쌍 (a, b, c, d, e)의 개수는? [3점]

> (가) $a+b+c+d+e=12$
> (나) $|a^2-b^2|=5$

① 30　② 32　③ 34
④ 36　⑤ 38

4점

058

2017학년도 평가원 6월 나형 14번

방정식 $x+y+z+5w=14$를 만족시키는 양의 정수 x, y, z, w의 모든 순서쌍 (x, y, z, w)의 개수는? [4점]

① 27　② 29　③ 31
④ 33　⑤ 35

▸ 정답 및 해설 019쪽

059

2016학년도 평가원 9월 A형 19번

다음 조건을 만족시키는 음이 아닌 정수 a, b, c, d의 모든 순서쌍 (a, b, c, d)의 개수는? [4점]

(가) $a+b+c+3d=10$
(나) $a+b+c\leq 5$

① 18 ② 20 ③ 22 ④ 24 ⑤ 26

060

2016학년도 평가원 6월 B형 27번

다음 조건을 만족시키는 음이 아닌 정수 x, y, z, u의 모든 순서쌍 (x, y, z, u)의 개수를 구하시오. [4점]

(가) $x+y+z+u=6$
(나) $x\neq u$

061

2022학년도 수능 예시문항 29번

다음 조건을 만족시키는 음이 아닌 정수 a, b, c, d의 모든 순서쌍 (a, b, c, d)의 개수를 구하시오. [4점]

(가) $a+b+c+d=12$
(나) $a\neq 2$이고 $a+b+c\neq 10$이다.

062
2020학년도 수능 가형 16번

다음 조건을 만족시키는 음이 아닌 정수 a, b, c, d의 모든 순서쌍 (a, b, c, d)의 개수는? [4점]

> (가) $a+b+c-d=9$
> (나) $d \leq 4$이고 $c \geq d$이다.

① 265 ② 270 ③ 275
④ 280 ⑤ 285

063
2021학년도 평가원 6월 나형 27번

다음 조건을 만족시키는 음이 아닌 정수 a, b, c, d의 모든 순서쌍 (a, b, c, d)의 개수를 구하시오. [4점]

> (가) $a+b+c+d=6$
> (나) a, b, c, d 중에서 적어도 하나는 0이다.

064
2016학년도 평가원 9월 B형 27번

다음 조건을 만족시키는 2 이상의 자연수 a, b, c, d의 모든 순서쌍 (a, b, c, d)의 개수를 구하시오. [4점]

> (가) $a+b+c+d=20$
> (나) a, b, c는 모두 d의 배수이다.

▸ 정답 및 해설 021쪽

065 Best Pick

2020년 시행 교육청 10월 나형 27번

다음 조건을 만족시키는 음이 아닌 정수 a, b, c의 모든 순서쌍 (a, b, c)의 개수를 구하시오. [4점]

> (가) $a+b+c=14$
> (나) $(a-2)(b-2)(c-2)\neq 0$

066

2017학년도 수능 가형 27번 / 나형 27번

다음 조건을 만족시키는 음이 아닌 정수 a, b, c의 모든 순서쌍 (a, b, c)의 개수를 구하시오. [4점]

> (가) $a+b+c=7$
> (나) $2^a\times4^b$은 8의 배수이다.

067

2020학년도 평가원 6월 나형 29번

다음 조건을 만족시키는 음이 아닌 정수 x_1, x_2, x_3의 모든 순서쌍 (x_1, x_2, x_3)의 개수를 구하시오. [4점]

> (가) $n=1$, 2일 때, $x_{n+1}-x_n\geq 2$이다.
> (나) $x_3\leq 10$

068 Best Pick

2016년 시행 교육청 4월 가형 28번 / 나형 28번

다음 조건을 만족시키는 자연수 x, y, z, w의 모든 순서쌍 (x, y, z, w)의 개수를 구하시오. [4점]

> (가) $x+y+z+w=18$
> (나) x, y, z, w 중에서 2개는 3으로 나눈 나머지가 1이고, 2개는 3으로 나눈 나머지가 2이다.

069

2018년 시행 교육청 7월 나형 26번

서로 같은 8개의 공을 남김없이 서로 다른 4개의 상자에 넣으려고 할 때, 빈 상자의 개수가 1이 되도록 넣는 경우의 수를 구하시오. [4점]

070

2015년 시행 교육청 10월 B형 18번

다음 조건을 만족시키는 네 자리 자연수의 개수는? [4점]

> (가) 각 자리의 수의 합은 14이다.
> (나) 각 자리의 수는 모두 홀수이다.

① 51 ② 52 ③ 53 ④ 54 ⑤ 55

▶ 정답 및 해설 023쪽

071

2018년 시행 교육청 7월 가형 26번

3000보다 작은 네 자리 자연수 중 각 자리의 수의 합이 10이 되는 모든 자연수의 개수를 구하시오. [4점]

072 Best Pick

2022학년도 평가원 9월 30번

네 명의 학생 A, B, C, D에게 같은 종류의 사인펜 14개를 다음 규칙에 따라 남김없이 나누어 주는 경우의 수를 구하시오. [4점]

(가) 각 학생은 1개 이상의 사인펜을 받는다.
(나) 각 학생이 받는 사인펜의 개수는 9 이하이다.
(다) 적어도 한 학생은 짝수 개의 사인펜을 받는다.

유형 9 중복조합; 함수의 개수

3점

073 2021학년도 수능 나형 13번

집합 $X=\{1, 2, 3, 4\}$에 대하여 다음 조건을 만족시키는 함수 $f: X \longrightarrow X$의 개수는? [3점]

$f(2) \le f(3) \le f(4)$

① 64　② 68　③ 72
④ 76　⑤ 80

4점

074 2018년 시행 교육청 10월 나형 26번

집합 $X=\{1, 2, 3, 4, 5, 6, 7\}$에 대하여 다음 조건을 만족시키는 함수 $f: X \longrightarrow X$의 개수를 구하시오. [4점]

> (가) 함수 f의 치역의 원소의 개수는 3이다.
> (나) 집합 X의 임의의 두 원소 x_1, x_2에 대하여 $x_1 < x_2$이면 $f(x_1) \le f(x_2)$이다.

075 2020년 시행 교육청 7월 가형 28번

집합 $X=\{1, 2, 3, 4, 5, 6\}$에 대하여 함수 $f: X \longrightarrow X$ 중에서 다음 조건을 만족시키는 함수 f의 개수를 구하시오. [4점]

> (가) $f(3) \times f(6)$은 3의 배수이다.
> (나) 집합 X의 임의의 두 원소 x_1, x_2에 대하여 $x_1 < x_2$이면 $f(x_1) \le f(x_2)$이다.

▶ 정답 및 해설 024쪽

유형 10 이항정리와 이항계수

3점

076

2020학년도 평가원 9월 가형 7번

다항식 $(2+x)^4(1+3x)^3$의 전개식에서 x의 계수는? [3점]

① 174 ② 176 ③ 178
④ 180 ⑤ 182

077

2021년 시행 교육청 4월 24번

다항식 $(x+2a)^5$의 전개식에서 x^3의 계수가 640일 때, 양수 a의 값은? [3점]

① 3 ② 4 ③ 5
④ 6 ⑤ 7

078

2020년 시행 교육청 4월 가형 11번

$\left(x^2-\frac{1}{x}\right)^2(x-2)^5$의 전개식에서 x의 계수는? [3점]

① 88 ② 92 ③ 96
④ 100 ⑤ 104

079

2019년 시행 교육청 4월 나형 24번

다항식 $(ax+1)^6$의 전개식에서 x의 계수와 x^3의 계수가 같을 때, 양수 a에 대하여 $20a^2$의 값을 구하시오. [3점]

080

2022학년도 평가원 9월 25번

$\left(x^2+\frac{a}{x}\right)^5$의 전개식에서 $\frac{1}{x^2}$의 계수와 x의 계수가 같을 때, 양수 a의 값은? [3점]

① 1 ② 2 ③ 3 ④ 4 ⑤ 5

081 Best Pick

2019학년도 평가원 9월 가형 8번

다항식 $(x+2)^{19}$의 전개식에서 x^k의 계수가 x^{k+1}의 계수보다 크게 되는 자연수 k의 최솟값은? [3점]

① 4 ② 5 ③ 6 ④ 7 ⑤ 8

4점

082

2020학년도 평가원 6월 나형 14번

$\left(x^2-\frac{1}{x}\right)\left(x+\frac{a}{x^2}\right)^4$의 전개식에서 x^3의 계수가 7일 때, 상수 a의 값은? [4점]

① 1 ② 2 ③ 3 ④ 4 ⑤ 5

▶ 정답 및 해설 026쪽

유형 α1 이항계수의 성질

(1) ${}_nC_0+{}_nC_1+{}_nC_2+\cdots+{}_nC_n=2^n$

(2) ${}_nC_0-{}_nC_1+{}_nC_2-{}_nC_3+\cdots+(-1)^n{}_nC_n=0$

(3) ${}_nC_0+{}_nC_2+{}_nC_4+\cdots={}_nC_1+{}_nC_3+{}_nC_5+\cdots=2^{n-1}$

유형코드 이항계수의 성질을 이용하여 조합의 수의 합을 구하는 문제가 출제된다. 출제 빈도가 높지는 않지만 공식을 정확히 알고 있어야 문제 해결이 가능하므로 공식에 대한 숙지가 중요하다.

3점

083 2013년 시행 교육청 10월 B형 22번

${}_5C_0+{}_5C_1+{}_5C_2+{}_5C_3+{}_5C_4+{}_5C_5$의 값을 구하시오. [3점]

084 2020년 시행 교육청 10월 나형 6번

${}_4C_0+{}_4C_1\times3+{}_4C_2\times3^2+{}_4C_3\times3^3+{}_4C_4\times3^4$의 값은? [3점]

① 240 ② 244 ③ 248 ④ 252 ⑤ 256

085 Best Pick 2021년 시행 교육청 4월 27번

자연수 n에 대하여 $f(n)=\sum_{k=1}^{n}{}_{2n+1}C_{2k}$일 때, $f(n)=1023$을 만족시키는 n의 값은? [3점]

① 3 ② 4 ③ 5 ④ 6 ⑤ 7

4점

086 Best Pick 2019년 시행 교육청 4월 가형 14번

집합 $A=\{x|x$는 25 이하의 자연수$\}$의 부분집합 중 두 원소 1, 2를 모두 포함하고 원소의 개수가 홀수인 부분집합의 개수는? [4점]

① 2^{18} ② 2^{19} ③ 2^{20} ④ 2^{21} ⑤ 2^{22}

087

2006학년도 평가원 9월 나형 25번

자연수 n에 대하여

$$f(n)=\sum_{k=1}^{n}({}_{2k}\mathrm{C}_1+{}_{2k}\mathrm{C}_3+{}_{2k}\mathrm{C}_5+\cdots+{}_{2k}\mathrm{C}_{2k-1})$$

일 때, $f(5)$의 값을 구하시오. [4점]

088

2010학년도 평가원 6월 나형 23번

50 이하의 자연수 n 중에서 $\sum_{k=1}^{n}{}_n\mathrm{C}_k$의 값이 3의 배수가 되도록 하는 n의 개수를 구하시오. [4점]

089

2010학년도 평가원 6월 가형 30번

빨간색, 파란색, 노란색 색연필이 있다. 각 색연필을 적어도 하나씩 포함하여 15개 이하의 색연필을 선택하는 방법의 수를 구하시오. (단, 각 색의 색연필은 15개 이상씩 있고, 같은 색의 색연필은 서로 구별이 되지 않는다.) [4점]

▶ 정답 및 해설 028쪽

090 Best Pick

2014년 시행 교육청 7월 B형 27번

그림과 같이 크기가 서로 다른 3개의 펭귄 인형과 4개의 곰 인형이 두 상자 A, B에 왼쪽부터 크기가 작은 것에서 큰 것 순으로 담겨져 있다.

상자 A

상자 B

다음 조건을 만족시키도록 상자 A, B의 모든 인형을 일렬로 진열하는 경우의 수를 구하시오. [4점]

(가) 같은 상자에 담겨있는 인형은 왼쪽부터 크기가 작은 것에서 큰 것 순으로 진열한다.
(나) 상자 A의 왼쪽에서 두 번째 펭귄 인형은 상자 B의 왼쪽에서 두 번째 곰 인형보다 왼쪽에 진열한다.

091

2019년 시행 교육청 4월 나형 29번

다음 조건을 만족시키는 자연수 a, b, c의 모든 순서쌍 (a, b, c)의 개수를 구하시오. [4점]

(가) a, b, c는 모두 짝수이다.
(나) $a \times b \times c = 10^5$

092 Best Pick

2017년 시행 교육청 10월 나형 28번

다음 조건을 만족시키는 세 자연수 a, b, c의 모든 순서쌍 (a, b, c)의 개수를 구하시오.
[4점]

(가) $abc = 180$
(나) $(a-b)(b-c)(c-a) \neq 0$

▸ 정답 및 해설 029쪽

093
2006학년도 수능 나형 30번

다항식 $2(x+a)^n$의 전개식에서 x^{n-1}의 계수와 다항식 $(x-1)(x+a)^n$의 전개식에서 x^{n-1}의 계수가 같게 되는 모든 순서쌍 $(a,\ n)$에 대하여 an의 최댓값을 구하시오.
(단, a는 자연수이고, n은 $n \geq 2$인 자연수이다.) [4점]

094 Best Pick
2018년 시행 교육청 4월 나형 21번

다음 조건을 만족시키는 자연수 a, b, c, d의 모든 순서쌍 $(a,\ b,\ c,\ d)$의 개수는? [4점]

(가) $a+b+c+d=12$
(나) 좌표평면에서 두 점 $(a,\ b)$, $(c,\ d)$는 서로 다른 점이며 두 점 중 어떠한 점도 직선 $y=2x$ 위에 있지 않다.

① 125 ② 134 ③ 143
④ 152 ⑤ 161

095

2020년 시행 교육청 4월 나형 29번

그림과 같이 바둑판 모양의 도로망이 있다. 이 도로망은 정사각형 R와 같이 한 변의 길이가 1인 정사각형 9개로 이루어진 모양이다.

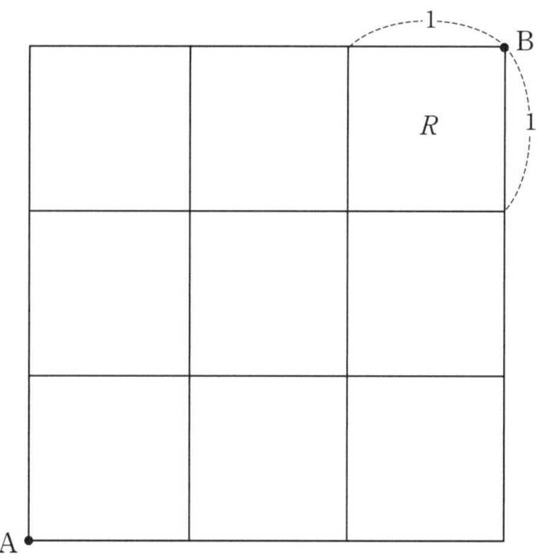

이 도로망을 따라 최단 거리로 A 지점에서 출발하여 B 지점을 지나 다시 A 지점까지 돌아올 때, 다음 조건을 만족시키는 경우의 수를 구하시오. [4점]

> (가) 정사각형 R의 네 변을 모두 지나야 한다.
> (나) 한 변의 길이가 1인 정사각형 중 네 변을 모두 지나게 되는 정사각형은 오직 정사각형 R뿐이다.

▶ 정답 및 해설 030쪽

096 Best Pick

2021년 시행 교육청 3월 30번

숫자 1, 2, 3, 4 중에서 중복을 허락하여 네 개를 선택한 후 일렬로 나열할 때, 다음 조건을 만족시키도록 나열하는 경우의 수를 구하시오. [4점]

(가) 숫자 1은 한 번 이상 나온다.
(나) 이웃한 두 수의 차는 모두 2 이하이다.

097 Best Pick

2018년 시행 교육청 4월 가형 29번

집합 $X=\{1, 2, 3, 4\}$에서 집합 $Y=\{1, 2, 3, 4, 5\}$로의 함수 중에서

$$f(1)+f(2)+f(3)-f(4)=3m \ (m\text{은 정수})$$

를 만족시키는 함수 f의 개수를 구하시오. [4점]

098

2010학년도 평가원 6월 나형 25번

좌표평면 위의 점들의 집합 $S=\{(x, y) | x$와 y는 정수$\}$가 있다. 집합 S에 속하는 한 점에서 S에 속하는 다른 점으로 이동하는 '점프'는 다음 규칙을 만족시킨다.

점 P에서 한 번의 '점프'로 점 Q로 이동할 때, 선분 PQ의 길이는 1 또는 $\sqrt{2}$이다.

점 A$(-2, 0)$에서 점 B$(2, 0)$까지 4번만 '점프'하여 이동하는 경우의 수를 구하시오.

(단, 이동하는 과정에서 지나는 점이 다르면 다른 경우이다.) [4점]

▸ 정답 및 해설 031쪽

099

2021년 시행 교육청 4월 30번

다음 조건을 만족시키는 14 이하의 네 자연수 x_1, x_2, x_3, x_4의 모든 순서쌍 (x_1, x_2, x_3, x_4)의 개수를 구하시오. [4점]

(가) $x_1+x_2+x_3+x_4=34$
(나) x_1과 x_3은 홀수이고 x_2와 x_4는 짝수이다.

100

2012년 시행 교육청 7월 가형 30번

그림과 같이 이웃한 두 교차로 사이의 거리가 모두 같은 도로망이 있다.

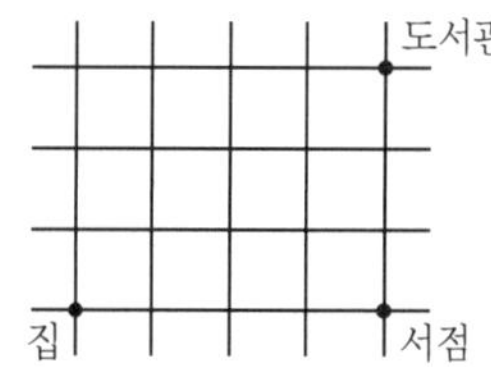

철수가 집에서 도로를 따라 최단 거리로 약속장소인 도서관으로 가다가 어떤 교차로에서 약속장소가 서점으로 바뀌었다는 연락을 받고 곧바로 도로를 따라 최단 거리로 서점으로 갔다. 집에서 서점까지 지나 온 길이 같은 경우 하나의 경로로 간주한다.
예를 들어, [그림 1]과 [그림 2]는 연락받은 위치는 다르나, 같은 경로이다.

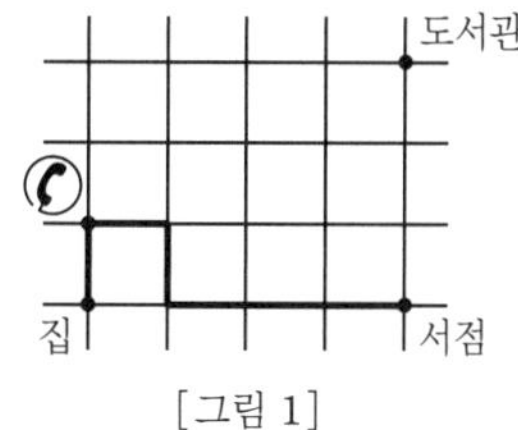

[그림 1]

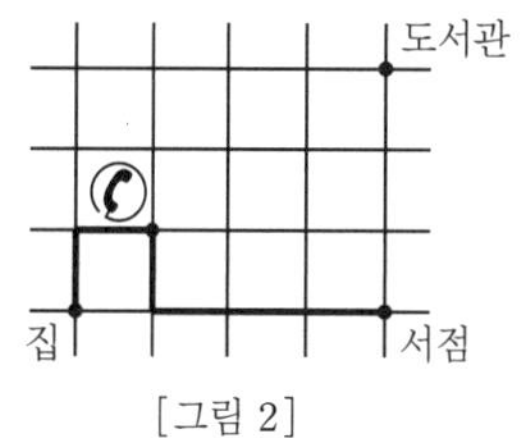

[그림 2]

철수가 집에서 서점까지 갈 수 있는 모든 경로의 수를 구하시오.
(단, 철수가 도서관에 도착한 후에 서점으로 가는 경우도 포함한다.) [4점]

101

2021년 시행 교육청 7월 30번

네 명의 학생 A, B, C, D에게 검은 공 4개, 흰 공 5개, 빨간 공 5개를 다음 규칙에 따라 남김없이 나누어 주는 경우의 수를 구하시오. (단, 같은 색 공끼리는 서로 구별하지 않는다.) [4점]

(가) 각 학생이 받는 공의 색의 종류의 수는 2이다.
(나) 학생 A는 흰 공과 검은 공을 받으며 흰 공보다 검은 공을 더 많이 받는다.
(다) 학생 A가 받는 공의 개수는 홀수이며 학생 A가 받는 공의 개수 이상의 공을 받는 학생은 없다.

▶ 정답 및 해설 034쪽

Ⅱ 확률

1 확률의 뜻과 활용

유형 ❶ 수학적 확률

유형 ❷ 확률의 덧셈정리; 확률의 계산

유형 ❸ 확률의 덧셈정리

유형 ❹ 여사건의 확률

2 조건부확률

유형 ❺ 조건부확률

유형 ❻ 확률의 곱셈정리

유형 ❼ 독립인 사건의 확률

유형 ❽ 독립시행의 확률

1

확률의 뜻과 활용

유형 1 수학적 확률

3점

001

2022학년도 평가원 9월 24번

네 개의 수 1, 3, 5, 7 중에서 임의로 선택한 한 개의 수를 a라 하고, 네 개의 수 2, 4, 6, 8 중에서 임의로 선택한 한 개의 수를 b라 하자. $a\times b>31$일 확률은? [3점]

① $\frac{1}{16}$ ② $\frac{1}{8}$ ③ $\frac{3}{16}$
④ $\frac{1}{4}$ ⑤ $\frac{5}{16}$

002

2017년 시행 교육청 7월 나형 13번

흰 공 6개와 빨간 공 4개가 들어 있는 주머니가 있다. 이 주머니에서 임의로 4개의 공을 동시에 꺼낼 때, 꺼낸 4개의 공 중 흰 공의 개수가 3 이상일 확률은? [3점]

① $\frac{17}{42}$ ② $\frac{19}{42}$ ③ $\frac{1}{2}$
④ $\frac{23}{42}$ ⑤ $\frac{25}{42}$

003

2021학년도 수능 나형 8번

한 개의 주사위를 세 번 던져서 나오는 눈의 수를 차례로 a, b, c라 할 때, $a\times b\times c=4$일 확률은? [3점]

① $\frac{1}{54}$ ② $\frac{1}{36}$ ③ $\frac{1}{27}$
④ $\frac{5}{108}$ ⑤ $\frac{1}{18}$

004

2018년 시행 교육청 7월 가형 6번

A, B를 포함한 6명이 원형의 탁자에 일정한 간격을 두고 앉을 때, A, B가 이웃하여 앉을 확률은?

(단, 회전하여 일치하는 것은 같은 것으로 본다.) [3점]

① $\frac{1}{5}$ ② $\frac{3}{10}$ ③ $\frac{2}{5}$
④ $\frac{1}{2}$ ⑤ $\frac{3}{5}$

005

2018학년도 평가원 9월 가형 10번 / 나형 15번

A, A, A, B, B, C의 문자가 하나씩 적혀 있는 6장의 카드가 있다. 이 카드를 모두 한 번씩 사용하여 일렬로 임의로 나열할 때, 양 끝 모두에 A가 적힌 카드가 나오게 나열될 확률은? [3점]

① $\frac{3}{20}$ ② $\frac{1}{5}$ ③ $\frac{1}{4}$
④ $\frac{3}{10}$ ⑤ $\frac{7}{20}$

006

2022학년도 평가원 6월 25번

숫자 1, 2, 3, 4, 5 중에서 중복을 허락하여 4개를 택해 일렬로 나열하여 만들 수 있는 모든 네 자리의 자연수 중에서 임의로 하나의 수를 선택할 때, 선택한 수가 3500보다 클 확률은?

[3점]

① $\frac{9}{25}$ ② $\frac{2}{5}$ ③ $\frac{11}{25}$
④ $\frac{12}{25}$ ⑤ $\frac{13}{25}$

▶ 정답 및 해설 035쪽

007

2019학년도 수능 가형 10번

주머니 속에 2부터 8까지의 자연수가 각각 하나씩 적힌 구슬 7개가 들어 있다. 이 주머니에서 임의로 2개의 구슬을 동시에 꺼낼 때, 꺼낸 구슬에 적힌 두 자연수가 서로소일 확률은? [3점]

① $\frac{8}{21}$ ② $\frac{10}{21}$ ③ $\frac{4}{7}$ ④ $\frac{2}{3}$ ⑤ $\frac{16}{21}$

008 Best Pick

2020학년도 평가원 9월 가형 10번

1부터 7까지의 자연수 중에서 임의로 서로 다른 3개의 수를 선택한다. 선택된 3개의 수의 곱을 a, 선택되지 않은 4개의 수의 곱을 b라 할 때, a와 b가 모두 짝수일 확률은? [3점]

① $\frac{4}{7}$ ② $\frac{9}{14}$ ③ $\frac{5}{7}$ ④ $\frac{11}{14}$ ⑤ $\frac{6}{7}$

009

2008학년도 평가원 6월 가형 28번

1부터 9까지의 자연수 중에서 임의로 서로 다른 4개의 수를 선택하여 네 자리의 자연수를 만들 때, 백의 자리의 수와 십의 자리의 수의 합이 짝수가 될 확률은? [3점]

① $\frac{4}{9}$ ② $\frac{1}{2}$ ③ $\frac{5}{9}$ ④ $\frac{11}{18}$ ⑤ $\frac{13}{18}$

010 Best Pick

2009학년도 수능 가형 28번

1부터 9까지의 자연수가 하나씩 적혀 있는 9개의 공이 주머니에 들어 있다. 이 주머니에서 임의로 4개의 공을 동시에 꺼낼 때, 꺼낸 공에 적혀 있는 수 중에서 가장 큰 수와 가장 작은 수의 합이 7 이상이고 9 이하일 확률은? [3점]

① $\frac{5}{9}$ ② $\frac{1}{2}$ ③ $\frac{4}{9}$

④ $\frac{7}{18}$ ⑤ $\frac{1}{3}$

011

2021년 시행 교육청 7월 26번

한 개의 주사위를 세 번 던져서 나오는 눈의 수를 차례로 a, b, c라 할 때, $(a-2)^2+(b-3)^2+(c-4)^2=2$가 성립할 확률은? [3점]

① $\frac{1}{18}$ ② $\frac{1}{9}$ ③ $\frac{1}{6}$

④ $\frac{2}{9}$ ⑤ $\frac{5}{18}$

4점

012

2009학년도 평가원 6월 가형 29번

A, B, C 세 명이 이 순서대로 주사위를 한 번씩 던져 가장 큰 눈의 수가 나온 사람이 우승하는 규칙으로 게임을 한다. 이때 가장 큰 눈의 수가 나온 사람이 두 명 이상이면 그 사람들끼리 다시 주사위를 던지는 방식으로 게임을 계속하여 우승자를 가린다. A가 처음 던진 주사위의 눈의 수가 3일 때, C가 한 번만 주사위를 던지고 우승할 확률은? [4점]

① $\frac{2}{9}$ ② $\frac{5}{18}$ ③ $\frac{1}{3}$

④ $\frac{7}{18}$ ⑤ $\frac{4}{9}$

▶ 정답 및 해설 036쪽

013

2016학년도 평가원 9월 B형 15번

주머니에 1, 1, 2, 3, 4의 숫자가 하나씩 적혀 있는 5개의 공이 들어 있다. 이 주머니에서 임의로 4개의 공을 동시에 꺼내어 일렬로 나열하고, 나열된 순서대로 공에 적혀 있는 수를 a, b, c, d라 할 때, $a \le b \le c \le d$일 확률은? [4점]

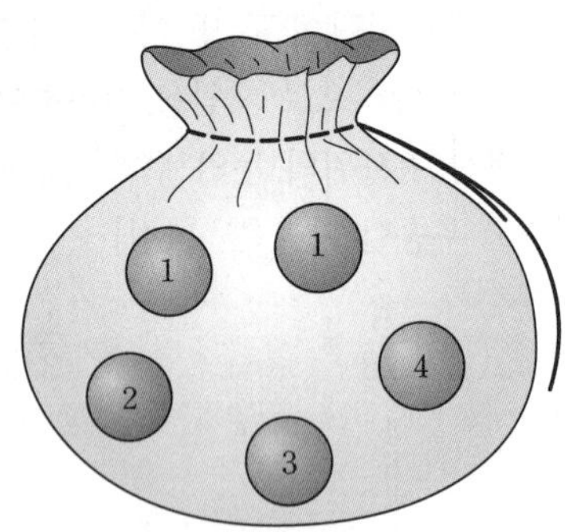

① $\frac{1}{15}$ ② $\frac{1}{12}$ ③ $\frac{1}{9}$
④ $\frac{1}{6}$ ⑤ $\frac{1}{3}$

014 Best Pick

2020학년도 평가원 6월 가형 14번

한 개의 주사위를 세 번 던져서 나오는 눈의 수를 차례로 a, b, c라 할 때, $a>b$이고 $a>c$일 확률은? [4점]

① $\frac{13}{54}$ ② $\frac{55}{216}$ ③ $\frac{29}{108}$
④ $\frac{61}{216}$ ⑤ $\frac{8}{27}$

015 Best Pick

2013년 시행 교육청 7월 B형 17번

그림과 같이 15개의 자리가 있는 일자형의 놀이기구에 5명이 타려고 할 때, 5명이 어느 누구와도 서로 이웃하지 않게 탈 확률은? [4점]

① $\frac{1}{26}$ ② $\frac{1}{13}$ ③ $\frac{3}{26}$
④ $\frac{2}{13}$ ⑤ $\frac{5}{26}$

016

2011학년도 수능 나형 17번

한국, 중국, 일본 학생이 2명씩 있다. 이 6명이 그림과 같이 좌석 번호가 지정된 6개의 좌석 중 임의로 1개씩 선택하여 앉을 때, 같은 나라의 두 학생끼리는 좌석 번호의 차가 1 또는 10이 되도록 앉게 될 확률은? [4점]

11	12	13

21	22	23

① $\frac{1}{20}$ ② $\frac{1}{10}$ ③ $\frac{3}{20}$

④ $\frac{1}{5}$ ⑤ $\frac{1}{4}$

017

2021학년도 평가원 6월 나형 29번

집합 $A=\{1, 2, 3, 4\}$에 대하여 A에서 A로의 모든 함수 f 중에서 임의로 하나를 선택할 때, 이 함수가 다음 조건을 만족시킬 확률은 p이다. $120p$의 값을 구하시오. [4점]

> (가) $f(1)\times f(2)\geq 9$
> (나) 함수 f의 치역의 원소의 개수는 3이다.

Ⅱ 확률

▸ 정답 및 해설 038쪽

018

2021학년도 평가원 9월 가형 19번

집합 $X=\{1, 2, 3, 4\}$의 공집합이 아닌 모든 부분집합 15개 중에서 임의로 서로 다른 세 부분집합을 뽑아 임의로 일렬로 나열하고, 나열된 순서대로 A, B, C라 할 때, $A \subset B \subset C$일 확률은? [4점]

① $\frac{1}{91}$ ② $\frac{2}{91}$ ③ $\frac{3}{91}$

④ $\frac{4}{91}$ ⑤ $\frac{5}{91}$

019 Best Pick

2007학년도 평가원 9월 나형 17번

9개의 수 2^1, 2^2, 2^3, $\cdots$, 2^9이 오른쪽 표와 같이 배열되어 있다. 각 행에서 한 개씩 임의로 선택한 세 수의 곱을 3으로 나눈 나머지가 1이 될 확률은? [4점]

2^1	2^2	2^3
2^4	2^5	2^6
2^7	2^8	2^9

① $\frac{10}{27}$ ② $\frac{4}{9}$ ③ $\frac{14}{27}$

④ $\frac{16}{27}$ ⑤ $\frac{2}{3}$

유형 2 확률의 덧셈정리; 확률의 계산

3점

020 2015학년도 평가원 9월 A형 7번

두 사건 A와 B는 서로 배반사건이고

$$P(A\cup B)=4P(B)=1$$

일 때, $P(A)$의 값은? [3점]

① $\frac{1}{4}$ ② $\frac{3}{8}$ ③ $\frac{1}{2}$
④ $\frac{5}{8}$ ⑤ $\frac{3}{4}$

021 2010학년도 수능 나형 5번

두 사건 A와 B는 서로 배반사건이고

$$P(A)=P(B),\ P(A)P(B)=\frac{1}{9}$$

일 때, $P(A\cup B)$의 값은? [3점]

① $\frac{1}{6}$ ② $\frac{1}{3}$ ③ $\frac{1}{2}$
④ $\frac{2}{3}$ ⑤ $\frac{5}{6}$

022 2019학년도 평가원 9월 가형 4번 / 나형 5번

두 사건 A, B에 대하여

$$P(A)=\frac{1}{2},\ P(A\cap B^C)=\frac{1}{5}$$

일 때, $P(A^C\cup B^C)$의 값은? (단, A^C은 A의 여사건이다.) [3점]

① $\frac{2}{5}$ ② $\frac{1}{2}$ ③ $\frac{3}{5}$
④ $\frac{7}{10}$ ⑤ $\frac{4}{5}$

023 2020학년도 수능 나형 5번

두 사건 A, B에 대하여

$$P(A^C)=\frac{2}{3},\ P(A^C\cap B)=\frac{1}{4}$$

일 때, $P(A\cup B)$의 값은? (단, A^C은 A의 여사건이다.) [3점]

① $\frac{1}{2}$ ② $\frac{7}{12}$ ③ $\frac{2}{3}$
④ $\frac{3}{4}$ ⑤ $\frac{5}{6}$

▸ 정답 및 해설 040쪽

024

2021년 시행 교육청 10월 24번

두 사건 A와 B는 서로 배반사건이고

$$\mathrm{P}(A)=\frac{1}{3},\ \mathrm{P}(A^C)\mathrm{P}(B)=\frac{1}{6}$$

일 때, $\mathrm{P}(A\cup B)$의 값은? (단, A^C은 A의 여사건이다.) [3점]

① $\frac{1}{2}$　② $\frac{7}{12}$　③ $\frac{2}{3}$　④ $\frac{3}{4}$　⑤ $\frac{5}{6}$

025

2022학년도 수능 예시문항 25번

두 사건 A, B에 대하여 A^C과 B는 서로 배반사건이고,

$$\mathrm{P}(A)=\frac{1}{2},\ \mathrm{P}(A\cap B^C)=\frac{2}{7}$$

일 때, $\mathrm{P}(B)$의 값은? (단, A^C은 A의 여사건이다.) [3점]

① $\frac{5}{28}$　② $\frac{3}{14}$　③ $\frac{1}{4}$　④ $\frac{2}{7}$　⑤ $\frac{9}{28}$

026 Best Pick

2015학년도 평가원 9월 B형 9번

두 사건 A, B에 대하여

$$\mathrm{P}(A\cap B)=\frac{2}{3}\mathrm{P}(A)=\frac{2}{5}\mathrm{P}(B)$$

일 때, $\dfrac{\mathrm{P}(A\cup B)}{\mathrm{P}(A\cap B)}$의 값은? (단, $\mathrm{P}(A\cap B)\neq 0$이다.) [3점]

① 3　② $\frac{7}{2}$　③ 4　④ $\frac{9}{2}$　⑤ 5

4점

027

2016학년도 평가원 9월 A형 15번

두 사건 A, B에 대하여

$$\mathrm{P}(A\cap B^C)=\mathrm{P}(A^C\cap B)=\frac{1}{6},\ \mathrm{P}(A\cup B)=\frac{2}{3}$$

일 때, $\mathrm{P}(A\cap B)$의 값은? (단, A^C은 A의 여사건이다.) [4점]

① $\frac{1}{12}$ ② $\frac{1}{6}$ ③ $\frac{1}{4}$ ④ $\frac{1}{3}$ ⑤ $\frac{5}{12}$

유형 3 확률의 덧셈정리

3점

028

2021학년도 평가원 6월 가형 13번/나형 16번

한 개의 주사위를 두 번 던져서 나오는 눈의 수를 차례로 a, b라 할 때, $|a-3|+|b-3|=2$이거나 $a=b$일 확률은? [3점]

① $\frac{1}{4}$ ② $\frac{1}{3}$ ③ $\frac{5}{12}$ ④ $\frac{1}{2}$ ⑤ $\frac{7}{12}$

▶ 정답 및 해설 041쪽

4점

029

2006년 시행 교육청 5월 가형 30번

1에서 99까지의 자연수 중에서 한 개의 수를 뽑을 때, 그 수가 3의 배수이거나 일의 자리와 십의 자리 중 적어도 어느 한 자리의 숫자가 3일 확률을 $\frac{a}{b}$라고 할 때, $a+b$의 값을 구하시오. (단, a, b는 서로소인 자연수이다.) [4점]

030

2021학년도 평가원 9월 가형 17번

어느 고등학교에는 5개의 과학 동아리와 2개의 수학 동아리 A, B가 있다. 동아리 학술 발표회에서 이 7개 동아리가 모두 발표하도록 발표 순서를 임의로 정할 때, 수학 동아리 A가 수학 동아리 B보다 먼저 발표하는 순서로 정해지거나 두 수학 동아리의 발표 사이에는 2개의 과학 동아리만이 발표하는 순서로 정해질 확률은? (단, 발표는 한 동아리씩 하고, 각 동아리는 1회만 발표한다.) [4점]

① $\frac{4}{7}$ ② $\frac{7}{12}$ ③ $\frac{25}{42}$
④ $\frac{17}{28}$ ⑤ $\frac{13}{21}$

유형 4 여사건의 확률

3점

031

2022학년도 수능 26번

1부터 10까지 자연수가 하나씩 적혀 있는 10장의 카드가 들어 있는 주머니가 있다. 이 주머니에서 임의로 카드 3장을 동시에 꺼낼 때, 꺼낸 카드에 적혀 있는 세 자연수 중에서 가장 작은 수가 4 이하이거나 7 이상일 확률은? [3점]

① $\frac{4}{5}$ ② $\frac{5}{6}$ ③ $\frac{13}{15}$
④ $\frac{9}{10}$ ⑤ $\frac{14}{15}$

032

2021년 시행 교육청 10월 26번

한 개의 주사위를 두 번 던져서 나오는 눈의 수를 차례로 a, b라 할 때, 두 수 a, b의 최대공약수가 홀수일 확률은? [3점]

① $\frac{5}{12}$ ② $\frac{1}{2}$ ③ $\frac{7}{12}$

④ $\frac{2}{3}$ ⑤ $\frac{3}{4}$

4점

033

2018학년도 평가원 6월 가형 15번

그림과 같이 1, 2, 3, 4의 숫자가 하나씩 적혀 있는 카드가 각각 3장씩 12장이 있다. 이 12장의 카드 중에서 임의로 3장의 카드를 선택할 때, 선택한 카드 중에 같은 숫자가 적혀 있는 카드가 2장 이상일 확률은? [4점]

1	1	1	2	2	2	3	3	3	4	4	4

① $\frac{12}{55}$ ② $\frac{16}{55}$ ③ $\frac{4}{11}$

④ $\frac{24}{55}$ ⑤ $\frac{28}{55}$

▶ 정답 및 해설 042쪽

034

2019학년도 수능 나형 28번

숫자 1, 2, 3, 4가 하나씩 적혀 있는 흰 공 4개와 숫자 4, 5, 6이 하나씩 적혀 있는 검은 공 3개가 있다. 이 7개의 공을 임의로 일렬로 나열할 때, 같은 숫자가 적혀 있는 공이 서로 이웃하지 않게 나열될 확률은 $\frac{q}{p}$이다. $p+q$의 값을 구하시오. (단, p와 q는 서로소인 자연수이다.) [4점]

035 Best Pick

2020학년도 평가원 9월 나형 14번

다음 조건을 만족시키는 좌표평면 위의 점 $(a,\ b)$ 중에서 임의로 서로 다른 두 점을 선택할 때, 선택된 두 점 사이의 거리가 1보다 클 확률은? [4점]

> (가) a, b는 자연수이다.
> (나) $1 \le a \le 4$, $1 \le b \le 3$

① $\frac{41}{66}$ ② $\frac{43}{66}$ ③ $\frac{15}{22}$ ④ $\frac{47}{66}$ ⑤ $\frac{49}{66}$

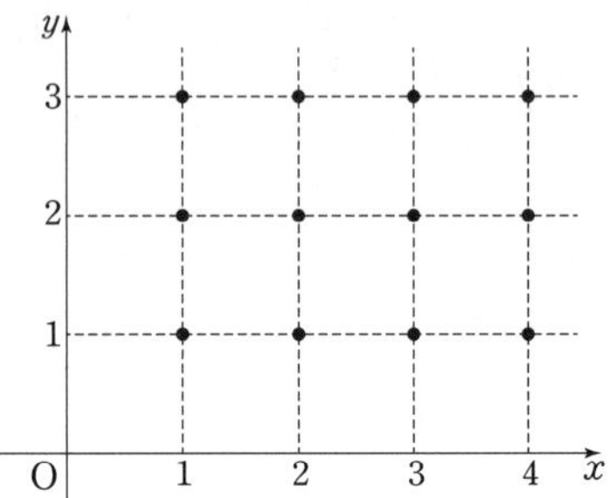

036 Best Pick

2016년 시행 교육청 7월 나형 14번

주머니 A와 B에는 1, 2, 3, 4, 5의 숫자가 하나씩 적혀 있는 5개의 공이 각각 들어 있다. 주머니 A와 B에서 각각 공을 임의로 한 개씩 꺼내어 주머니 A에서 꺼낸 공에 적혀 있는 수를 a, 주머니 B에서 꺼낸 공에 적혀 있는 수를 b라 할 때, 직선 $y=ax+b$가 곡선 $y=-\frac{1}{2}x^2+3x$와 만나지 않을 확률은? [4점]

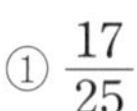

① $\frac{17}{25}$　② $\frac{18}{25}$　③ $\frac{19}{25}$　④ $\frac{4}{5}$　⑤ $\frac{21}{25}$

주머니 A

주머니 B

037 Best Pick

2018학년도 수능 가형 28번

방정식 $x+y+z=10$을 만족시키는 음이 아닌 정수 x, y, z의 모든 순서쌍 (x, y, z) 중에서 임의로 한 개를 선택한다. 선택한 순서쌍 (x, y, z)가 $(x-y)(y-z)(z-x)\neq 0$을 만족시킬 확률은 $\frac{q}{p}$이다. $p+q$의 값을 구하시오.

(단, p와 q는 서로소인 자연수이다.) [4점]

▸ 정답 및 해설 043쪽

038

2021학년도 평가원 6월 가형 19번

두 집합 $A=\{1, 2, 3, 4\}$, $B=\{1, 2, 3\}$에 대하여 A에서 B로의 모든 함수 f 중에서 임의로 하나를 선택할 때, 이 함수가 다음 조건을 만족시킬 확률은? [4점]

> $f(1) \geq 2$이거나 함수 f의 치역은 B이다.

① $\frac{16}{27}$ ② $\frac{2}{3}$ ③ $\frac{20}{27}$

④ $\frac{22}{27}$ ⑤ $\frac{8}{9}$

039

2013학년도 수능 나형 29번

다음 좌석표에서 2행 2열 좌석을 제외한 8개의 좌석에 여학생 4명과 남학생 4명을 1명씩 임의로 배정할 때, 적어도 2명의 남학생이 서로 이웃하게 배정될 확률은 p이다. $70p$의 값을 구하시오. (단, 2명이 같은 행의 바로 옆이나 같은 열의 바로 앞뒤에 있을 때 이웃한 것으로 본다.) [4점]

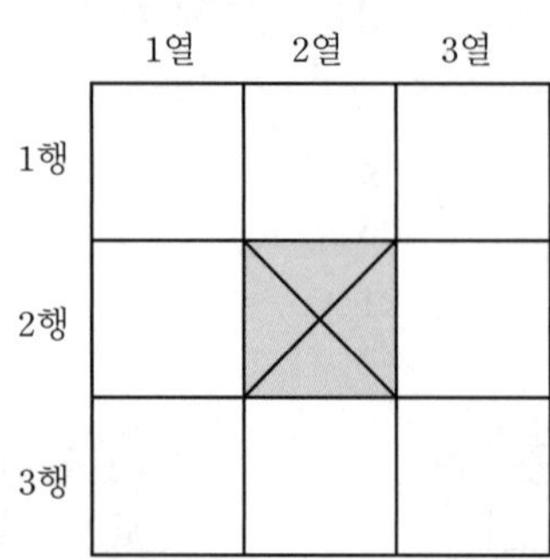

040

2020년 시행 교육청 7월 가형 20번

그림과 같이 원탁 위에 1부터 6까지 자연수가 하나씩 적혀 있는 6개의 접시가 놓여 있고 같은 종류의 쿠키 9개를 접시 위에 담으려고 한다. 한 개의 주사위를 던져 나온 눈의 수가 적혀 있는 접시와 그 접시에 이웃하는 양 옆의 접시 위에 3개의 쿠키를 각각 1개씩 담는 시행을 한다. 예를 들어, 주사위를 던져 나온 눈의 수가 1인 경우 6, 1, 2가 적혀 있는 접시 위에 쿠키를 각각 1개씩 담는다. 이 시행을 3번 반복하여 9개의 쿠키를 모두 접시 위에 담을 때, 6개의 접시 위에 각각 한 개 이상의 쿠키가 담겨 있을 확률은? [4점]

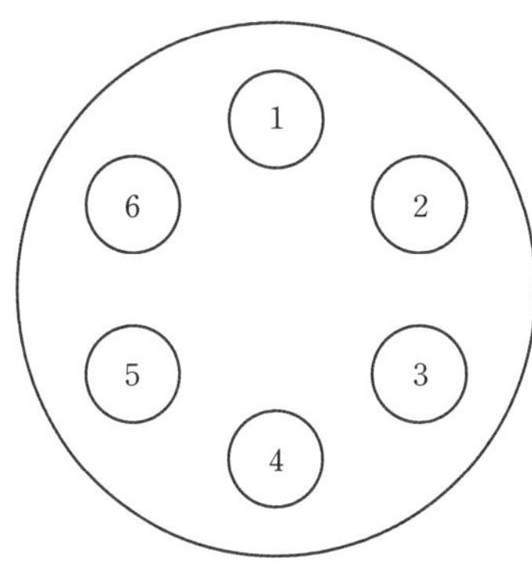

① $\frac{7}{18}$　② $\frac{17}{36}$　③ $\frac{5}{9}$　④ $\frac{23}{36}$　⑤ $\frac{13}{18}$

2 조건부확률

유형 5 조건부확률

3점

041

2018년 시행 교육청 10월 나형 10번

두 사건 A, B가 다음 조건을 만족시킨다.

> (가) $\mathrm{P}(A)=\frac{1}{3}$, $\mathrm{P}(B)=\frac{1}{2}$
>
> (나) $\mathrm{P}(A|B)+\mathrm{P}(B|A)=\frac{10}{7}$

$\mathrm{P}(A\cap B)$의 값은? [3점]

① $\frac{2}{21}$　② $\frac{1}{7}$　③ $\frac{4}{21}$　④ $\frac{5}{21}$　⑤ $\frac{2}{7}$

042

2013학년도 수능 나형 8번

두 사건 A, B에 대하여

$$\mathrm{P}(A\cap B)=\frac{1}{8},\ \mathrm{P}(B^C|A)=2\mathrm{P}(B|A)$$

일 때, $\mathrm{P}(A)$의 값은? (단, B^C은 B의 여사건이다.) [3점]

① $\frac{5}{12}$　② $\frac{3}{8}$　③ $\frac{1}{3}$　④ $\frac{7}{24}$　⑤ $\frac{1}{4}$

▸ 정답 및 해설 044쪽

043

2017학년도 평가원 6월 가형 9번

두 사건 A, B에 대하여

$$P(A)=\frac{13}{16},\ P(A\cap B^C)=\frac{1}{4}$$

일 때, $P(B|A)$의 값은? (단, A^C은 A의 여사건이다.) [3점]

① $\frac{5}{13}$ ② $\frac{6}{13}$ ③ $\frac{7}{13}$

④ $\frac{8}{13}$ ⑤ $\frac{9}{13}$

044

2020학년도 평가원 9월 가형 5번

두 사건 A, B에 대하여

$$P(A)=\frac{2}{5},\ P(B^C)=\frac{3}{10},\ P(A\cap B)=\frac{1}{5}$$

일 때, $P(A^C|B^C)$의 값은? (단, A^C은 A의 여사건이다.)

[3점]

① $\frac{1}{6}$ ② $\frac{1}{5}$ ③ $\frac{1}{4}$

④ $\frac{1}{3}$ ⑤ $\frac{1}{2}$

045

2022학년도 평가원 6월 24번

어느 동아리의 학생 20명을 대상으로 진로활동 A와 진로활동 B에 대한 선호도를 조사하였다. 이 조사에 참여한 학생은 진로활동 A와 진로활동 B 중 하나를 선택하였고, 각각의 진로활동을 선택한 학생 수는 다음과 같다.

(단위: 명)

구분	진로활동 A	진로활동 B	합계
1학년	7	5	12
2학년	4	4	8
합계	11	9	20

이 조사에 참여한 학생 20명 중에서 임의로 선택한 한 명이 진로활동 B를 선택한 학생일 때, 이 학생이 1학년일 확률은? [3점]

① $\frac{1}{2}$ ② $\frac{5}{9}$ ③ $\frac{3}{5}$

④ $\frac{7}{11}$ ⑤ $\frac{2}{3}$

046

2017년 시행 교육청 10월 나형 10번

어느 고등학교에서 3학년 학생 90명의 대학 탐방 활동을 계획했다. 아래 표는 해당 대학 A, B에 대한 학생들의 희망을 조사한 결과이다.

(단위: 명)

반	성별	대학		합계	
		A	B		
1반	남	9	6	15	30
	여	7	8	15	
2반	남	12	8	20	30
	여	6	4	10	
3반	남	5	5	10	30
	여	11	9	20	
합계		50	40	90	

이 90명의 학생 중에서 임의로 선택한 한 학생이 A 대학의 탐방을 희망한 학생일 때, 이 학생이 3반 여학생일 확률은? [3점]

① $\frac{3}{25}$ ② $\frac{7}{50}$ ③ $\frac{9}{50}$
④ $\frac{11}{50}$ ⑤ $\frac{6}{25}$

047

2020년 시행 교육청 7월 나형 12번

어느 고등학교 학생 200명을 대상으로 휴대폰 요금제에 대한 선호도를 조사하였다. 이 조사에 참여한 200명의 학생은 휴대폰 요금제 A와 B 중 하나를 선택하였고, 각각의 휴대폰 요금제를 선택한 학생의 수는 다음과 같다.

(단위: 명)

구분	휴대폰 요금제 A	휴대폰 요금제 B
남학생	$10a$	b
여학생	$48-2a$	$b-8$

이 조사에 참여한 학생 중에서 임의로 선택한 1명이 남학생일 때, 이 학생이 휴대폰 요금제 A를 선택한 학생일 확률은 $\frac{5}{8}$이다. $b-a$의 값은? (단, a, b는 상수이다.) [3점]

① 32 ② 36 ③ 40
④ 44 ⑤ 48

048

2014학년도 평가원 9월 A형 9번

어느 학교의 독후감 쓰기 대회에 1, 2학년 학생 50명이 참가하였다. 이 대회에 참가한 학생은 다음 두 주제 중 하나를 반드시 골라야 하고, 각 학생이 고른 주제별 인원수는 표와 같다.

주제 A : 수학의 역사
주제 B : 수학과 예술

(단위: 명)

구분	1학년	2학년	합계
주제 A	8	12	20
주제 B	16	14	30
합계	24	26	50

이 대회에 참가한 학생 50명 중에서 임의로 선택한 1명이 1학년 학생일 때, 이 학생이 주제 B를 고른 학생일 확률을 p_1이라 하고, 이 대회에 참가한 학생 50명 중에서 임의로 선택한 1명이 주제 B를 고른 학생일 때, 이 학생이 1학년 학생일 확률을 p_2라 하자. $\frac{p_2}{p_1}$의 값은? [3점]

① $\frac{1}{2}$　② $\frac{3}{5}$　③ $\frac{4}{5}$　④ $\frac{3}{2}$　⑤ $\frac{7}{4}$

049 Best Pick

2017학년도 수능 나형 13번

어느 학교의 전체 학생은 360명이고, 각 학생은 체험 학습 A, 체험 학습 B 중 하나를 선택하였다. 이 학교의 학생 중 체험 학습 A를 선택한 학생은 남학생 90명과 여학생 70명이다. 이 학교의 학생 중 임의로 뽑은 1명의 학생이 체험 학습 B를 선택한 학생일 때, 이 학생이 남학생일 확률은 $\frac{2}{5}$이다. 이 학교의 여학생의 수는? [3점]

① 180　② 185　③ 190　④ 195　⑤ 200

050 Best Pick

2015년 시행 교육청 7월 B형 8번

한 개의 주사위를 2번 던질 때 첫 번째 나온 눈의 수를 a, 두 번째 나온 눈의 수를 b라 하자. 두 수 a, b의 곱 ab가 짝수일 때, a와 b가 모두 짝수일 확률은? [3점]

① $\frac{7}{12}$ ② $\frac{1}{2}$ ③ $\frac{5}{12}$
④ $\frac{1}{3}$ ⑤ $\frac{1}{4}$

051

2018학년도 수능 가형 13번

한 개의 주사위를 두 번 던진다. 6의 눈이 한 번도 나오지 않을 때, 나온 두 눈의 수의 합이 4의 배수일 확률은? [3점]

① $\frac{4}{25}$ ② $\frac{1}{5}$ ③ $\frac{6}{25}$
④ $\frac{7}{25}$ ⑤ $\frac{8}{25}$

052

2016년 시행 교육청 10월 가형 8번 / 나형 12번

그림과 같이 어느 카페의 메뉴에는 서로 다른 3가지의 주스와 서로 다른 2가지의 아이스크림이 있다. 두 학생 A, B가 이 5가지 중 1가지씩을 임의로 주문했다고 한다. A, B가 주문한 것이 서로 다를 때, A, B가 주문한 것이 모두 아이스크림일 확률은? [3점]

① $\frac{1}{6}$ ② $\frac{1}{7}$ ③ $\frac{1}{8}$
④ $\frac{1}{9}$ ⑤ $\frac{1}{10}$

▶ 정답 및 해설 047쪽

053

2019학년도 평가원 9월 나형 12번

여학생이 40명이고 남학생이 60명인 어느 학교 전체 학생을 대상으로 축구와 야구에 대한 선호도를 조사하였다.
이 학교 학생의 70 %가 축구를 선택하였으며, 나머지 30 %는 야구를 선택하였다. 이 학교의 학생 중 임의로 뽑은 1명이 축구를 선택한 남학생일 확률은 $\frac{2}{5}$이다.
이 학교의 학생 중 임의로 뽑은 1명이 야구를 선택한 학생일 때, 이 학생이 여학생일 확률은? (단, 조사에서 모든 학생들은 축구와 야구 중 한 가지만 선택하였다.) [3점]

① $\frac{1}{4}$ ② $\frac{1}{3}$ ③ $\frac{5}{12}$
④ $\frac{1}{2}$ ⑤ $\frac{7}{12}$

4점

054

2016학년도 평가원 9월 A형 26번

어느 도서관 이용자 300명을 대상으로 각 연령대별, 성별 이용 현황을 조사한 결과는 다음과 같다.

(단위: 명)

구분	19세 이하	20대	30대	40세 이상	계
남성	40	a	$60-a$	100	200
여성	35	$45-b$	b	20	100

이 도서관 이용자 300명 중에서 30대가 차지하는 비율은 12 %이다. 이 도서관 이용자 300명 중에서 임의로 선택한 1명이 남성일 때 이 이용자가 20대일 확률과, 이 도서관 이용자 300명 중에서 임의로 선택한 1명이 여성일 때 이 이용자가 30대일 확률이 서로 같다. $a+b$의 값을 구하시오. [4점]

055

2017학년도 평가원 6월 나형 27번

표와 같이 두 상자 A, B에는 흰 구슬과 검은 구슬이 섞여서 각각 100개씩 들어 있다.

(단위: 개)

	상자 A	상자 B
흰 구슬	a	$100-2a$
검은 구슬	$100-a$	$2a$
합계	100	100

두 상자 A, B에서 각각 1개씩 임의로 꺼낸 구슬이 서로 같은 색일 때, 그 색이 흰색일 확률은 $\frac{2}{9}$이다. 자연수 a의 값을 구하시오. [4점]

056

2018년 시행 교육청 10월 나형 16번

주머니에 1, 2, 3, 4의 숫자가 각각 하나씩 적힌 흰 공 4개와 3, 5, 7, 9의 숫자가 각각 하나씩 적힌 검은 공 4개가 들어 있다. 이 주머니에서 임의로 3개의 공을 동시에 꺼낸다. 꺼낸 3개의 공이 흰 공 2개, 검은 공 1개일 때, 꺼낸 검은 공에 적힌 수가 꺼낸 흰 공 2개에 적힌 수의 합보다 클 확률은? [4점]

① $\frac{11}{24}$ ② $\frac{1}{2}$ ③ $\frac{13}{24}$

④ $\frac{7}{12}$ ⑤ $\frac{5}{8}$

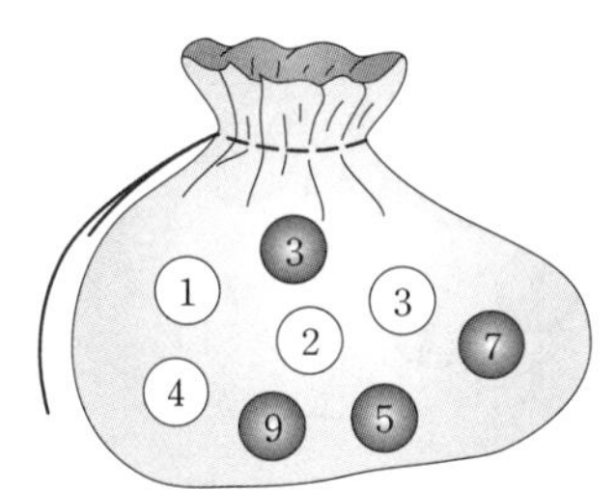

057 Best Pick

2021학년도 평가원 6월 가형 27번 / 나형 20번

주머니에 숫자 1, 2, 3, 4가 하나씩 적혀 있는 흰 공 4개와 숫자 3, 4, 5, 6이 하나씩 적혀 있는 검은 공 4개가 들어 있다. 이 주머니에서 임의로 4개의 공을 동시에 꺼내는 시행을 한다. 이 시행에서 꺼낸 공에 적혀 있는 수가 같은 것이 있을 때, 꺼낸 공 중 검은 공이 2개일 확률은 $\frac{q}{p}$이다. $p+q$의 값을 구하시오. (단, p와 q는 서로소인 자연수이다.) [4점]

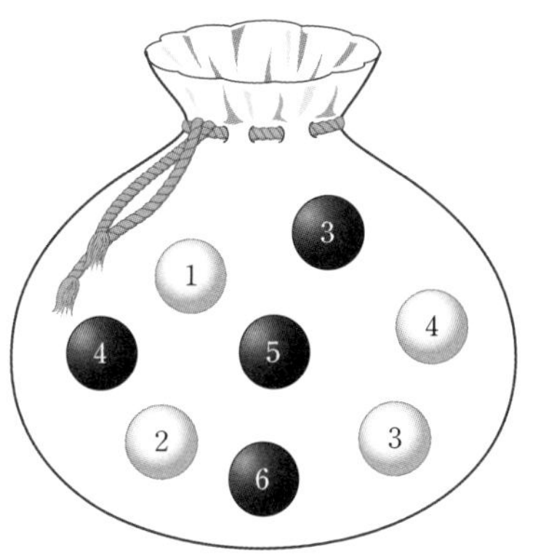

▶ 정답 및 해설 048쪽

058

2018학년도 평가원 6월 나형 28번

흰 공 3개, 검은 공 4개가 들어 있는 주머니가 있다. 이 주머니에서 임의로 3개의 공을 동시에 꺼내어, 꺼낸 흰 공과 검은 공의 개수를 각각 m, n이라 하자. 이 시행에서 $2m \geq n$일 때, 꺼낸 흰 공의 개수가 2일 확률은 $\frac{q}{p}$이다. $p+q$의 값을 구하시오. (단, p와 q는 서로소인 자연수이다.) [4점]

059

2021년 시행 교육청 10월 28번

집합 $X=\{x \mid x$는 8 이하의 자연수$\}$에 대하여 X에서 X로의 함수 f 중에서 임의로 하나를 선택한다. 선택한 함수 f가 4 이하의 모든 자연수 n에 대하여 $f(2n-1)<f(2n)$일 때, $f(1)=f(5)$일 확률은? [4점]

① $\frac{1}{7}$　② $\frac{5}{28}$　③ $\frac{3}{14}$　④ $\frac{1}{4}$　⑤ $\frac{2}{7}$

060

2019년 시행 교육청 10월 가형 15번

주머니에 1부터 8까지의 자연수가 하나씩 적힌 8개의 공이 들어 있다. 이 주머니에서 임의로 3개의 공을 동시에 꺼낼 때, 꺼낸 3개의 공에 적힌 수를 a, b, c $(a<b<c)$라 하자. $a+b+c$가 짝수일 때, a가 홀수일 확률은? [4점]

① $\frac{3}{7}$　② $\frac{1}{2}$　③ $\frac{4}{7}$　④ $\frac{9}{14}$　⑤ $\frac{5}{7}$

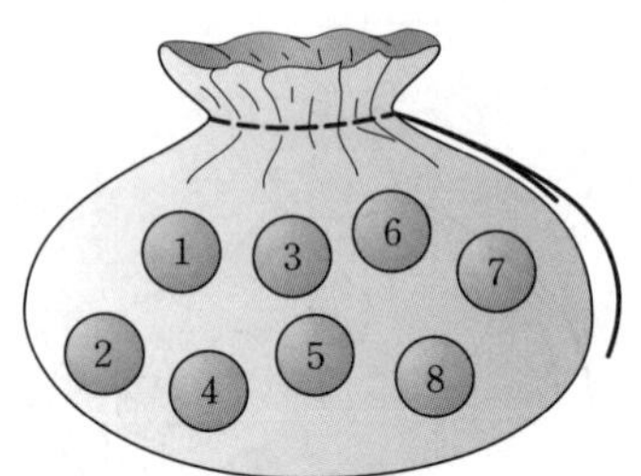

061 Best Pick

2022학년도 수능 예시문항 28번

1부터 10까지의 자연수 중에서 임의로 서로 다른 3개의 수를 선택한다. 선택한 세 개의 수의 곱이 짝수일 때, 그 세 개의 수의 합이 3의 배수일 확률은? [4점]

① $\frac{14}{55}$　② $\frac{3}{10}$　③ $\frac{19}{55}$

④ $\frac{43}{110}$　⑤ $\frac{24}{55}$

유형 6 확률의 곱셈정리

3점

062

2016년 시행 교육청 4월 가형 5번

두 사건 A, B에 대하여 $\mathrm{P}(A^C)=\frac{1}{4}$, $\mathrm{P}(B|A)=\frac{1}{6}$일 때, $\mathrm{P}(A\cap B)$의 값은? (단, A^C은 A의 여사건이다.) [3점]

① $\frac{1}{8}$　② $\frac{1}{7}$　③ $\frac{1}{6}$

④ $\frac{1}{5}$　⑤ $\frac{1}{4}$

063

2005학년도 평가원 9월 나형 4번

두 사건 A, B에 대하여 $\mathrm{P}(A)=\frac{1}{3}$, $\mathrm{P}(B)=\frac{1}{4}$이며 $\mathrm{P}(A|B)=\frac{1}{3}$일 때, $\mathrm{P}(A^C\cap B^C)$의 값은?

(단, A^C은 A의 여사건이다.) [3점]

① $\frac{1}{6}$　② $\frac{1}{4}$　③ $\frac{1}{3}$

④ $\frac{1}{2}$　⑤ $\frac{2}{3}$

▸ 정답 및 해설 050쪽

064

2010학년도 수능 가형 28번

세 코스 A, B, C를 순서대로 한 번씩 체험하는 수련장이 있다. A 코스에는 30개, B 코스에는 60개, C 코스에는 90개의 봉투가 마련되어 있고, 각 봉투에는 1장 또는 2장 또는 3장의 쿠폰이 들어 있다. 다음 표는 쿠폰 수에 따른 봉투의 수를 코스별로 나타낸 것이다.

코스 \ 쿠폰 수	1장	2장	3장	계
A	20	10	0	30
B	30	20	10	60
C	40	30	20	90

각 코스를 마친 학생은 그 코스에 있는 봉투를 임의로 1개 선택하여 봉투 속에 들어 있는 쿠폰을 받는다. 첫째 번에 출발한 학생이 세 코스를 모두 체험한 후 받은 쿠폰이 모두 4장이었을 때, B 코스에서 받은 쿠폰이 2장일 확률은? [3점]

① $\frac{6}{23}$　② $\frac{8}{23}$　③ $\frac{10}{23}$　④ $\frac{12}{23}$　⑤ $\frac{14}{23}$

065

2017년 시행 교육청 10월 가형 11번

그림의 네 지점 A, B, C, D에서 산책로 ㉠, ㉡, ㉢, ㉣, ㉤ 중 한 산책로를 지나갈 확률을 표로 나타내면 다음과 같다.

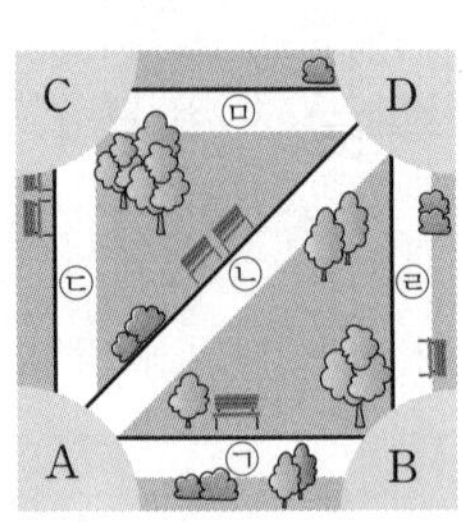

지점 \ 산책로	㉠	㉡	㉢	㉣	㉤
A	$\frac{1}{3}$	$\frac{1}{3}$	$\frac{1}{3}$	0	0
B	$\frac{1}{2}$	0	0	$\frac{1}{2}$	0
C	0	0	$\frac{1}{2}$	0	$\frac{1}{2}$
D	0	0	0	0	0

A 지점을 출발하여 D 지점으로 이동할 때, 한 번 지난 산책로를 다시 지나지 않는 사건을 X, 산책로 ㉣ 또는 ㉤을 지나는 사건을 Y라 하자. $\mathrm{P}(Y|X)$의 값은? [3점]

① $\frac{7}{16}$　② $\frac{1}{2}$　③ $\frac{9}{16}$　④ $\frac{5}{8}$　⑤ $\frac{11}{16}$

066

2022학년도 평가원 9월 26번

주머니 A에는 흰 공 2개, 검은 공 4개가 들어 있고, 주머니 B에는 흰 공 3개, 검은 공 3개가 들어 있다. 두 주머니 A, B와 한 개의 주사위를 사용하여 다음 시행을 한다.

> 주사위를 한 번 던져
> 나온 눈의 수가 5 이상이면
> 주머니 A에서 임의로 2개의 공을 동시에 꺼내고,
> 나온 눈의 수가 4 이하이면
> 주머니 B에서 임의로 2개의 공을 동시에 꺼낸다.

이 시행을 한 번 하여 주머니에서 꺼낸 2개의 공이 모두 흰색일 때, 나온 눈의 수가 5 이상일 확률은? [3점]

① $\frac{1}{7}$　② $\frac{3}{14}$　③ $\frac{2}{7}$　④ $\frac{5}{14}$　⑤ $\frac{3}{7}$

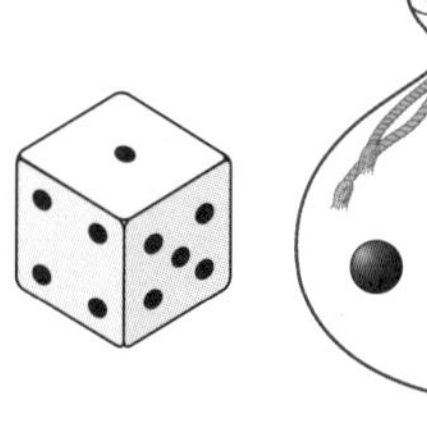
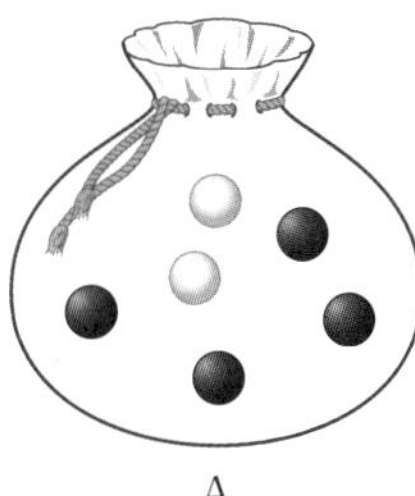
A
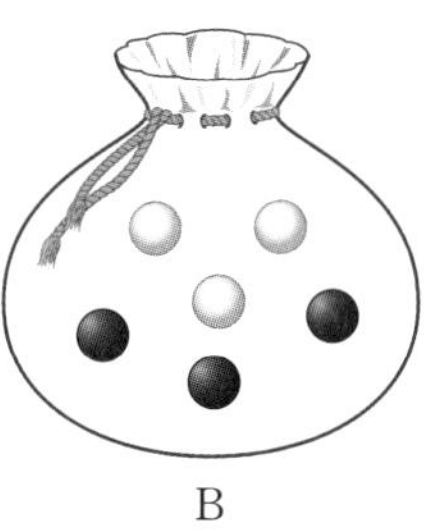
B

4점

067 Best Pick

2014학년도 수능 A형 15번

주머니 A에는 흰 공 2개와 검은 공 3개가 들어 있고, 주머니 B에는 흰 공 1개와 검은 공 3개가 들어 있다. 주머니 A에서 임의로 1개의 공을 꺼내어 흰 공이면 흰 공 2개를 주머니 B에 넣고 검은 공이면 검은 공 2개를 주머니 B에 넣은 후, 주머니 B에서 임의로 1개의 공을 꺼낼 때 꺼낸 공이 흰 공일 확률은? [4점]

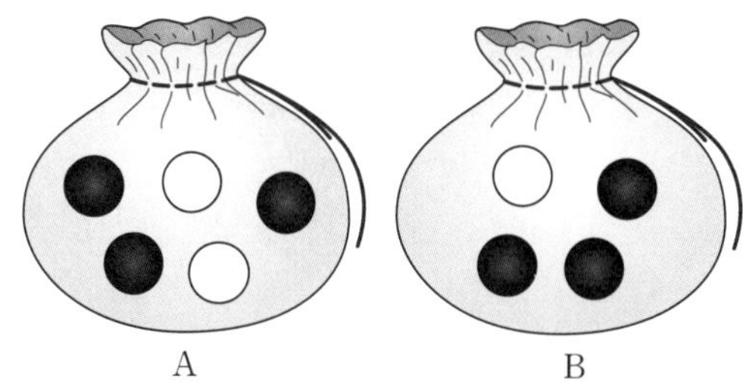
A　B

① $\frac{1}{6}$　② $\frac{1}{5}$　③ $\frac{7}{30}$　④ $\frac{4}{15}$　⑤ $\frac{3}{10}$

068

2018년 시행 교육청 10월 가형 15번

흰 공 3개, 검은 공 2개가 들어 있는 주머니에서 갑이 임의로 2개의 공을 동시에 꺼내고, 남아 있는 3개의 공 중에서 을이 임의로 2개의 공을 동시에 꺼낸다. 갑이 꺼낸 흰 공의 개수가 을이 꺼낸 흰 공의 개수보다 많을 때, 을이 꺼낸 공이 모두 검은 공일 확률은? [4점]

① $\frac{1}{15}$ ② $\frac{2}{15}$ ③ $\frac{1}{5}$

④ $\frac{4}{15}$ ⑤ $\frac{1}{3}$

069

2017학년도 수능 가형 26번

두 주머니 A와 B에는 숫자 1, 2, 3, 4가 하나씩 적혀 있는 4장의 카드가 각각 들어 있다. 갑은 주머니 A에서, 을은 주머니 B에서 각자 임의로 두 장의 카드를 꺼내어 가진다. 갑이 가진 두 장의 카드에 적힌 수의 합과 을이 가진 두 장의 카드에 적힌 수의 합이 같을 확률은 $\frac{q}{p}$이다. $p+q$의 값을 구하시오.

(단, p, q는 서로소인 자연수이다.) [4점]

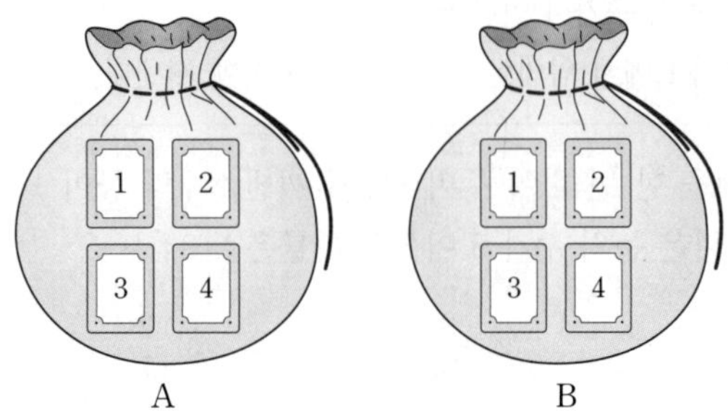

070

2009학년도 수능 나형 16번

주머니 A와 B에는 1, 2, 3, 4, 5의 숫자가 하나씩 적혀 있는 다섯 개의 구슬이 각각 들어 있다. 철수는 주머니 A에서, 영희는 주머니 B에서 각자 구슬을 임의로 한 개씩 꺼내어 두 구슬에 적혀 있는 숫자를 확인한 후 다시 넣지 않는다. 이와 같은 시행을 반복할 때, 첫 번째 꺼낸 두 구슬에 적혀 있는 숫자가 서로 다르고, 두 번째 꺼낸 두 구슬에 적혀 있는 숫자가 같을 확률은? [4점]

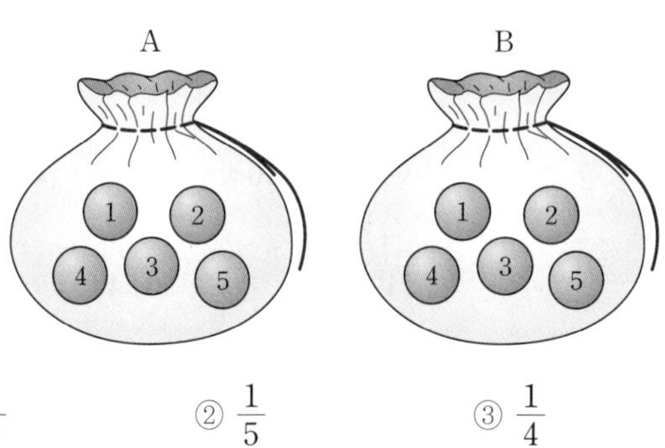

① $\frac{3}{20}$ ② $\frac{1}{5}$ ③ $\frac{1}{4}$

④ $\frac{3}{10}$ ⑤ $\frac{7}{20}$

071

2016년 시행 교육청 4월 가형 15번

1부터 7까지의 자연수가 하나씩 적혀 있는 7개의 공이 들어 있는 상자에서 임의로 1개의 공을 꺼내는 시행을 반복할 때, 짝수가 적혀 있는 공을 모두 꺼내면 시행을 멈춘다. 5번째까지 시행을 한 후 시행을 멈출 확률은?

(단, 꺼낸 공은 다시 넣지 않는다.) [4점]

① $\frac{6}{35}$ ② $\frac{1}{5}$ ③ $\frac{8}{35}$

④ $\frac{9}{35}$ ⑤ $\frac{2}{7}$

072

2015년 시행 교육청 7월 B형 18번

그림과 같이 1, 2, 3, 4, 5, 6의 숫자가 한 면에만 각각 적혀 있는 6장의 카드가 일렬로 놓여 있다. 주사위 한 개를 던져서 나온 눈의 수가 2 이하이면 가장 작은 숫자가 적혀 있는 카드 1장을 뒤집고, 3 이상이면 가장 작은 숫자가 적혀 있는 카드부터 차례로 2장의 카드를 뒤집는 시행을 한다. 3번째 시행에서 4가 적혀 있는 카드가 뒤집어질 확률은?

(단, 모든 카드는 한 번만 뒤집는다.) [4점]

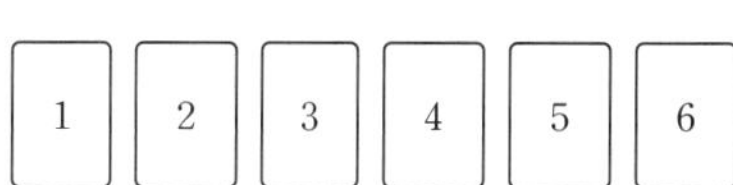

① $\frac{4}{9}$ ② $\frac{13}{27}$ ③ $\frac{14}{27}$

④ $\frac{5}{9}$ ⑤ $\frac{16}{27}$

▶ 정답 및 해설 053쪽

073

2010학년도 평가원 9월 가형 29번

각각 3명의 선수로 구성된 A팀과 B팀이 있다. 각 팀 3명의 순번을 1, 2, 3번으로 정하고 다음 규칙에 따라 경기를 한다.

> (가) A팀 1번 선수와 B팀 1번 선수가 먼저 대결한다.
> (나) 대결에서 승리한 선수는 상대 팀의 다음 순번 선수와 대결한다.
> (다) 어느 팀이든 3명이 모두 패하면 경기가 종료된다.

A팀의 2번 선수가 승리한 횟수가 1일 확률은?
$\left(\text{단, 각 선수가 승리할 확률은 } \frac{1}{2}\text{이고, 무승부는 없다.}\right)$ [4점]

① $\frac{1}{32}$ ② $\frac{1}{16}$ ③ $\frac{1}{8}$
④ $\frac{1}{4}$ ⑤ $\frac{1}{2}$

074

2021학년도 수능 가형 19번 / 나형 29번

숫자 3, 3, 4, 4, 4가 하나씩 적힌 5개의 공이 들어 있는 주머니가 있다. 이 주머니와 한 개의 주사위를 사용하여 다음 규칙에 따라 점수를 얻는 시행을 한다.

> 주머니에서 임의로 한 개의 공을 꺼내어
> 꺼낸 공에 적힌 수가 3이면 주사위를 3번 던져서 나오는 세 눈의 수의 합을 점수로 하고,
> 꺼낸 공에 적힌 수가 4이면 주사위를 4번 던져서 나오는 네 눈의 수의 합을 점수로 한다.

이 시행을 한 번 하여 얻은 점수가 10점일 확률은? [4점]

① $\frac{13}{180}$ ② $\frac{41}{540}$ ③ $\frac{43}{540}$
④ $\frac{1}{12}$ ⑤ $\frac{47}{540}$

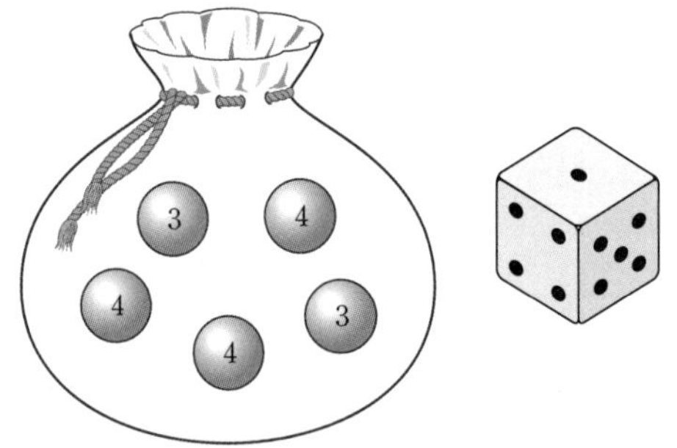

유형 7 독립인 사건의 확률

3점

075 2018학년도 수능 가형 4번 / 나형 10번

두 사건 A와 B는 서로 독립이고

$$P(A)=\frac{2}{3},\ P(A\cup B)=\frac{5}{6}$$

일 때, $P(B)$의 값은? [3점]

① $\frac{1}{3}$　② $\frac{5}{12}$　③ $\frac{1}{2}$

④ $\frac{7}{12}$　⑤ $\frac{2}{3}$

076 2017년 시행 교육청 10월 나형 4번

두 사건 A와 B는 서로 독립이고

$$P(A\cap B)=\frac{1}{4},\ P(A\cap B^C)=\frac{1}{3}$$

일 때, $P(B)$의 값은? (단, B^C은 B의 여사건이다.) [3점]

① $\frac{3}{14}$　② $\frac{2}{7}$　③ $\frac{5}{14}$

④ $\frac{3}{7}$　⑤ $\frac{1}{2}$

077 2019년 시행 교육청 7월 나형 9번

두 사건 A, B가 서로 독립이고

$$P(A)=\frac{1}{3},\ P(A^C)=7P(A\cap B)$$

일 때, $P(B)$의 값은? (단, A^C은 A의 여사건이다.) [3점]

① $\frac{1}{7}$　② $\frac{2}{7}$　③ $\frac{3}{7}$

④ $\frac{4}{7}$　⑤ $\frac{5}{7}$

078 2020년 시행 교육청 10월 가형 4번

두 사건 A와 B는 서로 독립이고

$$P(A^C)=\frac{2}{5},\ P(B)=\frac{1}{6}$$

일 때, $P(A^C\cup B^C)$의 값은?

(단, A^C은 A의 여사건이다.) [3점]

① $\frac{1}{2}$　② $\frac{3}{5}$　③ $\frac{7}{10}$

④ $\frac{4}{5}$　⑤ $\frac{9}{10}$

▸ 정답 및 해설 054쪽

079 Best Pick

2016학년도 수능 B형 5번

두 사건 A, B가 서로 독립이고

$$P(A^C)=\frac{1}{4},\ P(A\cap B)=\frac{1}{2}$$

일 때, $P(B|A^C)$의 값은? (단, A^C은 A의 여사건이다.) [3점]

① $\frac{5}{12}$ ② $\frac{1}{2}$ ③ $\frac{7}{12}$
④ $\frac{2}{3}$ ⑤ $\frac{3}{4}$

080

2019년 시행 교육청 10월 가형 4번

두 사건 A와 B가 서로 독립이고

$$P(A|B)=\frac{1}{3},\ P(A\cap B^C)=\frac{1}{12}$$

일 때, $P(B)$의 값은? (단, B^C은 B의 여사건이다.) [3점]

① $\frac{5}{12}$ ② $\frac{1}{2}$ ③ $\frac{7}{12}$
④ $\frac{2}{3}$ ⑤ $\frac{3}{4}$

081

2011학년도 수능 나형 7번

어느 디자인 공모 대회에 철수가 참가하였다. 참가자는 두 항목에서 점수를 받으며, 각 항목에서 받을 수 있는 점수는 표와 같이 3가지 중 하나이다. 철수가 각 항목에서 점수 A를 받을 확률은 $\frac{1}{2}$, 점수 B를 받을 확률은 $\frac{1}{3}$, 점수 C를 받을 확률은 $\frac{1}{6}$이다. 관람객 투표 점수를 받는 사건과 심사 위원 점수를 받는 사건이 서로 독립일 때, 철수가 받는 두 점수의 합이 70일 확률은? [3점]

항목 \ 점수	점수 A	점수 B	점수 C
관람객 투표	40	30	20
심사 위원	50	40	30

① $\frac{1}{3}$ ② $\frac{11}{36}$ ③ $\frac{5}{18}$
④ $\frac{1}{4}$ ⑤ $\frac{2}{9}$

4점

082

2005학년도 수능 나형 24번

다음은 어느 회사에서 전체 직원 360명을 대상으로 재직 연수와 새로운 조직 개편안에 대한 찬반 여부를 조사한 표이다.

(단위: 명)

찬반 여부 / 재직 연수	찬성	반대	계
10년 미만	a	b	120
10년 이상	c	d	240
계	150	210	360

재직 연수가 10년 미만일 사건과 조직 개편안에 찬성할 사건이 서로 독립일 때, a의 값을 구하시오. [4점]

유형 8 독립시행의 확률

3점

083

2019년 시행 교육청 7월 가형 6번

한 개의 주사위를 5번 던져서 나오는 다섯 눈의 수의 곱이 짝수일 확률은? [3점]

① $\frac{23}{32}$ ② $\frac{25}{32}$ ③ $\frac{27}{32}$

④ $\frac{29}{32}$ ⑤ $\frac{31}{32}$

084

2018년 시행 교육청 10월 나형 13번

한 개의 동전을 사용하여 다음 규칙에 따라 점수를 얻는 시행을 한다.

> 한 번 던져 앞면이 나오면 2점, 뒷면이 나오면 1점을 얻는다.

이 시행을 5번 반복하여 얻은 점수의 합이 6 이하일 확률은? [3점]

① $\frac{3}{32}$ ② $\frac{1}{8}$ ③ $\frac{5}{32}$

④ $\frac{3}{16}$ ⑤ $\frac{7}{32}$

▶ 정답 및 해설 056쪽

085 Best Pick

2014년 시행 교육청 7월 A형 13번

좌표평면의 원점에 점 P가 있다. 한 개의 동전을 1번 던질 때마다 다음 규칙에 따라 점 P를 이동시키는 시행을 한다.

> (가) 앞면이 나오면 x축의 방향으로 1만큼 평행이동시킨다.
> (나) 뒷면이 나오면 y축의 방향으로 1만큼 평행이동시킨다.

시행을 5번 한 후 점 P가 직선 $x-y=3$ 위에 있을 확률은? [3점]

① $\frac{1}{8}$ ② $\frac{5}{32}$ ③ $\frac{3}{16}$
④ $\frac{7}{32}$ ⑤ $\frac{1}{4}$

086

2020학년도 수능 가형 25번

한 개의 주사위를 5번 던질 때 홀수의 눈이 나오는 횟수를 a라 하고, 한 개의 동전을 4번 던질 때 앞면이 나오는 횟수를 b라 하자. $a-b$의 값이 3일 확률을 $\frac{q}{p}$라 할 때, $p+q$의 값을 구하시오. (단, p와 q는 서로소인 자연수이다.) [3점]

087

2022학년도 평가원 6월 27번

주사위 2개와 동전 4개를 동시에 던질 때, 나오는 주사위의 눈의 수의 곱과 앞면이 나오는 동전의 개수가 같을 확률은? [3점]

① $\frac{3}{64}$ ② $\frac{5}{96}$ ③ $\frac{11}{192}$
④ $\frac{1}{16}$ ⑤ $\frac{13}{192}$

088 Best Pick

2019년 시행 교육청 7월 가형 13번

주머니에 1, 2, 3, 4의 숫자가 하나씩 적혀 있는 4개의 공이 들어 있다. 이 주머니에서 임의로 2개의 공을 동시에 꺼낼 때, 꺼낸 공에 적혀 있는 숫자의 합이 소수이면 1개의 동전을 2번 던지고, 소수가 아니면 1개의 동전을 3번 던진다. 동전의 앞면이 2번 나왔을 때, 꺼낸 2개의 공에 적혀 있는 숫자의 합이 소수일 확률은? [3점]

① $\frac{2}{7}$ ② $\frac{5}{14}$ ③ $\frac{3}{7}$
④ $\frac{1}{2}$ ⑤ $\frac{4}{7}$

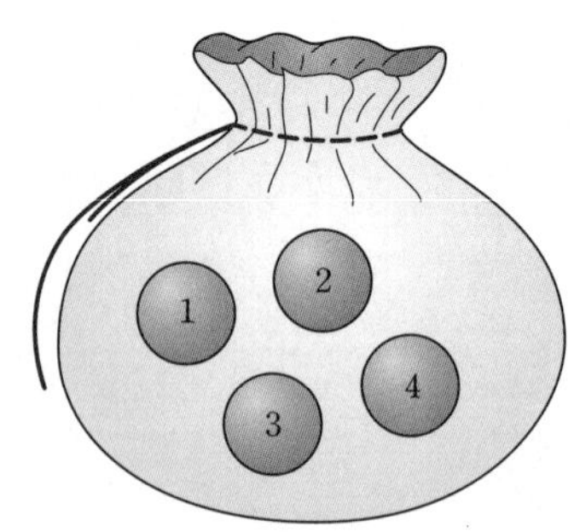

4점

089

2018학년도 수능 나형 28번

한 개의 동전을 6번 던질 때, 앞면이 나오는 횟수가 뒷면이 나오는 횟수보다 클 확률은 $\frac{q}{p}$이다. $p+q$의 값을 구하시오.

(단, p와 q는 서로소인 자연수이다.) [4점]

090

2019학년도 수능 나형 18번

좌표평면의 원점에 점 A가 있다. 한 개의 동전을 사용하여 다음 시행을 한다.

> 동전을 한 번 던져
> 앞면이 나오면 점 A를 x축의 양의 방향으로 1만큼,
> 뒷면이 나오면 점 A를 y축의 양의 방향으로 1만큼
> 이동시킨다.

위의 시행을 반복하여 점 A의 x좌표 또는 y좌표가 처음으로 3이 되면 이 시행을 멈춘다. 점 A의 y좌표가 처음으로 3이 되었을 때, 점 A의 x좌표가 1일 확률은? [4점]

① $\frac{1}{4}$ ② $\frac{5}{16}$ ③ $\frac{3}{8}$
④ $\frac{7}{16}$ ⑤ $\frac{1}{2}$

091

2011학년도 평가원 6월 가형 14번

A, B를 포함한 6명이 정육각형 모양의 탁자에 그림과 같이 둘러 앉아 주사위 한 개를 사용하여 다음 규칙을 따르는 시행을 한다.

> 주사위를 가진 사람이 주사위를 던져 나온 눈의 수가 3의 배수이면 시계 방향으로, 3의 배수가 아니면 시계 반대 방향으로 이웃한 사람에게 주사위를 준다.

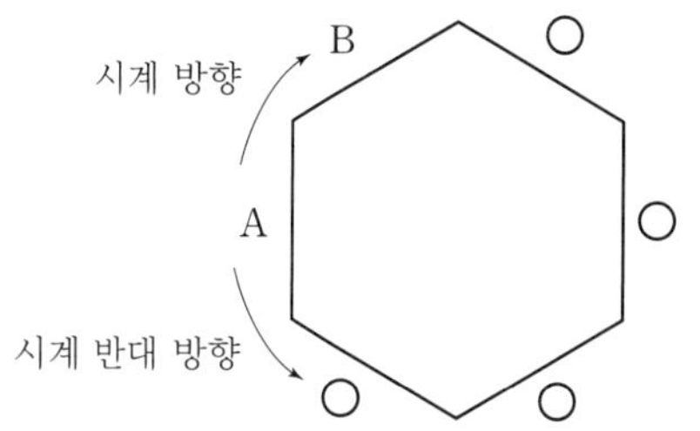

A부터 시작하여 이 시행을 5번 한 후 B가 주사위를 가지고 있을 확률은? [4점]

① $\frac{4}{27}$ ② $\frac{2}{9}$ ③ $\frac{8}{27}$
④ $\frac{10}{27}$ ⑤ $\frac{4}{9}$

Ⅱ 확률

▶ 정답 및 해설 057쪽

092

2019학년도 평가원 9월 나형 20번

상자 A와 상자 B에 각각 6개의 공이 들어 있다. 동전 1개를 사용하여 다음 시행을 한다.

> 동전을 한 번 던져 앞면이 나오면 상자 A에서 공 1개를 꺼내어 상자 B에 넣고, 뒷면이 나오면 상자 B에서 공 1개를 꺼내어 상자 A에 넣는다.

위의 시행을 6번 반복할 때, 상자 B에 들어 있는 공의 개수가 6번째 시행 후 처음으로 8이 될 확률은? [4점]

① $\frac{1}{64}$ ② $\frac{3}{64}$ ③ $\frac{5}{64}$
④ $\frac{7}{64}$ ⑤ $\frac{9}{64}$

093

2020학년도 수능 가형 20번

한 개의 동전을 7번 던질 때, 다음 조건을 만족시킬 확률은? [4점]

> (가) 앞면이 3번 이상 나온다.
> (나) 앞면이 연속해서 나오는 경우가 있다.

① $\frac{11}{16}$ ② $\frac{23}{32}$ ③ $\frac{3}{4}$
④ $\frac{25}{32}$ ⑤ $\frac{13}{16}$

▸ 정답 및 해설 059쪽

094

2020학년도 평가원 6월 가형 27번

숫자 1, 1, 2, 2, 3, 3이 하나씩 적혀 있는 6개의 공이 들어 있는 주머니가 있다. 이 주머니에서 한 개의 공을 임의로 꺼내어 공에 적힌 수를 확인한 후 다시 넣지 않는다. 이와 같은 시행을 6번 반복할 때, k $(1 \leq k \leq 6)$번째 꺼낸 공에 적힌 수를 a_k라 하자. 두 자연수 m, n을

$m = a_1 \times 100 + a_2 \times 10 + a_3$,

$n = a_4 \times 100 + a_5 \times 10 + a_6$

이라 할 때, $m > n$일 확률은 $\frac{q}{p}$이다. $p+q$의 값을 구하시오.

(단, p와 q는 서로소인 자연수이다.) [4점]

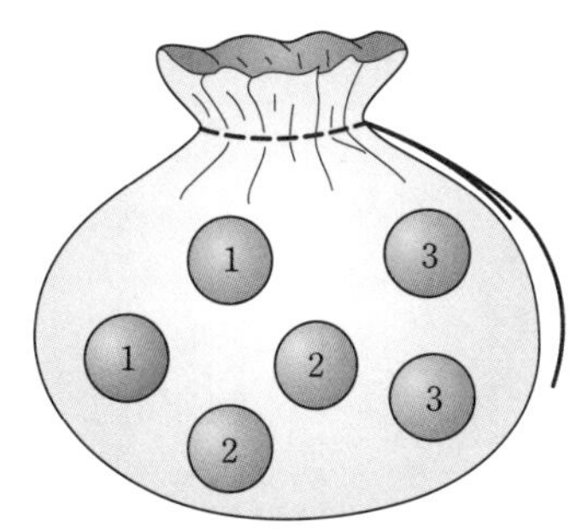

095 Best Pick
2022학년도 평가원 6월 30번

숫자 1, 2, 3이 하나씩 적혀 있는 3개의 공이 들어 있는 주머니가 있다. 이 주머니에서 임의로 한 개의 공을 꺼내어 공에 적혀 있는 수를 확인한 후 다시 넣는 시행을 한다. 이 시행을 5번 반복하여 확인한 5개의 수의 곱이 6의 배수일 확률이 $\frac{q}{p}$일 때, $p+q$의 값을 구하시오.

(단, p와 q는 서로소인 자연수이다.) [4점]

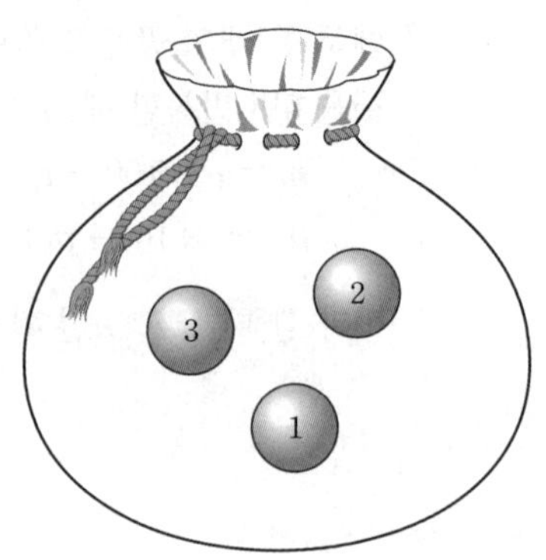

096
2021년 시행 교육청 7월 29번

1, 2, 3, 4, 5의 숫자가 하나씩 적힌 카드가 각각 1장, 2장, 3장, 4장, 5장이 있다. 이 15장의 카드 중에서 임의로 2장의 카드를 동시에 선택하는 시행을 한다. 이 시행에서 선택한 2장의 카드에 적힌 두 수의 곱의 모든 양의 약수의 개수가 3 이하일 때, 그 두 수의 합이 짝수일 확률은 $\frac{q}{p}$이다. $p+q$의 값을 구하시오. (단, p와 q는 서로소인 자연수이다.) [4점]

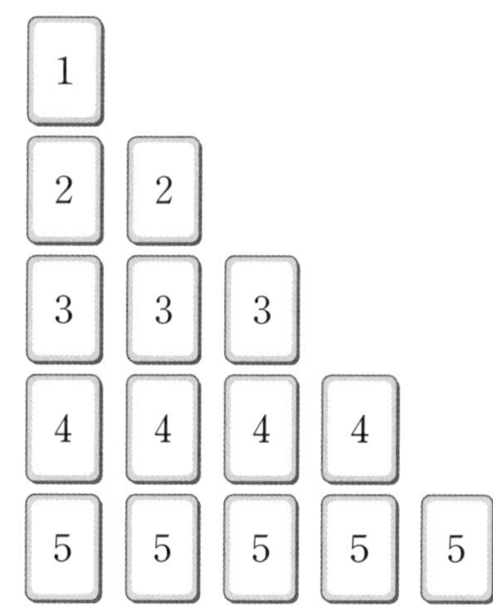

097
2014년 시행 교육청 7월 A형 28번

상자 A에는 흰 공 10개, 상자 B에는 검은 공 10개가 들어 있다. 다음과 같이 [실행 1]부터 [실행 3]까지 할 때, 상자 B의 흰 공의 개수가 홀수일 확률이 $\frac{q}{p}$이다. $p+q$의 값을 구하시오. (단, p, q는 서로소인 자연수이다.) [4점]

> [실행 1] 상자 A에서 임의로 2개의 공을 동시에 꺼내어 상자 B에 넣는다.
> [실행 2] 상자 B에서 임의로 2개의 공을 동시에 꺼내어 상자 A에 넣는다.
> [실행 3] 상자 A에서 임의로 2개의 공을 동시에 꺼내어 상자 B에 넣는다.

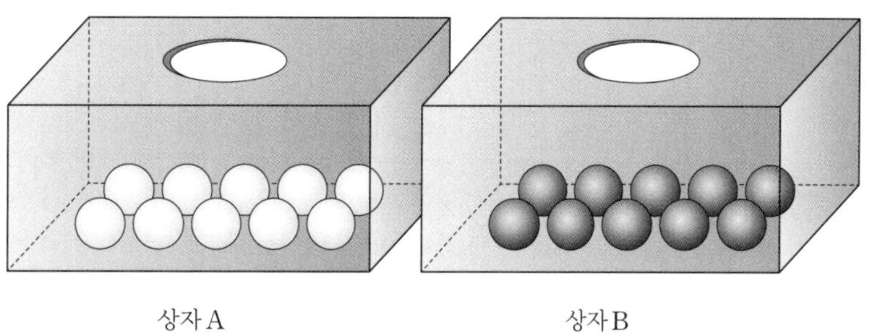

098

2020년 시행 교육청 10월 나형 29번

A, B 두 사람이 각각 4개씩 공을 가지고 다음 시행을 한다.

A, B 두 사람이 주사위를 한 번씩 던져 나온 눈의 수가 짝수인 사람은 상대방으로부터 공을 한 개 받는다.

각 시행 후 A가 가진 공의 개수를 세었을 때, 4번째 시행 후 센 공의 개수가 처음으로 6이 될 확률은 $\frac{q}{p}$이다. $p+q$의 값을 구하시오. (단, p와 q는 서로소인 자연수이다.) [4점]

099

2011학년도 평가원 9월 나형 24번

주머니 안에 스티커가 1개, 2개, 3개 붙어 있는 카드가 각각 1장씩 들어 있다. 주머니에서 임의로 카드 1장을 꺼내어 스티커 1개를 더 붙인 후 다시 주머니에 넣는 시행을 반복한다. 주머니 안의 각 카드에 붙어 있는 스티커의 개수를 3으로 나눈 나머지가 모두 같아지는 사건을 A라 하자. 시행을 6번 하였을 때, 1회부터 5회까지는 사건 A가 일어나지 않고, 6회에서 사건 A가 일어날 확률을 $\frac{q}{p}$라 하자. $p+q$의 값을 구하시오.

(단, p와 q는 서로소인 자연수이다.) [4점]

100

2019학년도 평가원 6월 가형 28번

자연수 n $(n\geq 3)$에 대하여 집합 A를

$$A=\{(x,\ y)\,|\,1\leq x\leq y\leq n,\ x\text{와 } y\text{는 자연수}\}$$

라 하자. 집합 A에서 임의로 선택된 한 개의 원소 $(a,\ b)$에 대하여 b가 3의 배수일 때, $a=b$일 확률이 $\frac{1}{9}$이 되도록 하는 모든 자연수 n의 값의 합을 구하시오. [4점]

101 Best Pick

2009학년도 평가원 6월 가형 24번

집합 $X=\{1,\ 2,\ 3\}$, $Y=\{1,\ 2,\ 3,\ 4\}$, $Z=\{0,\ 1\}$에 대하여 조건 (가)를 만족시키는 모든 함수 $f:X\longrightarrow Y$ 중에서 임의로 하나를 선택하고, 조건 (나)를 만족시키는 모든 함수 $g:Y\longrightarrow Z$ 중에서 임의로 하나를 선택하여 합성함수 $g\circ f:X\longrightarrow Z$를 만들 때, 이 합성함수의 치역이 Z일 확률은 $\frac{q}{p}$이다. $p+q$의 값을 구하시오.

(단, p, q는 서로소인 자연수이다.) [4점]

(가) X의 임의의 두 원소 x_1, x_2에 대하여 $x_1\neq x_2$이면 $f(x_1)\neq f(x_2)$이다.
(나) g의 치역은 Z이다.

▶ 정답 및 해설 062쪽

102

2022학년도 수능 30번

흰 공과 검은 공이 각각 10개 이상 들어 있는 바구니와 비어 있는 주머니가 있다. 한 개의 주사위를 사용하여 다음 시행을 한다.

> 주사위를 한 번 던져
> 나온 눈의 수가 5 이상이면 바구니에 있는 흰 공 2개를 주머니에 넣고,
> 나온 눈의 수가 4 이하이면 바구니에 있는 검은 공 1개를 주머니에 넣는다.

위의 시행을 5번 반복할 때, n $(1\leq n\leq 5)$번째 시행 후 주머니에 들어 있는 흰 공과 검은 공의 개수를 각각 a_n, b_n이라 하자. $a_5+b_5\geq 7$일 때, $a_k=b_k$인 자연수 k $(1\leq k\leq 5)$가 존재할 확률은 $\frac{q}{p}$이다. $p+q$의 값을 구하시오. (단, p와 q는 서로소인 자연수이다.) [4점]

▶ 정답 및 해설 064쪽

III 통계

1

이산확률변수의 확률분포

유형 1 이산확률변수의 평균, 분산, 표준편차

3점

001

2021년 시행 교육청 7월 25번

확률변수 X의 확률분포를 표로 나타내면 다음과 같다.

X	-1	0	1	합계
$\mathrm{P}(X=x)$	a	$\frac{1}{2}a$	$\frac{3}{2}a$	1

$\mathrm{E}(X)$의 값은? [3점]

① $\frac{1}{12}$ ② $\frac{1}{6}$ ③ $\frac{1}{4}$
④ $\frac{1}{3}$ ⑤ $\frac{5}{12}$

002

2014년 시행 교육청 10월 A형 6번

확률변수 X의 확률분포를 표로 나타내면 다음과 같다.

X	1	2	3	합계
$\mathrm{P}(X=x)$	$\frac{1}{6}$	a	b	1

$\mathrm{E}(6X)=13$일 때, $2a+3b$의 값은? [3점]

① $\frac{4}{3}$ ② $\frac{3}{2}$ ③ $\frac{5}{3}$
④ $\frac{11}{6}$ ⑤ 2

003

2015년 시행 교육청 10월 A형 8번

확률변수 X의 확률분포를 표로 나타내면 다음과 같다.

X	1	2	3	합계
$\mathrm{P}(X=x)$	k	$2k$	$3k$	1

$\mathrm{E}(6X+1)$의 값은? (단, k는 상수이다.) [3점]

① 11 ② 12 ③ 13
④ 14 ⑤ 15

004

2011학년도 수능 나형 8번

확률변수 X의 확률분포표는 다음과 같다.

X	-1	0	1	2	합계
$\mathrm{P}(X=x)$	$\frac{3-a}{8}$	$\frac{1}{8}$	$\frac{3+a}{8}$	$\frac{1}{8}$	1

$\mathrm{P}(0\le X\le 2)=\frac{7}{8}$일 때, 확률변수 X의 평균 $\mathrm{E}(X)$의 값은? [3점]

① $\frac{1}{4}$ ② $\frac{3}{8}$ ③ $\frac{1}{2}$
④ $\frac{5}{8}$ ⑤ $\frac{3}{4}$

005
2006학년도 평가원 9월 나형 22번

각 면에 1, 1, 2, 2, 2, 4의 숫자가 하나씩 적혀 있는 정육면체 모양의 상자가 있다. 이 상자를 던졌을 때, 윗면에 적힌 수를 확률변수 X라 하자. 확률변수 $5X+3$의 평균을 구하시오. [3점]

006 Best Pick
2009학년도 평가원 9월 가형 28번

그림과 같이 반지름의 길이가 1인 원의 둘레를 6등분한 점에 1부터 6까지의 번호를 하나씩 부여하였다. 한 개의 주사위를 두 번 던져 나온 눈의 수에 해당하는 점을 각각 A, B라 하자. 두 점 A, B 사이의 거리를 확률변수 X라 할 때, X의 평균 $\mathrm{E}(X)$는? [3점]

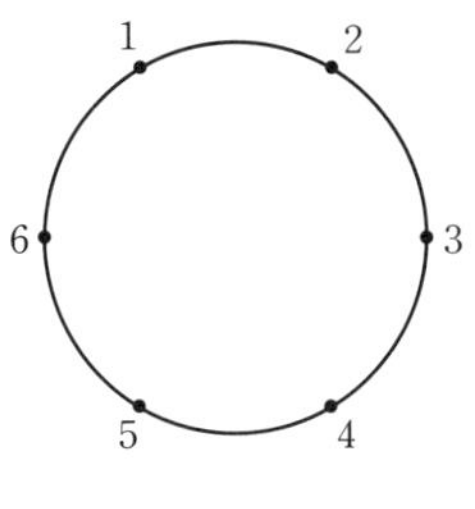

① $\frac{1+\sqrt{2}}{3}$ ② $\frac{1+\sqrt{3}}{3}$ ③ $\frac{2+\sqrt{2}}{3}$
④ $\frac{2+\sqrt{3}}{3}$ ⑤ $\frac{1+2\sqrt{3}}{3}$

007
2009학년도 수능 가형 27번

한 개의 동전을 세 번 던져 나온 결과에 대하여, 다음 규칙에 따라 얻은 점수를 확률변수 X라 하자.

> (가) 같은 면이 연속하여 나오지 않으면 0점으로 한다.
> (나) 같은 면이 연속하여 두 번만 나오면 1점으로 한다.
> (다) 같은 면이 연속하여 세 번 나오면 3점으로 한다.

확률변수 X의 분산 $\mathrm{V}(X)$의 값은? [3점]

① $\frac{9}{8}$ ② $\frac{19}{16}$ ③ $\frac{5}{4}$
④ $\frac{21}{16}$ ⑤ $\frac{11}{8}$

008 Best Pick
2005학년도 평가원 9월 나형 11번

다음과 같이 정의된 확률변수 X, Y, Z의 분산의 대소 관계를 바르게 나타낸 것은?
(단, $\mathrm{V}(X)$는 확률변수 X의 분산이다.) [3점]

> X: 연속하는 100개의 자연수에서 임의로 뽑은 두 수의 차
> Y: 연속하는 100개의 홀수에서 임의로 뽑은 두 수의 차
> Z: 연속하는 100개의 짝수에서 임의로 뽑은 두 수의 차

① $\mathrm{V}(X)<\mathrm{V}(Y)<\mathrm{V}(Z)$
② $\mathrm{V}(X)=\mathrm{V}(Y)=\mathrm{V}(Z)$
③ $\mathrm{V}(X)>\mathrm{V}(Y)=\mathrm{V}(Z)$
④ $\mathrm{V}(X)=\mathrm{V}(Y)<\mathrm{V}(Z)$
⑤ $\mathrm{V}(X)<\mathrm{V}(Y)=\mathrm{V}(Z)$

▸ 정답 및 해설 065쪽

4점

009

2016년 시행 교육청 10월 나형 16번

확률변수 X의 확률분포를 표로 나타내면 다음과 같다.

X	2	4	8	16	합계
$\mathrm{P}(X=x)$	$\frac{{}_4\mathrm{C}_1}{k}$	$\frac{{}_4\mathrm{C}_2}{k}$	$\frac{{}_4\mathrm{C}_3}{k}$	$\frac{{}_4\mathrm{C}_4}{k}$	1

$\mathrm{E}(3X+1)$의 값은? (단, k는 상수이다.) [4점]

① 13 ② 14 ③ 15
④ 16 ⑤ 17

010

2006학년도 평가원 9월 나형 27번

이산확률변수 X의 확률분포표는 다음과 같다.

X	0	1	2	3	합계
$\mathrm{P}(X=x)$	p	$\frac{1}{4}$	q	$\frac{1}{12}$	1

X의 분산이 1이 되는 p와 q에 대하여 $3p+q$의 값은? [4점]

① $\frac{1}{2}$ ② $\frac{3}{4}$ ③ 1
④ $\frac{3}{2}$ ⑤ 2

011

2021학년도 평가원 9월 가형 26번 / 나형 27번

두 이산확률변수 X, Y의 확률분포를 표로 나타내면 각각 다음과 같다.

X	1	2	3	4	합계
$\mathrm{P}(X=x)$	a	b	c	d	1

Y	11	21	31	41	합계
$\mathrm{P}(Y=y)$	a	b	c	d	1

$\mathrm{E}(X)=2$, $\mathrm{E}(X^2)=5$일 때, $\mathrm{E}(Y)+\mathrm{V}(Y)$의 값을 구하시오. [4점]

012

2020년 시행 교육청 7월 나형 26번

주머니 속에 숫자 1, 2, 3, 4가 각각 하나씩 적혀 있는 4개의 공이 들어 있다. 이 주머니에서 임의로 1개의 공을 꺼내어 공에 적혀 있는 수를 확인한 후 다시 넣는다. 이 과정을 2번 반복할 때, 꺼낸 공에 적혀 있는 수를 차례로 a, b라 하자. $a-b$의 값을 확률변수 X라 할 때, 확률변수 $Y=2X+1$의 분산 $\mathrm{V}(Y)$의 값을 구하시오. [4점]

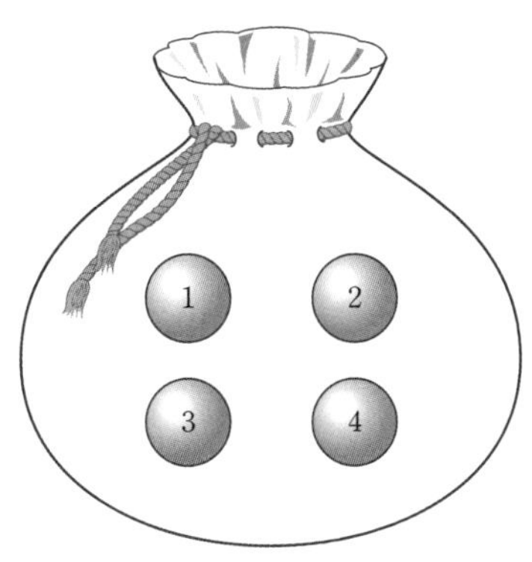

013 Best Pick

2014년 시행 교육청 10월 A형 28번

함수 $y=f(x)$의 그래프가 그림과 같다.

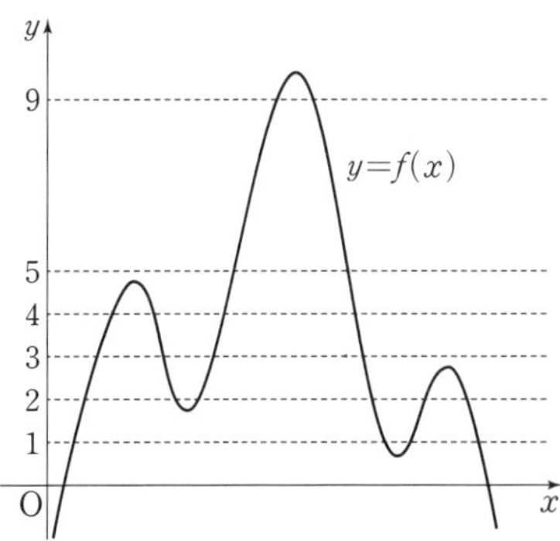

한 개의 주사위를 한 번 던져서 나온 눈의 수를 a라 할 때, 곡선 $y=f(x)$와 직선 $y=a$의 교점의 개수를 확률변수 X라 하자. $\mathrm{E}(X)=\frac{q}{p}$라 할 때, $p+q$의 값을 구하시오.

(단, p, q는 서로소인 자연수이다.) [4점]

III 통계

▶ 정답 및 해설 066쪽

014

2015학년도 평가원 9월 B형 14번

그림과 같이 중심이 O, 반지름의 길이가 1이고 중심각의 크기가 $\frac{\pi}{2}$인 부채꼴 OAB가 있다. 자연수 n에 대하여 호 AB를 $2n$등분한 각 분점(양 끝점도 포함)을 차례로 $P_0(=A)$, P_1, P_2, $\cdots$, P_{2n-1}, $P_{2n}(=B)$라 하자.

$n=3$일 때, 점 P_1, P_2, P_3, P_4, P_5 중에서 임의로 선택한 한 개의 점을 P라 하자. 부채꼴 OPA의 넓이와 부채꼴 OPB의 넓이의 차를 확률변수 X라 할 때, $E(X)$의 값은? [4점]

① $\frac{\pi}{11}$ ② $\frac{\pi}{10}$ ③ $\frac{\pi}{9}$

④ $\frac{\pi}{8}$ ⑤ $\frac{\pi}{7}$

015 Best Pick

2018학년도 평가원 9월 가형 14번

두 이산확률변수 X와 Y가 가지는 값이 각각 1부터 5까지의 자연수이고

$$P(Y=k)=\frac{1}{2}P(X=k)+\frac{1}{10}\ (k=1,\ 2,\ 3,\ 4,\ 5)$$

이다. $E(X)=4$일 때, $E(Y)$의 값은? [4점]

① $\frac{5}{2}$ ② $\frac{7}{2}$ ③ $\frac{9}{2}$

④ $\frac{11}{2}$ ⑤ $\frac{13}{2}$

016

2014학년도 수능 A형 27번

1부터 5까지의 자연수가 각각 하나씩 적혀 있는 5개의 서랍이 있다. 5개의 서랍 중 영희에게 임의로 2개를 배정해 주려고 한다. 영희에게 배정되는 서랍에 적혀 있는 자연수 중 작은 수를 확률변수 X라 할 때, $E(10X)$의 값을 구하시오. [4점]

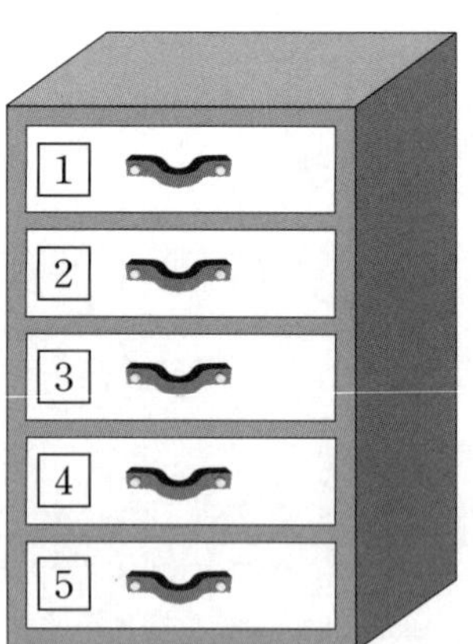

017 Best Pick

2019년 시행 교육청 10월 나형 18번

1부터 9까지의 자연수가 각각 하나씩 적힌 9개의 공이 들어 있는 주머니에서 임의로 1개의 공을 꺼내어 적힌 수를 더하는 시행을 반복한다. 꺼낸 공은 다시 넣지 않으며, 첫 번째 꺼낸 공에 적힌 수가 짝수이거나 꺼낸 공에 적힌 수를 차례로 더하다가 그 합이 짝수가 되면 이 시행을 멈추기로 한다. 시행을 멈출 때까지 꺼낸 공의 개수를 확률변수 X라 하자. 다음은 $\mathrm{E}(X)$를 구하는 과정이다.

(단, 모든 공의 크기와 재질은 서로 같다.)

> 첫 번째 꺼낸 공에 적힌 수가 홀수일 때, 꺼낸 공에 적힌 모든 수의 합이 짝수가 되려면 그 이후 시행에서 홀수가 적힌 공이 한 번 더 나와야 한다. 이때 짝수가 적힌 공은 4개이므로 확률변수 X가 가질 수 있는 값 중 가장 큰 값을 m이라 하면 $m=$ (가) 이다.
>
> (i) $X=1$인 경우
> 첫 번째 꺼낸 공에 적힌 수가 짝수이므로
> $\mathrm{P}(X=1)=\frac{4}{9}$
>
> (ii) $X=2$인 경우
> 첫 번째와 두 번째 꺼낸 공에 적힌 수가 모두 홀수이므로
> $\mathrm{P}(X=2)=\frac{{}_5\mathrm{P}_2}{{}_9\mathrm{P}_2}=\frac{5}{18}$
>
> (iii) $X=k$ $(3\le k\le m)$인 경우
> 첫 번째와 k번째 꺼낸 공에 적힌 수가 홀수이고,
> 두 번째부터 $(k-1)$번째까지 꺼낸 공에 적힌 수가 모두 짝수이므로
> $\mathrm{P}(X=k)=\frac{\text{(나)}}{{}_9\mathrm{P}_k}$
>
> 따라서 $\mathrm{E}(X)=\sum_{i=1}^{m}\{i\times\mathrm{P}(X=i)\}=2$

위의 (가)에 알맞은 수를 a라 하고, (나)에 알맞은 식을 $f(k)$라 할 때, $a+f(4)$의 값은? [4점]

① 246 ② 248 ③ 250 ④ 252 ⑤ 254

018

2018년 시행 교육청 7월 가형 18번 / 나형 18번

서로 같은 흰 공 4개와 서로 같은 검은 공 3개가 들어 있는 주머니에서 임의로 공을 한 개씩 모두 꺼낼 때, 꺼낸 순서대로 1부터 7까지의 번호를 부여한다. 4개의 흰 공에 부여된 번호 중 두 번째로 작은 번호를 확률변수 X라 할 때, 다음은 $\mathrm{E}(X)$를 구하는 과정이다.

> 공에 번호를 부여하는 모든 경우의 수를 N이라 하면 N은 서로 같은 흰 공 4개와 서로 같은 검은 공 3개를 일렬로 나열하는 경우의 수와 같으므로 $N=$ (가) 이고, 확률변수 X가 가질 수 있는 값은 2, 3, 4, 5이다.
>
> (i) $X=2$일 때,
> 번호 2가 부여된 흰 공 앞에 흰 공 1개, 번호 2가 부여된 흰 공 뒤에 흰 공 2개와 검은 공 3개를 나열하는 경우의 수는 $1\times\frac{5!}{2!\times3!}$이므로
> $\mathrm{P}(X=2)=\frac{10}{N}$
>
> (ii) $X=3$일 때,
> 번호 3이 부여된 흰 공 앞에 흰 공 1개와 검은 공 1개, 번호 3이 부여된 흰 공 뒤에 흰 공 2개와 검은 공 2개를 나열하는 경우의 수는 $2!\times\frac{4!}{2!\times2!}$이므로
> $\mathrm{P}(X=3)=\frac{12}{N}$
>
> (iii) $X=4$일 때,
> 번호 4가 부여된 흰 공 앞에 흰 공 1개와 검은 공 2개, 번호 4가 부여된 흰 공 뒤에 흰 공 2개와 검은 공 1개를 나열하는 경우의 수는 (나) 이므로
> $\mathrm{P}(X=4)=\frac{\text{(나)}}{N}$
>
> (iv) $X=5$일 때,
> 확률질량함수의 성질에 의하여
> $\mathrm{P}(X=5)=1-\{\mathrm{P}(X=2)+\mathrm{P}(X=3)+\mathrm{P}(X=4)\}$
>
> 따라서 $\mathrm{E}(X)=\sum_{k=2}^{5}\{k\times\mathrm{P}(X=k)\}=$ (다)

위의 (가), (나), (다)에 알맞은 수를 각각 a, b, c라 할 때, $a+b+5c$의 값은? [4점]

① 56 ② 58 ③ 60 ④ 62 ⑤ 64

Ⅲ 통계

019

2017년 시행 교육청 7월 가형 18번

1부터 6까지의 자연수가 하나씩 적혀 있는 6개의 공이 주머니에 들어 있다. 이 주머니에서 임의로 1개의 공을 꺼내어 공에 적혀 있는 수를 확인한 후 다시 넣는다. 이와 같은 시행을 3번 반복할 때, 꺼낸 공에 적혀 있는 수를 차례로 x_1, x_2, x_3이라 하고, 이 세 수 x_1, x_2, x_3 중에서 최댓값과 최솟값의 차를 확률변수 X라 하자. 예를 들어 $\mathrm{P}(X=1)=\frac{5}{36}$이다. 다음은 확률변수 X의 평균 $\mathrm{E}(X)$를 구하는 과정의 일부이다.

> 세 수 x_1, x_2, x_3을 순서쌍 (x_1, x_2, x_3)과 같이 나타내자.
> 세 수 x_1, x_2, x_3 중에서 최댓값을 p, 최솟값을 q라 하고 $p-q=k$라 하자.
> (1) $k=0$일 때
> 순서쌍 (x_1, x_2, x_3)의 개수는 $\boxed{(가)}$이고,
> $$\mathrm{P}(X=0)=\frac{1}{6^3}\times\boxed{(가)}$$
> (2) $k\neq0$일 때
> ⅰ) $k=1$을 만족시키는 순서쌍 (x_1, x_2, x_3)의 개수는
> $$5\times\left(\frac{3!}{2!}+\frac{3!}{2!}\right)$$
> 이다.
> ⅱ) $k=2$를 만족시키는 순서쌍 (x_1, x_2, x_3)의 개수는
> $$4\times\left(\frac{3!}{2!}+\frac{3!}{2!}+3!\right)$$
> 이다.
> ⋮
> 그러므로 $1\le k\le5$일 때, 순서쌍 (x_1, x_2, x_3)의 개수는
> $$(6-k)\times\left\{\frac{3!}{2!}+\frac{3!}{2!}+(\boxed{(나)})\times3!\right\}$$
> 이고
> $$\mathrm{P}(X=k)=\frac{1}{6^3}\times(6-k)\times\left\{\frac{3!}{2!}+\frac{3!}{2!}+(\boxed{(나)})\times3!\right\}$$
> (1), (2)에 의하여 확률변수 X의 평균 $\mathrm{E}(X)$는 다음과 같다.
> $$\mathrm{E}(X)=\sum_{k=0}^{5}\{k\times\mathrm{P}(X=k)\}=\frac{1}{6^2}\sum_{k=1}^{5}(\boxed{(다)})=\frac{35}{12}$$

위의 (가)에 알맞은 수를 a라 하고, (나), (다)에 알맞은 식을 각각 $f(k)$, $g(k)$라 할 때, $\frac{f(5)\times g(3)}{a}$의 값은? [4점]

① 15 ② 18 ③ 21 ④ 24 ⑤ 27

020

2017학년도 평가원 9월 가형 17번 / 나형 18번

1부터 n까지의 자연수가 하나씩 적혀 있는 n장의 카드가 있다. 이 카드 중에서 임의로 서로 다른 4장의 카드를 선택할 때, 선택한 카드 4장에 적힌 수 중 가장 큰 수를 확률변수 X라 하자. 다음은 $\mathrm{E}(X)$를 구하는 과정이다. (단, $n\ge4$)

> 자연수 k $(4\le k\le n)$에 대하여 확률변수 X의 값이 k일 확률은 1부터 $k-1$까지의 자연수가 적혀 있는 카드 중에서 서로 다른 3장의 카드와 k가 적혀 있는 카드를 선택하는 경우의 수를 전체 경우의 수로 나누는 것이므로
> $$\mathrm{P}(X=k)=\frac{\boxed{(가)}}{{}_n\mathrm{C}_4}$$
> 이다. 자연수 r $(1\le r\le k)$에 대하여
> $${}_k\mathrm{C}_r=\frac{k}{r}\times{}_{k-1}\mathrm{C}_{r-1}$$
> 이므로
> $$k\times\boxed{(가)}=4\times\boxed{(나)}$$
> 이다. 그러므로
> $$\mathrm{E}(X)=\sum_{k=4}^{n}\{k\times\mathrm{P}(X=k)\}=\frac{1}{{}_n\mathrm{C}_4}\sum_{k=4}^{n}(k\times\boxed{(가)})=\frac{4}{{}_n\mathrm{C}_4}\sum_{k=4}^{n}\boxed{(나)}$$
> 이다.
> $$\sum_{k=4}^{n}\boxed{(나)}={}_{n+1}\mathrm{C}_5$$
> 이므로
> $$\mathrm{E}(X)=(n+1)\times\boxed{(다)}$$
> 이다.

위의 (가), (나)에 알맞은 식을 각각 $f(k)$, $g(k)$라 하고, (다)에 알맞은 수를 a라 할 때, $a\times f(6)\times g(5)$의 값은? [4점]

① 40 ② 45 ③ 50 ④ 55 ⑤ 60

021

2019년 시행 교육청 7월 가형 18번

앞면에 숫자 1, 2, 3, 4, 5가 하나씩 적혀 있는 5장의 카드가 상자에 들어 있다. 이 상자에서 임의로 3장의 카드를 한 장씩 꺼내고, 꺼낸 순서대로 카드의 뒷면에 숫자 1, 2, 3을 차례로 적는다. 이 3장의 카드 중 앞뒤 양쪽 면에 서로 다른 숫자가 적혀 있는 카드의 개수를 확률변수 X라 하자. 예를 들어, 꺼낸 카드의 앞면에 적혀 있는 숫자가 차례로 4, 1, 3인 경우는 $X=2$이다. 다음은 확률변수 X의 평균 $\mathrm{E}(X)$를 구하는 과정이다. (단, 상자에서 꺼내기 전 카드의 뒷면에는 숫자가 적혀 있지 않고, 꺼낸 카드는 상자에 다시 넣지 않는다.)

> 상자에 들어 있는 5장의 카드 중에서 임의로 3장의 카드를 한 장씩 꺼내고, 꺼낸 순서대로 카드의 뒷면에 숫자 1, 2, 3을 차례로 적는 경우의 수는 ${}_5\mathrm{P}_3=60$이다.
> 확률변수 X가 가질 수 있는 값은 0, 1, 2, 3이므로
> (i) $X=0$인 사건은
> 3장의 카드 모두 앞뒤 양쪽 면에 적혀 있는 숫자가 서로 같은 경우이다. 그러므로
> $\mathrm{P}(X=0)=\frac{1}{60}$
> (ii) $X=1$인 사건은
> 앞뒤 양쪽 면에 적혀 있는 숫자가 서로 다른 카드가 1장이고, 나머지 2장의 카드는 앞뒤 양쪽 면에 적혀 있는 숫자가 서로 같은 경우이다. 그러므로
> $\mathrm{P}(X=1)=\boxed{(가)}$
> (iii) $X=2$인 사건은
> 앞뒤 양쪽 면에 적혀 있는 숫자가 서로 다른 카드가 2장이고, 나머지 1장의 카드는 앞뒤 양쪽 면에 적혀 있는 숫자가 서로 같은 경우이다. 그러므로
> $\mathrm{P}(X=2)=\boxed{(나)}$
> (iv) $X=3$인 사건의 경우에는
> 확률질량함수의 성질에 의하여
> $\mathrm{P}(X=3)=1-\left(\frac{1}{60}+\boxed{(가)}+\boxed{(나)}\right)$
> 이다. 따라서
> $\mathrm{E}(X)=\sum_{k=0}^{3}\{k\times\mathrm{P}(X=k)\}=\boxed{(다)}$

위의 (가), (나), (다)에 알맞은 수를 각각 a, b, c라 할 때, $10a+20b+5c$의 값은? [4점]

① 20 ② 24 ③ 28
④ 32 ⑤ 36

022 Best Pick

2018년 시행 교육청 10월 나형 18번

주머니에 1이 적힌 공이 n개, 2가 적힌 공이 $(n-1)$개, 3이 적힌 공이 $(n-2)$개, $\cdots$, n이 적힌 공이 1개가 들어 있다. 이 주머니에서 임의로 꺼낸 한 개의 공에 적힌 수를 확률변수 X라 하자. 다음은 $\mathrm{E}(X)\geq 5$가 되도록 하는 자연수 n의 최솟값을 구하는 과정이다.

> n 이하의 자연수 k에 대하여 k가 적힌 공의 개수는 $(n-k+1)$이므로
> $\mathrm{P}(X=k)=\frac{2(n-k+1)}{\boxed{(가)}}$ $(k=1, 2, 3, \cdots, n)$
> 확률변수 X의 평균은
> $\mathrm{E}(X)=\sum_{k=1}^{n}k\mathrm{P}(X=k)$
> $=\frac{2}{\boxed{(가)}}\times\sum_{k=1}^{n}k(n-k+1)$
> $=\boxed{(나)}$
> $\mathrm{E}(X)\geq 5$에서 n의 최솟값은 $\boxed{(다)}$이다.

위의 (가), (나)에 알맞은 식을 각각 $f(n)$, $g(n)$이라 하고, (다)에 알맞은 수를 a라 할 때, $f(7)+g(7)+a$의 값은? [4점]

① 72 ② 74 ③ 76
④ 78 ⑤ 80

유형 2 이항분포의 평균, 분산, 표준편차

3점

023

2020학년도 평가원 9월 가형 22번

확률변수 X가 이항분포 $B\left(n, \frac{1}{4}\right)$을 따르고 $V(X)=6$일 때, n의 값을 구하시오. [3점]

024

2020학년도 수능 가형 23번 / 나형 24번

확률변수 X가 이항분포 $B(80, p)$를 따르고 $E(X)=20$일 때, $V(X)$의 값을 구하시오. [3점]

025

2022학년도 수능 24번

확률변수 X가 이항분포 $B\left(n, \frac{1}{3}\right)$을 따르고 $V(2X)=40$일 때, n의 값은? [3점]

① 30 ② 35 ③ 40 ④ 45 ⑤ 50

026

2019학년도 수능 가형 8번

확률변수 X가 이항분포 $B\left(n, \frac{1}{2}\right)$을 따르고 $E(X^2)=V(X)+25$를 만족시킬 때, n의 값은? [3점]

① 10 ② 12 ③ 14 ④ 16 ⑤ 18

027

2020년 시행 교육청 7월 가형 24번

확률변수 X가 이항분포 $\mathrm{B}\left(36,\ \frac{2}{3}\right)$를 따른다.

$\mathrm{E}(2X-a)=\mathrm{V}(2X-a)$를 만족시키는 상수 a의 값을 구하시오. [3점]

028

2013학년도 수능 나형 10번

확률변수 X가 이항분포 $\mathrm{B}(n,\ p)$를 따른다. 확률변수 $2X-5$의 평균과 표준편차가 각각 175와 12일 때, n의 값은? [3점]

① 130 ② 135 ③ 140
④ 145 ⑤ 150

029

2018년 시행 교육청 10월 가형 6번

한 개의 주사위를 36번 던질 때, 3의 배수의 눈이 나오는 횟수를 확률변수 X라 하자. $\mathrm{V}(X)$의 값은? [3점]

① 6 ② 8 ③ 10
④ 12 ⑤ 14

030 Best Pick

2010학년도 수능 가형 27번

어느 수학반에 남학생 3명, 여학생 2명으로 구성된 모둠이 10개 있다. 각 모둠에서 임의로 2명씩 선택할 때, 남학생들만 선택된 모둠의 수를 확률변수 X라고 하자. X의 평균 $\mathrm{E}(X)$의 값은? (단, 두 모둠 이상에 속한 학생은 없다.) [3점]

① 6 ② 5 ③ 4
④ 3 ⑤ 2

Ⅲ 통계

▶ 정답 및 해설 071쪽

031

2011학년도 수능 나형 21번

동전 2개를 동시에 던지는 시행을 10회 반복할 때, 동전 2개 모두 앞면이 나오는 횟수를 확률변수 X라고 하자. 확률변수 $4X+1$의 분산 $\mathrm{V}(4X+1)$의 값을 구하시오. [3점]

032

2015학년도 평가원 9월 A형 13번

이차함수 $y=f(x)$의 그래프는 그림과 같고, $f(0)=f(3)=0$ 이다.

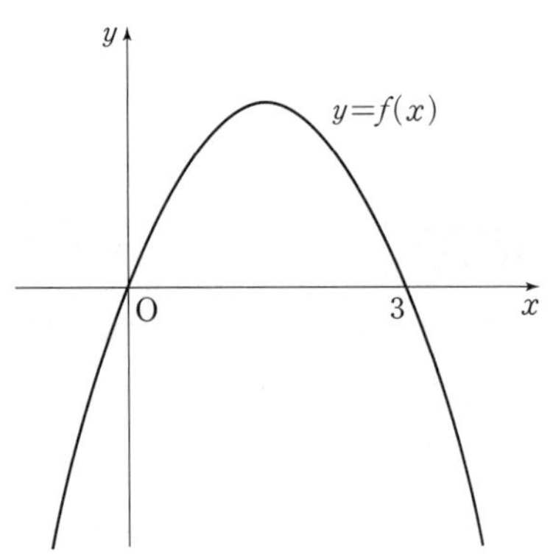

한 개의 주사위를 던져 나온 눈의 수 m에 대하여 $f(m)$이 0보다 큰 사건을 A라 하자. 한 개의 주사위를 15회 던지는 독립시행에서 사건 A가 일어나는 횟수를 확률변수 X라 할 때, $\mathrm{E}(X)$의 값은? [3점]

① 3　② $\frac{7}{2}$　③ 4　④ $\frac{9}{2}$　⑤ 5

4점

033

2015년 시행 교육청 10월 A형 26번

확률변수 X가 이항분포 $\mathrm{B}(n, p)$를 따르고 $\mathrm{E}(3X)=18$, $\mathrm{E}(3X^2)=120$일 때, n의 값을 구하시오. [4점]

034

2021학년도 수능 가형 17번

좌표평면의 원점에 점 P가 있다. 한 개의 주사위를 사용하여 다음 시행을 한다.

주사위를 한 번 던져 나온 눈의 수가 2 이하이면 점 P를 x축의 양의 방향으로 3만큼, 3 이상이면 점 P를 y축의 양의 방향으로 1만큼 이동시킨다.

이 시행을 15번 반복하여 이동된 점 P와 직선 $3x+4y=0$ 사이의 거리를 확률변수 X라 하자. $\mathrm{E}(X)$의 값은? [4점]

① 13　② 15　③ 17　④ 19　⑤ 21

035

2009학년도 수능 나형 30번

두 주사위 A, B를 동시에 던질 때, 나오는 각각의 눈의 수 m, n에 대하여 $m^2+n^2\le 25$가 되는 사건을 E라 하자. 두 주사위 A, B를 동시에 던지는 12회의 독립시행에서 사건 E가 일어나는 횟수를 확률변수 X라 할 때, X의 분산 $\mathrm{V}(X)$는 $\frac{q}{p}$이다. $p+q$의 값을 구하시오.

(단, p, q는 서로소인 자연수이다.) [4점]

036

2011학년도 평가원 9월 나형 13번

두 사람 A와 B가 각각 주사위를 한 개씩 동시에 던지는 시행을 한다. 이 시행에서 나온 두 주사위의 눈의 수의 차가 3보다 작으면 A가 1점을 얻고, 그렇지 않으면 B가 1점을 얻는다. 이와 같은 시행을 15회 반복할 때, A가 얻는 점수의 합의 기댓값과 B가 얻는 점수의 합의 기댓값의 차는? [4점]

① 1 ② 3 ③ 5
④ 7 ⑤ 9

037

2008학년도 수능 나형 23번

한 개의 주사위를 20번 던질 때 1의 눈이 나오는 횟수를 확률변수 X라 하고, 한 개의 동전을 n번 던질 때 앞면이 나오는 횟수를 확률변수 Y라 하자. Y의 분산이 X의 분산보다 크게 되도록 하는 n의 최솟값을 구하시오. [4점]

038 Best Pick

2009학년도 평가원 9월 나형 8번

한 개의 주사위를 던져 나온 눈의 수 a에 대하여 직선 $y=ax$와 곡선 $y=x^2-2x+4$가 서로 다른 두 점에서 만나는 사건을 A라 하자. 한 개의 주사위를 300회 던지는 독립시행에서 사건 A가 일어나는 횟수를 확률변수 X라 할 때, X의 평균 $\mathrm{E}(X)$는? [4점]

① 100 ② 150 ③ 180
④ 200 ⑤ 240

▶ 정답 및 해설 072쪽

2

연속확률변수의 확률분포

유형 3 연속확률변수의 확률

3점

039

2008학년도 평가원 9월 가형 27번

연속확률변수 X가 갖는 값은 구간 $[0, 4]$의 모든 실수이다. 다음은 확률변수 X에 대하여 $g(x)=\mathrm{P}(0\le X\le x)$를 나타낸 그래프이다. 확률 $\mathrm{P}\left(\frac{5}{4}\le X\le 4\right)$의 값은? [3점]

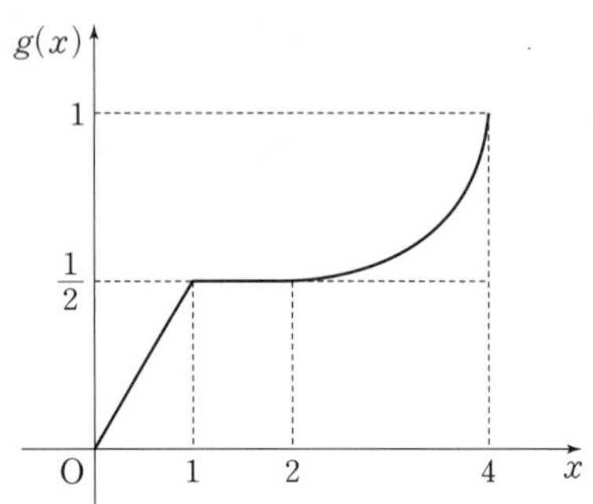

① $\frac{1}{4}$　② $\frac{3}{8}$　③ $\frac{1}{2}$　④ $\frac{3}{4}$　⑤ $\frac{7}{8}$

040

2019학년도 수능 나형 10번

연속확률변수 X가 갖는 값의 범위는 $0\le X\le 2$이고, X의 확률밀도함수의 그래프가 그림과 같을 때, $\mathrm{P}\left(\frac{1}{3}\le X\le a\right)$의 값은? (단, a는 상수이다.) [3점]

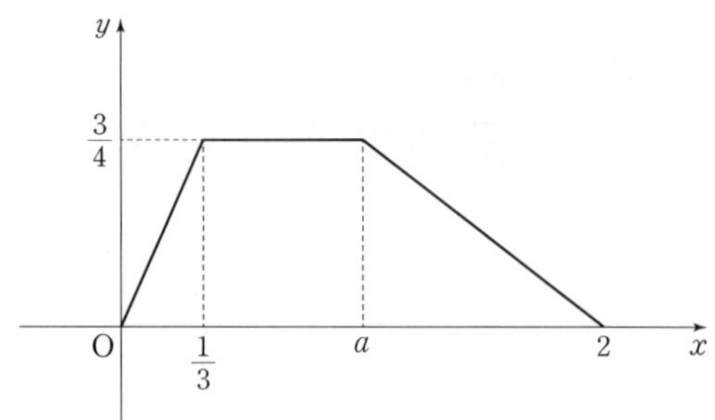

① $\frac{11}{16}$　② $\frac{5}{8}$　③ $\frac{9}{16}$　④ $\frac{1}{2}$　⑤ $\frac{7}{16}$

041

2021학년도 평가원 9월 가형 5번

연속확률변수 X가 갖는 값의 범위는 $0\le X\le 8$이고, X의 확률밀도함수 $f(x)$의 그래프는 직선 $x=4$에 대하여 대칭이다.

$$3\mathrm{P}(2\le X\le 4)=4\mathrm{P}(6\le X\le 8)$$

일 때, $\mathrm{P}(2\le X\le 6)$의 값은? [3점]

① $\frac{3}{7}$　② $\frac{1}{2}$　③ $\frac{4}{7}$　④ $\frac{9}{14}$　⑤ $\frac{5}{7}$

042 Best Pick
2011학년도 평가원 9월 나형 14번

연속확률변수 X가 갖는 값의 범위는 $0 \le X \le 2$이고, X의 확률밀도함수의 그래프는 그림과 같다.

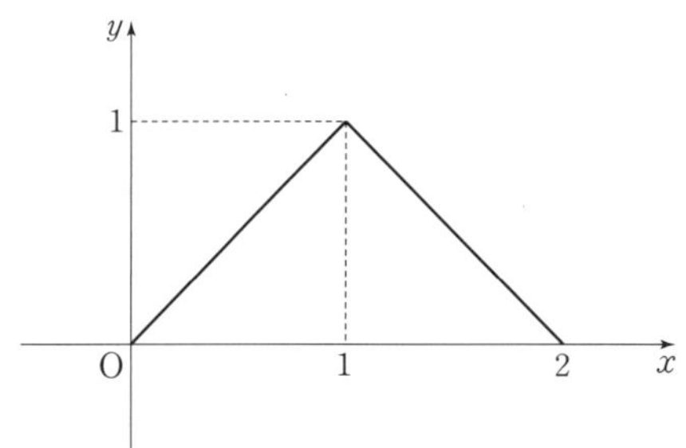

확률 $\mathrm{P}\left(a \le X \le a+\frac{1}{2}\right)$의 값이 최대가 되도록 하는 상수 a의 값은? [3점]

① $\frac{3}{8}$ ② $\frac{1}{2}$ ③ $\frac{5}{8}$
④ $\frac{3}{4}$ ⑤ $\frac{7}{8}$

043
2006학년도 수능 나형 8번

연속확률변수 X가 갖는 값의 범위가 $0 \le X \le 3$이고, 확률밀도함수의 그래프는 다음과 같다.

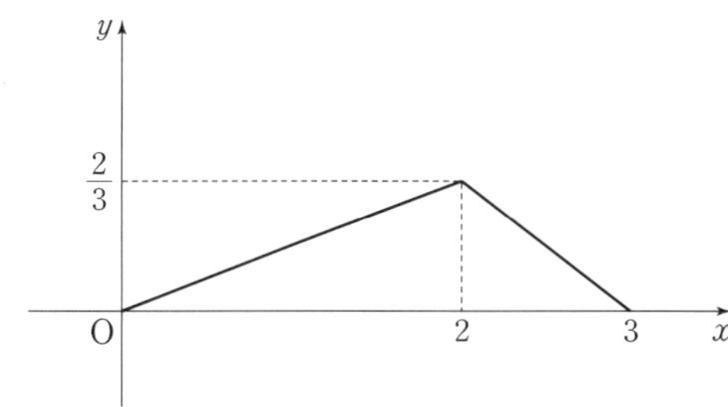

$\mathrm{P}(m \le X \le 2) = \mathrm{P}(2 \le X \le 3)$일 때, m의 값은?
(단, $0 < m < 2$이다.) [3점]

① $\frac{\sqrt{2}}{2}$ ② $\frac{\sqrt{3}}{2}$ ③ 1
④ $\sqrt{2}$ ⑤ $\sqrt{3}$

4점

044
2015학년도 수능 A형 27번

구간 $[0, 3]$의 모든 실수 값을 가지는 연속확률변수 X에 대하여 X의 확률밀도함수의 그래프는 그림과 같다.

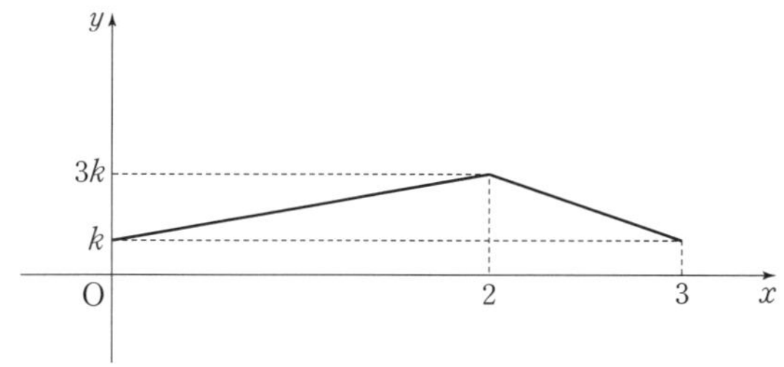

$\mathrm{P}(0 \le X \le 2) = \frac{q}{p}$라 할 때, $p+q$의 값을 구하시오.
(단, k는 상수이고, p와 q는 서로소인 자연수이다.) [4점]

045
2015학년도 평가원 9월 A형 29번

구간 $[0, 3]$의 모든 실수 값을 가지는 연속확률변수 X에 대하여

$$\mathrm{P}(x \le X \le 3) = a(3-x) \ (0 \le x \le 3)$$

이 성립할 때, $\mathrm{P}(0 \le X < a) = \frac{q}{p}$이다. $p+q$의 값을 구하시오.
(단, a는 상수이고, p와 q는 서로소인 자연수이다.) [4점]

III 통계

▶ 정답 및 해설 074쪽

유형 4 정규분포와 표준정규분포

3점

046 2022학년도 수능 예시문항 26번

확률변수 X가 정규분포 $N(m,\ 10^2)$을 따르고 $P(X \leq 50) = 0.2119$일 때, m의 값을 오른쪽 표준정규분포표를 이용하여 구한 것은? [3점]

z	$P(0 \leq Z \leq z)$
0.6	0.2257
0.7	0.2580
0.8	0.2881
0.9	0.3159

① 55 ② 56 ③ 57
④ 58 ⑤ 59

047 2018학년도 평가원 9월 가형 12번 / 나형 14번

확률변수 X는 평균이 m, 표준편차가 σ인 정규분포를 따르고 다음 등식을 만족시킨다.

$$P(m \leq X \leq m+12) - P(X \leq m-12) = 0.3664$$

오른쪽 표준정규분포표를 이용하여 σ의 값을 구한 것은? [3점]

z	$P(0 \leq Z \leq z)$
0.5	0.1915
1.0	0.3413
1.5	0.4332
2.0	0.4772

① 4 ② 6
③ 8 ④ 10
⑤ 12

048 2019년 시행 교육청 10월 나형 11번

확률변수 X가 정규분포 $N(5,\ 2^2)$을 따를 때, 등식

$$P(X \leq 9-2a) = P(X \geq 3a-3)$$

을 만족시키는 상수 a에 대하여 $P(9-2a \leq X \leq 3a-3)$의 값을 오른쪽 표준정규분포표를 이용하여 구한 것은? [3점]

z	$P(0 \leq Z \leq z)$
1.0	0.3413
1.5	0.4332
2.0	0.4772
2.5	0.4938

① 0.7745 ② 0.8664
③ 0.9104 ④ 0.9544
⑤ 0.9876

049 2020년 시행 교육청 10월 가형 13번

확률변수 X는 평균이 m, 표준편차가 4인 정규분포를 따르고, 확률변수 X의 확률밀도함수 $f(x)$가

$f(8) > f(14)$, $f(2) < f(16)$

을 만족시킨다. m이 자연수일 때, $P(X \leq 6)$의 값을 오른쪽 표준정규분포표를 이용하여 구한 것은? [3점]

z	$P(0 \leq Z \leq z)$
1.0	0.3413
1.5	0.4332
2.0	0.4772
2.5	0.4938

① 0.0062 ② 0.0228 ③ 0.0668
④ 0.1525 ⑤ 0.1587

050

2021년 시행 교육청 10월 27번

확률변수 X는 정규분포 $\mathrm{N}(8,\ 2^2)$, 확률변수 Y는 정규분포 $\mathrm{N}(12,\ 2^2)$을 따르고, 확률변수 X와 Y의 확률밀도함수는 각각 $f(x)$와 $g(x)$이다. 두 함수 $y=f(x)$, $y=g(x)$의 그래프가 만나는 점의 x좌표를 a라 할 때, $\mathrm{P}(8\le Y\le a)$의 값을 오른쪽 표준정규분포표를 이용하여 구한 것은? [3점]

z	$\mathrm{P}(0\le Z\le z)$
0.5	0.1915
1.0	0.3413
1.5	0.4332
2.0	0.4772

① 0.1359 ② 0.1587 ③ 0.2417
④ 0.2857 ⑤ 0.3085

4점

051 Best Pick

2013학년도 평가원 9월 나형 27번

A 과수원에서 생산하는 귤의 무게는 평균이 86, 표준편차가 15인 정규분포를 따르고, B 과수원에서 생산하는 귤의 무게는 평균이 88, 표준편차가 10인 정규분포를 따른다고 한다. A 과수원에서 임의로 선택한 귤의 무게가 98 이하일 확률과 B 과수원에서 임의로 선택한 귤의 무게가 a 이하일 확률이 같을 때, a의 값을 구하시오. (단, 귤의 무게의 단위는 g이다.) [4점]

052

2015학년도 평가원 9월 B형 19번

어느 학교 3학년 학생의 A 과목 시험 점수는 평균이 m, 표준편차가 σ인 정규분포를 따르고, B 과목 시험 점수는 평균이 $m+3$, 표준편차가 σ인 정규분포를 따른다고 한다. 이 학교 3학년 학생 중에서 A 과목 시험 점수가 80점 이상인 학생의 비율이 9 %이고, B 과목 시험 점수가 80점 이상인 학생의 비율이 15 %일 때, $m+\sigma$의 값은? (단, Z가 표준정규분포를 따르는 확률변수일 때, $\mathrm{P}(0\le Z\le 1.04)=0.35$, $\mathrm{P}(0\le Z\le 1.34)=0.41$로 계산한다.) [4점]

① 68.6 ② 70.6 ③ 72.6
④ 74.6 ⑤ 76.6

▸ 정답 및 해설 075쪽

053 Best Pick

2019학년도 수능 가형 15번

어느 회사 직원들의 어느 날의 출근 시간은 평균 66.4분, 표준편차가 15분인 정규분포를 따른다고 한다. 이 날 출근 시간이 73분 이상인 직원들 중에서 40 %, 73분 미만인 직원들 중에서 20 %가 지하철을 이용하였고, 나머지 직원들은 다른 교통수단을 이용하였다. 이 날 출근한 이 회사 직원들 중 임의로 선택한 1명이 지하철을 이용하였을 확률은? (단, Z가 표준정규분포를 따르는 확률변수일 때, $\mathrm{P}(0 \le Z \le 0.44) = 0.17$로 계산한다.) [4점]

① 0.306 ② 0.296 ③ 0.286
④ 0.276 ⑤ 0.266

054

2011학년도 수능 가형 28번

어느 회사 직원의 하루 생산량은 근무 기간에 따라 달라진다고 한다. 근무 기간이 n개월 $(1 \le n \le 100)$인 직원의 하루 생산량은 평균이 $an+100$ (a는 상수), 표준편차가 12인 정규분포를 따른다고 한다. 근무 기간이 16개월인 직원의 하루 생산량이 84 이하일 확률이 0.0228일 때, 근무 기간이 36개월인 직원의 하루 생산량이 100 이상이고 142 이하일 확률을 오른쪽 표준정규분포표를 이용하여 구한 것은? [4점]

z	$\mathrm{P}(0 \le Z \le z)$
1.0	0.3413
1.5	0.4332
2.0	0.4772
2.5	0.4938

① 0.7745 ② 0.8185 ③ 0.9104
④ 0.9270 ⑤ 0.9710

055

2021년 시행 교육청 7월 28번

확률변수 X는 정규분포 $\mathrm{N}(m,\ 2^2)$, 확률변수 Y는 정규분포 $\mathrm{N}(m,\ \sigma^2)$을 따른다. 상수 a에 대하여 두 확률변수 X, Y가 다음 조건을 만족시킨다.

(가) $Y=3X-a$
(나) $\mathrm{P}(X \le 4) = \mathrm{P}(Y \ge a)$

$\mathrm{P}(Y \ge 9)$의 값을 오른쪽 표준정규분포표를 이용하여 구한 것은? [4점]

z	$\mathrm{P}(0 \le Z \le z)$
0.5	0.1915
1.0	0.3413
1.5	0.4332
2.0	0.4772

① 0.0228 ② 0.0668
③ 0.1587 ④ 0.2417
⑤ 0.3085

056 Best Pick

2020학년도 수능 가형 18번

확률변수 X는 정규분포 $\mathrm{N}(10,\ 2^2)$, 확률변수 Y는 정규분포 $\mathrm{N}(m,\ 2^2)$을 따르고, 확률변수 X와 Y의 확률밀도함수는 각각 $f(x)$와 $g(x)$이다.

$$f(12) \le g(20)$$

을 만족시키는 m에 대하여 $\mathrm{P}(21 \le Y \le 24)$의 최댓값을 오른쪽 표준정규분포표를 이용하여 구한 것은? [4점]

z	$\mathrm{P}(0 \le Z \le z)$
0.5	0.1915
1.0	0.3413
1.5	0.4332
2.0	0.4772

① 0.5328 ② 0.6247 ③ 0.7745
④ 0.8185 ⑤ 0.9104

057 Best Pick

2017학년도 수능 가형 18번 / 나형 29번

확률변수 X는 평균이 m, 표준편차가 5인 정규분포를 따르고, 확률변수 X의 확률밀도함수 $f(x)$가 다음 조건을 만족시킨다.

> (가) $f(10) > f(20)$
> (나) $f(4) < f(22)$

z	$\mathrm{P}(0 \le Z \le z)$
0.6	0.226
0.8	0.288
1.0	0.341
1.2	0.385
1.4	0.419

m이 자연수일 때, $\mathrm{P}(17 \le X \le 18)$의 값을 오른쪽 표준정규분포표를 이용하여 구한 것은? [4점]

① 0.044 ② 0.053 ③ 0.062
④ 0.078 ⑤ 0.097

058

2018학년도 수능 가형 26번

확률변수 X가 평균이 m, 표준편차가 σ인 정규분포를 따르고

$$\mathrm{P}(X \le 3) = \mathrm{P}(3 \le X \le 80) = 0.3$$

일 때, $m+\sigma$의 값을 구하시오. (단, Z가 표준정규분포를 따르는 확률변수일 때, $\mathrm{P}(0 \le Z \le 0.25) = 0.1$, $\mathrm{P}(0 \le Z \le 0.52) = 0.2$로 계산한다.) [4점]

059

2018년 시행 교육청 7월 가형 16번 / 나형 28번

확률변수 X는 평균이 m, 표준편차가 8인 정규분포를 따르고, 다음 조건을 만족시킨다.

> (가) $\mathrm{P}(X \le k) + \mathrm{P}(X \le 100 + k) = 1$
> (나) $\mathrm{P}(X \ge 2k) = 0.0668$

m의 값을 오른쪽 표준정규분포표를 이용하여 구한 것은?
(단, k는 상수이다.) [4점]

z	$\mathrm{P}(0 \le Z \le z)$
0.5	0.1915
1.0	0.3413
1.5	0.4332
2.0	0.4772

① 96 ② 100
③ 104 ④ 108
⑤ 112

▶ 정답 및 해설 077쪽

060

2019년 시행 교육청 7월 가형 16번

확률변수 X가 평균이 m, 표준편차가 σ인 정규분포를 따를 때, 실수 전체의 집합에서 정의된 함수 $f(t)$는

$$f(t)=\mathrm{P}(t\le X\le t+2)$$

이다. 함수 $f(t)$는 $t=4$에서 최댓값을 갖고, $f(m)=0.3413$이다. 오른쪽 표준정규분포표를 이용하여 $f(7)$의 값을 구한 것은? [4점]

z	$\mathrm{P}(0\le Z\le z)$
1.0	0.3413
1.5	0.4332
2.0	0.4772
2.5	0.4938

① 0.1359 ② 0.0919 ③ 0.0606
④ 0.0440 ⑤ 0.0166

061

2018년 시행 교육청 10월 가형 26번

두 연속확률변수 X와 Y는 각각 정규분포 $\mathrm{N}(50,\ \sigma^2)$, $\mathrm{N}(65,\ 4\sigma^2)$을 따른다.

$\mathrm{P}(X\ge k)=\mathrm{P}(Y\le k)=0.1056$

일 때, $k+\sigma$의 값을 오른쪽 표준정규분포표를 이용하여 구하시오. (단, $\sigma>0$) [4점]

z	$\mathrm{P}(0\le Z\le z)$
1.25	0.3944
1.50	0.4332
1.75	0.4599
2.00	0.4772

062

2017년 시행 교육청 10월 나형 27번

확률변수 X는 평균이 m, 표준편차가 σ인 정규분포를 따르고 $F(x)=\mathrm{P}(X\le x)$라 하자. m이 자연수이고

$$0.5\le F\left(\frac{11}{2}\right)\le 0.6915,\ F\left(\frac{13}{2}\right)=0.8413$$

일 때, $F(k)=0.9772$를 만족시키는 상수 k의 값을 오른쪽 표준정규분포표를 이용하여 구하시오. [4점]

z	$\mathrm{P}(0\le Z\le z)$
0.5	0.1915
1.0	0.3413
1.5	0.4332
2.0	0.4772

063

2016학년도 평가원 9월 B형 18번

확률변수 X는 정규분포 $\mathrm{N}(10,\ 4^2)$, 확률변수 Y는 정규분포 $\mathrm{N}(m,\ 4^2)$을 따르고, 확률변수 X와 Y의 확률밀도함수는 각각 $f(x)$와 $g(x)$이다.

$f(12)=g(26)$,

$\mathrm{P}(Y\geq 26)\geq 0.5$일 때,

$\mathrm{P}(Y\leq 20)$의 값을 오른쪽 표준정규분포표를 이용하여 구한 것은? [4점]

z	$\mathrm{P}(0\leq Z\leq z)$
1.0	0.3413
1.5	0.4332
2.0	0.4772
2.5	0.4938

① 0.0062 ② 0.0228 ③ 0.0896 ④ 0.1587 ⑤ 0.2255

064

2020년 시행 교육청 7월 나형 18번

확률변수 X는 정규분포 $\mathrm{N}(m_1,\ \sigma_1{}^2)$, 확률변수 Y는 정규분포 $\mathrm{N}(m_2,\ \sigma_2{}^2)$을 따르고, 확률변수 X, Y의 확률밀도함수는 각각 $f(x)$, $g(x)$이다. $\sigma_1=\sigma_2$이고 $f(24)=g(28)$일 때, 확률변수 X, Y는 다음 조건을 만족시킨다.

(가) $\mathrm{P}(m_1\leq X\leq 24)+\mathrm{P}(28\leq Y\leq m_2)=0.9544$
(나) $\mathrm{P}(Y\geq 36)=1-\mathrm{P}(X\leq 24)$

$\mathrm{P}(18\leq X\leq 21)$의 값을 오른쪽 표준정규분포표를 이용하여 구한 것은? [4점]

z	$\mathrm{P}(0\leq Z\leq z)$
0.5	0.1915
1.0	0.3413
1.5	0.4332
2.0	0.4772

① 0.3830 ② 0.5328 ③ 0.6247 ④ 0.6826 ⑤ 0.7745

▸ 정답 및 해설 079쪽

유형 5 이항분포와 정규분포의 관계

3점

065 2005학년도 수능 나형 16번

다음은 어느 백화점에서 판매하고 있는 등산화에 대한 제조회사별 고객의 선호도를 조사한 표이다.

제조회사	A	B	C	D	계
선호도(%)	20	28	25	27	100

192명의 고객이 각각 한 켤레씩 등산화를 산다고 할 때, C 회사 제품을 선택할 고객이 42명 이상일 확률을 오른쪽 표준정규분포표를 이용하여 구한 것은? [3점]

z	$\mathrm{P}(0\le Z\le z)$
0.5	0.1915
1.0	0.3413
1.5	0.4332
2.0	0.4772

① 0.6915 ② 0.7745 ③ 0.8256
④ 0.8332 ⑤ 0.8413

4점

066 2006학년도 평가원 9월 나형 16번

세 확률변수 X, Y, W는 각각 다음과 같다.

X는 이항분포 $\mathrm{B}\left(100,\ \frac{1}{5}\right)$을 따른다.

Y는 이항분포 $\mathrm{B}\left(225,\ \frac{1}{5}\right)$을 따른다.

W는 이항분포 $\mathrm{B}\left(400,\ \frac{1}{5}\right)$을 따른다.

〈보기〉에서 옳은 것을 모두 고른 것은? [4점]

〈보기〉

ㄱ. $\mathrm{P}\left(\left|\frac{X}{100}-\frac{1}{5}\right|<\frac{1}{10}\right)<\mathrm{P}\left(\left|\frac{W}{400}-\frac{1}{5}\right|<\frac{1}{10}\right)$

ㄴ. $\mathrm{P}\left(\left|\frac{X}{100}-\frac{1}{5}\right|<\frac{1}{10}\right)<\mathrm{P}\left(\left|\frac{Y}{225}-\frac{1}{5}\right|<\frac{1}{25}\right)$

ㄷ. $\mathrm{P}\left(\left|\frac{Y}{225}-\frac{1}{5}\right|<\frac{1}{25}\right)<\mathrm{P}\left(\left|\frac{W}{400}-\frac{1}{5}\right|<\frac{1}{25}\right)$

① ㄱ ② ㄴ ③ ㄱ, ㄷ
④ ㄴ, ㄷ ⑤ ㄱ, ㄴ, ㄷ

3 통계적 추정

유형 6 표본평균의 평균, 분산, 표준편차

3점

067

2016학년도 수능 A형 9번

모표준편차가 14인 모집단에서 크기가 n인 표본을 임의추출하여 구한 표본평균을 $\overline{X}$라 하자. $\sigma(\overline{X})=2$일 때, n의 값은? [3점]

① 9　② 16　③ 25　④ 36　⑤ 49

068

2017년 시행 교육청 10월 가형 5번

어느 모집단의 확률분포를 표로 나타내면 다음과 같다.

X	0	1	2	합계
$\mathrm{P}(X=x)$	$\frac{1}{3}$	a	b	1

이 모집단에서 크기가 4인 표본을 임의추출하여 구한 표본평균을 $\overline{X}$라 하자. $\mathrm{E}(\overline{X})=\frac{5}{6}$일 때, $a+2b$의 값은? [3점]

① $\frac{1}{6}$　② $\frac{1}{3}$　③ $\frac{1}{2}$　④ $\frac{2}{3}$　⑤ $\frac{5}{6}$

069

2019학년도 평가원 9월 가형 13번

어느 모집단의 확률변수 X의 확률분포가 다음 표와 같다.

X	0	2	4	합계
$\mathrm{P}(X=x)$	$\frac{1}{6}$	a	b	1

$\mathrm{E}(X^2)=\frac{16}{3}$일 때, 이 모집단에서 임의추출한 크기가 20인 표본의 표본평균 $\overline{X}$에 대하여 $\mathrm{V}(\overline{X})$의 값은? [3점]

① $\frac{1}{60}$　② $\frac{1}{30}$　③ $\frac{1}{20}$　④ $\frac{1}{15}$　⑤ $\frac{1}{12}$

▶ 정답 및 해설 081쪽

4점

070

2020학년도 수능 가형 14번 / 나형 16번

숫자 1이 적혀 있는 공 10개, 숫자 2가 적혀 있는 공 20개, 숫자 3이 적혀 있는 공 30개가 들어 있는 주머니가 있다. 이 주머니에서 임의로 한 개의 공을 꺼내어 공에 적혀 있는 수를 확인한 후 다시 넣는다. 이와 같은 시행을 10번 반복하여 확인한 10개의 수의 합을 확률변수 Y라 하자. 다음은 확률변수 Y의 평균 $\mathrm{E}(Y)$와 분산 $\mathrm{V}(Y)$를 구하는 과정이다.

> 주머니에 들어 있는 60개의 공을 모집단으로 하자.
> 이 모집단에서 임의로 한 개의 공을 꺼낼 때, 이 공에 적혀 있는 수를 확률변수 X라 하면 X의 확률분포, 즉 모집단의 확률분포는 다음 표와 같다.
>
> | X | 1 | 2 | 3 | 합계 |
> |---|---|---|---|---|
> | $\mathrm{P}(X=x)$ | $\frac{1}{6}$ | $\frac{1}{3}$ | $\frac{1}{2}$ | 1 |
>
> 따라서 모평균 m과 모분산 σ^2은
>
> $$m=\mathrm{E}(X)=\frac{7}{3},\ \sigma^2=\mathrm{V}(X)=\boxed{\text{(가)}}$$
>
> 이다.
> 모집단에서 크기가 10인 표본을 임의추출하여 구한 표본평균을 $\overline{X}$라 하면
>
> $$\mathrm{E}(\overline{X})=\frac{7}{3},\ \mathrm{V}(\overline{X})=\boxed{\text{(나)}}$$
>
> 이다.
> 주머니에서 n번째 꺼낸 공에 적혀 있는 수를 X_n이라 하면
>
> $$Y=\sum_{n=1}^{10} X_n=10\overline{X}$$
>
> 이므로
>
> $$\mathrm{E}(Y)=\frac{70}{3},\ \mathrm{V}(Y)=\boxed{\text{(다)}}$$
>
> 이다.

위의 (가), (나), (다)에 알맞은 수를 각각 p, q, r라 할 때, $p+q+r$의 값은? [4점]

① $\frac{31}{6}$　② $\frac{11}{2}$　③ $\frac{35}{6}$　④ $\frac{37}{6}$　⑤ $\frac{13}{2}$

071 Best Pick

2015학년도 수능 B형 18번

주머니 속에 1의 숫자가 적혀 있는 공 1개, 2의 숫자가 적혀 있는 공 2개, 3의 숫자가 적혀 있는 공 5개가 들어 있다. 이 주머니에서 임의로 1개의 공을 꺼내어 공에 적혀 있는 수를 확인한 후 다시 넣는다. 이와 같은 시행을 2번 반복할 때, 꺼낸 공에 적혀 있는 수의 평균을 $\overline{X}$라 하자. $\mathrm{P}(\overline{X}=2)$의 값은? [4점]

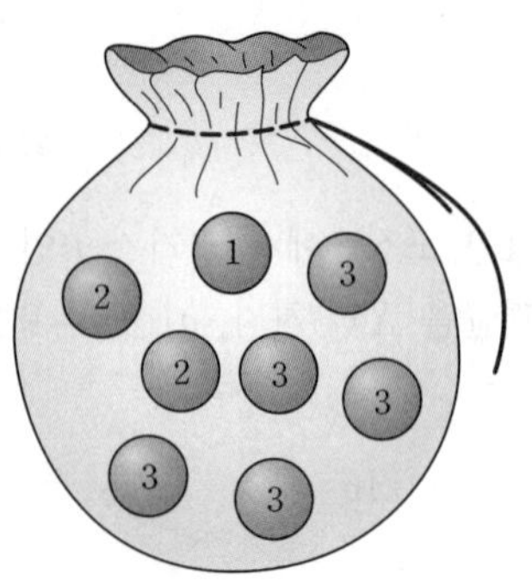

① $\frac{5}{32}$　② $\frac{11}{64}$　③ $\frac{3}{16}$　④ $\frac{13}{64}$　⑤ $\frac{7}{32}$

유형 7 표본평균의 분포

3점

072

2019년 시행 교육청 10월 가형 13번

어느 도시의 시민 한 명이 1년 동안 병원을 이용한 횟수는 평균이 14, 표준편차가 3.2인 정규분포를 따른다고 한다. 이 도시의 시민 중에서 임의추출한 256명의 1년 동안 병원을 이용한 횟수의 표본평균이 13.7 이상이고 14.2 이하일 확률을 오른쪽 표준정규분포표를 이용하여 구한 것은? [3점]

z	$\mathrm{P}(0\le Z\le z)$
1.0	0.3413
1.5	0.4332
2.0	0.4772
2.5	0.4938

① 0.6826 ② 0.7745 ③ 0.8185
④ 0.9104 ⑤ 0.9710

073

2014학년도 수능 A형 12번

어느 약품 회사가 생산하는 약품 1병의 용량은 평균이 m, 표준편차가 10인 정규분포를 따른다고 한다. 이 회사가 생산한 약품 중에서 임의로 추출한 25병의 용량의 표본평균이 2000 이상일 확률이 0.9772일 때, m의 값을 오른쪽 표준정규분포표를 이용하여 구한 것은? (단, 용량의 단위는 mL이다.) [3점]

z	$\mathrm{P}(0\le Z\le z)$
1.5	0.4332
2.0	0.4772
2.5	0.4938
3.0	0.4987

① 2003 ② 2004 ③ 2005
④ 2006 ⑤ 2007

074 Best Pick

2017학년도 수능 가형 13번

정규분포 $\mathrm{N}(0,\ 4^2)$을 따르는 모집단에서 크기가 9인 표본을 임의추출하여 구한 표본평균을 $\overline{X}$, 정규분포 $\mathrm{N}(3,\ 2^2)$을 따르는 모집단에서 크기가 16인 표본을 임의추출하여 구한 표본평균을 $\overline{Y}$라 하자. $\mathrm{P}(\overline{X}\ge 1)=\mathrm{P}(\overline{Y}\le a)$를 만족시키는 상수 a의 값은? [3점]

① $\frac{19}{8}$ ② $\frac{5}{2}$ ③ $\frac{21}{8}$
④ $\frac{11}{4}$ ⑤ $\frac{23}{8}$

075

2014년 시행 교육청 10월 B형 12번

어느 제과점에서 판매되는 찹쌀 도넛의 무게는 평균이 70, 표준편차가 2.5인 정규분포를 따른다고 한다. 이 제과점에서 판매되는 찹쌀 도넛 중 16개를 임의추출하여 조사한 무게의 표본평균을 $\overline{X}$라 하자.

$\mathrm{P}(|\overline{X}-70|\le a)=0.9544$를 만족시키는 상수 a의 값을 오른쪽 표준정규분포표를 이용하여 구한 것은?
(단, 무게의 단위는 g이다.) [3점]

z	$\mathrm{P}(0\le Z\le z)$
1.0	0.3413
1.5	0.4332
2.0	0.4772
2.5	0.4938

① 1.00 ② 1.25 ③ 1.50
④ 2.00 ⑤ 2.25

Ⅲ 통계

▸ 정답 및 해설 082쪽

076

2022학년도 평가원 9월 27번

지역 A에 살고 있는 성인들의 1인 하루 물 사용량을 확률변수 X, 지역 B에 살고 있는 성인들의 1인 하루 물 사용량을 확률변수 Y라 하자. 두 확률변수 X, Y는 정규분포를 따르고 다음 조건을 만족시킨다.

> (가) 두 확률변수 X, Y의 평균은 각각 220과 240이다.
> (나) 확률변수 Y의 표준편차는 확률변수 X의 표준편차의 1.5배이다.

지역 A에 살고 있는 성인 중 임의추출한 n명의 1인 하루 물 사용량의 표본평균을 $\overline{X}$, 지역 B에 살고 있는 성인 중 임의추출한 $9n$명의 1인 하루 물 사용량의 표본평균을 $\overline{Y}$라 하자.
$\mathrm{P}(\overline{X} \le 215) = 0.1587$일 때, $\mathrm{P}(\overline{Y} \ge 235)$의 값을 오른쪽 표준정규분포표를 이용하여 구한 것은? (단, 물 사용량의 단위는 L이다.) [3점]

z	$\mathrm{P}(0 \le Z \le z)$
0.5	0.1915
1.0	0.3413
1.5	0.4332
2.0	0.4772

① 0.6915　② 0.7745　③ 0.8185
④ 0.8413　⑤ 0.9772

4점

077

2012학년도 수능 나형 16번

어느 공장에서 생산되는 제품의 길이 X는 평균이 m이고, 표준편차가 4인 정규분포를 따른다고 한다.
$\mathrm{P}(m \le X \le a) = 0.3413$일 때, 이 공장에서 생산된 제품 중에서 임의추출한 제품 16개의 길이의 표본평균이 $a-2$ 이상일 확률을 오른쪽 표준정규분포표를 이용하여 구한 것은? (단, a는 상수이고, 길이의 단위는 cm이다.) [4점]

z	$\mathrm{P}(0 \le Z \le z)$
1.0	0.3413
1.5	0.4332
2.0	0.4772

① 0.0228　② 0.0668　③ 0.0919
④ 0.1359　⑤ 0.1587

078

2021학년도 평가원 9월 가형 14번

어느 지역 신생아의 출생 시 몸무게 X가 정규분포를 따르고

$$P(X\geq3.4)=\frac{1}{2},\ P(X\leq3.9)+P(Z\leq-1)=1$$

이다. 이 지역 신생아 중에서 임의추출한 25명의 출생 시 몸무게의 표본평균을 $\overline{X}$라 할 때, $P(\overline{X}\geq3.55)$의 값을 오른쪽 표준정규분포표를 이용하여 구한 것은? (단, 몸무게의 단위는 kg이고, Z는 표준정규분포를 따르는 확률변수이다.) [4점]

z	$P(0\leq Z\leq z)$
1.0	0.3413
1.5	0.4332
2.0	0.4772
2.5	0.4938

① 0.0062　② 0.0228　③ 0.0668
④ 0.1587　⑤ 0.3413

079

2016학년도 수능 B형 18번

정규분포 $N(50,\ 8^2)$을 따르는 모집단에서 크기가 16인 표본을 임의추출하여 구한 표본평균을 $\overline{X}$, 정규분포 $N(75,\ \sigma^2)$을 따르는 모집단에서 크기가 25인 표본을 임의추출하여 구한 표본평균을 $\overline{Y}$라 하자.
$P(\overline{X}\leq53)+P(\overline{Y}\leq69)=1$일 때, $P(\overline{Y}\geq71)$의 값을 오른쪽 표준정규분포표를 이용하여 구한 것은? [4점]

z	$P(0\leq Z\leq z)$
1.0	0.3413
1.2	0.3849
1.4	0.4192
1.6	0.4452

① 0.8413　② 0.8644　③ 0.8849
④ 0.9192　⑤ 0.9452

Ⅲ 통계

▸ 정답 및 해설 084쪽

080

2010학년도 평가원 9월 나형 27번

어느 회사에서는 생산되는 제품을 1000개씩 상자에 넣어 판매한다. 이때 상자에서 임의로 추출한 16개 제품의 무게의 표본평균이 12.7 이상이면 그 상자를 정상 판매하고, 12.7 미만이면 할인 판매한다.

A 상자에 들어 있는 제품의 무게는 평균 16, 표준편차 6인 정규분포를 따르고, B 상자에 들어 있는 제품의 무게는 평균 10, 표준편차 6인 정규분포를 따른다고 할 때, A 상자가 할인 판매될 확률이 p, B 상자가 정상 판매될 확률이 q이다. $p+q$의 값을 오른쪽 표준정규분포표를 이용하여 구한 것은?

z	$\mathrm{P}(0\le Z\le z)$
1.6	0.4452
1.8	0.4641
2.0	0.4772
2.2	0.4861

(단, 무게의 단위는 g이다.) [4점]

① 0.0367 ② 0.0498 ③ 0.0587 ④ 0.0687 ⑤ 0.0776

유형 8 모평균의 추정

3점

081

2020학년도 평가원 9월 나형 25번

어느 음식점을 방문한 고객의 주문 대기 시간은 평균이 m분, 표준편차가 σ분인 정규분포를 따른다고 한다. 이 음식점을 방문한 고객 중 64명을 임의추출하여 얻은 표본평균을 이용하여, 이 음식점을 방문한 고객의 주문 대기 시간의 평균 m에 대한 신뢰도 95 %의 신뢰구간을 구하면 $a\le m\le b$이다.
$b-a=4.9$일 때, σ의 값을 구하시오. (단, Z가 표준정규분포를 따르는 확률변수일 때, $\mathrm{P}(|Z|\le 1.96)=0.95$로 계산한다.) [3점]

082

2022학년도 수능 27번

어느 자동차 회사에서 생산하는 전기 자동차의 1회 충전 주행 거리는 평균이 m이고 표준편차가 σ인 정규분포를 따른다고 한다. 이 자동차 회사에서 생산한 전기 자동차 100대를 임의추출하여 얻은 1회 충전 주행 거리의 표본평균이 $\overline{x_1}$일 때, 모평균 m에 대한 신뢰도 95 %의 신뢰구간이 $a\le m\le b$이다. 이 자동차 회사에서 생산한 전기 자동차 400대를 임의추출하여 얻은 1회 충전 주행 거리의 표본평균이 $\overline{x_2}$일 때, 모평균 m에 대한 신뢰도 99 %의 신뢰구간이 $c\le m\le d$이다. $\overline{x_1}-\overline{x_2}=1.34$이고 $a=c$일 때, $b-a$의 값은? (단, 주행 거리의 단위는 km이고, Z가 표준정규분포를 따르는 확률변수일 때
$\mathrm{P}(|Z|\le 1.96)=0.95$, $\mathrm{P}(|Z|\le 2.58)=0.99$로 계산한다.) [3점]

① 5.88 ② 7.84 ③ 9.80 ④ 11.76 ⑤ 13.72

4점

083 Best Pick
2019학년도 수능 가형 26번

어느 지역 주민들의 하루 여가 활동 시간은 평균이 m분, 표준편차가 σ분인 정규분포를 따른다고 한다. 이 지역 주민 중 16명을 임의추출하여 구한 하루 여가 활동 시간의 표본평균이 75분일 때, 모평균 m에 대한 신뢰도 95 %의 신뢰구간이 $a \le m \le b$이다. 이 지역 주민 중 16명을 다시 임의추출하여 구한 하루 여가 활동 시간의 표본평균이 77분일 때, 모평균 m에 대한 신뢰도 99 %의 신뢰구간이 $c \le m \le d$이다. $d-b=3.86$을 만족시키는 σ의 값을 구하시오. (단, Z가 표준정규분포를 따르는 확률변수일 때, $\mathrm{P}(|Z| \le 1.96)=0.95$, $\mathrm{P}(|Z| \le 2.58)=0.99$로 계산한다.) [4점]

084
2019학년도 평가원 9월 가형 17번

어느 고등학교 학생들의 1개월 자율학습실 이용 시간은 평균이 m, 표준편차가 5인 정규분포를 따른다고 한다. 이 고등학교 학생 25명을 임의추출하여 1개월 자율학습실 이용 시간을 조사한 표본평균이 $\overline{x_1}$일 때, 모평균 m에 대한 신뢰도 95 %의 신뢰구간이 $80-a \le m \le 80+a$이었다. 또 이 고등학교 학생 n명을 임의추출하여 1개월 자율학습실 이용 시간을 조사한 표본평균이 $\overline{x_2}$일 때, 모평균 m에 대한 신뢰도 95 %의 신뢰구간이 다음과 같다.

$$\frac{15}{16}\overline{x_1}-\frac{5}{7}a \le m \le \frac{15}{16}\overline{x_1}+\frac{5}{7}a$$

$n+\overline{x_2}$의 값은? (단, 이용 시간의 단위는 시간이고, Z가 표준정규분포를 따르는 확률변수일 때, $\mathrm{P}(0 \le Z \le 1.96)=0.475$로 계산한다.) [4점]

① 121 ② 124 ③ 127 ④ 130 ⑤ 133

085 Best Pick
2015학년도 평가원 9월 A형 20번

어느 나라에서 작년에 운행된 택시의 연간 주행거리는 모평균이 m인 정규분포를 따른다고 한다. 이 나라에서 작년에 운행된 택시 중에서 16대를 임의추출하여 구한 연간 주행거리의 표본평균이 $\overline{x}$이고, 이 결과를 이용하여 신뢰도 95 %로 추정한 m에 대한 신뢰구간이 $\overline{x}-c \le m \le \overline{x}+c$이었다. 이 나라에서 작년에 운행된 택시 중에서 임의로 1대를 선택할 때, 이 택시의 연간 주행거리가 $m+c$ 이하일 확률을 오른쪽 표준정규분포표를 이용하여 구한 것은? (단, 주행거리의 단위는 km이다.) [4점]

z	$\mathrm{P}(0 \le Z \le z)$
0.49	0.1879
0.98	0.3365
1.47	0.4292
1.96	0.4750

① 0.6242 ② 0.6635 ③ 0.6879 ④ 0.8365 ⑤ 0.9292

Ⅲ 통계

▶ 정답 및 해설 085쪽

086

2009학년도 평가원 9월 나형 13번

어떤 모집단의 분포가 정규분포 $\mathrm{N}(m,\ 10^2)$을 따르고, 이 정규분포의 확률밀도함수 $f(x)$의 그래프와 구간별 확률은 아래와 같다.

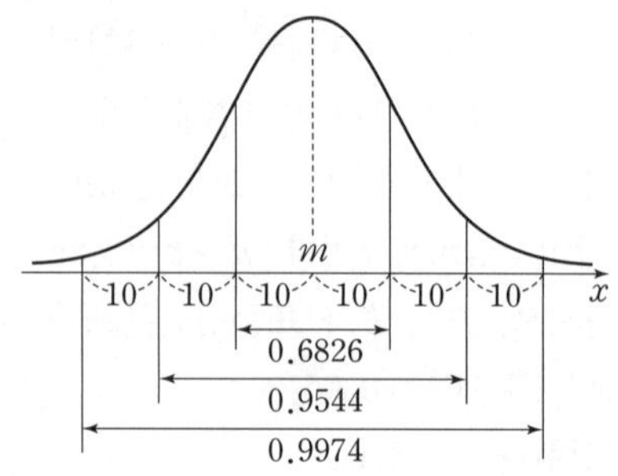

확률밀도함수 $f(x)$는 모든 실수 x에 대하여

$$f(x)=f(100-x)$$

를 만족한다. 이 모집단에서 크기 25인 표본을 임의추출할 때의 표본평균을 $\overline{X}$라 하자. $\mathrm{P}(44\le\overline{X}\le48)$의 값은? [4점]

① 0.1359 ② 0.1574 ③ 0.1965
④ 0.2350 ⑤ 0.2718

087 Best Pick

2022학년도 평가원 9월 29번

두 이산확률변수 X, Y의 확률분포를 표로 나타내면 각각 다음과 같다.

X	1	3	5	7	9	합계
$\mathrm{P}(X=x)$	a	b	c	b	a	1

Y	1	3	5	7	9	합계
$\mathrm{P}(Y=y)$	$a+\frac{1}{20}$	b	$c-\frac{1}{10}$	b	$a+\frac{1}{20}$	1

$\mathrm{V}(X)=\frac{31}{5}$일 때, $10\times\mathrm{V}(Y)$의 값을 구하시오. [4점]

088

2009학년도 수능 나형 29번

다음은 어떤 모집단의 확률분포표이다.

X	10	20	30	합계
$\mathrm{P}(X=x)$	$\frac{1}{2}$	a	$\frac{1}{2}-a$	1

이 모집단에서 크기가 2인 표본을 복원추출하여 구한 표본평균을 $\overline{X}$라 하자. $\overline{X}$의 평균이 18일 때, $\mathrm{P}(\overline{X}=20)$의 값은? [4점]

① $\frac{2}{5}$ ② $\frac{19}{50}$ ③ $\frac{9}{25}$

④ $\frac{17}{50}$ ⑤ $\frac{8}{25}$

089 Best Pick

2022학년도 수능 29번

두 연속확률변수 X와 Y가 갖는 값의 범위는 $0 \le X \le 6$, $0 \le Y \le 6$이고, X와 Y의 확률밀도함수는 각각 $f(x)$, $g(x)$이다. 확률변수 X의 확률밀도함수 $f(x)$의 그래프는 그림과 같다.

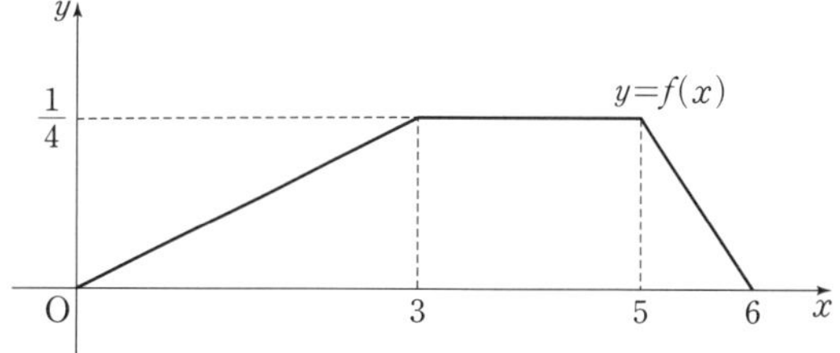

$0 \le x \le 6$인 모든 x에 대하여

$f(x)+g(x)=k$ (k는 상수)

를 만족시킬 때, $\mathrm{P}(6k \le Y \le 15k)=\frac{q}{p}$이다. $p+q$의 값을 구하시오.

(단, p와 q는 서로소인 자연수이다.) [4점]

090

2022학년도 수능 예시문항 30번

주머니 A에는 숫자 1, 2가 하나씩 적혀 있는 2개의 공이 들어 있고, 주머니 B에는 숫자 3, 4, 5가 하나씩 적혀 있는 3개의 공이 들어 있다. 다음의 시행을 3번 반복하여 확인한 세 개의 수의 평균을 $\overline{X}$라 하자.

두 주머니 A, B 중 임의로 선택한 하나의 주머니에서 임의로 한 개의 공을 꺼내어 공에 적혀 있는 수를 확인한 후 꺼낸 주머니에 다시 넣는다.

$\mathrm{P}(\overline{X}=2)=\frac{q}{p}$일 때, $p+q$의 값을 구하시오. (단, p와 q는 서로소인 자연수이다.) [4점]

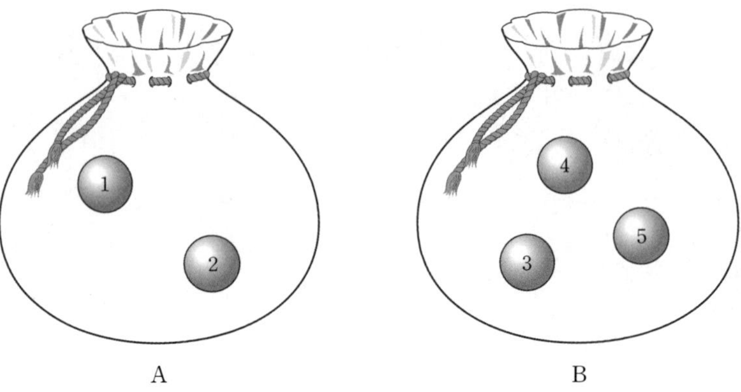

091 Best Pick

2010년 시행 교육청 7월 가형 11번

어느 공장에서 생산되는 제품의 무게 X는 평균이 60 g, 표준편차가 5 g인 정규분포를 따른다고 한다. 제품의 무게가 50 g 이하인 제품은 불량품으로 판정한다. 이 공장에서 생산된 제품 중에서 2500개를 임의로 추출할 때, 2500개 무게의 평균을 $\overline{X}$, 불량품의 개수를 Y라고 하자. 오른쪽의 표준정규분포표를 이용하여 옳은 것만을 〈보기〉에서 있는 대로 고른 것은? [4점]

z	$\mathrm{P}(0 \le Z \le z)$
0.5	0.19
1.0	0.34
1.5	0.43
2.0	0.48
2.5	0.49

〈보기〉

ㄱ. $\mathrm{P}(\overline{X} \ge 60) = \frac{1}{2}$

ㄴ. $\mathrm{P}(Y \ge 57) = \mathrm{P}(\overline{X} \le 59.9)$

ㄷ. 임의의 양수 k에 대하여
$\mathrm{P}(60-k \le X \le 60+k) > \mathrm{P}(60-k \le \overline{X} \le 60+k)$

① ㄱ　② ㄷ　③ ㄱ, ㄴ　④ ㄴ, ㄷ　⑤ ㄱ, ㄴ, ㄷ

Ⅲ 통계

▶ 정답 및 해설 089쪽

092

2021년 시행 교육청 10월 30번

주머니에 12개의 공이 들어 있다. 이 공들 각각에는 숫자 1, 2, 3, 4 중 하나씩이 적혀 있다. 이 주머니에서 임의로 한 개의 공을 꺼내어 공에 적혀 있는 수를 확인한 후 다시 넣는 시행을 한다. 이 시행을 4번 반복하여 확인한 4개의 수의 합을 확률변수 X라 할 때, 확률변수 X는 다음 조건을 만족시킨다.

(가) $\mathrm{P}(X=4)=16\times\mathrm{P}(X=16)=\frac{1}{81}$

(나) $\mathrm{E}(X)=9$

$\mathrm{V}(X)=\frac{q}{p}$일 때, $p+q$의 값을 구하시오. (단, p와 q는 서로소인 자연수이다.) [4점]

▶ 정답 및 해설 089쪽

수능 기출
올림픽

올픽 수능 기출

2026

수능 기출

올픽

최신 기출 ALL

우수 기출 PICK

확률과 통계

BOOK 2 우수 기출 PICK

정답 및 해설

메가스터디BOOKS

확률과 통계

BOOK 2

정답 및 해설

BOOK 2
빠른 정답

Ⅰ 경우의 수

001 ④	002 ②	003 ②	004 ②	005 8	006 48	007 288	008 ③	009 ④	010 ⑤	011 33	012 ⑤
013 40	014 ⑤	015 ④	016 ③	017 ①	018 ④	019 ①	020 ②	021 ⑤	022 ④	023 ⑤	024 6
025 ②	026 ⑤	027 180	028 ④	029 546	030 450	031 600	032 150	033 ③	034 45	035 ②	036 ①
037 ⑤	038 36	039 5	040 ③	041 ③	042 ①	043 ③	044 ⑤	045 ⑤	046 36	047 ③	048 ①
049 114	050 201	051 ③	052 ⑤	053 55	054 ②	055 ③	056 ②	057 ①	058 ③	059 ①	060 68
061 332	062 ③	063 74	064 32	065 84	066 32	067 84	068 210	069 84	070 ②	071 100	072 218
073 ⑤	074 525	075 327	076 ②	077 ②	078 ⑤	079 6	080 ②	081 ③	082 ②	083 32	084 ⑤
085 ③	086 ⑤	087 682	088 25	089 455	고난도 기출 ▸	090 13	091 126	092 96	093 12	094 ②	095 40
096 97	097 209	098 19	099 206	100 296	101 51						

Ⅱ 확률

001 ③	002 ②	003 ②	004 ③	005 ②	006 ③	007 ④	008 ⑤	009 ①	010 ⑤	011 ①	012 ③
013 ①	014 ②	015 ④	016 ④	017 15	018 ②	019 ③	020 ⑤	021 ④	022 ④	023 ②	024 ②
025 ②	026 ①	027 ④	028 ②	029 16	030 ③	031 ③	032 ⑤	033 ⑤	034 12	035 ⑤	036 ⑤
037 19	038 ④	039 68	040 ②	041 ⑤	042 ②	043 ⑤	044 ④	045 ②	046 ④	047 ③	048 ③
049 ③	050 ④	051 ③	052 ⑤	053 ②	054 72	055 30	056 ③	057 46	058 43	059 ②	060 ⑤
061 ③	062 ①	063 ④	064 ②	065 ②	066 ①	067 ⑤	068 ⑤	069 11	070 ①	071 ①	072 ③
073 ④	074 ⑤	075 ③	076 ④	077 ②	078 ⑤	079 ④	080 ⑤	081 ③	082 50	083 ⑤	084 ④
085 ②	086 137	087 ①	088 ⑤	089 43	090 ③	091 ③	092 ③	093 ①	고난도 기출 ▸	094 22	095 47
096 25	097 49	098 135	099 11	100 48	101 13	102 191					

Ⅲ 통계

001 ②	002 ⑤	003 ⑤	004 ⑤	005 13	006 ④	007 ②	008 ⑤	009 ⑤	010 ④	011 121	012 10
013 14	014 ②	015 ②	016 20	017 ①	018 ③	019 ②	020 ①	021 ①	022 ①	023 32	024 15
025 ④	026 ①	027 16	028 ⑤	029 ②	030 ④	031 30	032 ⑤	033 18	034 ③	035 47	036 ③
037 12	038 ④	039 ③	040 ④	041 ③	042 ④	043 ④	044 5	045 10	046 ④	047 ③	048 ④
049 ⑤	050 ①	051 96	052 ⑤	053 ⑤	054 ③	055 ⑤	056 ①	057 ③	058 155	059 ⑤	060 ①
061 59	062 8	063 ②	064 ②	065 ⑤	066 ③	067 ⑤	068 ⑤	069 ④	070 ④	071 ⑤	072 ②
073 ②	074 ③	075 ②	076 ⑤	077 ①	078 ③	079 ①	080 ②	081 10	082 ②	083 12	084 ②
085 ③	고난도 기출 ▸	086 ②	087 78	088 ④	089 31	090 71	091 ③	092 23			

I 경우의 수

▸ 본문 006~035쪽

001 ④	002 ②	003 ②	004 ②	005 8	006 48
007 288	008 ③	009 ④	010 ⑤	011 33	012 ⑤
013 40	014 ⑤	015 ④	016 ③	017 ①	018 ④
019 ①	020 ②	021 ⑤	022 ④	023 ⑤	024 6
025 ②	026 ⑤	027 180	028 ④	029 546	030 450
031 600	032 150	033 ③	034 45	035 ②	036 ①
037 ⑤	038 36	039 5	040 ③	041 ③	042 ①
043 ③	044 ⑤	045 ⑤	046 36	047 ③	048 ①
049 114	050 201	051 ③	052 ⑤	053 55	054 ②
055 ③	056 ②	057 ①	058 ③	059 ①	060 68
061 332	062 ③	063 74	064 32	065 84	066 32
067 84	068 210	069 84	070 ②	071 100	072 218
073 ⑤	074 525	075 327	076 ②	077 ②	078 ⑤
079 6	080 ②	081 ③	082 ②	083 32	084 ⑤
085 ③	086 ⑤	087 682	088 25	089 455	

001 정답률 ▸ 91% 답 ④

1단계 주어진 조건을 만족시키는 경우의 수를 구해 보자.

구하는 경우의 수는 5개의 접시를 원형으로 배열하는 모든 경우의 수와 같으므로

$(5-1)!=4!=24$

002 정답률 ▸ 86% 답 ②

1단계 같은 학급의 학생끼리 각각 한 학생으로 생각하고 4명의 학생이 원 모양의 탁자에 둘러앉는 경우의 수를 구해 보자.

같은 학급의 대표 2명을 한 학생으로 생각하여 4명의 학생이 원 모양의 탁자에 둘러앉는 경우의 수는

$(4-1)!=3!=6$

2단계 각 학급의 대표 2명이 서로 자리를 바꾸는 경우의 수를 구해 보자.

각 학급의 대표 2명이 서로 자리를 바꾸는 경우의 수는

$2\times2\times2\times2=16$

3단계 주어진 조건을 만족시키는 경우의 수를 구해 보자.

구하는 경우의 수는

$6\times16=96$

003 정답률 ▸ 70% 답 ②

1단계 주어진 조건을 만족시키도록 배열하는 경우를 알아보고 여학생이 원탁에 둘러앉는 경우의 수를 구해 보자.

구하는 경우는 여학생이 원탁에 둘러앉고, 각각의 여학생 사이에 앉은 남학생의 수는 모두 다르므로 각각 1명, 2명, 3명의 남학생이 앉으면 된다.

(→ 6을 서로 다른 세 자연수의 합으로 나타내면 $6=1+2+3$)

여학생 3명이 원탁에 둘러앉는 경우의 수는

$(3-1)!=2!=2$

2단계 남학생이 원탁에 둘러앉는 경우의 수를 구해 보자.

남학생 6명을 일렬로 나열한 후 앞에서부터 차례로 1명, 2명, 3명으로 나누어 여학생 사이에 앉으면 된다.

남학생 6명을 일렬로 나열하는 경우의 수는

$6!$

나눈 1명, 2명, 3명이 여학생 사이에 앉는 경우의 수는

(→ 서로 다른 3개를 일렬로 나열하는 순열의 수와 같다.)

$3!=6$

즉, 이 경우의 수는

$6!\times6$

3단계 자연수 n의 값을 구해 보자.

9명의 학생이 모두 앉는 경우의 수는

$2\times6!\times6=12\times6!$ $\therefore n=12$

다른 풀이

여학생 3명이 원탁에 둘러앉는 경우의 수는

$(3-1)!=2!$

여학생과 여학생 사이에 앉는 남학생의 수는 모두 다르므로 남학생 6명을 3명, 2명, 1명의 세 조로 나누어 여학생과 여학생 사이에 앉아야 한다.

이때 남학생을 세 조로 나누는 경우의 수는

(→ 6명 중에서 3명을 먼저 뽑고 나머지 3명에서 2명을 뽑으면 1명이 남는다.)

${}_6C_3\times{}_3C_2\times{}_1C_1=\frac{6!}{3!3!}\times\frac{3!}{2!}\times1=\frac{6!}{3!2!}$

세 조를 3명의 여학생 사이에 배열하는 경우의 수는

$3!$

각각의 조에서 남학생끼리 자리를 바꾸는 경우의 수는

$3!\times2!\times1!$

즉, 이 경우의 수는

$2!\times\frac{6!}{3!2!}\times3!\times3!\times2!\times1!=12\times6!$

$\therefore n=12$

004 정답률 ▸ 65% 답 ②

Best Pick 전형적인 원순열 문제와는 형태가 조금 다르다. 회전하여 일치하는 경우가 7가지가 아닌 3가지 경우임에 유의해야 한다. 기출 형태에서 크게 벗어나지 않으면서 원순열의 정의를 정확하게 이해해야 해결할 수 있는 문제가 출제될 수 있다.

1단계 서로 다른 7개의 영역을 칠하는 경우의 수를 구해 보자.

그림을 고정시켜 놓고 생각하면 서로 다른 7개의 영역을 칠하는 경우의 수는

$7!=7\times6\times5\times4\times3\times2\times1=5040$

2단계 주어진 조건을 만족시키는 경우의 수를 구해 보자.

이때 각 경우에 대하여 회전하여 같은 경우가 3가지씩 생기므로 구하는 경우의 수는

(→ 크기가 같은 원 3개가 서로 접해 있으므로 회전하여 같은 경우는 3가지만 생긴다.)

$\frac{5040}{3}=1680$

다른 풀이

가운데 영역을 칠하는 경우의 수는

7

경우의 수는 $_6C_3$

나머지 6개의 색 중에서 3개의 색을 선택하여, 정삼각형의 내부이면서 원의 내부인 공통 영역 세 곳을 칠하는 경우의 수는

회전하여 같은 경우가 있으므로 원순열의 수 $(3-1)!$과 같다.

$_6C_3\times(3-1)!={_6C_3}\times2!$

$=40$

이때 나머지 정삼각형의 외부이면서 원의 내부인 영역 세 곳을 칠하는 경우의 수는

$3!=6$

따라서 구하는 경우의 수는

$7\times40\times6=1680$

005 정답률 ▸ 48% 답 8

1단계 주어진 조건을 만족시키도록 빨간색을 칠할 수 있는 곳을 알아보자.

색칠판의 정가운데 정사각형은 나머지 8개의 정사각형과 꼭짓점을 공유하므로 빨간색 또는 파란색이 칠해질 수 없다.

회전하여 일치하는 정사각형은 같은 것으로 보므로 다음 그림과 같이 A 또는 B에 빨간색을 칠할 수 있다.

C 또는 E H 또는 G F 또는 D 는 회전하여 A 또는 B와 일치한다.

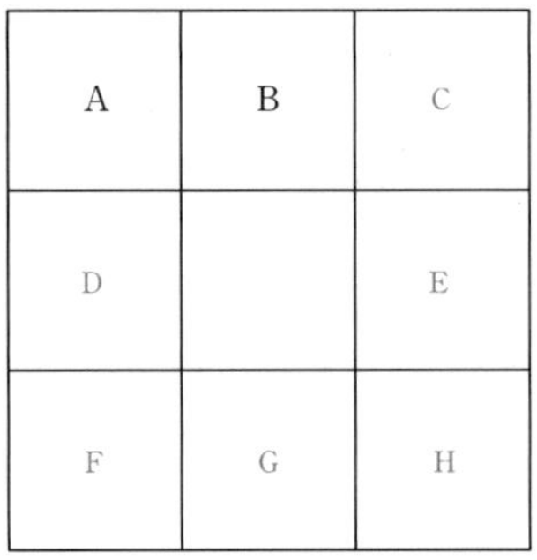

A	B	C
D		E
F	G	H

2단계 빨간색을 칠하는 곳에 따라 경우를 나누어 각각의 경우의 수를 구해 보자.

(i) A에 빨간색을 칠할 때

A와 꼭짓점을 공유하지 않는 정사각형이 5개이므로 파란색을 칠할 수 있는 경우의 수는 5 (C, E, F, G, H)

나머지 7개의 정사각형에 7가지의 색을 모두 칠하는 경우의 수는 $7!$

즉, 이 경우의 수는

$5\times7!$

(ii) B에 빨간색을 칠할 때

B와 꼭짓점을 공유하지 않는 정사각형이 3개이므로 파란색을 칠할 수 있는 경우의 수는 3 (F, G, H)

나머지 7개의 정사각형에 7가지의 색을 모두 칠하는 경우의 수는 $7!$

즉, 이 경우의 수는 $3\times7!$

3단계 색칠판을 칠하는 경우의 수를 구하여 k의 값을 구해 보자.

(i), (ii)에서 주어진 조건을 만족시키도록 색칠판을 칠하는 경우의 수는

$5\times7!+3\times7!=8\times7!$

$\therefore k=8$

006 정답률 ▸ 37% 답 48

1단계 주어진 조건을 만족시키도록 배열하는 경우를 알아보고, 6개의 의자를 원형으로 배열하는 경우의 수를 구해 보자.

구하는 경우의 수는 6개의 의자를 원형으로 배열하는 모든 경우의 수에서 서로 이웃한 2개의 의자에 적혀 있는 수의 곱이 12가 되는 경우의 수를 뺀 것과 같다.

6개의 의자를 원형으로 배열하는 경우의 수는

$(6-1)!=5!=120$

2단계 서로 이웃한 2개의 의자에 적혀 있는 수의 곱이 12가 되는 경우의 수를 구해 보자.

서로 이웃한 2개의 의자에 적혀 있는 수의 곱이 12가 되는 경우의 수는

(i) 2, 6이 각각 적혀 있는 의자를 이웃하게 배열할 때

2, 6이 각각 적혀 있는 의자를 한 개로 생각하여 5개의 의자를 원형으로 배열하는 경우의 수는

$(5-1)!=4!=24$

이 2개의 의자의 자리를 서로 바꾸는 경우의 수는

$2!=2$

즉, 이 경우의 수는

$24\times2=48$

(ii) 3, 4가 각각 적혀 있는 의자를 이웃하게 배열할 때

(i)과 같은 방법으로 구하는 경우의 수는 48

(iii) 2, 6이 각각 적혀 있는 의자도 이웃하고, 3, 4가 각각 적혀 있는 의자도 이웃하게 배열할 때

2, 6이 각각 적혀 있는 의자를 한 개로 생각하고, 3, 4가 각각 적혀 있는 의자를 한 개로 생각하여 4개의 의자를 원형으로 배열하는 경우의 수는

$(4-1)!=3!=6$

2, 6이 각각 적혀 있는 2개의 의자의 자리를 서로 바꾸는 경우의 수는

$2!=2$

3, 4가 각각 적혀 있는 2개의 의자의 자리를 서로 바꾸는 경우의 수는

$2!=2$

즉, 이 경우의 수는

$6\times2\times2=24$

(i), (ii), (iii)에서 서로 이웃한 2개의 의자에 적혀 있는 수의 곱이 12가 되는 경우의 수는

$48+48-24=72$

3단계 주어진 조건을 만족시키는 경우의 수를 구해 보자.

구하는 경우의 수는

$120-72=48$

007 정답률 ▸ 31% 답 288

1단계 학생 C가 두 학생 A, B가 아닌 다른 2명의 남학생과 모두 이웃하는 경우의 수를 구해 보자.

남학생 4명 중 A, B가 아닌 남학생 2명을 D, E라 하자.

(i) C가 D, E와 모두 이웃할 때

A, B를 한 학생으로 생각하고 D, C, E를 한 학생으로 생각하여 5명의 학생이 원 모양의 탁자에 둘러앉는 경우의 수는

$(5-1)!=4!=24$

A, B가 서로 자리를 바꾸는 경우의 수는

$2!=2$

D, E가 서로 자리를 바꾸는 경우의 수는

$2!=2$

즉, 이 경우의 수는

$24\times2\times2=96$

2단계 학생 C가 두 학생 A, B 중 한 명과 이웃하는 경우의 수를 구해 보자.

(ii) C가 A 또는 B 중 한 명과 이웃할 때

ⓐ C, D가 이웃하는 경우의 수

D, C, A, B의 4명을 한 학생으로 생각하여 5명의 학생이 원 모양의 탁자에 둘러앉는 경우의 수는

$(5-1)!=4!=24$

A, B가 서로 자리를 바꾸는 경우의 수는

$2!=2$

A, B를 한 학생으로 생각하여 (A, B)와 D가 서로 자리를 바꾸는 경우의 수는

$2!=2$

$\therefore 24\times2\times2=96$

ⓑ C, E가 이웃하는 경우의 수

ⓐ와 같은 방법으로 96

ⓐ, ⓑ에서 이 경우의 수는

$96+96=192$

3단계 주어진 조건을 만족시키는 경우의 수를 구해 보자.

(i), (ii)에서 구하는 경우의 수는

$96+192=288$

008 정답률 ▸ 95% 답 ③

Best Pick 이 문제는 중복순열을 이용하여 문제에서 요구하는 경우의 수를 구하는 가장 대표적인 문제로 자연수 N의 배수인 경우의 수를 구하는 문제이다. 특히 자주 출제되는 2의 배수, 3의 배수, 4의 배수, 5의 배수, 6의 배수가 될 조건은 반드시 알고 있도록 하자.

1단계 천의 자리, 백의 자리, 십의 자리의 수를 정하는 경우의 수를 구해 보자.

천의 자리, 백의 자리, 십의 자리의 수를 정하는 경우의 수는 1, 2, 3, 4, 5 중에서 중복을 허락하여 3개를 택하는 경우의 수와 같으므로

${}_5\Pi_3=5^3=125$

2단계 일의 자리에 올 수 있는 수를 구해 보자.

만든 네 자리의 자연수가 5의 배수가 되어야 하므로 일의 자리의 수를 정하는 경우의 수는

5의 1

3단계 주어진 조건을 만족시키는 경우의 수를 구해 보자.

구하는 경우의 수는

$125\times1=125$

참고 배수 판정법

(1) 2의 배수: 일의 자리 숫자가 0 또는 짝수인 수
(2) 3의 배수: 각 자리의 수의 합이 3의 배수인 수
(3) 4의 배수: 끝의 두 자리의 수가 00 또는 4의 배수인 수
(4) 5의 배수: 일의 자리 숫자가 0 또는 5인 수
(5) 6의 배수: (1)과 (2)를 만족시키는 수, 즉 2의 배수이면서 3의 배수인 수
(6) 8의 배수: 끝의 세 자리의 수가 8의 배수인 수
(7) 9의 배수: 각 자리의 수의 합이 9의 배수인 수

009 정답률 ▸ 86% 답 ④

1단계 만의 자리의 수를 정하는 경우의 수를 구해 보자.

조건 (나)에 의하여 만의 자리의 수를 정하는 경우의 수는

1, 2의 2

2단계 천의 자리, 백의 자리, 십의 자리의 수를 정하는 경우의 수를 구해 보자.

천의 자리, 백의 자리, 십의 자리의 수를 정하는 경우의 수는 5개의 숫자 1, 2, 3, 4, 5 중에서 중복을 허락하여 3개를 선택하는 경우의 수와 같으므로

${}_5\Pi_3=5^3=125$

3단계 일의 자리의 수를 정하는 경우의 수를 구해 보자.

조건 (가)에 의하여 일의 자리의 수를 정하는 경우의 수는

1, 3, 5의 3

4단계 주어진 조건을 만족시키는 자연수 N의 개수를 구해 보자.

구하는 자연수 N의 개수는

$2\times125\times3=750$

010 정답률 ▸ 83% 답 ⑤

1단계 그릇 A에 담을 과일을 고르는 경우의 수를 구해 보자.

서로 다른 과일 5개 중 그릇 A에 담을 과일을 고르는 경우의 수는

${}_5C_2=10$

2단계 2개의 그릇 B, C에 남은 과일을 담는 경우의 수를 구해 보자.

2개의 그릇 B, C에 남은 3개의 과일을 담는 경우의 수는

${}_2\Pi_3=2^3=8$

3단계 주어진 조건을 만족시키는 경우의 수를 구해 보자.

구하는 경우의 수는

$10\times8=80$

011 정답률 ▸ 64% 답 33

1단계 세 문자 a, b, c 중에서 중복을 허락하여 4개를 택해 일렬로 나열하는 경우의 수를 구해 보자.

세 문자 a, b, c 중에서 중복을 허락하여 4개를 택해 일렬로 나열하는 경우의 수는 ${}_3\Pi_4=3^4=81$

2단계 문자 a가 한 번 또는 나오지 않는 경우의 수를 구해 보자.

세 문자 a, b, c 중에서 중복을 허락하여 4개를 택해 일렬로 나열할 때

(i) 문자 a가 한 번 나오는 경우 → b 또는 c가 3번 나오는 경우

문자 a를 제외한 2개의 문자 b, c 중에서 중복을 허락하여 3개를 택하는 경우의 수는

${}_2\Pi_3=2^3=8$

이 각각에 대하여 3개의 문자 사이사이와 양 끝의 4개의 자리 중 문자 a를 나열할 1개의 자리를 택하는 경우의 수는 (→ VOVOVOV)

${}_4C_1=4$

즉, 이 경우의 수는

$8\times4=32$

(ii) 문자 a가 나오지 않는 경우 → b 또는 c가 4번 나오는 경우

문자 a를 제외한 2개의 문자 b, c 중에서 중복을 허락하여 4개를 택하는 경우의 수는

${}_2\Pi_4=2^4=16$

(i), (ii)에서 문자 a가 한 번 이하 나오는 경우의 수는

$32+16=48$

3단계 주어진 조건을 만족시키는 경우의 수를 구해 보자.

문자 a가 두 번 이상 나오는 경우의 수는

$81-48=33$

012 정답률 ▸ 51% 답 ⑤

Best Pick 먼저 조건을 만족시키도록 경우를 나누는 것이 중요한 문제이다. 조건 (나)에서 1에 대한 조건이 있으므로 택한 수 중 1의 개수에 따라 경우를 나누어 문제를 해결해 보자.

1단계 1을 세 개 이하로 택하는 경우의 수를 구해 보자.

1을 네 개 이상 택하면 반드시 1끼리 서로 이웃하게 되므로 세 개 이하로 택해야 한다.

(i) 1을 택하지 않는 경우의 수

2□□□□ 꼴이어야 하므로

$_2\Pi_4=2^4=16$

→ 만의 자리에 0이 올 수 없으므로 2□□□□ 꼴만 가능하다.

(ii) 1을 한 번 택하는 경우의 수

1□□□□ 꼴일 때

$_2\Pi_4=2^4=16$

2□□□□ 꼴일 때

$_4C_1\times{}_2\Pi_3=4\times2^3=32$

$\therefore$ $16+32=48$

→ 1끼리는 서로 이웃하지 않아야 함에 주의한다.

(iii) 1을 두 번 택하는 경우의 수

1□□□□ 꼴일 때

$_3C_1\times{}_2\Pi_3=3\times2^3=24$

2□□□□ 꼴일 때

$3\times{}_2\Pi_2=3\times2^2=12$

$\therefore$ $24+12=36$

→ 1끼리는 서로 이웃하지 않아야 하므로 21□1□, 2□1□1, 21□□1의 3가지

(iv) 1을 세 번 택하는 경우의 수

1□1□1 꼴이어야 하므로

$_2\Pi_2=2^2=4$

2단계 만들 수 있는 모든 자연수의 개수를 구해 보자.

(i)~(iv)에서 구하는 자연수의 개수는

$16+48+36+4=104$

013 정답률 ▸ 39% 답 40

1단계 a의 값이 각각 0, 1, 2, 3인 경우로 나누어 각각의 경우의 수를 구해 보자.

(i) $a=0$인 경우

$\frac{bc}{a}$가 정의되지 않으므로 조건을 만족시키지 않는다.

→ 분모가 0이 되므로

(ii) $a=1$인 경우

$\frac{bc}{a}$는 항상 정수이고 b, c를 정하는 경우의 수는 0, 1, 2, 3 중에서 중복을 허락하여 2개를 택하는 경우의 수와 같으므로

→ $\frac{bc}{a}=\frac{bc}{1}=bc$이므로 b와 c의 값에 관계없이 $\frac{bc}{a}$는 항상 정수

$_4\Pi_2=4^2=16$

(iii) $a=2$인 경우

$bc=2k$ (k는 정수)일 때 $\frac{bc}{a}$가 정수가 된다.

→ bc는 짝수

$bc=2k$인 경우의 수는 b와 c를 택하는 모든 경우의 수에서 b와 c가 모두 홀수인 경우의 수를 빼면 되므로

→ bc는 홀수인 경우

$_4\Pi_2-{}_2\Pi_2=4^2-2^2$

$=16-4=12$

(iv) $a=3$인 경우

$bc=3k$ (k는 정수)일 때 $\frac{bc}{a}$가 정수가 된다.

→ bc는 3의 배수

$bc=3k$인 경우의 수는 b와 c를 택하는 모든 경우의 수에서 $bc\neq3k$인 경우의 수를 빼면 되므로

→ 1, 2 중에서 중복을 허락하여 2개를 택하는 경우의 수

$_4\Pi_2-{}_2\Pi_2=12$

2단계 주어진 조건을 만족시키는 순서쌍의 개수를 구해 보자.

(i)~(iv)에서 구하는 순서쌍 (a, b, c)의 개수는

$16+12+12=40$

014 답 ⑤

1단계 $f(4)=1$일 때, 주어진 조건을 만족시키는 함수 f의 개수를 구해 보자.

(i) $f(4)=1$일 때

조건 (가)에 의하여 $f(1)+f(2)+f(3)\geq3$ …… ㉠

조건 (나)에 의하여 $f(k)\neq1$ ($k=1, 2, 3$)

$f(1)$, $f(2)$, $f(3)$이 될 수 있는 값은 2, 3, 4 중 하나이다.

이때 $f(1)=f(2)=f(3)=2$일 때,

→ $f(1)+f(2)+f(3)$의 값이 가장 작은 경우

$f(1)+f(2)+f(3)=2+2+2=8\geq3$

이므로 부등식 ㉠을 만족시킨다.

즉, 주어진 조건을 만족시키는 경우의 수는

$_3\Pi_3=3^3=27$

2단계 $f(4)=2$일 때, 주어진 조건을 만족시키는 함수 f의 개수를 구해 보자.

(ii) $f(4)=2$일 때

조건 (가)에 의하여 $f(1)+f(2)+f(3)\geq6$ …… ㉡

조건 (나)에 의하여 $f(k)\neq2$ ($k=1, 2, 3$)

$f(1)$, $f(2)$, $f(3)$이 될 수 있는 값은 1, 3, 4 중 하나이다.

이때 부등식 ㉡을 만족시키지 않는 $f(1)$, $f(2)$, $f(3)$의 값은 $(1, 1, 1)$, $(1, 1, 3)$일 때이다.

$f(1)$, $f(2)$, $f(3)$의 값이 $(1, 1, 1)$일 때의 경우의 수는

1

$f(1)$, $f(2)$, $f(3)$의 값이 $(1, 1, 3)$일 때의 경우의 수는

$\frac{3!}{2!}=3$

즉, 주어진 조건을 만족시키지 않는 $f(1)$, $f(2)$, $f(3)$의 값을 정하는 경우의 수는

$1+3=4$

이므로 주어진 조건을 만족시키는 경우의 수는

$_3\Pi_3-4=3^3-4=23$

3단계 $f(4)=3$일 때, 주어진 조건을 만족시키는 함수 f의 개수를 구해 보자.

(iii) $f(4)=3$일 때

조건 (가)에 의하여 $f(1)+f(2)+f(3)\geq9$ …… ㉢

조건 (나)에 의하여 $f(k)\neq3$ ($k=1, 2, 3$)

$f(1)$, $f(2)$, $f(3)$이 될 수 있는 값은 1, 2, 4 중 하나이다.
이때 부등식 ㉢을 만족시키는 $f(1)$, $f(2)$, $f(3)$의 값은
$(1, 4, 4)$, $(2, 4, 4)$, $(4, 4, 4)$일 때이다.
$f(1)$, $f(2)$, $f(3)$의 값이 $(1, 4, 4)$일 때의 경우의 수는
$\frac{3!}{2!}=3$
$f(1)$, $f(2)$, $f(3)$의 값이 $(2, 4, 4)$일 때의 경우의 수는
$\frac{3!}{2!}=3$
$f(1)$, $f(2)$, $f(3)$의 값이 $(4, 4, 4)$일 때의 경우의 수는
1
즉, 주어진 조건을 만족시키는 경우의 수는
$3+3+1=7$

4단계 $f(4)=4$일 때, 주어진 조건을 만족시키는 함수 f의 개수를 구해 보자.

(iv) $f(4)=4$일 때
조건 (가)에 의하여 $f(1)+f(2)+f(3)\geq 12$ …… ㉣
조건 (나)에 의하여 $f(k)\neq 4$ ($k=1, 2, 3$)
$f(1)$, $f(2)$, $f(3)$이 될 수 있는 값은 1, 2, 3 중 하나이다.
이때 $f(1)=f(2)=f(3)=3$일 때, → $f(1)+f(2)+f(3)$의 값이 가장 큰 경우
$f(1)+f(2)+f(3)=3+3+3=9\leq 12$
이므로 부등식 ㉣을 만족시키지 않는다.
즉, $f(1)$, $f(2)$, $f(3)$이 될 수 있는 값은 존재하지 않는다.

5단계 주어진 조건을 만족시키는 함수 f의 개수를 구해 보자.

(i)~(iv)에서 구하는 함수 f의 개수는
$27+23+7=57$

015 정답률 ▸ 69% 답 ④

1단계 주어진 조건을 만족시키는 $f(3)$, $f(4)$의 값을 순서쌍 $(f(3), f(4))$로 나타내어 보자.

조건 (가)를 만족시키는 $f(3)$, $f(4)$의 값을 순서쌍 $(f(3), f(4))$로 나타내면
$(1, 4)$, $(2, 3)$, $(3, 2)$, $(4, 1)$, $(4, 6)$, $(5, 5)$, $(6, 4)$
조건 (나)에 의하여 $f(3)\neq 1$,
조건 (다)에 의하여 $f(4)\neq 6$
즉, 주어진 조건을 만족시키는 순서쌍 $(f(3), f(4))$는
$(2, 3)$, $(3, 2)$, $(4, 1)$, $(5, 5)$, $(6, 4)$

2단계 $f(3)$, $f(4)$의 값에 따른 함수 f의 개수를 각각 구해 보자.

(i) $f(3)=2$, $f(4)=3$일 때
$f(1)$, $f(2)$의 값을 정하는 경우의 수는
$f(1)=f(2)=1$의 1
$f(5)$, $f(6)$이 될 수 있는 값은 4, 5, 6이므로 $f(5)$, $f(6)$의 값을 정하는 경우의 수는
${}_3\Pi_2=3^2=9$
즉, 이 경우의 함수 f의 개수는
$1\times 9=9$

(ii) $f(3)=3$, $f(4)=2$일 때
$f(1)$, $f(2)$가 될 수 있는 값은 1, 2이므로 $f(1)$, $f(2)$의 값을 정하는 경우의 수는
${}_2\Pi_2=2^2=4$
$f(5)$, $f(6)$이 될 수 있는 값은 3, 4, 5, 6이므로 $f(5)$, $f(6)$의 값을 정하는 경우의 수는
${}_4\Pi_2=4^2=16$
즉, 이 경우의 함수 f의 개수는
$4\times 16=64$

(iii) $f(3)=4$, $f(4)=1$일 때
$f(1)$, $f(2)$가 될 수 있는 값은 1, 2, 3이므로 $f(1)$, $f(2)$의 값을 정하는 경우의 수는
${}_3\Pi_2=9$
$f(5)$, $f(6)$이 될 수 있는 값은 2, 3, 4, 5, 6이므로 $f(5)$, $f(6)$의 값을 정하는 경우의 수는
${}_5\Pi_2=5^2=25$
즉, 이 경우의 함수 f의 개수는
$9\times 25=225$

(iv) $f(3)=5$, $f(4)=5$일 때
$f(1)$, $f(2)$가 될 수 있는 값은 1, 2, 3, 4이므로 $f(1)$, $f(2)$의 값을 정하는 경우의 수는
${}_4\Pi_2=16$
$f(5)$, $f(6)$이 될 수 있는 값은 6이므로 $f(5)$, $f(6)$의 값을 정하는 경우의 수는
1
즉, 이 경우의 함수 f의 개수는
$16\times 1=16$

(v) $f(3)=6$, $f(4)=4$일 때
$f(1)$, $f(2)$가 될 수 있는 값은 1, 2, 3, 4, 5이므로 $f(1)$, $f(2)$의 값을 정하는 경우의 수는
${}_5\Pi_2=25$
$f(5)$, $f(6)$이 될 수 있는 값은 5, 6이므로 $f(5)$, $f(6)$의 값을 정하는 경우의 수는
${}_2\Pi_2=4$
즉, 이 경우의 함수 f의 개수는
$25\times 4=100$

3단계 주어진 조건을 만족시키는 함수 f의 개수를 구해 보자.

(i)~(v)에서 구하는 함수 f의 개수는
$9+64+225+16+100=414$

016 정답률 ▸ 60% 답 ③

1단계 $f(3)=4$일 때 주어진 조건을 만족시키는 함수 f의 개수를 구해 보자.

조건 (가)에 의하여 $f(3)\neq 2$, $f(3)\neq 12$이다.
(i) $f(3)=4$일 때
$f(2)$, $f(5)$의 값을 정하는 경우의 수는
$f(2)=f(5)=2$
의 1
$f(1)$, $f(4)$가 될 수 있는 값은 6, 8, 10, 12이므로 $f(1)$, $f(4)$의 값을 정하는 경우의 수는
${}_4\Pi_2=4^2=16$
즉, 이 경우의 함수 f의 개수는
$1\times 16=16$

2단계 $f(3)=6$일 때 주어진 조건을 만족시키는 함수 f의 개수를 구해 보자.

(ii) $f(3)=6$일 때

$f(2)$, $f(5)$가 될 수 있는 값은 2, 4이므로 $f(2)$, $f(5)$의 값을 정하는 경우의 수는

${}_2\Pi_2=2^2=4$

$f(1)$, $f(4)$가 될 수 있는 값은 8, 10, 12이므로 $f(1)$, $f(4)$의 값을 정하는 경우의 수는

${}_3\Pi_2=3^2=9$

즉, 이 경우의 함수 f의 개수는

$4\times9=36$

3단계 $f(3)=8$일 때 주어진 조건을 만족시키는 함수 f의 개수를 구해 보자.

(iii) $f(3)=8$일 때

$f(2)$, $f(5)$가 될 수 있는 값은 2, 4, 6이므로 $f(2)$, $f(5)$의 값을 정하는 경우의 수는

${}_3\Pi_2=9$

$f(1)$, $f(4)$가 될 수 있는 값은 10, 12이므로 $f(1)$, $f(4)$의 값을 정하는 경우의 수는

${}_2\Pi_2=4$

즉, 이 경우의 함수 f의 개수는

$9\times4=36$

4단계 $f(3)=10$일 때 주어진 조건을 만족시키는 함수 f의 개수를 구해 보자.

(iv) $f(3)=10$일 때

$f(2)$, $f(5)$가 될 수 있는 값은 2, 4, 6, 8이므로 $f(2)$, $f(5)$의 값을 정하는 경우의 수는

${}_4\Pi_2=16$

$f(1)$, $f(4)$의 값을 정하는 경우의 수는

$f(1)=f(4)=12$

의 1

즉, 이 경우의 함수 f의 개수는

$16\times1=16$

5단계 주어진 조건을 만족시키는 함수 f의 개수를 구해 보자.

(i)~(iv)에서 구하는 함수 f의 개수는

$16+36+36+16=104$

017 답 ①

Best Pick 합성함수의 성질을 정확히 알고 있어야 하는 문제이다. 합성함수 $g\circ f$에서 함수 g의 정의역은 함수 f의 치역과 같다는 것이 핵심이다.

1단계 함수 f의 치역의 원소의 개수가 2가 되는 경우의 수를 구해 보자.

조건 (가)에서 함수 f의 치역의 원소의 개수가 2이므로 공역의 1, 2, 3, 4의 4개의 원소 중에서 치역의 원소 2개를 선택하는 경우의 수는

${}_4C_2=6$

2단계 합성함수 $f\circ f$의 치역의 원소의 개수가 1이 되는 경우의 수를 구해 보자.

조건 (나)에서 합성함수 $f\circ f$의 치역의 원소의 개수가 1이므로

1단계 에서 선택한 2개의 원소 중에서 1개를 선택하는 경우의 수는

${}_2C_1=2$

3단계 함수 f의 개수를 구해 보자.

2개의 원소가 치역의 원소 2개에 대응되는 경우의 수에서 4개의 원소가 모두 하나에 대응되는 경우의 수를 빼야한다.

1, 2, 3, 4의 4개의 원소 중에서 함수 f의 치역의 원소가 되는 2개를 제외한 2개의 원소가 치역의 원소에 대응되는 경우의 수는

${}_2\Pi_2-1=4-1=3$

따라서 구하는 함수 f의 개수는

$6\times2\times3=36$

018 정답률 ▸ 42% 답 ④

1단계 (가), (나), (다)에 알맞은 수를 각각 구해 보자.

(i) $n(A)=3$이고 모든 원소의 합이 3의 배수인 집합 A는

$\{1, 2, 3\}$, $\{1, 3, 5\}$, $\{2, 3, 4\}$, $\{3, 4, 5\}$

이다.

$A=\{1, 2, 3\}$인 경우 $n(B)<3$이므로 집합 B는

$\{1\}$, $\{2\}$, $\{3\}$, $\{1, 2\}$, $\{1, 3\}$, $\{2, 3\}$

이다.

ⓐ $A=\{1, 2, 3\}$, $B=\{1\}$인 경우

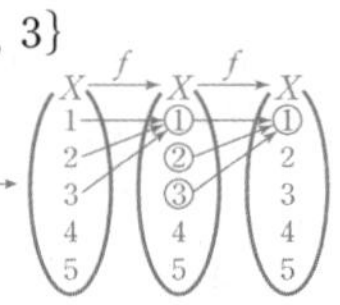

$f(1)=f(2)=f(3)=1$이고

$f(4)=2$, $f(5)=3$ 또는 $f(4)=3$, $f(5)=2$이므로 함수 f의 개수는 $\boxed{2}$이다.

ⓑ $A=\{1, 2, 3\}$, $B=\{1, 2\}$인 경우

$f(1)$, $f(2)$, $f(3)$이 될 수 있는 값은 1, 2이므로 $f(1)$, $f(2)$, $f(3)$의 값을 정하는 경우의 수는

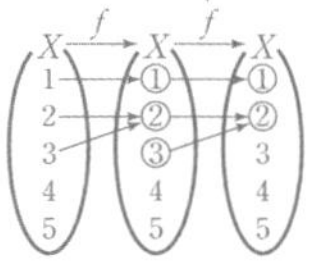

${}_2\Pi_3=2^3=8$

이때 $B=\{1\}$ 또는 $B=\{2\}$인 경우, 즉

$f(1)=f(2)=f(3)=1$, $f(1)=f(2)=f(3)=2$

인 경우는 제외해야 하므로

$8-2=6$

또한, $f(4)=3$ 또는 $f(5)=3$이어야 한다.

즉, 집합 $\{4, 5\}$에서 집합 $\{1, 2, 3\}$으로의 함수에서 치역이 $\{1\}$, $\{2\}$, $\{1, 2\}$인 경우는 제외해야 하므로

${}_3\Pi_2-{}_2\Pi_2=3^2-2^2=5$

따라서 주어진 조건을 만족시키는 함수 f의 개수는 $6\times5=\boxed{30}$이다.

ⓐ, ⓑ와 같은 경우가 각각 3가지이므로

$n(A)=3$, $n(B)<3$이고 집합 A의 모든 원소의 합이 3의 배수가 되도록 하는 함수 f의 개수는 $4\times(3\times\boxed{2}+3\times\boxed{30})$이다.

(ii) $n(A)=4$이고 모든 원소의 합이 3의 배수인 집합 A는 $\{1, 2, 4, 5\}$뿐이다.

$n(B)=1$, 즉 $f(1)=f(2)=f(4)=f(5)$인 경우에는 $n(A)\le2$이므로 주어진 조건을 만족시키지 않는다. ($f(1)=f(2)=f(4)=f(5)=f(3)$ 또는 $f(1)=f(2)=f(4)=f(5)\ne f(3)$)

$n(B)=2$인 경우에는 $n(A)\le3$이므로 주어진 조건을 만족시키지 않는다.

따라서 $n(B)=3$이므로 집합 B는

$\{1, 2, 4\}$, $\{1, 2, 5\}$, $\{1, 4, 5\}$, $\{2, 4, 5\}$

이다.

$A=\{1, 2, 4, 5\}$, $B=\{1, 2, 4\}$인 경우

$f(3)=5$이고, $f(1)$, $f(2)$, $f(4)$, $f(5)$가 될 수 있는 값은 1, 2, 4이므로 $f(1)$, $f(2)$, $f(4)$, $f(5)$의 값을 정하는 경우의 수는

${}_3\Pi_4=3^4=81$

이때 치역이 $\{1\}$, $\{2\}$, $\{4\}$, $\{1, 2\}$, $\{1, 4\}$, $\{2, 4\}$인 경우는 제외해야 한다.

치역이 $\{1\}$, $\{2\}$, $\{4\}$인 함수의 개수는 3이고, 치역이 $\{1, 2\}$, $\{1, 4\}$, $\{2, 4\}$인 함수의 개수는 $3\times({}_2\Pi_4-2)$이므로 주어진 조건을 만족시키는 함수 f의 개수는

$81-\{3+3\times({}_2\Pi_4-2)\}=81-\{3+3\times(2^4-2)\}=36$

이와 같은 경우가 4가지이므로

$n(A)=4$, $n(B)<4$이고 집합 A의 모든 원소의 합이 3의 배수가 되도록 하는 함수 f의 개수는 $4\times36=\boxed{144}$이다.

(iii) $n(A)=5$인 경우 함수 f는 일대일대응이고

$n(B)=5$이므로 $n(A)>n(B)$를 만족시키는 함수 f는 존재하지 않는다.

(i), (ii), (iii)에 의하여 구하는 함수 f의 개수는

$4\times(3\times\boxed{2}+3\times\boxed{30})+\boxed{144}$이다.

∴ (가): 2, (나): 30, (다): 144

2단계 $p+q+r$의 값을 구해 보자.

$p=2$, $q=30$, $r=144$이므로

$p+q+r=2+30+144=176$

019 정답률 ▸ 26% 답 ①

1단계 주어진 조건을 만족시키는 함수 f의 치역을 구해 보자.

조건 (가)에 의하여

$f(1)\geq1$, $f(2)\geq2$, $f(3)\geq2$, $f(4)\geq2$, $f(5)\geq3$ ⋯⋯ ㉠

조건 (나)에서 가능한 함수 f의 치역은

$\{1, 2, 3\}$, $\{1, 2, 4\}$, $\{1, 3, 4\}$, $\{2, 3, 4\}$

2단계 함수 f의 치역에 따른 함수 f의 개수를 각각 구해 보자.

(i) 함수 f의 치역이 $\{1, 2, 3\}$일 때

㉠에 의하여 $f(1)=1$, $f(5)=3$

$f(2)$, $f(3)$, $f(4)$가 될 수 있는 값은 2, 3이므로 $f(2)$, $f(3)$, $f(4)$의 값을 정하는 경우의 수는

${}_2\Pi_3=2^3=8$

이때 함수 f의 치역이 $\{1, 3\}$인 경우, 즉 $f(2)=f(3)=f(4)=3$인 경우는 제외해야 한다.

즉, 이 경우의 함수 f의 개수는

$8-1=7$

(ii) 함수 f의 치역이 $\{1, 2, 4\}$일 때

㉠에 의하여 $f(1)=1$, $f(5)=4$이고, (i)과 같은 방법으로 함수 f의 개수는 7

(iii) 함수 f의 치역이 $\{1, 3, 4\}$일 때

㉠에 의하여 $f(1)=1$

$f(2)$, $f(3)$, $f(4)$, $f(5)$가 될 수 있는 값은 3, 4이므로 $f(2)$, $f(3)$, $f(4)$, $f(5)$의 값을 정하는 경우의 수는

${}_2\Pi_4=2^4=16$

이때 함수 f의 치역이 $\{1, 3\}$, $\{1, 4\}$인 경우, 즉

$f(2)=f(3)=f(4)=f(5)=3$, $f(2)=f(3)=f(4)=f(5)=4$

인 경우는 제외해야 한다.

즉, 이 경우의 함수 f의 개수는

$16-2=14$

(iv) 함수 f의 치역이 $\{2, 3, 4\}$일 때

㉠에 의하여 $f(5)=3$ 또는 $f(5)=4$

ⓐ $f(5)=3$일 때

$f(1)$, $f(2)$, $f(3)$, $f(4)$가 될 수 있는 값은 2, 3, 4이므로 $f(1)$, $f(2)$, $f(3)$, $f(4)$의 값을 정하는 경우의 수는

${}_3\Pi_4=3^4=81$

이때 치역이 $\{3\}$, $\{2, 3\}$, $\{3, 4\}$인 경우는 제외해야 한다.

치역이 $\{3\}$인 함수의 개수는 1이고, $\{2, 3\}$, $\{3, 4\}$인 함수의 개수는 $2\times({}_2\Pi_4-1)$이므로 이 경우의 함수 f의 개수는

$81-\{1+2\times({}_2\Pi_4-1)\}=81-\{1+2\times(2^4-1)\}=50$

ⓑ $f(5)=4$일 때

ⓐ와 같은 방법으로 함수 f의 개수는 50

ⓐ, ⓑ에서 함수 f의 개수는

$50+50=100$

3단계 주어진 조건을 만족시키는 함수 f의 개수를 구해 보자.

(i)~(iv)에서 구하는 함수 f의 개수는

$7+7+14+100=128$

020 정답률 ▸ 85% 답 ②

1단계 주어진 조건을 만족시키는 경우를 알아보고 6장의 카드를 나열하는 경우의 수를 구해 보자.

2, 4를 같은 문자 A로 생각하고 1, 3, 5를 같은 문자 B로 생각하여 A, A, B, B, B, 6이 하나씩 적혀 있는 6장의 카드를 일렬로 나열하는 경우의 수와 같다.

따라서 구하는 경우의 수는

$\frac{6!}{2!3!}=60$

다른 풀이

2, 4와 1, 3, 5의 순서가 정해져 있으므로 6개의 자리 중에서 2, 4의 자리를 선택하는 경우의 수는

${}_6C_2=15$

남은 4개의 자리 중에서 1, 3, 5의 자리를 선택하는 경우의 수는

${}_4C_3={}_4C_1=4$

따라서 구하는 경우의 수는

$15\times4=60$

021 정답률 ▸ 87% 답 ⑤

1단계 주어진 조건을 만족시키는 경우를 알아보고, 8개의 공을 나열하는 경우의 수를 구해 보자.

구하는 경우의 수는 흰 공 2개, 빨간 공 2개, 검은 공 4개를 일렬로 나열하는 경우의 수에서 흰 공 2개가 이웃하게 나열하는 경우의 수를 뺀 것과 같다.

흰 공 2개, 빨간 공 2개, 검은 공 4개를 일렬로 나열하는 경우의 수는

$\frac{8!}{2!2!4!}=420$

2단계 흰 공이 서로 이웃하게 나열하는 경우의 수를 구해 보자.

흰 공 2개가 이웃하게 나열하는 경우의 수는 2개의 흰 공을 한 개의 공으로 생각하여 흰 공 1개, 빨간 공 2개, 검은 공 4개를 일렬로 나열하는 경우의 수와 같으므로

$\frac{7!}{2!4!}=105$

3단계 **주어진 조건을 만족시키는 경우의 수를 구해 보자.**

구하는 경우의 수는

$420-105=315$

다른 풀이

빨간 공 2개, 검은 공 4개를 일렬로 나열하는 경우의 수는

$\frac{6!}{2!4!}=15$

위의 그림과 같은 경우에 대하여 빨간 공 2개, 검은 공 4개 사이사이와 양 끝의 7자리 중 흰 공 2개를 나열할 2자리를 택하는 경우의 수는

${}_7C_2=21$

따라서 구하는 경우의 수는

$15\times21=315$

022 정답률 ▸ 78% 답 ④

1단계 **3개의 문자 A, B, C를 같은 문자로 생각하여 6개의 문자를 일렬로 나열하는 경우의 수를 구해 보자.**

3개의 문자 A, B, C를 같은 문자 X로 생각하여 6개의 문자를 모두 한 번씩 사용하여 일렬로 나열하는 경우의 수는

$\frac{6!}{3!}=120$

2단계 **문자 A, B, C를 나열하는 경우의 수를 구해 보자.**

문자 X가 놓인 3개의 자리에 왼쪽부터 차례대로 3개의 문자 B, A, C 또는 C, A, B를 놓으면 되므로 이 경우의 수는

2

3단계 **주어진 조건을 만족시키는 경우의 수를 구해 보자.**

구하는 경우의 수는

$120\times2=240$

023 정답률 ▸ 68% 답 ⑤

1단계 **주어진 조건을 만족시키는 경우를 알아보고, 7장의 카드를 나열하는 경우의 수를 구해 보자.**

구하는 경우의 수는 7장의 카드를 모두 한 번씩 사용하여 일렬로 나열하는 경우의 수에서 1이 적힌 카드와 2가 적힌 카드 사이에 한 장 이하의 카드가 있는 경우의 수를 뺀 것과 같다.

7장의 카드를 모두 한 번씩 사용하여 일렬로 나열하는 경우의 수는

$\frac{7!}{2!3!}=420$

2단계 **1이 적힌 카드와 2가 적힌 카드 사이에 한 장 이하의 카드가 있도록 7장의 카드를 나열하는 경우의 수를 구해 보자.**

(i) 1, 2가 각각 적힌 두 장의 카드가 서로 이웃할 때

1, 2가 각각 적힌 두 장의 카드를 한 장의 카드로 생각하여 6장의 카드를 일렬로 나열하는 경우의 수는

$\frac{6!}{2!3!}=60$

1, 2가 각각 적힌 두 장의 카드의 자리를 서로 바꾸는 경우의 수는

$2!=2$

즉, 이 경우의 수는

$60\times2=120$

(ii) 1, 2가 각각 적힌 두 장의 카드 사이에 한 장의 카드가 있을 때

ⓐ 3이 적힌 카드가 있을 때

1, 2, 3이 각각 적힌 세 장의 카드를 한 장의 카드로 생각하여 5장의 카드를 일렬로 나열하는 경우의 수는

$\frac{5!}{3!}=20$

1, 2가 각각 적힌 두 장의 카드의 자리를 서로 바꾸는 경우의 수는

$2!=2$

$\therefore 20\times2=40$

ⓑ 4가 적힌 카드가 있을 때

1, 2, 4가 각각 적힌 세 장의 카드를 한 장의 카드로 생각하여 5장의 카드를 일렬로 나열하는 경우의 수는

$\frac{5!}{2!2!}=30$

1, 2가 각각 적힌 두 장의 카드의 자리를 서로 바꾸는 경우의 수는

$2!=2$

$\therefore 30\times2=60$

ⓐ, ⓑ에서 이 경우의 수는

$40+60=100$

(i), (ii)에서 1이 적힌 카드와 2가 적힌 카드 사이에 한 장 이하의 카드가 있도록 7장의 카드를 나열하는 경우의 수는

$120+100=220$

3단계 **조건을 만족시키는 경우의 수를 구해 보자.**

구하는 경우의 수는

$420-220=200$

다른 풀이

숫자 3, 3, 4, 4, 4가 하나씩 적힌 5장의 카드를 일렬로 나열하는 경우의 수는

$\frac{5!}{2!3!}=10$

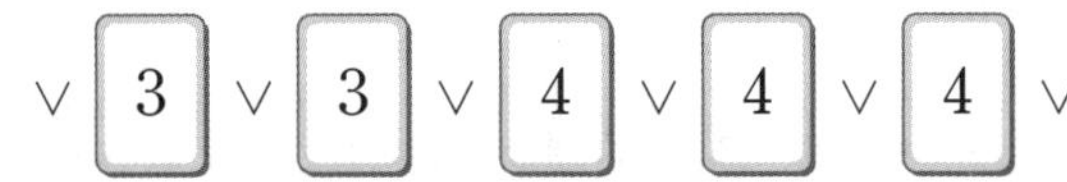

위의 그림과 같은 경우에 대하여 3이 적힌 카드와 4가 적힌 카드 사이사이와 양 끝의 ∨ 표시된 6곳 중 1, 2가 각각 적힌 두 장의 카드를 나열할 두 곳을 택하는 경우의 수는

${}_6P_2=30$

이때 연속으로 ∨ 표시된 두 곳에 1, 2가 각각 적힌 두 장의 카드를 나열하는 경우의 수를 빼야 하므로

$30-5\times2=20$

따라서 구하는 경우의 수는

$10\times20=200$

024 정답률 ▸ 74% 답 6

1단계 **조건 (가)를 만족시키는 경우를 알아보자.**

네 자연수의 합이 6인 경우는

1, 1, 1, 3 또는 1, 1, 2, 2

2단계 **1단계** 에서 구한 경우 중 조건 (나)를 만족시키는 경우를 알아보자.

(i) 1, 1, 1, 3인 경우

$1\times1\times1\times3=3$이므로 네 자연수의 곱이 4의 배수가 아니다.

(ii) 1, 1, 2, 2인 경우

$1\times1\times2\times2=4$이므로 네 자연수의 곱이 4의 배수이다.

3단계 조건을 만족시키는 순서쌍의 개수를 구해 보자.

(i), (ii)에서 조건을 만족시키는 네 자연수는 1, 1, 2, 2이므로 구하는 순서쌍 (a, b, c, d)의 개수는

$\frac{4!}{2!2!}=6$

025 정답률 ▸ 85% 답 ②

1단계 넣은 공의 개수가 1인 상자가 있도록 공을 나누는 경우를 알아보자.

넣은 공의 개수가 1인 상자가 있도록 공을 나누는 경우는

1개, 1개, 1개, 1개 또는 1개, 1개, 2개, 0개 또는 1개, 3개, 0개, 0개이다.

2단계 넣은 공의 개수가 1인 상자가 있도록 공을 넣는 경우의 수를 구해 보자.

(i) 1개, 1개, 1개, 1개인 경우

서로 다른 상자 4개에 넣는 경우의 수는

$4!=24$

(ii) 1개, 1개, 2개, 0개인 경우

한 상자에 들어갈 2개의 공을 택하는 경우의 수는

${}_4C_2=6$

서로 다른 상자 4개에 넣는 경우의 수는

$4!=24$

$\therefore 6\times24=144$

(iii) 1개, 3개, 0개, 0개인 경우

한 상자에 들어갈 1개의 공을 택하는 경우의 수는

${}_4C_1=4$

→ 한 상자에 들어갈 3개의 공을 택하는 경우의 수를 이용해도 답은 동일하다.

서로 다른 상자 4개에 넣는 경우의 수는

$\frac{4!}{2!}=12$

$\therefore 4\times12=48$

3단계 주어진 조건을 만족시키는 경우의 수를 구해 보자.

(i), (ii), (iii)에서 구하는 경우의 수는

$24+144+48=216$

026 정답률 ▸ 64% 답 ⑤

1단계 주사위를 네 번 던져 얻은 네 점수의 합이 4인 경우를 알아보자.

주사위를 네 번 던져 얻은 네 점수의 합이 4인 경우는

0, 0, 1, 3 또는 0, 0, 2, 2 또는 0, 1, 1, 2 또는 1, 1, 1, 1이다.

2단계 **1단계** 에서 구한 경우에 대하여 순서쌍의 개수를 각각 구해 보자.

(i) 네 점수가 0, 0, 1, 3일 때

4 이상의 눈이 두 번, 1, 3의 눈이 각각 한 번씩 나오는 경우이다.

4 이상인 눈이 두 번 나오는 경우의 수는 4, 5, 6의 3개 중에서 중복을 허락하여 2개를 선택하는 순열의 수와 같으므로

${}_3\Pi_2=3^2=9$

0, 0, 1, 3을 일렬로 나열하는 경우의 수는

$\frac{4!}{2!}=12$

즉, 이 경우의 순서쌍 (a, b, c, d)의 개수는

$9\times12=108$

(ii) 네 점수가 0, 0, 2, 2일 때

4 이상의 눈과 2의 눈이 각각 두 번씩 나오는 경우이다.

4 이상인 눈이 두 번 나오는 경우의 수는

${}_3\Pi_2=9$

0, 0, 2, 2를 일렬로 나열하는 경우의 수는

$\frac{4!}{2!2!}=6$

즉, 이 경우의 순서쌍 (a, b, c, d)의 개수는

$9\times6=54$

(iii) 네 점수가 0, 1, 1, 2일 때

4 이상의 눈이 한 번, 1의 눈이 두 번, 2의 눈이 한 번 나오는 경우이다.

4 이상의 눈이 한 번 나오는 경우의 수는

4, 5, 6의 3

0, 1, 1, 2를 일렬로 나열하는 경우의 수는

$\frac{4!}{2!}=12$

즉, 이 경우의 순서쌍 (a, b, c, d)의 개수는

$3\times12=36$

(iv) 네 점수가 1, 1, 1, 1일 때

1의 눈이 네 번 나오는 경우이므로 이 경우의 순서쌍 (a, b, c, d)의 개수는

1

3단계 주어진 조건을 만족시키는 순서쌍의 개수를 구해 보자.

(i)~(iv)에서 구하는 순서쌍 (a, b, c, d)의 개수는

$108+54+36+1=199$

027 정답률 ▸ 70% 답 180

1단계 숫자 4, 5, 6이 적힌 칸에 넣는 세 개의 공이 적힌 수의 합이 5이고 모두 같은 색이 되도록 하는 경우를 알아보자.

흰 공 4개를 ①, ①, ②, ②라 하고, 검은 공 4개를 ❶, ❶, ❷, ❷라 하면

숫자 4, 5, 6이 적힌 칸에는 ①, ②, ② 또는 ❶, ❷, ❷를 넣어야 한다.

→ 세 공에 적힌 수의 합이 5가 되는 경우는 1, 2, 2인 경우뿐이다.

2단계 숫자 4, 5, 6이 적힌 칸에 넣는 세 개의 공이 적힌 수의 합이 5이고 모두 같은 색이 되도록 하는 각각의 경우의 수를 구해 보자.

(i) 숫자 4, 5, 6이 적힌 칸에 ①, ②, ②를 한 개씩 넣는 경우

숫자 4, 5, 6이 적힌 칸에 ①, ②, ②를 한 개씩 넣는 경우의 수는

$\frac{3!}{2!}=3$

나머지 5개의 칸에 ①, ❶, ❶, ❷, ❷를 한 개씩 넣는 경우의 수는

$\frac{5!}{2!2!}=30$

즉, 이 경우의 수는

$3\times30=90$

(ii) 숫자 4, 5, 6이 적힌 칸에 ❶, ❷, ❷를 한 개씩 넣는 경우

(i)과 같은 방법으로

90

3단계 주어진 조건을 만족시키는 경우의 수를 구해 보자.

(i), (ii)에서 구하는 경우의 수는

$90+90=180$

028 정답률 ▸ 76% 답 ④

1단계 (가), (나)에 알맞은 수를 각각 구해 보자.

규칙에 따라 봉사활동을 신청하는 경우는

첫째 주에 봉사활동 A, B, C를 모두 신청한 후

'(i) 첫째 주를 제외한 3주간의 봉사활동을 신청하는 경우'에서 '(ii) 첫째 주에 봉사활동 C를 신청한 요일과 같은 요일에 모두 봉사활동 C를 신청하는 경우'를 제외하면 된다.

첫째 주에 봉사활동 A, B, C를 모두 신청하는 경우의 수는

3!이다.

(i)의 경우:

봉사활동 A, B, C를 각각 2회, 2회, 5회 신청하는 경우의 수는

$\frac{9!}{2!2!5!}=\boxed{756}$ 이다.

(ii)의 경우:

첫째 주에 봉사활동 C를 신청한 요일과 같은 요일에 모두 봉사활동 C를 신청하는 경우의 수는 봉사활동 A, B, C를 각각 2회씩 신청하는 경우의 수와 같으므로

$\frac{6!}{2!2!2!}=\boxed{90}$ 이다.

(i), (ii)에 의해

구하는 경우의 수는 $3!\times(\boxed{756}-\boxed{90})$이다.

∴ (가): 756, (나): 90

2단계 $p+q$의 값을 구해 보자.

$p=756$, $q=90$이므로

$p+q=756+90=846$

029 정답률 ▸ 59% 답 546

1단계 세 문자 A, B, C에서 중복을 허락하여 홀수 개씩 7개를 선택하는 경우를 알아보자.

세 문자 A, B, C를 선택하는 개수를 각각 a, b, c라 하고, 세 문자 A, B, C에서 중복을 허락하여 홀수 개씩 7개를 선택하는 경우를 순서쌍 (a, b, c)로 나타내면

$(5, 1, 1)$, $(1, 5, 1)$, $(1, 1, 5)$, $(1, 3, 3)$, $(3, 1, 3)$, $(3, 3, 1)$

2단계 세 문자 A, B, C에서 중복을 허락하여 홀수 개씩 7개를 선택하는 각각의 경우의 수를 구해 보자.

(i) 세 문자 A, B, C의 개수가 $(5, 1, 1)$, $(1, 5, 1)$, $(1, 1, 5)$인 경우

세 문자 A, B, C의 개수가 $(5, 1, 1)$이라 하면

$\frac{7!}{5!}=42$

$\therefore 3\times42=126$

(ii) 세 문자 A, B, C의 개수가 $(1, 3, 3)$, $(3, 1, 3)$, $(3, 3, 1)$인 경우

세 문자 A, B, C의 개수가 $(1, 3, 3)$이라 하면

$\frac{7!}{3!3!}=140$

$\therefore 3\times140=420$

3단계 주어진 조건을 만족시키는 경우의 수를 구해 보자.

(i), (ii)에서 구하는 경우의 수는

$126+420=546$

030 정답률 ▸ 가형: 52%, 나형: 47% 답 450

Best Pick 먼저 조건을 만족시키도록 경우를 나누는 것이 중요한 문제이다. 홀수, 짝수에 대한 조건이 모두 있으므로 가짓수가 더 적은 것을 기준으로 경우를 나누어 보자.

1단계 주어진 조건을 만족시키는 경우를 알아보자.

두 조건 (가), (나)에 의하여 홀수 1개, 짝수 4개 또는 홀수 3개, 짝수 2개를 선택하여야 한다.

2단계 홀수와 짝수를 선택하는 각각의 경우의 수를 구해 보자.

(i) 홀수 1개, 짝수 4개를 선택하는 경우

홀수 3개 중에서 1개를 선택하고, 짝수 3개 중에서 2개를 각각 2번씩 선택하여 일렬로 나열하면 되므로

$\underset{\text{홀수 선택}}{{}_3C_1}\times\underset{\text{짝수 선택}}{{}_3C_2}\times\underset{\text{일렬로 나열}}{\frac{5!}{2!2!}}={}_3C_1\times{}_3C_1\times\frac{5!}{2!2!}$

$=3\times3\times30=270$

(ii) 홀수 3개, 짝수 2개를 선택하는 경우

홀수 3개 중에서 3개를 선택하고, 짝수 3개 중에서 1개를 2번 선택하여 일렬로 나열하면 되므로

${}_3C_3\times{}_3C_1\times\frac{5!}{2!}=1\times3\times60=180$

3단계 주어진 조건을 만족시키는 자연수의 개수를 구해 보자.

(i), (ii)에서 구하는 자연수의 개수는

$270+180=450$

031 정답률 ▸ 22% 답 600

1단계 a끼리 또는 b끼리 이웃하게 되는 경우의 수를 각각 구해 보자.

(i) a끼리 이웃하는 경우의 수

2개의 a를 한 개의 문자 A로 생각하여 6개의 문자 A, b, b, c, d, e를 일렬로 나열하는 경우의 수와 같으므로

$\frac{6!}{2!}=360$

(ii) b끼리 이웃하는 경우의 수

2개의 b를 한 개의 문자 B로 생각하여 6개의 문자 a, a, B, c, d, e를 일렬로 나열하는 경우의 수와 같으므로

$\frac{6!}{2!}=360$

(iii) a는 a끼리, b는 b끼리 동시에 이웃하는 경우의 수 (→ (i), (ii)에서 구한 경우의 수에 모두 포함되므로 빼 주어야 한다.)

2개의 a를 한 개의 문자 A로, 2개의 b를 한 개의 문자 B로 생각하여 5개의 문자 A, B, c, d, e를 일렬로 나열하는 경우의 수와 같으므로

$5!=120$

2단계 주어진 조건을 만족시키는 경우의 수를 구해 보자.

(i), (ii), (iii)에서 구하는 경우의 수는

$360+360-120=600$

032 정답률 ▸ 37% 답 150

1단계 일의 자리의 수와 백의 자리의 수가 같은 경우의 수를 구해 보자.

일의 자리의 수와 백의 자리의 수를 정하는 경우의 수는

${}_3C_1=3$

2단계 **일의 자리와 백의 자리를 제외한 나머지 네 자리의 수를 정하는 각각의 경우의 수를 구해 보자.**

일의 자리의 수와 백의 자리의 수를 1이라 하고, 일의 자리와 백의 자리를 제외한 나머지 네 자리에

(i) 1, 1, 2, 3을 나열하는 경우의 수

$\frac{4!}{2!}=12$

(ii) 1, 2, 2, 3 또는 1, 2, 3, 3을 나열하는 경우의 수

$\frac{4!}{2!}\times 2=12\times 2=24$

(iii) 2, 2, 3, 3을 나열하는 경우의 수

$\frac{4!}{2!2!}=6$

(iv) 2, 2, 2, 3 또는 2, 3, 3, 3을 나열하는 경우의 수

$\frac{4!}{3!}\times 2=4\times 2=8$

(i)~(iv)에서 일의 자리의 수와 백의 자리의 수가 1인 자연수의 개수는

$12+24+6+8=50$

3단계 **주어진 조건을 만족시키는 자연수의 개수를 구해 보자.**

구하는 자연수의 개수는

$3\times 50=150$

033 정답률 ▸ 35% 답 ③

1단계 **로봇이 움직일 때, 가능한 경로를 방향에 따라 나누어 각각의 경로의 수를 구해 보자.**

지점 O를 원점으로 하는 좌표평면 위에 도로망을 옮겨 놓아보자.

로봇이 지점 O를 출발하여 4번 움직여 도착할 수 있는 제1사분면 또는 x축의 양의 방향 위의 지점은 오른쪽 그림의 A, B, C, D, E, F이다.

↳ 전체 4곳 중 1곳

(i) O ⟶ A의 경로의 수는 1

↳ →, →, →, →를 일렬로 나열하는 경우의 수

(ii) O ⟶ B의 경로의 수는 $\frac{4!}{3!}=4$

↳ →, →, →, ↑를 일렬로 나열하는 경우의 수

(iii) O ⟶ C의 경로는 수는 $\frac{4!}{2!2!}=6$

↳ →, →, ↑, ↑를 일렬로 나열하는 경우의 수

(iv) O ⟶ D의 경로의 수는 $\frac{4!}{3!}=4$

↳ →, ↑, ↑, ↑를 일렬로 나열하는 경우의 수

(v) O ⟶ E의 경로의 수는 오른쪽 그림과 같이

OabcE, OabdE, OdbcE, OfghE, OfgdE, OdghE

의 6

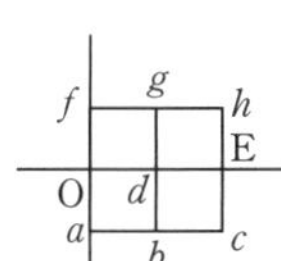

(vi) O ⟶ F의 경로의 수는 오른쪽 그림과 같이

4

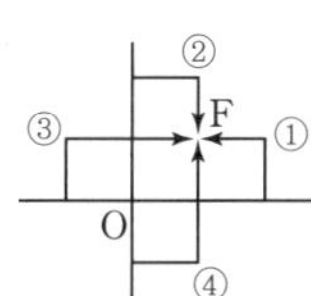

2단계 **주어진 조건을 만족시키는 경로의 수를 구해 보자.**

(i)~(vi)과 같은 경로가 3개 더 존재하므로 구하는 경로의 수는

$4(1+4+6+4+6+4)=100$

↳ ① 제2사분면 또는 y축의 양의 방향 위의 지점까지 가는 경로
② 제3사분면 또는 x축의 음의 방향 위의 지점까지 가는 경로
③ 제4사분면 또는 y축의 음의 방향 위의 지점까지 가는 경로

다른 풀이

처음 움직일 때, → ← ↑ ↓의 네 방향 모두 선택할 수 있으므로 출발할 때 선택할 수 있는 경로의 수는

4

한편, 한 번 통과한 길은 다시 지나지 않으므로 두 번째 움직일 때의 경로의 수는 처음 선택한 것과 반대 방향인 것을 제외한

3

세 번째, 네 번째의 경로의 수는 두 번째 움직일 때와 마찬가지로 바로 직전에 선택한 것과 반대 방향인 것을 제외한

3

따라서 4번의 선택에서 나오는 경로의 수는

$4\times 3\times 3\times 3=108$

이때 ←↑→↓ 또는 ↑←↓→과 같이 출발점과 도착점이 같은 경우의 수는 8이므로 구하는 경로의 수는

$108-8=100$

034 정답률 ▸ 84% 답 45

1단계 **A지점에서 P지점까지 최단 거리로 가는 경우의 수를 구해 보자.**

A지점에서 P지점까지 최단 거리로 가는 경우의 수는

$\frac{6!}{4!2!}=15$

2단계 **P지점에서 B지점까지 최단 거리로 가는 경우의 수를 구해 보자.**

P지점에서 B지점까지 최단 거리로 가는 경우의 수는

$\frac{3!}{2!}=3$

3단계 **주어진 조건을 만족시키는 경우의 수를 구해 보자.**

구하는 경우의 수는

$15\times 3=45$

035 정답률 ▸ 92% 답 ②

Best Pick 조건을 만족시키도록 이동하려면 반드시 지나야 하는 점을 찾을 수 있어야 하는 문제이다. 도로망의 모양이 다양하게 출제될 수 있으므로 많은 문제를 연습해보아야 한다.

1단계 **반드시 지나야 하는 지점을 찾아보자.**

A지점에서 B지점까지 주어진 조건을 만족시키면서 최단 거리로 가려면 오른쪽 그림과 같이 세 지점 P, Q, R 중 한 지점은 반드시 지나야 한다.

↳ C지점을 지나지 않으려면 반드시 P지점을 지나야 하고 D지점을 지나지 않으려면 두 지점 Q, R를 동시에 지나야 한다.

2단계 **주어진 조건을 만족시키는 경우의 수를 구해 보자.**

A지점에서 P지점까지 최단 거리로 가는 경우의 수는

$\frac{4!}{3!}=4$

P지점에서 Q지점까지 최단 거리로 가는 경우의 수는

$\frac{3!}{2!}=3$

Q지점에서 R지점을 거쳐 B지점까지 최단 거리로 가는 경우의 수는

2

따라서 구하는 경우의 수는

$4\times 3\times 2=24$

036 정답률 ▸ 60% 답 ①

1단계 지점 A에서 지점 B까지 최단 거리로 가는 경로를 구하여 각각의 경우의 수를 구해 보자.

주어진 도로망의 갈림길에 오른쪽 그림과 같이 C, D, E를 정하면 최단 거리로 가는 경로는

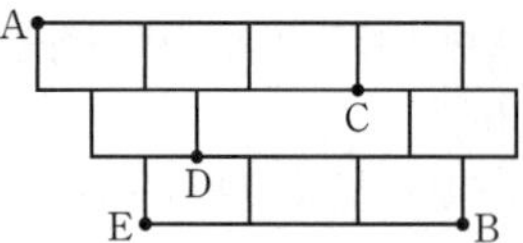

A ⟶ C ⟶ B 또는 A ⟶ D ⟶ B 또는 A ⟶ E ⟶ B

(i) A ⟶ C ⟶ B의 순서로 이동하는 경우의 수

$\frac{4!}{3!}\times1=4\times1=4$

(ii) A ⟶ D ⟶ B의 순서로 이동하는 경우의 수

$3\times\frac{3!}{2!}=3\times3=9$

(iii) A ⟶ E ⟶ B의 순서로 이동하는 경우의 수

$1\times1=1$

2단계 주어진 조건을 만족시키는 경우의 수를 구해 보자.

(i), (ii), (iii)에서 구하는 경우의 수는 $4+9+1=14$

다른 풀이 ❶

지점 A에서 출발하여 각 지점까지 최단 거리로 가는 경우의 수를 구하면 오른쪽 그림과 같다.

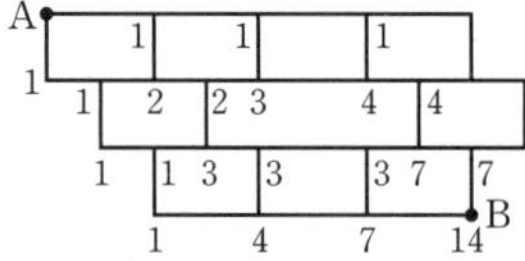

따라서 구하는 경우의 수는 14이다.

다른 풀이 ❷

오른쪽 그림과 같이 점선인 부분은 최단 거리로 갈 때는 지나지 않으므로 남은 부분을 변형하면 지점 A에서 지점 B까지 최단 거리로 가는 경로는 다음 그림에서의 최단 거리로 가는 경로와 같다.

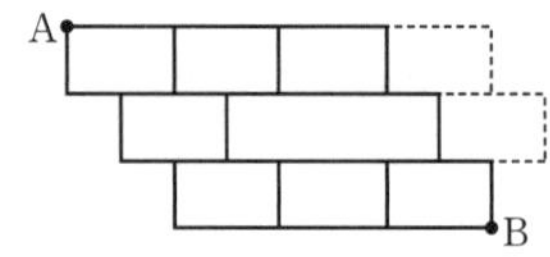

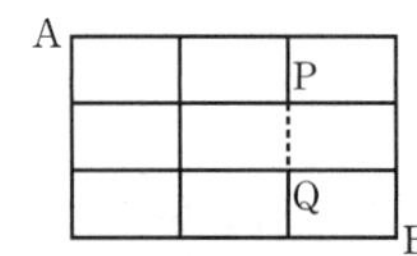

즉, 구하는 최단 거리로 가는 경우의 수는 A ⟶ B의 최단 거리로 가는 경우의 수에서 A ⟶ P ⟶ Q ⟶ B의 최단 거리로 가는 경우의 수를 빼면 되므로

$\frac{6!}{3!3!}-\frac{3!}{2!}\times1\times2=20-6=14$

037 정답률 ▸ 53% 답 ⑤

1단계 P지점 이외의 다른 지점을 정의하여 최단 거리로 가는 경우를 나누어 각각의 경우의 수를 구해 보자.

다음 그림과 같이 세 지점 C, D, E를 잡자.

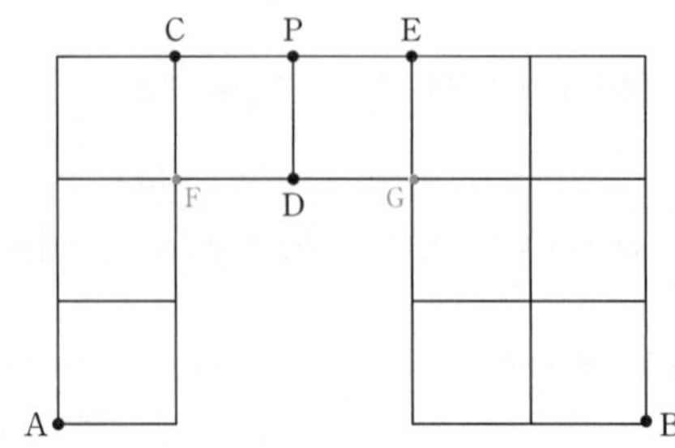

(i) A → C → P → D → B의 순서로 이동하는 경우의 수

$\frac{4!}{3!}\times1\times1\times1\times\frac{4!}{2!2!}=4\times1\times1\times1\times6$ (D → G)

$=24$

(ii) A → C → P → E → B의 순서로 이동하는 경우의 수

$\frac{4!}{3!}\times1\times1\times\frac{5!}{2!3!}=4\times1\times1\times10$

$=40$

(iii) A → D → P → E → B의 순서로 이동하는 경우의 수

$\frac{3!}{2!}\times1\times1\times1\times\frac{5!}{2!3!}=3\times1\times1\times1\times10$ (F → D)

$=30$

2단계 주어진 조건을 만족시키는 경우의 수를 구해 보자.

(i), (ii), (iii)에서 구하는 경우의 수는

$24+40+30=94$

038 정답률 ▸ 46% 답 36

→ 갑, 을이 같은 속력으로 동시에 출발하므로 만날 때까지 이동한 거리는 서로 같다.

1단계 갑, 을, 병이 만나는 경우를 알아보자.

갑, 을이 같은 속력으로 굵은 선을 따라 걸으므로 두 사람이 만나는 곳은 다음 그림의 Q이고, 이때 병도 갑, 을과 같은 속력으로 걸어가고 있으므로 세 사람이 모두 만나려면 병도 Q를 반드시 지나야 한다.

→ (갑이 A에서 Q까지 이동한 거리) = (을이 C에서 Q까지 이동한 거리)

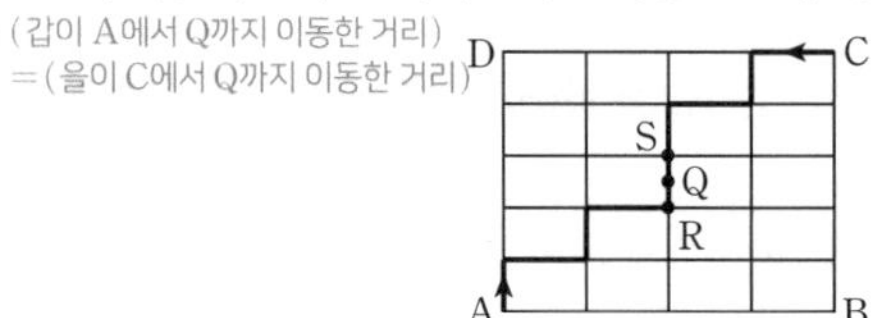

즉, 세 사람이 모두 만나는 경우의 수는 병이 B → R → S → D의 순서로 이동하는 경우의 수와 같다.

2단계 주어진 조건을 만족시키는 경우의 수를 구해 보자.

병이 B에서 R까지 최단 거리로 가는 경우의 수는

$\frac{4!}{2!2!}=6$

병이 R에서 S까지 최단 거리로 가는 경우의 수는

1

병이 S에서 D까지 최단 거리로 가는 경우의 수는

$\frac{4!}{2!2!}=6$

따라서 구하는 경우의 수는

$6\times1\times6=36$

039 정답률 ▸ 89% 답 5

${}_3H_n={}_{3+n-1}C_n={}_{n+2}C_n={}_{n+2}C_2$

이므로

$\frac{(n+2)(n+1)}{2}=21$

즉, $(n+2)(n+1)=42$에서

$n^2+3n-40=0$, $(n+8)(n-5)=0$

$\therefore n=5$ ($\because$ n은 자연수)

040 정답률 ▸ 85% 답 ③

1단계 주어진 조건을 만족시키는 경우를 알아보고, 그 경우의 수를 구해 보자.

구하는 경우의 수는 먼저 2명의 학생 A, B에게 각각 공책을 2권씩 나누어 주고 남은 공책 6권을 4명의 학생 A, B, C, D에게 나누어 주는 경우의 수와 같다.

따라서 구하는 경우의 수는

${}_{4}H_{6}={}_{9}C_{6}={}_{9}C_{3}=84$

041 정답률 ▸ 91% 답 ③

1단계 같은 종류의 구슬 5개를 서로 다른 세 개의 주머니에 나누어 넣는 방법의 수를 구해 보자.

구하는 방법의 수는 같은 종류의 구슬 5개를 서로 다른 세 개의 주머니에 나누어 넣는 방법의 수에서 각 주머니 안의 구슬이 4개 이상이 되도록 넣는 방법의 수를 빼면 된다.

같은 종류의 구슬 5개를 서로 다른 세 개의 주머니에 나누어 넣는 방법의 수는

${}_{3}H_{5}={}_{7}C_{5}={}_{7}C_{2}=21$

2단계 각 주머니 안의 구슬이 4개 이상이 되도록 넣는 방법의 수를 구해 보자.

(i) 2개의 주머니에 다섯 개의 공을 1개와 4개로 나누어 넣는 방법의 수는

${}_{3}P_{2}=6$

(ii) 한 개의 주머니에 5개의 공을 모두 넣는 방법의 수는

${}_{3}C_{1}=3$

(i), (ii)에서 각 주머니 안의 구슬이 4개 이상이 되도록 넣는 방법의 수는

$6+3=9$

3단계 주어진 조건을 만족시키는 방법의 수를 구해 보자.

구하는 방법의 수는

$21-9=12$

다른 풀이

한 주머니에 네 개 이상의 공을 넣을 수 없으므로 세 개의 주머니에 넣은 공의 수에 따라 경우를 나누어 각각의 방법의 수를 보자.

(i) 한 개의 주머니에 공을 세 개 넣고 다른 주머니에 공을 두 개 넣는 방법의 수는 $3!=6$

(ii) 한 개의 주머니에 공을 세 개 넣고 나머지 두 개의 주머니에 공을 한 개씩 넣는 방법의 수는 $\frac{3!}{2!}=3$

(iii) 한 개의 주머니에 공을 한 개 넣고 나머지 두 개의 주머니에 공을 두 개씩 넣는 방법의 수는 $\frac{3!}{2!}=3$

(i), (ii), (iii)에서 구하는 방법의 수는

$6+3+3=12$

042 정답률 ▸ 77% 답 ①

1단계 연필 6자루를 세 명의 학생에게 나누어 주는 경우의 수를 구해 보자.

각 학생에게 적어도 한 자루의 연필을 받도록 같은 종류의 연필 6자루를 세 명의 학생에게 남김없이 나누어 주는 경우의 수는 먼저 세 명의 학생에게 연필 한 자루씩 나누어 주고, 남은 3자루의 연필을 세 명의 학생에게 남김없이 나누어 주는 경우의 수와 같다.

즉, 이 경우의 수는

${}_{3}H_{3}={}_{5}C_{3}={}_{5}C_{2}=10$

2단계 지우개 5개를 세 명의 학생에게 나누어 주는 경우의 수를 구해 보자.

5개의 지우개를 세 명의 학생에게 남김없이 나누어 주는 경우의 수는

${}_{3}H_{5}={}_{7}C_{5}={}_{7}C_{2}=21$

3단계 주어진 조건을 만족시키는 경우의 수를 구해 보자.

구하는 경우의 수는

$10\times21=210$

043 정답률 ▸ 69% 답 ③

1단계 주어진 조건을 만족시키는 경우를 알아보자.

구하는 경우의 수는 먼저 한 명의 학생에게 3가지 색의 카드를 각각 한 장씩 나누어 주고 남은 빨간색 카드 3장, 파란색 카드 1장을 세 명의 학생에게 남김없이 나누어 주는 경우의 수와 같다.

2단계 주어진 조건을 만족시키는 경우의 수를 구해 보자.

3가지 색의 카드를 각각 한 장씩 받는 한 명의 학생을 정하는 경우의 수는

${}_{3}C_{1}=3$

빨간색 카드 3장을 세 명의 학생에게 나누어 주는 경우의 수는

${}_{3}H_{3}={}_{5}C_{3}={}_{5}C_{2}=10$

파란색 카드 1장을 세 명의 학생에게 나누어 주는 경우의 수는

3

따라서 구하는 경우의 수는

$3\times10\times3=90$

참고

노란색 카드가 1장 있으므로 3가지 색의 카드를 각각 한 장 이상 받는 학생은 1명이다.

044 정답률 ▸ 60% 답 ⑤

1단계 같은 종류의 주스 4병, 같은 종류의 생수 2병, 우유 1병을 3명에게 남김없이 나누어 주는 경우의 수를 구해 보자.

같은 종류의 주스 4병을 3명에게 남김없이 나누어 주는 경우의 수는 서로 다른 3개에서 4개를 택하는 중복조합의 수와 같으므로

${}_{3}H_{4}={}_{6}C_{4}={}_{6}C_{2}=15$

같은 종류의 생수 2병을 3명에게 남김없이 나누어 주는 경우의 수는

${}_{3}H_{2}={}_{4}C_{2}=6$

우유 1병을 3명에게 나누어 주는 경우의 수는

${}_{3}H_{1}={}_{3}C_{1}=3$

따라서 구하는 경우의 수는

$15\times6\times3=270$

045 정답률 ▸ 68% 답 ⑤

1단계 주어진 조건을 만족시키는 경우를 알아보고 그 경우의 수를 구해 보자.

서로 다른 종류의 사탕 3개를 같은 종류의 주머니 3개에 각각 1개씩 나누어 넣는 경우의 수는 1이다.

서로 다른 종류의 사탕 3개를 각각 1개씩 담고 있는 주머니 3개는 서로 다른 종류의 주머니로 볼 수 있으므로 이 주머니 3개에 같은 종류의 구슬 7개를 각각 1개 이상씩 들어가도록 나누어 넣으려면 구슬 7개 중 3개를 주머니 3개에 각각 1개씩 나누어 넣은 후 남은 구슬 4개를 주머니 3개에 나누어 넣으면 된다.
이 경우의 수는
${}_3H_4={}_6C_4={}_6C_2=15$
따라서 구하는 경우의 수는
$1\times15=15$

046 정답률 ▸ 70% 답 36

1단계 선택한 사과의 개수에 따라 경우를 나누어 각각의 경우의 수를 구해 보자.
사과는 1개 이하를 선택해야 하므로 사과를 하나도 선택하지 않는 경우와 1개 선택하는 경우로 나눌 수 있다.
(i) 사과를 하나도 선택하지 않는 경우
감, 배, 귤은 각각 1개 이상을 선택해야 하므로 먼저 감, 배, 귤을 1개씩 선택하면 서로 다른 3개에서 중복을 허락하여 5개를 선택하는 경우의 수와 같다.
→감, 배, 귤의 3가지 / →$8-(1+1+1)=5$(개)
$\therefore {}_3H_5={}_7C_5={}_7C_2=21$
(ii) 사과를 1개 선택하는 경우
감, 배, 귤은 각각 1개 이상을 선택해야 하므로 먼저 사과, 감, 배, 귤을 1개씩 선택하면 서로 다른 3개에서 중복을 허락하여 4개를 선택하는 경우의 수와 같다.
→감, 배, 귤의 3가지 / $8-(1+1+1+1)=4$(개)
$\therefore {}_3H_4={}_6C_4={}_6C_2=15$

2단계 주어진 조건을 만족시키는 경우의 수를 구해 보자.
(i), (ii)에서 구하는 경우의 수는
$21+15=36$

047 정답률 ▸ 73% 답 ③

1단계 p, q, r에 알맞은 수를 각각 구해 보자.
빈 주머니가 생기지 않도록 나누어 넣는 경우의 수는 세 주머니 A, B, C에 먼저 흰 공 6개를 남김없이 나누어 넣은 후 검은 공 6개를 남김없이 나누어 넣을 때, 흰 공을 넣지 않은 주머니가 있으면 그 주머니에는 검은 공이 1개 이상 들어가도록 나누어 넣는 경우의 수와 같다.
흰 공을 넣은 주머니의 개수를 n이라 하면
(i) $n=3$일 때
→A, B, C에 각각 1개의 흰 공을 넣고 나머지 3개의 공을 중복을 허락하여 A, B, C에 나누어 넣는 경우의 수와 같다.
세 주머니 A, B, C에 흰 공을 각각 1개 이상 나누어 넣는 경우의 수는 ${}_3H_3$이고, 검은 공을 나누어 넣는 경우의 수는 ${}_3H_6$이므로 이 경우의 수는 ${}_3H_3\times\boxed{{}_3H_6}$이다.
(ii) $n=2$일 때
→흰 공을 넣을 2개의 주머니를 택하는 경우의 수
세 주머니 A, B, C 중 2개의 주머니에 흰 공을 각각 1개 이상 나누어 넣는 경우의 수는 ${}_3C_2\times{}_2H_4$이고, 1개의 빈 주머니에 검은 공 1개를 넣고 나머지 5개의 검은 공을 나누어 넣는 경우의 수는 ${}_3H_5$이므로 이 경우의 수는 $\boxed{{}_3C_2\times{}_2H_4\times{}_3H_5}$이다.
(iii) $n=1$일 때
세 주머니 A, B, C 중 1개의 주머니에 흰 공을 넣는 경우의 수는 ${}_3C_1\times1$이고, 2개의 빈 주머니에 검은 공을 각각 1개씩 넣고 나머지 4개의 검은 공을 나누어 넣는 경우의 수는 ${}_3H_4$이므로 이 경우의 수는 $\boxed{{}_3C_1\times{}_3H_4}$이다.
따라서 (i), (ii), (iii)에 의하여 구하는 경우의 수는
${}_3H_3\times\boxed{{}_3H_6}+\boxed{{}_3C_2\times{}_2H_4\times{}_3H_5}+\boxed{{}_3C_1\times{}_3H_4}$이다.
$\therefore p={}_3H_6={}_8C_6={}_8C_2=28$,
$q={}_3C_2\times{}_2H_4\times{}_3H_5={}_3C_2\times{}_5C_4\times{}_7C_5={}_3C_1\times{}_5C_1\times{}_7C_2$
$=3\times5\times21=315$,
$r={}_3C_1\times{}_3H_4={}_3C_1\times{}_6C_4={}_3C_1\times{}_6C_2$
$=3\times15=45$

2단계 $p+q+r$의 값을 구해 보자.
$p+q+r=28+315+45=388$

048 정답률 ▸ 52% 답 ①

Best Pick 상자에 공을 넣는 경우의 수의 일반항을 구해 볼 수 있는 문제이다. 이 유형의 문제는 자주 출제되지 않지만 이 문제에서 경우의 수를 구하는 방법은 자주 이용되므로 원리를 이해해 두면 좋을 문제이다.

1단계 $f(n)$, $g(n)$, $h(n)$에 알맞은 식을 각각 구해 보자.
세 상자에 서로 다른 개수의 공이 들어가는 경우는 '(i) 세 상자에 공이 들어가는 모든 경우'에서 '(ii) 세 상자에 모두 같은 개수의 공이 들어가는 경우'와 '(iii) 세 상자 중 두 상자에만 같은 개수의 공이 들어가는 경우'를 제외하면 된다.
(i)의 경우:
n명의 사람이 각자 세 상자 중 공을 넣을 두 상자를 선택하는 경우의 수는 n명의 사람이 각자 공을 넣지 않을 한 상자를 선택하는 경우의 수와 같다. 따라서 세 상자에서 중복을 허락하여 n개의 상자를 선택하는 경우의 수인 $\boxed{{}_3H_n}$이다.
(ii)의 경우:
각 상자에 $\frac{2n}{3}$개의 공이 들어가는 경우뿐이므로 경우의 수는 1이다.
(iii)의 경우:
두 상자 A, B에 같은 개수의 공이 들어가면 상자 C에는 최대 n개의 공을 넣을 수 있으므로 두 상자 A, B에 각각 $\frac{n}{2}$개보다 작은 개수의 공이 들어갈 수 없다. 따라서 두 상자 A, B에 같은 개수의 공이 들어가려면 두 상자에 들어있는 공의 개수는 각각
$\frac{n}{2}, \frac{n}{2}+1, \frac{n}{2}+2, \cdots, \frac{n}{2}+\frac{n}{2}$ → $\frac{n}{2}$개 이상 n개 이하
이므로 경우의 수는 $\boxed{\frac{n}{2}+1}$이다.
그런데 세 상자에 같은 개수의 공이 들어가는 경우를 제외해야 하므로 세 상자 중 두 상자에만 같은 개수의 공이 들어가는 경우의 수는
${}_3C_2\times\left(\boxed{\frac{n}{2}+1}-1\right)$이다. → 세 상자에 같은 개수의 공이 들어가는 경우의 수
따라서 세 상자에 서로 다른 개수의 공이 들어가는 경우의 수는
${}_3H_n-1-{}_3C_2\times\frac{n}{2}={}_3H_n-1-{}_3C_1\times\frac{n}{2}=\boxed{{}_3H_n-1-\frac{3n}{2}}$

$\therefore f(n)={}_3\mathrm{H}_n$,

$g(n)=\frac{n}{2}+1$,

$h(n)={}_3\mathrm{H}_n-1-\frac{3n}{2}$

2단계 $\frac{f(30)}{g(30)}+h(30)$**의 값을 구해 보자.**

$$\frac{f(30)}{g(30)}+h(30)=\frac{{}_3\mathrm{H}_{30}}{\frac{30}{2}+1}+{}_3\mathrm{H}_{30}-1-\frac{3\times30}{2}$$
$$=\frac{{}_{32}\mathrm{C}_{30}}{16}+{}_{32}\mathrm{C}_{30}-46$$
$$=\frac{{}_{32}\mathrm{C}_{2}}{16}+{}_{32}\mathrm{C}_{2}-46$$
$$=31+496-46=481$$

049 정답률 ▸ 33% 답 114

1단계 **검은색 볼펜을 포함하여 선택한 볼펜 5자루를 2명의 학생에게 나누어 주는 경우의 수를 구해 보자.**

선택한 파란색 볼펜과 빨간색 볼펜의 개수를 각각 a, b라 하고 순서쌍 (a, b)로 나타내자.

(i) 검은색 볼펜을 선택할 때

검은색 볼펜을 2명의 학생에게 나누어 주는 경우의 수는

${}_2\mathrm{C}_1=2$

ⓐ $(0, 4)$일 때

빨간색 볼펜 4자루를 2명의 학생에게 나누어 주는 경우의 수는

${}_2\mathrm{H}_4={}_5\mathrm{C}_4={}_5\mathrm{C}_1=5$

ⓑ $(1, 3)$일 때

파란색 볼펜 1자루를 2명의 학생에게 나누어 주는 경우의 수는

${}_2\mathrm{C}_1=2$

빨간색 볼펜 3자루를 2명의 학생에게 나누어 주는 경우의 수는

${}_2\mathrm{H}_3={}_4\mathrm{C}_3={}_4\mathrm{C}_1=4$

즉, 이 경우의 수는

$2\times4=8$

ⓒ $(2, 2)$일 때

파란색 볼펜 2자루를 2명의 학생에게 나누어 주는 경우의 수는

${}_2\mathrm{H}_2={}_3\mathrm{C}_2={}_3\mathrm{C}_1=3$

빨간색 볼펜 2자루를 2명의 학생에게 나누어 주는 경우의 수는

${}_2\mathrm{H}_2=3$

즉, 이 경우의 수는

$3\times3=9$

ⓓ $(3, 1)$일 때

파란색 볼펜 3자루를 2명의 학생에게 나누어 주는 경우의 수는

${}_2\mathrm{H}_3=4$

빨간색 볼펜 1자루를 2명의 학생에게 나누어 주는 경우의 수는

${}_2\mathrm{C}_1=2$

즉, 이 경우의 수는

$4\times2=8$

ⓔ $(4, 0)$일 때

파란색 볼펜 4자루를 2명의 학생에게 나누어 주는 경우의 수는

${}_2\mathrm{H}_4=5$

ⓐ~ⓔ에서 조건을 만족시키는 경우의 수는

$5+8+9+8+5=35$

즉, 검은색 볼펜을 포함하여 선택한 5자루를 2명의 학생에게 나누어 주는 경우의 수는

$2\times35=70$

2단계 **검은색 볼펜을 포함하지 않고 선택한 볼펜 5자루를 2명의 학생에게 나누어 주는 경우의 수를 구해 보자.**

(ii) 검은색 볼펜을 선택하지 않을 때

ⓐ $(1, 4)$일 때

파란색 볼펜 1자루를 2명의 학생에게 나누어 주는 경우의 수는

${}_2\mathrm{C}_1=2$

빨간색 볼펜 4자루를 2명의 학생에게 나누어 주는 경우의 수는

${}_2\mathrm{H}_4=5$

즉, 이 경우의 수는

$2\times5=10$

ⓑ $(2, 3)$일 때

파란색 볼펜 2자루를 2명의 학생에게 나누어 주는 경우의 수는

${}_2\mathrm{H}_2=3$

빨간색 볼펜 3자루를 2명의 학생에게 나누어 주는 경우의 수는

${}_2\mathrm{H}_3=4$

즉, 이 경우의 수는

$3\times4=12$

ⓒ $(3, 2)$일 때

파란색 볼펜 3자루를 2명의 학생에게 나누어 주는 경우의 수는

${}_2\mathrm{H}_3=4$

빨간색 볼펜 2자루를 2명의 학생에게 나누어 주는 경우의 수는

${}_2\mathrm{H}_2=3$

즉, 이 경우의 수는

$4\times3=12$

ⓓ $(4, 1)$일 때

파란색 볼펜 4자루를 2명의 학생에게 나누어 주는 경우의 수는

${}_2\mathrm{H}_4=5$

빨간색 볼펜 1자루를 2명의 학생에게 나누어 주는 경우의 수는

${}_2\mathrm{C}_1=2$

즉, 이 경우의 수는

$5\times2=10$

ⓐ~ⓓ에서 조건을 만족시키는 경우의 수는

$10+12+12+10=44$

3단계 **주어진 조건을 만족시키는 경우의 수를 구해 보자.**

(i), (ii)에서 구하는 경우의 수는

$70+44=114$

050 정답률 ▸ 21% 답 201

1단계 **학생 A가 4개의 검은색 모자를 받을 때의 경우의 수를 구해 보자.**

(i) 학생 A가 받는 검은색 모자의 개수가 4일 때

ⓐ 세 명의 학생 B, C, D 중 한 학생이 검은색 모자 2개와 흰색 모자 1개를 받을 때

검은색 모자 2개와 흰색 모자 1개를 받는 학생을 정하는 경우의 수는

${}_3\mathrm{C}_1=3$

학생 B가 검은색 모자 2개와 흰색 모자 1개를 받는다고 하자.

조건 (가)에 의하여 두 명의 학생 C, D에게 각각 흰색 모자 1개씩 주고 남은 흰색 모자 3개를 세 명의 학생 A, C, D에게 나누어 주는 경우의 수는

${}_3H_3={}_5C_3={}_5C_2=10$

즉, 이 경우의 수는

$3\times10=30$

ⓑ 세 명의 학생 B, C, D 중 한 학생이 검은색 모자 2개를 받고 흰색 모자를 받지 않을 때

검은색 모자 2개를 받는 학생을 정하는 경우의 수는

${}_3C_1=3$

학생 B가 검은색 모자 2개를 받는다고 하자.

조건 (가)에 의하여 두 명의 학생 C, D에게 각각 흰색 모자 1개씩 주고 남은 흰색 모자 4개를 세 명의 학생 A, C, D에게 나누어 주는 경우의 수는

${}_3H_4={}_6C_4={}_6C_2=15$

이때 조건 (다)에 의하여 학생 A가 흰색 모자 4개를 받을 수 없으므로 학생 A가 흰색 모자 4개를 받는 1가지 경우를 제외하면 이 경우의 수는

$3\times(15-1)=42$

ⓒ 세 명의 학생 B, C, D 중 두 학생이 검은색 모자를 각각 1개씩 받을 때

조건 (다)에 의하여 한 학생은 흰색 모자를 받을 수 없고, 한 학생은 흰색 모자를 반드시 1개 이상 받아야 한다.

검은색 모자를 각각 1개씩 받는 2명의 학생을 정하는 경우의 수는

${}_3C_2={}_3C_1=3$

검은색 모자를 1개씩 받은 2명의 학생 중 흰색 모자를 받는 학생을 정하는 경우의 수는

${}_2C_1=2$

학생 B가 검은색 모자 1개를 받고 흰색 모자를 받지 않는다고 하고, 학생 C가 검은색 모자 1개를 받고 흰색 모자 1개를 받는다고 하자.

조건 (가)에 의하여 학생 D에게 흰색 모자 1개를 주고 남은 흰색 모자 4개를 세 명의 학생 A, C, D에게 나누어 주는 경우의 수는

${}_3H_4=15$

이때 조건 (다)에 의하여 학생 A가 흰색 모자 4개를 받을 수 없으므로 학생 A가 흰색 모자 4개를 받는 1가지 경우를 제외하면 이 경우의 수는

$3\times2\times(15-1)=84$

ⓐ, ⓑ, ⓒ에서 조건을 만족시키는 경우의 수는

$30+42+84=156$

2단계 학생 A가 5개의 검은색 모자를 받을 때의 경우의 수를 구해 보자.

(ii) 학생 A가 받는 검은색 모자의 개수가 5일 때

검은색 모자 1개를 받는 학생을 정하는 경우의 수는

${}_3C_1=3$

학생 B가 검은색 모자 1개를 받는다고 하자.

조건 (다)에 의하여 학생 B는 흰색 모자를 받을 수 없다.

조건 (가)에 의하여 두 명의 학생 C, D에게 각각 흰색 모자 1개씩 주고 남은 흰색 모자 4개를 세 명의 학생 A, C, D에게 나누어 주는 경우의 수는

${}_3H_4=15$

즉, 이 경우의 수는

$3\times15=45$

3단계 주어진 조건을 만족시키는 경우의 수를 구해 보자.

(i), (ii)에서 구하는 경우의 수는

$156+45=201$

다른 풀이

네 명의 학생 A, B, C, D가 받은 흰색 모자의 개수를 각각 a, b, c, d라 하자.

(i) 학생 A가 받는 검은색 모자의 개수가 4일 때

ⓐ 세 명의 학생 B, C, D 중 한 학생이 검은색 모자 2개를 받을 때

검은색 모자 2개를 받는 학생을 정하는 경우의 수는

${}_3C_1=3$

학생 B가 검은색 모자 2개를 받는다고 하자.

이 경우의 수는 방정식

$a+b+c+d=6\ (0\le a\le3,\ 0\le b\le1,\ 1\le c\le6,\ 1\le d\le6)$ …… ㉠

을 만족시키는 순서쌍 (a, b, c, d)의 개수와 같다.

$c=c'+1$, $d=d'+1$이라 하면

㉠에서

$a+b+(c'+1)+(d'+1)=6$

$\therefore a+b+c'+d'=4\ (0\le a\le3,\ 0\le b\le1,\ 0\le c'\le4,\ 0\le d'\le4)$ …… ㉡

방정식 ㉠을 만족시키는 순서쌍 (a, b, c, d)의 개수는 방정식 ㉡을 만족시키는 순서쌍 (a, b, c', d')의 개수와 같다.

$b=1$일 때, 순서쌍 (a, b, c', d')의 개수는

${}_3H_3={}_5C_3={}_5C_2=10$

$b=0$일 때, 순서쌍 (a, b, c', d')의 개수는

${}_3H_4={}_6C_4={}_6C_2=15$

이때 $(4, 0, 0, 0)$인 경우를 제외해야 하므로 이 경우의 수는

$3\times(10+15-1)=72$

ⓑ 나머지 세 학생 중 두 학생이 검은색 모자를 각각 1개씩 받을 때

조건 (다)에 의하여 한 학생은 흰색 모자를 받을 수 없고, 한 학생은 흰색 모자를 반드시 1개 이상 받아야 한다.

검은색 모자를 각각 1개씩 받는 2명의 학생을 정하는 경우의 수는

${}_3C_2={}_3C_1=3$

검은색 모자를 1개씩 받은 2명의 학생 중 흰색 모자를 받는 학생을 정하는 경우의 수는

${}_2C_1=2$

학생 B가 검은색 모자 1개를 받고 흰색 모자를 받지 않는다고 하고, 학생 C가 검은색 모자 1개를 받는다고 하자.

이 경우의 수는 방정식

$a+b+c+d=6\ (0\le a\le3,\ b=0,\ 1\le c\le6,\ 1\le d\le6)$ …… ㉢

을 만족시키는 순서쌍 (a, b, c, d)의 개수와 같다.

$c=c'+1$, $d=d'+1$이라 하면

㉢에서

$a+(c'+1)+(d'+1)=6$

$\therefore a+c'+d'=4\ (0\le a\le3,\ 0\le c'\le4,\ 0\le d'\le4)$ …… ㉣

방정식 ㉢을 만족시키는 순서쌍 (a, b, c, d)의 개수는 방정식 ㉣을 만족시키는 순서쌍 (a, c', d')의 개수와 같으므로

${}_3H_4=15$

이때 $(4, 0, 0)$인 경우를 제외해야 하므로 이 경우의 수는

$3\times2\times(15-1)=84$

ⓐ, ⓑ에서 조건을 만족시키는 경우의 수는

$72+84=156$

(ii) 학생 A가 받는 검은색 모자의 개수가 5일 때

검은색 모자 1개를 받는 학생을 정하는 경우의 수는

3

학생 B가 검은색 모자 1개를 받는다고 하자.

이 경우의 수는 방정식

$a+b+c+d=6\ (0\le a\le 4,\ b=0,\ 1\le c\le 6,\ 1\le d\le 6)$ …… ㉤

을 만족시키는 순서쌍 (a, b, c, d)의 개수와 같다.

$c=c'+1$, $d=d'+1$이라 하면

㉤에서

$a+(c'+1)+(d'+1)=6$

$\therefore a+c'+d'=4\ (0\le a\le 4,\ 0\le c'\le 4,\ 0\le d'\le 4)$ …… ㉥

방정식 ㉤을 만족시키는 순서쌍 (a, b, c, d)의 개수는 방정식 ㉥을 만족시키는 순서쌍 (a, c', d')의 개수와 같으므로

${}_3H_4=15$

즉, 이 경우의 수는

$3\times 15=45$

(i), (ii)에서 구하는 경우의 수는

$156+45=201$

051 정답률 ▸ 83% 답 ③

1단계 주어진 조건을 만족시키는 순서쌍 $(|a|, |b|, |c|)$의 개수를 구해 보자.

주어진 조건을 만족시키는 세 자연수 $|a|$, $|b|$, $|c|$의 순서쌍 $(|a|, |b|, |c|)$의 개수는 5 이하의 자연수 중에서 중복을 허락하여 3개를 선택하는 경우의 수와 같다.

$\therefore {}_5H_3={}_7C_3=35$

→ a, b, c의 절댓값이 0인 경우는 없으므로 a, b, c는 각각 음의 정수 또는 양의 정수이다.

2단계 주어진 조건을 만족시키는 순서쌍의 개수를 구해 보자.

a, b, c는 각각 음의 정수와 양의 정수의 값을 가질 수 있으므로 순서쌍 (a, b, c)의 개수는 순서쌍 $(|a|, |b|, |c|)$의 개수의 2^3배와 같다.

→ $2\times 2\times 2=2^3$

따라서 구하는 순서쌍 (a, b, c)의 개수는

$35\times 2^3=280$

052 정답률 ▸ 77% 답 ⑤

1단계 조건 (가)를 만족시키는 세 수 a, b, c를 알아보자.

세 수 a, b, c의 합이 짝수이므로 세 수 a, b, c가 모두 짝수 또는 1개만 짝수이다.

2단계 짝수의 개수에 따라 경우를 나누어 각각의 경우의 수를 구해 보자.

(i) a, b, c가 모두 짝수인 경우

a, b, c가 모두 짝수인 경우의 수는 2, 4, 6, 8, 10, 12, 14 중에서 중복을 허락하여 3개를 선택하면 되므로

${}_7H_3={}_9C_3=84$

(ii) a, b, c 중 1개만 짝수인 경우

a, b, c 중 1개만 짝수인 경우는 1부터 15까지의 자연수 중에서 짝수 1개, 홀수 2개를 선택하여 크기순으로 나열하면 된다.

짝수 1개를 선택하는 경우의 수는

2, 4, 6, 8, 10, 12, 14

의 7

홀수 2개를 선택하는 경우의 수는 1, 3, 5, 7, 9, 11, 13, 15 중에서 중복을 허락하여 2개를 선택하면 되므로

${}_8H_2={}_9C_2=36$

즉, 이 경우의 수는

$7\times 36=252$

3단계 주어진 조건을 만족시키는 순서쌍의 개수를 구해 보자.

(i), (ii)에서 구하는 순서쌍 (a, b, c)의 개수는

$84+252=336$

053 정답률 ▸ 36% 답 55

1단계 b의 값에 따라 경우를 나누어 각각의 순서쌍의 개수를 구해 보자.

b, c가 5 이하의 자연수이므로

$2\le b+1\le c\le 5$에서 $1\le b\le 4$이다.

(i) $b=1$일 때

$a\le 2\le c\le d$인 경우이므로

a의 값을 선택하는 경우의 수는

${}_2C_1=2$

c, d의 값을 선택하는 경우의 수는

${}_4H_2={}_5C_2=10$

즉, 조건을 만족시키는 순서쌍 (a, b, c, d)의 개수는

$2\times 10=20$

(ii) $b=2$일 때

$a\le 3\le c\le d$인 경우이므로

a의 값을 선택하는 경우의 수는

${}_3C_1=3$

c, d의 값을 선택하는 경우의 수는

${}_3H_2={}_4C_2=6$

즉, 조건을 만족시키는 순서쌍 (a, b, c, d)의 개수는

$3\times 6=18$

(iii) $b=3$일 때

$a\le 4\le c\le d$인 경우이므로

a의 값을 선택하는 경우의 수는

${}_4C_1=4$

c, d의 값을 선택하는 경우의 수는

${}_2H_2={}_3C_2={}_3C_1=3$

즉, 조건을 만족시키는 순서쌍 (a, b, c, d)의 개수는

$4\times 3=12$

(iv) $b=4$일 때

$a\le 5\le c\le d$인 경우이므로

a의 값을 선택하는 경우의 수는

${}_5C_1=5$

c, d의 값을 선택하는 경우의 수는

1

즉, 조건을 만족시키는 순서쌍 (a, b, c, d)의 개수는

$5\times 1=5$

2단계 주어진 조건을 만족시키는 순서쌍의 개수를 구해 보자.

(i)~(iv)에서 구하는 순서쌍 (a, b, c, d)의 개수는

$20+18+12+5=55$

다른 풀이

${}_5H_4-{}_5H_2={}_8C_4-{}_6C_2=55$

054 정답률 ▸ 92% 답 ②

1단계 방정식 $x+y+z=6$을 음이 아닌 정수해를 갖는 방정식으로 변형해 보자.

x, y, z는 주사위의 눈의 수이므로

$x\geq1$, $y\geq1$, $z\geq1$

$x=x'+1$, $y=y'+1$, $z=z'+1$이라 하면

$x+y+z=6$에서 $(x'+1)+(y'+1)+(z'+1)=6$

$\therefore x'+y'+z'=3$ (x', y', z'은 음이 아닌 정수) ⋯⋯ ㉠

2단계 주어진 조건을 만족시키는 순서쌍의 개수를 구해 보자.

구하는 순서쌍 (x, y, z)의 개수는 방정식 ㉠을 만족시키는 순서쌍 (x', y', z')의 개수와 같으므로

${}_3H_3={}_5C_3={}_5C_2=10$

055 정답률 ▸ 88% 답 ③

Best Pick 주어진 정수가 어떠한 범위로 주어진다 하더라도 방정식의 변형을 통해 중복조합을 이용할 수 있음을 배울 수 있는 문제이므로 이 문제를 통해 연습해보도록 하자.

1단계 방정식 $x+y+z=4$를 음이 아닌 정수해를 갖는 방정식으로 변형해 보자.

$x+y+z=4$에서

$x=x'-1$, $y=y'-1$, $z=z'-1$

이라 하면

→ $x\geq k$, $y\geq k$, $z\geq k$이면 $x=x'+k$, $y=y'+k$, $z=z'+k$ (x', y', z'은 음이 아닌 정수)로 치환한다.

$(x'-1)+(y'-1)+(z'-1)=4$

$\therefore x'+y'+z'=7$ (x', y', z'은 음이 아닌 정수) ⋯⋯ ㉠

2단계 주어진 조건을 만족시키는 순서쌍의 개수를 구해 보자.

구하는 순서쌍 (x, y, z)의 개수는 방정식 ㉠을 만족시키는 순서쌍 (x', y', z')의 개수와 같으므로

${}_3H_7={}_9C_7={}_9C_2=36$

056 정답률 ▸ 84% 답 ②

Best Pick 주어진 상황을 방정식으로 나타내고 중복조합을 이용하여 경우의 수를 구하는 문제이다. 같은 물건을 서로 다른 사람에게 나누어 주는 상황이면 방정식의 활용 문제인지 의심해 보자.

1단계 조건 (가)를 이용하여 주어진 상황을 식으로 나타내어 보자.

네 명의 학생 A, B, C, D가 받는 초콜릿의 개수를 각각 a, b, c, d라 하면

$a+b+c+d=8$ (a, b, c, d는 8 이하인 자연수) ⋯⋯ ㉠

이때 조건 (가)에서 각 학생은 적어도 1개의 초콜릿을 받으므로

$a=a'+1$, $b=b'+1$, $c=c'+1$, $d=d'+1$이라 하면

→ 음이 아닌 정수 a', b', c', d'에 대한 방정식으로 변환하기 위해 치환한다.

㉠에서 $(a'+1)+(b'+1)+(c'+1)+(d'+1)=8$

$\therefore a'+b'+c'+d'=4$ (a', b', c', d'은 4 이하의 음이 아닌 정수)

방정식 ㉠을 만족시키는 순서쌍 (a, b, c, d)의 개수는 위의 방정식을 만족시키는 순서쌍 (a', b', c', d')의 개수와 같다.

2단계 조건 (나)를 만족시키는 각각의 경우의 수를 구해 보자.

조건 (나)에서 학생 A는 학생 B보다 더 많은 초콜릿을 받으므로

→ $a>b$에서 $a'+1>b'+1$이므로 $a'>b'$

$a'>b'$

(i) $a'=1$일 때

$b'=0$에서 $c'+d'=3$이므로 이 방정식을 만족시키는 음이 아닌 두 정수 c', d'의 순서쌍 (c', d')의 개수는

${}_2H_3={}_4C_3={}_4C_1=4$

(ii) $a'=2$일 때

$b'=0$이면 $c'+d'=2$이므로 이 방정식을 만족시키는 음이 아닌 두 정수 c', d'의 순서쌍 (c', d')의 개수는

${}_2H_2={}_3C_2={}_3C_1=3$

$b'=1$이면 $c'+d'=1$이므로 이 방정식을 만족시키는 음이 아닌 두 정수 c', d'의 순서쌍 (c', d')의 개수는

${}_2H_1={}_2C_1=2$

즉, 이 경우의 순서쌍의 개수는

$3+2=5$

(iii) $a'=3$일 때

→ $b'\leq1$이므로 $a'>b'$을 만족시킨다.

$b'+c'+d'=1$이므로 이 방정식을 만족시키는 음이 아닌 세 정수 b', c', d'의 순서쌍 (b', c', d')의 개수는

${}_3H_1={}_3C_1=3$

(iv) $a'=4$일 때

$b'+c'+d'=0$이므로 이 방정식을 만족시키는 음이 아닌 세 정수 b', c', d'의 순서쌍 (b', c', d')의 개수는

$(0, 0, 0)$의 1

3단계 주어진 조건을 만족시키는 경우의 수를 구해 보자.

(i)~(iv)에서 구하는 경우의 수는

$4+5+3+1=13$

057 정답률 ▸ 66% 답 ①

1단계 조건 (나)의 식을 정리해 보자.

조건 (나)에 의하여

$|(a+b)(a-b)|=5$

$\therefore (a+b)(a-b)=-5$ 또는 $(a+b)(a-b)=5$

2단계 1단계 에서 정리한 식에 따라 경우를 나누어 각각의 순서쌍의 개수를 구해 보자.

두 자연수 a, b에 대하여 $a+b\geq2$이므로

(i) $(a+b)(a-b)=-5$, 즉 $a+b=5$, $a-b=-1$일 때

$a+b=5$, $a-b=-1$을 연립하여 풀면

$a=2$, $b=3$

조건 (가)의 $a+b+c+d+e=12$에서

$c+d+e=7$ (c, d, e는 자연수)

$c=c'+1$, $d=d'+1$, $e=e'+1$이라 하면

$c+d+e=7$에서

$(c'+1)+(d'+1)+(e'+1)=7$

$\therefore c'+d'+e'=4$ (c', d', e'은 음이 아닌 정수)

순서쌍 (a, b, c, d, e)의 개수는 위의 방정식을 만족시키는 순서쌍 (c', d', e')의 개수와 같으므로

${}_3H_4={}_6C_4={}_6C_2=15$

(ii) $(a+b)(a-b)=5$, 즉 $a+b=5$, $a-b=1$일 때
$a+b=5$, $a-b=1$을 연립하여 풀면
$a=3$, $b=2$
조건 (가)의 $a+b+c+d+e=12$에서
$c+d+e=7$ (c, d, e는 자연수)
(i)과 같은 방법으로 순서쌍 (a, b, c, d, e)의 개수는
15

3단계 주어진 조건을 만족시키는 순서쌍의 개수를 구해 보자.
(i), (ii)에서 구하는 순서쌍 (a, b, c, d, e)의 개수는
$15+15=30$

058 정답률 ▸ 71% 답 ③

1단계 w의 값에 따라 경우를 나누어 각각의 경우의 순서쌍의 개수를 구해 보자.
(i) $w=1$일 때
$x+y+z+5w=14$에서
$x+y+z=9$ (x, y, z는 양의 정수) …… ㉠
$x=x'+1$, $y=y'+1$, $z=z'+1$이라 하면
$x+y+z=9$에서 $(x'+1)+(y'+1)+(z'+1)=9$
$\therefore x'+y'+z'=6$ (x', y', z'은 음이 아닌 정수)
방정식 ㉠을 만족시키는 순서쌍 (x, y, z)의 개수는 위의 방정식을 만족시키는 순서쌍 (x', y', z')의 개수와 같으므로
${}_3H_6={}_8C_6={}_8C_2=28$
(ii) $w=2$일 때
$x+y+z+5w=14$에서
$x+y+z=4$ (x, y, z는 양의 정수) …… ㉡
$x=x'+1$, $y=y'+1$, $z=z'+1$
이라 하면 $x+y+z=4$에서
$(x'+1)+(y'+1)+(z'+1)=4$
$\therefore x'+y'+z'=1$ (x', y', z'은 음이 아닌 정수)
방정식 ㉡을 만족시키는 순서쌍 (x, y, z)의 개수는 위의 방정식을 만족시키는 순서쌍 (x', y', z')의 개수와 같으므로
${}_3H_1={}_3C_1=3$

2단계 주어진 조건을 만족시키는 순서쌍의 개수를 구해 보자.
(i), (ii)에서 구하는 순서쌍 (x, y, z, w)의 개수는
$28+3=31$

059 정답률 ▸ 82% 답 ①

1단계 두 조건 (가), (나)를 만족시키는 정수 d의 값을 모두 구해 보자.
조건 (나)에서 $a+b+c\le5$이므로 조건 (가)에서 $a+b+c+3d=10$을 만족시키는 경우는
→ (i) $a+b+c=4$일 때, $d=2$
(ii) $a+b+c=1$일 때, $d=3$
$d=2$ 또는 $d=3$

2단계 정수 d의 값에 따른 순서쌍의 개수를 각각 구해 보자.
(i) $d=2$일 때
$a+b+c=4$이므로 순서쌍 (a, b, c)의 개수는
${}_3H_4={}_6C_4={}_6C_2=15$
(ii) $d=3$일 때
$a+b+c=1$이므로 순서쌍 (a, b, c)의 개수는
${}_3H_1={}_3C_1=3$

3단계 주어진 조건을 만족시키는 순서쌍의 개수를 구해 보자.
(i), (ii)에서 구하는 순서쌍 (a, b, c, d)의 개수는
$15+3=18$

060 정답률 ▸ 59% 답 68

1단계 조건 (가)를 만족시키는 순서쌍의 개수를 구해 보자.
$x+y+z+u=6$을 만족시키는 음이 아닌 정수 x, y, z, u의 모든 순서쌍 (x, y, z, u)의 개수는
${}_4H_6={}_9C_6={}_9C_3=84$

2단계 $x=u$일 때, 조건 (가)를 만족시키는 순서쌍의 개수를 구해 보자.
$x=u$일 때, $x+y+z+u=6$을 만족시키는 음이 아닌 정수 x, y, z, u의 순서쌍 (x, y, z, u)의 개수는
$2x+y+z=6$ …… ㉠ → x의 계수가 2이므로 x의 값이 될 수 있는 수는 0, 1, 2, 3이다.
을 만족시키는 순서쌍 (x, y, z)의 개수와 같으므로 ㉠에서
(i) $x=0$일 때 → $y+z=6$
${}_2H_6={}_7C_6={}_7C_1$
$=7$
(ii) $x=1$일 때 → $y+z=4$
${}_2H_4={}_5C_4={}_5C_1$
$=5$
(iii) $x=2$일 때 → $y+z=2$
${}_2H_2={}_3C_2={}_3C_1$
$=3$
(iv) $x=3$일 때 → $y+z=0$
${}_2H_0={}_1C_0=1$
(i)~(iv)에서 $x=u$일 때, 순서쌍 (x, y, z, u)의 개수는
$7+5+3+1=16$

3단계 주어진 조건을 만족시키는 순서쌍의 개수를 구해 보자.
구하는 순서쌍 (x, y, z, u)의 개수는
$84-16=68$

061 답 332

1단계 주어진 조건을 만족시키는 경우를 알아보자.
구하는 모든 순서쌍 (a, b, c, d)의 개수는 조건 (가)를 만족시키는 음이 아닌 정수 a, b, c, d의 모든 순서쌍 (a, b, c, d)의 개수에서 조건 (나)를 만족시키지 않는 순서쌍 (a, b, c, d)의 개수를 뺀 것과 같다.

2단계 조건 (가)를 만족시키는 순서쌍의 개수를 구해 보자.
조건 (가)를 만족시키는 음이 아닌 정수 a, b, c, d의 모든 순서쌍 (a, b, c, d)의 개수는
${}_4H_{12}={}_{15}C_{12}={}_{15}C_3=455$

3단계 조건 (나)를 만족시키지 않는 순서쌍의 개수를 구해 보자.
(i) $a=2$일 때
$a+b+c+d=12$에서
$b+c+d=10$ (b, c, d는 음이 아닌 정수)

앞의 방정식을 만족시키는 순서쌍 (b, c, d)의 개수는

${}_{3}H_{10}={}_{12}C_{10}={}_{12}C_{2}=66$

즉, 이 경우의 순서쌍 (a, b, c, d)의 개수는 66

(ii) $a+b+c=10$일 때

조건 (가)에 의하여 $d=2$이므로

$a+b+c=10$ (a, b, c는 음이 아닌 정수)

위의 방정식을 만족시키는 순서쌍 (a, b, c)의 개수는

${}_{3}H_{10}=66$

즉, 이 경우의 순서쌍 (a, b, c, d)의 개수는 66

(iii) $a=2$이고 $a+b+c=10$일 때

조건 (가)에 의하여 $d=2$이고, $a=2$이므로

$b+c=8$ (b, c는 음이 아닌 정수)

위의 방정식을 만족시키는 순서쌍 (b, c)의 개수는

${}_{2}H_{8}={}_{9}C_{8}={}_{9}C_{1}=9$

즉, 이 경우의 순서쌍 (a, b, c, d)의 개수는 9

(i), (ii), (iii)에서 조건 (나)를 만족시키지 않는 순서쌍 (a, b, c, d)의 개수는

$66+66-9=123$

4단계 주어진 조건을 만족시키는 순서쌍의 개수를 구해 보자.

구하는 순서쌍 (a, b, c, d)의 개수는

$455-123=332$

062 정답률 ▸ 88% 답 ③

1단계 정수 d의 값에 따라 경우를 나누어 각각의 경우의 수를 구해 보자.

조건 (가)의 $a+b+c-d=9$에서 $a+b+c=9+d$ …… ㉠

이때 조건 (나)에서 $d\le4$이므로

(i) $d=0$일 때, ㉠에서 $a+b+c=9$

이때 조건 (나)의 $c\ge d$에서 $c\ge0$이므로

$a+b+c=9$ (a, b, c는 음이 아닌 정수)

앞의 방정식을 만족시키는 순서쌍 (a, b, c)의 개수는

${}_{3}H_{9}={}_{11}C_{9}={}_{11}C_{2}=55$

(ii) $d=1$일 때, ㉠에서 $a+b+c=10$

이때 조건 (나)의 $c\ge d$에서 $c\ge1$이므로

음이 아닌 정수 c_1에 대하여 $c=c_1+1$이라 하면

$a+b+(c_1+1)=10$ $\quad\therefore a+b+c_1=9$ (a, b, c_1은 음이 아닌 정수)

즉, 이 경우의 순서쌍 (a, b, c)의 개수는 위의 방정식을 만족시키는 순서쌍 (a, b, c_1)의 개수와 같으므로

${}_{3}H_{9}=55$

(iii) $d=2$일 때, ㉠에서 $a+b+c=11$

이때 조건 (나)의 $c\ge d$에서 $c\ge2$이므로

음이 아닌 정수 c_2에 대하여 $c=c_2+2$라 하면

$a+b+(c_2+2)=11$ $\quad\therefore a+b+c_2=9$ (a, b, c_2는 음이 아닌 정수)

즉, 이 경우의 순서쌍 (a, b, c)의 개수는 위의 방정식을 만족시키는 순서쌍 (a, b, c_2)의 개수와 같으므로

${}_{3}H_{9}=55$

(iv) $d=3$일 때, ㉠에서 $a+b+c=12$

이때 조건 (나)의 $c\ge d$에서 $c\ge3$이므로

음이 아닌 정수 c_3에 대하여 $c=c_3+3$이라 하면

$a+b+(c_3+3)=12$ $\quad\therefore a+b+c_3=9$ (a, b, c_3은 음이 아닌 정수)

즉, 이 경우의 순서쌍 (a, b, c)의 개수는 앞의 방정식을 만족시키는 순서쌍 (a, b, c_3)의 개수와 같으므로

${}_{3}H_{9}=55$

(v) $d=4$일 때, ㉠에서 $a+b+c=13$

이때 조건 (나)의 $c\ge d$에서 $c\ge4$이므로

음이 아닌 정수 c_4에 대하여 $c=c_4+4$라 하면

$a+b+(c_4+4)=13$ $\quad\therefore a+b+c_4=9$ (a, b, c_4는 음이 아닌 정수)

즉, 이 경우의 순서쌍 (a, b, c)의 개수는 위의 방정식을 만족시키는 순서쌍 (a, b, c_4)의 개수와 같으므로

${}_{3}H_{9}=55$

2단계 주어진 조건을 만족시키는 순서쌍의 개수를 구해 보자.

(i)~(v)에서 구하는 순서쌍 (a, b, c, d)의 개수는

$55+55+55+55+55=275$

다른 풀이

$c-d=e$라 하면 조건 (나)의 $c\ge d$에서 e는 음이 아닌 정수이므로

$a+b+e=9$ (a, b, e는 음이 아닌 정수)

라 할 수 있다.

위의 방정식을 만족시키는 순서쌍 (a, b, e)의 개수는

${}_{3}H_{9}={}_{11}C_{9}={}_{11}C_{2}=55$

이때 조건 (나)의 $d\le4$에서 d가 될 수 있는 값은 0, 1, 2, 3, 4의 5개이고, d의 값에 따라 c의 값을 정하면 된다.

따라서 구하는 순서쌍 (a, b, c, d)의 개수는

$55\times5=275$

063 정답률 ▸ 64% 답 74

1단계 주어진 조건을 만족시키는 순서쌍을 알아보자.

구하는 순서쌍은 조건 (가)의 방정식 $a+b+c+d=6$을 만족시키는 음이 아닌 정수 a, b, c, d의 모든 순서쌍 (a, b, c, d)에서 조건 (나)를 만족시키지 않는 순서쌍 (a, b, c, d)을 제외한 것이다.

2단계 조건 (가)를 만족시키는 순서쌍의 개수를 구해 보자.

조건 (가)의 방정식 $a+b+c+d=6$을 만족시키는 음이 아닌 정수 a, b, c, d의 모든 순서쌍 (a, b, c, d)의 개수는

${}_{4}H_{6}={}_{9}C_{6}={}_{9}C_{3}=84$

3단계 조건 (나)를 만족시키지 않는 순서쌍의 개수를 구해 보자.

네 정수 a, b, c, d가 모두 1 이상이면 조건 (나)를 만족시키지 않으므로

$a=a'+1$, $b=b'+1$, $c=c'+1$, $d=d'+1$이라 하면

$a+b+c+d=6$에서

$(a'+1)+(b'+1)+(c'+1)+(d'+1)=6$

$\therefore a'+b'+c'+d'=2$ (a', b', c', d'은 음이 아닌 정수)

1 이상인 정수 a, b, c, d의 순서쌍 (a, b, c, d)의 개수는 위의 방정식을 만족시키는 순서쌍 (a', b', c', d')의 개수와 같으므로

${}_{4}H_{2}={}_{5}C_{2}=10$

4단계 주어진 조건을 만족시키는 순서쌍의 개수를 구해 보자.

구하는 순서쌍 (a, b, c, d)의 개수는

$84-10=74$

다른 풀이

$${}_{4}C_{1}\times{}_{3}H_{3}+{}_{4}C_{2}\times{}_{2}H_{4}+{}_{4}C_{3}\times{}_{1}H_{5}=4\times{}_{5}C_{3}+6\times{}_{5}C_{4}+4\times{}_{5}C_{5}$$
$$=74$$

064 정답률 ▸ 54% 답 32

1단계 두 조건 (가), (나)를 만족시키는 정수 d의 값을 구해 보자.

조건 (나)에서 a, b, c가 모두 d의 배수이므로 $a+b+c+d$는 d의 배수이다.

→ $a+b+c+d=dk$ (단, k는 자연수)

이때 조건 (가)에서 d는 20의 양의 약수이어야 하므로

$d=2$ 또는 $d=4$ 또는 $d=5$

2단계 정수 d의 값에 따라 경우를 나누어 각각의 경우의 수를 구해 보자.

(i) $d=2$일 때

$a+b+c=18$에서 $a=2a'$, $b=2b'$, $c=2c'$이라 하면

$2a'+2b'+2c'=18$ $\therefore a'+b'+c'=9$ (a', b', c'은 자연수)

위의 방정식을 만족시키는 순서쌍 $(a, b, c, 2)$의 개수는

${}_{3}H_{6}={}_{8}C_{6}={}_{8}C_{2}=28$

(ii) $d=4$일 때

$a+b+c=16$에서 $a=4a'$, $b=4b'$, $c=4c'$이라 하면

$4a'+4b'+4c'=16$ $\therefore a'+b'+c'=4$ (a', b', c'은 자연수)

위의 방정식을 만족시키는 순서쌍 $(a, b, c, 4)$의 개수는

${}_{3}H_{1}={}_{3}C_{1}=3$

(iii) $d=5$일 때

$a+b+c=15$에서 $a=5a'$, $b=5b'$, $c=5c'$이라 하면

$5a'+5b'+5c'=15$ $\therefore a'+b'+c'=3$ (a', b', c'은 자연수)

위의 방정식을 만족시키는 순서쌍 $(a, b, c, 5)$의 개수는

$(5, 5, 5, 5)$의 1

3단계 주어진 조건을 만족시키는 순서쌍의 개수를 구해 보자.

(i), (ii), (iii)에서 구하는 순서쌍 (a, b, c, d)의 개수는

$28+3+1=32$

065 정답률 ▸ 37% 답 84

Best Pick 이 문제는 중복조합을 이용하여 주어진 조건을 만족시키는 순서쌍의 개수를 구하는 문제로 최근 다양한 경우를 나누어 순서쌍을 구하는 문제로 자주 출제되고 있다. 특히, 높은 난도의 4점짜리 문제가 자주 출제되므로 다양한 문제를 통한 연습이 필요하다.

1단계 주어진 조건을 만족시키는 순서쌍을 알아보자.

구하는 순서쌍은 조건 (가)의 방정식 $a+b+c=14$를 만족시키는 음이 아닌 세 정수 a, b, c의 모든 순서쌍 (a, b, c)에서 조건 (나)를 만족시키지 않는 순서쌍 (a, b, c)을 제외한 것이다.

2단계 조건 (가)를 만족시키는 순서쌍의 개수를 구해 보자.

조건 (가)의 방정식 $a+b+c=14$를 만족시키는 음이 아닌 세 정수 a, b, c의 순서쌍 (a, b, c)의 개수는

${}_{3}H_{14}={}_{16}C_{14}={}_{16}C_{2}=120$

3단계 조건 (나)를 만족시키지 않는 순서쌍의 개수를 구해 보자.

조건 (나)에서 $a\neq2$ 또는 $b\neq2$ 또는 $c\neq2$이므로

(i) 세 정수 a, b, c 중 1개가 2일 때

세 정수 a, b, c 중 2의 값을 가질 1개를 정하는 경우의 수는

${}_{3}C_{1}=3$

$a=2$라 하면 방정식 $b+c=12$를 만족시키는 음이 아닌 두 정수 b, c의 순서쌍 (b, c)의 개수는

${}_{2}H_{12}={}_{13}C_{12}={}_{13}C_{1}=13$

이때 $(2, 10)$, $(10, 2)$인 경우를 제외해야 하므로 이 경우의 순서쌍의 개수는

→ $b=2$, $c=2$인 경우

$3\times(13-2)=33$

(ii) 세 정수 a, b, c 중 2개가 2일 때

방정식 $a+b+c=14$를 만족시키는 음이 아닌 세 정수 a, b, c의 순서쌍 (a, b, c)의 개수는

$(2, 2, 10)$, $(2, 10, 2)$, $(10, 2, 2)$의 3

(i), (ii)에서 조건 (나)를 만족시키지 않는 순서쌍 (a, b, c)의 개수는

$33+3=36$

4단계 주어진 조건을 만족시키는 순서쌍의 개수를 구해 보자.

구하는 순서쌍 (a, b, c)의 개수는

$120-36=84$

066 정답률 ▸ 가형: 44%, 나형: 31% 답 32

1단계 조건 (가)를 만족시키는 순서쌍의 개수를 구해 보자.

조건 (가)의 방정식 $a+b+c=7$을 만족시키는 음이 아닌 세 정수 a, b, c의 순서쌍 (a, b, c)의 개수는

${}_{3}H_{7}={}_{9}C_{7}={}_{9}C_{2}=36$

2단계 조건 (나)를 만족시키지 않는 경우의 수를 구해 보자.

→ $2^3=8$이므로 $a+2b\geq3$일 때, 2^{a+2b}이 8의 배수가 된다.

$2^a\times4^b=2^a\times2^{2b}=2^{a+2b}$이므로 $a+2b\geq3$이면 $2^a\times4^b$은 8의 배수이다.

이때 $a+2b<3$인 경우를 순서쌍 (a, b)로 나타내면 순서쌍 (a, b)의 개수는 $(0, 0)$, $(0, 1)$, $(1, 0)$, $(2, 0)$의 4이므로 순서쌍 (a, b, c)의 개수도 4이다.

3단계 주어진 조건을 만족시키는 순서쌍 (a, b, c)의 개수를 구해 보자.

구하는 순서쌍 (a, b, c)의 개수는

$36-4=32$

067 정답률 ▸ 31% 답 84

1단계 주어진 조건을 만족시키는 순서쌍을 알아보고 그 순서쌍의 개수를 구해 보자.

조건 (가)에서 $x_{n+1}\geq x_n+2$ $(n=1, 2)$이므로

$x_2\geq x_1+2$, $x_3\geq x_2+2$

→ $0\leq x_1<x_2<x_3\leq10$

0에서 10까지의 정수 중에서 조건을 만족시키는 x_1, x_2, x_3의 양 끝과 사이사이를 다음과 같이 [1], [2], [3], [4]로 나타낼 때, [2], [3]에는 최소 1개 이상의 정수가 있어야 한다.

[1] x_1 [2] x_2 [3] x_3 [4]

[1], [2], [3], [4]에 들어갈 정수의 개수를 각각 x, y, z, w라 하면

$x+y+z+w=8$ $(x\geq0,\ y\geq1,\ z\geq1,\ w\geq0)$

→ 0에서 10까지 11개의 정수에서 x_1, x_2, x_3을 제외하면 8개의 정수가 남는다.

이때 음이 아닌 정수 y', z'에 대하여 $y=y'+1$, $z=z'+1$이라 하면

$x+(y'+1)+(z'+1)+w=8$

$\therefore x+y'+z'+w=6$ (x, y', z', w는 음이 아닌 정수)

위의 방정식을 만족시키는 순서쌍 (x, y', z', w)의 개수는

${}_{4}H_{6}={}_{9}C_{6}={}_{9}C_{3}=84$

따라서 구하는 순서쌍 (x_1, x_2, x_3)의 개수는 84이다.

다른 풀이

$x_2\geq x_1+2$, $x_3\geq x_2+2$에서 $0\leq x_1<x_2-1<x_3-2\leq8$

이므로 구하는 순서쌍 (x_1, x_2, x_3)의 개수는 ${}_{9}C_{3}=84$

068 정답률 ▸ 가형: 32%, 나형: 17% 답 210

Best Pick 나눈 나머지에 따라 자연수를 분류할 수 있어야 하는 문제이다. 방정식의 해의 개수를 구하는 중복조합 문제는 조건이 다양하게 변형되어 출제될 수 있다.

1단계 조건 (나)를 만족시키는 경우의 수를 구해 보자.

조건 (나)에서 자연수 x, y, z, w 중 3으로 나눈 나머지가 1인 수 2개를 선택하고 3으로 나눈 나머지가 2인 수 2개를 선택하는 경우의 수는

${}_4C_2 \times {}_2C_2 = 6 \times 1 = 6$

2단계 두 조건 (가), (나)를 만족시키는 방정식을 세워 보자.

x, y는 3으로 나눈 나머지가 1인 수라 하고 z, w는 3으로 나눈 나머지가 2인 수라 하면

$x=3x'+1$, $y=3y'+1$, $z=3z'+2$, $w=3w'+2$

(x', y', z', w'은 음이 아닌 정수)

조건 (가)에서 $x+y+z+w=18$이므로

$(3x'+1)+(3y'+1)+(3z'+2)+(3w'+2)=18$

$\therefore x'+y'+z'+w'=4$ (x', y', z', w'은 음이 아닌 정수) …… ㉠

3단계 조건 (가)의 방정식의 해의 개수를 구해 보자.

방정식 ㉠을 만족시키는 음이 아닌 정수 x', y', z', w'의 순서쌍 (x', y', z', w')의 개수는 순서쌍 (x, y, z, w)의 개수와 같으므로

${}_4H_4 = {}_7C_4 = {}_7C_3 = 35$

4단계 주어진 조건을 만족시키는 순서쌍의 개수를 구해 보자.

구하는 순서쌍 (x, y, z, w)의 개수는

$6 \times 35 = 210$

069 정답률 ▸ 46% 답 84

1단계 1개의 빈 상자를 선택하는 경우의 수를 구해 보자.

서로 다른 4개의 상자 중에서 1개의 빈 상자를 선택하는 경우의 수는

${}_4C_1 = 4$

2단계 3개의 상자에 넣은 공의 개수를 각각 a, b, c라 하고 8개의 공을 넣는 경우의 수를 구해 보자.

빈 상자가 아닌 서로 다른 3개의 상자에 넣은 공의 개수를 각각 a, b, c라 하면 빈 상자가 아닌 서로 다른 3개의 상자에 서로 같은 8개의 공을 넣는 경우의 수는 방정식

(빈 상자가 되면 안 되므로 $a \ge 1$, $b \ge 1$, $c \ge 1$)

$a+b+c=8$ (a, b, c는 양의 정수) …… ㉠

을 만족시키는 a, b, c의 순서쌍 (a, b, c)의 개수와 같다.

$a=a'+1$, $b=b'+1$, $c=c'+1$

이라 하면

$a+b+c=8$에서

$a'+b'+c'=5$ (a', b', c'은 음이 아닌 정수) …… ㉡

방정식 ㉠을 만족시키는 순서쌍 (a, b, c)의 개수는 방정식 ㉡을 만족시키는 순서쌍 (a', b', c')의 개수와 같으므로

${}_3H_5 = {}_7C_5 = {}_7C_2 = 21$

3단계 주어진 조건을 만족시키는 경우의 수를 구해 보자.

구하는 경우의 수는

$4 \times 21 = 84$

070 정답률 ▸ 87% 답 ②

1단계 두 조건 (가), (나)를 만족시키는 방정식을 세워 보자.

네 정수 x, y, z, w에 대하여 네 자리 자연수를 $10^3x+10^2y+10z+w$라 하면 조건 (가)에 의하여

$x+y+z+w=14$ …… ㉠

조건 (나)에서 x, y, z, w가 모두 홀수이므로 0 이상 4 이하의 정수 a, b, c, d에 대하여

$x=2a+1$, $y=2b+1$, $z=2c+1$, $w=2d+1$

(x, y, z, w가 될 수 있는 수는 각각 1, 3, 5, 7, 9이므로)

이라 하면 ㉠에서

$(2a+1)+(2b+1)+(2c+1)+(2d+1)=14$

$\therefore a+b+c+d=5$ (a, b, c, d는 0 이상 4 이하의 정수) …… ㉡

2단계 주어진 조건을 만족시키는 네 자리 자연수의 개수를 구해 보자.

방정식 ㉡을 만족시키는 순서쌍 (a, b, c, d)의 개수는

${}_4H_5 = {}_8C_5 = {}_8C_3 = 56$

이때 a, b, c, d는 0 이상 4 이하의 정수이므로 a, b, c, d 중 한 가지만 5번 선택하는 4가지 경우를 제외해야 하므로 구하는 자연수의 개수는

($(5, 0, 0, 0)$, $(0, 5, 0, 0)$, $(0, 0, 5, 0)$, $(0, 0, 0, 5)$)

$56-4=52$

071 정답률 ▸ 45% 답 100

1단계 주어진 조건을 만족시키는 경우에 대하여 알아보자.

9 이하의 음이 아닌 네 정수 a, b, c, d에 대하여 네 자리 자연수를 $10^3a+10^2b+10c+d$라 하고 순서쌍 (a, b, c, d)로 나타내자.

3000보다 작은 네 자리 자연수이므로

$a=1$ 또는 $a=2$ → 천의 자리의 수가 1 또는 2

또한, 각 자리의 수의 합이 10이므로

$a+b+c+d=10$

2단계 자연수 a의 값에 따라 경우를 나누어 각각의 경우의 수를 구해 보자.

(i) $a=1$인 경우

$b+c+d=9$를 만족시키는 음이 아닌 세 정수 b, c, d의 순서쌍 (b, c, d)의 개수는 순서쌍 (a, b, c, d)의 개수와 같으므로

${}_3H_9 = {}_{11}C_9 = {}_{11}C_2 = 55$

(ii) $a=2$인 경우

$b+c+d=8$을 만족시키는 음이 아닌 세 정수 b, c, d의 순서쌍 (b, c, d)의 개수는 순서쌍 (a, b, c, d)의 개수와 같으므로

${}_3H_8 = {}_{10}C_8 = {}_{10}C_2 = 45$

3단계 주어진 조건을 만족시키는 자연수의 개수를 구해 보자.

(i), (ii)에서 구하는 자연수의 개수는

$55+45=100$

072 정답률 ▸ 21% 답 218

Best Pick 주어진 조건을 만족시키는 경우의 수보다 만족시키지 않는 경우가 더 많은 경우 여사건을 이용하여 문제를 해결하는 것이 좋다. 하지만 이러한 경우가 두 개 이상이 될 때는 중복으로 경우의 수를 세지 않도록 주의해야 한다.

1단계 주어진 조건을 만족시키는 경우를 알아보자.

구하는 경우의 수는 두 조건 (가), (나)를 만족시키는 경우의 수에서 조건 (다)를 만족시키지 않는 경우의 수를 뺀 것과 같다.

2단계 **두 조건 (가), (나)의 상황을 방정식으로 나타내어 보자.**

네 명의 학생 A, B, C, D가 받는 사인펜의 개수를 각각 a, b, c, d라 하면 조건 (나)에 의하여

$a+b+c+d=14$ (a, b, c, d는 9 이하의 음이 아닌 정수) …… ㉠

조건 (가)에 의하여

$a=a'+1$, $b=b'+1$, $c=c'+1$, $d=d'+1$이라 하면 ㉠에서

$(a'+1)+(b'+1)+(c'+1)+(d'+1)=14$

$\therefore a'+b'+c'+d'=10$ (a', b', c', d'은 8 이하의 음이 아닌 정수) …… ㉡

3단계 **두 조건 (가), (나)를 만족시키는 경우의 수를 구해 보자.**

방정식 ㉠을 만족시키는 순서쌍 (a, b, c, d)의 개수는 방정식 ㉡을 만족시키는 순서쌍 (a', b', c', d')의 개수와 같으므로

${}_4H_{10}={}_{13}C_{10}={}_{13}C_3=286$

이때 a' 또는 b' 또는 c' 또는 d'의 값이 9 또는 10인 경우를 제외해야 한다.

(i) $a'=9$일 때, 순서쌍 (a', b', c', d')의 개수는

$(9, 1, 0, 0)$, $(9, 0, 1, 0)$, $(9, 0, 0, 1)$의 3

(ii) $a'=10$일 때, 순서쌍 (a', b', c', d')의 개수는

$(10, 0, 0, 0)$의 1

(i), (ii)에서 $3+1=4$

같은 방법으로 b', c', d'의 값이 9 또는 10인 경우의 수도 각각 4이므로 두 조건 (가), (나)를 만족시키는 경우의 수는

$286-4\times4=270$

4단계 **조건 (다)를 만족시키지 않는 경우의 수를 구해 보자.**

네 명의 학생 A, B, C, D가 모두 홀수 개의 사인펜을 받는 경우의 수를 구해 보자.

$a=2a''+1$, $b=2b''+1$, $c=2c''+1$, $d=2d''+1$이라 하면 ㉠에서

$(2a''+1)+(2b''+1)+(2c''+1)+(2d''+1)=14$

$\therefore a''+b''+c''+d''=5$ (a'', b'', c'', d''은 4 이하의 음이 아닌 정수)

방정식 ㉠을 만족시키는 순서쌍 (a, b, c, d)의 개수는 위의 방정식을 만족시키는 순서쌍 (a'', b'', c'', d'')의 개수와 같으므로

${}_4H_5={}_8C_5={}_8C_3=56$

이때 a'' 또는 b'' 또는 c'' 또는 d''의 값이 5인 경우를 제외해야 한다.

$a''=5$일 때, 순서쌍 (a'', b'', c'', d'')의 개수는

$(5, 0, 0, 0)$의 1

같은 방법으로 b'', c'', d''의 값이 5인 경우의 수도 1이므로 조건 (다)를 만족시키지 않는 경우의 수는

$56-4\times1=52$

5단계 **주어진 조건을 만족시키는 경우의 수를 구해 보자.**

구하는 경우의 수는

$270-52=218$

다른 풀이

두 조건 (가), (다)에 의하여 네 명의 학생 A, B, C, D 중 두 명의 학생은 짝수 개, 나머지 두 명의 학생은 홀수 개의 사인펜을 받거나 네 명의 학생 모두 짝수 개의 사인펜을 받는다.
(짝수)=(짝수)+(짝수)+(짝수)+(짝수) 또는 (짝수)=(짝수)+(짝수)+(홀수)+(홀수)

네 명의 학생 A, B, C, D가 받는 사인펜의 개수를 각각 a, b, c, d라 하면 조건 (나)에 의하여

$a+b+c+d=14$ (a, b, c, d는 9 이하의 음이 아닌 정수) …… ㉠

(i) 두 명의 학생은 짝수 개, 나머지 두 명의 학생은 홀수 개의 사인펜을 받는 경우

짝수 개의 사인펜을 받는 학생을 선택하는 경우의 수는

${}_4C_2=6$

두 명의 학생 A, B가 짝수 개의 사인펜을 받는다고 하자.

$a=2a'+2$, $b=2b'+2$, $c=2c'+1$, $d=2d'+1$이라 하면

㉠에서

$(2a'+2)+(2b'+2)+(2c'+1)+(2d'+1)=14$

$\therefore a'+b'+c'+d'=4$ $(0\le a'\le3,\ 0\le b'\le3,\ 0\le c'\le4,\ 0\le d'\le4)$

방정식 ㉠을 만족시키는 순서쌍 (a, b, c, d)의 개수는 위의 방정식을 만족시키는 순서쌍 (a', b', c', d')의 개수와 같으므로

${}_4H_4={}_7C_4={}_7C_3=35$

이때 $(4, 0, 0, 0)$, $(0, 4, 0, 0)$인 경우를 제외해야 하므로 이 경우의 수는
($a'=4$, $b'=4$인 경우)

$6\times(35-2)=198$

(ii) 네 명의 학생 모두 짝수 개의 사인펜을 받는 경우

$a=2a''+2$, $b=2b''+2$, $c=2c''+2$, $d=2d''+2$라 하면 ㉠에서

$(2a''+2)+(2b''+2)+(2c''+2)+(2d''+2)=14$

$\therefore a''+b''+c''+d''=3$ (a'', b'', c'', d''은 3 이하의 음이 아닌 정수)

방정식 ㉠을 만족시키는 순서쌍 (a, b, c, d)의 개수는 위의 방정식을 만족시키는 순서쌍 (a'', b'', c'', d'')의 개수와 같으므로

${}_4H_3={}_6C_3=20$

(i), (ii)에서 구하는 경우의 수는

$198+20=218$

073 정답률 ▸ 69% 답 ⑤

1단계 **$f(1)$의 값을 정하는 경우의 수를 구해 보자.**

$f(1)$의 값은 집합 X의 어떤 원소가 되어도 만족시키므로 $f(1)$의 값을 정하는 경우의 수는

${}_4C_1=4$

2단계 **$f(2)$, $f(3)$, $f(4)$의 값을 정하는 경우의 수를 구해 보자.**

$f(2)\le f(3)\le f(4)$를 만족시키는 경우의 수는 집합 X의 원소 중 중복을 허락하여 3개를 선택한 후 크기가 작거나 같은 수부터 순서대로 $f(2)$, $f(3)$, $f(4)$의 값으로 정하는 경우의 수와 같으므로

${}_4H_3={}_6C_3=20$

3단계 **주어진 조건을 만족시키는 함수 f의 개수를 구해 보자.**

구하는 함수 f의 개수는

$4\times20=80$

074 정답률 ▸ 34% 답 525

1단계 **조건 (가)를 만족시키는 경우의 수를 구해 보자.**

조건 (가)에서 함수 f의 치역에 속하는 집합 X의 원소 3개를 선택하는 경우의 수는

${}_7C_3=35$ …… ㉠

치역의 각 원소에 정의역의 원소가 적어도 하나 이상 대응되므로 $a\ge1$, $b\ge1$, $c\ge1$

2단계 **조건 (나)를 만족시키는 경우의 수를 구해 보자.**

치역에 속하는 3개의 수에 각각 대응하는 집합 X의 원소의 개수를 각각 a, b, c라 하고 조건 (나)를 만족시키려면

$a+b+c=7$ (a, b, c는 자연수) …… ㉡
(집합 X의 원소의 개수)

이때 음이 아닌 정수 a', b', c'에 대하여

$a=a'+1$, $b=b'+1$, $c=c'+1$이라 하면

$a+b+c=7$에서

$(a'+1)+(b'+1)+(c'+1)=7$

$\therefore a'+b'+c'=4$ (a', b', c'은 음이 아닌 정수)

이때 방정식 ㉡을 만족시키는 순서쌍 (a, b, c)의 개수는 위의 방정식을 만족시키는 순서쌍 (a', b', c')의 개수와 같으므로

${}_3H_4={}_6C_4={}_6C_2=15$ …… ㉢

3단계 주어진 조건을 만족시키는 함수 f의 개수를 구해 보자.

㉠, ㉢에서 구하는 함수 f의 개수는

$35\times15=525$

075 정답률 ▸ 23% 답 327

1단계 조건 (가)를 만족시키는 경우를 알아보자.

조건 (가)에 의하여 $f(3)$ 또는 $f(6)$은 3의 배수이다.

2단계 $f(3)$이 3의 배수인 함수 f의 개수를 구해 보자.

(i) $f(3)$이 3의 배수일 때

ⓐ $f(3)=3$일 때

$f(1)$, $f(2)$의 값을 정하는 경우의 수는 조건 (나)에 의하여

${}_3H_2={}_4C_2=6$

$f(4)$, $f(5)$, $f(6)$의 값을 정하는 경우의 수는 조건 (나)에 의하여

${}_4H_3={}_6C_3=20$

즉, 이 경우의 함수 f의 개수는

$6\times20=120$

ⓑ $f(3)=6$일 때

$f(1)$, $f(2)$의 값을 정하는 경우의 수는 조건 (나)에 의하여

${}_6H_2={}_7C_2=21$

$f(4)$, $f(5)$, $f(6)$의 값을 정하는 경우의 수는 조건 (나)에 의하여

1 → $f(4)=f(5)=f(6)=6$

즉, 이 경우의 함수 f의 개수는

$21\times1=21$

ⓐ, ⓑ에서 조건을 만족시키는 함수 f의 개수는

$120+21=141$

3단계 $f(6)$이 3의 배수인 함수 f의 개수를 구해 보자.

(ii) $f(6)$이 3의 배수일 때

ⓐ $f(6)=3$일 때

$f(1)$, $f(2)$, $f(3)$, $f(4)$, $f(5)$의 값을 정하는 경우의 수는 조건 (나)에 의하여

${}_3H_5={}_7C_5={}_7C_2=21$

ⓑ $f(6)=6$일 때

$f(1)$, $f(2)$, $f(3)$, $f(4)$, $f(5)$의 값을 정하는 경우의 수는 조건 (나)에 의하여

${}_6H_5={}_{10}C_5=252$

ⓐ, ⓑ에서 조건을 만족시키는 함수 f의 개수는

$21+252=273$

4단계 $f(3)$, $f(6)$이 모두 3의 배수인 함수 f의 개수를 구해 보자.

(iii) $f(3)$, $f(6)$이 모두 3의 배수일 때

ⓐ $f(3)=f(6)=3$일 때

$f(1)$, $f(2)$의 값을 정하는 경우의 수는 조건 (나)에 의하여

${}_3H_2=6$

$f(4)$, $f(5)$의 값을 정하는 경우의 수는 조건 (나)에 의하여

1 → $f(4)=f(5)=3$

즉, 이 경우의 함수 f의 개수는

$6\times1=6$

ⓑ $f(3)=3$, $f(6)=6$일 때

$f(1)$, $f(2)$의 값을 정하는 경우의 수는 조건 (나)에 의하여

${}_3H_2=6$

$f(4)$, $f(5)$의 값을 정하는 경우의 수는 조건 (나)에 의하여

${}_4H_2={}_5C_2=10$

즉, 이 경우의 함수 f의 개수는

$6\times10=60$

ⓒ $f(3)=f(6)=6$일 때

$f(1)$, $f(2)$의 값을 정하는 경우의 수는 조건 (나)에 의하여

${}_6H_2=21$

$f(4)$, $f(5)$의 값을 정하는 경우의 수는 조건 (나)에 의하여

1 → $f(4)=f(5)=6$

즉, 이 경우의 함수 f의 개수는

$21\times1=21$

ⓐ, ⓑ, ⓒ에서 조건을 만족시키는 함수 f의 개수는

$6+60+21=87$

5단계 주어진 조건을 만족시키는 함수 f의 개수를 구해 보자.

(i), (ii), (iii)에서 구하는 함수 f의 개수는

$141+273-87=327$

076 정답률 ▸ 94% 답 ②

1단계 다항식 $(2+x)^4(1+3x)^3$의 전개식의 일반항을 구해 보자.

다항식 $(2+x)^4(1+3x)^3$의 전개식의 일반항은

${}_4C_r x^r 2^{4-r}\times{}_3C_s(3x)^s 1^{3-s}={}_4C_r\times{}_3C_s\times2^{4-r}\times3^s\times x^{r+s}$ …… ㉠

2단계 x의 계수를 구해 보자.

㉠에서 x항은 $r+s=1$일 때이다.

$r+s=1$을 만족시키는 순서쌍 (r, s)는 $(1, 0)$, $(0, 1)$이므로

x의 계수는

${}_4C_1\times{}_3C_0\times2^{4-1}\times3^0+{}_4C_0\times{}_3C_1\times2^{4-0}\times3^1$ → $r=0$, $s=1$을 대입

$=4\times1\times2^3\times1+1\times3\times2^4\times3$

$=32+144$

$=176$

→ $r=1$, $s=0$을 대입

077 정답률 ▸ 88% 답 ②

1단계 다항식 $(x+2a)^5$의 전개식의 일반항을 구해 보자.

다항식 $(x+2a)^5$의 전개식의 일반항은

${}_5C_r x^{5-r}(2a)^r={}_5C_r 2^r a^r x^{5-r}$

2단계 x^3의 계수를 이용하여 양수 a의 값을 구해 보자.

x^3의 계수는 $5-r=3$, 즉 $r=2$일 때이고

그 값이 640이므로

${}_5C_2 \times 2^2 \times a^2 = 640$

$10 \times 4 \times a^2 = 640$

$a^2 = 16$

$\therefore a = 4$ ($\because a > 0$)

078 정답률 ▸ 86% 답 ⑤

1단계 다항식 $(x-2)^5$의 전개식의 일반항을 구해 보자.

다항식 $(x-2)^5$의 전개식의 일반항은

${}_5C_r x^{5-r}(-2)^r = {}_5C_r(-2)^r x^{5-r}$ ...... ㉠

2단계 $\left(x^2-\frac{1}{x}\right)^2(x-2)^5$의 전개식에서 x항이 나타나는 경우를 알아보자.

$\left(x^2-\frac{1}{x}\right)^2(x-2)^5$에서

$\left(x^2-\frac{1}{x}\right)^2 = x^4 - 2x + \frac{1}{x^2}$이므로

$\left(x^4-2x+\frac{1}{x^2}\right)(x-2)^5$

즉, 주어진 식의 전개식에서 x항은 $-2x$와 ㉠의 상수항이 곱해질 때와 $\frac{1}{x^2}$과 ㉠의 x^3항이 곱해질 때 나타난다.

3단계 x의 계수를 구해 보자.

㉠의 상수항은 $5-r=0$, 즉 $r=5$일 때이므로

${}_5C_5 \times (-2)^5 = 1 \times (-32) = -32$

㉠의 x^3의 계수는 $5-r=3$, 즉 $r=2$일 때이므로

${}_5C_2 \times (-2)^2 = 10 \times 4 = 40$

따라서 주어진 식의 전개식에서 x의 계수는

$-2 \times (-32) + 1 \times 40 = 104$

079 정답률 ▸ 73% 답 6

1단계 다항식 $(ax+1)^6$의 전개식의 일반항을 구해 보자.

다항식 $(ax+1)^6$, 즉 $(1+ax)^6$의 전개식의 일반항은

${}_6C_r 1^{6-r}(ax)^r = {}_6C_r a^r x^r$

2단계 $20a^2$의 값을 구해 보자.

x의 계수 ${}_6C_1 a$와 x^3의 계수 ${}_6C_3 a^3$이 같으므로

${}_6C_1 a = {}_6C_3 a^3$에서

$6a = 20a^3$

이때 $a \neq 0$이므로

$20a^2 = 6$

080 정답률 ▸ 83% 답 ②

1단계 $\left(x^2+\frac{a}{x}\right)^5$의 전개식의 일반항을 구해 보자.

$\left(x^2+\frac{a}{x}\right)^5$의 전개식의 일반항은

${}_5C_r(x^2)^{5-r}\left(\frac{a}{x}\right)^r = {}_5C_r a^r x^{10-3r}$

2단계 $\frac{1}{x^2}$의 계수와 x의 계수를 각각 구하여 양수 a의 값을 구해 보자.

$\frac{1}{x^2}$의 계수는 $10-3r=-2$, 즉 $r=4$일 때이므로

${}_5C_4 \times a^4 = {}_5C_1 \times a^4 = 5a^4$

x의 계수는 $10-3r=1$, 즉 $r=3$일 때이므로

${}_5C_3 \times a^3 = {}_5C_2 \times a^3 = 10a^3$

이때 $\frac{1}{x^2}$의 계수와 x의 계수가 같으므로

$5a^4 = 10a^3$ $\therefore a = 2$ ($\because a > 0$)

081 정답률 ▸ 76% 답 ③

Best Pick 다항식의 전개식의 일반항을 정확히 알고 있어야 하는 문제이다. 이항정리 문제는 대부분 간단한 계산 문제로 출제되지만 이 문제와 같이 다소 복잡한 이항정리 문제가 출제될 수 있다.

1단계 다항식 $(x+2)^{19}$의 전개식의 일반항을 구해 보자.

다항식 $(x+2)^{19}$, 즉 $(2+x)^{19}$의 전개식의 일반항은

${}_{19}C_r 2^{19-r} x^r$

2단계 자연수 k의 최솟값을 구해 보자.

x^k의 계수는 $x^k = x^r$, 즉 $r=k$일 때이므로

${}_{19}C_k 2^{19-k}$

x^{k+1}의 계수는 $x^{k+1} = x^r$, 즉 $r=k+1$일 때이므로

${}_{19}C_{k+1} 2^{18-k}$

이때 x^k의 계수가 x^{k+1}의 계수보다 커야 하므로

${}_{19}C_k 2^{19-k} > {}_{19}C_{k+1} 2^{18-k}$

이어야 한다.

$\frac{19!}{k!(19-k)!} \times 2 > \frac{19!}{(k+1)!(18-k)!}$

$\frac{2}{19-k} > \frac{1}{k+1}$, $2(k+1) > 19-k$

$3k > 17$ $\therefore k > \frac{17}{3} = 5.\times\times\times$

따라서 구하는 자연수 k의 최솟값은 6이다.

082 정답률 ▸ 75% 답 ②

1단계 $\left(x+\frac{a}{x^2}\right)^4$의 전개식의 일반항을 구해 보자.

$\left(x+\frac{a}{x^2}\right)^4$의 전개식의 일반항은

${}_4C_r x^{4-r}\left(\frac{a}{x^2}\right)^r = {}_4C_r a^r x^{4-3r}$ ...... ㉠

2단계 $\left(x^2-\frac{1}{x}\right)\left(x+\frac{a}{x^2}\right)^4$의 전개식에서 x^3의 계수를 a에 대한 식으로 나타내어 보자.

x^3의 계수는

$\left(x^2-\frac{1}{x}\right)\left(x+\frac{a}{x^2}\right)^4 = x^2\left(x+\frac{a}{x^2}\right)^4 - \frac{1}{x}\left(x+\frac{a}{x^2}\right)^4$

의 전개식에서 ㉠의 x항과 x^2, ㉠의 x^4항과 $\frac{1}{x}$이 곱해질 때 나타난다.

(i) ㉠에서 x의 계수는

$4-3r=1$, 즉 $r=1$일 때이므로

${}_4C_1\,ax=4ax$

(ii) ㉠에서 x^4의 계수는

$4-3r=4$, 즉 $r=0$일 때이므로

${}_4C_0\,a^0x^4=x^4$

(i), (ii)에서 x^3의 계수는

$x^2\times4ax-\frac{1}{x}\times x^4=(4a-1)x^3$

3단계 상수 a의 값을 구해 보자.

x^3의 계수가 7이므로

$4a-1=7$

$\therefore a=2$

083 정답률 ▸ 92% 답 32

$(1+x)^5={}_5C_0+{}_5C_1x+{}_5C_2x^2+{}_5C_3x^3+{}_5C_4x^4+{}_5C_5x^5$

양변에 $x=1$을 대입하면

${}_5C_0+{}_5C_1+{}_5C_2+{}_5C_3+{}_5C_4+{}_5C_5=2^5=32$

084 정답률 ▸ 91% 답 ⑤

${}_4C_0+{}_4C_1\times3+{}_4C_2\times3^2+{}_4C_3\times3^3+{}_4C_4\times3^4$

$=(1+3)^4=4^4=256$

085 정답률 ▸ 75% 답 ③

Best Pick 이항계수의 성질과 수학I의 Ⅲ. 수열 단원이 결합된 문제이다. $\sum$의 성질뿐만 아니라 등비수열의 합에 대한 공식도 알고 있어야 한다. 단순히 이항계수의 성질만을 이용하는 문제가 아닌 여러 단원의 내용이 결합된 문제가 출제될 가능성이 있다.

1단계 주어진 등식을 간단히 해 보자.

$f(n)=\sum_{k=1}^{n}{}_{2n+1}C_{2k}$

$\quad={}_{2n+1}C_2+{}_{2n+1}C_4+{}_{2n+1}C_6+\cdots+{}_{2n+1}C_{2n}$

이때

${}_{2n+1}C_0+{}_{2n+1}C_2+{}_{2n+1}C_4+{}_{2n+1}C_6+\cdots+{}_{2n+1}C_{2n}=2^{2n}$

이므로

$1+f(n)=2^{2n}$

$\therefore f(n)=2^{2n}-1$

2단계 $f(n)=1023$을 이용하여 n의 값을 구해 보자.

$f(n)=1023$이므로

$2^{2n}-1=1023,\ 2^{2n}=1024=2^{10}$

$2n=10$

$\therefore n=5$

086 정답률 ▸ 76% 답 ⑤

Best Pick 이항계수의 성질과 부분집합의 개념이 결합된 문제이다. 부분집합의 개수는 조합을 이용하여 구할 수 있다. 출제빈도는 높지 않은 유형이지만 이항계수의 성질을 정확하게 알고 있으면 풀이 시간을 단축시킬 수 있다.

1단계 집합 A의 원소의 개수가 홀수인 부분집합의 개수를 구해 보자.

집합 A의 부분집합 중 두 원소 1, 2를 모두 포함하고 원소의 개수가 홀수인 부분집합의 개수는 집합 $\{3, 4, 5, \cdots, 25\}$의 부분집합 중 원소의 개수가 홀수인 부분집합의 개수와 같으므로

(원소의 개수로 1, 3, 5, ⋯, 23이 가능하다.)

${}_{23}C_1+{}_{23}C_3+{}_{23}C_5+\cdots+{}_{23}C_{21}+{}_{23}C_{23}=2^{23-1}=2^{22}$

087 정답률 ▸ 43% 답 682

1단계 이항계수의 성질을 이용하여 $f(5)$의 값을 구해 보자.

$f(5)=\sum_{k=1}^{5}({}_{2k}C_1+{}_{2k}C_3+{}_{2k}C_5+\cdots+{}_{2k}C_{2k-1})$

$\quad={}_2C_1+({}_4C_1+{}_4C_3)+({}_6C_1+{}_6C_3+{}_6C_5)+({}_8C_1+{}_8C_3+{}_8C_5+{}_8C_7)$

$\quad\quad+({}_{10}C_1+{}_{10}C_3+{}_{10}C_5+{}_{10}C_7+{}_{10}C_9)$

$\quad=2+2^3+2^5+2^7+2^9$

(${}_nC_0+{}_nC_2+{}_nC_4+\cdots={}_nC_1+{}_nC_3+{}_nC_5+\cdots=2^{n-1}$임을 이용하여 간단히 한다.)

$\quad=\frac{2\times(4^5-1)}{4-1}$

$\quad=682$

088 정답률 ▸ 41% 답 25

1단계 $\sum_{k=1}^{n}{}_nC_k$를 정리하여 각 항을 알아보자.

$\sum_{k=1}^{n}{}_nC_k=\sum_{k=0}^{n}{}_nC_k-{}_nC_0$

$\quad=2^n-1$

위의 식에 $n=1, 2, 3, \cdots$을 차례대로 대입하면

$2^1-1=1$,

$2^2-1=3$,

$2^3-1=7$,

$2^4-1=15$,

⋮

2단계 n의 개수를 구해 보자.

2^n-1이 3의 배수이려면 n이 짝수이어야 한다.

(2^n-1에 $n=1, 2, 3, \cdots$을 차례대로 대입하여 규칙성을 찾아보면 n이 홀수일 때는 2^n-1을 3으로 나눈 나머지가 1이고 n이 짝수일 때는 2^n-1은 3의 배수가 된다.)

따라서 구하는 n의 개수는

2, 4, 6, ⋯, 50의 25

참고

$(1+x)^n=\sum_{r=0}^{n}{}_nC_rx^r$에서

$x=1$이면 $(1+1)^n=\sum_{r=0}^{n}{}_nC_r$이므로

$\sum_{r=0}^{n}{}_nC_r=2^n$

$\therefore \sum_{r=1}^{n}{}_nC_r=\sum_{r=0}^{n}{}_nC_r-{}_nC_0$

$\quad=2^n-1$

089

답 455

1단계 **주어진 조건을 만족시키는 부등식을 세워 보자.**

빨간색, 파란색, 노란색 색연필의 개수를 각각 a, b, c라 하면 각 색연필을 적어도 하나씩 포함해야 하고, 15개 이하의 색연필을 선택해야 하므로

$a+b+c\le 15$ (a, b, c는 양의 정수)

$a=a'+1$, $b=b'+1$, $c=c'+1$이라 하면

$a'+b'+c'\le 12$ (a', b', c'은 음이 아닌 정수)

2단계 **주어진 조건을 만족시키는 방법의 수를 구해 보자.**

$a'+b'+c'=n$ ($n=0, 1, 2, 3, \cdots, 12$)를 만족시키는 방법의 수는 ${}_3H_n$이므로 구하는 방법의 수는

${}_3H_0+{}_3H_1+{}_3H_2+{}_3H_3+\cdots+{}_3H_{11}+{}_3H_{12}$

$={}_2C_0+{}_3C_1+{}_4C_2+{}_5C_3+\cdots+{}_{13}C_{11}+{}_{14}C_{12}$

$=({}_3C_0+{}_3C_1)+{}_4C_2+{}_5C_3+\cdots+{}_{13}C_{11}+{}_{14}C_{12}$ ($\because {}_2C_0={}_3C_0=1$)

$=({}_4C_1+{}_4C_2)+{}_5C_3+\cdots+{}_{13}C_{11}+{}_{14}C_{12}$ ($\because {}_{n-1}C_{r-1}+{}_{n-1}C_r={}_nC_r$)

$=({}_5C_2+{}_5C_3)+\cdots+{}_{13}C_{11}+{}_{14}C_{12}$

$\vdots$

$={}_{14}C_{11}+{}_{14}C_{12}$

$={}_{15}C_{12}$

$={}_{15}C_3$

$=455$

I 고난도 기출

▸본문 036~044쪽

090 13	091 126	092 96	093 12	094 ②	095 40
096 97	097 209	098 19	099 206	100 296	101 51

090

정답률 ▸ 37%

답 13

Best Pick 주어진 문제 상황은 복잡해 보이지만 이해만 정확히 한다면 어렵지 않다. 주어진 실생활 상황의 물건을 a_1, a_2, a_3, $\cdots$과 같이 문자로 두고 이해하면 좋다.

1단계 **두 상자 A, B의 모든 인형을 일렬로 진열하는 경우의 수를 구하는 방법을 알아보자.**

3개의 펭귄 인형을 크기가 작은 것부터 차례대로 각각 a_1, a_2, a_3이라 하고 4개의 곰 인형을 크기가 작은 것부터 차례대로 각각 b_1, b_2, b_3, b_4라 하자.

조건 (나)에 의하여 a_2가 b_2보다 왼쪽에 진열되고, 조건 (가)에 의하여 a_2는 a_3의 왼쪽에 진열되므로 b_2의 위치를 기준으로 a_3이 진열되는 위치에 따라 경우를 나누어 경우의 수를 구하면 된다. └→ a_3이 b_2보다 왼쪽에 진열되는 경우와 a_3이 b_2보다 오른쪽에 진열되는 경우로 나눈다.

2단계 **상자 A, B의 모든 인형을 일렬로 진열하는 각각의 경우의 수를 구해 보자.**

(i) a_3이 b_2보다 왼쪽에 진열되는 경우

b_2의 위치를 기준으로 a_1, a_2, a_3, b_1이 b_2의 왼쪽에, b_3, b_4는 b_2의 오른쪽에 진열된다.

펭귄 인형과 곰 인형이 진열되는 순서는 각각 정해져 있으므로 3개의 펭귄 인형을 같은 인형 a, 4개의 곰 인형을 같은 인형 b로 생각하여 일렬로 나열한 후, 각각 작은 것을 왼쪽부터 진열하면 된다.

즉, a, a, a, b를 나열하고 동시에 b, b를 나열하는 경우의 수와 같으므로

$\frac{4!}{3!}\times 1=4$

(ii) a_3이 b_2보다 오른쪽에 진열되는 경우

b_2의 위치를 기준으로 a_1, a_2, b_1이 b_2의 왼쪽에, a_3, b_3, b_4는 b_2의 오른쪽에 진열된다.

(i)과 같은 방법으로 a, a, b를 나열하고 동시에 a, b, b를 나열하는 경우의 수와 같으므로

$\frac{3!}{2!}\times\frac{3!}{2!}=3\times 3=9$

3단계 **주어진 조건을 만족시키는 경우의 수를 구해 보자.**

(i), (ii)에서 구하는 경우의 수는

$4+9=13$

091

정답률 ▸ 28%

답 126

1단계 **a, b, c를 각각 소인수의 곱으로 나타내고 각 소인수의 지수에 대한 방정식을 세워 보자.**

$a\times b\times c=10^5=2^5\times 5^5$이므로

$a=2^{x_1}\times 5^{y_1}$, $b=2^{x_2}\times 5^{y_2}$, $c=2^{x_3}\times 5^{y_3}$이라 하면

$x_1+x_2+x_3=5$, $y_1+y_2+y_3=5$

이때 조건 (가)에서 a, b, c는 모두 짝수이므로 x_1, x_2, x_3은 자연수이고 y_1, y_2, y_3은 음이 아닌 정수이다. → 소인수 2의 지수가 반드시 1 이상이어야 한다.

2단계 각 소인수의 지수에 대한 방정식을 만족시키는 해의 개수를 구해 보자.

방정식 $x_1+x_2+x_3=5$에서 양의 정수인 해 x_1, x_2, x_3의 순서쌍 (x_1, x_2, x_3)의 개수는

${}_3H_{5-3}={}_4C_2=6$

방정식 $y_1+y_2+y_3=5$에서 음이 아닌 정수인 해 y_1, y_2, y_3의 순서쌍 (y_1, y_2, y_3)의 개수는

${}_3H_5={}_7C_5={}_7C_2=21$

3단계 주어진 조건을 만족시키는 순서쌍 (a, b, c)의 개수를 구해 보자.

조건을 만족시키는 모든 순서쌍 (a, b, c)의 개수는

$6\times21=126$

092 정답률 ▸ 21% 답 96

Best Pick 지수의 합을 방정식으로 나타내어 중복조합을 이용하는 문제이다. 방정식의 해가 정수인지 자연수인지도 파악해야 한다. 이 유형은 출제빈도가 높으므로 반드시 해결할 수 있도록 많은 연습이 필요하다.

1단계 조건 (가)를 만족시키는 순서쌍의 개수를 구해 보자.

조건 (가)에서 $abc=180$이므로

$abc=2^2\times3^2\times5$ ······ ㉠

$a=2^{x_1}\times3^{y_1}\times5^{z_1}$, $b=2^{x_2}\times3^{y_2}\times5^{z_2}$, $c=2^{x_3}\times3^{y_3}\times5^{z_3}$

($i=1$, 2, 3에 대하여 x_i, y_i, z_i는 음이 아닌 정수)

이라 하면

→ $2^{x_1}\times2^{x_2}\times2^{x_3}=2^{x_1+x_2+x_3}=2^2$에서 $x_1+x_2+x_3=2$

$x_1+x_2+x_3=2$, $y_1+y_2+y_3=2$, $z_1+z_2+z_3=1$

방정식 $x_1+x_2+x_3=2$를 만족시키는 음이 아닌 정수 x_1, x_2, x_3의 순서쌍 (x_1, x_2, x_3)의 개수는

${}_3H_2={}_4C_2=6$

같은 방법으로 방정식 $y_1+y_2+y_3=2$를 만족시키는 음이 아닌 정수 y_1, y_2, y_3의 순서쌍 (y_1, y_2, y_3)의 개수는

${}_3H_2=6$

방정식 $z_1+z_2+z_3=1$을 만족시키는 음이 아닌 정수 z_1, z_2, z_3의 순서쌍 (z_1, z_2, z_3)의 개수는

${}_3H_1={}_3C_1=3$

즉, 조건 (가)를 만족시키는 순서쌍 (a, b, c)의 개수는

$6\times6\times3=108$

2단계 조건 (나)를 만족시키지 않는 순서쌍의 개수를 구해 보자.

조건 (나)를 만족시키지 않으려면

$(a-b)(b-c)(c-a)=0$에서

$a=b$ 또는 $b=c$ 또는 $c=a$이어야 한다.

㉠에서 $a=b=c$인 경우는 존재하지 않으므로 a, b, c 중 두 수가 같은 순서쌍의 개수를 구하면 된다. 즉,

(1, 1, 180), (2, 2, 45), (3, 3, 20), (6, 6, 5),

(1, 180, 1), (2, 45, 2), (3, 20, 3), (6, 5, 6),

(180, 1, 1), (45, 2, 2), (20, 3, 3), (5, 6, 6)

의 12

3단계 주어진 조건을 만족시키는 순서쌍의 개수를 구해 보자.

구하는 순서쌍 (a, b, c)의 개수는

$108-12=96$

093 정답률 ▸ 20% 답 12

1단계 다항식 $2(x+a)^n$의 전개식에서 x^{n-1}의 계수를 구해 보자.

다항식 $2(x+a)^n$의 전개식의 일반항은

$2{}_nC_r x^{n-r}a^r=2{}_nC_r a^r x^{n-r}$

x^{n-1}의 계수는 $r=1$일 때이므로

$2{}_nC_1 a^1=2an$ ······ ㉠

2단계 다항식 $(x-1)(x+a)^n$의 전개식에서 x^{n-1}의 계수를 구해 보자.

다항식 $(x-1)(x+a)^n$, 즉 $x(x+a)^n-(x+a)^n$의 전개식의 일반항은

$x{}_nC_s x^{n-s}a^s-{}_nC_t x^{n-t}a^t={}_nC_s a^s x^{n-s+1}-{}_nC_t a^t x^{n-t}$

x^{n-1}의 계수는 $s=2$, $t=1$일 때이므로 → $n-s+1=n-1$에서 $s=2$, $n-t=n-1$에서 $t=1$

${}_nC_2 a^2-{}_nC_1 a^1=\dfrac{n(n-1)a^2}{2}-an$ ······ ㉡

3단계 an의 최댓값을 구해 보자.

두 다항식의 전개식에서 x^{n-1}의 계수가 같으므로 ㉠=㉡에서

$2an=\dfrac{n(n-1)a^2}{2}-an$

$6an=a^2n(n-1)$

$6=a(n-1)$ ($\because$ a는 자연수이고, n은 $n\ge2$인 자연수)

이때 a, n이 자연수이므로 이를 만족시키는 순서쌍 (a, n)은

(1, 7), (2, 4), (3, 3), (6, 2) → an의 값은 차례대로 7, 8, 9, 12

따라서 an의 최댓값은 12이다.

094 정답률 ▸ 41% 답 ②

Best Pick 중복조합과 좌표평면 위의 직선이 결합된 문제이다. '~않다.'의 표현이 있으므로 여사건의 경우의 수를 이용해 보자.

1단계 조건 (가)를 만족시키는 순서쌍의 개수를 구해 보자.

조건 (가)의 $a+b+c+d=12$를 만족시키는 자연수 a, b, c, d의 순서쌍 (a, b, c, d)의 개수는

${}_4H_{12-4}={}_4H_8={}_{11}C_8={}_{11}C_3=165$

2단계 조건 (나)를 만족시키지 않는 순서쌍의 개수를 구해 보자.

조건 (나)에서

(i) 두 점 (a, b), (c, d)가 서로 같은 점인 경우

$a=c$, $b=d$이므로

조건 (가)의 $a+b+c+d=12$에서

$2(a+b)=12$

$\therefore$ $a+b=6$

이때 a, b는 자연수이므로 구하는 순서쌍 (a, b, c, d)의 개수는 위의 방정식을 만족시키는 두 자연수 a, b의 순서쌍 (a, b)의 개수와 같다.

$\therefore$ ${}_2H_{6-2}={}_2H_4={}_5C_4={}_5C_1=5$ → a, b가 자연수이므로 $6-1-1=4$(개)

(ii) 점 (a, b)가 직선 $y=2x$ 위에 있는 경우

$b=2a$이므로

$a+b+c+d=12$에서

$3a+c+d=12$ → $a=4$이면 $c=0$, $d=0$이 되므로 $a\ne4$이다.

- $a=1$인 경우

  $c+d=9$를 만족시키는 두 자연수 c, d의 순서쌍 (c, d)의 개수는

  ${}_2H_{9-2}={}_2H_7={}_8C_7={}_8C_1=8$

• $a=2$인 경우
$c+d=6$을 만족시키는 두 자연수 c, d의 순서쌍 (c, d)의 개수는
${}_2H_{6-2}={}_2H_4={}_5C_4={}_5C_1=5$
• $a=3$인 경우
$c+d=3$을 만족시키는 두 자연수 c, d의 순서쌍 (c, d)의 개수는
${}_2H_{3-2}={}_2H_1={}_2C_1=2$
이때 (i)과 중복되는 순서쌍 $(2, 4, 2, 4)$를 제외해야 하므로 순서쌍 (a, b, c, d)의 개수는
($a=2$, $b=4$, $c=2$, $d=4$는 (i), (ii)를 모두 만족시킨다.)
$8+5+2-1=14$
(iii) 점 (c, d)가 직선 $y=2x$ 위에 있는 경우
(ii)와 같은 방법으로 순서쌍 (a, b, c, d)의 개수는 14이다.
(iv) 두 점 (a, b), (c, d)가 모두 직선 $y=2x$ 위에 있는 경우
$b=2a$, $d=2c$이므로
$a+b+c+d=12$에서
$3(a+c)=12$
$\therefore a+c=4$
이때 a, c는 자연수이므로 구하는 순서쌍 (a, b, c, d)의 개수는 위의 방정식을 만족시키는 두 자연수 a, c의 순서쌍 (a, c)의 개수와 같다.
$\therefore {}_2H_{4-2}={}_2H_2={}_3C_2={}_3C_1=3$
이때 (i)과 중복되는 순서쌍 $(2, 4, 2, 4)$를 제외해야 하므로 순서쌍 (a, b, c, d)의 개수는
($a=2$, $b=4$, $c=2$, $d=4$는 (i), (iv)를 모두 만족시킨다.)
$3-1=2$

3단계 **주어진 조건을 만족시키는 순서쌍의 개수를 구해 보자.**

(i)~(iv)에서 구하는 모든 순서쌍 (a, b, c, d)의 개수는
$165-5-(14+14-2)=134$
(점 (a, b) 또는 점 (c, d)가 직선 $y=2x$ 위에 있는 경우의 수)

095 정답률 ▸ 17% 답 40

1단계 **조건 (가)를 만족시키는 경우의 수를 구해 보자.**

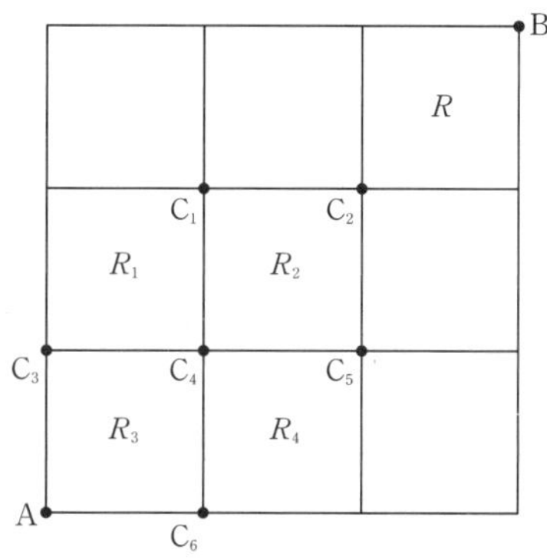

위의 그림과 같이 여섯 지점 C_1, C_2, C_3, C_4, C_5, C_6을 잡고, 네 정사각형을 R_1, R_2, R_3, R_4라 하자.
조건 (가)를 만족시키기 위해서는
$A \to C_2 \to B \to C_2 \to A$
의 순서로 이동해야 한다.
정사각형 R의 네 변을 모두 지나야 하므로
$C_2 \to B \to C_2$
의 순서로 이동하는 경우의 수는 2

2단계 **조건 (나)를 만족시키는 경우의 수를 구해 보자.**

조건 (나)를 만족시키기 위해서는 정사각형 R_1, R_2, R_3, R_4 중 네 변을 모두 지나는 정사각형이 없어야 한다.
이때
$A \to C_2$, $C_2 \to A$
의 순서로 이동하는 경우의 수는
$\frac{4!}{2!2!} \times \frac{4!}{2!2!}=6\times6=36$
(i) 정사각형 R_1의 네 변을 모두 지날 때
$A \to C_3 \to C_1 \to C_2$, $C_2 \to C_1 \to C_3 \to A$
의 순서로 이동하는 경우이므로
$(1\times2\times1)\times(1\times1\times1)=2$
(ii) 정사각형 R_2의 네 변을 모두 지날 때
$A \to C_4 \to C_2$, $C_2 \to C_4 \to A$
의 순서로 이동하는 경우이므로
$(2\times2)\times(1\times2)=8$
(iii) 정사각형 R_3의 네 변을 모두 지날 때
$A \to C_4 \to C_2$, $C_2 \to C_4 \to A$
의 순서로 이동하는 경우이므로
$(2\times2)\times(2\times1)=8$
(iv) 정사각형 R_4의 네 변을 모두 지날 때
$A \to C_6 \to C_5 \to C_2$, $C_2 \to C_5 \to C_6 \to A$
의 순서로 이동하는 경우이므로
$(1\times2\times1)\times(1\times1\times1)=2$
(v) 정사각형 R_2, R_3의 네 변을 모두 지날 때
$A \to C_4 \to C_2$, $C_2 \to C_4 \to A$
의 순서로 이동하는 경우이므로
$(2\times2)\times(1\times1)=4$
(i)~(v)에서 정사각형 R_1, R_2, R_3, R_4 중 네 변을 모두 지나는 정사각형이 있는 경우의 수는
$(2+8+8+2)-4=16$
즉, 조건 (나)를 만족시키면서
$A \to C_2$, $C_2 \to A$
의 순서로 이동하는 경우의 수는
$36-16=20$

3단계 **주어진 조건을 만족시키는 경우의 수를 구해 보자.**

구하는 경우의 수는
$2\times20=40$

096 정답률 ▸ 15% 답 97

Best Pick 주어진 조건을 만족시키는 상황을 나누어 각각의 경우의 수를 구하는 문제이다. 여러 가지 상황이 존재하는 경우에는 놓치는 경우가 없도록 유의해야 한다.

1단계 **1을 한 번 선택할 때 주어진 조건을 만족시키는 경우의 수를 구해 보자.**

(i) 1을 한 번 선택할 때
ⓐ 1□○○, ○○□1인 경우
□ 자리에 들어갈 수 있는 수의 경우의 수는
2, 3의 2
두 개의 ○ 자리에 들어갈 수 있는 수는 2, 3, 4이므로 두 개의 수를 선택하는 경우의 수는
${}_3\Pi_2=3^2=9$

즉, 이 경우의 수는

$2\times2\times9=36$

ⓑ □1□○, ○□1□인 경우

두 개의 □ 자리에 들어갈 수 있는 수는 2, 3이므로 두 개의 수를 선택하는 경우의 수는

${}_2\Pi_2=2^2=4$

○ 자리에 들어갈 수 있는 수의 경우의 수는

2, 3, 4의 3

즉, 이 경우의 수는

$2\times4\times3=24$

ⓐ, ⓑ에서 조건을 만족시키는 경우의 수는

$36+24=60$

2단계 1을 두 번 선택할 때 주어진 조건을 만족시키는 경우의 수를 구해 보자.

(ii) 1을 두 번 선택할 때

ⓐ 11□○, ○□11인 경우

□ 자리에 들어갈 수 있는 수의 경우의 수는

2, 3의 2

○ 자리에 들어갈 수 있는 수의 경우의 수는

2, 3, 4의 3

즉, 이 경우의 수는

$2\times2\times3=12$

ⓑ 1□1□, 1□□1, □11□, □1□1인 경우

두 개의 □ 자리에 들어갈 수 있는 수는 2, 3이므로 두 개의 수를 선택하는 경우의 수는

${}_2\Pi_2=2^2=4$

즉, 이 경우의 수는

$4\times4=16$

ⓐ, ⓑ에서 조건을 만족시키는 경우의 수는

$12+16=28$

3단계 1을 세 번 선택할 때 주어진 조건을 만족시키는 경우의 수를 구해 보자.

(iii) 1을 세 번 선택할 때

111□, 11□1, 1□11, □111의 4가지의 경우이고

□ 자리에 들어갈 수 있는 수의 경우의 수는

2, 3의 2

즉, 이 경우의 수는

$4\times2=8$

4단계 1을 네 번 선택할 때 주어진 조건을 만족시키는 경우의 수를 구해 보자.

(iv) 1을 네 번 선택할 때

이 경우의 수는 1111의 1

5단계 주어진 조건을 만족시키는 경우의 수를 구해 보자.

(i)~(iv)에서 구하는 경우의 수는

$60+28+8+1=97$

다른 풀이

(i) 4를 선택하지 않을 때

1은 적어도 한 번 선택해야 하므로 이 경우의 수는 1, 2, 3 중에서 중복을 허락하여 4개를 선택하는 중복순열의 수에서 2, 3 중에서 중복을 허락하여 4개를 선택하는 중복순열의 수를 빼면 된다.

$\therefore {}_3\Pi_4-{}_2\Pi_4=3^4-2^4=65$

(ii) 4를 한 번 선택할 때

ⓐ 1을 한 번 선택하는 경우

1□4□, 1□□4, □1□4, 4□1□, 4□□1, □4□1의 6가지의 경우이고 두 개의 □ 자리에 들어갈 수 있는 수는 2, 3이므로 두 개의 수를 선택하는 경우의 수는

${}_2\Pi_2=2^2=4$

즉, 이 경우의 수는

$6\times4=24$

ⓑ 1을 두 번 선택하는 경우

11□4, 4□11의 2가지의 경우이고

□ 자리에 들어갈 수 있는 수의 경우의 수는 2, 3의 2

즉, 이 경우의 수는

$2\times2=4$

ⓐ, ⓑ에서 조건을 만족시키는 경우의 수는

$24+4=28$

(iii) 4를 두 번 선택할 때

1□44, 44□1의 2가지의 경우이고

□ 자리에 들어갈 수 있는 수의 경우의 수는 2, 3의 2

즉, 조건을 만족시키는 경우의 수는

$2\times2=4$

(i), (ii), (iii)에서 구하는 경우의 수는

$65+28+4=97$

097 정답률 ▸ 14% 답 209

Best Pick 함수의 개수를 구하는 문제는 출제 빈도가 높으므로 반드시 풀어 보아야 한다. 함수의 정의뿐만 아니라 정의역, 치역, 일대일함수, 합성함수 등의 개념을 정확하게 알고 있어야 한다.

1단계 조건을 만족시키는 함수 f에 대하여 알아보고, 집합 Y의 원소를 분류해 보자.

$f(1)+f(2)+f(3)-f(4)=3m$ (m은 정수)를 만족시키려면

$f(1)+f(2)+f(3)$의 값과 $f(4)$의 값을 3으로 나누었을 때의 나머지가 서로 같아야 한다.

집합 Y의 원소 중 3으로 나누었을 때의 나머지가 0, 1, 2인 원소의 집합을 각각 A, B, C라 하면

$A=\{3\}$, $B=\{1, 4\}$, $C=\{2, 5\}$

2단계 $f(4)=3$일 때, 주어진 조건을 만족시키는 함수 f의 개수를 구해 보자.

(i) $f(4)=3$인 경우 → $f(4)$의 값을 3으로 나누었을 때의 나머지가 0인 경우

$f(1)+f(2)+f(3)-3=3m$에서 $f(1)+f(2)+f(3)=3m+3$

$\therefore f(1)+f(2)+f(3)=3k_0$ (단, k_0은 자연수)

• $f(1)$, $f(2)$, $f(3)$의 값이 모두 집합 A의 원소인 경우

$n(A)=1$이므로 ${}_1\Pi_3=1^3=1$ → $f(1)+f(2)+f(3)$의 값이 3의 배수가 되는 경우의 수를 구한다.

• $f(1)$, $f(2)$, $f(3)$의 값이 모두 집합 B의 원소인 경우

$n(B)=2$이므로 ${}_2\Pi_3=2^3=8$

• $f(1)$, $f(2)$, $f(3)$의 값이 모두 집합 C의 원소인 경우

$n(C)=2$이므로 ${}_2\Pi_3=8$

• $f(1)$, $f(2)$, $f(3)$의 값이 각각 세 집합 A, B, C에서 하나씩 정해지는 경우 → $f(1)$, $f(2)$, $f(3)$의 값이 두 집합 A, B 또는 B, C 또는 C, A에서 하나씩 정해지는 경우에는 $f(1)+f(2)+f(3)$의 값이 3의 배수가 되지 않는다.

$f(1)$, $f(2)$, $f(3)$의 값을 세 집합 A, B, C의 원소로 정하는 경우의 수는 $3!=6$

이고, $n(B)=2$, $n(C)=2$이므로

$6\times2\times2=24$

즉, 조건을 만족시키는 함수 f의 개수는

$1+8+8+24=41$

3단계 $f(4)=1$ 또는 $f(4)=4$일 때, 주어진 조건을 만족시키는 함수 f의 개수를 구해 보자. ↳ $f(4)$의 값을 3으로 나누었을 때의 나머지가 1인 경우

(ii) $f(4)=1$ 또는 $f(4)=4$인 경우

$f(4)=1$이라 하면 $f(1)+f(2)+f(3)-1=3m$에서

$f(1)+f(2)+f(3)=3m+1$ ↳ $f(1)+f(2)+f(3)$의 값을 3으로 나누었을 때의 나머지가 1인 경우의 수를 구한다.

$\therefore f(1)+f(2)+f(3)=3k_1+1$ (단, k_1은 자연수)

- $f(1)$, $f(2)$, $f(3)$의 값을 집합 A, 집합 B의 원소 중에서 각각 2개, 1개로 정하는 경우
  $f(1)$, $f(2)$, $f(3)$의 값 중 두 개를 집합 A의 원소로 정하는 경우의 수는 ${}_3C_2$이고, $n(A)=1$, $n(B)=2$이므로
  ${}_3C_2\times{}_1\Pi_2\times2={}_3C_1\times1^2\times2=6$
- $f(1)$, $f(2)$, $f(3)$의 값을 집합 B, 집합 C의 원소 중에서 각각 2개, 1개로 정하는 경우
  $f(1)$, $f(2)$, $f(3)$의 값 중 두 개를 집합 B의 원소로 정하는 경우의 수는 ${}_3C_2$이고, $n(B)=2$, $n(C)=2$이므로
  ${}_3C_2\times{}_2\Pi_2\times2={}_3C_1\times2^2\times2=24$
- $f(1)$, $f(2)$, $f(3)$의 값을 집합 C, 집합 A의 원소 중에서 각각 2개, 1개로 정하는 경우
  $f(1)$, $f(2)$, $f(3)$의 값 중 두 개를 집합 C의 원소로 정하는 경우의 수는 ${}_3C_2$이고, $n(C)=2$, $n(A)=1$이므로
  ${}_3C_2\times{}_2\Pi_2\times1={}_3C_1\times2^2\times1=12$

즉, $f(4)=1$일 때 함수 f의 개수는

$6+24+12=42$

$\therefore 2\times42=84$

4단계 $f(4)=2$ 또는 $f(4)=5$일 때, 주어진 조건을 만족시키는 함수 f의 개수를 구해 보자. ↳ $f(4)$의 값을 3으로 나누었을 때의 나머지가 2인 경우

(iii) $f(4)=2$ 또는 $f(4)=5$인 경우

$f(4)=2$라 하면 $f(1)+f(2)+f(3)-2=3m$에서

$f(1)+f(2)+f(3)=3m+2$ ↳ $f(1)+f(2)+f(3)$의 값을 3으로 나누었을 때의 나머지가 2인 경우의 수를 구한다.

$\therefore f(1)+f(2)+f(3)=3k_2+2$ (단, k_2는 자연수)

- $f(1)$, $f(2)$, $f(3)$의 값을 집합 A, 집합 B의 원소 중에서 각각 1개, 2개로 정하는 경우
  $f(1)$, $f(2)$, $f(3)$의 값 중 하나를 집합 A의 원소로 정하는 경우의 수는 ${}_3C_1$이고, $n(A)=1$, $n(B)=2$이므로
  ${}_3C_1\times1\times{}_2\Pi_2=3\times1\times2^2$
  $=12$
- $f(1)$, $f(2)$, $f(3)$의 값을 집합 B, 집합 C의 원소 중에서 각각 1개, 2개로 정하는 경우
  $f(1)$, $f(2)$, $f(3)$의 값 중 하나를 집합 B의 원소로 정하는 경우의 수는 ${}_3C_1$이고, $n(B)=2$, $n(C)=2$이므로
  ${}_3C_1\times2\times{}_2\Pi_2=3\times2\times2^2$
  $=24$
- $f(1)$, $f(2)$, $f(3)$의 값을 집합 C, 집합 A의 원소 중에서 각각 1개, 2개로 정하는 경우
  $f(1)$, $f(2)$, $f(3)$의 값 중 하나를 집합 C의 원소로 정하는 경우의 수는 ${}_3C_1$이고, $n(C)=2$, $n(A)=1$이므로
  ${}_3C_1\times2\times{}_1\Pi_2=3\times2\times1^2$
  $=6$

즉, $f(4)=2$일 때 함수 f의 개수는

$12+24+6=42$

$\therefore 2\times42=84$

5단계 주어진 조건을 만족시키는 함수 f의 개수를 구해 보자.

(i), (ii), (iii)에서 구하는 함수 f의 개수는

$41+84+84=209$

098 정답률 ▸ 13% 답 19

1단계 점 A에서 점 B로 4번만 '점프'하여 이동하는 경우를 알아보자.

다음 그림에서와 같이 점 $A(-2, 0)$에서 점 $B(2, 0)$까지 4번만에 가는 경로는 세 가지가 있다. ↳ 점 $A(-2, 0)$에서 점 $B(2, 0)$까지 4번만 '점프'하여 이동하려면 → 또는 ↗ 또는 ↘ 방향으로만 이동해야 한다.

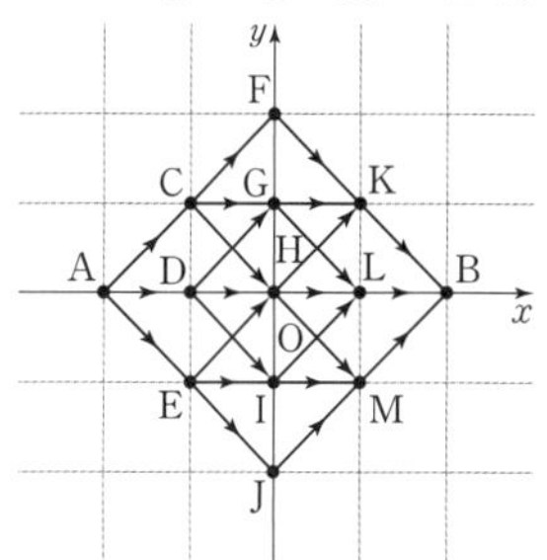

↗↗↘↘ 또는 ↗→→↘ 또는 →→→→

2단계 1단계 의 각각의 경로로 이동하는 경우의 수를 구해 보자.

(i) ↗, ↗, ↘, ↘인 경우의 수는

$\dfrac{4!}{2!2!}=6$

(ii) ↗, →, →, ↘인 경우의 수는

$\dfrac{4!}{2!}=12$

(iii) →, →, →, →인 경우의 수는

1

3단계 주어진 조건을 만족시키는 경우의 수를 구해 보자.

(i), (ii), (iii)에서 구하는 경우의 수는

$6+12+1=19$

다른 풀이

점 A에서 출발하여 점 B까지 4번만에 이동하는 경우를 수형도로 나타내면 다음과 같다.

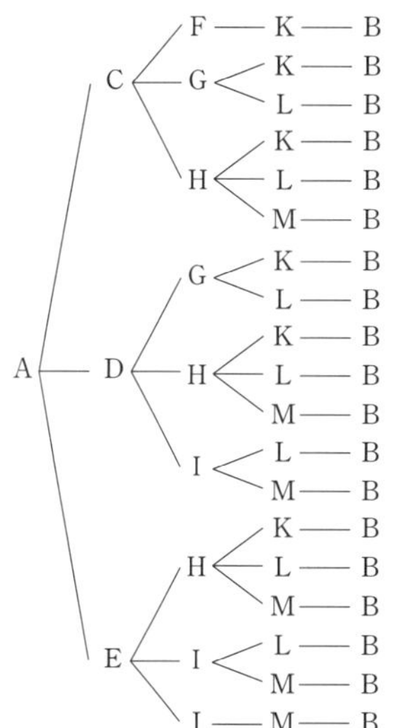

따라서 구하는 경우의 수는 19이다.

099 정답률 ▸ 10% 답 206

1단계 주어진 조건을 만족시키는 경우를 방정식으로 나타내어 보자.

$x_i \le 14$ ($i=1, 2, 3, 4$)이고, 조건 (나)에 의하여

$x_1=2y_1+1$, $x_2=2y_2+2$, $x_3=2y_3+1$, $x_4=2y_4+2$

(y_1, y_2, y_3, y_4는 6 이하의 음이 아닌 정수)

라 하면 조건 (가)의 $x_1+x_2+x_3+x_4=34$에서

$(2y_1+1)+(2y_2+2)+(2y_3+1)+(2y_4+2)=34$

$\therefore y_1+y_2+y_3+y_4=14$

2단계 주어진 조건을 만족시키는 경우를 알아보고, 각각의 순서쌍의 개수를 구해 보자.

$y_1+y_2+y_3+y_4=14$ (y_1, y_2, y_3, y_4는 음이 아닌 정수) …… ㉠

구하는 순서쌍 (x_1, x_2, x_3, x_4)의 개수는 방정식 ㉠을 만족시키는 순서쌍 (y_1, y_2, y_3, y_4)의 개수에서 $y_k \ge 7$인 4 이하의 자연수 k가 존재하는 순서쌍 (y_1, y_2, y_3, y_4)의 개수를 뺀 것과 같다.

방정식 ㉠을 만족시키는 순서쌍 (y_1, y_2, y_3, y_4)의 개수는

${}_4H_{14}={}_{17}C_{14}={}_{17}C_3=680$

$y_k \ge 7$인 4 이하의 자연수 k가 존재하는 순서쌍 (y_1, y_2, y_3, y_4)의 개수는

(i) k의 값이 1개일 때

k의 값을 정하는 경우의 수는

${}_4C_1=4$

$y_1 \ge 7$이라 하자.

$y_1=y_1'+7$이라 하면

㉠에서 $(y_1'+7)+y_2+y_3+y_4=14$

$\therefore y_1'+y_2+y_3+y_4=7$ (y_1', y_2, y_3, y_4는 음이 아닌 정수)

위의 방정식을 만족시키는 순서쌍 (y_1', y_2, y_3, y_4)의 개수는

${}_4H_7={}_{10}C_7={}_{10}C_3=120$

이때 $y_l=7$ ($l=2, 3, 4$)인 순서쌍 (y_1', y_2, y_3, y_4)의 개수는

$(0, 7, 0, 0)$, $(0, 0, 7, 0)$, $(0, 0, 0, 7)$의 3이므로

$y_1 \ge 7$인 순서쌍 (y_1, y_2, y_3, y_4)의 개수는

$120-3=117$

즉, 이 경우의 순서쌍 (y_1, y_2, y_3, y_4)의 개수는

$4\times117=468$

(ii) k의 값이 2개일 때

㉠을 만족시키는 순서쌍 (y_1, y_2, y_3, y_4)의 개수는

$(7, 7, 0, 0)$, $(7, 0, 7, 0)$, $(7, 0, 0, 7)$, $(0, 7, 7, 0)$, $(0, 7, 0, 7)$, $(0, 0, 7, 7)$의 6

(i), (ii)에서 방정식 ㉠을 만족시킬 때, $y_k \ge 7$인 4 이하의 자연수 k가 존재하는 순서쌍 (y_1, y_2, y_3, y_4)의 개수는

$468+6=474$

3단계 주어진 조건을 만족시키는 순서쌍의 개수를 구해 보자.

구하는 순서쌍 (x_1, x_2, x_3, x_4)의 개수는

$680-474=206$

100 정답률 ▸ 13% 답 296

오른쪽 그림과 같이 가로선을 각각 l_0, l_1, l_2, l_3이라 하고 연락받은 교차로가 각각 l_0, l_1, l_2, l_3의 선 위에 있다고 하자.

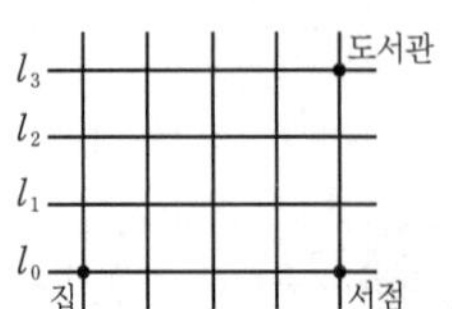

(i) 연락받은 교차로가 l_0 위에 있는 경우의 수

1

(ii) 연락받은 교차로가 l_1 위에 있는 경우의 수

집에서 l_1을 기준으로 대칭이 되는 점 A까지의 최단 경로의 수와 같으므로

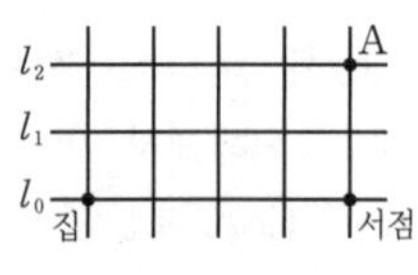

$\frac{6!}{4!2!}=15$

(iii) 연락받은 교차로가 l_2 위에 있는 경우의 수

(ii)와 같은 방법으로 $\frac{8!}{4!4!}=70$

(iv) 연락받은 교차로가 l_3 위에 있는 경우의 수

(ii)와 같은 방법으로 $\frac{10!}{4!6!}=210$

(i)~(iv)에서 구하는 경로의 수는

$1+15+70+210=296$

101 정답률 ▸ 7% 답 51

1단계 학생 A에게 검은 공 4개, 흰 공 3개를 나누어 주는 경우의 수를 구해 보자.

(i) 학생 A가 검은 공 4개, 흰 공 3개를 받을 때

흰 공 2개, 빨간 공 5개가 남는다.

이때 세 명의 학생 B, C, D가 받는 공의 색의 종류가 각각 2가 되도록 나누어줄 수 없으므로 조건 (가)를 만족시키지 않는다.

2단계 학생 A에게 검은 공 4개, 흰 공 1개를 나누어 주는 경우의 수를 구해 보자.

(ii) 학생 A가 검은 공 4개, 흰 공 1개를 받을 때

흰 공 4개, 빨간 공 5개가 남는다.

이 공을 세 명의 학생 B, C, D에게 조건 (가)를 만족시키도록 나누어 주는 경우의 수는 먼저 세 명의 학생 B, C, D에게 흰 공 1개와 빨간 공 1개를 각각 나누어 주고, 남은 흰 공 1개, 빨간 공 2개를 세 명의 학생 B, C, D에게 나누어 주는 경우의 수와 같다.

흰 공 1개를 받는 학생을 선택하는 경우의 수는

${}_3C_1=3$

세 명의 학생 B, C, D에게 빨간 공 2개를 나누어 줄 때, 흰 공을 받는 학생에게 빨간 공 2개를 모두 나누어 주면 학생 A가 받은 공의 개수와 같게 되어 조건 (다)를 만족시키지 않으므로 빨간 공 2개를 나누어 주는 경우의 수는

${}_3H_2-1={}_4C_2-1$ (→ 흰 공 2개, 빨간 공 1개를 받은 학생이 빨간 공 2개도 받는 경우의 수)

$=6-1=5$

즉, 이 경우의 수는

$3\times5=15$

3단계 학생 A에게 검은 공 3개, 흰 공 2개를 나누어 주는 경우의 수를 구해 보자.

(iii) 학생 A가 검은 공 3개, 흰 공 2개를 받을 때

검은 공 1개, 흰 공 3개, 빨간 공 5개가 남는다.

ⓐ 세 명의 학생 B, C, D 중에서 한 명의 학생이 검은 공 1개와 흰 공 1개를 받는 경우

검은 공 1개와 흰 공 1개를 받는 학생을 정하는 경우의 수는

${}_3C_1=3$

검은 공 1개와 흰 공 1개를 받는 학생을 B라 하자.

남은 흰 공 2개와 빨간 공 5개를 두 명의 학생 C, D에게 나누어 주어야 하므로 먼저 두 명의 학생 C, D에게 흰 공 1개, 빨간 공 1개씩을 각각 나누어 주어야 한다.

남은 빨간 공 3개를 두 명의 학생 C, D에게 나누어 줄 때, 한 명의 학생에게만 나누어 주면 학생 A가 받은 공의 개수와 같게 되어 조건 (다)를 만족시키지 않으므로 빨간 공 3개를 나누어 주는 경우의 수는

(→ 두 학생 C, D가 각각 빨간 공 3개를 모두 받는 경우의 수: ②)

$_2H_3-2={}_4C_3-2={}_4C_1-2$

$=4-2=2$

즉, 조건을 만족시키는 경우의 수는

$3\times2=6$

ⓑ 세 명의 학생 B, C, D 중에서 한 명의 학생이 검은 공 1개와 빨간 공 1개를 받는 경우

검은 공 1개와 빨간 공 1개를 받는 학생을 정하는 경우의 수는

$_3C_1=3$

검은 공 1개와 빨간 공 1개를 받는 학생을 B라 하자.

남은 흰 공 3개와 빨간 공 4개를 두 명의 학생 C, D에게 나누어 주어야 하므로 먼저 두 명의 학생 C, D에게 흰 공 1개, 빨간 공 1개씩을 각각 나누어 주어야 한다.

남은 흰 공 1개, 빨간 공 2개를 세 명의 학생 B, C, D에게 나누어 줄 때, 조건 (가)에 의하여 빨간 공 2개는 세 명의 학생 B, C, D에게만 나누어 줄 수 있고, 흰 공 1개는 두 명의 학생 C, D에게만 나누어 줄 수 있다.

이때 흰 공 1개와 빨간 공 2개를 두 명의 학생 C, D 중 한 명의 학생에게만 나누어 주면 학생 A가 받은 공의 개수와 같게 되어 조건 (다)를 만족시키지 않으므로 남은 흰 공 1개, 빨간 공 2개를 나누어 주는 경우의 수는

$_3H_2\times{}_2C_1-2={}_4C_2\times2-2$

$=6\times2-2=10$

즉, 이 경우의 수는

$3\times10=30$

ⓐ, ⓑ에서 조건을 만족시키는 경우의 수는

$6+30=36$

4단계 학생 A에게 검은 공 2개, 흰 공 1개를 나누어 주는 경우의 수를 구해 보자.

(iv) 학생 A가 검은 공 2개, 흰 공 1개를 받을 때

검은 공 2개, 흰 공 4개, 빨간 공 5개가 남는다.

이때 세 명의 학생 B, C, D 중 적어도 1명은 학생 A가 받는 공의 개수 이상의 공을 받게 되므로 조건 (다)를 만족시키지 않는다.

5단계 주어진 조건을 만족시키는 경우의 수를 구해 보자.

(i)~(iv)에서 구하는 경우의 수는

$15+36=51$

Ⅱ 확률

▸본문 046~080쪽

001 ③	002 ②	003 ②	004 ③	005 ②	006 ③
007 ④	008 ⑤	009 ①	010 ⑤	011 ①	012 ③
013 ①	014 ②	015 ④	016 ④	017 15	018 ②
019 ③	020 ⑤	021 ④	022 ④	023 ②	024 ②
025 ②	026 ①	027 ④	028 ②	029 16	030 ③
031 ③	032 ⑤	033 ⑤	034 12	035 ⑤	036 ⑤
037 19	038 ④	039 68	040 ②	041 ⑤	042 ②
043 ⑤	044 ④	045 ②	046 ④	047 ③	048 ③
049 ③	050 ④	051 ③	052 ⑤	053 ②	054 72
055 30	056 ③	057 46	058 43	059 ②	060 ⑤
061 ③	062 ①	063 ④	064 ②	065 ②	066 ①
067 ⑤	068 ⑤	069 11	070 ①	071 ①	072 ③
073 ④	074 ⑤	075 ③	076 ④	077 ②	078 ⑤
079 ④	080 ⑤	081 ③	082 50	083 ⑤	084 ④
085 ②	086 137	087 ①	088 ⑤	089 43	090 ③
091 ③	092 ③	093 ①			

001 정답률 ▸ 85% 답 ③

1단계 모든 경우의 수를 구해 보자.

임의로 선택한 두 수 a, b를 순서쌍 (a, b)로 나타내면 모든 순서쌍 (a, b)의 개수는

$4\times4=16$

2단계 $a\times b>31$을 만족시키는 순서쌍 (a, b)의 개수를 구해 보자.

$a\times b>31$을 만족시키는 순서쌍 (a, b)의 개수는

$(5, 8)$, $(7, 6)$, $(7, 8)$

의 3

3단계 주어진 조건을 만족시키는 확률을 구해 보자.

구하는 확률은

$\frac{3}{16}$

002 정답률 ▸ 85% 답 ②

1단계 모든 경우의 수를 구해 보자.

10개의 공 중 임의로 4개의 공을 동시에 꺼내는 경우의 수는

$_{10}C_4=210$

2단계 꺼낸 4개의 공 중 흰 공의 개수가 3 이상인 경우의 수를 구해 보자.

(i) 흰 공의 개수가 3인 경우

흰 공 3개와 빨간 공 1개를 꺼내는 경우의 수는

$_6C_3\times{}_4C_1=20\times4=80$

(ii) 흰 공의 개수가 4인 경우

흰 공 4개를 꺼내는 경우의 수는

$_6C_4=15$

(i), (ii)에서 꺼낸 공 중 흰 공의 개수가 3 이상인 경우의 수는

$80+15=95$

3단계 주어진 조건을 만족시키는 확률을 구해 보자.

구하는 확률은

$\frac{95}{210}=\frac{19}{42}$

003 정답률 ▸ 88% 답 ②

1단계 모든 경우의 수를 구해 보자.

한 개의 주사위를 세 번 던질 때 나오는 모든 경우의 수는

$6\times6\times6=6^3$

2단계 세 눈의 수의 곱이 4가 되는 경우의 수를 구해 보자.

세 눈의 수의 곱이 4가 되는 경우는 세 수가 각각 1, 1, 4 또는 1, 2, 2일 때이므로

(i) 세 눈의 수가 각각 1, 1, 4인 경우의 수

세 수 1, 1, 4를 일렬로 나열하는 경우의 수와 같으므로

$\frac{3!}{2!}=3$

(ii) 세 눈의 수가 각각 1, 2, 2인 경우의 수

(i)과 같은 방법으로 3

(i), (ii)에서 세 눈의 수의 곱이 4가 되는 경우의 수는

$3+3=6$

3단계 주어진 조건을 만족시키는 확률을 구해 보자.

구하는 확률은

$\frac{6}{6^3}=\frac{1}{36}$

004 정답률 ▸ 87% 답 ③

1단계 모든 경우의 수를 구해 보자.

A, B를 포함한 6명이 원형의 탁자에 일정한 간격을 두고 앉는 경우의 수는

$(6-1)!=5!=120$

2단계 A, B가 이웃하여 앉는 경우의 수를 구해 보자.

A, B를 한 명으로 생각하면 5명이 원형의 탁자에 일정한 간격을 두고 앉는 경우의 수는

$(5-1)!=4!=24$

A, B가 서로 자리를 바꾸는 경우의 수는

$2!=2$

즉, A, B가 이웃하여 앉는 경우의 수는

$24\times2=48$

3단계 주어진 조건을 만족시키는 확률을 구해 보자.

구하는 확률은

$\frac{48}{120}=\frac{2}{5}$

005 정답률 ▸ 가형: 92%, 나형: 82% 답 ②

1단계 모든 경우의 수를 구해 보자.

주어진 6장의 카드를 일렬로 임의로 나열하는 경우의 수는

$\frac{6!}{3!2!}=60$

2단계 주어진 6장의 카드를 일렬로 임의로 나열할 때, 양 끝 모두에 A가 적힌 카드가 나오는 경우의 수를 구해 보자.

주어진 6장의 카드를 일렬로 임의로 나열할 때, 양 끝 모두에 A가 적힌 카드가 나오는 경우의 수는 양 끝에 A가 적힌 카드를 놓고 이 두 장의 카드를 제외한 A, B, B, C의 문자가 하나씩 적힌 4장의 카드를 그 사이에 일렬로 나열하는 경우의 수와 같으므로

$\frac{4!}{2!}=12$

3단계 주어진 조건을 만족시키는 확률을 구해 보자.

구하는 확률은

$\frac{12}{60}=\frac{1}{5}$

006 정답률 ▸ 83% 답 ③

1단계 모든 경우의 수를 구해 보자.

숫자 1, 2, 3, 4, 5 중에서 중복을 허락하여 4개를 택해 일렬로 나열하여 만들 수 있는 모든 네 자리의 자연수의 개수는

${}_5\Pi_4=5^4$

2단계 3500보다 큰 네 자리의 자연수의 개수를 구해 보자.

(i) 35□□ 꼴의 네 자리의 자연수의 개수

십의 자리의 수와 일의 자리의 수를 택하는 경우의 수는

${}_5\Pi_2=5^2$

(ii) 4□□□ 또는 5□□□ 꼴의 네 자리의 자연수의 개수

천의 자리의 수를 제외한 나머지 세 자리의 수를 택하는 경우의 수는

${}_5\Pi_3=5^3$

즉, 이 경우의 수는

2×5^3

(i), (ii)에서 3500보다 큰 네 자리의 자연수의 개수는

$5^2+2\times5^3$

3단계 주어진 조건을 만족시키는 확률을 구해 보자.

구하는 확률은

$$\frac{5^2+2\times5^3}{5^4}=\frac{5^2\times(1+2\times5)}{5^4}=\frac{11}{25}$$

007 정답률 ▸ 88% 답 ④

1단계 모든 경우의 수를 구해 보자.

이 주머니에서 임의로 2개의 구슬을 동시에 꺼내는 경우의 수는

${}_7C_2=21$

2단계 꺼낸 두 구슬에 적힌 두 자연수가 서로소인 경우의 수를 구해 보자.

꺼낸 두 구슬에 적힌 두 자연수가 서로소인 경우를 순서쌍으로 나타내면 꺼낸 두 구슬에 적힌 두 자연수가 서로소인 경우의 수는

(2, 3), (2, 5), (2, 7), (3, 4), (3, 5), (3, 7), (3, 8), (4, 5), (4, 7), (5, 6), (5, 7), (5, 8), (6, 7), (7, 8)

의 14

3단계 주어진 조건을 만족시키는 확률을 구해 보자.

구하는 확률은

$\frac{14}{21}=\frac{2}{3}$

008 정답률 ▸ 90% 답 ⑤

Best Pick 이 문제는 수의 곱이 짝수가 될 조건을 알고, 경우를 나누어 각각의 경우의 수를 이용하여 확률을 구하는 문제이다. 수의 곱이 홀수가 될 조건, 합이 짝수 또는 홀수가 될 조건은 확률 문제에서 자주 출제되므로 반드시 알고 있어야 한다.

1단계 모든 경우의 수를 구해 보자.

7개의 자연수 중에서 3개의 자연수를 선택하는 경우의 수는

${}_7C_3=35$

2단계 a와 b가 모두 짝수인 경우의 수를 구해 보자.

a와 b가 모두 짝수이려면 선택된 3개의 수와 선택되지 않은 4개의 수에 모두 짝수가 포함되어야 한다.

(ⅰ) 짝수 1개, 홀수 2개가 선택된 경우의 수는

${}_3C_1\times{}_4C_2=3\times6=18$

(ⅱ) 짝수 2개, 홀수 1개가 선택된 경우의 수는

${}_3C_2\times{}_4C_1=3\times4=12$

(ⅰ), (ⅱ)에서 a와 b가 모두 짝수인 경우의 수는

$18+12=30$

3단계 주어진 조건을 만족시키는 확률을 구해 보자.

구하는 확률은

$\frac{30}{35}=\frac{6}{7}$

009 답 ①

1단계 모든 경우의 수를 구해 보자.

9개의 자연수 중에서 4개를 선택하여 네 자리의 자연수를 만드는 경우의 수는

${}_9P_4=9\times8\times7\times6=3024$

2단계 백의 자리의 수와 십의 자리의 수의 합이 짝수가 되는 경우의 수를 구해 보자.

백의 자리의 수와 십의 자리의 수의 합이 짝수가 되려면 두 수 모두 짝수이거나 홀수이어야 한다.

(ⅰ) 백의 자리의 수와 십의 자리의 수가 모두 짝수인 경우

백의 자리와 십의 자리에는 짝수인 네 개의 수 2, 4, 6, 8 중에서 2개를 선택하여 나열하고, 천의 자리와 일의 자리에는 나머지 7개의 수 중에서 2개를 선택하여 나열하면 되므로

${}_4P_2\times{}_7P_2=12\times42=504$

(ⅱ) 백의 자리의 수와 십의 자리의 수가 모두 홀수인 경우

백의 자리와 십의 자리에는 홀수인 다섯 개의 수 1, 3, 5, 7, 9 중에서 2개를 선택하여 나열하고, 천의 자리와 일의 자리에는 나머지 7개의 수 중에서 2개를 선택하여 나열하면 되므로

${}_5P_2\times{}_7P_2=20\times42=840$

(ⅰ), (ⅱ)에서 구하는 경우의 수는

$504+840=1344$

3단계 주어진 조건을 만족시키는 확률을 구해 보자.

구하는 확률은

$\frac{1344}{3024}=\frac{4}{9}$

010 답 ⑤

Best Pick 이 문제는 '~ 이상 ~ 이하일 확률'의 표현이 있다고 여사건의 확률을 이용하면 함정에 빠지는 문제이다. 몇 가지 경우를 따져본 후에 어떤 것을 이용할지 결정할 수 있어야 한다. 특히 이 유형은 알맞게 경우를 나누어 그 경우의 수를 각각 정확하게 구하는 것이 핵심이다.

1단계 모든 경우의 수를 구해 보자.

9개의 공 중에서 4개의 공을 동시에 꺼내는 경우의 수는

${}_9C_4=126$

2단계 꺼낸 공에 적혀 있는 수 중에서 가장 큰 수와 가장 작은 수의 합이 7 이상이고 9 이하인 경우의 수를 구해 보자.

꺼낸 공에 적혀 있는 수 중에서 가장 큰 수를 M, 가장 작은 수를 m이라 하면 $7\leq M+m\leq9$를 만족시키는 경우의 수는 다음과 같다.

→ M, m은 모두 자연수이므로 $M+m$의 값은 7 또는 8 또는 9이어야 한다.

(ⅰ) $m=1$, $M=6$인 경우

2, 3, 4, 5가 적혀 있는 4개의 공 중에서 나머지 2개의 공을 꺼내는 경우의 수는

${}_4C_2=6$

(ⅱ) $m=1$, $M=7$인 경우

2, 3, 4, 5, 6이 적혀 있는 5개의 공 중에서 나머지 2개의 공을 꺼내는 경우의 수는

${}_5C_2=10$

(ⅲ) $m=1$, $M=8$인 경우

2, 3, 4, 5, 6, 7이 적혀 있는 6개의 공 중에서 나머지 2개의 공을 꺼내는 경우의 수는

${}_6C_2=15$

(ⅳ) $m=2$, $M=5$인 경우

3, 4가 적혀 있는 2개의 공 중에서 나머지 2개의 공을 꺼내는 경우의 수는

${}_2C_2=1$

(ⅴ) $m=2$, $M=6$인 경우

3, 4, 5가 적혀 있는 3개의 공 중에서 나머지 2개의 공을 꺼내는 경우의 수는

${}_3C_2=3$

(ⅵ) $m=2$, $M=7$인 경우

3, 4, 5, 6이 적혀 있는 4개의 공 중에서 나머지 2개의 공을 꺼내는 경우의 수는

${}_4C_2=6$

(ⅶ) $m=3$, $M=6$인 경우

4, 5가 적혀 있는 2개의 공 중에서 나머지 2개의 공을 꺼내는 경우의 수는

${}_2C_2=1$

(ⅰ)~(ⅶ)에서 구하는 경우의 수는

$6+10+15+1+3+6+1=42$

3단계 주어진 조건을 만족시키는 확률을 구해 보자.
구하는 확률은
$\frac{42}{126}=\frac{1}{3}$

011 정답률 ▸ 72% 답 ①

1단계 모든 경우의 수를 구해 보자.
한 개의 주사위를 세 번 던져서 나오는 모든 경우의 수는
$6\times6\times6=6^3$

2단계 $(a-2)^2+(b-3)^2+(c-4)^2=2$가 성립하는 경우의 수를 구해 보자.
(i) $(a-2)^2=0$, $(b-3)^2=1$, $(c-4)^2=1$일 때
$(a-2)^2=0$을 만족시키는 a의 개수는 2의 1
$(b-3)^2=1$을 만족시키는 b의 개수는 2, 4의 2
$(c-4)^2=1$을 만족시키는 c의 개수는 3, 5의 2
즉, 이 경우의 수는 $1\times2\times2=4$
(ii) $(a-2)^2=1$, $(b-3)^2=0$, $(c-4)^2=1$일 때
(i)과 같은 방법으로 이 경우의 수는 4
(iii) $(a-2)^2=1$, $(b-3)^2=1$, $(c-4)^2=0$일 때
(i)과 같은 방법으로 이 경우의 수는 4
(i), (ii), (iii)에서 $(a-2)^2+(b-3)^2+(c-4)^2=2$가 성립하는 경우의 수는
$4+4+4=12$

3단계 주어진 조건을 만족시키는 확률을 구해 보자.
구하는 확률은
$\frac{12}{6^3}=\frac{1}{18}$

다른 풀이
(i) $(a-2)^2=0$, $(b-3)^2=1$, $(c-4)^2=1$일 확률
$(a-2)^2=0$에서 $a=2$이므로 $\frac{1}{6}$
$(b-3)^2=1$에서 $b=2$ 또는 $b=4$이므로 $\frac{1}{3}$
$(c-4)^2=1$에서 $c=3$ 또는 $c=5$이므로 $\frac{1}{3}$
$\therefore \frac{1}{6}\times\frac{1}{3}\times\frac{1}{3}=\frac{1}{54}$
(ii) $(a-2)^2=1$, $(b-3)^2=0$, $(c-4)^2=1$일 확률
(i)과 같은 방법으로 $\frac{1}{54}$
(iii) $(a-2)^2=1$, $(b-3)^2=1$, $(c-4)^2=0$일 때
(i)과 같은 방법으로 $\frac{1}{54}$
(i), (ii), (iii)에서 구하는 확률은
$\frac{1}{54}+\frac{1}{54}+\frac{1}{54}=\frac{1}{18}$

012 답 ③

1단계 모든 경우의 수를 구해 보자.
A가 던진 주사위의 눈의 수가 3일 때, B, C가 한 번씩 주사위를 던져서 나오는 모든 경우의 수는
$1\times6\times6=36$

2단계 C가 한 번만 주사위를 던지고 우승하는 경우의 수를 구해 보자.
A가 던진 주사위의 눈의 수가 3이므로 C가 한 번만 주사위를 던지고 우승하려면 던진 주사위의 눈의 수가 4 이상이어야 한다.
(i) C가 던진 주사위의 눈의 수가 4인 경우
B가 던진 주사위의 눈의 수의 경우의 수는
1, 2, 3의 3
(ii) C가 던진 주사위의 눈의 수가 5인 경우
B가 던진 주사위의 눈의 수의 경우의 수는
1, 2, 3, 4의 4
(iii) C가 던진 주사위의 눈의 수가 6인 경우
B가 던진 주사위의 눈의 수의 경우의 수는
1, 2, 3, 4, 5의 5
(i), (ii), (iii)에서 C가 한 번만 주사위를 던지고 우승하는 경우의 수는
$3+4+5=12$

3단계 주어진 조건을 만족시키는 확률을 구해 보자.
구하는 확률은
$\frac{12}{36}=\frac{1}{3}$

013 정답률 ▸ 67% 답 ①

1단계 4개의 공을 꺼내어 일렬로 나열하는 경우의 수를 구해 보자.
(i) 1의 숫자가 적혀 있는 공이 1개인 경우
1, 2, 3, 4의 숫자가 적혀 있는 공을 일렬로 나열하는 경우의 수는
$4!=24$
(ii) 1의 숫자가 적혀 있는 공이 2개인 경우
1의 숫자가 적혀 있는 공 2개와 2, 3, 4의 숫자가 적혀 있는 공 중에서 2개를 꺼내어 일렬로 나열하는 경우의 수는
${}_3C_2\times\frac{4!}{2!}=3\times12=36$
→ 2, 3, 4의 숫자가 적혀 있는 공 중에서 2개를 택하는 경우의 수
(i), (ii)에서 4개의 공을 꺼내어033
일렬로 나열하는 경우의 수는
$24+36=60$

2단계 $a\le b\le c\le d$인 경우의 수를 구해 보자.
$a\le b\le c\le d$인 경우를 순서쌍 (a, b, c, d)로 나타내면
$(1, 1, 2, 3)$, $(1, 1, 2, 4)$, $(1, 1, 3, 4)$, $(1, 2, 3, 4)$
이므로 $a\le b\le c\le d$인 경우의 수는 4

3단계 주어진 조건을 만족시키는 확률을 구해 보자.
구하는 확률은
$\frac{4}{60}=\frac{1}{15}$

014 정답률 ▸ 88% 답 ②

Best Pick 주어진 두 부등식이 의미하는 것을 알아야 하는 문제이다. $a>b$이고 $a>c$이려면 $a\neq1$이어야 하고, 이를 만족시키는 경우를 직접 찾아서 확률을 구할 수도 있다.

1단계 모든 경우의 수를 구해 보자.
세 수 a, b, c의 순서쌍 (a, b, c)의 개수는
$6\times6\times6=216$

2단계 $a>b$이고 $a>c$인 경우의 수를 구해 보자.

$a>b$이고 $a>c$이려면 $a=k$ ($k=2, 3, \cdots, 6$)일 때, b와 c는 $1, 2, \cdots, k-1$ 중 하나이므로 순서쌍 (b, c)의 개수는

$(k-1)\times(k-1)=(k-1)^2$

즉, $a>b$이고 $a>c$인 순서쌍 (a, b, c)의 개수는

$\sum_{k=2}^{6}(k-1)^2=\sum_{k=1}^{5}k^2=\frac{5\times6\times11}{6}=55$

3단계 주어진 조건을 만족시키는 확률을 구해 보자.

구하는 확률은

$\frac{55}{216}$

다른 풀이

$a>b$이고 $a>c$에서 $2\le a\le 6$

a의 값에 따른 b, c의 값을 정하는 경우의 수는

(i) $a=2$일 때, ${}_1\Pi_2=1^2=1$ → $b=c=1$

(ii) $a=3$일 때, ${}_2\Pi_2=2^2=4$ → 1, 2 중 하나

(iii) $a=4$일 때, ${}_3\Pi_2=3^2=9$ → 1, 2, 3 중 하나

(iv) $a=5$일 때, ${}_4\Pi_2=4^2=16$ → 1, 2, 3, 4 중 하나

(v) $a=6$일 때, ${}_5\Pi_2=5^2=25$ → 1, 2, 3, 4, 5 중 하나

(i)~(v)에서 $a>b$이고 $a>c$인 경우의 수는

$1+4+9+16+25=55$

015 정답률 ▸ 63% 답 ④

Best Pick 빈자리를 먼저 배열하는 아이디어가 필요한 문제이다. 또한, 여사건을 이용하려 하면 각 사건이 일어나는 경우가 너무 많아서 문제 해결이 더욱 어려워질 수 있다. 이 유형은 주어진 사건을 만족시키는 경우의 수를 정확하게 구하는 것이 핵심이므로 I단원의 내용이 잘 숙지되어 있어야 한다.

1단계 모든 경우의 수를 구해 보자.

15개의 자리에 5명이 타는 경우의 수는

${}_{15}P_5=15\times14\times13\times12\times11$

2단계 어느 누구와도 서로 이웃하지 않는 경우의 수를 구해 보자.

5명이 어느 누구와도 서로 이웃하지 않는 경우의 수는 15개의 자리에서 우선 5명이 앉을 5개의 자리를 뺀 10개의 자리 사이사이와 양 끝에 5명을 앉히는 경우의 수와 같으므로 → 모두 11개의 자리

${}_{11}P_5=11\times10\times9\times8\times7$

3단계 주어진 조건을 만족시키는 확률을 구해 보자.

구하는 확률은

$\frac{{}_{11}P_5}{{}_{15}P_5}=\frac{11\times10\times9\times8\times7}{15\times14\times13\times12\times11}$

$=\frac{2}{13}$

016 정답률 ▸ 51% 답 ④

1단계 모든 경우의 수를 구해 보자.

6명의 학생이 좌석 번호가 지정된 6개의 좌석에 앉는 경우의 수는

$6!=720$

2단계 주어진 조건을 만족시키도록 앉는 경우의 수를 구해 보자.

같은 나라의 두 학생끼리 좌석 번호의 차가 1 또는 10이 되도록 앉는 경우는 다음 그림과 같다.

→ 인접한 두 자리에 서로 이웃하여 앉으면 좌석 번호의 차가 1이 되고, 앞뒤로 앉으면 좌석 번호의 차가 10이 된다.

(i) 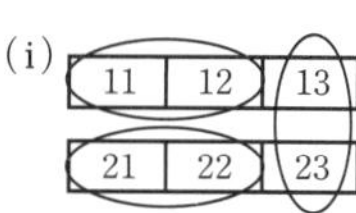

(ii) 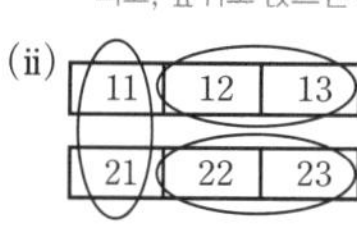

(iii) 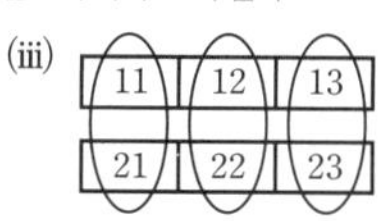

(i) 그림 (i)의 경우와 같이 앉는 경우의 수

세 나라를 정하는 경우의 수는

$3!$

각 좌석에 같은 나라의 두 학생이 앉는 경우의 수는

$2!\times2!\times2!$

즉, (i)과 같이 앉는 경우의 수는

$3!\times2!\times2!\times2!=48$

(ii), (iii) 그림 (ii), (iii)의 경우와 같이 앉는 경우의 수

(i)과 같은 방법으로 각각 48

(i), (ii), (iii)에서 주어진 조건을 만족시키도록 앉는 경우의 수는

$3\times48=144$

3단계 주어진 조건을 만족시키는 확률을 구해 보자.

구하는 확률은

$\frac{144}{720}=\frac{1}{5}$

017 정답률 ▸ 42% 답 15

1단계 모든 함수의 개수를 구해 보자.

집합 A에서 A로의 모든 함수 f의 개수는

${}_4\Pi_4=4^4=256$

2단계 두 조건 (가), (나)를 만족시키는 경우의 수를 구해 보자.

조건 (가)를 만족시키는 $f(1)$, $f(2)$의 값을 순서쌍 $(f(1), f(2))$로 나타내면

$(3, 3)$, $(3, 4)$, $(4, 3)$, $(4, 4)$

(i) $(f(1), f(2))$가 $(3, 3)$ 또는 $(4, 4)$일 때

$(f(1), f(2))$가 $(3, 3)$이라 하자.

조건 (나)에 의하여 치역의 원소의 개수가 3이려면 $f(3)$과 $f(4)$의 값이 모두 3이 아닌 다른 값을 가져야 하므로 이 경우의 수는

${}_3P_2=6$

즉, 이 경우의 함수의 개수는

$2\times6=12$

(ii) $(f(1), f(2))$가 $(3, 4)$ 또는 $(4, 3)$일 때

$(f(1), f(2))$가 $(3, 4)$이고 치역이 $1, 3, 4$라 하자.

$f(3)=1$인 경우에 $f(4)$의 값은 1, 3, 4 중 하나이면 되므로 이 경우의 수는 3

$f(4)=1$인 경우에 $f(3)$의 값은 1, 3, 4 중 하나이면 되므로 이 경우의 수는 3

이때 $f(3)=f(4)=1$인 경우가 중복되므로 치역이 1, 3, 4인 함수의 개수는

$3+3-1=5$

같은 방법으로 치역이 2, 3, 4인 함수의 개수는

5

즉, 이 함수의 개수는

$2\times(5+5)=20$

(i), (ii)에서 두 조건 (가), (나)를 만족시키는 함수의 개수는

$12+20=32$

3단계 주어진 조건을 만족시키는 확률을 구하여 $120p$의 값을 구해 보자.

주어진 조건을 만족시키는 확률 p는

$p=\frac{32}{256}=\frac{1}{8}$이므로

$120p=15$

018 정답률 ▸ 73% 답 ②

1단계 모든 경우의 수를 구해 보자.

집합 $X=\{1, 2, 3, 4\}$의 공집합이 아닌 서로 다른 15개의 집합에서 임의로 서로 다른 세 부분집합을 뽑아 일렬로 나열하는 경우의 수는

${}_{15}P_3=15\times14\times13$

2단계 $A\subset B\subset C$인 경우의 수를 구해 보자.

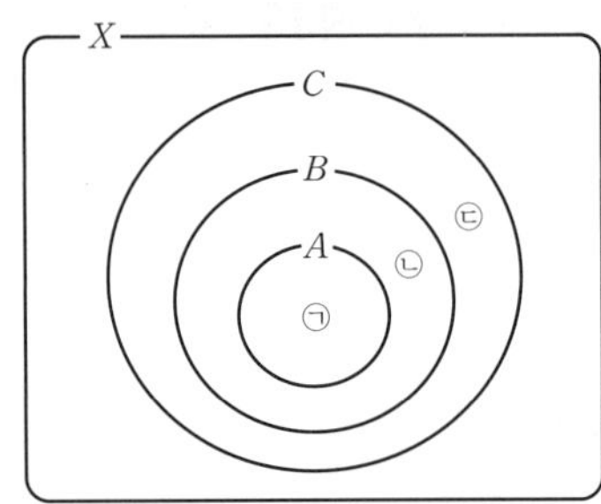

위의 그림과 같이 세 집합 A, $B-A$, $C-B$를 각각 ㉠, ㉡, ㉢이라 하자. 각 집합에 들어갈 원소의 개수로 각각의 경우를 나누어 $A\subset B\subset C$인 경우의 수를 구하면 다음과 같다.

(i) ㉠: 1개일 때

$n(A)=1$인 경우의 수는 4

ⓐ ㉡: 1개, ㉢: 1개인 경우

남은 세 원소 중에서 ㉡, ㉢에 들어갈 원소를 하나씩 선택하면 되므로

${}_3C_1\times{}_2C_1=3\times2=6$

ⓑ ㉡: 1개, ㉢: 2개인 경우

남은 세 원소 중에서 ㉡에 들어갈 원소 1개, ㉢에 들어갈 원소 2개를 선택하면 되므로

${}_3C_1\times{}_2C_2=3\times1=3$

ⓒ ㉡: 2개, ㉢: 1개인 경우

ⓑ와 같은 방법으로

${}_3C_2\times{}_1C_1=3\times1=3$

ⓐ, ⓑ, ⓒ에서 이 경우의 수는

$4\times(6+3+3)=4\times12=48$

(ii) ㉠: 2개일 때

㉠에 들어갈 원소 2개를 선택하면 남은 두 원소는 각각 1개씩 ㉡, ㉢에 들어가면 되므로

${}_4C_2\times{}_2C_1\times{}_1C_1=6\times2\times1=12$

(i), (ii)에서 $A\subset B\subset C$인 경우의 수는

$48+12=60$

3단계 주어진 조건을 만족시키는 확률을 구해 보자.

구하는 확률은

$\frac{60}{15\times14\times13}=\frac{2}{91}$

019 정답률 ▸ 55% 답 ③

Best Pick 주어진 수를 각각 3으로 나누었을 때의 나머지로 표현하면 쉬운 문제이다. 나머지끼리 곱해서 3보다 큰 수가 나오면 이 수를 다시 한번 3으로 나누는 것이 핵심이다.

1단계 모든 경우의 수를 구해 보자.

주어진 표의 각 행에서 한 개씩 선택하여 곱하는 경우의 수는

$3\times3\times3=27$

2단계 세 수의 곱을 3으로 나눈 나머지가 1이 되는 경우의 수를 구해 보자.

주어진 표의 각 수를 3으로 나눈 나머지를 표로 나타내면 다음과 같다.

2	1	2
1	2	1
2	1	2

이때 세 수의 곱을 3으로 나눈 나머지가 1이 되는 경우는 다음과 같다.

(i) 나머지가 1인 세 수를 곱하는 경우

나머지가 1인 수는 1행에 1개, 2행에 2개, 3행에 1개가 있으므로 나머지가 1인 세 수를 곱하는 경우의 수는

${}_1C_1\times{}_2C_1\times{}_1C_1=1\times2\times1=2$

(ii) 나머지가 1인 수 1개와 나머지가 2인 수 2개를 곱하는 경우

→ 나머지가 1인 수 1개는 1행 또는 2행 또는 3행에서 선택할 수 있고 나머지 두 행에서 나머지가 2인 수를 각각 하나씩 선택한다.

나머지가 1인 수를 1행에서 선택하는 경우의 수는

${}_1C_1\times{}_1C_1\times{}_2C_1=1\times1\times2=2$

나머지가 1인 수를 2행에서 선택하는 경우의 수는

${}_2C_1\times{}_2C_1\times{}_2C_1=2\times2\times2=8$

나머지가 1인 수를 3행에서 선택하는 경우의 수는

${}_2C_1\times{}_1C_1\times{}_1C_1=2\times1\times1=2$

즉, 이 경우의 수는

$2+8+2=12$

(i), (ii)에서 세 수의 곱을 3으로 나눈 나머지가 1이 되는 경우의 수는

$2+12=14$

3단계 주어진 조건을 만족시키는 확률을 구해 보자.

구하는 확률은 $\frac{14}{27}$

020 정답률 ▸ 92% 답 ⑤

두 사건 A와 B는 서로 배반사건이므로

$P(A\cup B)=P(A)+P(B)$

이때 $P(A\cup B)=1$, $P(B)=\frac{1}{4}$이므로

$1=P(A)+\frac{1}{4}$ $\therefore P(A)=\frac{3}{4}$

021 정답률 ▸ 84% 답 ④

1단계 $P(A)$의 값을 구해 보자.

$P(A)=P(B)$, $P(A)P(B)=\frac{1}{9}$이므로

$\{P(A)\}^2=\frac{1}{9}$

$\therefore P(A)=\frac{1}{3}$ ($\because 0\le P(A)\le1$)

2단계 $\mathrm{P}(A\cup B)$의 값을 구해 보자.

두 사건 A와 B는 서로 배반사건이므로

$\mathrm{P}(A\cup B)=\mathrm{P}(A)+\mathrm{P}(B)=2\mathrm{P}(A)$

$=2\times\frac{1}{3}=\frac{2}{3}$

022 정답률 ▸ 가형: 93%, 나형: 93% 답 ④

$\mathrm{P}(A^C\cup B^C)$

$=\mathrm{P}((A\cap B)^C)$

$=1-\mathrm{P}(A\cap B)$

$=1-\{\mathrm{P}(A)-\mathrm{P}(A\cap B^C)\}$ ($\because \mathrm{P}(A)=\mathrm{P}(A\cap B)+\mathrm{P}(A\cap B^C)$)

$=1-\left(\frac{1}{2}-\frac{1}{5}\right)=\frac{7}{10}$

023 정답률 ▸ 89% 답 ②

$\mathrm{P}(A^C)=\frac{2}{3}$이므로

$\mathrm{P}(A)=1-\mathrm{P}(A^C)$

$=1-\frac{2}{3}=\frac{1}{3}$

$\therefore \mathrm{P}(A\cup B)$

$=\mathrm{P}(A)+\mathrm{P}(B)-\mathrm{P}(A\cap B)$

$=\mathrm{P}(A)+\mathrm{P}(A^C\cap B)$ ($\because \mathrm{P}(A\cap B)+\mathrm{P}(A^C\cap B)=\mathrm{P}(B)$)

$=\frac{1}{3}+\frac{1}{4}=\frac{7}{12}$

024 정답률 ▸ 80% 답 ②

1단계 $\mathrm{P}(B)$의 값을 구해 보자.

$\mathrm{P}(A)=\frac{1}{3}$이므로

$\mathrm{P}(A^C)=1-\mathrm{P}(A)=1-\frac{1}{3}=\frac{2}{3}$

$\mathrm{P}(A^C)\mathrm{P}(B)=\frac{1}{6}$에서

$\frac{2}{3}\times\mathrm{P}(B)=\frac{1}{6}$ $\quad\therefore \mathrm{P}(B)=\frac{1}{4}$

2단계 $\mathrm{P}(A\cup B)$의 값을 구해 보자.

두 사건 A와 B는 서로 배반사건이므로

$\mathrm{P}(A\cup B)=\mathrm{P}(A)+\mathrm{P}(B)=\frac{1}{3}+\frac{1}{4}=\frac{7}{12}$

025 답 ②

두 사건 A^C과 B는 서로 배반사건이므로 $B\subset A$

$\therefore \mathrm{P}(B)=\mathrm{P}(A\cap B)$

또한, $\mathrm{P}(A)=\mathrm{P}(A\cap B)+\mathrm{P}(A\cap B^C)$에서

$\mathrm{P}(A\cap B)=\mathrm{P}(A)-\mathrm{P}(A\cap B^C)$이므로

$\mathrm{P}(B)=\mathrm{P}(A\cap B)=\mathrm{P}(A)-\mathrm{P}(A\cap B^C)$

$=\frac{1}{2}-\frac{2}{7}=\frac{3}{14}$

026 정답률 ▸ 90% 답 ①

Best Pick $\mathrm{P}(A\cup B)$와 $\mathrm{P}(A\cap B)$의 비를 구해야 하는 문제이다. 조건에서도 $\mathrm{P}(A\cap B)$가 $\mathrm{P}(A)$, $\mathrm{P}(B)$에 대한 비로 주어져 있다. 확률의 계산 문제는 수능에 종종 출제되는 유형이므로 이와 같은 유형의 문제를 연습해 두어야 한다.

1단계 $\mathrm{P}(A\cup B)$를 $\mathrm{P}(A\cap B)$로 나타내어 보자.

$\mathrm{P}(A\cap B)=\frac{2}{3}\mathrm{P}(A)=\frac{2}{5}\mathrm{P}(B)$에서

$\mathrm{P}(A)=\frac{3}{2}\mathrm{P}(A\cap B)$, $\mathrm{P}(B)=\frac{5}{2}\mathrm{P}(A\cap B)$

$\therefore \mathrm{P}(A\cup B)=\mathrm{P}(A)+\mathrm{P}(B)-\mathrm{P}(A\cap B)$

$=\frac{3}{2}\mathrm{P}(A\cap B)+\frac{5}{2}\mathrm{P}(A\cap B)-\mathrm{P}(A\cap B)$

$=3\mathrm{P}(A\cap B)$

2단계 $\frac{\mathrm{P}(A\cup B)}{\mathrm{P}(A\cap B)}$의 값을 구해 보자.

$\frac{\mathrm{P}(A\cup B)}{\mathrm{P}(A\cap B)}=\frac{3\mathrm{P}(A\cap B)}{\mathrm{P}(A\cap B)}=3$

027 정답률 ▸ 84% 답 ④

1단계 $\mathrm{P}(A)$, $\mathrm{P}(B)$의 값을 각각 구해 보자.

$\mathrm{P}(A\cap B^C)=\mathrm{P}(A\cup B)-\mathrm{P}(B)$이므로

$\frac{1}{6}=\frac{2}{3}-\mathrm{P}(B)$ $\quad\therefore \mathrm{P}(B)=\frac{1}{2}$

$\mathrm{P}(A^C\cap B)=\mathrm{P}(A\cup B)-\mathrm{P}(A)$이므로

$\frac{1}{6}=\frac{2}{3}-\mathrm{P}(A)$ $\quad\therefore \mathrm{P}(A)=\frac{1}{2}$

2단계 $\mathrm{P}(A\cap B)$의 값을 구해 보자.

$\mathrm{P}(A\cap B)=\mathrm{P}(A)+\mathrm{P}(B)-\mathrm{P}(A\cup B)$

$=\frac{1}{2}+\frac{1}{2}-\frac{2}{3}=\frac{1}{3}$

028 정답률 ▸ 가형: 83%, 나형: 76% 답 ②

1단계 모든 경우의 수를 구해 보자.

한 개의 주사위를 두 번 던져서 나오는 모든 경우의 수는

$6\times6=36$

2단계 $|a-3|+|b-3|=2$일 확률을 구해 보자.

$|a-3|+|b-3|=2$인 사건을 A, $a=b$인 사건을 B라 하고, 주사위를 두 번 던져서 차례로 나오는 눈의 수 a, b를 순서쌍 (a, b)로 나타내자.

$|a-3|=0$, $|b-3|=2$인 경우의 수는
$(3, 1)$, $(3, 5)$의 2
$|a-3|=1$, $|b-3|=1$인 경우의 수는
$(2, 2)$, $(2, 4)$, $(4, 2)$, $(4, 4)$의 4
$|a-3|=2$, $|b-3|=0$인 경우의 수는
$(1, 3)$, $(5, 3)$의 2
$\therefore \mathrm{P}(A)=\frac{2+4+2}{36}=\frac{2}{9}$

3단계 **$a=b$일 확률을 구해 보자.**
사건 B를 만족시키는 경우의 수는
$(1, 1)$, $(2, 2)$, $(3, 3)$, $(4, 4)$, $(5, 5)$, $(6, 6)$의 6
$\therefore \mathrm{P}(B)=\frac{6}{36}=\frac{1}{6}$

4단계 **$|a-3|+|b-3|=2$이고 $a=b$일 확률을 구해 보자.**
두 사건 A와 B를 동시에 만족시키는 경우의 수는
$(2, 2)$, $(4, 4)$의 2이므로
$\mathrm{P}(A\cap B)=\frac{2}{36}=\frac{1}{18}$

5단계 **확률의 덧셈정리를 이용하여 조건을 만족시키는 확률을 구해 보자.**
구하는 확률은
$$\mathrm{P}(A\cup B)=\mathrm{P}(A)+\mathrm{P}(B)-\mathrm{P}(A\cap B)=\frac{2}{9}+\frac{1}{6}-\frac{1}{18}=\frac{1}{3}$$

029

답 16

1단계 **모든 경우의 수를 구해 보자.**
1에서 99까지의 자연수 중에서 한 개의 수를 뽑는 모든 경우의 수는
${}_{99}\mathrm{C}_1=99$

2단계 **뽑은 수가 3의 배수일 확률을 구해 보자.**
뽑은 수가 3의 배수인 사건을 A라 하고, 일의 자리와 십의 자리 중 적어도 어느 한 자리의 숫자가 3인 사건을 B라 하자.
1에서 99까지의 자연수 중에서 3의 배수인 경우의 수는
$3, 6, 9, \cdots, 99$의 33
$\therefore \mathrm{P}(A)=\frac{33}{99}=\frac{1}{3}$

3단계 **일의 자리와 십의 자리 중 적어도 어느 한 자리의 숫자가 3일 확률을 구해 보자.**
일의 자리가 3인 경우의 수는 $3, 13, 23, 33, \cdots, 93$의 10
십의 자리가 3인 경우의 수는 $30, 31, 32, 33, \cdots, 39$의 10
이때 33은 일의 자리와 십의 자리의 숫자가 모두 3이므로 일의 자리와 십의 자리 중 적어도 어느 한 자리의 숫자가 3인 경우의 수는
$10+10-1=19$
$\therefore \mathrm{P}(B)=\frac{19}{99}$

4단계 **뽑은 수가 3의 배수이면서 일의 자리와 십의 자리 중 적어도 어느 한 자리의 숫자가 3일 확률을 구해 보자.**
뽑은 수가 3의 배수이면서 일의 자리와 십의 자리 중 적어도 어느 한 자리의 숫자가 3인 경우의 수는
$3, 30, 33, 36, 39, 63, 93$의 7
$\therefore \mathrm{P}(A\cap B)=\frac{7}{99}$

5단계 **확률의 덧셈정리를 이용하여 조건을 만족시키는 확률을 구한 후 $a+b$의 값을 구해 보자.**
$$\mathrm{P}(A\cup B)=\mathrm{P}(A)+\mathrm{P}(B)-\mathrm{P}(A\cap B)=\frac{1}{3}+\frac{19}{99}-\frac{7}{99}=\frac{5}{11}$$
따라서 $a=5$, $b=11$이므로
$a+b=5+11=16$

030

정답률 ▸ 84%

답 ③

1단계 **모든 경우의 수를 구해 보자.**
7개 동아리가 발표하는 순서를 정하는 경우의 수는
$7!$

2단계 **수학 동아리 A가 수학 동아리 B보다 먼저 발표할 확률을 구해 보자.**
수학 동아리 A가 수학 동아리 B보다 먼저 발표하는 사건을 X, 두 수학 동아리 사이에 과학 동아리 2개가 발표하는 사건을 Y라 하자.
두 수학 동아리 A, B를 같은 동아리로 생각하여 7개의 동아리가 발표하는 순서를 정하는 경우의 수는
$\frac{7!}{2!}$
$\therefore \mathrm{P}(X)=\frac{\frac{7!}{2!}}{7!}=\frac{1}{2}$

3단계 **두 수학 동아리 사이에 2개의 과학 동아리가 발표할 확률을 구해 보자.**
두 수학 동아리가 발표하는 순서를 정하는 경우의 수는 $2!$
두 수학 동아리 사이에 발표할 2개의 과학 동아리를 선택하는 경우의 수는
${}_5\mathrm{P}_2=20$
두 수학 동아리와 이 사이의 2개의 과학 동아리를 한 동아리로 생각하여 4개의 동아리가 발표하는 순서를 정하는 경우의 수는 $4!$
$\therefore \mathrm{P}(Y)=\frac{2!\times20\times4!}{7!}=\frac{4}{21}$

4단계 **수학 동아리 A가 수학 동아리 B보다 먼저 발표하고 두 수학 동아리 사이에 2개의 과학 동아리가 발표할 확률을 구해 보자.**
두 수학 동아리 사이에 발표할 2개의 과학 동아리를 선택하는 경우의 수는
${}_5\mathrm{P}_2=20$
두 수학 동아리와 그 사이의 2개의 과학 동아리를 한 동아리로 생각하여 4개의 동아리가 발표하는 순서를 정하는 경우의 수는 $4!$
$\therefore \mathrm{P}(X\cap Y)=\frac{20\times4!}{7!}=\frac{2}{21}$

5단계 **확률의 덧셈정리를 이용하여 조건을 만족시키는 확률을 구해 보자.**
구하는 확률은
$$\mathrm{P}(X\cup Y)=\mathrm{P}(X)+\mathrm{P}(Y)-\mathrm{P}(X\cap Y)=\frac{1}{2}+\frac{4}{21}-\frac{2}{21}=\frac{25}{42}$$

다른 풀이
7개의 동아리가 모두 발표하는 경우는 수학 동아리 A가 수학 동아리 B보다 먼저 발표하는 경우와 수학 동아리 B가 수학 동아리 A보다 먼저 발표하는 경우로 나눌 수 있다.
7개의 동아리가 모두 발표하는 경우의 수는
$7!=5040$
수학 동아리 A가 수학 동아리 B보다 먼저 발표하는 경우의 수는
$\frac{7!}{2!}=2520$

수학 동아리 B가 수학 동아리 A보다 먼저 발표하고 두 수학 동아리 B, A 사이에 과학 동아리 2개가 발표하는 경우의 수는

${}_5P_2\times4!=480$

따라서 구하는 확률은

$\frac{2520+480}{5040}=\frac{25}{42}$

031 정답률 ▸ 74% 답 ③

1단계 모든 경우의 수를 구해 보자.

10장의 카드가 들어 있는 주머니에서 임의로 카드 3장을 동시에 꺼내는 경우의 수는

${}_{10}C_3=120$

2단계 꺼낸 3장의 카드에 적혀 있는 세 자연수 중에서 가장 작은 수가 5 또는 6일 확률을 구해 보자.

꺼낸 3장의 카드에 적혀 있는 세 자연수 중에서 가장 작은 수가 4 이하이거나 7 이상인 사건을 A라 하면 A^C은 꺼낸 3장의 카드에 적혀 있는 세 자연수 중에서 가장 작은 수가 5 또는 6인 사건이다.

(i) 가장 작은 수가 5인 경우의 수

6, 7, 8, 9, 10이 하나씩 적혀 있는 5장의 카드 중에서 2장의 카드를 꺼내면 되므로

${}_5C_2=10$

(ii) 가장 작은 수가 6인 경우의 수

7, 8, 9, 10이 하나씩 적혀 있는 4장의 카드 중에서 2장의 카드를 꺼내면 되므로

${}_4C_2=6$

(i), (ii)에서

$P(A^C)=\frac{10+6}{120}=\frac{2}{15}$

3단계 여사건의 확률을 이용하여 조건을 만족시키는 확률을 구해 보자.

구하는 확률은

$P(A)=1-P(A^C)$

$=1-\frac{2}{15}=\frac{13}{15}$

032 정답률 ▸ 56% 답 ⑤

1단계 모든 경우의 수를 구해 보자.

한 개의 주사위를 두 번 던져서 나오는 모든 경우의 수는

$6\times6=36$

2단계 두 수 a, b의 최대공약수가 짝수일 확률을 구해 보자.

두 수 a, b의 최대공약수가 홀수인 사건을 A라 하면 A^C은 두 수 a, b의 최대공약수가 짝수인 사건이다.

두 수 a, b의 최대공약수가 짝수이려면 a, b가 모두 짝수이어야 한다.

사건 A^C을 만족시키는 경우의 수는

$3\times3=9$

$\therefore P(A^C)=\frac{9}{36}=\frac{1}{4}$

3단계 여사건의 확률을 이용하여 조건을 만족시키는 확률을 구해 보자.

구하는 확률은

$P(A)=1-P(A^C)$

$=1-\frac{1}{4}=\frac{3}{4}$

033 정답률 ▸ 77% 답 ⑤

1단계 모든 경우의 수를 구해 보자.

12장의 카드 중에서 임의로 3장의 카드를 선택하는 경우의 수는

${}_{12}C_3=220$

2단계 선택한 3장의 카드에 적혀 있는 숫자가 모두 다를 확률을 구해 보자.

12장의 카드 중에서 임의로 3장의 카드를 선택할 때, 같은 숫자가 적혀 있는 카드가 2장 이상인 사건을 A라 하면 A^C은 3장의 카드에 적혀 있는 숫자가 모두 다른 사건이다.

1, 2, 3, 4의 숫자 중에서 3개를 선택하고 선택된 3개의 숫자가 적힌 카드를 선택하는 경우의 수는 (→ ${}_4C_3$) (→ 각 숫자가 적힌 카드는 3장씩이므로 $3\times3\times3=3^3$)

${}_4C_3\times3^3=4\times27=108$

$\therefore P(A^C)=\frac{108}{220}=\frac{27}{55}$

3단계 여사건의 확률을 이용하여 조건을 만족시키는 확률을 구해 보자.

구하는 확률은

$P(A)=1-P(A^C)$

$=1-\frac{27}{55}=\frac{28}{55}$

034 정답률 ▸ 61% 답 12

1단계 모든 경우의 수를 구해 보자.

7개의 공을 임의로 일렬로 나열하는 경우의 수는

$7!$

2단계 7개의 공을 임의로 나열할 때, 같은 숫자가 적혀 있는 공이 서로 이웃하게 나열될 확률을 구해 보자.

7개의 공을 임의로 일렬로 나열할 때 같은 숫자가 적혀 있는 공이 서로 이웃하지 않게 나열되는 사건을 A라 하면 A^C은 같은 숫자가 적혀 있는 공이 서로 이웃하게 나열되는 사건이다.

4가 적혀 있는 흰 공과 검은 공을 한 묶음으로 생각하면 사건 A^C이 일어나는 경우의 수는 (→ 서로 다른 공 6개를 일렬로 나열하는 경우로 생각한다.)

$6!\times2!$ (→ 4가 적혀 있는 흰 공과 검은 공이 서로 자리를 바꾸는 경우의 수를 곱해 준다.)

$\therefore P(A^C)=\frac{6!\times2!}{7!}=\frac{2}{7}$

3단계 여사건의 확률을 이용하여 조건을 만족시키는 확률을 구한 후 $p+q$의 값을 구해 보자.

구하는 확률은

$P(A)=1-P(A^C)$

$=1-\frac{2}{7}=\frac{5}{7}$

따라서 $p=7$, $q=5$이므로

$p+q=7+5=12$

035 정답률 ▸ 73% 답 ⑤

Best Pick 여사건의 확률을 이용하면 훨씬 수월한 문제이다. 선택된 두 점 사이의 거리가 1보다 작은 경우는 없으므로 거리가 1인 경우만 제외하면 된다.

1단계 모든 경우의 수를 구해 보자.

12개의 점 중에서 2개의 점을 선택하는 경우의 수는

${}_{12}C_2=66$

2단계 선택된 두 점 사이의 거리가 1 이하일 확률을 구해 보자.

선택된 두 점 사이의 거리가 1보다 큰 사건을 A라 하면 A^C은 선택된 두 점 사이의 거리가 1 이하인 사건이다.

선택된 두 점 사이의 거리가 1보다 작은 경우는 없고, 거리가 1인 경우의 수는

$3\times3+2\times4=17$ (→ 가로로 3쌍씩 3행, 세로로 2쌍씩 4열)

$\therefore\ P(A^C)=\frac{17}{66}$

3단계 여사건의 확률을 이용하여 조건을 만족시키는 확률을 구해 보자.

구하는 확률은

$P(A)=1-P(A^C)=1-\frac{17}{66}=\frac{49}{66}$

036 정답률 ▸ 66% 답 ⑤

Best Pick 확률과 함수의 그래프가 결합된 문제이다. 순서쌍의 개수를 세는 것뿐만 아니라 직선과 이차함수의 그래프가 만날 조건도 알고 있어야 한다. 확률과 이차함수가 결합된 문제는 수능에 출제될 가능성이 높다.

1단계 모든 경우의 수를 구해 보자.

주머니 A에서 꺼낸 공에 적혀 있는 수가 a, 주머니 B에서 꺼낸 공에 적혀 있는 수가 b이므로 모든 순서쌍 (a, b)의 개수는

$5\times5=25$

2단계 직선 $y=ax+b$가 곡선 $y=-\frac{1}{2}x^2+3x$와 만날 확률을 구해 보자.

직선 $y=ax+b$가 곡선 $y=-\frac{1}{2}x^2+3x$와 만나지 않는 사건을 E라 하면 E^C은 직선 $y=ax+b$가 곡선 $y=-\frac{1}{2}x^2+3x$와 만나는 사건이다.

직선 $y=ax+b$가 곡선 $y=-\frac{1}{2}x^2+3x$와 만나려면 방정식

$ax+b=-\frac{1}{2}x^2+3x$, 즉 $x^2+2(a-3)x+2b=0$

이 실근을 가져야 하므로 위의 이차방정식의 판별식을 D라 하면

$\frac{D}{4}=(a-3)^2-2b\geq0$

이어야 한다.

위의 부등식을 만족시키는 모든 순서쌍 (a, b)의 개수는

$(1, 1)$, $(1, 2)$, $(5, 1)$, $(5, 2)$의 4

$\therefore\ P(E^C)=\frac{4}{25}$

3단계 여사건의 확률을 이용하여 조건을 만족시키는 확률을 구해 보자.

구하는 확률은

$P(E)=1-P(E^C)=1-\frac{4}{25}=\frac{21}{25}$

037 정답률 ▸ 61% 답 19

Best Pick '음이 아닌 정수의 순서쌍의 개수'이므로 중복조합을 이용하고, '0이 아닌 방정식'이므로 여사건의 확률을 이용하면 된다. 문제에 주어진 조건에 따라 확률을 구하는 과정에서 I단원의 내용이 많은 비중을 차지하므로 반드시 I단원의 내용을 숙지해야 한다.

1단계 모든 경우의 수를 구해 보자.

방정식 $x+y+z=10$을 만족시키는 음이 아닌 정수 x, y, z의 순서쌍 (x, y, z)의 개수는

${}_3H_{10}={}_{12}C_{10}=66$

2단계 $(x-y)(y-z)(z-x)=0$을 만족시킬 확률을 구해 보자.

순서쌍 (x, y, z)가 $(x-y)(y-z)(z-x)\neq0$을 만족시키는 사건을 A라 하면 A^C은 순서쌍 (x, y, z)가 $(x-y)(y-z)(z-x)=0$을 만족시키는 사건이다. (→ $x=y$ 또는 $y=z$ 또는 $z=x$)

사건 A^C을 만족시키는 x, y, z의 값은

0, 0, 10 또는 1, 1, 8 또는 2, 2, 6 또는 3, 3, 4 또는 4, 4, 2 또는 5, 5, 0 (→ 경우의 수는 6)

이므로 이 경우의 수는

$6\times\frac{3!}{2!}=18$

$\therefore\ P(A^C)=\frac{18}{66}=\frac{3}{11}$

3단계 여사건의 확률을 이용하여 조건을 만족시키는 확률을 구한 후 $p+q$의 값을 구해 보자.

구하는 확률은

$P(A)=1-P(A^C)$

$=1-\frac{3}{11}=\frac{8}{11}$

따라서 $p=11$, $q=8$이므로

$p+q=11+8=19$

038 정답률 ▸ 58% 답 ④

1단계 모든 함수의 개수를 구해 보자.

집합 $A=\{1, 2, 3, 4\}$에서 집합 $B=\{1, 2, 3\}$으로의 모든 함수 f의 개수는

${}_3\Pi_4=3^4=81$

2단계 임의로 선택한 함수 f가 $f(1)<2$이고 함수 f의 치역은 B가 아닐 확률을 구해 보자.

임의로 선택한 함수 f가 $f(1)\geq2$이거나 함수 f의 치역은 B인 사건을 X라 하면 X^C은 $f(1)<2$이고 함수 f의 치역은 B가 아닌 사건이다.

$f(1)<2$이므로 $f(1)=1$이고, 함수 f의 치역은 B가 아닌 경우는 치역이 $\{1\}$ 또는 $\{1, 2\}$ 또는 $\{1, 3\}$인 경우이다.

(i) 치역이 $\{1\}$인 함수 f의 개수

$f(1)=f(2)=f(3)=f(4)=1$이므로

1

(ii) 치역이 $\{1, 2\}$인 함수 f의 개수

$f(1)=1$이고, 집합 $\{1, 2, 3, 4\}$에서 집합 $\{1, 2\}$로의 모든 함수 f의 개수는

${}_2\Pi_3=2^3=8$

이때 함수 f의 치역이 $\{1\}$인 경우를 제외해야 하므로 이 경우의 함수 f의 개수는

$8-1=7$

(iii) 치역이 $\{1, 3\}$인 함수 f의 개수

(ii)와 같은 방법으로 7

(i), (ii), (iii)에서

$P(X^C)=\frac{1+7+7}{81}=\frac{5}{27}$

3단계 여사건의 확률을 이용하여 조건을 만족시키는 확률을 구해 보자.

구하는 확률은

$P(X)=1-P(X^C)=1-\frac{5}{27}=\frac{22}{27}$

039 정답률 ▸ 37% 답 68

1단계 모든 경우의 수를 구해 보자.

8개의 좌석에 8명을 배정하는 방법의 수는

$8!$

2단계 모든 남학생이 서로 이웃하지 않게 배정될 확률을 구해 보자.

적어도 2명의 남학생이 서로 이웃하게 배정되는 사건을 A라 하면 A^C은 모든 남학생이 서로 이웃하지 않게 배정되는 사건이다. 모든 남학생이 서로 이웃하지 않게 배정되려면 다음 그림과 같이 두 가지 경우가 있다.

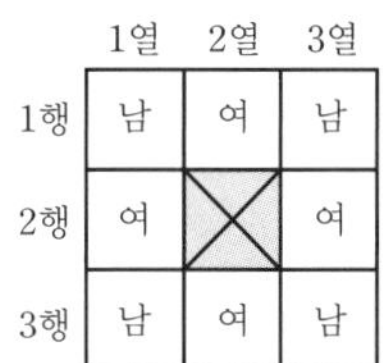

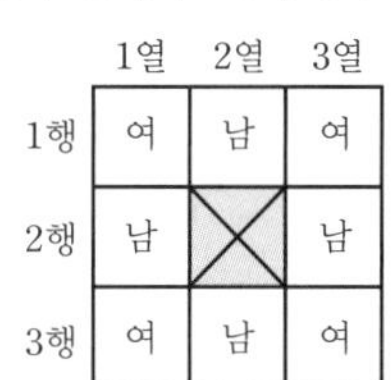

위의 각각의 경우에 대하여 남학생을 배정하는 방법의 수는 $4!$, 여학생을 배정하는 방법의 수는 $4!$이므로 모든 남학생이 서로 이웃하지 않게 배정되는 방법의 수는

$2\times4!\times4!$

$\therefore P(A^C)=\frac{2\times4!\times4!}{8!}=\frac{1}{35}$

3단계 여사건의 확률을 이용하여 조건을 만족시키는 확률을 구한 후 $70p$의 값을 구해 보자.

$P(A)=1-P(A^C)=1-\frac{1}{35}=\frac{34}{35}$

따라서 $p=\frac{34}{35}$이므로

$70p=68$

040 정답률 ▸ 43% 답 ②

1단계 모든 경우의 수를 구해 보자.

주어진 시행을 3번 반복하여 9개의 쿠키를 모두 접시 위에 담는 모든 경우의 수는

${}_6\Pi_3=6^3=216$

2단계 쿠키가 하나도 담기지 않은 접시가 1개 이상일 확률을 구해 보자.

주어진 시행을 3번 반복하여 9개의 쿠키를 모두 접시 위에 담을 때, 6개의 접시 위에 각각 한 개 이상의 쿠키가 담겨 있는 사건을 A라 하면 A^C은 쿠키가 하나도 담기지 않은 접시가 1개 이상인 사건이다.

한 개의 주사위를 3번 던져 나온 눈의 수를 차례대로 a, b, c라 하고, 순서쌍 (a, b, c)로 나타내자.

(i) 빈 접시가 1개인 경우의 수

1이 적혀 있는 접시가 빈 접시인 경우는 주사위의 눈이 1, 2, 6은 나오지 않고 3, 5는 반드시 나와야 한다. → 2, 6이 적혀 있는 접시 위에는 쿠키가 담겨야 하므로

즉, 1이 적혀 있는 접시가 빈 접시인 경우의 수는 각각의 순서쌍

$(3, 3, 5)$, $(3, 4, 5)$, $(3, 5, 5)$

의 수를 일렬로 나열하는 경우의 수와 같으므로

$\frac{3!}{2!}+3!+\frac{3!}{2!}=3+6+3=12$

같은 방법으로 2, 3, 4, 5, 6이 적혀 있는 접시가 빈 접시인 경우의 수도 각각 12이므로 빈 접시가 1개인 경우의 수는

$12\times6=72$

(ii) 빈 접시가 2개인 경우의 수

쿠키를 담은 접시가 3개 이상 이웃하므로 2개의 빈 접시는 서로 이웃한다.

1, 2가 적혀 있는 접시가 빈 접시인 경우는 주사위의 눈이 1, 2, 3, 6은 나오지 않고 4, 5는 반드시 나와야 한다.

즉, 1, 2가 적혀 있는 접시가 빈 접시인 경우의 수는 각각의 순서쌍

$(4, 4, 5)$, $(4, 5, 5)$

의 수를 일렬로 나열하는 경우의 수와 같으므로

$\frac{3!}{2!}+\frac{3!}{2!}=3+3=6$

같은 방법으로

2, 3과 3, 4와 4, 5와 5, 6과 6, 1

이 적혀 있는 접시가 빈 접시인 경우의 수도 각각 6이므로 빈 접시가 2개인 경우의 수는

$6\times6=36$

(iii) 빈 접시가 3개인 경우의 수

1, 2, 3이 적혀 있는 접시가 빈 접시인 경우는 주사위의 눈이 5만 나와야 한다.

즉, 1, 2, 3이 적혀 있는 접시가 빈 접시인 경우의 수는

$(5, 5, 5)$의 1

같은 방법으로

2, 3, 4와 3, 4, 5와 4, 5, 6과 5, 6, 1과 6, 1, 2

가 적혀 있는 접시가 빈 접시인 경우의 수도 각각 1이므로 빈 접시가 3개인 경우의 수는

$1\times6=6$

(i), (ii), (iii)에서

$P(A^C)=\frac{72+36+6}{216}=\frac{19}{36}$

3단계 여사건의 확률을 이용하여 조건을 만족시키는 확률을 구해 보자.

구하는 확률은

$P(A)=1-P(A^C)=1-\frac{19}{36}=\frac{17}{36}$

041 정답률 ▸ 88% 답 ⑤

$$P(A|B)+P(B|A)=\frac{P(A\cap B)}{P(B)}+\frac{P(A\cap B)}{P(A)}$$
$$=2P(A\cap B)+3P(A\cap B)\ (\because \text{조건 (가)})$$
$$=5P(A\cap B)=\frac{10}{7}\ (\because \text{조건 (나)})$$

$\therefore P(A\cap B)=\frac{2}{7}$

042 정답률 ▸ 82% 답 ②

1단계 $\mathrm{P}(A\cap B^C)$의 값을 구해 보자.

$\mathrm{P}(B^C|A)=2\mathrm{P}(B|A)$에서

$$\frac{\mathrm{P}(A\cap B^C)}{\mathrm{P}(A)}=2\times\frac{\mathrm{P}(A\cap B)}{\mathrm{P}(A)}$$

$$\therefore \mathrm{P}(A\cap B^C)=2\mathrm{P}(A\cap B)=2\times\frac{1}{8}=\frac{1}{4}$$

2단계 $\mathrm{P}(A)$의 값을 구해 보자.

$$\mathrm{P}(A)=\mathrm{P}(A\cap B)+\mathrm{P}(A\cap B^C)=\frac{1}{8}+\frac{1}{4}=\frac{3}{8}$$

043 정답률 ▸ 83% 답 ⑤

1단계 $\mathrm{P}(A\cap B)$의 값을 구해 보자.

$\mathrm{P}(A)=\frac{13}{16}$, $\mathrm{P}(A\cap B^C)=\frac{1}{4}$이므로

$$\mathrm{P}(A\cap B)=\mathrm{P}(A)-\mathrm{P}(A\cap B^C)=\frac{13}{16}-\frac{1}{4}=\frac{9}{16}$$

$A\cap B$ = A − $A\cap B^c$

2단계 $\mathrm{P}(B|A)$의 값을 구해 보자.

$$\mathrm{P}(B|A)=\frac{\mathrm{P}(A\cap B)}{\mathrm{P}(A)}=\frac{\frac{9}{16}}{\frac{13}{16}}=\frac{9}{13}$$

044 정답률 ▸ 91% 답 ④

1단계 $\mathrm{P}(A\cup B)$의 값을 구해 보자.

$$\mathrm{P}(B)=1-\mathrm{P}(B^C)=1-\frac{3}{10}=\frac{7}{10}$$

이므로

$$\mathrm{P}(A\cup B)=\mathrm{P}(A)+\mathrm{P}(B)-\mathrm{P}(A\cap B)=\frac{2}{5}+\frac{7}{10}-\frac{1}{5}=\frac{9}{10}$$

2단계 $\mathrm{P}(A^C|B^C)$의 값을 구해 보자.

$$\mathrm{P}(A^C|B^C)=\frac{\mathrm{P}(A^C\cap B^C)}{\mathrm{P}(B^C)}=\frac{\mathrm{P}((A\cup B)^C)}{\mathrm{P}(B^C)}=\frac{1-\mathrm{P}(A\cup B)}{\mathrm{P}(B^C)}=\frac{1-\frac{9}{10}}{\frac{3}{10}}=\frac{1}{3}$$

045 정답률 ▸ 89% 답 ②

1단계 조사에 참여한 학생 중에서 임의로 선택한 한 명이 진로활동 B를 선택한 학생일 때, 이 학생이 1학년일 확률을 구해 보자.

이 조사에 참여한 학생 20명 중에서 임의로 선택한 한 명이 진로활동 B를 선택한 학생인 사건을 X, 1학년 학생인 사건을 Y라 하면 구하는 확률은 $\mathrm{P}(Y|X)$이다.

이때 진로활동 B를 선택한 학생이 9명, 진로활동 B를 선택한 학생 중 1학년 학생이 5명이므로

$$\mathrm{P}(X)=\frac{9}{20},\ \mathrm{P}(X\cap Y)=\frac{5}{20}$$

따라서 구하는 확률은

$$\mathrm{P}(Y|X)=\frac{\mathrm{P}(X\cap Y)}{\mathrm{P}(X)}=\frac{\frac{5}{20}}{\frac{9}{20}}=\frac{5}{9}$$

다른 풀이

$n(X)=9$, $n(X\cap Y)=5$이므로

$$\mathrm{P}(Y|X)=\frac{n(X\cap Y)}{n(X)}=\frac{5}{9}$$

046 정답률 ▸ 94% 답 ④

1단계 조건부확률을 이용하여 조건을 만족시키는 확률을 구해 보자.

90명의 학생 중에서 임의로 선택한 한 학생이 A 대학의 탐방을 희망한 학생인 사건을 A, 3반 여학생인 사건을 B라 하면 구하는 확률은 $\mathrm{P}(B|A)$이다.

$$\mathrm{P}(A)=\frac{50}{90}=\frac{5}{9},\ \mathrm{P}(A\cap B)=\frac{11}{90}$$

따라서 구하는 확률은

$$\mathrm{P}(B|A)=\frac{\mathrm{P}(A\cap B)}{\mathrm{P}(A)}=\frac{\frac{11}{90}}{\frac{5}{9}}=\frac{11}{50}$$

다른 풀이

$$\mathrm{P}(B|A)=\frac{n(A\cap B)}{n(A)}=\frac{11}{50}$$

047 정답률 ▸ 82% 답 ③

1단계 주어진 표와 확률을 이용하여 a, b 사이의 관계식을 각각 구해 보자.

이 조사에 참여한 학생 중에서 임의로 선택한 1명이 남학생인 사건을 X, 휴대폰 요금제 A를 선택한 학생인 사건을 Y라 하면

$$\mathrm{P}(Y|X)=\frac{5}{8}$$

이때

$$\mathrm{P}(X)=\frac{10a+b}{200},\ \mathrm{P}(X\cap Y)=\frac{10a}{200}$$

이므로

$$\mathrm{P}(Y|X)=\frac{\mathrm{P}(X\cap Y)}{\mathrm{P}(X)}=\frac{\frac{10a}{200}}{\frac{10a+b}{200}}=\frac{10a}{10a+b}=\frac{5}{8}$$

$80a=50a+5b$

$\therefore b=6a$ …… ㉠

한편, 이 조사에 참여한 학생이 200명이므로

$10a+b+(48-2a)+(b-8)=200$

$8a+2b+40=200$

$\therefore 4a+b=80$ …… ㉡

2단계 두 상수 a, b의 값을 각각 구하여 $b-a$의 값을 구해 보자.

㉠, ㉡을 연립하여 풀면

$a=8$, $b=48$

$\therefore b-a=48-8=40$

다른 풀이

$n(X)=10a+b$, $n(X\cap Y)=10a$이므로

$$P(Y|X)=\frac{n(X\cap Y)}{n(X)}=\frac{10a}{10a+b}=\frac{5}{8}$$

048 정답률 ▸ 87% 답 ③

1단계 조건부확률을 이용하여 p_1, p_2의 값을 각각 구한 후 $\frac{p_2}{p_1}$의 값을 구해 보자.

임의로 선택한 1명이 1학년 학생인 사건을 E, 주제 B를 고른 학생인 사건을 B라 하면

$$P(E)=\frac{24}{50}=\frac{12}{25},\ P(B)=\frac{30}{50}=\frac{3}{5}$$

$$P(B\cap E)=\frac{16}{50}=\frac{8}{25}$$

$$\therefore p_1=P(B|E)=\frac{P(B\cap E)}{P(E)}=\frac{\frac{8}{25}}{\frac{12}{25}}=\frac{2}{3},$$

$$p_2=P(E|B)=\frac{P(B\cap E)}{P(B)}=\frac{\frac{8}{25}}{\frac{3}{5}}=\frac{8}{15}$$

$$\therefore \frac{p_2}{p_1}=\frac{\frac{8}{15}}{\frac{2}{3}}=\frac{4}{5}$$

다른 풀이

$$p_1=P(B|E)=\frac{n(B\cap E)}{n(E)}=\frac{16}{24}=\frac{2}{3}$$

$$p_2=P(E|B)=\frac{n(B\cap E)}{n(B)}=\frac{16}{30}=\frac{8}{15}$$

049 정답률 ▸ 92% 답 ③

Best Pick 주어진 조건을 이용하여 표를 작성한 후 해결해야 하는 조건부확률 문제이다. 학생 수를 모르는 부분은 미지수로 놓고 해결해 보자.

1단계 주어진 조건을 표로 나타내어 보자.

체험 학습 B를 선택한 여학생의 수를 x라 하고, 주어진 조건을 표로 나타내면 다음과 같다.

(단위: 명)

	체험 학습 A	체험 학습 B	합계
남학생	90	$200-x$	$290-x$
여학생	70	x	$70+x$
합계	160	200	360

2단계 조건부확률을 이용하여 여학생의 수를 구해 보자.

이 학교의 학생 중 임의로 뽑은 1명의 학생이 체험 학습 B를 선택한 학생인 사건을 X, 남학생인 사건을 Y라 하면 $P(Y|X)=\frac{2}{5}$이므로

$$P(Y|X)=\frac{n(X\cap Y)}{n(X)}=\frac{200-x}{200}=\frac{2}{5}$$

$1000-5x=400$, $5x=600$

$\therefore x=120$

따라서 이 학교의 여학생의 수는

$70+120=190$

050 정답률 ▸ 80% 답 ④

Best Pick 조건부확률과 여사건의 확률이 결합된 문제이다. 여사건의 확률은 주어진 조건을 만족시키지 않는 경우의 수를 구하기 쉬운 경우에 사용하면 문제를 쉽게 해결할 수 있다.

1단계 두 눈의 수의 곱이 짝수일 확률과 두 눈의 수가 모두 짝수일 확률을 각각 구해 보자.

한 개의 주사위를 두 번 던져서 나온 두 눈의 수의 곱이 짝수인 사건을 A, 한 개의 주사위를 두 번 던져서 나온 두 눈의 수가 모두 짝수인 사건을 B라 하자.

두 눈의 수의 곱이 홀수인 경우의 수는

(1, 1), (1, 3), (1, 5), (3, 1), (3, 3), (3, 5), (5, 1), (5, 3), (5, 5)의 9

즉,

$$P(A^C)=\frac{9}{36}=\frac{1}{4}$$ ⟶ 두 눈의 수가 모두 홀수일 확률

이므로

$$P(A)=1-P(A^C)=1-\frac{1}{4}=\frac{3}{4}$$

두 눈의 수가 모두 짝수인 경우의 수는

(2, 2), (2, 4), (2, 6), (4, 2), (4, 4), (4, 6), (6, 2), (6, 4), (6, 6)의 9

$$\therefore P(A\cap B)=\frac{9}{36}=\frac{1}{4}$$

2단계 조건부확률을 이용하여 주어진 조건을 만족시키는 확률을 구해 보자.

구하는 확률은

$$P(B|A)=\frac{P(A\cap B)}{P(A)}=\frac{\frac{1}{4}}{\frac{3}{4}}=\frac{1}{3}$$

051 정답률 ▸ 87% 답 ③

1단계 한 개의 주사위를 두 번 던졌을 때 6의 눈이 한 번도 나오지 않을 확률을 구해 보자.

한 개의 주사위를 두 번 던졌을 때, 6의 눈이 한 번도 나오지 않는 사건을 A, 나온 두 눈의 수의 합이 4의 배수인 사건을 B라 하면 구하는 확률은 $P(B|A)$이다.

한 개의 주사위를 두 번 던졌을 때 나올 수 있는 모든 경우의 수는

$6\times6=36$

6의 눈이 한 번도 나오지 않는 경우의 수는 1부터 5까지의 눈이 두 번 나오면 되므로

$5\times5=25$

$\therefore \mathrm{P}(A)=\frac{25}{36}$

2단계 한 개의 주사위를 두 번 던졌을 때 6의 눈이 한 번도 나오지 않고, 나온 두 눈의 수의 합이 4의 배수일 확률을 구해 보자.

한 개의 주사위를 두 번 던졌을 때 나오는 눈의 수를 순서쌍으로 나타내면

(i) 두 눈의 수의 합이 4인 경우의 수

(1, 3), (2, 2), (3, 1)

의 3

(ii) 두 눈의 수의 합이 8인 경우의 수

(3, 5), (4, 4), (5, 3) → 6의 눈이 나오지 않아야 하므로 (2, 6), (6, 2)인 경우는 제외한다.

의 3

(i), (ii)에서

$\mathrm{P}(A\cap B)=\frac{3+3}{36}=\frac{1}{6}$

3단계 조건부확률을 이용하여 조건을 만족시키는 확률을 구해 보자.

구하는 확률은

$$\mathrm{P}(B|A)=\frac{\mathrm{P}(A\cap B)}{\mathrm{P}(A)}=\frac{\frac{1}{6}}{\frac{25}{36}}=\frac{6}{25}$$

052 정답률 ▸ 가형: 89%, 나형: 86% 답 ⑤

1단계 A, B가 주문한 것이 다를 때, A, B가 주문한 것이 모두 아이스크림일 확률을 구해 보자.

A, B가 주문한 것이 서로 다른 사건을 X, A, B가 주문한 것이 모두 아이스크림인 사건을 Y라 하면 구하는 확률은 $\mathrm{P}(Y|X)$이다.

$\mathrm{P}(X)=\frac{{}_5\mathrm{P}_2}{{}_5\Pi_2}=\frac{4}{5}$, $\mathrm{P}(X\cap Y)=\frac{{}_2\mathrm{P}_2}{{}_5\Pi_2}=\frac{2}{25}$

따라서 구하는 확률은

$$\mathrm{P}(Y|X)=\frac{\mathrm{P}(X\cap Y)}{\mathrm{P}(X)}=\frac{\frac{2}{25}}{\frac{4}{5}}=\frac{1}{10}$$

053 정답률 ▸ 80% 답 ②

1단계 주어진 조건을 표로 나타내어 보자.

이 학교는 여학생이 40명, 남학생이 60명이므로 전체 학생 수는 100명이다.
학생의 70 %가 축구를 선택하였고 나머지 30 %는 야구를 선택하였으므로 축구를 선택한 학생은 70명, 야구를 선택한 학생은 30명이다.
또한, 축구를 선택한 남학생의 수는

$100\times\frac{2}{5}=40$

즉, 주어진 조건을 표로 나타내면 다음과 같다.

(단위: 명)

	축구	야구	합계
여학생	30	10	40
남학생	40	20	60
합계	70	30	100

2단계 조건부확률을 이용하여 주어진 조건을 만족시키는 확률을 구해 보자.

이 학교의 학생 중에서 임의로 뽑은 1명이 야구를 선택한 학생인 사건을 A, 여학생인 사건을 B라 하면 구하는 확률은 $\mathrm{P}(B|A)$이다.

$\mathrm{P}(A)=\frac{30}{100}=\frac{3}{10}$, $\mathrm{P}(A\cap B)=\frac{10}{100}=\frac{1}{10}$

따라서 구하는 확률은

$$\mathrm{P}(B|A)=\frac{\mathrm{P}(A\cap B)}{\mathrm{P}(A)}=\frac{\frac{1}{10}}{\frac{3}{10}}=\frac{1}{3}$$

다른 풀이

$$\mathrm{P}(B|A)=\frac{n(A\cap B)}{n(A)}=\frac{10}{30}=\frac{1}{3}$$

054 정답률 ▸ 70% 답 72

1단계 도서관 이용자 중에서 30대가 차지하는 비율을 이용하여 a와 b 사이의 관계식을 세워 보자.

도서관 이용자 300명 중에서 30대가 차지하는 비율이 12 %이므로

$(60-a)+b=300\times\frac{12}{100}=36$

$\therefore a-b=24$ …… ㉠

2단계 조건부확률을 이용하여 a와 b 사이의 관계식을 세워 보자.

도서관 이용자 300명 중에서 임의로 선택한 1명이 남성인 사건을 A, 20대인 사건을 B, 30대인 사건을 C라 하자.

$\mathrm{P}(B|A)=\mathrm{P}(C|A^C)$이므로

$$\frac{\mathrm{P}(A\cap B)}{\mathrm{P}(A)}=\frac{\mathrm{P}(A^C\cap C)}{\mathrm{P}(A^C)}$$

$$\frac{\frac{a}{300}}{\frac{200}{300}}=\frac{\frac{b}{300}}{\frac{100}{300}}$$

$$\frac{a}{200}=\frac{b}{100}$$

$\therefore a=2b$ …… ㉡

3단계 a, b의 값을 각각 구하여 $a+b$의 값을 구해 보자.

㉠, ㉡을 연립하여 풀면

$a=48$, $b=24$

$\therefore a+b=48+24=72$

055 정답률 ▸ 54% 답 30

1단계 조건부확률을 이용하여 주어진 확률을 a에 대한 식으로 나타내어 보자.

두 상자 A, B에서 같은 색의 구슬이 나오는 사건을 E, 두 상자 A, B에서 모두 흰 구슬이 나오는 사건을 F라 하자. → $F\subset E$이므로 $E\cap F=F$

이때 사건 E가 나오는 경우는 모두 흰 구슬이거나 모두 검은 구슬이어야 하므로

$$P(E)=\frac{a(100-2a)}{100\times100}+\frac{(100-a)\times2a}{100\times100}=\frac{300a-4a^2}{100\times100}$$

또한, $P(E\cap F)=\frac{a(100-2a)}{100\times100}$이므로

$$P(F|E)=\frac{P(E\cap F)}{P(E)}=\frac{\frac{a(100-2a)}{100\times100}}{\frac{300a-4a^2}{100\times100}}$$

$$=\frac{a(100-2a)}{300a-4a^2}=\frac{2}{9}$$

2단계 자연수 a의 값을 구해 보자.

$9a(100-2a)=600a-8a^2$에서

$10a^2-300a=0$

$a^2-30a=0,\ a(a-30)=0$

$\therefore a=30$ ($\because a$는 자연수)

056 정답률 ▸ 81% 답 ③

1단계 3개의 공을 동시에 꺼냈을 때, 흰 공이 2개, 검은 공이 1개일 확률을 구해 보자.

주머니에서 임의로 3개의 공을 동시에 꺼낼 때, 꺼낸 3개의 공이 흰 공 2개, 검은 공 1개인 사건을 A, 꺼낸 검은 공에 적힌 수가 꺼낸 흰 공 2개에 적힌 수의 합보다 큰 사건을 B라 하면 구하는 확률은 $P(B|A)$이다.

주머니에서 임의로 3개의 공을 동시에 꺼내는 경우의 수는

${}_8C_3=56$

주머니에서 임의로 3개의 공을 동시에 꺼냈을 때, 꺼낸 3개의 공이 흰 공 2개, 검은 공 1개인 경우의 수는

${}_4C_2\times{}_4C_1=6\times4=24$

$\therefore P(A)=\frac{24}{56}=\frac{3}{7}$

2단계 꺼낸 검은 공에 적힌 수가 꺼낸 흰 공 2개에 적힌 수의 합보다 클 확률을 구해 보자.

꺼낸 검은 공에 적힌 수가 꺼낸 흰 공 2개에 적힌 수의 합보다 큰 경우는 다음 표와 같다.

흰 공에 적힌 두 수로 가능한 경우를 기준으로 그 합보다 검은 공에 적힌 수가 큰 경우를 따져 본다.

흰 공에 적힌 두 수	검은 공에 적힌 수	경우의 수
1, 2	5 또는 7 또는 9	3
1, 3	5 또는 7 또는 9	3
1, 4	7 또는 9	2
2, 3	7 또는 9	2
2, 4	7 또는 9	2
3, 4	9	1

즉, 꺼낸 검은 공에 적힌 수가 꺼낸 흰 공 2개에 적힌 수의 합보다 큰 경우의 수는

$3+3+2+2+2+1=13$

$\therefore P(A\cap B)=\frac{13}{56}$

3단계 조건부확률을 이용하여 조건을 만족시키는 확률을 구해 보자.

구하는 확률은

$$P(B|A)=\frac{P(A\cap B)}{P(A)}=\frac{\frac{13}{56}}{\frac{3}{7}}=\frac{13}{24}$$

057 정답률 ▸ 가형: 40%, 나형: 58% 답 46

Best Pick 조건부확률과 확률의 덧셈정리가 결합된 문제로 $P(A)$, $P(A\cap B)$의 값을 각각 구할 때, 중복되는 경우의 확률을 생각하지 않고 계산하여 틀리는 경우가 있을 수 있으므로 주의해야 한다. Ⅱ−1. 확률의 뜻과 활용 단원의 내용을 잘 숙지하여 적용할 수 있어야 한다.

1단계 꺼낸 공에 적혀 있는 수가 같은 것이 있을 확률을 구해 보자.

주어진 시행에서 꺼낸 공에 적혀 있는 수가 같은 것이 있는 사건을 A, 꺼낸 공 중 검은 공이 2개인 사건을 B라 하면 구하는 확률은 $P(B|A)$이다.

8개의 공이 들어 있는 주머니에서 임의로 4개의 공을 동시에 꺼내는 모든 경우의 수는

${}_8C_4=70$

(i) 3이 적혀 있는 흰 공과 검은 공을 모두 꺼내는 경우

3이 적혀 있는 두 공을 제외한 나머지 6개의 공 중에서 2개의 공을 꺼내면 되므로 이 경우의 확률은

$\frac{{}_6C_2}{{}_8C_4}=\frac{15}{70}=\frac{3}{14}$

(ii) 4가 적혀 있는 흰 공과 검은 공을 모두 꺼내는 경우

(i)과 같은 방법으로 $\frac{3}{14}$

(iii) 3, 4가 적혀 있는 흰 공과 검은 공을 모두 꺼내는 경우

이 경우의 확률은

$\frac{1}{{}_8C_4}=\frac{1}{70}$

(i), (ii), (iii)에서

$P(A)=\frac{3}{14}+\frac{3}{14}-\frac{1}{70}=\frac{29}{70}$

2단계 꺼낸 공에 적혀 있는 수가 같은 것이 있고 검은 공이 2개일 확률을 구해 보자.

두 사건 A, B를 동시에 만족시키는 경우는 3이 적혀 있는 흰 공과 검은 공 또는 4가 적혀 있는 흰 공과 검은 공을 모두 꺼내고, 흰 공과 검은 공을 각각 한 개씩 더 꺼내거나 3, 4가 적혀 있는 흰 공과 검은 공을 모두 꺼내는 경우이다.

3이 적혀 있는 흰 공과 검은 공을 모두 꺼내고 흰 공과 검은 공을 각각 한 개씩 더 꺼낼 확률은

$\frac{{}_3C_1\times{}_3C_1}{{}_8C_4}=\frac{9}{70}$

4가 적혀 있는 흰 공과 검은 공을 모두 꺼내고 흰 공과 검은 공을 각각 한 개씩 더 꺼낼 확률은 위와 같은 방법으로 $\frac{9}{70}$

3, 4가 적혀 있는 흰 공과 검은 공을 모두 꺼내는 경우의 확률은

$\frac{1}{70}$

$\therefore P(A\cap B)=\frac{9}{70}+\frac{9}{70}-\frac{1}{70}=\frac{17}{70}$

3단계 조건부확률을 이용하여 조건을 만족시키는 확률을 구한 후 $p+q$의 값을 구해 보자.

$$P(B|A)=\frac{P(A\cap B)}{P(A)}=\frac{\frac{17}{70}}{\frac{29}{70}}=\frac{17}{29}$$

따라서 $p=29$, $q=17$이므로

$p+q=29+17=46$

058 정답률 ▸ 44% 답 43

1단계 $2m \ge n$일 확률을 구해 보자.

$2m \ge n$일 사건을 A라 하고, 꺼낸 흰 공의 개수가 2인 사건을 B라 하면 구하는 확률은 $\mathrm{P}(B|A)$이다.

주머니에서 임의로 3개의 공을 동시에 꺼내는 경우의 수는

${}_7\mathrm{C}_3=35$

$2m \ge n$을 만족시키는 m, n을 순서쌍 (m, n)으로 나타내면

$(1, 2)$, $(2, 1)$, $(3, 0)$

(i) $m=1$, $n=2$인 경우의 수

${}_3\mathrm{C}_1 \times {}_4\mathrm{C}_2=3\times 6=18$

(ii) $m=2$, $n=1$인 경우의 수

${}_3\mathrm{C}_2 \times {}_4\mathrm{C}_1=3\times 4=12$

(iii) $m=3$, $n=0$인 경우의 수

${}_3\mathrm{C}_3 \times {}_4\mathrm{C}_0=1\times 1=1$

(i), (ii), (iii)에서

$\mathrm{P}(A)=\dfrac{18+12+1}{35}=\dfrac{31}{35}$

2단계 $2m \ge n$이고 꺼낸 흰 공의 개수가 2일 확률을 구해 보자.

(ii)에서 $\mathrm{P}(A\cap B)=\dfrac{12}{35}$

3단계 조건부확률을 이용하여 조건을 만족시키는 확률을 구한 후 $p+q$의 값을 구해 보자.

$$\mathrm{P}(B|A)=\frac{\mathrm{P}(A\cap B)}{\mathrm{P}(A)}=\frac{\frac{12}{35}}{\frac{31}{35}}=\frac{12}{31}$$

따라서 $p=31$, $q=12$이므로

$p+q=31+12=43$

059 정답률 ▸ 48% 답 ②

1단계 4 이하의 모든 자연수 n에 대하여 $f(2n-1)<f(2n)$일 확률을 구해 보자.

함수 f가 4 이하의 모든 자연수 n에 대하여 $f(2n-1)<f(2n)$인 사건을 A, $f(1)=f(5)$인 사건을 B라 하면 구하는 확률은 $\mathrm{P}(B|A)$이다.

집합 X에서 X로의 모든 함수 f의 개수는

${}_8\Pi_8=8^8$

사건 A를 만족시키는 함수의 개수를 구해 보자.

$n=1$, 즉 $f(1)<f(2)$일 때 $f(1)$, $f(2)$의 값을 정하는 경우의 수는

${}_8\mathrm{C}_2=28$

같은 방법으로 $n=2$, 3, 4일 때의 경우의 수도 각각 28이므로

$28\times 28\times 28\times 28=28^4$

$\therefore \mathrm{P}(A)=\dfrac{28^4}{8^8}$

2단계 4 이하의 모든 자연수 n에 대하여 $f(2n-1)<f(2n)$이고 $f(1)=f(5)$일 확률을 구해 보자.

두 사건 A, B를 동시에 만족시키는 함수의 개수는

(i) $f(1)=f(5)$, $f(2)=f(6)$일 때

$f(1)$, $f(2)$의 값을 정하는 경우의 수는 ${}_8\mathrm{C}_2=28$

$f(3)$, $f(4)$의 값을 정하는 경우의 수는 ${}_8\mathrm{C}_2=28$

$f(7)$, $f(8)$의 값을 정하는경우의 수는 ${}_8\mathrm{C}_2=28$

즉, 이 경우의 함수의 개수는

$28\times 28\times 28=28^3$

(ii) $f(1)=f(5)$, $f(2)\ne f(6)$일 때

$f(1)=f(5)<f(6)$이므로 $f(1)$, $f(2)$, $f(6)$의 값을 정하는 경우의 수는

ⓐ $f(1)<f(2)<f(6)$일 때

${}_8\mathrm{C}_3=56$

ⓑ $f(1)<f(6)<f(2)$일 때

ⓐ와 같은 방법으로 56

ⓐ, ⓑ에서 $56+56=112$

$f(3)$, $f(4)$의 값을 정하는 경우의 수는

${}_8\mathrm{C}_2=28$

$f(7)$, $f(8)$의 값을 정하는 경우의 수는

${}_8\mathrm{C}_2=28$

즉, 이 경우의 함수의 개수는

$112\times 28\times 28=4\times 28^3$

(i), (ii)에서

$\mathrm{P}(A\cap B)=\dfrac{28^3+(4\times 28^3)}{8^8}=\dfrac{5\times 28^3}{8^8}$

3단계 조건부확률을 이용하여 조건을 만족시키는 확률을 구해 보자.

구하는 확률은

$$\mathrm{P}(B|A)=\frac{\mathrm{P}(A\cap B)}{\mathrm{P}(A)}=\frac{\frac{5\times 28^3}{8^8}}{\frac{28^4}{8^8}}=\frac{5}{28}$$

060 정답률 ▸ 74% 답 ⑤

1단계 $a+b+c$가 짝수일 확률을 구해 보자.

$a+b+c$가 짝수인 사건을 A, a가 홀수인 사건을 B라 하면 구하는 확률은 $\mathrm{P}(B|A)$이다.

8개의 공 중에서 임의로 3개의 공을 동시에 꺼내는 경우의 수는

${}_8\mathrm{C}_3=56$

A는 세 수 a, b, c가 모두 짝수이거나 하나만 짝수인 사건이므로 사건 A를 만족시키는 경우의 수는

${}_4\mathrm{C}_3+{}_4\mathrm{C}_1\times{}_4\mathrm{C}_2=4+4\times 6=28$

(${}_4\mathrm{C}_3$ → 짝수 2, 4, 6, 8 중에서 3개 / ${}_4\mathrm{C}_1\times{}_4\mathrm{C}_2$ → 짝수 2, 4, 6, 8 중에서 1개, 홀수 1, 3, 5, 7 중에서 2개)

$\therefore \mathrm{P}(A)=\dfrac{28}{56}=\dfrac{1}{2}$

2단계 $a+b+c$가 짝수이면서 a가 홀수일 확률을 구해 보자.

$a<b<c$이므로 $a+b+c$가 짝수이면서 a가 홀수인 경우의 수는

$a=1$일 때

${}_3\mathrm{C}_1\times{}_4\mathrm{C}_1=3\times 4=12$ → 홀수 3, 5, 7 중에서 1개, 짝수 2, 4, 6, 8 중에서 1개

$a=3$일 때

${}_2\mathrm{C}_1\times{}_3\mathrm{C}_1=2\times 3=6$ → 홀수 5, 7 중에서 1개, 짝수 4, 6, 8 중에서 1개

$a=5$일 때

$1\times{}_2\mathrm{C}_1=1\times 2=2$ → 홀수 7, 짝수 6, 8 중에서 1개

$\therefore \mathrm{P}(A\cap B)=\dfrac{12+6+2}{56}=\dfrac{5}{14}$

3단계 조건부확률을 이용하여 조건을 만족시키는 확률을 구해 보자.

구하는 확률은

$$\mathrm{P}(B|A)=\frac{\mathrm{P}(A\cap B)}{\mathrm{P}(A)}=\frac{\frac{5}{14}}{\frac{1}{2}}=\frac{5}{7}$$

061

답 ③

Best Pick 수의 곱이 짝수가 될 조건뿐만 아니라 합이 특정한 수의 배수가 될 조건도 알아야 하는 문제이다. 수의 합이 3의 배수이려면 각각의 수를 3으로 나누었을 때의 나머지의 합이 3의 배수이어야 한다.

1단계 1부터 10까지의 자연수 중에서 임의로 선택한 서로 다른 3개의 수의 곱이 짝수일 확률을 구해 보자.

1부터 10까지의 자연수 중에서 임의로 서로 다른 3개의 수를 선택할 때, 선택한 세 개의 수의 곱이 짝수인 사건을 X, 세 개의 수의 합이 3의 배수인 사건을 Y라 하면 구하는 확률은 $\mathrm{P}(Y|X)$이다.

1부터 10까지의 자연수 중에서 임의로 서로 다른 3개의 수를 선택하는 모든 경우의 수는

${}_{10}\mathrm{C}_3=120$

선택한 3개의 수의 곱이 짝수이려면 선택한 수 중 적어도 하나는 짝수이어야 한다. 즉, 선택한 3개의 수의 곱이 짝수인 경우의 수는 모든 경우의 수에서 3개의 홀수를 선택하는 경우의 수를 빼면 된다.

3개의 홀수를 선택하는 경우의 수는

${}_5\mathrm{C}_3=10$

즉, 이 경우의 수는

$120-10=110$

$\therefore \mathrm{P}(X)=\frac{110}{120}=\frac{11}{12}$

2단계 선택한 서로 다른 3개의 수의 곱이 짝수이고 합이 3의 배수일 확률을 구해 보자.

1부터 10까지의 자연수 중에서 3으로 나누었을 때의 나머지가 0, 1, 2인 수의 집합을 각각 A_0, A_1, A_2라 하면

$A_0=\{3, 6, 9\}$, $A_1=\{1, 4, 7, 10\}$, $A_2=\{2, 5, 8\}$

이때 선택한 서로 다른 3개의 수의 합이 항상 3의 배수가 되려면 한 집합에서 3개의 수를 선택하거나 세 집합에서 각각 1개의 수를 선택해야 한다.

(i) 한 집합에서 3개의 수를 선택하는 경우의 수

각각의 집합에서 3개의 수를 선택하면 반드시 짝수가 포함되므로 선택한 3개의 수의 곱은 항상 짝수이다.

집합 A_0, A_2의 원소의 개수는 각각 3이므로 3개의 수를 택하는 경우의 수는 각각

1

집합 A_1의 원소의 개수는 4이므로 3개의 수를 택하는 경우의 수는

${}_4\mathrm{C}_3=4$

즉, 이 경우의 수는

$1+1+4=6$

(ii) 세 집합에서 각각 1개의 수를 선택하는 경우의 수

세 집합에서 각각 선택한 수가 모두 홀수인 경우만 제외하면 된다.

세 집합에서 각각 1개의 수를 선택하는 경우의 수는

${}_3\mathrm{C}_1\times{}_4\mathrm{C}_1\times{}_3\mathrm{C}_1=3\times4\times3=36$

각각의 집합에서 홀수를 선택하는 경우의 수는

집합 A_0에서 3, 9의 2, 집합 A_1에서 1, 7의 2, 집합 A_2에서 5의 1이므로

$2\times2\times1=4$

즉, 이 경우의 수는

$36-4=32$

(i), (ii)에서 선택한 서로 다른 3개의 수의 곱이 짝수이고 합이 3의 배수인 경우의 수는

$6+32=38$

$\therefore \mathrm{P}(X\cap Y)=\frac{38}{120}=\frac{19}{60}$

3단계 조건부확률을 이용하여 조건을 만족시키는 확률을 구해 보자.

$$\mathrm{P}(Y|X)=\frac{\mathrm{P}(X\cap Y)}{\mathrm{P}(X)}=\frac{\frac{19}{60}}{\frac{11}{12}}=\frac{19}{55}$$

062

정답률 ▸ 87%

답 ①

1단계 $\mathrm{P}(A)$의 값을 구해 보자.

$\mathrm{P}(A^C)=\frac{1}{4}$이므로

$\mathrm{P}(A)=1-\mathrm{P}(A^C)=1-\frac{1}{4}=\frac{3}{4}$

2단계 $\mathrm{P}(A\cap B)$의 값을 구해 보자.

$\mathrm{P}(B|A)=\frac{1}{6}$이므로

$$\begin{aligned}\mathrm{P}(A\cap B)&=\mathrm{P}(A)\mathrm{P}(B|A)\\&=\frac{3}{4}\times\frac{1}{6}=\frac{1}{8}\end{aligned}$$

063

정답률 ▸ 78%

답 ④

1단계 $\mathrm{P}(A\cup B)$의 값을 구해 보자.

$$\begin{aligned}\mathrm{P}(A\cap B)&=\mathrm{P}(B)\mathrm{P}(A|B)\\&=\frac{1}{4}\times\frac{1}{3}=\frac{1}{12}\end{aligned}$$

이므로 확률의 덧셈정리에 의하여

$$\begin{aligned}\mathrm{P}(A\cup B)&=\mathrm{P}(A)+\mathrm{P}(B)-\mathrm{P}(A\cap B)\\&=\frac{1}{3}+\frac{1}{4}-\frac{1}{12}=\frac{1}{2}\end{aligned}$$

2단계 $\mathrm{P}(A^C\cap B^C)$의 값을 구해 보자.

$$\begin{aligned}\mathrm{P}(A^C\cap B^C)&=\mathrm{P}((A\cup B)^C)\\&=1-\mathrm{P}(A\cup B)\\&=1-\frac{1}{2}=\frac{1}{2}\end{aligned}$$

064

답 ②

1단계 세 코스를 모두 체험한 후 받은 쿠폰이 4장일 확률을 구해 보자.

세 코스를 모두 체험한 후 받은 쿠폰이 4장인 사건을 X, B 코스에서 받은 쿠폰이 2장인 사건을 Y라 하자.

세 코스를 모두 체험한 학생이 받은 쿠폰이 모두 4장이려면 세 코스 중에서 한 코스에서는 2장의 쿠폰을 받고, 두 코스에서는 1장의 쿠폰을 받아야 한다.

(i) A 코스에서 2장, B 코스와 C 코스에서 각각 1장씩 받을 확률

$\frac{10}{30}\times\frac{30}{60}\times\frac{40}{90}=\frac{2}{27}$

(ii) B 코스에서 2장, A 코스와 C 코스에서 각각 1장씩 받을 확률

$\frac{20}{30}\times\frac{20}{60}\times\frac{40}{90}=\frac{8}{81}$

(iii) C 코스에서 2장, A 코스와 B 코스에서 각각 1장씩 받을 확률

$\frac{20}{30}\times\frac{30}{60}\times\frac{30}{90}=\frac{1}{9}$

(i), (ii), (iii)에서

$P(X)=\frac{2}{27}+\frac{8}{81}+\frac{1}{9}=\frac{23}{81}$

2단계 받은 쿠폰이 4장이고 B 코스에서 받은 쿠폰이 2장일 확률을 구해 보자.

(ii)에서 $P(X\cap Y)=\frac{8}{81}$

3단계 조건부확률을 이용하여 조건을 만족시키는 확률을 구해 보자.

구하는 확률은

$$P(Y|X)=\frac{P(X\cap Y)}{P(X)}=\frac{\frac{8}{81}}{\frac{23}{81}}=\frac{8}{23}$$

065 정답률 ▸ 89% 답 ②

1단계 A 지점을 출발하여 D 지점으로 이동할 때, 한 번 지난 산책로를 다시 지나지 않을 확률을 구해 보자.

(i) A $\xrightarrow{㉡}$ D로 가는 경우

이 경우의 확률은

$\frac{1}{3}$ ⟶ 표에서 가로 A, 세로 ㉡ : $\frac{1}{3}$

(ii) A $\xrightarrow{㉠}$ B $\xrightarrow{㉣}$ D인 경우

이 경우의 확률은

$\frac{1}{3}\times\frac{1}{2}=\frac{1}{6}$ ⟶ 표에서 가로 A, 세로 ㉠ : $\frac{1}{3}$ 가로 B, 세로 ㉣ : $\frac{1}{2}$

(iii) A $\xrightarrow{㉢}$ C $\xrightarrow{㉤}$ D인 경우

이 경우의 확률은

$\frac{1}{3}\times\frac{1}{2}=\frac{1}{6}$ ⟶ 표에서 가로 A, 세로 ㉢ : $\frac{1}{3}$ 가로 C, 세로 ㉤ : $\frac{1}{2}$

(i), (ii), (iii)에서

$P(X)=\frac{1}{3}+\frac{1}{6}+\frac{1}{6}=\frac{2}{3}$

2단계 한 번 지난 산책로를 다시 지나지 않고, 산책로 ㉣ 또는 ㉤을 지날 확률을 구해 보자.

(ii), (iii)에서

$P(X\cap Y)=\frac{1}{6}+\frac{1}{6}=\frac{1}{3}$

3단계 조건부확률을 이용하여 조건을 만족시키는 확률을 구해 보자.

$$P(Y|X)=\frac{P(X\cap Y)}{P(X)}=\frac{\frac{1}{3}}{\frac{2}{3}}=\frac{1}{2}$$

066 정답률 ▸ 73% 답 ①

1단계 주머니 A에서 흰 공 2개를 꺼낼 확률을 구해 보자.

주머니에서 꺼낸 2개의 공이 모두 흰색인 사건을 X, 주사위를 한 번 던져 나온 눈의 수가 5 이상인 사건을 Y라 하면 구하는 확률은 $P(Y|X)$이다.

(i) 주머니 A에서 흰 공 2개를 꺼낼 확률

주사위를 한 번 던져 나온 눈의 수가 5 이상일 확률은

$\frac{2}{6}=\frac{1}{3}$

주머니 A에서 흰 공 2개를 꺼낼 확률은

$\frac{{}_2C_2}{{}_6C_2}=\frac{1}{15}$

$\therefore \frac{1}{3}\times\frac{1}{15}=\frac{1}{45}$

2단계 주머니 B에서 흰 공 2개를 꺼낼 확률을 구해 보자.

(ii) 주머니 B에서 흰 공 2개를 꺼낼 확률

주사위를 한 번 던져 나온 눈의 수가 4 이하일 확률은

$\frac{4}{6}=\frac{2}{3}$

주머니 B에서 흰 공 2개를 꺼낼 확률은

$\frac{{}_3C_2}{{}_6C_2}=\frac{3}{15}=\frac{1}{5}$

$\therefore \frac{2}{3}\times\frac{1}{5}=\frac{2}{15}$

3단계 조건부확률을 이용하여 조건을 만족시키는 확률을 구해 보자.

(i), (ii)에서

$P(X)=\frac{1}{45}+\frac{2}{15}=\frac{7}{45}$, $P(X\cap Y)=\frac{1}{45}$

따라서 구하는 확률은

$$P(Y|X)=\frac{P(X\cap Y)}{P(X)}=\frac{\frac{1}{45}}{\frac{7}{45}}=\frac{1}{7}$$

067 정답률 ▸ 79% 답 ⑤

Best Pick 두 주머니의 공을 섞는 문제로, 확률의 곱셈정리의 대표적인 유형이다. 난도는 높지 않지만 복합적인 상황에서 확률의 곱셈정리를 이용하는 원리를 익힐 수 있다.

1단계 주머니 A에서 꺼낸 공이 흰 공일 때, 주머니 B에서 흰 공을 꺼낼 확률을 구해 보자.

주머니 A에서 임의로 1개의 공을 꺼냈을 때, 그 공이 흰 공일 확률은

$\frac{2}{5}$

이때 주머니 B에는 흰 공 3개와 검은 공 3개가 들어 있으므로 주머니 B에서 꺼낸 공이 흰 공일 확률은

$\frac{3}{6}=\frac{1}{2}$

즉, 주머니 A에서 꺼낸 공이 흰 공일 때, 주머니 B에서 흰 공을 꺼낼 확률은

$\frac{2}{5}\times\frac{1}{2}=\frac{1}{5}$

2단계 주머니 A에서 꺼낸 공이 검은 공일 때, 주머니 B에서 흰 공을 꺼낼 확률을 구해 보자.

주머니 A에서 임의로 1개의 공을 꺼냈을 때, 그 공이 검은 공일 확률은

$\frac{3}{5}$

이때 주머니 B에는 흰 공 1개와 검은 공 5개가 들어 있으므로 주머니 B에서 꺼낸 공이 흰 공일 확률은

$\frac{1}{6}$

즉, 주머니 A에서 꺼낸 공이 검은 공일 때, 주머니 B에서 흰 공을 꺼낼 확률은

$\frac{3}{5}\times\frac{1}{6}=\frac{1}{10}$

3단계 조건을 만족시키는 확률을 구해 보자.

구하는 확률은

$\frac{1}{5}+\frac{1}{10}=\frac{3}{10}$

068 정답률 ▸ 89% 답 ⑤

1단계 갑이 꺼낸 흰 공의 개수가 을이 꺼낸 흰 공의 개수보다 많을 확률을 구해 보자.

갑이 꺼낸 흰 공의 개수가 을이 꺼낸 흰 공의 개수보다 많은 사건을 A, 을이 꺼낸 공이 모두 검은 공인 사건을 B라 하면 구하는 확률은 $\mathrm{P}(B|A)$이다.

(i) 흰 공을 갑이 2개, 을이 0개 꺼낼 확률

$\frac{{}_3\mathrm{C}_2}{{}_5\mathrm{C}_2}\times\frac{{}_2\mathrm{C}_2}{{}_3\mathrm{C}_2}=\frac{3}{10}\times\frac{1}{3}=\frac{1}{10}$

(ii) 흰 공을 갑이 2개, 을이 1개 꺼낼 확률

$\frac{{}_3\mathrm{C}_2}{{}_5\mathrm{C}_2}\times\frac{{}_1\mathrm{C}_1\times{}_2\mathrm{C}_1}{{}_3\mathrm{C}_2}=\frac{3}{10}\times\frac{1\times2}{3}=\frac{1}{5}$

(i), (ii)에서

$\mathrm{P}(A)=\frac{1}{10}+\frac{1}{5}=\frac{3}{10}$

2단계 갑이 꺼낸 흰 공의 개수가 을이 꺼낸 흰 공의 개수보다 많고, 을이 꺼낸 공이 모두 검은 공일 확률을 구해 보자.

흰 공을 갑이 2개, 을이 0개 꺼내는 확률과 같으므로

(i)에서

$\mathrm{P}(A\cap B)=\frac{1}{10}$

3단계 조건부확률을 이용하여 조건을 만족시키는 확률을 구해 보자.

구하는 확률은

$$\mathrm{P}(B|A)=\frac{\mathrm{P}(A\cap B)}{\mathrm{P}(A)}=\frac{\frac{1}{10}}{\frac{3}{10}}=\frac{1}{3}$$

069 정답률 ▸ 75% 답 11

1단계 갑이 가진 두 장의 카드에 적힌 수의 합에 따른 각각의 확률을 구해 보자.

(i) 갑이 가진 두 장의 카드에 적힌 수의 합이 3일 때의 확률

갑과 을은 1, 2가 적힌 카드를 뽑아야 하므로

$\underbrace{\frac{1}{{}_4\mathrm{C}_2}}_{\text{갑}}\times\underbrace{\frac{1}{{}_4\mathrm{C}_2}}_{\text{을}}=\frac{1}{6}\times\frac{1}{6}=\frac{1}{36}$

(ii) 갑이 가진 두 장의 카드에 적힌 수의 합이 4 또는 6 또는 7일 때의 확률

갑과 을이 1, 3 또는 2, 4 또는 3, 4가 적힌 카드를 뽑아야 하므로 (i)과 같은 방법으로 각각 $\frac{1}{36}$이다.

(iii) 갑이 가진 두 장의 카드에 적힌 수의 합이 5일 때의 확률

갑과 을은 1, 4 또는 2, 3이 적힌 카드를 뽑아야 하므로

$\underbrace{\frac{2}{{}_4\mathrm{C}_2}}_{\text{갑}}\times\underbrace{\frac{2}{{}_4\mathrm{C}_2}}_{\text{을}}=\frac{2}{6}\times\frac{2}{6}=\frac{1}{9}$

2단계 조건을 만족시키는 확률을 구하여 $p+q$의 값을 구해 보자.

(i), (ii), (iii)에서 갑과 을이 가진 두 장의 카드에 적힌 수의 합이 같을 확률은

$4\times\frac{1}{36}+\frac{1}{9}=\frac{2}{9}$

따라서 $p=9$, $q=2$이므로

$p+q=9+2=11$

070 정답률 ▸ 45% 답 ①

1단계 첫 번째 시행에서 두 구슬에 적혀 있는 숫자가 서로 다를 확률을 구해 보자.

철수는 주머니 A에서, 영희는 주머니 B에서 각각 1개의 구슬을 꺼내는 모든 경우의 수는

$5\times5=25$

이때 철수와 영희가 같은 숫자가 적혀 있는 구슬을 꺼내는 경우의 수는

(1, 1), (2, 2), (3, 3), (4, 4), (5, 5)의 5

첫 번째 꺼낸 두 구슬에 적혀 있는 숫자가 서로 같을 확률은

$\frac{1}{5}$

즉, 첫 번째 꺼낸 두 구슬에 적혀 있는 숫자가 서로 다를 확률은
(→ 같은 숫자가 적혀 있는 구슬을 꺼내는 사건의 여사건의 확률)

$1-\frac{1}{5}=\frac{4}{5}$

2단계 두 번째 시행에서 두 구슬에 적혀 있는 숫자가 같을 확률을 구해 보자.

첫 번째 시행 후 구슬을 다시 넣지 않으므로 두 번째 시행에서 철수와 영희가 각각 1개의 구슬을 꺼내는 모든 경우의 수는
(→ 두 주머니 A, B에는 구슬이 4개씩 남아 있다.)

$4\times4=16$

첫 번째 시행에서 서로 다른 숫자가 적혀 있는 구슬을 꺼냈으므로 두 주머니 A, B에 남아 있는 구슬 중 같은 숫자가 적혀 있는 구슬은 3쌍이다.

즉, 두 번째 꺼낸 두 구슬에 적혀 있는 숫자가 같을 확률은

$\frac{3}{16}$

3단계 조건을 만족시키는 확률을 구해 보자.

구하는 확률은

$\frac{4}{5}\times\frac{3}{16}=\frac{3}{20}$

다른 풀이

한 주머니에 구슬의 종류가 5가지이고, 철수와 영희가 각각의 주머니에서 구슬을 1개씩 뽑을 확률은 각각 $\frac{1}{5}$이므로 첫 번째 시행에서 두 구슬에 적혀 있는 숫자가 같을 확률은

${}_5\mathrm{C}_1\times\frac{1}{5}\times\frac{1}{5}=5\times\frac{1}{25}=\frac{1}{5}$

즉, 첫 번째 시행에서 두 구슬에 적혀 있는 숫자가 서로 다를 확률은

$1-\frac{1}{5}=\frac{4}{5}$

첫 번째 시행에서 뽑은 구슬은 다시 넣지 않으므로 첫 번째 시행 후 두 주머니 A, B에 남아 있는 구슬 중 같은 숫자가 적혀 있는 구슬은 3쌍이 있고, 철수와 영희가 두 주머니 A, B에서 구슬을 1개씩 뽑을 확률은 각각 $\frac{1}{4}$이다. 즉, 두 번째 시행에서 두 구슬에 적혀 있는 숫자가 같을 확률은

$_3C_1 \times \frac{1}{4} \times \frac{1}{4} = 3 \times \frac{1}{16} = \frac{3}{16}$

따라서 구하는 확률은

$\frac{4}{5} \times \frac{3}{16} = \frac{3}{20}$

071 정답률 ▸ 74% 답 ①

1단계 5번째까지 시행을 한 후 시행을 멈추는 경우를 알아보자.

5번째까지 시행을 한 후 시행을 멈추려면 1부터 7까지의 자연수가 각각 하나씩 적혀 있는 7개의 공 중에서 4번째 시행까지 홀수가 적혀 있는 공 2개와 짝수가 적혀 있는 공 2개를 꺼내고 5번째의 시행에 짝수가 적혀 있는 공을 꺼내야 한다.

2단계 조건을 만족시키는 확률을 구해 보자.

4번째 시행까지 홀수가 적혀 있는 공 2개와 짝수가 적혀 있는 공 2개를 꺼낼 확률은

(→ 홀수와 짝수를 2개씩 꺼내어 일렬로 나열하는 경우의 수)

$\frac{_4C_2 \times _3C_2 \times 4!}{_7P_4} = \frac{18}{35}$

(→ 1부터 7까지의 자연수 중 4개를 뽑아 일렬로 나열하는 경우의 수)

5번째 시행에 짝수가 적혀 있는 공을 꺼낼 확률은 $\frac{1}{3}$이다.

(→ 상자에 공 3개가 남아 있고 그중 짝수가 적혀 있는 공은 1개뿐이다.)

따라서 구하는 확률은

$\frac{18}{35} \times \frac{1}{3} = \frac{6}{35}$

072 정답률 ▸ 75% 답 ③

1단계 3번째 시행에서 4가 적혀 있는 카드가 뒤집어지는 경우를 나누어 확률을 각각 구해 보자.

주사위 한 개를 던져서 나오는 눈의 수가 2 이하인 사건을 A, 3 이상인 사건을 B라 하면

$P(A) = \frac{1}{3}$, $P(B) = \frac{2}{3}$

3번째 시행에서 4가 적혀 있는 카드가 뒤집어지려면 2번째 시행에서 2가 적혀 있는 카드까지 뒤집어지거나 3이 적혀 있는 카드까지 뒤집어져야 하므로

(i) $A-A-B$인 경우의 확률

1번째	2번째	3번째
1	2	3 4

$\frac{1}{3} \times \frac{1}{3} \times \frac{2}{3} = \frac{2}{27}$

(ii) $A-B-A$ 또는 $A-B-B$인 경우의 확률

1번째	2번째	3번째
1	2 3	4
1	2 3	4 5

$\frac{1}{3} \times \frac{2}{3} \times \left(\frac{1}{3} + \frac{2}{3}\right) = \frac{2}{9}$

(iii) $B-A-A$ 또는 $B-A-B$인 경우의 확률

1번째	2번째	3번째
1 2	3	4
1 2	3	4 5

$\frac{2}{3} \times \frac{1}{3} \times \left(\frac{1}{3} + \frac{2}{3}\right) = \frac{2}{9}$

2단계 조건을 만족시키는 확률을 구해 보자.

(i), (ii), (iii)에서 구하는 확률은

$\frac{2}{27} + \frac{2}{9} + \frac{2}{9} = \frac{14}{27}$

073 답 ④

1단계 A팀의 2번 선수가 1승하는 B팀의 선수가 1번, 2번, 3번인 경우로 나누어 가능한 확률을 각각 구해 보자.

A팀의 2번 선수가 1승하는 B팀의 선수가 1번, 2번, 3번인 각각의 경우에 대하여 A팀의 2번 선수가 승리한 횟수가 1일 확률을 구해 보자.

(i) A팀의 2번 선수가 B팀의 1번 선수에게 1승하는 경우

A팀의 1번 선수가 B팀의 1번 선수에게 지고, A팀의 2번 선수가 B팀의 1번 선수에게 이긴 다음 B팀의 2번 선수에게 져야 한다.

즉, A팀의 1번 선수가 첫 대결에서 지고 A팀의 2번 선수가 1승 1패할 확률은

$\frac{1}{2} \times \frac{1}{2} \times \frac{1}{2} = \frac{1}{8}$ (A팀 1번 선수의 1패, → A팀 2번 선수의 1승 1패)

(ii) A팀의 2번 선수가 B팀의 2번 선수에게 1승하는 경우

A팀의 1번 선수가 B팀의 1번 선수에게 이긴 다음 2번 선수에게 지고, A팀의 2번 선수가 B팀의 2번 선수에게 이긴 다음 3번 선수에게 져야 한다.

즉, A팀의 1번 선수가 1승 1패하고 2번 선수가 1승 1패할 확률은

$\frac{1}{2} \times \frac{1}{2} \times \frac{1}{2} \times \frac{1}{2} = \frac{1}{16}$ (A팀 1번 선수의 1승 1패, → A팀 2번 선수의 1승 1패)

(iii) A팀의 2번 선수가 B팀의 3번 선수에게 1승하는 경우

A팀의 1번 선수가 B팀의 1번 선수와 2번 선수에게 이긴 다음 3번 선수에게 지고, A팀의 2번 선수가 B팀의 3번 선수를 이기면 경기가 종료된다.

즉, A팀의 1번 선수가 2승 1패하고 A팀의 2번 선수가 1승할 확률은

$\frac{1}{2} \times \frac{1}{2} \times \frac{1}{2} \times \frac{1}{2} = \frac{1}{16}$ (A팀 1번 선수의 2승 1패, → A팀 2번 선수의 1승)

2단계 조건을 만족시키는 확률을 구해 보자.

(i), (ii), (iii)에서 구하는 확률은

$\frac{1}{8} + \frac{1}{16} + \frac{1}{16} = \frac{1}{4}$

074 정답률 ▸ 가형: 69%, 나형: 25% 답 ⑤

1단계 주머니에서 꺼낸 공에 적힌 수가 3인 경우에 얻은 점수가 10점일 확률을 구해 보자.

(i) 주머니에서 꺼낸 공에 적힌 수가 3일 때

주머니에서 꺼낸 공에 적힌 수가 3일 확률은

$\frac{2}{5}$

주사위를 3번 던질 때 나오는 모든 경우의 수는

$6 \times 6 \times 6 = 6^3$

주사위를 3번 던져서 나오는 세 눈의 수의 합이 10인 경우를 순서를 생각하지 않고 순서쌍으로 나타내면

$(1, 3, 6)$, $(1, 4, 5)$, $(2, 2, 6)$, $(2, 3, 5)$, $(2, 4, 4)$, $(3, 3, 4)$

이때

$(1, 3, 6)$, $(1, 4, 5)$, $(2, 3, 5)$의 경우의 수는 각각

$3! = 6$

$(2, 2, 6)$, $(2, 4, 4)$, $(3, 3, 4)$의 경우의 수는 각각

$\frac{3!}{2!} = 3$

즉, 주사위를 3번 던져서 나오는 세 눈의 수의 합이 10인 경우의 수는

$3 \times 6 + 3 \times 3 = 27$

이므로 이 경우의 확률은

$\frac{2}{5}\times\frac{27}{6^3}=\frac{1}{20}$

2단계 주머니에서 꺼낸 공에 적힌 수가 4인 경우에 얻은 점수가 10점일 확률을 구해 보자.

(ii) 주머니에서 꺼낸 공에 적힌 수가 4일 때

주머니에서 꺼낸 공에 적힌 수가 4일 확률은

$\frac{3}{5}$

주사위를 4번 던질 때 나오는 모든 경우의 수는

$6\times6\times6\times6=6^4$

주사위를 4번 던져서 나오는 네 눈의 수의 합이 10인 경우를 순서를 생각하지 않고 순서쌍으로 나타내면

$(1, 1, 2, 6)$, $(1, 1, 3, 5)$, $(1, 1, 4, 4)$, $(1, 2, 2, 5)$,

$(1, 2, 3, 4)$, $(1, 3, 3, 3)$, $(2, 2, 2, 4)$, $(2, 2, 3, 3)$

이때

$(1, 2, 3, 4)$의 경우의 수는

$4!=24$

$(1, 1, 2, 6)$, $(1, 1, 3, 5)$, $(1, 2, 2, 5)$의 경우의 수는 각각

$\frac{4!}{2!}=12$

$(1, 1, 4, 4)$, $(2, 2, 3, 3)$의 경우의 수는 각각

$\frac{4!}{2!2!}=6$

$(1, 3, 3, 3)$, $(2, 2, 2, 4)$의 경우의 수는 각각

$\frac{4!}{3!}=4$

즉, 주사위를 4번 던져서 나오는 네 눈의 수의 합이 10인 경우의 수는

$24+3\times12+2\times6+2\times4=80$

이므로 이 경우의 확률은

$\frac{3}{5}\times\frac{80}{6^4}=\frac{1}{27}$

3단계 조건을 만족시키는 확률을 구해 보자.

(i), (ii)에서 구하는 확률은

$\frac{1}{20}+\frac{1}{27}=\frac{47}{540}$

다른 풀이

(i) 주머니에서 꺼낸 공에 적힌 수가 3일 때

주머니에서 꺼낸 공에 적힌 수가 3일 확률은

$\frac{2}{5}$

주사위를 3번 던질 때 나오는 모든 경우의 수는

$6\times6\times6=6^3$

주사위를 3번 던져서 나오는 세 눈의 수를 차례대로 a, b, c라 하면 세 눈의 수의 합이 10인 경우의 수는 방정식

$a+b+c=10$ (a, b, c는 1 이상 6 이하의 정수) …… ㉠

를 만족시키는 순서쌍 (a, b, c)의 개수와 같다.

$a=a'+1$, $b=b'+1$, $c=c'+1$이라 하면 ㉠에서

$(a'+1)+(b'+1)+(c'+1)=10$

$\therefore a'+b'+c'=7$ (a', b', c'은 5 이하의 음이 아닌 정수) …… ㉡

즉, 방정식 ㉠을 만족시키는 순서쌍 (a, b, c)의 개수는 방정식 ㉡을 만족시키는 순서쌍 (a', b', c')의 개수와 같다.

이때 방정식 ㉡을 만족시키는 순서쌍 (a', b', c')의 개수는

$a'+b'+c'=7$ (a', b', c'은 음이 아닌 정수) …… ㉢

를 만족시키는 순서쌍 (a', b', c')의 개수에서 세 정수 a', b', c' 중 한 정수가 6 또는 7이 되는 경우의 수를 뺀 것과 같다.

방정식 ㉢을 만족시키는 순서쌍 (a', b', c')의 개수는

${}_3H_7={}_9C_7=36$

a', b', c'이 7, 0, 0으로 이루어진 순서쌍 (a', b', c')의 개수는

${}_3C_1=3$

a', b', c'이 6, 1, 0으로 이루어진 순서쌍 (a', b', c')의 개수는

$3!=6$

이므로 순서쌍 (a, b, c)의 개수는

$36-(3+6)=27$

즉, 이 경우의 확률은

$\frac{2}{5}\times\frac{27}{6^3}=\frac{1}{20}$

(ii) 주머니에서 꺼낸 공에 적힌 수가 4일 때

주머니에서 꺼낸 공에 적힌 수가 4일 확률은

$\frac{3}{5}$

주사위를 4번 던질 때 나오는 모든 경우의 수는

$6\times6\times6\times6=6^4$

주사위를 4번 던져서 나오는 네 눈의 수를 차례대로 a, b, c, d라 하면 네 눈의 수의 합이 10인 경우의 수는 방정식

$a+b+c+d=10$ (a, b, c, d는 1 이상 6 이하의 정수) …… ㉣

를 만족시키는 순서쌍 (a, b, c, d)의 개수와 같다.

$a=a'+1$, $b=b'+1$, $c=c'+1$, $d=d'+1$이라 하면 ㉣에서

$(a'+1)+(b'+1)+(c'+1)+(d'+1)=10$

$\therefore a'+b'+c'+d'=6$ (a', b', c', d'은 5 이하의 음이 아닌 정수) …… ㉤

즉, 방정식 ㉣을 만족시키는 순서쌍 (a, b, c, d)의 개수는 방정식 ㉤을 만족시키는 순서쌍 (a', b', c', d')의 개수와 같다.

이때 방정식 ㉤을 만족시키는 순서쌍 (a', b', c', d')의 개수는

$a'+b'+c'+d'=6$ (a', b', c', d'은 음이 아닌 정수) …… ㉥

를 만족시키는 순서쌍 (a', b', c', d')의 개수에서 네 정수 a', b', c', d' 중 한 정수가 6이 되는 경우의 수를 뺀 것과 같다.

방정식 ㉥을 만족시키는 순서쌍 (a', b', c', d')의 개수는

${}_4H_6={}_9C_6=84$

a', b', c', d'이 6, 0, 0, 0으로 이루어진 순서쌍 (a', b', c', d')의 개수는

${}_4C_1=4$

이므로 순서쌍 (a, b, c, d)의 개수는

$84-4=80$

즉, 이 경우의 확률은

$\frac{3}{5}\times\frac{80}{6^4}=\frac{1}{27}$

(i), (ii)에서 구하는 확률은

$\frac{1}{20}+\frac{1}{27}=\frac{47}{540}$

075

정답률 ▸ 가형: 95%, 나형: 88% 답 ③

1단계 두 사건 A와 B가 서로 독립임을 이용하여 $\mathrm{P}(B)$의 값을 구해 보자.

두 사건 A와 B가 서로 독립이므로

$\mathrm{P}(A\cap B)=\mathrm{P}(A)\mathrm{P}(B)$

$P(A\cup B)=P(A)+P(B)-P(A)P(B)$에서

$\frac{5}{6}=\frac{2}{3}+P(B)-\frac{2}{3}\times P(B)$

$\frac{1}{3}P(B)=\frac{1}{6}$

$\therefore P(B)=\frac{1}{2}$

076 정답률 ▸ 91% 답 ④

1단계 $P(A)$의 값을 구해 보자.

$P(A)=P(A\cap B)+P(A\cap B^C)$

$=\frac{1}{4}+\frac{1}{3}=\frac{7}{12}$

2단계 $P(B)$의 값을 구해 보자.

두 사건 A와 B가 서로 독립이므로

$P(A\cap B)=P(A)P(B)$에서

$\frac{1}{4}=\frac{7}{12}\times P(B)$

$\therefore P(B)=\frac{3}{7}$

077 정답률 ▸ 81% 답 ②

1단계 $P(A^C)$의 값을 구해 보자.

$P(A^C)=1-P(A)$

$=1-\frac{1}{3}=\frac{2}{3}$

2단계 $P(B)$의 값을 구해 보자.

두 사건 A, B가 서로 독립이므로

$P(A\cap B)=P(A)P(B)$

즉, $P(A^C)=7P(A\cap B)$에서

$\frac{2}{3}=7P(A)P(B)$

$=7\times\frac{1}{3}\times P(B)$

$\therefore P(B)=\frac{2}{7}$

078 정답률 ▸ 91% 답 ⑤

1단계 여사건의 확률을 이용하여 $P(A)$의 값을 구해 보자.

$P(A^C)=\frac{2}{5}$이므로

$P(A)=1-P(A^C)=1-\frac{2}{5}=\frac{3}{5}$

2단계 $P(A\cap B)$의 값을 구해 보자.

두 사건 A와 B는 서로 독립이므로

$P(A\cap B)=P(A)P(B)=\frac{3}{5}\times\frac{1}{6}=\frac{1}{10}$

3단계 여사건의 확률을 이용하여 $P(A^C\cup B^C)$의 값을 구해 보자.

$P(A^C\cup B^C)=P((A\cap B)^C)=1-P(A\cap B)$

$=1-\frac{1}{10}=\frac{9}{10}$

079 정답률 ▸ 94% 답 ④

Best Pick 두 사건이 독립인 조건과 여사건의 확률, 조건부확률이 결합된 문제이다. 특히, 두 사건이 독립일 때의 조건부확률에 대한 이해가 필요하다. 이러한 유형의 문제는 Ⅱ단원의 전반적인 이해가 필요하므로 수능에 출제될 가능성이 높다.

1단계 $P(A)$의 값을 구해 보자.

$P(A)=1-P(A^C)$

$=1-\frac{1}{4}=\frac{3}{4}$

2단계 $P(B)$의 값을 구해 보자.

두 사건 A, B가 서로 독립이므로

$P(A\cap B)=P(A)P(B)$에서

$\frac{1}{2}=\frac{3}{4}\times P(B)$

$\therefore P(B)=\frac{2}{3}$

3단계 $P(B|A^C)$의 값을 구해 보자.

두 사건 A, B가 서로 독립이므로 두 사건 A^C, B도 서로 독립이다.

$\therefore P(B|A^C)=P(B)=\frac{2}{3}$

→ $P(B|A^C)=\frac{P(B\cap A^C)}{P(A^C)}=\frac{P(B)P(A^C)}{P(A^C)}=P(B)$

참고

두 사건 A, B가 서로 독립이면 다음이 성립한다. (단, $P(A)>0$, $P(B)>0$)

(1) $P(A\cap B)=P(A)P(B)$

(2) $P(A)=P(A|B)=P(A|B^C)$

(3) A^C과 B도 서로 독립, A와 B^C도 서로 독립, A^C과 B^C도 서로 독립

080 정답률 ▸ 90% 답 ⑤

1단계 $P(A)$의 값을 구해 보자.

두 사건 A와 B가 서로 독립이므로

$P(A|B)=\frac{P(A\cap B)}{P(B)}$

$=\frac{P(A)P(B)}{P(B)}$

$=P(A)=\frac{1}{3}$ ······ ㉠

2단계 $P(B)$의 값을 구해 보자.

두 사건 A와 B가 서로 독립이면 두 사건 A와 B^C도 서로 독립이다.

즉, $P(A\cap B^C)=P(A)P(B^C)$이므로

$\frac{1}{12}=\frac{1}{3}\times P(B^C)$ ($\because$ ㉠)

$\therefore P(B^C)=\frac{1}{4}$

$\therefore P(B)=1-P(B^C)=1-\frac{1}{4}=\frac{3}{4}$

081 정답률 ▸ 72% 답 ③

1단계 철수가 받는 점수가 70점인 경우를 알아보자.

주어진 표에서 관람객 투표 점수와 심사 위원 점수의 합이 70이 되는 경우는 다음의 표와 같다.

경우	관람객 투표	심사 위원	
(i)	점수 A	점수 C	→ 40+30=70
(ii)	점수 B	점수 B	→ 30+40=70
(iii)	점수 C	점수 A	→ 20+50=70

2단계 1단계 에서 구한 경우의 확률을 각각 구해 보자.

철수가 각 항목에서 점수 A, B, C를 받을 확률은 각각

$\frac{1}{2}, \frac{1}{3}, \frac{1}{6}$

관람객 투표 점수를 받는 사건과 심사 위원 점수를 받는 사건이 서로 독립이므로 위의 각각의 경우가 일어날 확률은 다음의 표와 같다.

경우	일어날 확률
(i)	$\frac{1}{2}\times\frac{1}{6}=\frac{1}{12}$
(ii)	$\frac{1}{3}\times\frac{1}{3}=\frac{1}{9}$
(iii)	$\frac{1}{6}\times\frac{1}{2}=\frac{1}{12}$

3단계 조건을 만족시키는 확률을 구해 보자.

(i), (ii), (iii)에서 구하는 확률은

$\frac{1}{12}+\frac{1}{9}+\frac{1}{12}=\frac{5}{18}$

082 정답률 ▸ 43% 답 50

1단계 주어진 사건에 대한 확률을 각각 구해 보자.

재직 연수가 10년 미만인 경우를 사건 A, 조직 개편안에 찬성하는 경우를 사건 B라 하면

$\mathrm{P}(A)=\frac{120}{360}=\frac{1}{3}$, $\mathrm{P}(B)=\frac{150}{360}=\frac{5}{12}$

$\mathrm{P}(A\cap B)=\frac{a}{360}$

2단계 a의 값을 구해 보자.

두 사건 A와 B가 서로 독립이므로

$\mathrm{P}(A\cap B)=\mathrm{P}(A)\mathrm{P}(B)$

즉, $\frac{a}{360}=\frac{1}{3}\times\frac{5}{12}$에서

$a=\frac{5}{36}\times360=50$

083 정답률 ▸ 88% 답 ⑤

주사위를 5번 던져서 나온 다섯 눈의 수의 곱이 짝수인 사건을 A라 하면 주사위를 5번 던져서 나온 다섯 눈의 수의 곱이 홀수인 사건은 A^C이므로

→ 5번 모두 홀수의 눈이 나와야 한다.

$\mathrm{P}(A^C)={}_5\mathrm{C}_5\left(\frac{1}{2}\right)^5$

$=\frac{1}{32}$

$\therefore \mathrm{P}(A)=1-\mathrm{P}(A^C)$

$=1-\frac{1}{32}=\frac{31}{32}$

084 정답률 ▸ 87% 답 ④

1단계 시행을 5번 반복하여 얻은 점수의 합이 6 이하인 경우를 앞면, 뒷면이 나오는 횟수를 기준으로 나누어 조건을 만족시키는 확률을 각각 구해 보자.

시행을 5번 반복하여 얻은 점수의 합이 6 이하이려면 앞면이 1번 또는 0번 나와야 한다.

(i) 앞면이 1번, 뒷면이 4번 나올 확률은

${}_5\mathrm{C}_1\left(\frac{1}{2}\right)^1\left(\frac{1}{2}\right)^4=\frac{5}{32}$

(ii) 앞면이 0번, 뒷면이 5번 나올 확률은

${}_5\mathrm{C}_0\left(\frac{1}{2}\right)^0\left(\frac{1}{2}\right)^5=\frac{1}{32}$

2단계 조건을 만족시키는 확률을 구해 보자.

(i), (ii)에서 구하는 확률은

$\frac{5}{32}+\frac{1}{32}=\frac{3}{16}$

085 정답률 ▸ 76% 답 ②

Best Pick 독립시행의 확률과 좌표평면 위의 상황이 결합된 문제로, 독립시행의 확률의 대표적인 유형이다. 우선 조건을 만족시키려면 동전의 앞면이 몇 번 나와야 하는지 구해야 한다. 동전 또는 주사위를 던지는 시행은 독립시행 문제의 단골 소재이므로 알아두도록 한다.

1단계 5번 시행 후 점 P가 직선 $x-y=3$ 위에 있을 때 앞면이 나온 횟수를 구해 보자.

시행을 5번 한 후 앞면이 나온 횟수를 a라 하면 뒷면이 나온 횟수는 $(5-a)$이므로 5번 시행 후 점 P의 좌표는

→ x축의 방향으로 a만큼 y축의 방향으로 $(5-a)$만큼 평행이동

$\mathrm{P}(a, 5-a)$

이때 점 P가 직선 $x-y=3$ 위에 있으려면

$a-(5-a)=3 \qquad \therefore a=4$

즉, 동전을 던졌을 때 앞면은 4번 나와야 한다.

2단계 조건을 만족시키는 확률을 구해 보자.

구하는 확률은

→ 앞면이 나올 확률

${}_5\mathrm{C}_4\left(\frac{1}{2}\right)^4\left(\frac{1}{2}\right)^1=5\times\frac{1}{16}\times\frac{1}{2}$

$=\frac{5}{32}$

086 정답률 ▸ 70% 답 137

1단계 주어진 조건을 만족시키는 경우를 알아보자.

$a-b=3$이어야 하므로 → a는 0부터 5까지, b는 0부터 4까지의 정수이다.

$a=3$, $b=0$ 또는 $a=4$, $b=1$ 또는 $a=5$, $b=2$

2단계 1단계 에서 구한 경우의 확률을 각각 구해 보자.

(i) $a=3$, $b=0$일 때

주사위를 5번 던져 홀수의 눈이 3번 나오고 동전을 4번 던져 앞면이 0번 나올 확률은

${}_5\mathrm{C}_3\left(\frac{1}{2}\right)^3\left(\frac{1}{2}\right)^2\times{}_4\mathrm{C}_0\left(\frac{1}{2}\right)^0\left(\frac{1}{2}\right)^4=10\times\frac{1}{2^5}\times1\times\frac{1}{2^4}=\frac{5}{2^8}$

(ii) $a=4$, $b=1$일 때

주사위를 5번 던져 홀수의 눈이 4번 나오고 동전을 4번 던져 앞면이 1번 나올 확률은

$${}_5C_4\left(\frac{1}{2}\right)^4\left(\frac{1}{2}\right)^1\times{}_4C_1\left(\frac{1}{2}\right)^1\left(\frac{1}{2}\right)^3=5\times\frac{1}{2^5}\times4\times\frac{1}{2^4}$$
$$=\frac{5}{2^7}$$

(iii) $a=5$, $b=2$일 때

주사위를 5번 던져 홀수의 눈이 5번 나오고 동전을 4번 던져 앞면이 2번 나올 확률은

$${}_5C_5\left(\frac{1}{2}\right)^5\left(\frac{1}{2}\right)^0\times{}_4C_2\left(\frac{1}{2}\right)^2\left(\frac{1}{2}\right)^2=1\times\frac{1}{2^5}\times6\times\frac{1}{2^4}$$
$$=\frac{3}{2^8}$$

3단계 조건을 만족시키는 확률을 구한 후 $p+q$의 값을 구해 보자.

(i), (ii), (iii)에서 구하는 확률은

$$\frac{5}{2^8}+\frac{5}{2^7}+\frac{3}{2^8}=\frac{9}{2^7}=\frac{9}{128}$$

따라서 $p=128$, $q=9$이므로

$p+q=128+9=137$

087 정답률 ▸ 65% 답 ①

1단계 앞면이 나오는 동전의 개수에 따라 경우를 나누어 확률을 각각 구해 보자.

주사위 2개를 동시에 던져 나오는 눈의 수를 순서쌍 (a, b)로 나타내자.

모든 순서쌍 (a, b)의 개수는

$6\times6=36$

동전 4개를 동시에 던질 때

(i) 앞면이 나오는 동전의 개수가 1인 경우의 확률

주사위의 눈의 수가 $(1, 1)$이어야 하므로

$$\frac{1}{36}\times{}_4C_1\left(\frac{1}{2}\right)^1\left(\frac{1}{2}\right)^3=\frac{1}{36}\times4\times\frac{1}{16}=\frac{1}{144}$$

(ii) 앞면이 나오는 동전의 개수가 2인 경우의 확률

주사위의 눈의 수가 $(1, 2)$, $(2, 1)$이어야 하므로

$$\frac{2}{36}\times{}_4C_2\left(\frac{1}{2}\right)^2\left(\frac{1}{2}\right)^2=\frac{2}{36}\times6\times\frac{1}{16}=\frac{1}{48}$$

(iii) 앞면이 나오는 동전의 개수가 3인 경우의 확률

주사위의 눈의 수가 $(1, 3)$, $(3, 1)$이어야 하므로

$$\frac{2}{36}\times{}_4C_3\left(\frac{1}{2}\right)^3\left(\frac{1}{2}\right)^1=\frac{2}{36}\times4\times\frac{1}{16}=\frac{1}{72}$$

(iv) 앞면이 나오는 동전의 개수가 4인 경우의 확률

주사위의 눈의 수가 $(1, 4)$, $(2, 2)$, $(4, 1)$이어야 하므로

$$\frac{3}{36}\times{}_4C_4\left(\frac{1}{2}\right)^4\left(\frac{1}{2}\right)^0=\frac{3}{36}\times1\times\frac{1}{16}=\frac{1}{192}$$

2단계 주어진 조건을 만족시키는 확률을 구해 보자.

(i)~(iv)에서 구하는 확률은

$$\frac{1}{144}+\frac{1}{48}+\frac{1}{72}+\frac{1}{192}=\frac{3}{64}$$

다른 풀이

주사위 2개와 동전 4개를 동시에 던질 때 나오는 모든 경우의 수는

$6^2\times2^4$

주사위 2개를 동시에 던져 나오는 눈의 수를 순서쌍 (a, b)로 나타내자.

동전 4개를 동시에 던질 때

(i) 앞면이 나오는 동전의 개수가 1인 경우의 수

앞면이 나오는 동전의 개수가 1인 경우의 수는

${}_4C_1=4$

주사위의 두 눈의 수의 곱이 1인 경우의 수는

$(1, 1)$의 1

즉, 이 경우의 수는

$4\times1=4$

(ii) 앞면이 나오는 동전의 개수가 2인 경우의 수

앞면이 나오는 동전의 개수가 2인 경우의 수는

${}_4C_2=6$

주사위의 두 눈의 수의 곱이 2인 경우의 수는

$(1, 2)$, $(2, 1)$의 2

즉, 이 경우의 수는

$6\times2=12$

(iii) 앞면이 나오는 동전의 개수가 3인 경우의 수

앞면이 나오는 동전의 개수가 3인 경우의 수는

${}_4C_3=4$

주사위의 두 눈의 수의 곱이 3인 경우의 수는

$(1, 3)$, $(3, 1)$의 2

즉, 이 경우의 수는

$4\times2=8$

(iv) 앞면이 나오는 동전의 개수가 4인 경우의 수

앞면이 나오는 동전의 개수가 4인 경우의 수는

${}_4C_4=1$

주사위의 두 눈의 수의 곱이 4인 경우의 수는

$(1, 4)$, $(2, 2)$, $(4, 1)$의 3

즉, 이 경우의 수는

$1\times3=3$

(i)~(iv)에서 주사위의 눈의 수의 곱과 앞면이 나오는 동전의 개수가 같은 경우의 수는

$4+12+8+3=27$

따라서 구하는 확률은

$$\frac{27}{6^2\times2^4}=\frac{3}{64}$$

088 정답률 ▸ 78% 답 ⑤

Best Pick 독립시행의 확률과 조건부확률이 결합된 문제이다. 뒷단원의 문제일수록 여러 가지 개념이 결합된 문제가 출제될 가능성이 높으므로 앞단원에 대한 학습이 차근차근 되어 있어야 한다.

1단계 주머니에서 꺼낸 2개의 공에 적혀 있는 숫자의 합이 소수일 확률을 구해 보자.

주머니에서 임의로 2개의 공을 동시에 꺼내는 모든 경우의 수는

${}_4C_2=6$

꺼낸 2개의 공에 적혀 있는 숫자의 합이 소수인 경우의 수는

①②, ①④, ②③, ③④의 4

즉, 주머니에서 임의로 2개의 공을 동시에 꺼냈을 때, 적혀 있는 숫자의 합이 소수일 확률은

$$\frac{4}{6}=\frac{2}{3}$$

2단계 동전의 앞면이 2번 나올 확률과 동전의 앞면이 2번 나오고 꺼낸 2개의 공에 적혀 있는 숫자의 합이 소수일 확률을 각각 구해 보자.

동전의 앞면이 2번 나오는 사건을 X, 꺼낸 2개의 공에 적혀 있는 숫자의 합이 소수인 사건을 Y라 하면

$$\mathrm{P}(X)=\frac{2}{3}\times{}_{2}\mathrm{C}_{2}\left(\frac{1}{2}\right)^{2}+\frac{1}{3}\times{}_{3}\mathrm{C}_{2}\left(\frac{1}{2}\right)^{2}\left(\frac{1}{2}\right)^{1}=\frac{7}{24}$$

→ 꺼낸 2개의 공에 적혀 있는 두 수의 합이 소수가 아니고, 동전 3개를 던져서 앞면이 2번 나올 확률

→ 꺼낸 2개의 공에 적혀 있는 두 수의 합이 소수이고, 동전 2개를 던져서 앞면이 2번 나올 확률

$$\mathrm{P}(X\cap Y)=\frac{2}{3}\times{}_{2}\mathrm{C}_{2}\left(\frac{1}{2}\right)^{2}=\frac{1}{6}$$

3단계 조건부확률을 이용하여 조건을 만족시키는 확률을 구해 보자.

구하는 확률은

$$\mathrm{P}(Y|X)=\frac{\mathrm{P}(X\cap Y)}{\mathrm{P}(X)}=\frac{\frac{1}{6}}{\frac{7}{24}}=\frac{4}{7}$$

089 정답률 ▸ 71% 답 43

1단계 한 개의 동전을 6번 던질 때, 앞면이 나오는 횟수가 뒷면이 나오는 횟수보다 클 확률을 구하여 $p+q$의 값을 구해 보자.

(i) 앞면이 6번, 뒷면이 0번 나올 확률

$${}_{6}\mathrm{C}_{6}\left(\frac{1}{2}\right)^{6}\left(\frac{1}{2}\right)^{0}=1\times\frac{1}{64}\times1=\frac{1}{64}$$

(ii) 앞면이 5번, 뒷면이 1번 나올 확률

$${}_{6}\mathrm{C}_{5}\left(\frac{1}{2}\right)^{5}\left(\frac{1}{2}\right)^{1}=6\times\frac{1}{32}\times\frac{1}{2}=\frac{3}{32}$$

(iii) 앞면이 4번, 뒷면이 2번 나올 확률

$${}_{6}\mathrm{C}_{4}\left(\frac{1}{2}\right)^{4}\left(\frac{1}{2}\right)^{2}=15\times\frac{1}{16}\times\frac{1}{4}=\frac{15}{64}$$

(i), (ii), (iii)에서 $\frac{1}{64}+\frac{3}{32}+\frac{15}{64}=\frac{11}{32}$

따라서 $p=32$, $q=11$이므로

$p+q=32+11=43$

090 정답률 ▸ 53% 답 ③

1단계 점 A의 y좌표가 처음으로 3이 될 확률을 구해 보자.

점 A의 y좌표가 처음으로 3이 되는 사건을 X, 이때 점 A의 x좌표가 1인 사건을 Y라 하면 구하는 확률은 $\mathrm{P}(Y|X)$이다.

(i) 동전을 3번 던졌을 때

3번 모두 뒷면이 나오는 경우이므로 이 경우의 확률은

$${}_{3}\mathrm{C}_{3}\left(\frac{1}{2}\right)^{3}\left(\frac{1}{2}\right)^{0}=1\times\frac{1}{8}\times1=\frac{1}{8}$$

(ii) 동전을 4번 던졌을 때

3번째까지는 뒷면이 2번, 앞면이 1번 나오고,
4번째에 뒷면이 나오는 경우이므로 이 경우의 확률은

$${}_{3}\mathrm{C}_{2}\left(\frac{1}{2}\right)^{2}\left(\frac{1}{2}\right)^{1}\times\frac{1}{2}=3\times\frac{1}{4}\times\frac{1}{2}\times\frac{1}{2}=\frac{3}{16}$$

(iii) 동전을 5번 던졌을 때

4번째까지는 뒷면이 2번, 앞면이 2번 나오고,
5번째에 뒷면이 나오는 경우이므로 이 경우의 확률은

$${}_{4}\mathrm{C}_{2}\left(\frac{1}{2}\right)^{2}\left(\frac{1}{2}\right)^{2}\times\frac{1}{2}=6\times\frac{1}{4}\times\frac{1}{4}\times\frac{1}{2}=\frac{3}{16}$$

(i), (ii), (iii)에서

$$\mathrm{P}(X)=\frac{1}{8}+\frac{3}{16}+\frac{3}{16}=\frac{1}{2}$$

2단계 점 A의 y좌표가 처음으로 3이 되고, 이때 점 A의 x좌표가 1일 확률을 구해 보자.

(ii)에서 $\mathrm{P}(X\cap Y)=\frac{3}{16}$

3단계 조건부확률을 이용하여 조건을 만족시키는 확률을 구해 보자.

구하는 확률은

$$\mathrm{P}(Y|X)=\frac{\mathrm{P}(X\cap Y)}{\mathrm{P}(X)}=\frac{\frac{3}{16}}{\frac{1}{2}}=\frac{3}{8}$$

091 정답률 ▸ 84% 답 ③

1단계 5번 시행 후 B가 주사위를 가지고 있는 경우를 알아보자.

주사위를 던져서 3의 배수의 눈이 나오는 경우, 즉 시계 방향으로 이웃한 사람에게 주사위를 주는 경우를 a, 주사위를 던져서 3의 배수가 아닌 눈이 나오는 경우, 즉 시계 반대 방향으로 이웃한 사람에게 주사위를 주는 경우를 b라 하자.

5번 주사위를 던진 후에 B가 주사위를 가지고 있으려면 a가 3번, b가 2번 나오거나 b가 5번 나와야 한다.

2단계 **1단계** 에서 구한 경우의 확률을 각각 구해 보자.

주사위를 한 번 던질 때 3의 배수의 눈이 나올 확률은

$\frac{2}{6}=\frac{1}{3}$

(i) 주어진 시행을 5번 했을 때, a가 3번, b가 2번 나올 확률

$${}_{5}\mathrm{C}_{3}\left(\frac{1}{3}\right)^{3}\left(\frac{2}{3}\right)^{2}=10\times\frac{1}{27}\times\frac{4}{9}=\frac{40}{243}$$

(ii) 주어진 시행을 5번 했을 때, b가 5번 나올 확률

$${}_{5}\mathrm{C}_{0}\left(\frac{1}{3}\right)^{0}\left(\frac{2}{3}\right)^{5}=1\times1\times\frac{32}{243}=\frac{32}{243}$$

3단계 조건을 만족시키는 확률을 구해 보자.

(i), (ii)에서 구하는 확률은

$$\frac{40}{243}+\frac{32}{243}=\frac{8}{27}$$

092 정답률 ▸ 66% 답 ③

1단계 상자 B에 들어 있는 공의 개수가 6번째 시행 후 처음으로 8이 되는 경우의 수를 구해 보자.

6번 시행 후 상자 B에 들어 있는 공의 개수가 8이려면 1개의 동전을 6번 던져서 앞면이 4번, 뒷면이 2번 나오면 된다. (+4개, −2개) → $6+4-2=8$(개)

이때 상자 B에 들어 있는 공의 개수가 6번째 시행 후 처음으로 8이 되려면 5번째 시행 후에는 7, 4번째 시행 후에는 6이어야 하고 4번째 시행까지는 앞면이 2번, 뒷면이 2번 나와야 한다.

→ 4번 중 2번을 골라 앞면을 배치하고 나머지 2번에 뒷면을 배치하는 경우의 수와 같다.

4번째 시행까지 앞면이 2번, 뒷면이 2번 나오는 경우의 수는

${}_{4}\mathrm{C}_{2}=6$ → $\frac{4!}{2!\times2!}=6$으로 계산해도 된다.

그런데 이 중 앞면 → 앞면 → 뒷면 → 뒷면이 나오는 경우는 2번째 시행 후 처음으로 상자 B에 들어 있는 공의 개수가 8이 되므로 제외해 주어야 한다.

즉, 6번째 시행 후 처음으로 상자 B에 들어 있는 공의 개수가 8인 경우의 수는
동전의 앞면, 뒷면이 나오는 경우를 각각 H, T라 하면
HTHTHH, HTTHHH, THHTHH, THTHHH, TTHHHH

$6-1=5$

2단계 조건을 만족시키는 확률을 구해 보자.

동전을 6번 던져서 앞면이 4번, 뒷면이 2번 나오는 각 경우에 대한 확률은 $\left(\frac{1}{2}\right)^4\left(\frac{1}{2}\right)^2$이므로 구하는 확률은

$5\times\left(\frac{1}{2}\right)^4\left(\frac{1}{2}\right)^2=\frac{5}{64}$

093 정답률 ▸ 67% 답 ①

1단계 앞면이 나오는 횟수에 따라 경우를 나누어 조건을 만족시키는 확률을 각각 구해 보자.

앞면을 H, 뒷면을 T라 하자.

조건 (가)에 의하여 앞면이 3번 이상 나오므로

(i) 앞면이 3번 나오는 경우

H 3개와 T 4개를 일렬로 나열하는 경우의 수는

$\frac{7!}{3!4!}=35$

H끼리 이웃하지 않도록 나열하는 경우의 수는

$_5C_3=10$ ∨T∨T∨T∨T∨ T의 사이사이와 양 끝의 5개의 자리 중에서 3개의 자리에 H를 나열하면 되므로

즉, 이 경우의 조건 (나)를 만족시킬 확률은

$(35-10)\times\left(\frac{1}{2}\right)^3\left(\frac{1}{2}\right)^4=\frac{25}{2^7}$

(ii) 앞면이 4번 나오는 경우

H 4개와 T 3개를 일렬로 나열하는 경우의 수는

$\frac{7!}{4!3!}=35$

H끼리 이웃하지 않도록 나열하는 경우의 수는 $_4C_4=1$이므로 이 경우의 조건 (나)를 만족시킬 확률은

$(35-1)\times\left(\frac{1}{2}\right)^4\left(\frac{1}{2}\right)^3=\frac{17}{2^6}$

(iii) 앞면이 5번 나오는 경우

H 5개와 T 2개를 일렬로 나열하는 경우의 수는

$\frac{7!}{5!2!}=21$

이때 조건 (나)를 항상 만족시키므로 이 경우의 확률은

$21\times\left(\frac{1}{2}\right)^5\left(\frac{1}{2}\right)^2=\frac{21}{2^7}$

∨T∨T∨ T의 사이와 양 끝의 3개의 자리 중에서 중복을 허락하여 5개의 H를 나열해야 하므로

(iv) 앞면이 6번 나오는 경우

H 6개와 T 1개를 일렬로 나열하는 경우의 수는

$\frac{7!}{6!}=7$

이때 조건 (나)를 항상 만족시키므로 이 경우의 확률은

$7\times\left(\frac{1}{2}\right)^6\left(\frac{1}{2}\right)^1=\frac{7}{2^7}$

(v) 앞면이 7번 나오는 경우

H 7개를 일렬로 나열하는 경우의 수는 1이고, 조건 (나)를 항상 만족시키므로 이 경우의 확률은

$1\times\left(\frac{1}{2}\right)^7=\frac{1}{2^7}$

2단계 조건을 만족시키는 확률을 구해 보자.

(i)~(v)에서 구하는 확률은

$\frac{25}{2^7}+\frac{17}{2^6}+\frac{21}{2^7}+\frac{7}{2^7}+\frac{1}{2^7}=\frac{11}{2^4}=\frac{11}{16}$

Ⅲ 고난도 기출

▸ 본문 081~086쪽

094 22 095 47 096 25 097 49 098 135 099 11
100 48 101 13 102 191

094 정답률 ▸ 27% 답 22

1단계 모든 경우의 수를 구해 보자.

a_k $(1\le k\le 6)$를 순서쌍 $(a_1, a_2, a_3, a_4, a_5, a_6)$으로 나타내면 순서쌍의 개수는

$\frac{6!}{2!2!2!}=90$

2단계 $m>n$인 경우의 수를 구해 보자.

$m>n$이려면 $m-n=(a_1-a_4)\times100+(a_2-a_5)\times10+a_3-a_6>0$에서 $a_1>a_4$ 또는 $a_1=a_4$, $a_2>a_5$이어야 한다.

(i) $a_1>a_4$인 경우

$a_1>a_4$이려면 $a_1=2$, $a_4=1$ 또는 $a_1=3$, $a_4=1$ 또는 $a_1=3$, $a_4=2$이어야 한다.

즉, 이 경우의 순서쌍 $(a_1, a_2, a_3, a_4, a_5, a_6)$의 개수는

$3\times\frac{4!}{2!}=3\times12=36$

a_1, a_4를 제외한 나머지 4개의 수를 일렬로 나열하는 경우의 수

(ii) $a_1=a_4$, $a_2>a_5$인 경우

$a_1=a_4=1$일 때, $a_2>a_5$이려면 $a_2=3$, $a_5=2$

$a_1=a_4=2$일 때, $a_2>a_5$이려면 $a_2=3$, $a_5=1$

$a_1=a_4=3$일 때, $a_2>a_5$이려면 $a_2=2$, $a_5=1$

즉, 이 경우의 순서쌍 $(a_1, a_2, a_3, a_4, a_5, a_6)$의 개수는

$3\times2!=3\times2=6$

a_1, a_2, a_4, a_5를 제외한 나머지 2개의 수를 일렬로 나열하는 경우의 수

(i), (ii)에서 구하는 경우의 수는

$36+6=42$

3단계 $m>n$일 확률을 구하여 $p+q$의 값을 구해 보자.

$m>n$일 확률은 $\frac{42}{90}=\frac{7}{15}$이므로 $p=15$, $q=7$

$\therefore p+q=15+7=22$

095 정답률 ▸ 29% 답 47

Best Pick '확인한 후 다시 넣는 시행'을 하고 있으므로 문제의 상황은 복원추출이며, 5번의 시행이 모두 다 같은 확률로 이루어짐을 알 수 있어야 한다. 또한, 6의 배수가 되기 위해서는 5번의 중 반드시 2와 3이 한 번씩 선택되어야 하므로 여사건을 이용하여 접근하는 것이 실수를 줄일 수 있다.

1단계 모든 경우의 수를 구해 보자.

3개의 공이 들어 있는 주머니에서 임의로 한 개의 공을 꺼내어 공에 적혀 있는 수를 확인한 후 다시 넣는 시행을 5번 반복할 때 나오는 모든 경우의 수는

$3^5=243$

2단계 5개의 수의 곱이 6의 배수가 아닐 확률을 구해 보자.

주어진 시행을 5번 반복하여 확인한 5개의 수의 곱이 6의 배수인 사건을 A라 하면 A^C은 5개의 수의 곱이 6의 배수가 아닌 사건이다.

6의 배수는 2의 배수이면서 3의 배수이므로 6의 배수가 아니려면 2의 배수가 아니거나 3의 배수가 아니어야 한다.

주어진 시행을 5번 반복할 때

(i) 5개의 수의 곱이 2의 배수가 아닌 경우

2가 적혀 있는 공을 한 개도 꺼내지 않아야 하므로 이 경우의 수는

$2^5=32$

(ii) 5개의 수의 곱이 3의 배수가 아닌 경우

3이 적혀 있는 공을 한 개도 꺼내지 않아야 하므로 이 경우의 수는

$2^5=32$

(iii) 5개의 수의 곱이 2의 배수가 아니고 3의 배수도 아닌 경우

2, 3이 하나씩 적혀 있는 2개의 공을 한 개도 꺼내지 않아야 하므로 이 경우의 수는

$1^5=1$

(i), (ii), (iii)에서 주어진 시행을 5번 반복하여 확인한 5개의 수의 곱이 6의 배수가 아닌 경우의 수는

$32+32-1=63$

$\therefore \mathrm{P}(A^C)=\frac{63}{243}=\frac{7}{27}$

3단계 여사건의 확률을 이용하여 조건을 만족시키는 확률을 구한 후 $p+q$의 값을 구해 보자.

$\mathrm{P}(A)=1-\mathrm{P}(A^C)$

$=1-\frac{7}{27}=\frac{20}{27}$

따라서 $p=27$, $q=20$이므로

$p+q=27+20=47$

다른 풀이

주어진 시행을 5번 반복할 때 5개의 수의 곱이 6의 배수가 아닌 경우의 수는 다음과 같다.

(i) 한 종류의 공만 꺼내는 경우의 수

$(1, 1, 1, 1, 1)$, $(2, 2, 2, 2, 2)$, $(3, 3, 3, 3, 3)$

의 3

(ii) 두 종류의 공을 꺼내는 경우의 수

ⓐ 1, 2가 하나씩 적혀 있는 공을 뽑는 경우의 수

${}_2\Pi_5-2=2^5-2=30$

ⓑ 1, 3이 하나씩 적혀 있는 공을 뽑는 경우의 수

${}_2\Pi_5-2=2^5-2=30$

ⓐ, ⓑ에서 이 경우의 수는

$30+30=60$

(i), (ii)에서 주어진 시행을 5번 반복하여 확인한 5개의 수의 곱이 6의 배수가 아닌 경우의 수는

$3+60=63$

096 정답률 ▸ 22% 답 25

1단계 두 수의 곱의 모든 양의 약수의 개수가 3 이하일 확률을 구해 보자.

두 수의 곱의 모든 양의 약수의 개수가 3 이하인 사건을 A, 두 수의 합이 짝수인 사건을 B라 하면 구하는 확률은 $\mathrm{P}(B|A)$이다.

15장의 카드 중에서 임의로 2장의 카드를 동시에 선택하는 경우의 수는

${}_{15}\mathrm{C}_2=105$

사건 A를 만족시키는 경우는 두 수 중 하나가 1이거나 두 수가 같은 소수일 때이다.

(i) 두 수 중 하나가 1일 확률

$\frac{{}_1\mathrm{C}_1\times{}_{14}\mathrm{C}_1}{{}_{15}\mathrm{C}_2}=\frac{1\times14}{105}=\frac{2}{15}$

(ii) 두 수가 같은 소수일 확률

ⓐ 두 수가 2인 경우의 확률은

$\frac{{}_2\mathrm{C}_2}{{}_{15}\mathrm{C}_2}=\frac{1}{105}$

ⓑ 두 수가 3인 경우의 확률은

$\frac{{}_3\mathrm{C}_2}{{}_{15}\mathrm{C}_2}=\frac{3}{105}=\frac{1}{35}$

ⓒ 두 수가 5인 경우의 확률은

$\frac{{}_5\mathrm{C}_2}{{}_{15}\mathrm{C}_2}=\frac{10}{105}=\frac{2}{21}$

ⓐ, ⓑ, ⓒ에서 이 경우의 확률은

$\frac{1}{105}+\frac{1}{35}+\frac{2}{21}=\frac{2}{15}$

(i), (ii)에서

$\mathrm{P}(A)=\frac{2}{15}+\frac{2}{15}=\frac{4}{15}$

2단계 두 수의 곱의 모든 양의 약수의 개수가 3 이하이면서 두 수의 합이 짝수일 확률을 구해 보자.

두 사건 A와 B를 동시에 만족시키는 경우는 (i)에서 두 수가 1, 3이거나 1, 5인 경우 또는 (ii)인 경우일 때이다.

(i)에서 두 수가 1, 3이거나 1, 5일 확률은

$\frac{{}_1\mathrm{C}_1\times{}_3\mathrm{C}_1+{}_1\mathrm{C}_1\times{}_5\mathrm{C}_1}{{}_{15}\mathrm{C}_2}=\frac{1\times3+1\times5}{105}=\frac{8}{105}$

$\therefore \mathrm{P}(A\cap B)=\frac{8}{105}+\frac{2}{15}=\frac{22}{105}$

3단계 조건부확률을 이용하여 조건을 만족시키는 확률을 구한 후 $p+q$의 값을 구해 보자.

$\mathrm{P}(B|A)=\frac{\mathrm{P}(A\cap B)}{\mathrm{P}(A)}=\frac{\frac{22}{105}}{\frac{4}{15}}=\frac{11}{14}$

따라서 $p=14$, $q=11$이므로

$p+q=14+11=25$

097 정답률 ▸ 26% 답 49

1단계 [실행 1]을 한 후의 두 상자 A, B 안의 공에 대하여 알아보자.

상자 A에는 모두 흰 공만 있으므로 [실행 1]에서 상자 A의 흰 공 2개를 상자 B에 넣게 된다.

즉, [실행 1]을 한 후에는 상자 A에는 흰 공 8개, 상자 B에는 흰 공 2개, 검은 공 10개가 들어 있다. → [실행 1] 후 A B

2단계 [실행 3]까지 한 후 상자 B의 흰 공의 개수가 홀수일 확률을 구하여 $p+q$의 값을 구해 보자.

(i) [실행 2]에서 상자 B의 흰 공 2개를 꺼내어 상자 A에 넣는 경우 → [실행 2] 후 A B

[실행 2]를 한 후 상자 A에는 흰 공 10개, 상자 B에는 검은 공 10개가 들어 있게 되므로 [실행 3]을 한 후 상자 B에는 흰 공 2개, 검은 공 10개가 들어 있게 된다. → A → B

즉, 흰 공의 개수는 짝수이다.

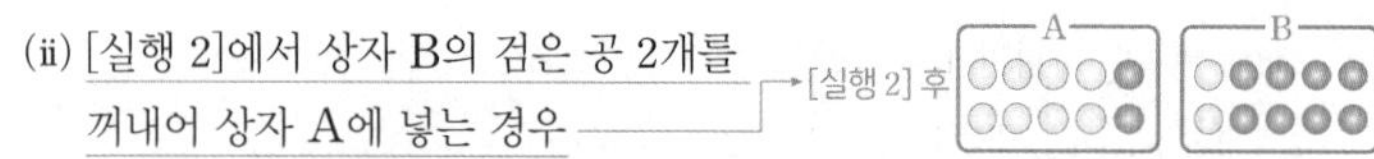

(ⅱ) [실행 2]에서 상자 B의 검은 공 2개를 꺼내어 상자 A에 넣는 경우

[실행 2]를 한 후 상자 A에는 흰 공 8개, 검은 공 2개, 상자 B에는 흰 공 2개, 검은 공 8개가 들어 있게 된다.

이때 [실행 3]을 한 후 상자 B의 흰 공의 개수가 홀수가 되려면 상자 A에서 흰 공 1개, 검은 공 1개를 꺼내어 상자 B에 넣어야 한다. (A → B)

$\therefore \frac{_{10}C_2}{_{12}C_2}\times\frac{_8C_1\times{_2C_1}}{_{10}C_2}=\frac{45}{66}\times\frac{8\times2}{45}=\frac{8}{33}$ ([실행 2], [실행 3])

(ⅲ) [실행 2]에서 상자 B의 흰 공 1개, 검은 공 1개를 꺼내어 상자 A에 넣는 경우 → [실행 2] 후

[실행 2]를 한 후 상자 A에는 흰 공 9개, 검은 공 1개, 상자 B에는 흰 공 1개, 검은 공 9개가 들어 있게 된다.

이때 [실행 3]을 한 후 상자 B의 흰 공의 개수가 홀수가 되려면 상자 A에서 흰 공 2개를 꺼내어 상자 B에 넣어야 한다. → A → B

$\therefore \frac{_{10}C_1\times{_2C_1}}{_{12}C_2}\times\frac{_9C_2}{_{10}C_2}=\frac{10\times2}{66}\times\frac{36}{45}=\frac{8}{33}$ ([실행 2], [실행 3])

(ⅰ), (ⅱ), (ⅲ)에서 구하는 확률은

$0+\frac{8}{33}+\frac{8}{33}=\frac{16}{33}$

따라서 $p=33$, $q=16$이므로

$p+q=33+16=49$

098 정답률 ▸ 12% 답 135

1단계 주어진 시행을 한 번 시행 후 A가 가진 공의 개수의 변화에 따라 경우를 나누어 각각의 확률을 구해 보자.

주어진 시행을 한 번 시행 후

A가 가진 공의 개수가 1이 늘어나는 경우

A가 던진 주사위의 눈의 수가 짝수이고, B가 던진 주사위의 눈의 수가 홀수일 때이므로 이때의 확률은

$\frac{1}{2}\times\frac{1}{2}=\frac{1}{4}$

A가 가진 공의 개수가 변화가 없는 경우

A, B가 던진 주사위의 눈의 수가 모두 짝수이거나 모두 홀수일 때이므로 이때의 확률은

$\frac{1}{2}\times\frac{1}{2}+\frac{1}{2}\times\frac{1}{2}=\frac{1}{2}$

A가 가진 공의 개수가 1개 줄어드는 경우

A가 던진 주사위의 눈의 수가 홀수이고, B가 던진 주사위의 눈의 수가 짝수일 때이므로 이때의 확률은

$\frac{1}{2}\times\frac{1}{2}=\frac{1}{4}$

2단계 4번째 시행 후 A가 가진 공의 개수가 처음으로 6이 되는 경우를 알아보자.

4번째 시행 후 A가 가진 공의 개수가 처음으로 6이 되려면 4번째 시행에서 공의 개수가 5 → 6으로 늘어나야 하고, 3번째 시행에서는 공의 개수가 4 → 5로 늘어나거나 5개로 유지되어야 한다.

3단계 3번째 시행 후 A가 가진 공의 개수가 5일 확률을 구해 보자.

(ⅰ) 3번째 시행에서 A가 가진 공의 개수가 4 → 5로 늘어나는 경우

1, 2번째 시행에서 A가 가진 공의 개수가 4 → 3 → 4 또는 4 → 5 → 4로 변하거나 4개로 유지되어야 하고, 3번째 시행에서 공의 개수가 늘어나야 하므로 이때의 확률은

$\left(\frac{1}{4}\times\frac{1}{4}+\frac{1}{4}\times\frac{1}{4}+\frac{1}{2}\times\frac{1}{2}\right)\times\frac{1}{4}=\frac{3}{8}\times\frac{1}{4}=\frac{3}{32}$ (4 → 3 → 4, 4 → 5 → 4, 4 → 4 → 4)

(ⅱ) 3번째 시행에서 A가 가진 공의 개수가 5개로 유지되는 경우

1, 2번째 시행에서 A가 가진 공의 개수가 4 → 4 → 5 또는 4 → 5 → 5로 한 번은 늘어나고 한 번은 유지되어야 하고, 3번째 시행에서 공의 개수가 유지되어야 하므로 이때의 확률은

$\left(\frac{1}{2}\times\frac{1}{4}+\frac{1}{4}\times\frac{1}{2}\right)\times\frac{1}{2}=\frac{1}{4}\times\frac{1}{2}=\frac{1}{8}$ (4 → 4 → 5, 4 → 5 → 5)

(ⅰ), (ⅱ)에서 3번째 시행 후 A가 가진 공의 개수가 5일 확률은

$\frac{3}{32}+\frac{1}{8}=\frac{7}{32}$

4단계 4번째 시행 후 A가 가진 공의 개수가 처음으로 6이 될 확률을 구하여 $p+q$의 값을 구해 보자.

4번째 시행 후 A가 가진 공의 개수가 처음으로 6일 확률은

$\frac{7}{32}\times\frac{1}{4}=\frac{7}{128}$

따라서 $p=128$, $q=7$이므로

$p+q=128+7=135$

099 정답률 ▸ 10% 답 11

1단계 임의로 카드 1장을 꺼내어 스티커 1개를 더 붙인 후, 다시 주머니에 넣는 시행을 1회, 2회 하였을 때, 나올 수 있는 경우를 알아보자.

주머니 안의 각 카드에 붙어 있는 스티커의 개수를 3으로 나눈 나머지를 순서쌍 (a, b, c)로 나타내면 처음에는

$(1, 2, 0)$

임의로 카드 1장을 꺼내어 스티커 1개를 더 붙이는 시행을 1회 하였을 때, 나올 수 있는 경우는

$(2, 2, 0)$, $(1, 0, 0)$, $(1, 2, 1)$ → 1회 시행 후에는 사건 A가 일어나지 않는다.

이고, 시행을 2회 하였을 때, 나올 수 있는 경우는

$(2, 2, 0)$ ➡ $(0, 2, 0)$ ㉠, $(2, 0, 0)$ ㉠, $(2, 2, 1)$ ㉢

$(1, 0, 0)$ ➡ $(2, 0, 0)$ ㉠, $(1, 1, 0)$ ㉡, $(1, 0, 1)$ ㉡

$(1, 2, 1)$ ➡ $(2, 2, 1)$ ㉢, $(1, 0, 1)$ ㉡, $(1, 2, 2)$ ㉢

→ 2회 시행 후에는 사건 A가 일어나지 않는다.

2단계 시행을 3회 하였을 때, 나올 수 있는 경우를 알아보고, 사건 A가 일어나지 않을 확률을 구해 보자.

시행을 3회 하였을 때, 나올 수 있는 모든 순서쌍 (a, b, c)의 개수는

$3\times3\times3=27$

이때 3회에서 $(0, 0, 0)$이 되는 경우는 (→ 사건 A가 일어나는 경우는 $(0, 0, 0)$, $(1, 1, 1)$, $(2, 2, 2)$)

$(1, 2, 0)$ ➡ $(2, 2, 0)$ ➡ $(0, 2, 0)$ ㉠ ➡ $(0, 0, 0)$

$(1, 2, 0)$ ➡ $(2, 2, 0)$ ➡ $(2, 0, 0)$ ㉠ ➡ $(0, 0, 0)$

$(1, 2, 0)$ ➡ $(1, 0, 0)$ ➡ $(2, 0, 0)$ ㉠ ➡ $(0, 0, 0)$

→ 2회 시행 후 ㉠에서 3회 시행

의 3가지이다.

마찬가지로 $(1, 1, 1)$, $(2, 2, 2)$가 되는 경우도 3가지씩이다. (2회 시행 후 ㉡에서 3회 시행, 2회 시행 후 ㉢에서 3회 시행)

즉, 3회 시행에서 사건 A가 일어날 확률은

$P(A)=\frac{3+3+3}{27}=\frac{1}{3}$

이므로 3회 시행에서 사건 A가 일어나지 않을 확률은

$P(A^C)=1-P(A)=1-\frac{1}{3}=\frac{2}{3}$

3단계 조건을 만족시키는 확률을 구하여 $p+q$의 값을 구해 보자.

3회 시행 후 세 카드의 나머지가 모두 달라지므로 주어진 처음의 상황과 같아진다.
→ 3회 시행 후 사건 A가 일어나지 않으면 세 카드의 나머지가 모두 달라진다.

즉, 4회, 5회 시행에서는 사건 A가 일어나지 않고, 6회 시행에서 사건 A가 일어날 확률은 $\frac{1}{3}$이므로 구하는 확률은

$1\times1\times\frac{2}{3}\times1\times1\times\frac{1}{3}=\frac{2}{9}$

따라서 $p=9$, $q=2$이므로

$p+q=9+2=11$

100 정답률 ▸ 22% 답 48

1단계 집합 A에서 임의로 선택된 한 개의 원소 (a, b)에 대하여 b가 3의 배수일 확률을 구해 보자.

집합 A에서 임의로 선택된 한 개의 원소 (a, b)에 대하여 b가 3의 배수인 사건을 E, $a=b$인 사건을 F라 하자.

$1\le a\le b\le n$을 만족시키는 두 자연수 a, b의 순서쌍 (a, b)의 개수는 ${}_n\mathrm{H}_2$

(i) $n=3, 4, 5$일 때 → 3의 배수인 b의 값은 3

$(a, 3)$을 만족시키는 자연수 a의 개수는 1, 2, 3의 3 → $(1, 3), (2, 3), (3, 3)$

(ii) $n=6, 7, 8$일 때 → 3의 배수인 b의 값은 3, 6

$(a, 3)$ 또는 $(a, 6)$을 만족시키는 자연수 a의 개수는

$(a, 3)$일 때, 1, 2, 3의 3

$(a, 6)$일 때, 1, 2, 3, 4, 5, 6의 6

이므로 $3+6$

(iii) $n=9, 10, 11$일 때 → 3의 배수인 b의 값은 3, 6, 9

$(a, 3)$ 또는 $(a, 6)$ 또는 $(a, 9)$를 만족시키는 자연수 a의 개수는

$(a, 3)$일 때, 1, 2, 3의 3

$(a, 6)$일 때, 1, 2, 3, 4, 5, 6의 6

$(a, 9)$일 때, 1, 2, 3, ⋯, 9의 9

이므로 $3+6+9$

⋮

같은 방법으로 → 3의 배수인 b의 값은 $3, 6, 9, \cdots, 3m$

$n=3m, 3m+1, 3m+2$ (m은 자연수)일 때

$(a, 3)$ 또는 $(a, 6)$ 또는 $(a, 9)$ 또는 ⋯ 또는 $(a, 3m)$을 만족시키는 자연수 a의 개수는

$3+6+9+\cdots+3m=3(1+2+3+\cdots+m)=\frac{3m(m+1)}{2}$ → $\sum_{k=1}^{m}k=\frac{m(m+1)}{2}$

$\therefore \mathrm{P}(E)=\dfrac{\frac{3m(m+1)}{2}}{{}_n\mathrm{H}_2}$

2단계 집합 A에서 임의로 선택된 한 개의 원소 (a, b)에 대하여 b가 3의 배수이고 $a=b$일 확률을 구해 보자.

(iv) $n=3, 4, 5$일 때 → 3의 배수인 b의 값은 3

(i)에서 $a=b$를 만족시키는 순서쌍 (a, b)의 개수는 $(3, 3)$의 1

(v) $n=6, 7, 8$일 때 → 3의 배수인 b의 값은 3, 6

(ii)에서 $a=b$를 만족시키는 순서쌍 (a, b)의 개수는

$(3, 3), (6, 6)$의 2

(vi) $n=9, 10, 11$일 때 → 3의 배수인 b의 값은 3, 6, 9

(iii)에서 $a=b$를 만족시키는 순서쌍 (a, b)의 개수는

$(3, 3), (6, 6), (9, 9)$의 3

⋮

같은 방법으로 → 3의 배수인 b의 값은 $3, 6, 9, \cdots, 3m$

$n=3m, 3m+1, 3m+2$ (m은 자연수)일 때

$a=b$를 만족시키는 두 자연수 a, b의 순서쌍 (a, b)의 개수는

$(3, 3), (6, 6), (9, 9), \cdots, (3m, 3m)$의 m

$\therefore \mathrm{P}(E\cap F)=\frac{m}{{}_n\mathrm{H}_2}$

3단계 조건부확률을 이용하여 조건을 만족시키는 모든 자연수 n의 값을 구하고 그 합을 구해 보자.

$\mathrm{P}(F|E)=\frac{1}{9}$이므로

$$\frac{\mathrm{P}(E\cap F)}{\mathrm{P}(E)}=\dfrac{\frac{m}{{}_n\mathrm{H}_2}}{\dfrac{\frac{3m(m+1)}{2}}{{}_n\mathrm{H}_2}}=\frac{1}{9}$$

$\frac{2}{3(m+1)}=\frac{1}{9}$

$6=m+1$

$\therefore m=5$

$\therefore n=15, 16, 17$ ← $n=3m, 3m+1, 3m+2$이므로

따라서 구하는 모든 자연수 n의 값의 합은

$15+16+17=48$

101 정답률 ▸ 13% 답 13

Best Pick 합성함수의 성질을 정확히 알고 있어야 하는 문제이다. 합성함수 $g\circ f$에서 함수 g의 정의역은 함수 f의 치역과 같다는 것이 핵심이다.

1단계 주어진 두 조건 (가), (나)의 의미를 알아보자.

조건 (가)에서

함수 $f: X \longrightarrow Y$는 일대일함수이다.

조건 (나)에서

함수 $g: Y \longrightarrow Z$의 치역과 공역은 일치한다.

2단계 합성함수 $g\circ f$의 총 개수를 구해 보자. → 함수 f는 일대일함수이므로 중복을 허락하여 3개를 택할 수 없다.

조건 (가)에서 함수 f의 개수는 공역 Y의 4개의 원소 중에서 3개를 택하여 일렬로 나열하는 순열의 수와 같으므로

${}_4\mathrm{P}_3=24$ → 함수 g는 일대일함수가 아니므로 중복을 허락하여 4개를 택할 수 있다.

함수 g의 개수는 공역 Z의 2개의 원소에서 중복을 허락하여 4개를 택하는 중복순열의 수와 같은데, 조건 (나)에서 치역이 $\{0\}$ 또는 $\{1\}$인 경우를 제외해야 하므로 → $Z\ne\{0\}, Z\ne\{1\}$

${}_2\Pi_4-2=2^4-2=14$

즉, 합성함수 $g\circ f$는 f와 g를 하나씩 선택하여 합성해 만들 수 있으므로 그 개수는

$24\times14=336$

3단계 합성함수의 치역이 Z라는 것의 의미를 알아보자.

336개의 합성함수 $g\circ f$ 중에서 그 치역이 Z인 사건을 A라 하면 A^C은 합성함수 $g\circ f$의 치역이 $\{1\}$ 또는 $\{0\}$인 사건이다.

예를 들어, 오른쪽 그림과 같이 함수 f, g, $g\circ f$의 대응 관계에서는 f가 일대일함수이고 함수 g의 치역이 Z이지만 합성함수 $g\circ f$의 치역은 $\{0\}$이다.

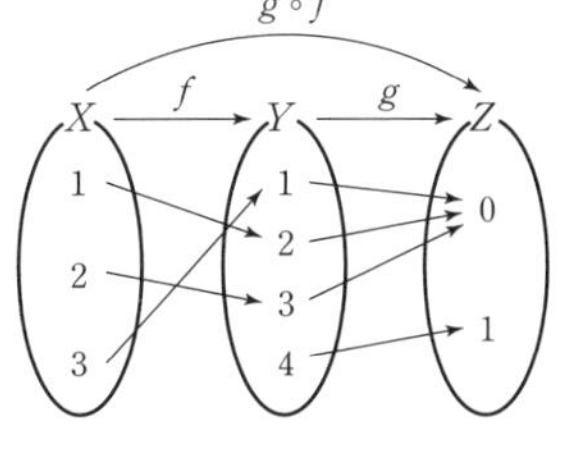

이와 같은 사건이 A^C인 경우로 일대일함수 f의 치역의 원소에 모두 Z의 원소 1만 대응되는 경우 또는 0만 대응되는 경우를 의미한다.

4단계 여사건의 확률을 이용하여 조건을 만족시키는 확률을 구한 후 $p+q$의 값을 구해 보자.

함수 f의 개수는 24이고 합성함수 $g \circ f$ 중에서 그 치역이 Z가 아닌 경우는 2가지이므로 A^C이 되는 경우의 수는

$24 \times 2 = 48$

즉, $\mathrm{P}(A^C) = \frac{48}{336} = \frac{1}{7}$이므로

$\mathrm{P}(A) = 1 - \mathrm{P}(A^C) = 1 - \frac{1}{7} = \frac{6}{7}$

따라서 $p=7$, $q=6$이므로

$p+q=7+6=13$

102 정답률 ▸ 7% 답 191

1단계 주사위를 한 번 던질 때, 나온 눈의 수가 5 이상 4 이하일 확률을 각각 구해 보자.

주어진 시행을 5번 반복할 때, $a_5+b_5 \geq 7$인 사건을 A, $a_k=b_k$인 자연수 k $(1 \leq k \leq 5)$가 존재하는 사건을 B라 하자.

이때 한 개의 주사위를 던져 나온 눈의 수가

5 이상일 확률은 $\frac{2}{6} = \frac{1}{3}$

4 이하일 확률은 $\frac{4}{6} = \frac{2}{3}$

2단계 $a_5+b_5 \geq 7$일 확률을 구해 보자.

5번의 시행 후 주머니에 들어 있는 공의 개수의 최댓값은 10이므로

(i) $a_5+b_5=7$일 때

$7=2+2+1+1+1$

에서 주사위의 눈의 수가 5 이상이 2번, 4 이하가 3번 나와야 하므로 그 확률은

${}_5\mathrm{C}_2\left(\frac{1}{3}\right)^2\left(\frac{2}{3}\right)^3 = 10 \times \frac{8}{243} = \frac{80}{243}$

(ii) $a_5+b_5=8$일 때

$8=2+2+2+1+1$

에서 주사위의 눈의 수가 5 이상이 3번, 4 이하가 2번 나와야 하므로 그 확률은

${}_5\mathrm{C}_3\left(\frac{1}{3}\right)^3\left(\frac{2}{3}\right)^2 = 10 \times \frac{4}{243} = \frac{40}{243}$

(iii) $a_5+b_5=9$일 때

$9=2+2+2+2+1$

에서 주사위의 눈의 수가 5 이상이 4번, 4 이하가 1번 나와야 하므로 그 확률은

${}_5\mathrm{C}_4\left(\frac{1}{3}\right)^4\left(\frac{2}{3}\right)^1 = 5 \times \frac{2}{243} = \frac{10}{243}$

(iv) $a_5+b_5=10$일 때

$10=2+2+2+2+2$

에서 주사위의 눈의 수가 5 이상이 5번 나와야 하므로 그 확률은

${}_5\mathrm{C}_5\left(\frac{1}{3}\right)^5\left(\frac{2}{3}\right)^0 = 1 \times \frac{1}{243} = \frac{1}{243}$

(i)~(iv)에서

$\mathrm{P}(A) = \frac{80}{243} + \frac{40}{243} + \frac{10}{243} + \frac{1}{243} = \frac{131}{243}$

3단계 $a_5+b_5 \geq 7$이고 $a_k=b_k$인 자연수 k가 존재할 확률을 구해 보자.

n번째 시행 후 주머니에 들어 있는 흰 공의 개수는 0 또는 짝수이므로 흰 공과 검은 공의 개수가 같으려면 검은 공의 개수는 짝수이어야 한다.

즉, (흰 공, 검은 공)의 개수가 (2, 2)일 때만 가능하므로

$n=3$일 때, $a_3=b_3=2$이어야 한다. → 4 이상의 짝수가 되려면 주어진 시행을 적어도 6번 반복해야 한다.

(a) $a_3=b_3=2$, $a_5+b_5=7$일 때 → (i)의 경우

$7=(2+1+1)+(2+1)$

에서 3번째 시행까지 주사위의 눈의 수가 5 이상이 1번, 4 이하가 2번 나오고, 이후 2번의 시행에서 주사위의 눈의 수가 5 이상이 1번, 4 이하가 1번 나와야 하므로 그 확률은

${}_3\mathrm{C}_1\left(\frac{1}{3}\right)^1\left(\frac{2}{3}\right)^2 \times {}_2\mathrm{C}_1\left(\frac{1}{3}\right)^1\left(\frac{2}{3}\right)^1 = \frac{4}{9} \times \frac{4}{9} = \frac{16}{81}$

(b) $a_3=b_3=2$, $a_5+b_5=8$일 때 → (ii)의 경우

$8=(2+1+1)+(2+2)$

에서 3번째 시행까지 주사위의 눈의 수가 5 이상이 1번, 4 이하가 2번 나오고, 이후 2번의 시행에서 주사위의 눈의 수가 5 이상이 2번 나와야 하므로 그 확률은

${}_3\mathrm{C}_1\left(\frac{1}{3}\right)^1\left(\frac{2}{3}\right)^2 \times {}_2\mathrm{C}_2\left(\frac{1}{3}\right)^2\left(\frac{2}{3}\right)^0 = \frac{4}{9} \times \frac{1}{9} = \frac{4}{81}$

(a), (b)에서

$\mathrm{P}(A \cap B) = \frac{16}{81} + \frac{4}{81} = \frac{20}{81}$

4단계 조건부확률을 이용하여 조건을 만족시키는 확률을 구한 후 $p+q$의 값을 구해 보자.

$$\mathrm{P}(B|A) = \frac{\mathrm{P}(A \cap B)}{\mathrm{P}(A)} = \frac{\frac{20}{81}}{\frac{131}{243}} = \frac{60}{131}$$

따라서 $p=131$, $q=60$이므로

$p+q=131+60=191$

다른 풀이

한 개의 주사위를 던지는 시행을 5번 반복할 때, 5 이상의 눈의 수가 나오는 횟수를 x $(0 \leq x \leq 5)$라 하면 주머니에 들어 있는 공의 개수는

$2x+(5-x)=x+5$

$a_5+b_5 \geq 7$에서

$x+5 \geq 7 \quad \therefore 2 \leq x \leq 5$

즉, $a_5+b_5 \geq 7$을 만족시키는 확률은 $2 \leq x \leq 5$를 만족시키는 확률과 같다.

이때 $a_5+b_5 \geq 7$인 사건을 A라 하면 A^C은 $0 \leq x \leq 1$인 사건이므로

$$\begin{aligned}\mathrm{P}(A) &= 1 - \mathrm{P}(A^C) \\ &= 1 - \left\{{}_5\mathrm{C}_0\left(\frac{1}{3}\right)^0\left(\frac{2}{3}\right)^5 + {}_5\mathrm{C}_1\left(\frac{1}{3}\right)^1\left(\frac{2}{3}\right)^4\right\} \\ &= 1 - \left(\frac{32}{243} + \frac{80}{243}\right) \\ &= \frac{131}{243}\end{aligned}$$

한편, 흰 공과 검은 공의 개수가 같으려면 (흰 공, 검은 공)의 개수가 (2, 2)일 때만 가능하므로 $n=3$일 때, $a_3=b_3=2$이어야 한다.

또한, $2 \leq x \leq 5$이므로 네 번째, 다섯 번째 시행에서 주사위의 눈의 수가 5 이상이 적어도 한 번 나와야 한다.

$$\begin{aligned}\therefore \mathrm{P}(A \cap B) &= {}_3\mathrm{C}_1\left(\frac{1}{3}\right)^1\left(\frac{2}{3}\right)^2 \times \left\{1 - {}_2\mathrm{C}_0\left(\frac{1}{3}\right)^0\left(\frac{2}{3}\right)^2\right\} \\ &= \frac{4}{9} \times \left(1 - \frac{4}{9}\right) = \frac{20}{81}\end{aligned}$$

→ 네 번째, 다섯 번째 시행에서 주사위의 눈의 수가 모두 4 이하가 나올 확률

III 통계

▸ 본문 088~115쪽

001 ②	002 ⑤	003 ⑤	004 ⑤	005 13	006 ④
007 ②	008 ⑤	009 ⑤	010 ④	011 121	012 10
013 14	014 ②	015 ②	016 20	017 ①	018 ③
019 ②	020 ①	021 ①	022 ①	023 32	024 15
025 ④	026 ①	027 16	028 ⑤	029 ②	030 ④
031 30	032 ⑤	033 18	034 ③	035 47	036 ③
037 12	038 ④	039 ③	040 ④	041 ③	042 ④
043 ④	044 5	045 10	046 ④	047 ③	048 ④
049 ⑤	050 ①	051 96	052 ⑤	053 ⑤	054 ③
055 ⑤	056 ①	057 ③	058 155	059 ⑤	060 ①
061 59	062 8	063 ②	064 ②	065 ⑤	066 ③
067 ⑤	068 ⑤	069 ④	070 ④	071 ⑤	072 ②
073 ②	074 ③	075 ②	076 ⑤	077 ①	078 ③
079 ①	080 ②	081 10	082 ②	083 12	084 ②
085 ③					

001 정답률 ▸ 85% 답 ②

1단계 a의 값을 구해 보자.

확률의 총합은 1이므로

$a+\frac{1}{2}a+\frac{3}{2}a=1$, $3a=1$

$\therefore a=\frac{1}{3}$

2단계 $E(X)$의 값을 구해 보자.

$E(X)=-1\times\frac{1}{3}+0\times\frac{1}{6}+1\times\frac{1}{2}=\frac{1}{6}$

002 정답률 ▸ 93% 답 ⑤

1단계 $E(X)$의 값을 구해 보자.

$E(X)=1\times\frac{1}{6}+2\times a+3\times b=\frac{1}{6}+2a+3b$ ······ ㉠

2단계 $2a+3b$의 값을 구해 보자.

$E(6X)=13$에서 $6E(X)=13$ $\therefore E(X)=\frac{13}{6}$ ······ ㉡

㉠=㉡에서 $\frac{1}{6}+2a+3b=\frac{13}{6}$

$\therefore 2a+3b=2$

003 정답률 ▸ 86% 답 ⑤

1단계 실수 k의 값을 구해 보자.

확률의 총합은 1이므로

$k+2k+3k=1$, $6k=1$ $\therefore k=\frac{1}{6}$

2단계 $E(X)$의 값을 구해 보자.

$E(X)=1\times\frac{1}{6}+2\times\frac{1}{3}+3\times\frac{1}{2}=\frac{14}{6}$

3단계 $E(6X+1)$의 값을 구해 보자.

$E(6X+1)=6E(X)+1=14+1=15$

004 정답률 ▸ 83% 답 ⑤

1단계 a의 값을 구해 보자.

확률의 총합은 1이고, $P(0\le X\le 2)=\frac{7}{8}$이므로

$P(X=-1)=\frac{3-a}{8}=\frac{1}{8}$ (→ $1-P(X=-1)=\frac{7}{8}$에서 $P(X=-1)=\frac{1}{8}$)

$3-a=1$ $\therefore a=2$

2단계 $E(X)$의 값을 구해 보자.

$E(X)=(-1)\times\frac{1}{8}+0\times\frac{1}{8}+1\times\frac{5}{8}+2\times\frac{1}{8}=\frac{3}{4}$

005 정답률 ▸ 78% 답 13

1단계 확률변수 X의 확률분포를 표로 나타내어 보자.

확률변수 X가 가질 수 있는 값은 1, 2, 4이고, 그 확률은 각각

$P(X=1)=\frac{2}{6}=\frac{1}{3}$, $P(X=2)=\frac{3}{6}=\frac{1}{2}$, $P(X=4)=\frac{1}{6}$

이므로 확률변수 X의 확률분포를 표로 나타내면 다음과 같다.

X	1	2	4	합계
$P(X=x)$	$\frac{1}{3}$	$\frac{1}{2}$	$\frac{1}{6}$	1

2단계 $E(X)$의 값을 구해 보자.

$E(X)=1\times\frac{1}{3}+2\times\frac{1}{2}+4\times\frac{1}{6}=2$

3단계 $E(5X+3)$의 값을 구해 보자.

$E(5X+3)=5E(X)+3=10+3=13$

006 답 ④

Best Pick 이산확률변수와 도형이 결합된 문제이다. 어렵지는 않지만 정육각형에서의 변의 길이와 대각선의 길이를 구하고, 각각의 경우의 수도 구할 수 있어야 한다.

1단계 확률변수 X의 확률분포를 표로 나타내어 보자.

두 점 A, B 사이의 거리가 될 수 있는 값은 다음 그림과 같으므로 확률변수 X가 가질 수 있는 값은

$0, 1, \sqrt{3}, 2$

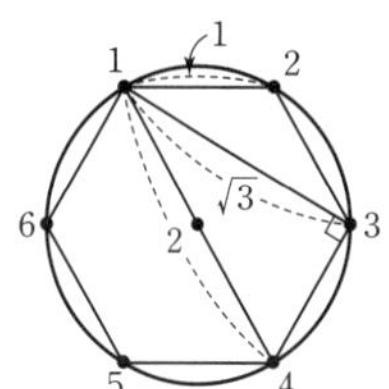

주사위를 두 번 던질 때 나올 수 있는 모든 경우의 수는

$6\times6=36$

(i) $X=0$인 경우의 수 → 두 눈의 수가 같은 경우

(1, 1), (2, 2), (3, 3), (4, 4), (5, 5), (6, 6)의 6

(ii) $X=1$인 경우의 수 → 두 눈의 수의 차가 1 또는 5인 경우

(1, 2), (2, 3), (3, 4), (4, 5), (5, 6), (6, 1), (2, 1), (3, 2), (4, 3), (5, 4), (6, 5), (1, 6)의 12

(iii) $X=\sqrt{3}$인 경우의 수 → 두 눈의 수의 차가 2 또는 4인 경우

(1, 3), (2, 4), (3, 5), (4, 6), (5, 1), (6, 2), (3, 1), (4, 2), (5, 3), (6, 4), (1, 5), (2, 6)의 12

(iv) $X=2$인 경우의 수 → 두 눈의 수의 차가 3인 경우

(1, 4), (2, 5), (3, 6), (4, 1), (5, 2), (6, 3)의 6

(i)~(iv)에서 확률변수 X의 확률은 각각

$P(X=0)=\frac{6}{36}=\frac{1}{6}$, $P(X=1)=\frac{12}{36}=\frac{1}{3}$, $P(X=\sqrt{3})=\frac{12}{36}=\frac{1}{3}$,

$P(X=2)=\frac{6}{36}=\frac{1}{6}$

이므로 확률변수 X의 확률분포를 표로 나타내면 다음과 같다.

X	0	1	$\sqrt{3}$	2	합계
$P(X=x)$	$\frac{1}{6}$	$\frac{1}{3}$	$\frac{1}{3}$	$\frac{1}{6}$	1

2단계 $E(X)$의 값을 구해 보자.

$E(X)=0\times\frac{1}{6}+1\times\frac{1}{3}+\sqrt{3}\times\frac{1}{3}+2\times\frac{1}{6}=\frac{2+\sqrt{3}}{3}$

007

답 ②

1단계 확률변수 X의 확률분포를 표로 나타내어 보자.

동전을 세 번 던질 때, 나올 수 있는 모든 경우의 수는

$2\times2\times2=8$

(i) $X=0$인 경우의 수

(앞, 뒤, 앞), (뒤, 앞, 뒤)의 2

(ii) $X=1$인 경우의 수

(앞, 앞, 뒤), (뒤, 앞, 앞), (뒤, 뒤, 앞), (앞, 뒤, 뒤)의 4

(iii) $X=3$인 경우의 수

(앞, 앞, 앞), (뒤, 뒤, 뒤)의 2

(i), (ii), (iii)에서 확률변수 X의 확률은 각각

$P(X=0)=\frac{2}{8}=\frac{1}{4}$, $P(X=1)=\frac{4}{8}=\frac{1}{2}$, $P(X=3)=\frac{2}{8}=\frac{1}{4}$

이므로 확률변수 X의 확률분포를 표로 나타내면 다음과 같다.

X	0	1	3	합계
$P(X=x)$	$\frac{1}{4}$	$\frac{1}{2}$	$\frac{1}{4}$	1

2단계 $V(X)$의 값을 구해 보자.

$E(X)=0\times\frac{1}{4}+1\times\frac{1}{2}+3\times\frac{1}{4}=\frac{5}{4}$,

$E(X^2)=0^2\times\frac{1}{4}+1^2\times\frac{1}{2}+3^2\times\frac{1}{4}=\frac{11}{4}$

이므로

$V(X)=E(X^2)-\{E(X)\}^2$

$=\frac{11}{4}-\left(\frac{5}{4}\right)^2=\frac{19}{16}$

008

정답률 ▸ 48%

답 ⑤

Best Pick 분산의 정의를 정확히 알고 있어야 하는 문제이다. 또한, 분산이 크다는 것의 의미가 '확률분포가 평균을 중심으로 넓게 퍼져 있다'임을 알고 있으면 더욱 쉽게 해결할 수 있다.

1단계 확률변수 X가 가질 수 있는 값을 구해 보자.

(i) 연속하는 100개의 자연수를 $a_1, a_2, a_3, \cdots, a_{100}$이라 하면 임의로 뽑은 두 수의 차인 확률변수 X는

$X=|a_i-a_j|$ ($i, j=1, 2, 3, \cdots, 100$이고, $i\neq j$)

이므로 X의 값의 범위는 $1\leq X\leq 99$

즉, 확률변수 X가 가질 수 있는 값은 1, 2, 3, …, 99이다.

2단계 확률변수 Y가 가질 수 있는 값을 구해 보자.

(ii) 연속하는 100개의 홀수를 $b_1, b_2, b_3, \cdots, b_{100}$이라 하면 임의로 뽑은 두 수의 차인 확률변수 Y는

$Y=|b_k-b_l|$ ($k, l=1, 2, 3, \cdots, 100$이고, $k\neq l$)

이므로 Y의 값의 범위는 $2\leq Y\leq 198$

즉, 확률변수 Y가 가질 수 있는 값은 2, 4, 6, …, 198이다.

3단계 확률변수 Z가 가질 수 있는 값을 구해 보자.

(iii) 연속하는 100개의 짝수를 $c_1, c_2, c_3, \cdots, c_{100}$이라 하면 임의로 뽑은 두 수의 차인 확률변수 Z는

$Z=|c_m-c_n|$ ($m, n=1, 2, 3, \cdots, 100$이고, $m\neq n$)

이므로 Z의 값의 범위는 $2\leq Z\leq 198$

즉, 확률변수 Z가 가질 수 있는 값은 2, 4, 6, …, 198이다.

4단계 확률변수 X, Y, Z가 가질 수 있는 값을 비교하여 분산의 대소 관계를 알아보자.

(i), (ii), (iii)에서 $2X=Y=Z$이므로

$V(2X)=V(Y)=V(Z)$, $4V(X)=V(Y)=V(Z)$

$\therefore V(X)<V(Y)=V(Z)$

다른 풀이

확률변수 Y의 확률분포는 확률변수 Z의 확률분포와 같고, 확률변수 X의 확률분포보다 평균을 중심으로 넓게 퍼져 있으므로

$V(X)<V(Y)=V(Z)$

009

정답률 ▸ 85%

답 ⑤

1단계 상수 k의 값을 구해 보자.

확률의 총합은 1이므로

$\frac{{}_4C_1}{k}+\frac{{}_4C_2}{k}+\frac{{}_4C_3}{k}+\frac{{}_4C_4}{k}=1$

$\therefore k={}_4C_1+{}_4C_2+{}_4C_3+{}_4C_4$

$={}_4C_0+{}_4C_1+{}_4C_2+{}_4C_3+{}_4C_4-{}_4C_0$

$=2^4-1=15$

2단계 $E(X)$의 값을 구해 보자.

$E(X)=2\times\frac{{}_4C_1}{15}+4\times\frac{{}_4C_2}{15}+8\times\frac{{}_4C_3}{15}+16\times\frac{{}_4C_4}{15}$

$=\frac{8}{15}+\frac{24}{15}+\frac{32}{15}+\frac{16}{15}$

$=\frac{16}{3}$

3단계 $E(3X+1)$의 값을 구해 보자.

$E(3X+1)=3E(X)+1$
$=16+1=17$

010 정답률 ▸ 66% 답 ④

1단계 p, q 사이의 관계식을 구해 보자.

확률의 총합은 1이므로

$p+\frac{1}{4}+q+\frac{1}{12}=1$

$\therefore p+q=\frac{2}{3}$ …… ㉠

2단계 $V(X)$를 q에 대한 식으로 나타내어 보자.

$E(X)=0\times p+1\times\frac{1}{4}+2\times q+3\times\frac{1}{12}=2q+\frac{1}{2}$

$E(X^2)=0^2\times p+1^2\times\frac{1}{4}+2^2\times q+3^2\times\frac{1}{12}=4q+1$

$\therefore V(X)=E(X^2)-\{E(X)\}^2$
$=(4q+1)-\left(2q+\frac{1}{2}\right)^2$
$=-4q^2+2q+\frac{3}{4}$ …… ㉡

3단계 p, q의 값을 각각 구하여 $3p+q$의 값을 구해 보자.

$V(X)=1$이므로 ㉡에서

$-4q^2+2q+\frac{3}{4}=1$, $16q^2-8q+1=0$

$(4q-1)^2=0$ $\therefore q=\frac{1}{4}$

$q=\frac{1}{4}$을 ㉠에 대입하면

$p+\frac{1}{4}=\frac{2}{3}$ $\therefore p=\frac{5}{12}$

$\therefore 3p+q=3\times\frac{5}{12}+\frac{1}{4}=\frac{3}{2}$

011 정답률 ▸ 가형: 72%, 나형: 48% 답 121

1단계 $E(Y)$의 값을 구해 보자.

두 이산확률변수 X, Y에 대하여

$E(Y)=11a+21b+31c+41d$
$=(10+1)a+(20+1)b+(30+1)c+(40+1)d$
$=E(10X+1)$
$=10E(X)+1$
$=10\times2+1=21$

2단계 $V(Y)$의 값을 구해 보자.

$V(X)=E(X^2)-\{E(X)\}^2$
$=5-2^2=1$이므로

$V(Y)=V(10X+1)$
$=100V(X)=100$

3단계 $E(Y)+V(Y)$의 값을 구해 보자.

$E(Y)+V(Y)=21+100=121$

012 정답률 ▸ 52% 답 10

1단계 확률변수 X의 확률분포를 표로 나타내어 보자.

확률변수 X가 가질 수 있는 값은 -3, -2, -1, 0, 1, 2, 3이고, 그 확률은 각각

$P(X=-3)=\frac{1}{4^2}=\frac{1}{16}$, $P(X=-2)=\frac{2}{4^2}=\frac{1}{8}$,

→ 전체의 경우의 수는 $4^2=16$, $a-b=-3$인 경우의 수는 $a=1$, $b=4$의 1이므로 $P(X=-3)=\frac{1}{16}$

$P(X=-1)=\frac{3}{4^2}=\frac{3}{16}$, $P(X=0)=\frac{4}{4^2}=\frac{1}{4}$,

$P(X=1)=\frac{3}{4^2}=\frac{3}{16}$, $P(X=2)=\frac{2}{4^2}=\frac{1}{8}$,

$P(X=3)=\frac{1}{4^2}=\frac{1}{16}$

이므로 확률변수 X의 확률분포를 표로 나타내면 다음과 같다.

X	-3	-2	-1	0	1	2	3	합계
$P(X=x)$	$\frac{1}{16}$	$\frac{1}{8}$	$\frac{3}{16}$	$\frac{1}{4}$	$\frac{3}{16}$	$\frac{1}{8}$	$\frac{1}{16}$	1

2단계 $V(X)$의 값을 구해 보자.

$E(X)=-3\times\frac{1}{16}+(-2)\times\frac{1}{8}+(-1)\times\frac{3}{16}$
$+0\times\frac{1}{4}+1\times\frac{3}{16}+2\times\frac{1}{8}+3\times\frac{1}{16}$
$=0$,

$E(X^2)=(-3)^2\times\frac{1}{16}+(-2)^2\times\frac{1}{8}+(-1)^2\times\frac{3}{16}$
$+0^2\times\frac{1}{4}+1^2\times\frac{3}{16}+2^2\times\frac{1}{8}+3^2\times\frac{1}{16}$
$=\frac{5}{2}$

이므로

$V(X)=E(X^2)-\{E(X)\}^2=\frac{5}{2}-0=\frac{5}{2}$

3단계 $V(Y)$의 값을 구해 보자.

$V(Y)=V(2X+1)=4V(X)=10$

013 정답률 ▸ 68% 답 14

Best Pick 이산확률변수와 좌표평면 위의 함수의 그래프가 결합된 문제이다. 곡선과 직선의 교점의 개수와 주사위를 던져서 나온 눈의 수를 혼동하지 않도록 주의해야 한다.

1단계 확률변수 X의 확률분포를 표로 나타내어 보자.

함수 $y=f(x)$의 그래프와 직선 $y=a$의 교점의 개수를 표로 나타내면 다음과 같다.

a	1	2	3	4	5	6
교점의 개수	4	6	4	4	2	2

이때 확률변수 X가 가질 수 있는 값은 2, 4, 6이고, 그 확률은 각각

$P(X=2)=\frac{2}{6}=\frac{1}{3}$, $P(X=4)=\frac{3}{6}=\frac{1}{2}$, $P(X=6)=\frac{1}{6}$

이므로 확률변수 X의 확률분포를 표로 나타내면 다음과 같다.

X	2	4	6	합계
$P(X=x)$	$\frac{1}{3}$	$\frac{1}{2}$	$\frac{1}{6}$	1

2단계 **$E(X)$의 값을 구하여 $p+q$의 값을 구해 보자.**

$E(X)=2\times\frac{1}{3}+4\times\frac{1}{2}+6\times\frac{1}{6}=\frac{11}{3}$

따라서 $p=3$, $q=11$이므로

$p+q=3+11=14$

014 정답률 ▸ 77% 답 ②

1단계 **6등분한 각각의 부채꼴의 넓이를 구해 보자.**

부채꼴 OAB의 넓이는 $\frac{\pi}{4}$이고 $n=3$이므로 다음 그림과 같이 부채꼴 OAB를 6등분한다.

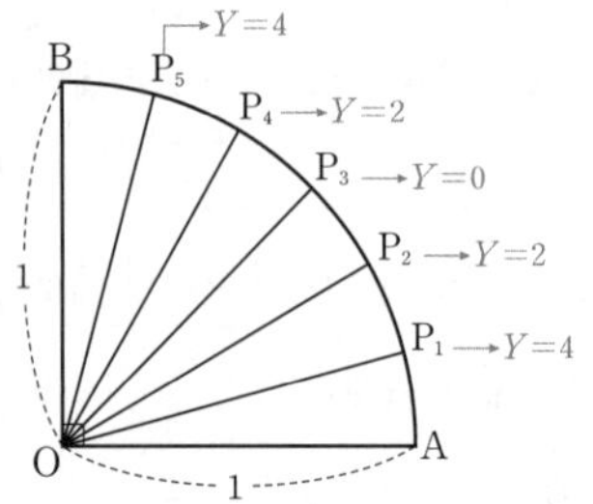

즉, 6등분된 각각의 부채꼴의 넓이는 $\frac{\pi}{4}\times\frac{1}{6}=\frac{\pi}{24}$

2단계 **확률분포를 표로 나타내어 보자.**

부채꼴 OPA 안에 있는 작은 부채꼴의 개수와 부채꼴 OPB 안에 있는 작은 부채꼴의 개수의 차를 확률변수 Y라 하면 Y가 가질 수 있는 값은 0, 2, 4이고 그 확률은 각각

$P(Y=0)=\frac{1}{5}$, $P(Y=2)=\frac{2}{5}$, $P(Y=4)=\frac{2}{5}$

이므로 Y의 확률분포를 표로 나타내면 다음과 같다.

Y	0 (P_3)	2 (P_2, P_4)	4 (P_1, P_5)	합계
$P(Y=y)$	$\frac{1}{5}$	$\frac{2}{5}$	$\frac{2}{5}$	1

3단계 **$E(Y)$의 값을 구해 보자.**

$E(Y)=0\times\frac{1}{5}+2\times\frac{2}{5}+4\times\frac{2}{5}=\frac{12}{5}$

4단계 **$E(X)$의 값을 구해 보자.**

$X=\frac{\pi}{24}Y$이므로 $E(X)=E\left(\frac{\pi}{24}Y\right)=\frac{\pi}{24}E(Y)=\frac{\pi}{10}$

015 정답률 ▸ 67% 답 ②

Best Pick 두 이산확률변수의 관계와 평균의 정의를 이용해야 하는 문제이다. 평균은 수학Ⅰ에서 배운 $\sum$ 기호로도 나타낼 수 있음을 알아두자.

1단계 **$E(Y)$의 값을 구해 보자.**

$$E(Y)=\sum_{k=1}^{5}\{k\times P(Y=k)\}=\sum_{k=1}^{5}\left[k\times\left\{\frac{1}{2}P(X=k)+\frac{1}{10}\right\}\right]$$
$$=\sum_{k=1}^{5}\left\{\frac{k}{2}\times P(X=k)\right\}+\sum_{k=1}^{5}\frac{k}{10}$$
$$=\frac{1}{2}\sum_{k=1}^{5}\{k\times P(X=k)\}+\frac{1}{10}\sum_{k=1}^{5}k$$
$$=\frac{1}{2}E(X)+\frac{1}{10}\times\frac{5\times6}{2}=\frac{1}{2}\times4+\frac{3}{2}=\frac{7}{2}$$

다른 풀이

$P(X=k)=p_k$ $(k=1, 2, 3, 4, 5)$라 하고, 확률변수 X의 확률분포를 표로 나타내면 다음과 같다.

X	1	2	3	4	5	합계
$P(X=k)$	p_1	p_2	p_3	p_4	p_5	1

이때 $E(X)=4$이므로 $p_1+2p_2+3p_3+4p_4+5p_5=4$ …… ㉠

또한, $P(Y=k)=\frac{1}{2}P(X=k)+\frac{1}{10}$이므로 확률변수 Y의 확률분포를 표로 나타내면 다음과 같다.

Y	1	2	3	4	5	합계
$P(Y=k)$	$\frac{1}{2}p_1+\frac{1}{10}$	$\frac{1}{2}p_2+\frac{1}{10}$	$\frac{1}{2}p_3+\frac{1}{10}$	$\frac{1}{2}p_4+\frac{1}{10}$	$\frac{1}{2}p_5+\frac{1}{10}$	1

$$\therefore E(Y)=1\times\left(\frac{1}{2}p_1+\frac{1}{10}\right)+2\times\left(\frac{1}{2}p_2+\frac{1}{10}\right)+3\times\left(\frac{1}{2}p_3+\frac{1}{10}\right)$$
$$+4\times\left(\frac{1}{2}p_4+\frac{1}{10}\right)+5\times\left(\frac{1}{2}p_5+\frac{1}{10}\right)$$
$$=\frac{1}{2}(p_1+2p_2+3p_3+4p_4+5p_5)+\frac{1}{10}(1+2+3+4+5)$$
$$=\frac{1}{2}\times4+\frac{3}{2}=\frac{7}{2}\ (\because ㉠)$$

016 정답률 ▸ 46% 답 20

1단계 **확률변수 X의 확률분포를 표로 나타내어 보자.**

영희에게 배정되는 서랍에 적혀 있는 자연수 중 작은 수를 확률변수 X라 하면 X가 가질 수 있는 값은 1, 2, 3, 4이고, 그 확률은 각각

$P(X=1)=\frac{4}{{}_5C_2}=\frac{2}{5}$ ← 2, 3, 4, 5 중 하나를 택하는 경우의 수

$P(X=2)=\frac{3}{{}_5C_2}=\frac{3}{10}$ ← 3, 4, 5 중 하나를 택하는 경우의 수

$P(X=3)=\frac{2}{{}_5C_2}=\frac{1}{5}$ ← 4, 5 중 하나를 택하는 경우의 수

$P(X=4)=\frac{1}{{}_5C_2}=\frac{1}{10}$ ← 5를 택하는 경우의 수

이므로 확률변수 X의 확률분포를 표로 나타내면 다음과 같다.

X	1	2	3	4	합계
$P(X=x)$	$\frac{2}{5}$	$\frac{3}{10}$	$\frac{1}{5}$	$\frac{1}{10}$	1

2단계 **$E(X)$의 값을 구해 보자.**

$E(X)=1\times\frac{2}{5}+2\times\frac{3}{10}+3\times\frac{1}{5}+4\times\frac{1}{10}=2$

3단계 **$E(10X)$의 값을 구해 보자.**

$E(10X)=10E(X)=20$

017 정답률 ▸ 61% 답 ①

Best Pick 문제의 형태보다는 주어진 문제 상황의 아이디어를 학습하기에 좋은 문제이다. '두 수의 합이 짝수가 되는 경우'는 확률과 통계의 단골 출제 소재이다.

1단계 **a에 알맞은 수와 $f(k)$에 알맞은 식을 각각 구해 보자.**

뽑은 공에 적힌 수의 합이 짝수이려면 홀수인 공은 2개만 뽑아야 하므로 첫 번째 꺼낸 공에 적힌 수가 홀수일 때, 그 이후 시행에서 홀수가 적힌 공이 한 번 더 나와야 한다.

이때 짝수가 적힌 공은 2, 4, 6, 8의 4개이므로 첫 번째와 6번째 꺼낸 공

에 적힌 수가 홀수이고, 두 번째부터 5번째까지 꺼낸 공이 모두 짝수일 때 확률변수 X는 가장 큰 값을 갖는다.

즉, 확률변수 X가 가질 수 있는 값 중 가장 큰 값을 m이라 하면 $m=\boxed{6}$이다.

(iii) $X=k\ (3\le k\le m)$인 경우

$X=3$일 때, 첫 번째와 세 번째에는 홀수가 적힌 공을 꺼내고, 두 번째에는 짝수가 적힌 공을 꺼낼 확률은

$\dfrac{{}_5\mathrm{P}_2\times{}_4\mathrm{P}_1}{{}_9\mathrm{P}_3}$

$X=4$일 때, 첫 번째와 네 번째에는 홀수가 적힌 공을 꺼내고, 두 번째와 세 번째에는 짝수가 적힌 공을 꺼낼 확률은

$\dfrac{{}_5\mathrm{P}_2\times{}_4\mathrm{P}_2}{{}_9\mathrm{P}_4}$

⋮

$X=k\ (3\le k\le m)$일 때, 첫 번째와 k번째에는 홀수가 적힌 공을 꺼내고, 두 번째부터 $(k-1)$번째까지는 짝수가 적힌 공을 꺼낼 확률은

$\mathrm{P}(X=k)=\dfrac{\boxed{{}_5\mathrm{P}_2\times{}_4\mathrm{P}_{k-2}}}{{}_9\mathrm{P}_k}$

$\therefore a=6,\ f(k)={}_5\mathrm{P}_2\times{}_4\mathrm{P}_{k-2}$

2단계 $a+f(4)$**의 값을 구해 보자.**

$a+f(4)=6+{}_5\mathrm{P}_2\times{}_4\mathrm{P}_2$

$=6+20\times12=246$

018

정답률 ▸ 가형: 82%, 나형: 69% 답 ③

1단계 $a,\ b,\ c$**에 알맞은 수를 각각 구해 보자.**

공에 번호를 부여하는 모든 경우의 수를 N이라 하면 N은 서로 같은 흰 공 4개와 서로 같은 검은 공 3개를 일렬로 나열하는 경우의 수와 같으므로

$N=\dfrac{7!}{4!\times3!}=\boxed{35}$

이고, 확률변수 X가 가질 수 있는 값은 2, 3, 4, 5이다.

(i) $X=2$일 때

번호 2가 부여된 흰 공 앞에 흰 공 1개, 번호 2가 부여된 흰 공 뒤에 흰 공 2개와 검은 공 3개를 나열하는 경우의 수는

$\underset{①}{1}\times\underset{②}{\dfrac{5!}{2!\times3!}}=10$이므로 $\mathrm{P}(X=2)=\dfrac{10}{N}=\dfrac{10}{35}=\dfrac{2}{7}$

(ii) $X=3$일 때

번호 3이 부여된 흰 공 앞에 흰 공 1개와 검은 공 1개, 번호 3이 부여된 흰 공 뒤에 흰 공 2개와 검은 공 2개를 나열하는 경우의 수는

$\underset{③}{2!}\times\underset{④}{\dfrac{4!}{2!\times2!}}=12$이므로 $\mathrm{P}(X=3)=\dfrac{12}{N}=\dfrac{12}{35}$

(iii) $X=4$일 때

번호 4가 부여된 흰 공 앞에 흰 공 1개와 검은 공 2개, 번호 4가 부여된 흰 공 뒤에 흰 공 2개와 검은 공 1개를 나열하는 경우의 수는

$\underset{⑤}{\dfrac{3!}{2!}}\times\underset{⑥}{\dfrac{3!}{2!}}=\boxed{9}$이므로 $\mathrm{P}(X=4)=\dfrac{\boxed{9}}{N}=\dfrac{9}{35}$

(iv) $X=5$일 때

확률질량함수의 성질에 의하여

$\mathrm{P}(X=5)=1-\{\mathrm{P}(X=2)+\mathrm{P}(X=3)+\mathrm{P}(X=4)\}$

$=1-\left(\dfrac{10}{35}+\dfrac{12}{35}+\dfrac{9}{35}\right)$

$=\dfrac{4}{35}$

(i)~(iv)에서 확률변수 X의 확률분포를 표로 나타내면 다음과 같다.

X	2	3	4	5	합계
$\mathrm{P}(X=x)$	$\dfrac{2}{7}$	$\dfrac{12}{35}$	$\dfrac{9}{35}$	$\dfrac{4}{35}$	1

$\therefore \mathrm{E}(X)=\sum_{k=2}^{5}\{k\times\mathrm{P}(X=k)\}$

$=2\times\dfrac{2}{7}+3\times\dfrac{12}{35}+4\times\dfrac{9}{35}+5\times\dfrac{4}{35}=\boxed{\dfrac{16}{5}}$

$\therefore a=35,\ b=9,\ c=\dfrac{16}{5}$

2단계 $a+b+5c$**의 값을 구해 보자.**

$a+b+5c=35+9+5\times\dfrac{16}{5}=60$

019

정답률 ▸ 80% 답 ②

1단계 a**에 알맞은 수와** $f(k),\ g(k)$**에 알맞은 식을 각각 구해 보자.**

세 수 $x_1,\ x_2,\ x_3$ 중에서 최댓값을 p, 최솟값을 q, 나머지 수를 r라 하고 $p-q=k\ (k=0,\ 1,\ 2,\ 3,\ 4,\ 5)$라 하면 순서쌍 $(x_1,\ x_2,\ x_3)$의 개수는 p, q, r를 일렬로 나열하는 방법의 수와 같다.

(1) $k=0$일 때

$p-q=0$, 즉 $p=q$에서 세 수가 모두 같으므로 순서쌍 $(x_1,\ x_2,\ x_3)$의 개수는 $\boxed{6}$이고,

$\mathrm{P}(X=0)=\dfrac{1}{6^3}\times\boxed{6}$

(2) $k\ne0$일 때

순서쌍 $(p,\ q)$의 개수는 각각의 $k\ (1\le k\le5)$에 대하여 $6-k$이고,

i) $k=1$을 만족시키는 순서쌍 $(x_1,\ x_2,\ x_3)$의 개수는

$5\times\left(\dfrac{3!}{2!}+\dfrac{3!}{2!}\right)$ ⋯⋯ ㉠

→ $p,\ p,\ q$ 또는 $p,\ q,\ q$를 일렬로 나열하는 방법의 수

→ $(p,\ q)$의 개수는 (2, 1), (3, 2), (4, 3), (5, 4), (6, 5)의 5

ii) $2\le k\le5$일 때

① $r=p$ 또는 $r=q$인 경우

$p,\ p,\ q$ 또는 $p,\ q,\ q$를 일렬로 나열하는 방법의 수는

$\dfrac{3!}{2!}+\dfrac{3!}{2!}$

② $r\ne p$이고 $r\ne q$인 경우

r의 개수는 각각의 k에 대하여 $k-1$이고, $p,\ r,\ q$를 일렬로 나열하는 방법의 수는

$(k-1)\times3!$

①, ②에 의하여 순서쌍 $(x_1,\ x_2,\ x_3)$의 개수는

$\underset{(p,\ q)\text{의 개수}}{(6-k)}\times\left\{\dfrac{3!}{2!}+\dfrac{3!}{2!}+(k-1)\times3!\right\}$ → $k=1$일 때 ㉠과 일치하므로 $k=1$일 때도 성립한다.

그러므로 $1\le k\le5$일 때 순서쌍 $(x_1,\ x_2,\ x_3)$의 개수는

$(6-k)\times\left\{\dfrac{3!}{2!}+\dfrac{3!}{2!}+(\boxed{k-1})\times3!\right\}$이고,

$\mathrm{P}(X=k)=\dfrac{1}{6^3}\times(6-k)\times\left\{\dfrac{3!}{2!}+\dfrac{3!}{2!}+(\boxed{k-1})\times3!\right\}$

$=\dfrac{(6-k)k}{6^2}$

(1), (2)에 의하여 확률변수 X의 평균 $\mathrm{E}(X)$는 다음과 같다.

$\mathrm{E}(X)=\sum_{k=0}^{5}\{k\times\mathrm{P}(X=k)\}$

$=\sum_{k=1}^{5}\dfrac{k^2(6-k)}{6^2}=\dfrac{1}{6^2}\sum_{k=1}^{5}(\boxed{6k^2-k^3})$

$=\dfrac{1}{6^2}\times\left\{6\times\dfrac{5\times6\times11}{6}-\left(\dfrac{5\times6}{2}\right)^2\right\}=\dfrac{35}{12}$

$\therefore a=6,\ f(k)=k-1,\ g(k)=6k^2-k^3$

2단계 $\dfrac{f(5)\times g(3)}{a}$**의 값을 구해 보자.**

$\dfrac{f(5)\times g(3)}{a}=\dfrac{(5-1)\times(54-27)}{6}=18$

020 정답률 ▸ 가형: 77%, 나형: 55% 답 ①

1단계 $f(k),\ g(k)$**에 알맞은 식과** a**에 알맞은 수를 각각 구해 보자.**

자연수 $k\ (4\le k\le n)$에 대하여 확률변수 X의 값이 k일 확률은 1부터 $k-1$까지의 자연수가 적혀 있는 카드 중에서 서로 다른 3장의 카드와 k가 적혀 있는 카드를 선택하는 경우의 수를 전체 경우의 수로 나누는 것이므로

$\mathrm{P}(X=k)=\dfrac{\boxed{{}_{k-1}\mathrm{C}_3}}{{}_n\mathrm{C}_4}$

이다. 자연수 $r\ (1\le r\le k)$에 대하여

${}_k\mathrm{C}_r=\dfrac{k!}{r!(k-r)!}=\dfrac{k}{r}\times\dfrac{(k-1)!}{(r-1)!(k-r)!}=\dfrac{k}{r}\times{}_{k-1}\mathrm{C}_{r-1}$

이므로 위의 식에 $r=4$를 대입하면

${}_k\mathrm{C}_4=\dfrac{k}{4}\times{}_{k-1}\mathrm{C}_3$

$k\times\boxed{{}_{k-1}\mathrm{C}_3}=4\times\boxed{{}_k\mathrm{C}_4}$

이다. 그러므로

$$\begin{aligned}\mathrm{E}(X)&=\sum_{k=4}^{n}\{k\times\mathrm{P}(X=k)\}=\frac{1}{{}_n\mathrm{C}_4}\sum_{k=4}^{n}\left(k\times\boxed{{}_{k-1}\mathrm{C}_3}\right)\\&=\frac{4}{{}_n\mathrm{C}_4}\sum_{k=4}^{n}\boxed{{}_k\mathrm{C}_4}\end{aligned}$$

이다.

$\displaystyle\sum_{k=4}^{n}\boxed{{}_k\mathrm{C}_4}={}_{n+1}\mathrm{C}_5$ → $\displaystyle\sum_{k=4}^{n}{}_k\mathrm{C}_4={}_4\mathrm{C}_4+{}_5\mathrm{C}_4+{}_6\mathrm{C}_4+\cdots+{}_n\mathrm{C}_4=({}_5\mathrm{C}_5+{}_5\mathrm{C}_4)+{}_6\mathrm{C}_4+\cdots+{}_n\mathrm{C}_4$
$=({}_6\mathrm{C}_5+{}_6\mathrm{C}_4)+\cdots+{}_n\mathrm{C}_4=\cdots={}_n\mathrm{C}_5+{}_n\mathrm{C}_4={}_{n+1}\mathrm{C}_5$

이므로

$$\begin{aligned}\mathrm{E}(X)&=\frac{4}{{}_n\mathrm{C}_4}\times{}_{n+1}\mathrm{C}_5=4\times\frac{{}_{n+1}\mathrm{C}_5}{{}_n\mathrm{C}_4}\\&=4\times\frac{\dfrac{(n+1)n(n-1)(n-2)(n-3)}{5\times4\times3\times2\times1}}{\dfrac{n(n-1)(n-2)(n-3)}{4\times3\times2\times1}}\\&=(n+1)\times\boxed{\frac{4}{5}}\end{aligned}$$

이다.

$\therefore f(k)={}_{k-1}\mathrm{C}_3,\ g(k)={}_k\mathrm{C}_4,\ a=\dfrac{4}{5}$

2단계 $a\times f(6)\times g(5)$**의 값을 구해 보자.**

$a\times f(6)\times g(5)=\dfrac{4}{5}\times{}_5\mathrm{C}_3\times{}_5\mathrm{C}_4=\dfrac{4}{5}\times10\times5=40$

021 정답률 ▸ 72% 답 ①

1단계 $a,\ b,\ c$**에 알맞은 수를 각각 구해 보자.**

상자에 들어 있는 5장의 카드 중에서 임의로 3장의 카드를 한 장씩 꺼내고, 꺼낸 순서대로 카드의 뒷면에 숫자 1, 2, 3을 차례로 적는 경우의 수는

${}_5\mathrm{P}_3=60$

꺼낸 3장의 카드의 앞면에 적혀 있는 수를 차례로 $\alpha,\ \beta,\ \gamma$라 하고, 이를 순서쌍 $(\alpha,\ \beta,\ \gamma)$와 같이 나타내자.

확률변수 X가 가질 수 있는 값은 0, 1, 2, 3이므로

(i) $X=0$인 사건은

앞뒤 양쪽 면에 적혀 있는 숫자가 모두 같은 경우이므로

(1, 2, 3)의 1가지

$\therefore \mathrm{P}(X=0)=\dfrac{1}{60}$

(ii) $X=1$인 사건은

앞뒤 양쪽 면에 적혀 있는 숫자가 서로 같은 카드의 개수가 2인 경우이다.

앞뒤 양쪽 면에 적혀 있는 숫자가 1과 2로 같은 경우는

(1, 2, 4), (1, 2, 5)의 2가지

앞뒤 양쪽 면에 적혀 있는 숫자가 1과 3 또는 2와 3으로 같은 경우도 각각 2가지씩이므로

$\mathrm{P}(X=1)=\dfrac{2\times3}{60}=\boxed{\dfrac{1}{10}}$

(iii) $X=2$인 사건은

앞뒤 양쪽 면에 적혀 있는 숫자가 서로 같은 카드의 개수가 1인 경우이다.

앞뒤 양쪽 면에 적혀 있는 숫자가 1로 같은 경우는

(1, 3, 2), (1, 3, 4), (1, 3, 5), (1, 4, 2), (1, 4, 5), (1, 5, 2), (1, 5, 4)의 7가지

앞뒤 양쪽 면에 적혀 있는 숫자가 2 또는 3으로 같은 경우도 각각 7가지씩이므로

뒷면 1 2 3
앞면 1 — 3 — 2, 4, 5
앞면 1 — 4 — 2, 5
앞면 1 — 5 — 4, 5

$\mathrm{P}(X=2)=\dfrac{7\times3}{60}=\boxed{\dfrac{7}{20}}$

(iv) $X=3$인 사건의 경우에는

$\mathrm{P}(X=3)=1-\left(\dfrac{1}{60}+\boxed{\dfrac{1}{10}}+\boxed{\dfrac{7}{20}}\right)=\dfrac{8}{15}$

이다. 따라서

$$\begin{aligned}\mathrm{E}(X)&=\sum_{k=0}^{3}\{k\times\mathrm{P}(X=k)\}\\&=0\times\frac{1}{60}+1\times\frac{1}{10}+2\times\frac{7}{20}+3\times\frac{8}{15}=\boxed{\frac{12}{5}}\end{aligned}$$

$\therefore a=\dfrac{1}{10},\ b=\dfrac{7}{20},\ c=\dfrac{12}{5}$

2단계 $10a+20b+5c$**의 값을 구해 보자.**

$10a+20b+5c=10\times\dfrac{1}{10}+20\times\dfrac{7}{20}+5\times\dfrac{12}{5}=20$

022 정답률 ▸ 57% 답 ①

Best Pick 확률변수가 가질 수 있는 값의 개수가 주어지고 이산확률변수의 평균을 구하는 일반적인 문제와 달리 이산확률변수의 평균이 주어지고 확률변수가 가질 수 있는 값의 개수의 최솟값을 구하는 문제이다. 확률분포에 미지수가 포함되어 있으므로 더욱 높은 수준의 사고력이 필요하다.

1단계 $f(n),\ g(n)$**에 알맞은 식과** a**에 알맞은 수를 각각 구해 보자.**

주머니에 1이 적힌 공이 n개, 2가 적힌 공이 $(n-1)$개, 3이 적힌 공이 $(n-2)$개, $\cdots$, n이 적힌 공이 1개가 들어 있으므로 전체 공의 개수는

$n+(n-1)+\cdots+1=\dfrac{n(n+1)}{2}$

n 이하의 자연수 k에 대하여 k가 적힌 공의 개수는 $(n-k+1)$이므로

$$\mathrm{P}(X=k)=\frac{n-k+1}{\frac{n(n+1)}{2}}=\frac{2(n-k+1)}{\boxed{n(n+1)}}\ (k=1,\ 2,\ 3,\ \cdots,\ n)$$

확률변수 X의 평균은

$$\mathrm{E}(X)=\sum_{k=1}^{n}k\mathrm{P}(X=k)=\frac{2}{\boxed{n(n+1)}}\times\sum_{k=1}^{n}k(n-k+1)$$

$$=\frac{2}{n(n+1)}\times\sum_{k=1}^{n}\{(n+1)k-k^2\}$$

$$=\frac{2}{n(n+1)}\left\{(n+1)\times\frac{n(n+1)}{2}-\frac{n(n+1)(2n+1)}{6}\right\}$$

$$=\boxed{\frac{1}{3}(n+2)}$$

$\mathrm{E}(X)=\frac{1}{3}(n+2)\geq5$에서 $n\geq13$이므로 n의 최솟값은 $\boxed{13}$이다.

$\therefore f(n)=n(n+1),\ g(n)=\frac{1}{3}(n+2),\ a=13$

2단계 $f(7)+g(7)+a$의 값을 구해 보자.

$f(7)+g(7)+a=7\times8+\frac{1}{3}\times9+13=72$

023 정답률 ▸ 90% 답 32

1단계 $\mathrm{V}(X)$를 n에 대한 식으로 나타내어 보자.

확률변수 X가 이항분포 $\mathrm{B}\left(n,\ \frac{1}{4}\right)$을 따르므로

$\mathrm{V}(X)=n\times\frac{1}{4}\times\frac{3}{4}=\frac{3}{16}n$

2단계 n의 값을 구해 보자.

$\mathrm{V}(X)=6$이므로 $\frac{3}{16}n=6$

$\therefore n=32$

024 정답률 ▸ 가형: 92%, 나형: 77% 답 15

1단계 p의 값을 구해 보자.

확률변수 X가 이항분포 $\mathrm{B}(80,\ p)$를 따르므로

$\mathrm{E}(X)=80p=20\qquad\therefore p=\frac{1}{4}$

2단계 $\mathrm{V}(X)$의 값을 구해 보자.

$\mathrm{V}(X)=80\times\frac{1}{4}\times\frac{3}{4}=15$

025 정답률 ▸ 76% 답 ④

1단계 $\mathrm{V}(X)$를 n에 대한 식으로 나타내어 보자.

확률변수 X가 이항분포 $\mathrm{B}\left(n,\ \frac{1}{3}\right)$을 따르므로

$\mathrm{V}(X)=n\times\frac{1}{3}\times\frac{2}{3}=\frac{2}{9}n$

2단계 n의 값을 구해 보자.

$\mathrm{V}(2X)=4\mathrm{V}(X)=\frac{8}{9}n$

이때 $\mathrm{V}(2X)=40$이므로

$\frac{8}{9}n=40\qquad\therefore n=45$

026 정답률 ▸ 95% 답 ①

1단계 $\mathrm{E}(X)$를 n에 대한 식으로 나타내어 보자.

확률변수 X가 이항분포 $\mathrm{B}\left(n,\ \frac{1}{2}\right)$을 따르므로

$\mathrm{E}(X)=n\times\frac{1}{2}=\frac{n}{2}$

2단계 n의 값을 구해 보자.

$\mathrm{V}(X)=\mathrm{E}(X^2)-\{\mathrm{E}(X)\}^2$이므로

$\mathrm{E}(X^2)=\mathrm{V}(X)+25$에 대입하면

$\mathrm{E}(X^2)=\mathrm{E}(X^2)-\{\mathrm{E}(X)\}^2+25,\ \{\mathrm{E}(X)\}^2=25$

$\frac{n^2}{4}=25,\ n^2=100$

$\therefore n=10$ ($\because$ n은 자연수)

027 정답률 ▸ 77% 답 16

1단계 $\mathrm{E}(X)$, $\mathrm{V}(X)$의 값을 각각 구해 보자.

확률변수 X가 이항분포 $\mathrm{B}\left(36,\ \frac{2}{3}\right)$를 따르므로

$\mathrm{E}(X)=36\times\frac{2}{3}=24,\ \mathrm{V}(X)=36\times\frac{2}{3}\times\frac{1}{3}=8$

2단계 상수 a의 값을 구해 보자.

$\mathrm{E}(2X-a)=2\mathrm{E}(X)-a=2\times24-a=48-a$

$\mathrm{V}(2X-a)=4\mathrm{V}(X)=32$

이때 $\mathrm{E}(2X-a)=\mathrm{V}(2X-a)$이므로

$48-a=32\qquad\therefore a=16$

028 정답률 ▸ 79% 답 ⑤

1단계 확률변수 $2X-5$의 평균과 표준편차를 이용하여 n, p 사이의 관계식을 구해 보자.

확률변수 X가 이항분포 $\mathrm{B}(n,\ p)$를 따르므로

$\mathrm{E}(X)=np,\ \sigma(X)=\sqrt{np(1-p)}$

확률변수 $2X-5$의 평균과 표준편차가 각각 175, 12이므로

$\mathrm{E}(2X-5)=2\mathrm{E}(X)-5=175$에서 $\mathrm{E}(X)=90$

$\therefore np=90$ ······ ㉠

$\sigma(2X-5)=|2|\sigma(X)=12$에서

$\sigma(X)=6$

$\therefore \sqrt{np(1-p)}=6$ ······ ㉡

2단계 p의 값을 구하여 n의 값을 구해 보자.

㉠을 ㉡에 대입하면 $\sqrt{90(1-p)}=6$

위의 식의 양변을 제곱하면 $90(1-p)=36$

$1-p=\frac{2}{5}\qquad\therefore p=\frac{3}{5}$

$p=\frac{3}{5}$을 ㉠에 대입하면

$n\times\frac{3}{5}=90 \quad \therefore n=150$

029 정답률 ▸ 92% 답 ②

1단계 이항분포를 이용하여 $\mathrm{V}(X)$의 값을 구해 보자.

확률변수 X가 이항분포 $\mathrm{B}\left(36, \frac{1}{3}\right)$을 따르므로

$\mathrm{V}(X)=36\times\frac{1}{3}\times\frac{2}{3}=8$

030 답 ④

Best Pick 조합을 이용하여 조건을 만족시키는 확률을 구하고, 확률변수가 따르는 이항분포를 직접 구해야 하는 문제이다. 주어진 문제의 시행이 독립시행임을 알 수 있도록 많은 연습을 해야 한다.

1단계 확률변수 X가 따르는 확률분포를 알아보자.

한 모둠에서 임의로 2명씩 선택할 때, 남학생들만 선택될 확률은

$\frac{{}_3\mathrm{C}_2}{{}_5\mathrm{C}_2}=\frac{3}{10}$

이때 10개의 모둠에서 각각 임의로 2명씩 선택하는 것은 독립시행이므로 확률변수 X는 이항분포 $\mathrm{B}\left(10, \frac{3}{10}\right)$을 따른다.

2단계 $\mathrm{E}(X)$의 값을 구해 보자.

$\mathrm{E}(X)=10\times\frac{3}{10}=3$

031 정답률 ▸ 62% 답 30

1단계 확률변수 X가 따르는 확률분포를 알아보자.

동전 2개를 동시에 던졌을 때 모두 앞면이 나올 확률은

$\frac{1}{2}\times\frac{1}{2}=\frac{1}{4}$

이때 동전 2개를 동시에 던지는 시행은 독립시행이므로 확률변수 X는 이항분포 $\mathrm{B}\left(10, \frac{1}{4}\right)$을 따른다.

2단계 $\mathrm{V}(X)$의 값을 구해 보자.

$\mathrm{V}(X)=10\times\frac{1}{4}\times\frac{3}{4}=\frac{15}{8}$

3단계 $\mathrm{V}(4X+1)$의 값을 구해 보자.

$\mathrm{V}(4X+1)=16\mathrm{V}(X)=30$

032 정답률 ▸ 93% 답 ⑤

1단계 확률변수 X가 따르는 확률분포를 알아보자.

$f(m)>0$이 성립하려면 주사위의 눈은 1 또는 2가 나와야 하므로

$\mathrm{P}(A)=\frac{2}{6}=\frac{1}{3}$

이때 한 개의 주사위를 던지는 시행은 독립시행이므로 확률변수 X는 이항분포 $\mathrm{B}\left(15, \frac{1}{3}\right)$을 따른다.

2단계 $\mathrm{E}(X)$의 값을 구해 보자.

$\mathrm{E}(X)=15\times\frac{1}{3}=5$

033 정답률 ▸ 80% 답 18

1단계 $\mathrm{E}(X)$와 $\mathrm{E}(X^2)$을 이용하여 n, p 사이의 관계식을 세워 보자.

확률변수 X가 이항분포 $\mathrm{B}(n, p)$를 따르므로

$\mathrm{E}(X)=np$, $\mathrm{V}(X)=np(1-p)$

이때 $\mathrm{E}(3X)=18$에서

$3\mathrm{E}(X)=18$, $\mathrm{E}(X)=6$

$\therefore np=6 \quad \cdots\cdots$ ㉠

또한, $\mathrm{E}(3X^2)=120$에서

$3\mathrm{E}(X^2)=120$, $\mathrm{E}(X^2)=40$

$\mathrm{V}(X)=\mathrm{E}(X^2)-\{\mathrm{E}(X)\}^2$이므로

$np(1-p)=40-6^2=4 \quad \cdots\cdots$ ㉡

2단계 p의 값을 구하여 n의 값을 구해 보자.

㉠, ㉡에서

$6(1-p)=4 \quad \therefore p=\frac{1}{3}$

$p=\frac{1}{3}$을 ㉠에 대입하면

$\frac{1}{3}n=6 \quad \therefore n=18$

034 정답률 ▸ 64% 답 ③

1단계 주사위를 15번 던져 2 이하의 눈이 나오는 횟수를 확률변수 Y라 하고 $\mathrm{E}(Y)$의 값을 구해 보자.

주사위를 한 번 던져 2 이하의 눈이 나올 확률은

$\frac{2}{6}=\frac{1}{3}$

주사위를 15번 던져 2 이하의 눈이 나오는 횟수를 확률변수 Y라 하면 Y는 이항분포 $\mathrm{B}\left(15, \frac{1}{3}\right)$을 따르므로

$\mathrm{E}(Y)=15\times\frac{1}{3}=5$

2단계 $\mathrm{E}(X)$의 값을 구해 보자.

2 이하의 눈이 Y번 나왔을 때 점 P의 좌표는 $(3Y, 15-Y)$이므로

점 P와 직선 $3x+4y=0$ 사이의 거리 X는

$$X=\frac{|3\times3Y+4\times(15-Y)|}{\sqrt{3^2+4^2}}$$

$$=Y+12 \ (\because Y>0)$$

$$\therefore \mathrm{E}(X)=\mathrm{E}(Y+12)=\mathrm{E}(Y)+12=5+12=17$$

035 정답률 ▸ 31% 답 47

1단계 확률변수 X가 따르는 확률분포를 알아보자.

주사위의 눈의 수 m, n은 $1\le m\le 6$, $1\le n\le 6$인 자연수이므로 순서쌍 (m, n)의 총 개수는

$6\times 6=36$

이때 $m^2+n^2\le 25$를 만족시키는 경우는 다음 표와 같다.

n \ m	1	2	3	4	5	6
1	○	○	○	○	×	×
2	○	○	○	○	×	×
3	○	○	○	○	×	×
4	○	○	○	×	×	×
5	×	×	×	×	×	×
6	×	×	×	×	×	×

즉, 사건 E가 일어날 확률 $\mathrm{P}(E)$는

$\mathrm{P}(E)=\frac{15}{36}=\frac{5}{12}$

두 주사위 A, B를 동시에 던지는 시행은 독립시행이므로 확률변수 X는 이항분포 $\mathrm{B}\left(12, \frac{5}{12}\right)$를 따른다.

2단계 $\mathrm{V}(X)$의 값을 구하여 $p+q$의 값을 구해 보자.

$\mathrm{V}(X)=12\times\frac{5}{12}\times\frac{7}{12}=\frac{35}{12}$

따라서 $p=12$, $q=35$이므로

$p+q=12+35=47$

036 정답률 ▸ 73% 답 ③

1단계 두 개의 주사위를 동시에 던질 때, 나올 수 있는 모든 경우의 수와 눈의 수의 차가 3보다 작은 경우의 수를 각각 구해 보자.

두 개의 주사위를 동시에 던질 때, 나올 수 있는 모든 경우의 수는

$6\times 6=36$

(i) 눈의 수의 차가 0인 경우의 수

(1, 1), (2, 2), (3, 3), (4, 4), (5, 5), (6, 6)의 6

(ii) 눈의 수의 차가 1인 경우의 수

(1, 2), (2, 3), (3, 4), (4, 5), (5, 6), (2, 1), (3, 2), (4, 3), (5, 4), (6, 5)의 10

(iii) 눈의 수의 차가 2인 경우의 수

(1, 3), (2, 4), (3, 5), (4, 6), (3, 1), (4, 2), (5, 3), (6, 4)의 8

2단계 두 사람 A, B가 각각 1점을 얻을 확률을 구해 보자.

두 주사위의 눈의 수의 차가 3보다 작을 확률은

$\frac{6+10+8}{36}=\frac{2}{3}$

즉, 주사위의 눈의 수의 차가 3보다 작으면 A가 1점을 얻으므로 이때의 확률은 $\frac{2}{3}$이고, 그렇지 않으면 B가 1점을 얻으므로 이때의 확률은 $1-\frac{2}{3}=\frac{1}{3}$이다.

3단계 확률변수가 따르는 확률분포를 각각 알아보자.

주사위 2개를 동시에 던지는 시행은 독립시행이므로 15회의 독립시행에서 A가 얻는 점수를 확률변수 X라 하면 X는 이항분포 $\mathrm{B}\left(15, \frac{2}{3}\right)$를 따른다.

→ A가 점수를 얻는 횟수와 A가 얻는 점수는 같다.

또한, B가 얻는 점수를 확률변수 Y라 하면 Y는 이항분포 $\mathrm{B}\left(15, \frac{1}{3}\right)$을 따른다.

→ B가 점수를 얻는 횟수와 B가 얻는 점수는 같다.

4단계 A가 얻는 점수의 합의 기댓값과 B가 얻는 점수의 합의 기댓값의 차를 구해 보자.

$\mathrm{E}(X)=15\times\frac{2}{3}=10$, $\mathrm{E}(Y)=15\times\frac{1}{3}=5$

따라서 구하는 점수의 합의 기댓값의 차는

$10-5=5$

037 정답률 ▸ 52% 답 12

1단계 $\mathrm{V}(X)$의 값을 구해 보자.

한 개의 주사위를 한 번 던져 1의 눈이 나올 확률은 $\frac{1}{6}$이고, 주사위를 던지는 시행은 독립시행이므로 확률변수 X는 이항분포 $\mathrm{B}\left(20, \frac{1}{6}\right)$을 따른다.

$\therefore\ \mathrm{V}(X)=20\times\frac{1}{6}\times\frac{5}{6}=\frac{25}{9}$

2단계 $\mathrm{V}(Y)$의 값을 구해 보자.

한 개의 동전을 한 번 던져 앞면이 나올 확률은 $\frac{1}{2}$이고, 동전을 던지는 시행은 독립시행이므로 확률변수 Y는 이항분포 $\mathrm{B}\left(n, \frac{1}{2}\right)$을 따른다.

$\therefore\ \mathrm{V}(Y)=n\times\frac{1}{2}\times\frac{1}{2}=\frac{n}{4}$

3단계 $\mathrm{V}(Y)>\mathrm{V}(X)$를 만족시키는 n의 최솟값을 구해 보자.

$\mathrm{V}(Y)>\mathrm{V}(X)$이어야 하므로

$\frac{n}{4}>\frac{25}{9}\qquad\therefore\ n>\frac{100}{9}=11.11\times\times\times$

따라서 자연수 n의 최솟값은 12이다.

038 정답률 ▸ 61% 답 ④

Best Pick 이항분포와 좌표평면 위의 함수의 그래프가 결합된 문제이다. 이차방정식의 판별식은 다양한 문제에서 쓰일 수 있으므로 공식을 정확하게 숙지해 두어야 한다.

1단계 주어진 직선과 곡선이 서로 다른 두 점에서 만나도록 하는 a의 값의 범위를 구해 보자.

직선 $y=ax$와 곡선 $y=x^2-2x+4$가 서로 다른 두 점에서 만나려면 이차방정식 $ax=x^2-2x+4$, 즉 $x^2-(2+a)x+4=0$의 판별식을 D라 하면

$D=(2+a)^2-16>0$

$a^2+4a-12>0$, $(a+6)(a-2)>0$

$\therefore\ a>2\ (\because\ a+6>0)$ ...... ㉠

2단계 확률변수 X가 따르는 확률분포를 알아보자.

a가 될 수 있는 값은 주사위의 눈의 수인 1, 2, 3, 4, 5, 6이고, 이 중에서 ㉠을 만족시키는 a의 값은 3, 4, 5, 6이므로

$\mathrm{P}(A)=\frac{4}{6}=\frac{2}{3}$

한 개의 주사위를 던지는 시행은 독립시행이므로 확률변수 X는 이항분포 $\mathrm{B}\left(300, \frac{2}{3}\right)$를 따른다.

3단계 **$\mathrm{E}(X)$의 값을 구해 보자.**

$\mathrm{E}(X)=300\times\frac{2}{3}=200$

039

답 ③

$\mathrm{P}(0\le X\le x)=g(x)$이므로

$$\mathrm{P}\left(\frac{5}{4}\le X\le 4\right)=\mathrm{P}(0\le X\le 4)-\mathrm{P}\left(0\le X\le \frac{5}{4}\right)$$
$$=g(4)-g\left(\frac{5}{4}\right)$$
$$=1-\frac{1}{2}=\frac{1}{2}$$

040

정답률 ▸ 80%

답 ④

1단계 **a의 값을 구해 보자.**

$0\le x\le 2$에서 주어진 확률밀도함수의 그래프와 x축으로 둘러싸인 부분의 넓이가 1이므로

$$\frac{1}{2}\times\left\{\left(a-\frac{1}{3}\right)+2\right\}\times\frac{3}{4}=1$$

→ 사다리꼴의 넓이

$a+\frac{5}{3}=\frac{8}{3}$ $\qquad\therefore a=1$

2단계 **$\mathrm{P}\left(\frac{1}{3}\le X\le a\right)$의 값을 구해 보자.**

$\mathrm{P}\left(\frac{1}{3}\le X\le 1\right)$의 값은 오른쪽 그림의 어두운 부분의 넓이와 같으므로

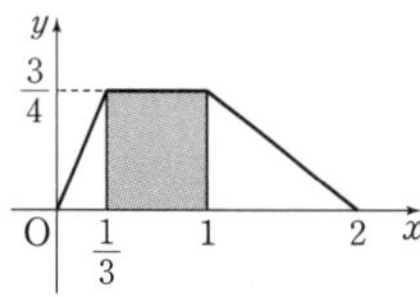

$\mathrm{P}\left(\frac{1}{3}\le X\le 1\right)=\left(1-\frac{1}{3}\right)\times\frac{3}{4}=\frac{1}{2}$

041

정답률 ▸ 88%

답 ③

1단계 **확률밀도함수의 성질을 이용하여 $\mathrm{P}(2\le X\le 4)$, $\mathrm{P}(0\le X\le 2)$의 값을 각각 구해 보자.**

확률밀도함수 $y=f(x)$의 그래프가 직선 $x=4$에 대하여 대칭이므로

$\mathrm{P}(2\le X\le 4)=\mathrm{P}(4\le X\le 6)$,

$\mathrm{P}(6\le X\le 8)=\mathrm{P}(0\le X\le 2)$

이때 $3\mathrm{P}(2\le X\le 4)=4\mathrm{P}(6\le X\le 8)$에서

$3\mathrm{P}(2\le X\le 4)=4\mathrm{P}(0\le X\le 2)$

$\mathrm{P}(2\le X\le 4)=a$, $\mathrm{P}(0\le X\le 2)=b$라 하면

$3a=4b$ $\qquad$ …… ㉠

확률의 총합은 1이므로

$\mathrm{P}(0\le X\le 4)=\frac{1}{2}$

$\therefore a+b=\frac{1}{2}$ $\qquad$ …… ㉡

㉠, ㉡을 연립하여 풀면

$a=\frac{2}{7}$, $b=\frac{3}{14}$

3단계 **$\mathrm{P}(2\le X\le 6)$의 값을 구해 보자.**

$$\mathrm{P}(2\le X\le 6)=\mathrm{P}(2\le X\le 4)+\mathrm{P}(4\le X\le 6)$$
$$=a+a$$
$$=\frac{4}{7}$$

042

정답률 ▸ 73%

답 ④

Best Pick 확률밀도함수의 성질을 정확히 알고 있어야 확률의 최댓값을 구할 수 있는 문제이다. $\mathrm{P}(a\le X\le b)$의 값은 확률밀도함수의 그래프와 x축 및 두 직선 $x=a$, $x=b$로 둘러싸인 부분의 넓이와 같다는 것을 반드시 숙지해 두어야 한다.

1단계 **$\mathrm{P}\left(a\le X\le a+\frac{1}{2}\right)$의 값이 최대가 되는 경우를 알아보자.**

주어진 그래프는 $x=1$에서 최댓값을 갖고 직선 $x=1$에 대하여 대칭이므로 $\mathrm{P}\left(a\le X\le a+\frac{1}{2}\right)$의 값이 최대가 되려면 구간 $\left[a, a+\frac{1}{2}\right]$에서 확률밀도함수의 그래프가 직선 $x=1$에 대하여 대칭이어야 한다.

2단계 **상수 a의 값을 구해 보자.**

a와 $a+\frac{1}{2}$의 평균이 1이어야 하므로

$\frac{a+\left(a+\frac{1}{2}\right)}{2}=1$에서

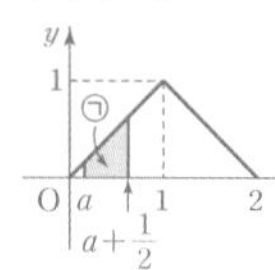

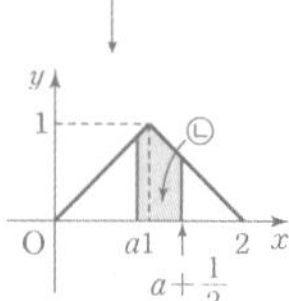

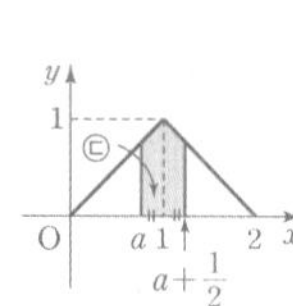

$\mathrm{P}\left(a\le X\le a+\frac{1}{2}\right)$의 값은 ㉠<㉡<㉢

$2a+\frac{1}{2}=2$

$2a=\frac{3}{2}$

$\therefore a=\frac{3}{4}$

043

정답률 ▸ 58%

답 ④

1단계 **$\mathrm{P}(2\le X\le 3)$의 값을 구해 보자.**

$\mathrm{P}(2\le X\le 3)$의 값은 오른쪽 그림의 어두운 부분의 넓이와 같으므로

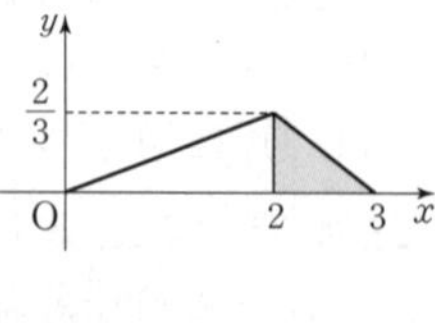

$$\mathrm{P}(2\le X\le 3)=\frac{1}{2}\times 1\times\frac{2}{3}$$
$$=\frac{1}{3}\qquad\text{…… ㉠}$$

2단계 **$\mathrm{P}(m\le X\le 2)$의 값을 m에 대한 식으로 나타내어 보자.**

$\mathrm{P}(m\le X\le 2)$의 값은 오른쪽 그림의 어두운 부분의 넓이와 같다.

이때 $0\le X\le 2$에서 확률밀도함수는 $y=\frac{1}{3}x$이므로

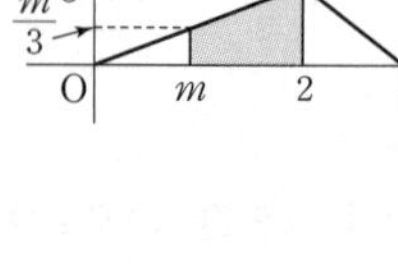

$$\mathrm{P}(m\le X\le 2)=\frac{1}{2}\times\left(\frac{m}{3}+\frac{2}{3}\right)\times(2-m)$$

→ 사다리꼴의 넓이

$$=\frac{4-m^2}{6}\qquad\text{…… ㉡}$$

3단계 m의 값을 구해 보자.

$\mathrm{P}(m\le X\le 2)=\mathrm{P}(2\le X\le 3)$에서

$\frac{4-m^2}{6}=\frac{1}{3}$, $m^2=2$

$\therefore m=\sqrt{2}$ ($\because 0<m<2$)

다른 풀이

구간 $[0, 3]$에서 정의된 연속확률변수 X의 확률밀도함수를 $f(x)$라 하면

$$f(x)=\begin{cases} \frac{1}{3}x & (0\le x\le 2) \\ -\frac{2}{3}x+2 & (2<x\le 3) \end{cases}$$

이므로 $\mathrm{P}(m\le X\le 2)$, $\mathrm{P}(2\le X\le 3)$의 값은 각각 다음과 같다.

$$\mathrm{P}(m\le X\le 2)=\int_m^2 f(x)\,dx=\int_m^2 \frac{1}{3}x\,dx$$
$$=\left[\frac{1}{6}x^2\right]_m^2=\frac{2}{3}-\frac{1}{6}m^2$$

$$\mathrm{P}(2\le X\le 3)=\int_2^3 f(x)\,dx=\int_2^3\left(-\frac{2}{3}x+2\right)dx$$
$$=\left[-\frac{1}{3}x^2+2x\right]_2^3=\frac{1}{3}$$

044 정답률 ▸ 78% 답 5

1단계 확률밀도함수의 성질을 이용하여 k의 값을 구해 보자.

구간 $[0, 3]$에서 주어진 확률밀도함수의 그래프와 x축 및 두 직선 $x=0$, $x=3$으로 둘러싸인 부분의 넓이는 1이므로

$3k+\frac{1}{2}\times 3\times 2k=1$ → (직사각형의 넓이)+(삼각형의 넓이)

$6k=1$

$\therefore k=\frac{1}{6}$

2단계 $\mathrm{P}(0\le X\le 2)$의 값을 구하여 $p+q$의 값을 구해 보자.

$\mathrm{P}(0\le X\le 2)$의 값은 오른쪽 그림의 어두운 부분의 넓이와 같으므로

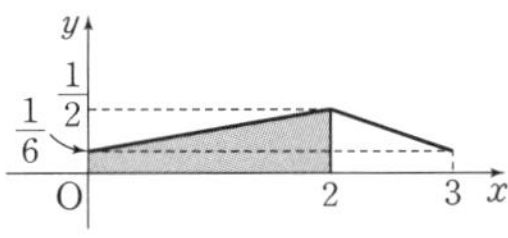

$\mathrm{P}(0\le X\le 2)$

$=2\times\frac{1}{6}+\frac{1}{2}\times 2\times\left(\frac{1}{2}-\frac{1}{6}\right)$ → (직사각형의 넓이)+(직각삼각형의 넓이)

$=\frac{1}{3}+\frac{1}{3}=\frac{2}{3}$

따라서 $p=3$, $q=2$이므로

$p+q=3+2=5$

045 정답률 ▸ 35% 답 10

1단계 상수 a의 값을 구해 보자.

구간 $[0, 3]$에서 정의된 연속확률변수 X의 확률밀도함수에 대하여

$\mathrm{P}(0\le X\le 3)=1$ ...... ㉠

이때 $\mathrm{P}(x\le X\le 3)=a(3-x)$ $(0\le x\le 3)$에 $x=0$을 대입하면

$\mathrm{P}(0\le X\le 3)=3a$ ...... ㉡

㉠, ㉡에서

$3a=1$ $\therefore a=\frac{1}{3}$

2단계 $\mathrm{P}(0\le X<a)$의 값을 구하여 $p+q$의 값을 구해 보자.

$\mathrm{P}(x\le X\le 3)=\frac{1}{3}(3-x)$ $(0\le x\le 3)$이므로

$$\mathrm{P}(0\le X<a)=\mathrm{P}\left(0\le X\le\frac{1}{3}\right)$$
$$=\mathrm{P}(0\le X\le 3)-\mathrm{P}\left(\frac{1}{3}\le X\le 3\right)$$
$$=1-\frac{1}{3}\times\left(3-\frac{1}{3}\right)=\frac{1}{9}$$

따라서 $p=9$, $q=1$이므로

$p+q=9+1=10$

046 답 ④

1단계 정규분포의 표준화를 이용하여 m의 값을 구해 보자.

확률변수 X가 정규분포 $\mathrm{N}(m, 10^2)$을 따르므로 $Z=\frac{X-m}{10}$이라 하면 확률변수 Z는 표준정규분포 $\mathrm{N}(0, 1)$을 따른다.

$$\mathrm{P}(X\le 50)=\mathrm{P}\left(Z\le\frac{50-m}{10}\right)$$
$$=\mathrm{P}\left(Z\ge\frac{m-50}{10}\right)$$
$$=\mathrm{P}(Z\ge 0)-\mathrm{P}\left(0\le Z\le\frac{m-50}{10}\right)$$
$$=0.5-\mathrm{P}\left(0\le Z\le\frac{m-50}{10}\right)$$
$$=0.2119$$

에서

$\mathrm{P}\left(0\le Z\le\frac{m-50}{10}\right)=0.5-0.2119=0.2881$

이때 주어진 표준정규분포표에서

$\mathrm{P}(0\le Z\le 0.8)=0.2881$이므로

$\frac{m-50}{10}=0.8$ $\therefore m=58$

047 정답률 ▸ 가형: 90%, 나형: 78% 답 ③

1단계 정규분포의 표준화를 이용하여 주어진 식을 간단히 해 보자.

확률변수 X는 정규분포 $\mathrm{N}(m, \sigma^2)$을 따르므로 $Z=\frac{X-m}{\sigma}$이라 하면 확률변수 Z는 표준정규분포 $\mathrm{N}(0, 1)$을 따른다.

이때

$\mathrm{P}(m\le X\le m+12)=\mathrm{P}\left(0\le Z\le\frac{12}{\sigma}\right)$,

$$\mathrm{P}(X\le m-12)=\mathrm{P}\left(Z\le -\frac{12}{\sigma}\right)$$
$$=\mathrm{P}\left(Z\ge\frac{12}{\sigma}\right)$$
$$=0.5-\mathrm{P}\left(0\le Z\le\frac{12}{\sigma}\right)$$

이므로 $\mathrm{P}(m\le X\le m+12)-\mathrm{P}(X\le m-12)=0.3664$에서

$\mathrm{P}\left(0\le Z\le\frac{12}{\sigma}\right)-\left\{0.5-\mathrm{P}\left(0\le Z\le\frac{12}{\sigma}\right)\right\}=0.3664$

$2\mathrm{P}\left(0\le Z\le\frac{12}{\sigma}\right)=0.8664$

$\therefore \mathrm{P}\left(0\le Z\le\frac{12}{\sigma}\right)=0.4332$

2단계 σ의 값을 구해 보자.

주어진 표준정규분포표에서 $P(0\le Z\le 1.5)=0.4332$이므로

$\dfrac{12}{\sigma}=1.5 \qquad \therefore\ \sigma=8$

048 정답률 ▸ 77% 답 ④

1단계 정규분포곡선의 성질을 이용하여 상수 a의 값을 구해 보자.

확률변수 X가 정규분포 $N(5,\ 2^2)$을 따르므로 정규분포곡선은 직선 $x=5$에 대하여 대칭이다.

즉, $P(X\le 9-2a)=P(X\ge 3a-3)$이므로

$\dfrac{(9-2a)+(3a-3)}{2}=5 \qquad \therefore\ a=4$

2단계 $P(9-2a\le X\le 3a-3)$의 값을 구해 보자.

$Z=\dfrac{X-5}{2}$라 하면 확률변수 Z는 표준정규분포 $N(0,\ 1)$을 따른다.

$$\begin{aligned}\therefore\ P(9-2a\le X\le 3a-3)&=P(1\le X\le 9)\\&=P\left(\frac{1-5}{2}\le Z\le\frac{9-5}{2}\right)\\&=P(-2\le Z\le 2)\\&=2P(0\le Z\le 2)\\&=2\times 0.4772=0.9544\end{aligned}$$

049 정답률 ▸ 87% 답 ⑤

1단계 정규분포곡선의 성질을 이용하여 자연수 m의 값을 구해 보자.

확률변수 X의 평균이 m이므로 확률밀도함수 $y=f(x)$의 그래프는 직선 $x=m$에 대하여 대칭이다.

$f(8)>f(14)$이려면 $8<m<14$ 또는 $m<8$이어야 하므로 함수 $y=f(x)$의 그래프의 개형은 각각 다음 그림과 같다.

(i) $8<m<14$인 경우

(ii) $m<8$인 경우

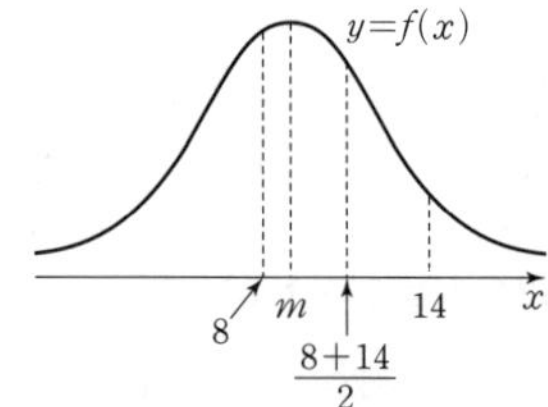

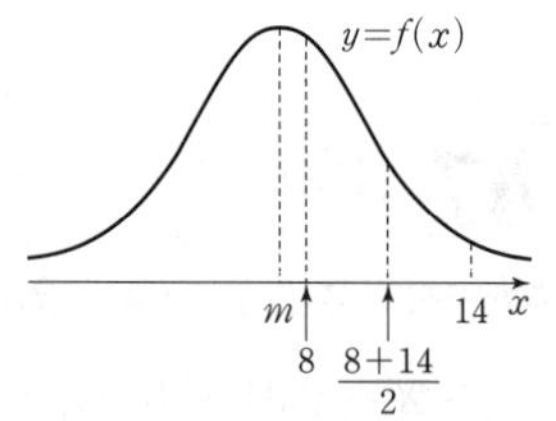

(i), (ii)의 경우 모두 $m<\dfrac{8+14}{2}$이어야 하므로

$m<11 \quad \cdots\cdots$ ㉠

또한, $f(2)<f(16)$이려면 $2<m<16$ 또는 $m>16$이어야 하므로 함수 $y=f(x)$의 그래프의 개형은 각각 다음 그림과 같다.

(a) $2<m<16$인 경우

(b) $m>16$인 경우

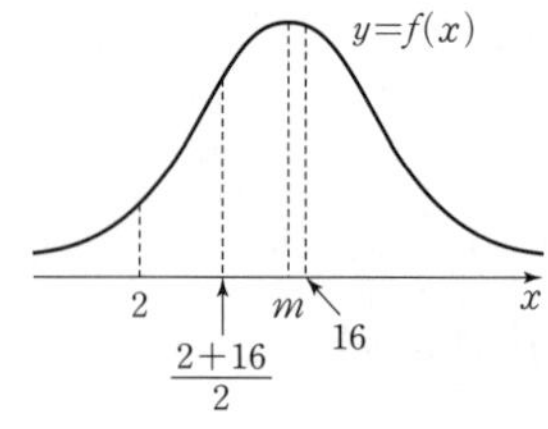

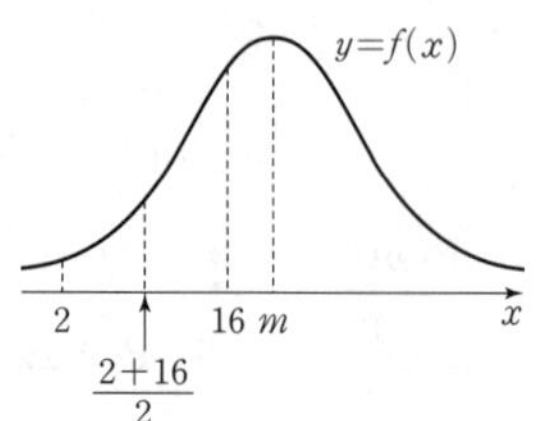

(a), (b)의 경우 모두 $m>\dfrac{2+16}{2}$이어야 하므로

$m>9 \quad \cdots\cdots$ ㉡

㉠, ㉡의 공통부분을 구하면 $9<m<11$

이때 m은 자연수이므로

$m=10$

2단계 정규분포의 표준화를 이용하여 $P(X\le 6)$의 값을 구해 보자.

확률변수 X는 정규분포 $N(10,\ 4^2)$을 따르므로 $Z=\dfrac{X-10}{4}$이라 하면 확률변수 Z는 표준정규분포 $N(0,\ 1)$을 따른다.

$$\begin{aligned}\therefore\ P(X\le 6)&=P\left(Z\le\frac{6-10}{4}\right)\\&=P(Z\le -1)\\&=P(Z\ge 1)\\&=P(Z\ge 0)-P(0\le Z\le 1)\\&=0.5-0.3413=0.1587\end{aligned}$$

050 정답률 ▸ 69% 답 ①

1단계 정규분포곡선의 성질을 이용하여 a의 값을 구해 보자.

두 확률변수 X, Y가 각각 정규분포 $N(8,\ 2^2)$, $N(12,\ 2^2)$을 따르고 표준편차가 같으므로 함수 $y=g(x)$의 그래프는 함수 $y=f(x)$의 그래프를 x축의 방향으로 4만큼 평행이동한 것이다.

즉, 두 함수 $y=f(x)$, $y=g(x)$의 그래프의 개형은 다음 그림과 같다.

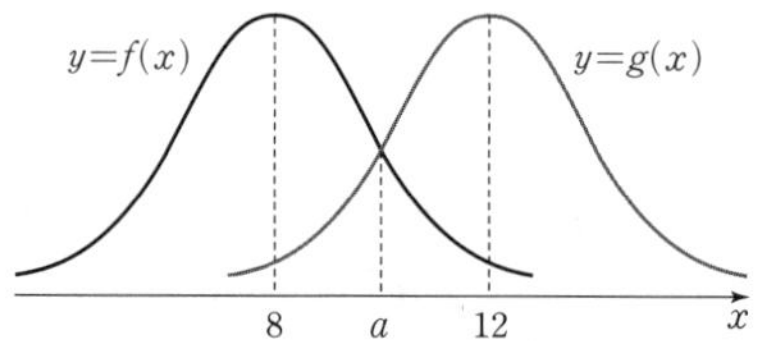

두 함수 $y=f(x)$, $y=g(x)$의 그래프와 만나는 점의 x좌표가 a이므로

$a=\dfrac{8+12}{2}=10$

2단계 정규분포의 표준화를 이용하여 $P(8\le Y\le a)$의 값을 구해 보자.

$Z=\dfrac{Y-12}{2}$라 하면 확률변수 Z는 표준정규분포 $N(0,\ 1)$을 따르므로

$$\begin{aligned}P(8\le Y\le a)&=P(8\le Y\le 10)\\&=P\left(\frac{8-12}{2}\le Z\le\frac{10-12}{2}\right)\\&=P(-2\le Z\le -1)\\&=P(1\le Z\le 2)\\&=P(0\le Z\le 2)-P(0\le Z\le 1)\\&=0.4772-0.3413=0.1359\end{aligned}$$

051 정답률 ▸ 71% 답 96

Best Pick 정규분포의 표준화를 이용하는 문제는 보통 정규분포를 따르는 하나의 확률변수에 대한 문제가 출제된다. 이 문제는 정규분포를 따르는 두 확률변수가 주어졌을 때, 확률을 비교하는 연습을 할 수 있는 기본적인 문제이다.

1단계 A 과수원에서 임의로 선택한 귤의 무게가 98 이하일 확률을 정규분포의 표준화를 이용하여 나타내어 보자.

A 과수원에서 생산하는 귤의 무게를 확률변수 X라 하면 X는 정규분포 $N(86,\ 15^2)$을 따르므로 $Z_X=\dfrac{X-86}{15}$이라 하면 확률변수 Z_X는 표준정규분포 $N(0,\ 1)$을 따른다.

이때 A 과수원에서 임의로 선택한 귤의 무게가 98 이하일 확률은

$P(X\le 98)=P\left(Z_X\le \frac{98-86}{15}\right)$

$=P(Z_X\le 0.8)$ ...... ㉠

2단계 B 과수원에서 임의로 선택한 귤의 무게가 a 이하일 확률을 정규분포의 표준화를 이용하여 나타내어 보자.

B 과수원에서 생산하는 귤의 무게를 확률변수 Y라 하면 Y는 정규분포 $N(88,\ 10^2)$을 따르므로 $Z_Y=\frac{Y-88}{10}$이라 하면 확률변수 Z_Y는 표준정규분포 $N(0,\ 1)$을 따른다.

이때 B 과수원에서 임의로 선택한 귤의 무게가 a 이하일 확률은

$P(Y\le a)=P\left(Z_Y\le \frac{a-88}{10}\right)$ ...... ㉡

3단계 a의 값을 구해 보자.

$P(X\le 98)=P(Y\le a)$이므로

㉠=㉡에서 $0.8=\frac{a-88}{10}$

$\therefore\ a=96$

052 정답률 ▸ 81% 답 ⑤

1단계 주어진 조건을 이용하여 m과 σ 사이의 관계식을 구해 보자.

A, B 두 과목의 시험 점수를 각각 확률변수 $X,\ Y$라 하면 $X,\ Y$는 각각 정규분포 $N(m,\ \sigma^2)$, $N(m+3,\ \sigma^2)$을 따르므로

$Z_X=\frac{X-m}{\sigma}$, $Z_Y=\frac{Y-(m+3)}{\sigma}$이라 하면 두 확률변수 $Z_X,\ Z_Y$는 모두 표준정규분포 $N(0,\ 1)$을 따른다.

즉,

$P(X\ge 80)=P\left(Z_X\ge \frac{80-m}{\sigma}\right)$

$=P(Z_X\ge 0)-P\left(0\le Z_X\le \frac{80-m}{\sigma}\right)$

$=0.5-P\left(0\le Z_X\le \frac{80-m}{\sigma}\right)$

$=0.09$

에서 $P\left(0\le Z_X\le \frac{80-m}{\sigma}\right)=0.41$

이때 $P(0\le Z\le 1.34)=0.41$이므로

$\frac{80-m}{\sigma}=1.34$ ...... ㉠

또한,

$P(Y\ge 80)=P\left(Z_Y\ge \frac{80-m-3}{\sigma}\right)$

$=P(Z_Y\ge 0)-P\left(0\le Z_Y\le \frac{77-m}{\sigma}\right)$

$=0.5-P\left(0\le Z_Y\le \frac{77-m}{\sigma}\right)$

$=0.15$

에서 $P\left(0\le Z_Y\le \frac{77-m}{\sigma}\right)=0.35$

이때 $P(0\le Z\le 1.04)=0.35$이므로

$\frac{77-m}{\sigma}=1.04$ ...... ㉡

2단계 $m,\ \sigma$의 값을 각각 구하여 $m+\sigma$의 값을 구해 보자.

㉠, ㉡을 연립하여 풀면

$\sigma=10,\ m=66.6$

$\therefore\ m+\sigma=66.6+10=76.6$

053 정답률 ▸ 85% 답 ⑤

Best Pick 정규분포의 표준화를 이용하여 각 경우의 확률을 구하고 확률의 곱셈정리를 이용하는 문제이다. 선행단원과 결합된 문제가 자주 출제되므로 많은 연습을 통한 정확한 이해가 필요하다.

1단계 정규분포곡선의 성질을 이용하여 이 회사 직원들의 이 날의 출근 시간이 73분 이상일 확률과 73분 미만일 확률을 각각 구해 보자.

이 회사 직원들의 이 날의 출근 시간을 확률변수 X라 하면 X는 정규분포 $N(66.4,\ 15^2)$을 따르므로 $Z=\frac{X-66.4}{15}$라 하면 확률변수 Z는 표준정규분포 $N(0,\ 1)$을 따른다.

즉, 출근 시간이 73분 이상일 확률은

$P(X\ge 73)=P\left(Z\ge \frac{73-66.4}{15}\right)=P(Z\ge 0.44)$

$=P(Z\ge 0)-P(0\le Z\le 0.44)$

$=0.5-0.17=0.33$

출근 시간이 73분 미만일 확률은

$P(X<73)=1-P(X\ge 73)=1-0.33=0.67$

2단계 주어진 조건을 만족시키는 확률을 구해 보자.

→ 지하철을 이용하는 사건을 B라 하면 $P(B|A)=0.4$, $P(B|A^C)=0.2$

출근 시간이 73분 이상인 직원들 중에서 40 %, 73분 미만인 직원들 중에서 20 %가 지하철을 이용하였으므로 구하는 확률은

$P(X\ge 73)\times 0.4+P(X<73)\times 0.2=0.33\times 0.4+0.67\times 0.2=0.266$

→ $P(B)=P(A\cap B)+P(A^C\cap B)=P(A)P(B|A)+P(A^C)P(B|A^C)$

다른 풀이

$P(X\ge 73)\times 0.4+P(X<73)\times 0.2$

$=P(X\ge 73)\times 0.4+\{1-P(X\ge 73)\}\times 0.2$

$=0.2+P(X\ge 73)\times 0.2$

$=0.2+0.33\times 0.2=0.266$

054 정답률 ▸ 81% 답 ③

1단계 근무 기간이 16개월인 직원과 36개월인 직원의 하루 생산량이 따르는 정규분포를 기호로 나타내어 보자.

근무 기간이 16개월인 직원과 36개월인 직원의 하루 생산량을 각각 확률변수 $X,\ Y$라 하면 $X,\ Y$는 각각 정규분포 $N(16a+100,\ 12^2)$, $N(36a+100,\ 12^2)$을 따른다.

2단계 근무 기간이 16개월인 직원의 하루 생산량이 따르는 정규분포를 표준화하여 a의 값을 구해 보자.

$Z_X=\frac{X-(16a+100)}{12}$이라 하면 확률변수 Z_X는 표준정규분포 $N(0,\ 1)$을 따른다.

근무 기간이 16개월인 직원의 하루 생산량이 84 이하일 확률이 0.0228이므로

$P(X\le 84)=P\left(Z_X\le \frac{84-(16a+100)}{12}\right)$

$=P\left(Z_X\le \frac{-4a-4}{3}\right)$

$=P\left(Z_X\ge \frac{4a+4}{3}\right)$

$=P(Z_X\ge 0)-P\left(0\le Z_X\le \frac{4a+4}{3}\right)$

$=0.5-P\left(0\le Z_X\le \frac{4a+4}{3}\right)=0.0228$

에서

$P\left(0\le Z_X\le\frac{4a+4}{3}\right)=0.5-0.0228$

$=0.4772$

이때 주어진 표준정규분포표에서

$P(0\le Z\le 2)=0.4772$이므로

$\frac{4a+4}{3}=2,\ 4a+4=6$

$4a=2\qquad\therefore\ a=\frac{1}{2}$

3단계 근무 기간이 36개월인 직원의 하루 생산량이 따르는 정규분포를 표준화하여 구하고자 하는 확률을 구해 보자.

$Z_Y=\frac{Y-118}{12}$이라 하면 확률변수 Z_Y는 표준정규분포 $N(0,\ 1)$을 따른다.

따라서 구하는 확률은

$$\begin{aligned}P(100\le Y\le 142)&=P\left(\frac{100-118}{12}\le Z_Y\le\frac{142-118}{12}\right)\\&=P(-1.5\le Z_Y\le 2)\\&=P(0\le Z_Y\le 1.5)+P(0\le Z_Y\le 2)\\&=0.4332+0.4772\\&=0.9104\end{aligned}$$

055 정답률 ▸ 45% 답 ⑤

1단계 두 조건 (가), (나)를 이용하여 m, σ의 값을 각각 구해 보자.

조건 (가)에서 $Y=3X-a$이므로

$E(Y)=E(3X-a)$

$=3E(X)-a=3m-a$ ······ ㉠

또한, 확률변수 Y는 정규분포 $N(m,\ \sigma^2)$을 따르므로

$E(Y)=m$ ······ ㉡

㉠=㉡에서

$3m-a=m\qquad\therefore\ a=2m$

한편, 확률변수 X는 정규분포 $N(m,\ 2^2)$을 따르므로

$\sigma(X)=2$

$\therefore\ \sigma(Y)=\sigma(3X-a)=3\sigma(X)=6$

이때 $Z_X=\frac{X-m}{2}$, $Z_Y=\frac{Y-m}{6}$이라 하면 두 확률변수 Z_X, Z_Y는 모두 표준정규분포 $N(0,\ 1)$을 따른다.

조건 (나)의 $P(X\le 4)=P(Y\ge a)$에서

$P\left(Z_X\le\frac{4-m}{2}\right)=P\left(Z_Y\ge\frac{2m-m}{6}\right)$ ($\because\ a=2m$)

$=P\left(Z_Y\ge\frac{m}{6}\right)$

이므로

$\frac{4-m}{2}=-\frac{m}{6}$

$12-3m=-m\qquad\therefore\ m=6$

2단계 $P(Y\ge 9)$의 값을 구해 보자.

$$\begin{aligned}P(Y\ge 9)&=P\left(Z_Y\ge\frac{9-6}{6}\right)\\&=P(Z_Y\ge 0.5)\\&=P(Z_Y\ge 0)-P(0\le Z_Y\le 0.5)\\&=0.5-0.1915\\&=0.3085\end{aligned}$$

056 정답률 ▸ 81% 답 ①

Best Pick 정규분포곡선은 x의 값이 평균으로부터 멀어질수록 함숫값이 작아지는 종 모양의 곡선임을 이용하는 문제이다. 정규분포곡선의 성질은 그 중요도가 매우 높으므로 반드시 숙지해야 한다.

1단계 $P(21\le Y\le 24)$가 최댓값을 갖도록 하는 m의 값을 구해 보자.

정규분포를 따르는 두 확률변수 X, Y의 표준편차가 같으므로 확률밀도함수 $f(x)$와 $g(x)$의 그래프는 평행이동에 의하여 일치시킬 수 있다.

$f(12)\le g(20)$이므로

$m-2\le 20\le m+2$ (오른쪽 그림에서 $x=20$이 구간 $[m-2,\ m+2]$에 속함을 알 수 있다.)

이어야 한다.

즉, $18\le m\le 22$이므로

$m=22$일 때 $P(21\le Y\le 24)$는 최댓값을 갖는다.

2단계 정규분포의 표준화를 이용하여 $P(21\le Y\le 24)$의 최댓값을 구해 보자.

$Z=\frac{Y-22}{2}$라 하면 확률변수 Z는 표준정규분포 $N(0,\ 1)$을 따르므로

$$\begin{aligned}P(21\le Y\le 24)&=P\left(\frac{21-22}{2}\le Z\le\frac{24-22}{2}\right)\\&=P(-0.5\le Z\le 1)\\&=P(0\le Z\le 0.5)+P(0\le Z\le 1)\\&=0.1915+0.3413\\&=0.5328\end{aligned}$$

057 정답률 ▸ 가형: 84%, 나형: 48% 답 ③

Best Pick 정규분포곡선의 성질을 이용하여 주어진 부등식을 만족시키는 해를 구하는 문제이다. 평균 m이 자연수라는 것이 이 문제의 해결의 핵심 조건이다.

1단계 정규분포곡선의 성질을 이용하여 자연수 m의 값을 구해 보자.

확률변수 X는 정규분포 $N(m,\ 5^2)$을 따르고 정규분포곡선은 직선 $x=m$에 대하여 대칭인 종 모양이다.

조건 (가)에서 $f(10)>f(20)$이므로

$m<\frac{10+20}{2}$

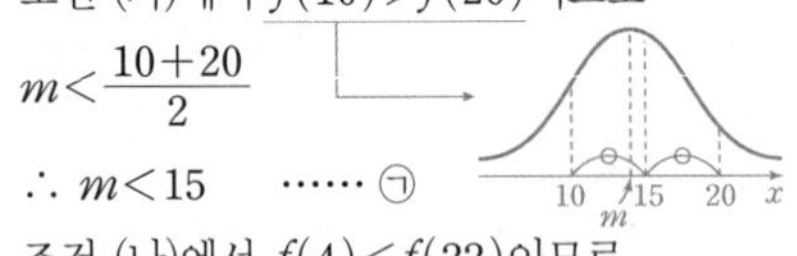

$\therefore\ m<15$ ······ ㉠

조건 (나)에서 $f(4)<f(22)$이므로

$m>\frac{4+22}{2}$

$\therefore\ m>13$ ······ ㉡

㉠, ㉡에서 $13<m<15$이고 m은 자연수이므로

$m=14$

2단계 정규분포의 표준화를 이용하여 $P(17\le X\le 18)$의 값을 구해 보자.

확률변수 X가 정규분포 $N(14,\ 5^2)$을 따르므로 $Z=\frac{X-14}{5}$라 하면 확률변수 Z는 표준정규분포 $N(0,\ 1)$을 따른다.

$$\begin{aligned}\therefore\ P(17\le X\le 18)&=P\left(\frac{17-14}{5}\le Z\le\frac{18-14}{5}\right)\\&=P(0.6\le Z\le 0.8)\\&=P(0\le Z\le 0.8)-P(0\le Z\le 0.6)\\&=0.288-0.226\\&=0.062\end{aligned}$$

058 정답률 ▸ 81% 답 155

1단계 정규분포의 표준화를 이용하여 주어진 식을 정리해 보자.

$P(X\le 3)=P(3\le X\le 80)=0.3$에서

$P(X\le 3)+P(3\le X\le 80)=0.3+0.3>0.5$

이므로

$3\le m\le 80$

한편, 확률변수 X가 정규분포 $N(m,\ \sigma^2)$을 따르므로 $Z=\dfrac{X-m}{\sigma}$이라 하면 확률변수 Z는 표준정규분포 $N(0,\ 1)$을 따른다.

$\therefore\ P\left(Z\le \dfrac{3-m}{\sigma}\right)=P\left(\dfrac{3-m}{\sigma}\le Z\le \dfrac{80-m}{\sigma}\right)=0.3$

2단계 m, σ의 값을 각각 구하여 $m+\sigma$의 값을 구해 보자.

$P\left(Z\le \dfrac{3-m}{\sigma}\right)=0.3$에서

$P\left(0\le Z\le \dfrac{m-3}{\sigma}\right)=0.5-0.3=0.2$

이고, $P(0\le Z\le 0.52)=0.2$이므로

$\dfrac{m-3}{\sigma}=0.52$ …… ㉠

또한,

$$P\left(\frac{3-m}{\sigma}\le Z\le \frac{80-m}{\sigma}\right)=P\left(0\le Z\le \frac{m-3}{\sigma}\right)+P\left(0\le Z\le \frac{80-m}{\sigma}\right)$$
$$=0.2+P\left(0\le Z\le \frac{80-m}{\sigma}\right)=0.3$$

에서 $P\left(0\le Z\le \dfrac{80-m}{\sigma}\right)=0.1$이고, $P(0\le Z\le 0.25)=0.1$이므로

$\dfrac{80-m}{\sigma}=0.25$ …… ㉡

㉠, ㉡을 연립하여 풀면

$m=55,\ \sigma=100$

$\therefore\ m+\sigma=55+100=155$

059 정답률 ▸ 가형: 74%, 나형: 36% 답 ⑤

1단계 조건 (가)를 이용하여 k, m 사이의 관계식을 세워 보자.

조건 (가)에서 $P(X\le k)+P(X\le k+100)=1$이고

확률변수 X의 정규분포곡선은 직선 $x=m$에 대하여 대칭이므로

k와 $k+100$의 평균이 m이어야 한다.

즉, $\dfrac{k+(k+100)}{2}=m$이므로

$m=k+50$ …… ㉠

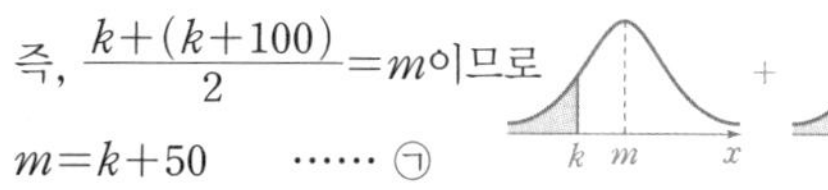
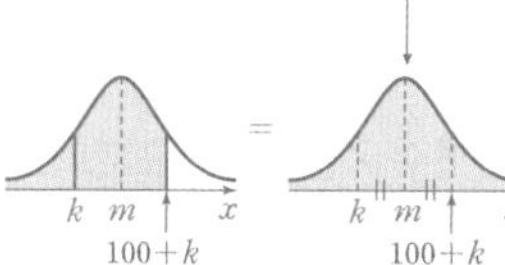

2단계 조건 (나)를 이용하여 m의 값을 구해 보자.

확률변수 X는 정규분포 $N(m,\ 8^2)$을 따르므로 $Z=\dfrac{X-m}{8}$이라 하면

확률변수 Z는 표준정규분포 $N(0,\ 1)$을 따른다.

이때 조건 (나)에서 $P(X\ge 2k)=0.0668$이므로

$$P(X\ge 2k)=P\left(Z\ge \frac{2k-m}{8}\right)$$
$$=P\left(Z\ge \frac{k-50}{8}\right)\ (\because ㉠)$$
$$=P(Z\ge 0)-P\left(0\le Z\le \frac{k-50}{8}\right)$$
$$=0.5-P\left(0\le Z\le \frac{k-50}{8}\right)$$
$$=0.0668$$

에서 $P\left(0\le Z\le \dfrac{k-50}{8}\right)=0.5-0.0668=0.4332$

이때 주어진 표준정규분포표에서 $P(0\le Z\le 1.5)=0.4332$이므로

$\dfrac{k-50}{8}=1.5$ $\quad\therefore\ k=62$

따라서 $k=62$를 ㉠에 대입하면

$m=112$

060 정답률 ▸ 74% 답 ①

1단계 $f(4)$의 값이 최대가 되는 경우를 알아보고, m의 값을 구해 보자.

$f(4)=P(4\le X\le 6)$이다.

정규분포 $N(m,\ \sigma^2)$을 따르는 확률변수 X에 대하여 정규분포곡선은 직선 $x=m$에 대하여 대칭인 종 모양의 곡선이므로 $P(4\le X\le 6)$이 최대가 되려면 구간 $[4,\ 6]$에서 정규분포곡선이 직선 $x=m$에 대하여 대칭이어야 한다.

즉, 4와 6의 평균이 m이어야 하므로

$m=\dfrac{4+6}{2}=5$

2단계 $f(m)=0.3413$을 이용하여 σ의 값을 구해 보자.

$Z=\dfrac{X-5}{\sigma}$라 하면 확률변수 Z는 표준정규분포 $N(0,\ 1)$을 따르므로

$$f(m)=f(5)$$
$$=P(5\le X\le 7)$$
$$=P\left(\frac{5-5}{\sigma}\le Z\le \frac{7-5}{\sigma}\right)$$
$$=P\left(0\le Z\le \frac{2}{\sigma}\right)$$
$$=0.3413$$

이때 주어진 표준정규분포표에서

$P(0\le Z\le 1)=0.3413$이므로

$\dfrac{2}{\sigma}=1$ $\quad\therefore\ \sigma=2$

3단계 $f(7)$의 값을 구해 보자.

$$f(7)=P(7\le X\le 9)$$
$$=P\left(\frac{7-5}{2}\le Z\le \frac{9-5}{2}\right)$$
$$=P(1\le Z\le 2)$$
$$=P(0\le Z\le 2)-P(0\le Z\le 1)$$
$$=0.4772-0.3413$$
$$=0.1359$$

061 정답률 ▸ 81% 답 59

1단계 정규분포곡선의 대칭성을 이용하여 k의 값을 구해 보자.

두 확률변수 X, Y가 각각 정규분포 $N(50,\ \sigma^2)$, $N(65,\ 4\sigma^2)$을 따르므로

$Z_X=\dfrac{X-50}{\sigma}$, $Z_Y=\dfrac{Y-65}{2\sigma}$라 하면 두 확률변수 Z_X, Z_Y는 모두 표준정규분포 $N(0,\ 1)$을 따른다.

즉, $P(X\ge k)=P(Y\le k)$에서

$P\left(Z_X\ge \dfrac{k-50}{\sigma}\right)=P\left(Z_Y\le \dfrac{k-65}{2\sigma}\right)$

이때 표준정규분포곡선은 직선 $z=0$에 대하여 대칭이므로

$\frac{k-50}{\sigma}=-\frac{k-65}{2\sigma}$

$2\sigma(k-50)=-\sigma(k-65)$

$\sigma>0$이므로 양변을 σ로 나누어 전개하면

$2k-100=-k+65$

$3k=165 \quad \therefore k=55$

2단계 주어진 확률을 이용하여 σ의 값을 구하고, $k+\sigma$의 값을 구해 보자.

$P(X\geq 55)=0.1056$에서

$P\left(Z_X\geq \frac{5}{\sigma}\right)=0.5-P\left(0\leq Z_X\leq \frac{5}{\sigma}\right)=0.1056$

$\therefore P\left(0\leq Z_X\leq \frac{5}{\sigma}\right)=0.3944$

이때 주어진 표준정규분포표에서

$P(0\leq Z\leq 1.25)=0.3944$이므로

$\frac{5}{\sigma}=1.25 \quad \therefore \sigma=4$

$\therefore k+\sigma=55+4=59$

062 정답률 ▸ 59% 답 8

1단계 정규분포의 표준화를 이용하여 m, σ의 값을 각각 구해 보자.

확률변수 X가 정규분포 $N(m, \sigma^2)$을 따르므로 $Z=\frac{X-m}{\sigma}$이라 하면 확률변수 Z는 표준정규분포 $N(0, 1)$을 따른다. 즉,

$F(x)=P(X\leq x)=P\left(Z\leq \frac{x-m}{\sigma}\right)$

$$F\left(\frac{13}{2}\right)=P\left(Z\leq \frac{\frac{13}{2}-m}{\sigma}\right)$$
$$=P(Z\leq 0)+P\left(0\leq Z\leq \frac{\frac{13}{2}-m}{\sigma}\right)$$
$$=0.5+P\left(0\leq Z\leq \frac{\frac{13}{2}-m}{\sigma}\right)$$
$$=0.8413$$

에서 $P\left(0\leq Z\leq \frac{\frac{13}{2}-m}{\sigma}\right)=0.3413$

이때 주어진 표준정규분포표에서 $P(0\leq Z\leq 1)=0.3413$이므로

$\frac{\frac{13}{2}-m}{\sigma}=1$

$\therefore \sigma=\frac{13}{2}-m \quad \cdots\cdots ㉠$

또한, $0.5\leq F\left(\frac{11}{2}\right)\leq 0.6915$이고 → $f\left(\frac{11}{2}\right)\geq 0.5$이므로 $\frac{\frac{11}{2}-m}{\sigma}\geq 0$

$$F\left(\frac{11}{2}\right)=P\left(Z\leq \frac{\frac{11}{2}-m}{\sigma}\right)=P(Z\leq 0)+P\left(0\leq Z\leq \frac{\frac{11}{2}-m}{\sigma}\right)$$
$$=0.5+P\left(0\leq Z\leq \frac{\frac{11}{2}-m}{\sigma}\right)$$

이므로

$0\leq P\left(0\leq Z\leq \frac{\frac{11}{2}-m}{\sigma}\right)\leq 0.1915$

이때 주어진 표준정규분포표에서 $P(0\leq Z\leq 0.5)=0.1915$이므로

$0\leq \frac{\frac{11}{2}-m}{\sigma}\leq 0.5 \quad \cdots\cdots ㉡$

㉠을 ㉡에 대입하여 정리하면 $\frac{9}{2}\leq m\leq \frac{11}{2}$

$\therefore m=5$ ($\because m$은 자연수), $\sigma=\frac{3}{2}$

2단계 상수 k의 값을 구해 보자.

$$F(k)=P\left(Z\leq \frac{k-5}{\frac{3}{2}}\right)=P(Z\leq 0)+P\left(0\leq Z\leq \frac{k-5}{\frac{3}{2}}\right)$$

→ $F(k)>0.5$이므로 $\frac{k-5}{\frac{3}{2}}>0$

$$=0.5+P\left(0\leq Z\leq \frac{k-5}{\frac{3}{2}}\right)=0.9772$$

에서 $P\left(0\leq Z\leq \frac{k-5}{\frac{3}{2}}\right)=0.4772$

이때 주어진 표준정규분포표에서 $P(0\leq Z\leq 2)=0.4772$이므로

$\frac{k-5}{\frac{3}{2}}=2, \ k-5=3$

$\therefore k=8$

063 정답률 ▸ 69% 답 ②

1단계 $f(12)=g(26)$을 이용하여 m의 값을 구해 보자.

정규분포를 따르는 두 확률변수 X, Y의 표준편차가 같으므로 확률밀도함수 $f(x)$와 $g(x)$의 그래프는 평행이동에 의하여 일치시킬 수 있다.

$f(12)=g(26)$이고, 확률변수 Y가 정규분포 $N(m, 4^2)$을 따르고 $P(Y\geq 26)\geq 0.5$이므로 $m\geq 26$이다.

즉, 두 확률밀도함수 $f(x)$, $g(x)$의 그래프는 다음 그림과 같으므로

$12-10=m-26 \quad \therefore m=28$

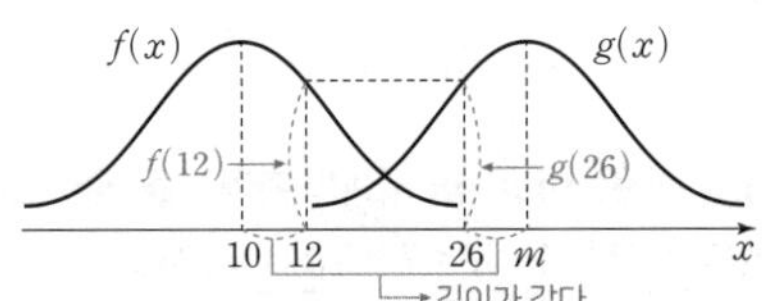

2단계 정규분포의 표준화를 이용하여 $P(Y\leq 20)$의 값을 구해 보자.

확률변수 Y는 정규분포 $N(28, 4^2)$을 따르므로 $Z=\frac{Y-28}{4}$이라 하면 확률변수 Z는 표준정규분포 $N(0, 1)$을 따른다.

$$\therefore P(Y\leq 20)=P\left(Z\leq \frac{20-28}{4}\right)$$
$$=P(Z\leq -2)=P(Z\geq 2)$$
$$=P(Z\geq 0)-P(0\leq Z\leq 2)$$
$$=0.5-P(0\leq Z\leq 2)$$
$$=0.5-0.4772=0.0228$$

064 정답률 ▸ 60% 답 ②

1단계 조건 (가)를 이용하여 두 확률밀도함수 $y=f(x)$, $y=g(x)$의 그래프의 개형을 그려 보자.

조건 (가)에 의하여 $m_1<24<28<m_2$

두 확률변수 X, Y의 표준편차가 같고 $f(24)=g(28)$이므로 두 확률밀도함수 $y=f(x)$, $y=g(x)$의 그래프의 개형은 다음 그림과 같다.

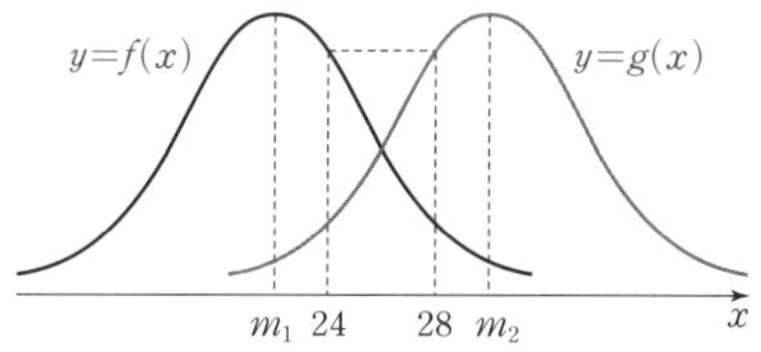

2단계 조건 (가)를 이용하여 m_1, σ_1 사이의 관계식, m_2, σ_2 사이의 관계식을 각각 구해 보자.

두 확률변수 X, Y가 각각 정규분포 $N(m_1, \sigma_1^2)$, $N(m_2, \sigma_2^2)$을 따르므로 $Z_X=\frac{X-m_1}{\sigma_1}$, $Z_Y=\frac{Y-m_2}{\sigma_2}$라 하면 두 확률변수 Z_X, Z_Y는 모두 표준정규분포 $N(0, 1)$을 따른다.

조건 (가)에서

$P(m_1 \le X \le 24)+P(28 \le Y \le m_2)=0.9544$

이고, 위의 함수의 그래프의 개형에 의하여

$P(m_1 \le X \le 24)=P(28 \le Y \le m_2)$

이므로

$P(m_1 \le X \le 24)=P(28 \le Y \le m_2)=\frac{1}{2}\times 0.9544=0.4772$

$\therefore P\left(0 \le Z_X \le \frac{24-m_1}{\sigma_1}\right)=P\left(\frac{28-m_2}{\sigma_2} \le Z_Y \le 0\right)=0.4772$

주어진 표준정규분포표에서 $P(0 \le Z \le 2)=0.4772$이므로

$\frac{24-m_1}{\sigma_1}=2 \quad \therefore 24-m_1=2\sigma_1$ …… ㉠

$\frac{28-m_2}{\sigma_2}=-2 \quad \therefore 28-m_2=-2\sigma_2$ …… ㉡

3단계 조건 (나)를 이용하여 m_2, σ_2 사이의 관계식을 구해 보자.

조건 (나)에서 $P(Y \ge 36)=1-P(X \le 24)$이므로

$P(Y \ge 36)=P\left(Z_Y \ge \frac{36-m_2}{\sigma_2}\right)$,

$$\begin{aligned}1-P(X \le 24)&=1-P\left(Z_X \le \frac{24-m_1}{\sigma_1}\right)\\&=1-P(Z_X \le 2)\ (\because ㉠)\\&=P(Z_X \ge 2)\end{aligned}$$

에서

$P\left(Z_Y \ge \frac{36-m_2}{\sigma_2}\right)=P(Z_X \ge 2)$

즉, $\frac{36-m_2}{\sigma_2}=2$이므로 $36-m_2=2\sigma_2$ …… ㉢

4단계 m_1, σ_1, m_2, σ_2의 값을 각각 구해 보자.

㉡, ㉢을 연립하여 풀면

$m_2=32$, $\sigma_2=2$

$\sigma_1=\sigma_2=2$이므로 ㉠에 대입하여 정리하면

$m_1=20$

5단계 정규분포의 표준화를 이용하여 $P(18 \le X \le 21)$의 값을 구해 보자.

확률변수 X는 정규분포 $N(20, 2^2)$을 따르고 $Z_X=\frac{X-20}{2}$이므로 Z_X는 표준정규분포 $N(0, 1)$을 따른다.

$$\begin{aligned}\therefore P(18 \le X \le 21)&=P\left(\frac{18-20}{2} \le Z_X \le \frac{21-20}{2}\right)\\&=P(-1 \le Z_X \le 0.5)\\&=P(-1 \le Z_X \le 0)+P(0 \le Z_X \le 0.5)\\&=P(0 \le Z_X \le 1)+P(0 \le Z_X \le 0.5)\\&=0.3413+0.1915=0.5328\end{aligned}$$

065 정답률 ▸ 54% 답 ⑤

1단계 확률변수가 따르는 확률분포를 알아보자.

C 회사 제품을 선택하는 고객의 수를 확률변수 X라 하면 선호도 조사표에 의하여 C 회사 제품을 선택할 확률은 $\frac{25}{100}=\frac{1}{4}$이고, 총 192명이 등산화를 사므로 확률변수 X는 이항분포 $B\left(192, \frac{1}{4}\right)$을 따른다.

2단계 확률변수 X가 근사적으로 따르는 정규분포를 알아보자.

이항분포 $B\left(192, \frac{1}{4}\right)$을 따르는 확률변수 X의 평균과 분산은

$E(X)=192\times\frac{1}{4}=48$

$V(X)=192\times\frac{1}{4}\times\frac{3}{4}=36$

이때 192는 충분히 큰 수이므로 확률변수 X는 근사적으로 정규분포 $N(48, 6^2)$을 따른다.

3단계 정규분포의 표준화를 이용하여 확률을 구해 보자.

$Z=\frac{X-48}{6}$라 하면 확률변수 Z는 표준정규분포 $N(0, 1)$을 따르므로

C 회사 제품을 선택할 고객이 42명 이상일 확률은

$$\begin{aligned}P(X \ge 42)&=P\left(Z \ge \frac{42-48}{6}\right)\\&=P(Z \ge -1)\\&=0.5+P(0 \le Z \le 1)\\&=0.5+0.3413\\&=0.8413\end{aligned}$$

066 정답률 ▸ 50% 답 ③

1단계 세 확률변수 X, Y, W가 근사적으로 따르는 정규분포를 각각 알아보자.

X는 이항분포 $B\left(100, \frac{1}{5}\right)$, Y는 이항분포 $B\left(225, \frac{1}{5}\right)$,

W는 이항분포 $B\left(400, \frac{1}{5}\right)$을 따르므로 각각의 평균과 분산은

$E(X)=100\times\frac{1}{5}=20$, $V(X)=100\times\frac{1}{5}\times\frac{4}{5}=16$

$E(Y)=225\times\frac{1}{5}=45$, $V(Y)=225\times\frac{1}{5}\times\frac{4}{5}=36$

$E(W)=400\times\frac{1}{5}=80$, $V(W)=400\times\frac{1}{5}\times\frac{4}{5}=64$

이때 100, 225, 400은 모두 충분히 큰 수이므로 확률변수 X, Y, W는 각각 근사적으로 정규분포 $N(20, 4^2)$, $N(45, 6^2)$, $N(80, 8^2)$을 따른다.

2단계 정규분포의 표준화를 이용하여 <보기>에서 주어진 확률을 각각 구해 보자.

$Z_X=\frac{X-20}{4}$, $Z_Y=\frac{Y-45}{6}$, $Z_W=\frac{W-80}{8}$라 하면 세 확률변수 Z_X, Z_Y, Z_W는 모두 표준정규분포 $N(0, 1)$을 따르므로

$$\begin{aligned}P\left(\left|\frac{X}{100}-\frac{1}{5}\right|<\frac{1}{10}\right)&=P\left(\left|\frac{X-20}{100}\right|<\frac{1}{10}\right)\\&=P\left(\frac{1}{25}|Z_X|<\frac{1}{10}\right)\\&=P(|Z_X|<2.5)\end{aligned}$$ …… ㉠ →

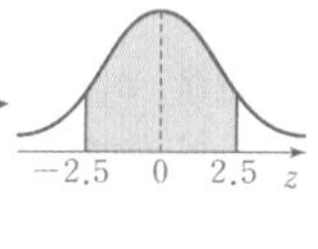

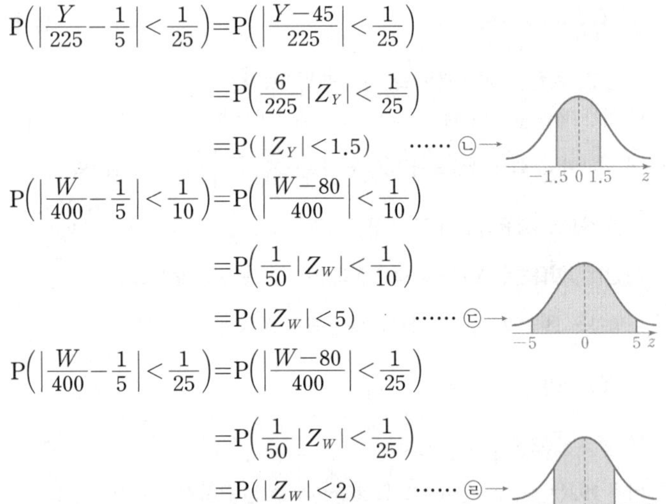

$$\mathrm{P}\left(\left|\frac{Y}{225}-\frac{1}{5}\right|<\frac{1}{25}\right)=\mathrm{P}\left(\left|\frac{Y-45}{225}\right|<\frac{1}{25}\right)$$
$$=\mathrm{P}\left(\frac{6}{225}|Z_Y|<\frac{1}{25}\right)$$
$$=\mathrm{P}(|Z_Y|<1.5) \quad \cdots\cdots ㉡$$

$$\mathrm{P}\left(\left|\frac{W}{400}-\frac{1}{5}\right|<\frac{1}{10}\right)=\mathrm{P}\left(\left|\frac{W-80}{400}\right|<\frac{1}{10}\right)$$
$$=\mathrm{P}\left(\frac{1}{50}|Z_W|<\frac{1}{10}\right)$$
$$=\mathrm{P}(|Z_W|<5) \quad \cdots\cdots ㉢$$

$$\mathrm{P}\left(\left|\frac{W}{400}-\frac{1}{5}\right|<\frac{1}{25}\right)=\mathrm{P}\left(\left|\frac{W-80}{400}\right|<\frac{1}{25}\right)$$
$$=\mathrm{P}\left(\frac{1}{50}|Z_W|<\frac{1}{25}\right)$$
$$=\mathrm{P}(|Z_W|<2) \quad \cdots\cdots ㉣$$

[3단계] ㄱ, ㄴ, ㄷ의 참, 거짓을 판별해 보자.

ㄱ. ㉠, ㉢에서

$$\mathrm{P}\left(\left|\frac{X}{100}-\frac{1}{5}\right|<\frac{1}{10}\right)<\mathrm{P}\left(\left|\frac{W}{400}-\frac{1}{5}\right|<\frac{1}{10}\right) \text{ (참)}$$

→ $\mathrm{P}(|Z|<2.5)<\mathrm{P}(|Z|<5)$이므로

ㄴ. ㉠, ㉡에서

$$\mathrm{P}\left(\left|\frac{X}{100}-\frac{1}{5}\right|<\frac{1}{10}\right)>\mathrm{P}\left(\left|\frac{Y}{225}-\frac{1}{5}\right|<\frac{1}{25}\right) \text{ (거짓)}$$

→ $\mathrm{P}(|Z|<2.5)>\mathrm{P}(|Z|<1.5)$이므로

ㄷ. ㉡, ㉣에서

$$\mathrm{P}\left(\left|\frac{Y}{225}-\frac{1}{5}\right|<\frac{1}{25}\right)<\mathrm{P}\left(\left|\frac{W}{400}-\frac{1}{5}\right|<\frac{1}{25}\right) \text{ (참)}$$

→ $\mathrm{P}(|Z|<1.5)<\mathrm{P}(|Z|<2)$이므로

따라서 옳은 것은 ㄱ, ㄷ이다.

067 정답률 ▸ 82% 답 ⑤

모표준편차를 σ라 하면 $\sigma=14$이므로

$$\sigma(\overline{X})=\frac{\sigma}{\sqrt{n}}=\frac{14}{\sqrt{n}}=2$$

즉, $\sqrt{n}=7$이므로 $n=49$

068 정답률 ▸ 90% 답 ⑤

1단계 $\mathrm{E}(X)=\mathrm{E}(\overline{X})$임을 이용하여 $a+2b$의 값을 구해 보자.

모평균과 표본평균 $\overline{X}$의 평균은 서로 같으므로

$$\mathrm{E}(X)=\mathrm{E}(\overline{X})=\frac{5}{6} \quad \cdots\cdots ㉠$$

한편, 주어진 모집단의 확률분포표에서

$$\mathrm{E}(X)=0\times\frac{1}{3}+1\times a+2\times b=a+2b \quad \cdots\cdots ㉡$$

㉠, ㉡에서

$$a+2b=\frac{5}{6}$$

069 정답률 ▸ 85% 답 ④

1단계 a, b의 값을 각각 구해 보자.

확률의 총합은 1이므로

$$\frac{1}{6}+a+b=1$$

$$\therefore a+b=\frac{5}{6} \quad \cdots\cdots ㉠$$

$$\mathrm{E}(X^2)=0^2\times\frac{1}{6}+2^2\times a+4^2\times b=\frac{16}{3}$$

이므로

$$a+4b=\frac{4}{3} \quad \cdots\cdots ㉡$$

㉠, ㉡을 연립하여 풀면

$$a=\frac{2}{3},\ b=\frac{1}{6}$$

2단계 $\mathrm{V}(X)$의 값을 구해 보자.

모집단의 확률분포를 표로 나타내면 다음과 같다.

X	0	2	4	합계
$\mathrm{P}(X=x)$	$\frac{1}{6}$	$\frac{2}{3}$	$\frac{1}{6}$	1

$$\mathrm{E}(X)=0\times\frac{1}{6}+2\times\frac{2}{3}+4\times\frac{1}{6}=2$$

이므로

$$\mathrm{V}(X)=\mathrm{E}(X^2)-\{\mathrm{E}(X)\}^2$$
$$=\frac{16}{3}-2^2=\frac{4}{3}$$

3단계 $\mathrm{V}(\overline{X})$의 값을 구해 보자.

표본의 크기가 20이므로

$$\mathrm{V}(\overline{X})=\frac{\mathrm{V}(X)}{20}=\frac{\frac{4}{3}}{20}=\frac{1}{15}$$

070 정답률 ▸ 가형: 87%, 나형: 69% 답 ④

1단계 p, q, r에 알맞은 수를 각각 구해 보자.

주어진 모집단의 확률분포에서

$$m=\mathrm{E}(X)=1\times\frac{1}{6}+2\times\frac{1}{3}+3\times\frac{1}{2}=\frac{7}{3}$$

$$\sigma^2=\mathrm{V}(X)=1^2\times\frac{1}{6}+2^2\times\frac{1}{3}+3^2\times\frac{1}{2}-\left(\frac{7}{3}\right)^2=6-\frac{49}{9}=\boxed{\frac{5}{9}}$$

모집단에서 크기가 10인 표본을 임의추출하여 구한 표본평균을 $\overline{X}$라 하면

$$\mathrm{E}(\overline{X})=\mathrm{E}(X)=\frac{7}{3}$$

$$\mathrm{V}(\overline{X})=\frac{\mathrm{V}(X)}{10}=\frac{\frac{5}{9}}{10}=\boxed{\frac{1}{18}}$$

주머니에서 n번째 꺼낸 공에 적혀 있는 수를 X_n이라 하면

$Y=\sum_{n=1}^{10}X_n=10\overline{X}$이므로

$$\mathrm{E}(Y)=\mathrm{E}(10\overline{X})=10\mathrm{E}(\overline{X})=10\times\frac{7}{3}=\frac{70}{3}$$

$$\mathrm{V}(Y)=\mathrm{V}(10\overline{X})=10^2\mathrm{V}(\overline{X})=100\times\frac{1}{18}=\boxed{\frac{50}{9}}$$

$$\therefore p=\frac{5}{9},\ q=\frac{1}{18},\ r=\frac{50}{9}$$

2단계 $p+q+r$의 값을 구해 보자.

$$p+q+r=\frac{5}{9}+\frac{1}{18}+\frac{50}{9}$$
$$=\frac{37}{6}$$

071 정답률 ▸ 85% 답 ⑤

Best Pick 표본평균의 확률에서 활용 문제로 자주 출제되는 형태의 문제이다. 표본으로 몇 개를 임의추출한 후 이들의 평균을 구한 것이 표본평균이라는 개념을 정확하게 알고 있어야 한다.

1단계 첫 번째 꺼낸 공에 적혀 있는 수와 두 번째 꺼낸 공에 적혀 있는 수의 합을 구해 보자.

첫 번째 꺼낸 공에 적혀 있는 수를 a, 두 번째 꺼낸 공에 적혀 있는 수를 b라 하면 $\overline{X}=2$이므로

$\frac{a+b}{2}=2$에서

$a+b=4$

2단계 $\mathrm{P}(\overline{X}=2)$의 값을 구해 보자.

(i) $a=1,\ b=3$일 때의 확률은

$\frac{1}{8}\times\frac{5}{8}=\frac{5}{64}$

(ii) $a=2,\ b=2$일 때의 확률은

$\frac{2}{8}\times\frac{2}{8}=\frac{1}{16}$

(iii) $a=3,\ b=1$일 때의 확률은

$\frac{5}{8}\times\frac{1}{8}=\frac{5}{64}$

(i), (ii), (iii)에서

$\mathrm{P}(\overline{X}=2)=\frac{5}{64}+\frac{1}{16}+\frac{5}{64}=\frac{7}{32}$

072 정답률 ▸ 90% 답 ②

1단계 표본평균이 따르는 정규분포를 구해 보자.

이 도시의 시민 한 명이 1년 동안 병원을 이용한 횟수를 확률변수 X라 하면 X는 정규분포 $\mathrm{N}(14,\ 3.2^2)$을 따른다.

또한, 이 도시의 시민 중에서 임의추출한 256명의 1년 동안 병원을 이용한 횟수의 표본평균을 $\overline{X}$라 하면 $\overline{X}$는 정규분포 $\mathrm{N}\left(14,\ \left(\frac{3.2}{\sqrt{256}}\right)^2\right)$, 즉 $\mathrm{N}(14,\ 0.2^2)$을 따르므로 $Z=\frac{\overline{X}-14}{0.2}$라 하면 확률변수 Z는 표준정규분포 $\mathrm{N}(0,\ 1)$을 따른다.

2단계 정규분포의 표준화를 이용하여 확률을 구해 보자.

구하는 확률은

$$\begin{aligned}\mathrm{P}(13.7\le\overline{X}\le14.2)&=\mathrm{P}\left(\frac{13.7-14}{0.2}\le Z\le\frac{14.2-14}{0.2}\right)\\&=\mathrm{P}(-1.5\le Z\le1)\\&=\mathrm{P}(0\le Z\le1.5)+\mathrm{P}(0\le Z\le1)\\&=0.4332+0.3413\\&=0.7745\end{aligned}$$

073 정답률 ▸ 79% 답 ②

1단계 표본평균이 따르는 정규분포를 구해 보자.

약품 1병의 용량을 확률변수 X라 하면 X는 정규분포 $\mathrm{N}(m,\ 10^2)$을 따른다.

또한, 임의로 추출한 25병의 용량의 표본평균을 $\overline{X}$라 하면 $\overline{X}$는 정규분포 $\mathrm{N}\left(m,\ \left(\frac{10}{\sqrt{25}}\right)^2\right)$, 즉 $\mathrm{N}(m,\ 2^2)$을 따르므로 $Z=\frac{\overline{X}-m}{2}$이라 하면 확률변수 Z는 표준정규분포 $\mathrm{N}(0,\ 1)$을 따른다.

2단계 정규분포의 표준화를 이용하여 m의 값을 구해 보자.

표본평균이 2000 이상일 확률이 0.9772이므로

$$\begin{aligned}\mathrm{P}(\overline{X}\ge2000)&=\mathrm{P}\left(Z\ge\frac{2000-m}{2}\right)\\&=\mathrm{P}(Z\le0)+\mathrm{P}\left(0\le Z\le\frac{m-2000}{2}\right)\\&=0.5+\mathrm{P}\left(0\le Z\le\frac{m-2000}{2}\right)\\&=0.9772\end{aligned}$$

에서 $\mathrm{P}\left(0\le Z\le\frac{m-2000}{2}\right)=0.4772$

이때 주어진 표준정규분포표에서 $\mathrm{P}(0\le Z\le2)=0.4772$이므로

$\frac{m-2000}{2}=2,$

$m-2000=4$

$\therefore\ m=2004$

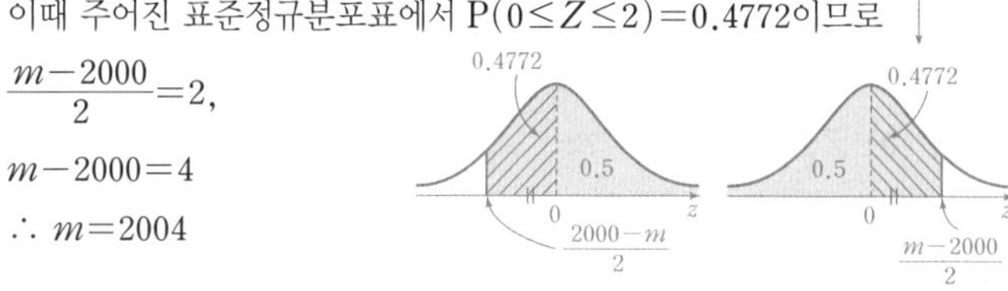

074 정답률 ▸ 91% 답 ③

Best Pick 서로 다른 두 모집단에서 각각 임의추출한 표본평균을 비교하는 문제이다. 모집단이 정규분포를 따르면 표본평균도 정규분포를 따른다는 것을 이용하면 두 표본평균의 확률을 비교할 수 있다.

1단계 표본평균 $\overline{X},\ \overline{Y}$가 따르는 정규분포를 각각 구해 보자.

표본평균 $\overline{X}$는 정규분포 $\mathrm{N}(0,\ 4^2)$을 따르는 모집단에서 크기가 9인 표본을 임의추출하여 구한 것이므로 $\overline{X}$는 정규분포 $\mathrm{N}\left(0,\ \left(\frac{4}{\sqrt{9}}\right)^2\right)$, 즉 $\mathrm{N}\left(0,\ \left(\frac{4}{3}\right)^2\right)$을 따른다.

표본평균 $\overline{Y}$는 정규분포 $\mathrm{N}(3,\ 2^2)$을 따르는 모집단에서 크기가 16인 표본을 임의추출하여 구한 것이므로 $\overline{Y}$는 정규분포 $\mathrm{N}\left(3,\ \left(\frac{2}{\sqrt{16}}\right)^2\right)$, 즉 $\mathrm{N}\left(3,\ \left(\frac{1}{2}\right)^2\right)$을 따른다.

$Z_{\overline{X}}=\frac{\overline{X}-0}{\frac{4}{3}},\ Z_{\overline{Y}}=\frac{\overline{Y}-3}{\frac{1}{2}}$이라 하면 두 확률변수 $Z_{\overline{X}},\ Z_{\overline{Y}}$는 모두 표준정규분포 $\mathrm{N}(0,\ 1)$을 따른다.

2단계 정규분포의 표준화를 이용하여 상수 a의 값을 구해 보자.

$\mathrm{P}(\overline{X}\ge1)=\mathrm{P}\left(Z_{\overline{X}}\ge\frac{1-0}{\frac{4}{3}}\right)=\mathrm{P}\left(Z_{\overline{X}}\ge\frac{3}{4}\right)$

$\mathrm{P}(\overline{Y}\le a)=\mathrm{P}\left(Z_{\overline{Y}}\le\frac{a-3}{\frac{1}{2}}\right)=\mathrm{P}(Z_{\overline{Y}}\le2a-6)$

이때 $\mathrm{P}(\overline{X}\ge1)=\mathrm{P}(\overline{Y}\le a)$이므로

$\frac{3}{4}=-(2a-6)$

$2a=\frac{21}{4}$

$\therefore\ a=\frac{21}{8}$

075 정답률 ▸ 85% 답 ②

1단계 표본평균이 따르는 정규분포를 구해 보자.

찹쌀 도넛의 무게는 정규분포 $N(70, 2.5^2)$을 따른다.

또한, 찹쌀 도넛 중 16개를 임의추출하여 조사한 무게의 표본평균 $\overline{X}$는 정규분포 $N\left(70, \left(\frac{2.5}{\sqrt{16}}\right)^2\right)$, 즉 $N\left(70, \left(\frac{5}{8}\right)^2\right)$을 따르므로 $Z=\frac{\overline{X}-70}{\frac{5}{8}}$이라 하면 확률변수 Z는 표준정규분포 $N(0, 1)$을 따른다.

2단계 정규분포의 표준화를 이용하여 상수 a의 값을 구해 보자.

$$\begin{aligned}P(|\overline{X}-70|\le a)&=P(70-a\le\overline{X}\le 70+a)\\&=P\left(\frac{70-a-70}{\frac{5}{8}}\le Z\le\frac{70+a-70}{\frac{5}{8}}\right)\\&=P(-1.6a\le Z\le 1.6a)\\&=2P(0\le Z\le 1.6a)\\&=0.9544\end{aligned}$$

에서 $P(0\le Z\le 1.6a)=0.4772$

이때 주어진 표준정규분포표에서

$P(0\le Z\le 2)=0.4772$이므로

$1.6a=2$

$\therefore a=1.25$

076 정답률 ▸ 64% 답 ⑤

1단계 표본평균 $\overline{X}$가 따르는 정규분포를 구해 보자.

확률변수 X의 표준편차를 a라 하면 X는 정규분포 $N(220, a^2)$을 따른다.

또한, 표본평균 $\overline{X}$는 정규분포 $N\left(220, \left(\frac{a}{\sqrt{n}}\right)^2\right)$을 따르므로

$Z_{\overline{X}}=\frac{\overline{X}-220}{\frac{a}{\sqrt{n}}}$이라 하면 확률변수 $Z_{\overline{X}}$는 표준정규분포 $N(0, 1)$을 따른다.

2단계 표본평균 $\overline{Y}$가 따르는 정규분포를 구해 보자.

$P(\overline{X}\le 215)=0.1587$이므로

$$\begin{aligned}P(\overline{X}\le 215)&=P\left(Z_{\overline{X}}\le\frac{215-220}{\frac{a}{\sqrt{n}}}\right)\\&=P\left(Z_{\overline{X}}\le-\frac{5\sqrt{n}}{a}\right)\\&=P\left(Z_{\overline{X}}\ge\frac{5\sqrt{n}}{a}\right)\\&=0.5-P\left(0\le Z_{\overline{X}}\le\frac{5\sqrt{n}}{a}\right)\\&=0.1587\end{aligned}$$

$\therefore P\left(0\le Z_{\overline{X}}\le\frac{5\sqrt{n}}{a}\right)=0.3413$

주어진 표준정규분포표에서

$P(0\le Z\le 1)=0.3413$이므로

$\frac{5\sqrt{n}}{a}=1$

$\therefore \frac{a}{\sqrt{n}}=5$ …… ㉠

한편, 조건 (나)에 의하여 확률변수 Y의 표준편차는 $\frac{3}{2}a$이므로 Y는 정규분포 $N\left(240, \left(\frac{3}{2}a\right)^2\right)$을 따른다.

또한, 표본평균 $\overline{Y}$는 정규분포 $N\left(240, \left(\frac{\frac{3}{2}a}{\sqrt{9n}}\right)^2\right)$, 즉

$N\left(240, \left(\frac{5}{2}\right)^2\right)$ ($\because$ ㉠)을 따르므로 $Z_{\overline{Y}}=\frac{\overline{Y}-240}{\frac{5}{2}}$이라 하면 확률변수 $Z_{\overline{Y}}$는 표준정규분포 $N(0, 1)$을 따른다.

3단계 정규분포의 표준화를 이용하여 $P(\overline{Y}\ge 235)$의 값을 구해 보자.

$$\begin{aligned}P(\overline{Y}\ge 235)&=P\left(Z_{\overline{Y}}\ge\frac{235-240}{\frac{5}{2}}\right)\\&=P(Z_{\overline{Y}}\ge -2)\\&=P(-2\le Z_{\overline{Y}}\le 0)+P(Z_{\overline{Y}}\ge 0)\\&=P(0\le Z_{\overline{Y}}\le 2)+P(Z_{\overline{Y}}\le 0)\\&=0.4772+0.5=0.9772\end{aligned}$$

077 정답률 ▸ 68% 답 ①

1단계 정규분포의 표준화를 이용하여 a, m 사이의 관계식을 구해 보자.

확률변수 X는 정규분포 $N(m, 4^2)$을 따르므로 $Z=\frac{X-m}{4}$이라 하면 확률변수 Z는 표준정규분포 $N(0, 1)$을 따른다. 즉,

$$\begin{aligned}P(m\le X\le a)&=P\left(\frac{m-m}{4}\le Z\le\frac{a-m}{4}\right)\\&=P\left(0\le Z\le\frac{a-m}{4}\right)\\&=0.3413\end{aligned}$$

이때 주어진 표준정규분포표에서 $P(0\le Z\le 1)=0.3413$이므로

$\frac{a-m}{4}=1$

$\therefore a-m=4$ …… ㉠

2단계 표본평균이 따르는 정규분포를 구해 보자.

생산된 제품 중에서 임의추출한 제품 16개의 길이의 표본평균을 $\overline{X}$라 하면 $\overline{X}$는 정규분포 $N\left(m, \left(\frac{4}{\sqrt{16}}\right)^2\right)$, 즉 $N(m, 1^2)$을 따르므로 $Z=\frac{\overline{X}-m}{1}$이라 하면 확률변수 Z는 표준정규분포 $N(0, 1)$을 따른다.

3단계 정규분포의 표준화를 이용하여 확률을 구해 보자.

구하는 확률은

$$\begin{aligned}P(\overline{X}\ge a-2)&=P\left(Z\ge\frac{a-2-m}{1}\right)\\&=P(Z\ge a-m-2)\\&=P(Z\ge 2)\ (\because ㉠)\\&=P(Z\ge 0)-P(0\le Z\le 2)\\&=0.5-P(0\le Z\le 2)\\&=0.5-0.4772\\&=0.0228\end{aligned}$$

078 정답률 ▸ 87% 답 ③

1단계 확률변수 X의 평균과 표준편차를 각각 구해 보자.

확률변수 X가 정규분포 $N(m, \sigma^2)$을 따른다고 하면 표본평균 $\overline{X}$는 정규분포 $N\left(m, \left(\frac{\sigma}{\sqrt{25}}\right)^2\right)$, 즉 $N\left(m, \left(\frac{\sigma}{5}\right)^2\right)$을 따른다.

이때 $P(X \ge 3.4)=\frac{1}{2}$이므로 확률변수 X의 정규분포곡선은 직선 $x=3.4$에 대하여 대칭이다.

$\therefore m=3.4$

즉, $Z=\frac{X-3.4}{\sigma}$라 하면 확률변수 Z는 표준정규분포 $N(0, 1)$을 따른다.

$P(X \le 3.9)+P(Z \le -1)=1$에서

$P(X \le 3.9)=P\left(Z \le \frac{3.9-3.4}{\sigma}\right)=P\left(Z \le \frac{0.5}{\sigma}\right)$

$P(Z \le -1)=P(Z \ge 1)$

이므로

$P\left(Z \le \frac{0.5}{\sigma}\right)+P(Z \ge 1)=1$

$\frac{0.5}{\sigma}=1 \qquad \therefore \sigma=0.5$

2단계 표본평균이 따르는 정규분포를 구해 보자.

확률변수 X는 정규분포 $N(3.4,\ 0.5^2)$을 따르고, 표본평균 $\overline{X}$는 정규분포 $N(3.4,\ 0.1^2)$을 따르므로 $Z_{\overline{X}}=\frac{\overline{X}-3.4}{0.1}$라 하면 확률변수 $Z_{\overline{X}}$는 표준정규분포 $N(0, 1)$을 따른다.

3단계 정규분포의 표준화를 이용하여 $P(\overline{X} \ge 3.55)$의 값을 구해 보자.

$$\begin{aligned}P(\overline{X} \ge 3.55)&=P\left(Z_{\overline{X}} \ge \frac{3.55-3.4}{0.1}\right)\\&=P(Z_{\overline{X}} \ge 1.5)\\&=P(Z_{\overline{X}} \ge 0)-P(0 \le Z_{\overline{X}} \le 1.5)\\&=0.5-0.4332\\&=0.0668\end{aligned}$$

079 정답률 ▸ 68% 답 ①

1단계 두 표본평균 $\overline{X}$, $\overline{Y}$가 따르는 정규분포를 각각 구해 보자.

정규분포 $N(50, 8^2)$을 따르는 모집단에서 크기가 16인 표본을 임의추출하여 구한 표본평균이 $\overline{X}$이므로 $\overline{X}$는 정규분포 $N\left(50, \left(\frac{8}{\sqrt{16}}\right)^2\right)$, 즉 $N(50, 2^2)$을 따른다.

정규분포 $N(75, \sigma^2)$을 따르는 모집단에서 크기가 25인 표본을 임의추출하여 구한 표본평균이 $\overline{Y}$이므로 $\overline{Y}$는 정규분포 $N\left(75, \left(\frac{\sigma}{\sqrt{25}}\right)^2\right)$, 즉 $N\left(75, \left(\frac{\sigma}{5}\right)^2\right)$을 따른다.

$Z_{\overline{X}}=\frac{\overline{X}-50}{2}$, $Z_{\overline{Y}}=\frac{\overline{Y}-75}{\frac{\sigma}{5}}$라 하면 두 확률변수 $Z_{\overline{X}}$, $Z_{\overline{Y}}$는 모두 표준정규분포 $N(0, 1)$을 따른다.

2단계 σ의 값을 구해 보자.

$$\begin{aligned}P(\overline{X} \le 53)+P(\overline{Y} \le 69)&=P\left(Z_{\overline{X}} \le \frac{53-50}{2}\right)+P\left(Z_{\overline{Y}} \le \frac{69-75}{\frac{\sigma}{5}}\right)\\&=P(Z_{\overline{X}} \le 1.5)+P\left(Z_{\overline{Y}} \le -\frac{30}{\sigma}\right)\\&=P(Z_{\overline{X}} \le 1.5)+P\left(Z_{\overline{Y}} \ge \frac{30}{\sigma}\right)\\&=1\end{aligned}$$

에서

$1.5=\frac{30}{\sigma}$

$\therefore \sigma=20$

3단계 $P(\overline{Y} \ge 71)$의 값을 구해 보자.

$$\begin{aligned}P(\overline{Y} \ge 71)&=P\left(Z_{\overline{Y}} \ge \frac{71-75}{\frac{20}{5}}\right)\\&=P(Z_{\overline{Y}} \ge -1)\\&=P(Z_{\overline{Y}} \le 1)\\&=P(Z_{\overline{Y}} \le 0)+P(0 \le Z_{\overline{Y}} \le 1)\\&=0.5+P(0 \le Z_{\overline{Y}} \le 1)\\&=0.5+0.3413=0.8413\end{aligned}$$

080 정답률 ▸ 62% 답 ②

1단계 표본평균이 따르는 정규분포를 구해 보자.

A, B 상자에 들어 있는 제품의 무게를 각각 확률변수 X, Y라 하면 X는 정규분포 $N(16,\ 6^2)$을 따르고, Y는 정규분포 $N(10,\ 6^2)$을 따르므로 A, B 상자에서 임의추출한 16개 제품의 무게의 표본평균을 각각 $\overline{X}$, $\overline{Y}$라 하면 $\overline{X}$는 정규분포 $N\left(16, \left(\frac{6}{\sqrt{16}}\right)^2\right)$, 즉 $N\left(16, \left(\frac{3}{2}\right)^2\right)$을 따르고, $\overline{Y}$는 정규분포 $N\left(10, \left(\frac{6}{\sqrt{16}}\right)^2\right)$, 즉 $N\left(10, \left(\frac{3}{2}\right)^2\right)$을 따른다.

$Z_{\overline{X}}=\frac{\overline{X}-16}{\frac{3}{2}}$, $Z_{\overline{Y}}=\frac{\overline{Y}-10}{\frac{3}{2}}$이라 하면 두 확률변수 $Z_{\overline{X}}$, $Z_{\overline{Y}}$는 모두 표준정규분포 $N(0, 1)$을 따른다.

2단계 정규분포의 표준화를 이용하여 p, q의 값을 각각 구하고, $p+q$의 값을 구해 보자.

상자 A가 할인 판매될 확률 p는

$$\begin{aligned}p&=P(\overline{X}<12.7)\\&=P\left(Z_{\overline{X}}<\frac{12.7-16}{\frac{3}{2}}\right)\\&=P(Z_{\overline{X}}<-2.2)\\&=P(Z_{\overline{X}}>2.2)\\&=P(Z_{\overline{X}} \ge 0)-P(0 \le Z_{\overline{X}} \le 2.2)\\&=0.5-P(0 \le Z_{\overline{X}} \le 2.2)\\&=0.5-0.4861=0.0139\end{aligned}$$

상자 B가 정상 판매될 확률 q는

$$\begin{aligned}q&=P(\overline{Y} \ge 12.7)\\&=P\left(Z_{\overline{Y}} \ge \frac{12.7-10}{\frac{3}{2}}\right)\\&=P(Z_{\overline{Y}} \ge 1.8)\\&=P(Z_{\overline{Y}} \ge 0)-P(0 \le Z_{\overline{Y}} \le 1.8)\\&=0.5-P(0 \le Z_{\overline{Y}} \le 1.8)\\&=0.5-0.4641=0.0359\end{aligned}$$

$\therefore p+q=0.0139+0.0359=0.0498$

081 정답률 ▸ 60% 답 10

1단계 모평균 m에 대한 신뢰도 95 %의 신뢰구간을 구하여 σ의 값을 구해 보자.

표본의 크기 $n=64$이므로 표본평균의 값을 $\overline{x}$라 하면 모평균 m에 대한 신뢰도 95 %의 신뢰구간은

$\overline{x}-1.96 \times \frac{\sigma}{\sqrt{64}} \le m \le \overline{x}+1.96 \times \frac{\sigma}{\sqrt{64}}$

$\overline{x}-0.245\sigma \le m \le \overline{x}+0.245\sigma$

$\therefore a=\overline{x}-0.245\sigma,\ b=\overline{x}+0.245\sigma$

이때 $b-a=4.9$이므로

$2\times 0.245\sigma=0.49\sigma=4.9$

$\therefore \sigma=10$

082 정답률 ▸ 63% 답 ②

1단계 a, b를 각각 $\overline{x_1}$, σ에 대한 식으로 나타내어 보자.

전기 자동차 100대를 임의추출하여 얻은 1회 충전 주행 거리의 표본평균이 $\overline{x_1}$일 때, 모평균 m에 대한 신뢰도 95 %의 신뢰구간은

$\overline{x_1}-1.96\times\frac{\sigma}{\sqrt{100}} \le m \le \overline{x_1}+1.96\times\frac{\sigma}{\sqrt{100}}$에서

$\overline{x_1}-1.96\times\frac{\sigma}{10} \le m \le \overline{x_1}+1.96\times\frac{\sigma}{10}$

$\therefore a=\overline{x_1}-1.96\times\frac{\sigma}{10},\ b=\overline{x_1}+1.96\times\frac{\sigma}{10}$

2단계 c, d를 각각 $\overline{x_2}$, σ에 대한 식으로 나타내어 보자.

전기 자동차 400대를 임의추출하여 얻은 1회 충전 주행 거리의 표본평균이 $\overline{x_2}$일 때, 모평균 m에 대한 신뢰도 99 %의 신뢰구간은

$\overline{x_2}-2.58\times\frac{\sigma}{\sqrt{400}} \le m \le \overline{x_2}+2.58\times\frac{\sigma}{\sqrt{400}}$에서

$\overline{x_2}-2.58\times\frac{\sigma}{20} \le m \le \overline{x_2}+2.58\times\frac{\sigma}{20}$

$\therefore c=\overline{x_2}-2.58\times\frac{\sigma}{20},\ d=\overline{x_2}+2.58\times\frac{\sigma}{20}$

3단계 $b-a$의 값을 구해 보자.

$a=c$이므로

$\overline{x_1}-1.96\times\frac{\sigma}{10}=\overline{x_2}-2.58\times\frac{\sigma}{20}$

$\overline{x_1}-\overline{x_2}=0.067\sigma$

이때 $\overline{x_1}-\overline{x_2}=1.34$이므로

$0.067\sigma=1.34 \qquad \therefore \sigma=20$

$\therefore b-a=2\times 1.96\times\frac{\sigma}{10}$

$=2\times 1.96\times 2=7.84$

083 정답률 ▸ 80% 답 12

Best Pick 한 모집단에서 표본을 두 번 추출하고 각각의 신뢰도를 다르게 하여 모평균을 추정하는 문제이다. 이 유형은 표본평균과 신뢰도에 대한 정확한 개념 정립이 필요하고, 공식을 정확히 숙지하면 비교적 쉽게 해결할 수 있다.

1단계 a, b를 σ에 대한 식으로 각각 나타내어 보자.

첫 번째로 임의추출한 16명의 하루 여가 활동 시간의 표본평균이 75분이므로 모평균 m에 대한 신뢰도 95 %의 신뢰구간은

$75-1.96\times\frac{\sigma}{\sqrt{16}} \le m \le 75+1.96\times\frac{\sigma}{\sqrt{16}}$

$75-0.49\sigma \le m \le 75+0.49\sigma$

$\therefore a=75-0.49\sigma,\ b=75+0.49\sigma$

2단계 c, d를 σ에 대한 식으로 각각 나타내어 보자.

두 번째로 임의추출한 16명의 하루 여가 활동 시간의 표본평균이 77분이므로 모평균 m에 대한 신뢰도 99 %의 신뢰구간은

$77-2.58\times\frac{\sigma}{\sqrt{16}} \le m \le 77+2.58\times\frac{\sigma}{\sqrt{16}}$

$77-0.645\sigma \le m \le 77+0.645\sigma$

$\therefore c=77-0.645\sigma,\ d=77+0.645\sigma$

3단계 σ의 값을 구해 보자.

$d-b=3.86$이므로

$(77+0.645\sigma)-(75+0.49\sigma)=3.86$

$2+0.155\sigma=3.86,\ 0.155\sigma=1.86$

$\therefore \sigma=12$

084 정답률 ▸ 79% 답 ②

1단계 $\overline{x_1}$, a의 값을 각각 구해 보자.

모표준편차 $\sigma=5$, 표본의 크기 $n=25$, 표본평균이 $\overline{x_1}$이므로 모평균 m에 대한 신뢰도 95 %의 신뢰구간은

$\overline{x_1}-1.96\times\frac{5}{\sqrt{25}} \le m \le \overline{x_1}+1.96\times\frac{5}{\sqrt{25}}$

이 신뢰구간이 $80-a \le m \le 80+a$이므로

$\overline{x_1}-1.96\times\frac{5}{\sqrt{25}}=80-a,\ \overline{x_1}+1.96\times\frac{5}{\sqrt{25}}=80+a$

위의 두 식을 연립하여 풀면

$\overline{x_1}=80,\ a=1.96$

2단계 $\overline{x_2}$, n의 값을 각각 구해 보자.

표본의 크기가 n일 때의 표본평균이 $\overline{x_2}$이므로 모평균 m에 대한 신뢰도 95 %의 신뢰구간은

$\overline{x_2}-1.96\times\frac{5}{\sqrt{n}} \le m \le \overline{x_2}+1.96\times\frac{5}{\sqrt{n}}$

이 신뢰구간이 $\frac{15}{16}\overline{x_1}-\frac{5}{7}a \le m \le \frac{15}{16}\overline{x_1}+\frac{5}{7}a$, 즉

$\frac{15}{16}\times 80-\frac{5}{7}\times 1.96 \le m \le \frac{15}{16}\times 80+\frac{5}{7}\times 1.96$

이므로

$\overline{x_2}=\frac{15}{16}\times 80=75,\ n=7^2=49$

3단계 $n+\overline{x_2}$의 값을 구해 보자.

$n+\overline{x_2}=49+75=124$

085 정답률 ▸ 69% 답 ③

Best Pick 표본평균 $\overline{x}$와 확률변수 X의 차이를 명확하게 알고 있어야 하는 문제이다. 이 문제를 통해 두 개념의 차이를 확실하게 구별해 보도록 하자.

1단계 c의 값을 구해 보자.

모표준편차를 σ라 하면 표본의 크기 $n=16$, 표본평균이 $\overline{x}$이므로 신뢰도 95 %로 추정한 모평균 m에 대한 신뢰구간은

$\overline{x}-1.96\times\frac{\sigma}{\sqrt{16}} \le m \le \overline{x}+1.96\times\frac{\sigma}{\sqrt{16}}$

$\therefore \overline{x}-0.49\sigma \le m \le \overline{x}+0.49\sigma$

이 신뢰구간이 $\overline{x}-c\le m\le\overline{x}+c$이므로
$c=0.49\sigma$

2단계 택시의 연간 주행거리가 $m+c$ 이하일 확률을 구해 보자.

택시의 연간 주행거리를 확률변수 X라 하면 X는 정규분포 $\mathrm{N}(m,\ \sigma^2)$을 따르므로 $Z=\frac{X-m}{\sigma}$이라 하면 확률변수 Z는 표준정규분포 $\mathrm{N}(0,\ 1)$을 따른다.

따라서 구하는 확률은

$$\begin{aligned}\mathrm{P}(X\le m+c)&=\mathrm{P}\left(Z\le\frac{m+0.49\sigma-m}{\sigma}\right)\\&=\mathrm{P}(Z\le0.49)\\&=\mathrm{P}(Z\le0)+\mathrm{P}(0\le Z\le0.49)\\&=0.5+\mathrm{P}(0\le Z\le0.49)\\&=0.5+0.1879\\&=0.6879\end{aligned}$$

고난도 기출

▸본문 116~120쪽

086 ② 087 78 088 ④ 089 31 090 71 091 ③
092 23

---

086 정답률 ▸ 49% 답 ②

1단계 $f(x)=f(100-x)$를 이용하여 m의 값을 구해 보자.

$f(x)=f(100-x)$에서 확률밀도함수 $f(x)$의 그래프는 직선 $x=50$에 대하여 대칭이므로

$m=50$

(함수 $f(x)$가 정규분포 $\mathrm{N}(m,\sigma^2)$을 따르는 확률변수의 확률밀도함수이므로 함수 $f(x)$의 그래프는 직선 $x=m$에 대하여 대칭이다.)

즉, 모집단의 확률변수 X는 정규분포 $\mathrm{N}(50,\ 10^2)$을 따른다.

2단계 함수 $f(x)$의 그래프를 이용하여 표준화된 구간별 확률을 구해 보자.

주어진 그래프에서 $m=50$이므로

$$\mathrm{P}(50-10\le X\le50+10)=\mathrm{P}(40\le X\le60)=0.6826 \quad\cdots\cdots ㉠$$

$$\mathrm{P}(50-20\le X\le50+20)=\mathrm{P}(30\le X\le70)=0.9544 \quad\cdots\cdots ㉡$$

$$\mathrm{P}(50-30\le X\le50+30)=\mathrm{P}(20\le X\le80)=0.9974 \quad\cdots\cdots ㉢$$

이때 $Z=\frac{X-50}{10}$이라 하면 확률변수 Z는 표준정규분포 $\mathrm{N}(0,\ 1)$을 따른다.

㉠에서

$$\mathrm{P}\left(\frac{40-50}{10}\le Z\le\frac{60-50}{10}\right)=\mathrm{P}(-1\le Z\le1)=2\mathrm{P}(0\le Z\le1)=0.6826$$

㉡에서

$$\mathrm{P}\left(\frac{30-50}{10}\le Z\le\frac{70-50}{10}\right)=\mathrm{P}(-2\le Z\le2)=2\mathrm{P}(0\le Z\le2)=0.9544$$

㉢에서

$$\mathrm{P}\left(\frac{20-50}{10}\le Z\le\frac{80-50}{10}\right)=\mathrm{P}(-3\le Z\le3)=2\mathrm{P}(0\le Z\le3)=0.9974$$

$\therefore\ \mathrm{P}(0\le Z\le1)=\frac{0.6826}{2}=0.3413,$

$\mathrm{P}(0\le Z\le2)=\frac{0.9544}{2}=0.4772,$

$\mathrm{P}(0\le Z\le3)=\frac{0.9974}{2}=0.4987$

3단계 정규분포의 표준화를 이용하여 $\mathrm{P}(44\le\overline{X}\le48)$의 값을 구해 보자.

정규분포 $\mathrm{N}(50,\ 10^2)$을 따르는 모집단에서 크기 25인 표본을 임의추출할 때의 표본평균 $\overline{X}$는 정규분포 $\mathrm{N}\left(50,\ \left(\frac{10}{\sqrt{25}}\right)^2\right)$, 즉 $\mathrm{N}(50,\ 2^2)$을 따르므로

$Z_{\overline{X}}=\frac{\overline{X}-50}{2}$이라 하면 확률변수 $Z_{\overline{X}}$는 표준정규분포 $\mathrm{N}(0,\ 1)$을 따른다.

$$\begin{aligned}\therefore\ \mathrm{P}(44\le\overline{X}\le48)&=\mathrm{P}\left(\frac{44-50}{2}\le Z_{\overline{X}}\le\frac{48-50}{2}\right)\\&=\mathrm{P}(-3\le Z_{\overline{X}}\le-1)=\mathrm{P}(1\le Z_{\overline{X}}\le3)\\&=\mathrm{P}(0\le Z_{\overline{X}}\le3)-\mathrm{P}(0\le Z_{\overline{X}}\le1)\\&=0.4987-0.3413=0.1574\end{aligned}$$

087 정답률 ▸ 36% 답 78

Best Pick 연속확률변수의 확률값은 그 구간에서의 영역의 넓이라는 개념을 잘 이해하고 있어야 하는 문제이다. 최근 확률밀도함수의 성질을 이용하는 문제가 자주 출제되고 있으므로 그 성질을 잘 이해하고 활용할 수 있어야 한다.

1단계 $E(X)$와 $E(Y)$, $E(X^2)$와 $E(Y^2)$ 사이의 관계를 각각 알아보자.

확률의 총합은 1이므로

$a+b+c+b+a=1 \qquad \therefore 2a+2b+c=1$

또한,

$E(X)=1\times a+3\times b+5\times c+7\times b+9\times a=10a+10b+5c$,

$E(X^2)=1^2\times a+3^2\times b+5^2\times c+7^2\times b+9^2\times a=82a+58b+25c$,

$$E(Y)=1\times\left(a+\frac{1}{20}\right)+3\times b+5\times\left(c-\frac{1}{10}\right)+7\times b+9\times\left(a+\frac{1}{20}\right)$$
$$=10a+10b+5c,$$

$$E(Y^2)=1^2\times\left(a+\frac{1}{20}\right)+3^2\times b+5^2\times\left(c-\frac{1}{10}\right)+7^2\times b$$
$$+9^2\times\left(a+\frac{1}{20}\right)$$
$$=82a+58b+25c+\frac{8}{5}$$

이므로

$$E(Y)=E(X),\ E(Y^2)=E(X^2)+\frac{8}{5}$$

2단계 $V(Y)$의 값을 구하여 $10\times V(Y)$의 값을 구해 보자.

$$V(Y)=E(Y^2)-\{E(Y)\}^2=\left\{E(X^2)+\frac{8}{5}\right\}-\{E(X)\}^2$$
$$=V(X)+\frac{8}{5}=\frac{31}{5}+\frac{8}{5}=\frac{39}{5}$$

$\therefore 10\times V(Y)=78$

참고

확률변수 X의 분포가 $X=5$에 대하여 대칭이므로

$E(X)=5$

같은 방법으로 $E(Y)=5$

$\therefore E(X)=E(Y)$

088 정답률 ▸ 29% 답 ④

1단계 모평균과 표본평균의 평균이 같음을 이용하여 a의 값을 구해 보자.

모평균과 표본평균 $\overline{X}$의 평균은 서로 같으므로

$E(X)=E(\overline{X})=18$

이때 주어진 모집단의 확률분포표에서

$$E(X)=10\times\frac{1}{2}+20\times a+30\times\left(\frac{1}{2}-a\right)=18$$

$5+20a+15-30a=18,\ 10a=2$

$\therefore a=\frac{1}{5}$

2단계 모집단의 확률분포표를 완성하고, 이를 이용하여 표본을 복원추출할 때 각각의 확률을 구해 보자.

모집단의 확률분포표를 완성하면 다음과 같다.

X	10	20	30	합계
$P(X=x)$	$\frac{1}{2}$	$\frac{1}{5}$	$\frac{3}{10}$	1

이때 크기가 2인 표본을 복원추출하면 확률은 다음 표와 같다.

X_1 \ X_2	10	20	30
10	$\frac{1}{2}\times\frac{1}{2}$	$\frac{1}{2}\times\frac{1}{5}$	$\frac{1}{2}\times\frac{3}{10}$
20	$\frac{1}{5}\times\frac{1}{2}$	$\frac{1}{5}\times\frac{1}{5}$	$\frac{1}{5}\times\frac{3}{10}$
30	$\frac{3}{10}\times\frac{1}{2}$	$\frac{3}{10}\times\frac{1}{5}$	$\frac{3}{10}\times\frac{3}{10}$

3단계 $P(\overline{X}=20)$의 값을 구해 보자.

$\overline{X}=\frac{X_1+X_2}{2}=20$인 경우를 순서쌍 (X_1, X_2)로 나타내면

$(10, 30), (20, 20), (30, 10)$

$$\therefore P(\overline{X}=20)=\frac{1}{2}\times\frac{3}{10}+\frac{1}{5}\times\frac{1}{5}+\frac{3}{10}\times\frac{1}{2}=\frac{17}{50}$$

089 정답률 ▸ 15% 답 31

Best Pick 연속확률변수의 확률값은 그 구간에서의 영역의 넓이라는 개념을 잘 이해하고 있어야 하는 문제이다. 최근 확률밀도함수의 성질을 이용하는 문제가 자주 출제되고 있으므로 그 성질을 잘 이해하고 활용할 수 있어야 한다.

1단계 확률밀도함수의 성질을 이용하여 상수 k의 값을 구해 보자.

$f(x)+g(x)=k$에서

$g(x)=k-f(x)$

이고, 확률밀도함수의 성질에 의하여

$g(x)=k-f(x)\ge 0 \qquad \therefore k\ge f(x)$

확률의 총합은 1이므로 다음 그림과 같이 함수 $y=f(x)$의 그래프와 세 직선 $x=0$, $x=6$, $y=k$로 둘러싸인 부분의 넓이는 1이다. ($\to P(0\le Y\le 6)$)

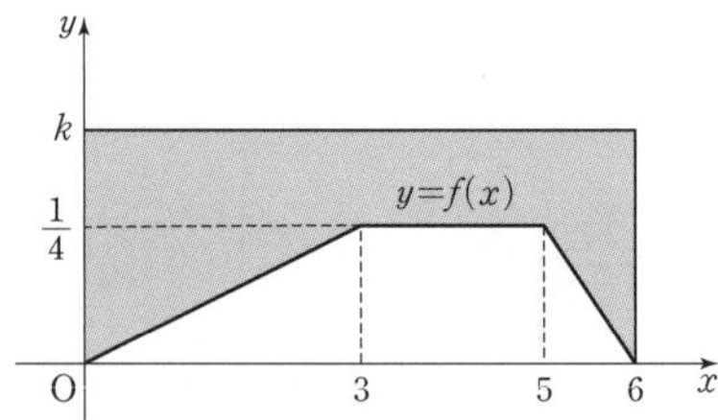

또한, 함수 $y=f(x)$의 그래프와 x축으로 둘러싸인 부분의 넓이도 1이므로

$6\times k=2 \qquad \therefore k=\frac{1}{3}$

($\to$ 2: (확률변수 X의 확률의 총합 1)+(확률변수 Y의 확률의 총합 1))

2단계 $P(6k\le Y\le 15k)$의 값을 구하여 $p+q$의 값을 구해 보자.

$0\le x\le 3$에서 $f(x)=\frac{1}{12}x$이므로

$f(2)=\frac{1}{6}$이고,

$P(6k\le Y\le 15k)$

$=P(2\le Y\le 5)$

$=P(2\le Y\le 3)+P(3\le Y\le 5)$

$$=\left\{(3-2)\times\frac{1}{3}-\frac{1}{2}\times\left(\frac{1}{6}+\frac{1}{4}\right)\times(3-2)\right\}+\left\{(5-3)\times\left(\frac{1}{3}-\frac{1}{4}\right)\right\}$$

($\to$ =(직사각형의 넓이)−(사다리꼴의 넓이))

$=\frac{1}{8}+\frac{1}{6}=\frac{7}{24}$

따라서 $p=24$, $q=7$이므로

$p+q=24+7=31$

090

답 71

1단계 모집단의 확률변수 X의 확률분포를 표로 나타내어 보자.

한 번의 시행에서 공에 적혀 있는 수를 확률변수 X라 하면 X가 가질 수 있는 값은 1, 2, 3, 4, 5이고, 그 확률은 각각

$P(X=1)=\frac{1}{2}\times\frac{1}{2}=\frac{1}{4}$, $P(X=2)=\frac{1}{2}\times\frac{1}{2}=\frac{1}{4}$,

└→ (주머니 A를 선택할 확률)×(1개의 공을 꺼낼 확률)

$P(X=3)=\frac{1}{2}\times\frac{1}{3}=\frac{1}{6}$, $P(X=4)=\frac{1}{2}\times\frac{1}{3}=\frac{1}{6}$,

$P(X=5)=\frac{1}{2}\times\frac{1}{3}=\frac{1}{6}$

이므로 확률변수 X의 확률분포를 표로 나타내면 다음과 같다.

X	1	2	3	4	5	합계
$P(X=x)$	$\frac{1}{4}$	$\frac{1}{4}$	$\frac{1}{6}$	$\frac{1}{6}$	$\frac{1}{6}$	1

2단계 $P(\overline{X}=2)$의 값을 구하여 $p+q$의 값을 구해 보자.

첫 번째 꺼낸 공에 적혀 있는 수를 a, 두 번째 꺼낸 공에 적혀 있는 수를 b, 세 번째 꺼낸 공에 적혀 있는 수를 c라 하면 $\overline{X}=2$이므로

$\frac{a+b+c}{3}=2$에서

$a+b+c=6$

위의 방정식을 만족시키는 세 자연수 a, b, c의 모든 경우를 순서를 생각하지 않고 순서쌍 (a, b, c)로 나타내면

(1, 1, 4), (1, 2, 3), (2, 2, 2)

(i) (1, 1, 4)일 때

$${}_3C_1\left(\frac{1}{4}\right)^2\left(\frac{1}{6}\right)^1=3\times\frac{1}{16}\times\frac{1}{6}=\frac{1}{32}$$

(ii) (1, 2, 3)일 때

$$3!\times\left(\frac{1}{4}\right)^2\left(\frac{1}{6}\right)^1=6\times\frac{1}{16}\times\frac{1}{6}=\frac{1}{16}$$

(iii) (2, 2, 2)일 때

$$\left(\frac{1}{4}\right)^3=\frac{1}{64}$$

(i), (ii), (iii)에서

$P(\overline{X}=2)=\frac{1}{32}+\frac{1}{16}+\frac{1}{64}=\frac{7}{64}$

따라서 $p=64$, $q=7$이므로

$p+q=64+7=71$

091

답 ③

Best Pick 여러 개의 확률변수에 대하여 각각의 확률변수가 나타내는 분포가 정확히 무엇인지 판단할 수 있어야 하는 문제이다. 또한, 이항분포와 정규분포의 관계도 짚어 볼 수 있는 문제이다.

1단계 정규분포의 표준화를 이용하여 ㄱ, ㄴ, ㄷ의 참, 거짓을 판별해 보자.

ㄱ. 제품의 무게 X는 정규분포 $N(60, 5^2)$을 따른다.

또한, 임의추출한 2500개의 무게의 평균 $\overline{X}$는 정규분포 $N\left(60, \left(\frac{1}{10}\right)^2\right)$을 따르므로 $Z_{\overline{X}}=\frac{\overline{X}-60}{\frac{1}{10}}$이라 하면 확률변수 $Z_{\overline{X}}$는 표준정규분포 $N(0, 1)$을 따른다.

$$\therefore P(\overline{X}\ge 60)=P\left(Z_{\overline{X}}\ge\frac{60-60}{\frac{1}{10}}\right)=P(Z_{\overline{X}}\ge 0)=0.5=\frac{1}{2}\ (\text{참})$$

ㄴ. $Z_X=\frac{X-60}{5}$이라 하면 확률변수 Z_X는 표준정규분포 $N(0, 1)$을 따르므로

$$P(X\le 50)=P\left(Z_X\le\frac{50-60}{5}\right)=P(Z_X\le -2)=0.5-P(0\le Z_X\le 2)=0.5-0.48=0.02$$

즉, 불량품의 개수 Y는 이항분포 $B(2500, 0.02)$를 따르므로

$E(Y)=2500\times 0.02=50$

$\sigma(Y)=\sqrt{2500\times 0.02\times 0.98}=7$

이때 2500은 충분히 크므로 확률변수 Y는 근사적으로 정규분포 $N(50, 7^2)$을 따른다.

$Z_Y=\frac{Y-50}{7}$이라 하면 확률변수 Z_Y는 표준정규분포 $N(0, 1)$을 따르므로

$$P(Y\ge 57)=P\left(Z_Y\ge\frac{57-50}{7}\right)=P(Z_Y\ge 1)$$

$$P(\overline{X}\le 59.9)=P\left(Z_{\overline{X}}\le\frac{59.9-60}{\frac{1}{10}}\right)=P(Z_{\overline{X}}\le -1)=P(Z_{\overline{X}}\ge 1)$$

$\therefore P(Y\ge 57)=P(\overline{X}\le 59.9)$ (참)

ㄷ. $$P(60-k\le X\le 60+k)=P\left(\frac{(60-k)-60}{5}\le Z_X\le\frac{(60+k)-60}{5}\right)=P\left(-\frac{k}{5}\le Z_X\le\frac{k}{5}\right)$$

또한,

$$P(60-k\le\overline{X}\le 60+k)=P\left(\frac{(60-k)-60}{\frac{1}{10}}\le Z_{\overline{X}}\le\frac{(60+k)-60}{\frac{1}{10}}\right)=P(-10k\le Z_{\overline{X}}\le 10k)$$

즉, 임의의 양수 k에 대하여

$P(60-k\le X\le 60+k)<P(60-k\le\overline{X}\le 60+k)$ (거짓)

따라서 옳은 것은 ㄱ, ㄴ이다.

092

정답률 ▸ 7%

답 23

1단계 주머니에서 임의로 꺼낸 한 개의 공에 적혀 있는 수를 확률변수 Y라 하고, 확률변수 Y의 확률분포를 표로 나타내어 보자.

주머니에서 임의로 꺼낸 한 개의 공에 적혀 있는 수를 확률변수 Y라 하면 확률변수 Y가 가질 수 있는 값은 1, 2, 3, 4이고 이 각각에 대한 확률을 a, b, c, d라 하고 Y의 확률분포를 표로 나타내면 다음과 같다.

(단, a, b, c, d는 각각 0 이상 1 이하의 실수이다.)

Y	1	2	3	4	합계
$P(Y=y)$	a	b	c	d	1

2단계 ***a*, *b*, *c*, *d*의 값을 각각 구해 보자.**

$X=4$인 경우는 확인한 4개의 수가 모두 1인 경우이므로

$\mathrm{P}(X=4)=a^4$

즉, 조건 (가)에 의하여

$a^4=\frac{1}{81}=\left(\frac{1}{3}\right)^4 \qquad \therefore a=\frac{1}{3}\ (\because 0\le a\le 1)$

$X=16$인 경우는 확인한 4개의 수가 모두 4인 경우이므로

$\mathrm{P}(X=16)=d^4$

즉, 조건 (가)에 의하여

$16\times d^4=\frac{1}{81}=\left(\frac{1}{6}\right)^4 \qquad \therefore d=\frac{1}{6}\ (\because 0\le d\le 1)$

한편, 확률의 총합은 1이므로

$a+b+c+d=1$에서

$\frac{1}{3}+b+c+\frac{1}{6}=1$

$\therefore b+c=\frac{1}{2}$ ⋯⋯ ㉠

시행을 4번 반복하여 확인한 4개의 수의 표본평균을 $\overline{Y}$라 하면 $X=4\overline{Y}$이므로 조건 (나)에 의하여

$$\begin{aligned}\mathrm{E}(X)&=\mathrm{E}(4\overline{Y})=4\mathrm{E}(\overline{Y})=4\mathrm{E}(Y)\\&=4\left(1\times\frac{1}{3}+2\times b+3\times c+4\times\frac{1}{6}\right)\\&=4(1+2b+3c)\\&=9\end{aligned}$$

$\therefore 2b+3c=\frac{5}{4}$ ⋯⋯ ㉡

㉠, ㉡을 연립하여 풀면

$b=\frac{1}{4},\ c=\frac{1}{4}$

3단계 **$\mathrm{V}(X)$의 값을 구하여 $p+q$의 값을 구해 보자.**

$4\mathrm{E}(Y)=9$에서 $\mathrm{E}(Y)=\frac{9}{4}$이므로

$$\begin{aligned}\mathrm{V}(X)&=\mathrm{V}(4\overline{Y})=16\mathrm{V}(\overline{Y})\\&=16\times\frac{\mathrm{V}(Y)}{4}=4\mathrm{V}(Y)\\&=4[\mathrm{E}(Y^2)-\{\mathrm{E}(Y)\}^2]\\&=4\times\left\{\left(\frac{1^2}{3}+\frac{2^2}{4}+\frac{3^2}{4}+\frac{4^2}{6}\right)-\left(\frac{9}{4}\right)^2\right\}\\&=4\times\left(\frac{25}{4}-\frac{81}{16}\right)=\frac{19}{4}\end{aligned}$$

따라서 $p=4$, $q=19$이므로

$p+q=4+19=23$

MEMO

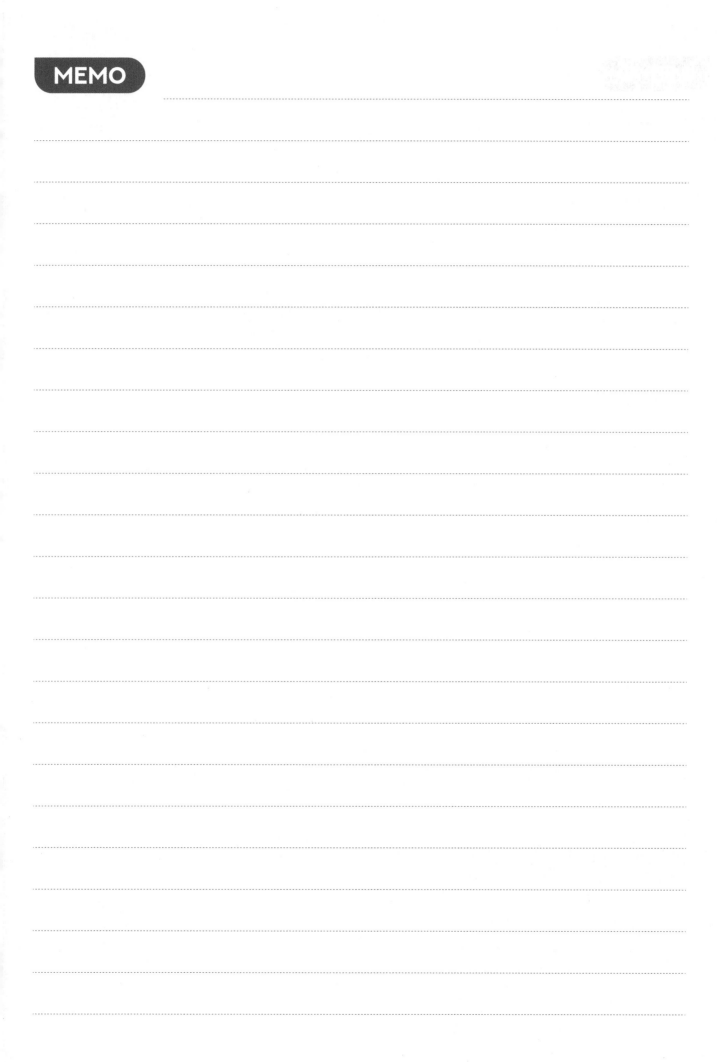

MEMO

메가스터디 고등 학습 시리즈

확률과 통계

BOOK 2 우수 기출 PICK

정답 및 해설

메가스터디BOOKS

내용 문의 02-6984-6901 | 구입 문의 02-6984-6868,9 | www.megastudybooks.com